MECÂNICA DOS SOLOS

OBRAS DE TERRA E FUNDAÇÕES

gen
Grupo
Editorial
Nacional

HOMERO PINTO CAPUTO | **ARMANDO NEGREIROS** CAPUTO

CAPUTO

MECÂNICA DOS SOLOS

OBRAS DE TERRA E FUNDAÇÕES

OITAVA EDIÇÃO

LTC

PAULO JOSÉ ROCHA DE ALBUQUERQUE
JEAN RODRIGO GARCIA
ATUALIZADORES

- Os autores e atualizadores deste livro e a editora empenharam seus melhores esforços para assegurar que as informações e os procedimentos apresentados no texto estejam em acordo com os padrões aceitos à época da publicação, *e todos os dados foram atualizados até a data de fechamento do livro.* Entretanto, tendo em conta a evolução das ciências, as atualizações legislativas, as mudanças regulamentares governamentais e o constante fluxo de novas informações sobre os temas que constam do livro, recomendamos enfaticamente que os leitores consultem sempre outras fontes fidedignas, de modo a se certificarem de que as informações contidas no texto estão corretas e de que não houve alterações nas recomendações ou na legislação regulamentadora.
- Data do fechamento do livro: 20/12/2021
- Os autores, atualizadores e a editora se empenharam para citar adequadamente e dar o devido crédito a todos os detentores de direitos autorais de qualquer material utilizado neste livro, dispondo-se a possíveis acertos posteriores caso, inadvertida e involuntariamente, a identificação de algum deles tenha sido omitida.
- **Atendimento ao cliente: (11) 5080-0751 | faleconosco@grupogen.com.br**

LTC | Livros Técnicos e Científicos Editora Ltda.
Uma editora integrante do GEN | Grupo Editorial Nacional
Travessa do Ouvidor, 11
Rio de Janeiro – RJ – 20040-040
www.grupogen.com.br

- Capa: Leonidas Leite
- Imagem de capa: Professor Jean Rodrigo Garcia
- Editoração eletrônica: Set-up Time Artes Gráficas
- Ficha catalográfica

CIP-BRASIL. CATALOGAÇÃO NA PUBLICAÇÃO
SINDICATO NACIONAL DOS EDITORES DE LIVROS, RJ

C249m
8. ed.

Caputo, Homero Pinto, 1923-

Mecânica dos solos : obras de terra e fundações / Homero Pinto Caputo, Armando Negreiros Caputo ; atualização Paulo José Rocha de Albuquerque, Jean Rodrigo Garcia. - 8. ed. - Rio de Janeiro : LTC, 2022.
il.

Inclui bibliografia e índice
ISBN 978-85-216-3768-4

1. Mecânica do solo. 2. Engenharia civil. I. Caputo, Armando Negreiros. II. Albuquerque, Paulo José Rocha de. III. Garcia, Jean Rodrigo. IV. Título.

21-74876 CDD: 624.15136
CDU: 624.131

Camila Donis Hartmann – Bibliotecária – CRB-7/6472

Prefácio

A trajetória do Engenheiro Homero Pinto Caputo confunde-se com a história da engenharia brasileira contemporânea. O livro ***Mecânica dos Solos e suas Aplicações*** serviu de apoio à formação de várias gerações de engenheiros no Brasil, desde a publicação de sua primeira edição, em 1967.

Além de exercer a profissão como engenheiro geotécnico em inúmeras obras, Dr. Caputo também lecionou por muitos anos na Universidade Federal do Rio de Janeiro (UFRJ). Aliava, com maestria, a sua sólida formação acadêmica à rica experiência profissional.

Isso se refletia no livro, em que as definições da Mecânica dos Solos eram contextualizadas com vários exemplos de obras e suas peculiaridades. Por isso, a obra logo passou a ser uma referência obrigatória para os cursos de graduação em Engenharia Civil no Brasil. Foram sete edições desde 1967.

Esta oitava edição está primorosa. A revisão feita pelos Professores Paulo Albuquerque e Jean Garcia preserva os aspectos originais das primeiras edições, mas atualiza alguns aspectos relacionados com as normas técnicas vigentes, bem como incorpora novas técnicas de prospecção geotécnica, materiais e sistemas construtivos. A organização dos capítulos consegue fazer a travessia entre os conceitos e as obras de engenharia, desmistificando o dilema entre teoria e prática.

Os exercícios resolvidos ao final dos capítulos complementam o entendimento dos assuntos. Por fim, o livro contém materiais suplementares disponíveis para acesso no GEN-IO, ambiente virtual de aprendizagem da LTC Editora | GEN – Grupo Editorial Nacional, onde o leitor poderá ter acesso a videoaulas e capítulos complementares.

A nova edição é também uma forma de preservar a memória do Dr. Homero Caputo a de seu filho Armando Caputo, precocemente falecido.

O livro continua sendo uma excelente referência para cursos de graduação e pós-graduação em Engenharia Civil, Arquitetura e áreas afins.

Alexandre Duarte Gusmão
Engenheiro e Professor da Universidade de Pernambuco (UPE)
Ex-Presidente da Associação Brasileira de Mecânica dos Solos e
Engenharia Geotécnica (ABMS)

Material Suplementar

Este livro conta com os seguintes materiais suplementares:

Para todos os leitores:

- Capítulo 16 – Patologia e Reforço das Fundações, em (.pdf) (requer PIN);
- Conjunto de Capítulos Complementares (1 ao 4, Apêndice e Bibliografia), em (.pdf) (requer PIN);
- Videoaulas com o conteúdo da disciplina (requer PIN).

Ao longo do livro, quando o material suplementar é relacionado com o conteúdo, o ícone aparece ao lado.

Para docentes:

- Planos de aula (.pdf) (restrito a docentes cadastrados).

Os professores terão acesso a todos os materiais relacionados acima (para leitores e restritos a docentes). Basta estarem cadastrados no GEN.

O acesso ao material suplementar é gratuito. Basta que o leitor se cadastre e faça seu *login* em nosso *site* (www.grupogen.com.br), clicando em GEN-IO, no *menu* superior do lado direito. Em seguida, clique no *menu* retrátil e insira o código (PIN) de acesso localizado na orelha deste livro.

O acesso ao material suplementar online fica disponível até seis meses após a edição do livro ser retirada do mercado.

Caso haja alguma mudança no sistema ou dificuldade de acesso, entre em contato conosco (gendigital@grupogen.com.br).

GEN-IO (GEN | Informação Online) é o ambiente virtual de aprendizagem do GEN | Grupo Editorial Nacional

Sumário

1

Movimento da Água nos Solos

1.1 REGIMES DE ESCOAMENTO

Preliminarmente, recordemos da Hidrologia que as águas da chuva ao caírem na superfície do terreno tomam três destinos: *escoamento*, *infiltração* e *evaporação*, retornando à atmosfera para constituir um novo *ciclo hidrológico* ou *ciclo das águas* (Fig. 1.1).

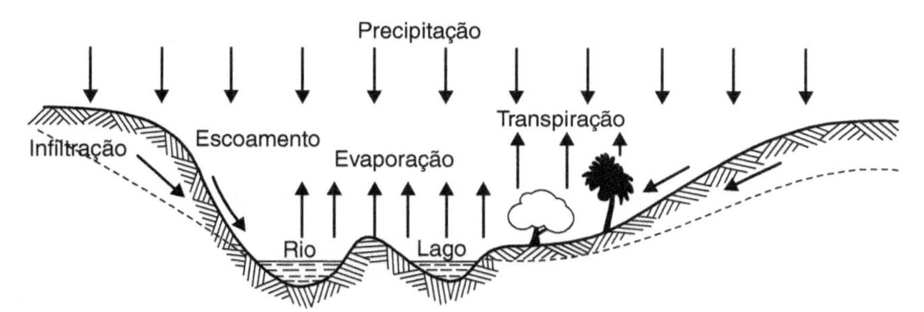

FIGURA 1.1

Chama-se *coeficiente de deflúvio superficial run-off* a razão entre a chuva que escoa e a chuva que cai. Sobre uma superfície impermeável, esse coeficiente é igual a 1.

Diz-se *lamelar* ou *laminar* o escoamento em que não se cruzam ou interceptam as trajetórias das partículas individuais de um fluido. Em caso contrário, diz-se *turbulento*.

Sabe-se que para o escoamento laminar o *número de Reynolds* é

$$N_R = \frac{vD}{\frac{\eta}{\rho}} = \frac{vD}{\upsilon} < 2100$$

com v a velocidade média do escoamento através do tubo de diâmetro interno D e η, ρ e υ, respectivamente, a viscosidade dinâmica, a massa específica e a viscosidade cinemática do fluido que escoa. Para os solos, este valor crítico oscila entre 1 e 12, utilizando-se a expressão de Wright para definição do N_R (ver J. A. Jimenez Salas e J. L. de Justo Alpañes, *Geotecnía y cimientos*. Tomo I, 1971).

Admite-se ainda que a velocidade de infiltração da água através do solo obedece à *lei de Darcy*: $v = k \cdot i$, em que k é o coeficiente de permeabilidade do solo e i, o gradiente hidráulico.

Se a descarga $Q = A \cdot v \cdot t = A \cdot k \cdot i \cdot t$ em uma área A é constante, em qualquer tempo, o escoamento dá-se sob regime *permanente*. Na unidade de tempo, Q é a *vazão*.

1.2 FORMAS DE ENERGIA. TEOREMA DE BERNOULLI

É aplicável ao regime permanente dos fluidos, e assim se enuncia: para um ponto qualquer, M, de um filete líquido, a altura acima de um plano horizontal fixo ("carga altimétrica"), mais a altura representativa da pressão ("carga piezométrica") e mais a altura correspondente à velocidade nesse ponto ("carga cinética") é constante. Distinguem-se, portanto, três formas de energia: em função da altura, da pressão e da velocidade.

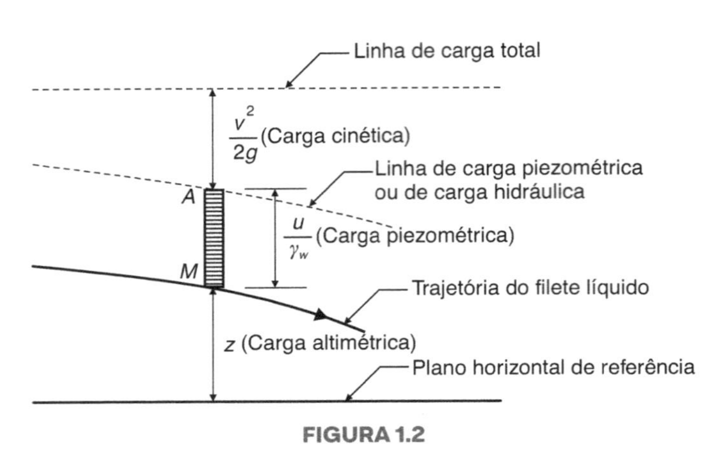

FIGURA 1.2

A Figura 1.2 ilustra a representação gráfica desse importante teorema, tão conhecido da Mecânica dos Fluidos.

A coluna MA é a altura piezométrica, ou seja, a altura à qual se eleva a água em um tubo vertical, aberto (piezômetro), colocado em M. Assim:

$$z + \frac{u}{\gamma_w} + \frac{v^2}{2g} = \text{constante}$$

Nos solos em que v assume valores muito pequenos despreza-se a parcela $v^2/2g$, daí resultando:

$$z + \frac{u}{\gamma_w} = \text{constante}$$

1.3 PERDAS POR ATRITO

No movimento da água em um maciço terroso, a carga total, anteriormente referida, é dissipada pela ocorrência do atrito viscoso da água com as partículas do solo. Assim, entre dois pontos, M_1 e M_2, da trajetória de um filete líquido (Fig. 1.3) há uma *perda* de carga total, Δh, dada por:

$$\Delta h = \left(\frac{u_1}{\gamma_w} + z_1\right) - \left(\frac{u_2}{\gamma_w} + z_2\right)$$

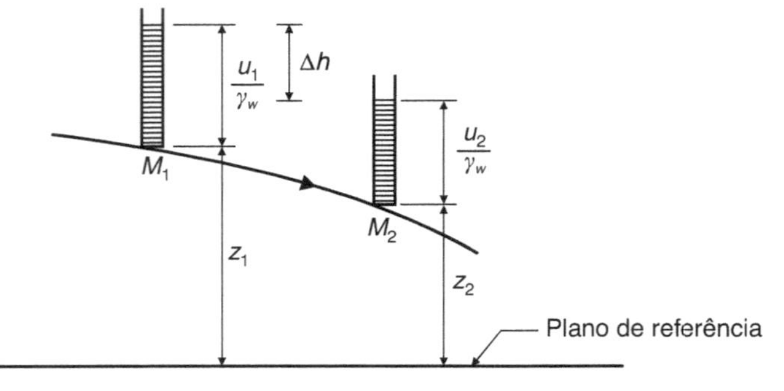

FIGURA 1.3

Adiante mostraremos que essas perdas por atrito é que dão origem às chamadas "forças de percolação", de grande importância no estudo das obras de terra.

1.4 EQUAÇÃO DIFERENCIAL DO FLUXO

Consideremos um "elemento" de solo, como indicado na Figura 1.4, bem como as designações nela representadas, sendo h a carga hidráulica. Conquanto, em geral, o fluxo d'água pelo solo seja tridimensional, no que se segue vamos considerálo no plano, portanto, bidimensional.

Chamemos de v_x e v_y as componentes da velocidade de entrada, e:

$$\begin{cases} v_x + dv_x = v_x + \dfrac{\partial v_x}{\partial x}\partial x \\ v_y + dv_y = v_y + \dfrac{\partial v_y}{\partial y}\partial y \end{cases}$$

as componentes da velocidade de saída.

Igualando as expressões da quantidade de água que entra e sai no "elemento" do solo, vem:

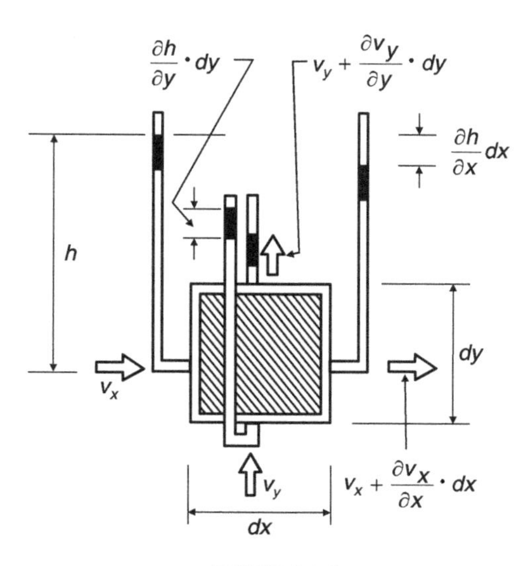

FIGURA 1.4

$$v_x dy + v_y dx = (v_x + \frac{\partial v_x}{\partial x}dx)dy + (v_y + \frac{\partial v_y}{\partial y}dy)dx$$

ou

$$\frac{\partial v_x}{\partial x} + \frac{\partial v_y}{\partial y} = 0$$

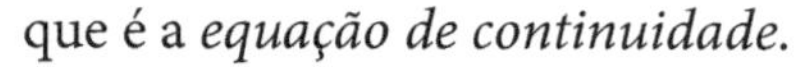

que é a *equação de continuidade.*

De acordo com a lei de Darcy e supondo o mesmo k, resulta:

$$v_x = -k \cdot i_x = -k\frac{dh}{dx} = -k \cdot \frac{1}{dx} \cdot \frac{\partial h}{\partial x} \cdot dx = -k\frac{\partial h}{\partial x}$$

Do mesmo modo:

$$v_y - k\frac{\partial h}{\partial y}$$

Substituindo esses valores na equação de continuidade e simplificando, vem:

$$\frac{\partial^2 h}{\partial x^2} + \frac{\partial^2 h}{\partial y^2} = 0$$

Esta é a *equação geral do fluxo*[1] ou *equação de Laplace*, para o plano, segundo a qual se rege o movimento dos líquidos em meios porosos.

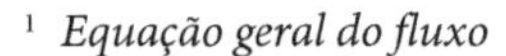

[1] *Equação geral do fluxo*

Nesta nota consideraremos uma região tridimensional de um maciço poroso, de dimensões dx, dy e dz, por meio do qual flui a água. Seja $A = dx \cdot dy \cdot dz$ o volume deste paralelepípedo elementar. Pela face perpendicular ao eixo dos x, de área $dy \cdot dz$, a água penetra com a velocidade v_x e sai na face oposta com a velocidade $v'_x = v_x + \frac{\partial v_x}{\partial x}dx$. Chamando ρ a massa específica do líquido (admitida constante), a massa m de água que em um tempo dt *entra* no paralelepípedo será:

$$m = \rho \cdot v_x(dy \cdot dz)\, dt$$

e a que *sai*:

$$m' = \rho \cdot v'_x(dy \cdot dz)\, dt$$

A diferença será:

$$m' - m = \rho(v'_x - v_x)(dy \cdot dz)dt = \rho\left(\frac{\partial v_x}{\partial x}dx\right)(dy \cdot dz)dt = \rho \cdot A \cdot dt \cdot \frac{\partial v_x}{\partial x}$$

Procedendo-se de um modo análogo para as direções y e z, verifica-se que a quantidade total de água *acumulada* no volume A do paralelepípedo será:

$$\rho \cdot A \cdot dt\left(\frac{\partial v_x}{\partial x} + \frac{\partial v_y}{\partial y} + \frac{\partial v_z}{\partial z}\right)$$

Equação de Laplace

Como se sabe, é um tipo de equação diferencial, de derivados parciais, da mais alta importância na Ciência e na Técnica (ver, por exemplo, *Matemática para a Engenharia*, 1969).

Se a função de variável complexa

$$h = u_1(x, y) + i \cdot u_2(x, y)$$

é uma função *analítica* ou *monógena*, portanto com as quatro derivadas parciais:

$$\frac{\partial u_1}{\partial x}, \frac{\partial u_1}{\partial y}, \frac{\partial u_2}{\partial x} \text{ e } \frac{\partial u_2}{\partial y}$$

satisfazendo as condições de *monogenismo*:

---

a qual deve ser *nula*, pois o líquido é incompressível. Daí resulta que:

$$\frac{\partial v_x}{\partial x} + \frac{\partial y_y}{\partial y} + \frac{\partial v_z}{\partial z} = 0 \quad (1)$$

o que se conhece como *equação de continuidade*.

Para uma carga hidráulica h e admitindo válida a lei de Darcy, podemos escrever que:

$$v_x = -k_x \frac{\partial h}{\partial x}, v_y = -k_y \frac{\partial h}{\partial y} \text{ e } v_z = -k_z \frac{\partial h}{\partial z} \quad (2)$$

sendo k_x, k_y e k_z os coeficientes de permeabilidade nas direções x, y e z, respectivamente.

Introduzindo (2) em (1), tem-se:

$$k_x \frac{\partial^2 h}{\partial x^2} + k_y \frac{\partial^2 h}{\partial y^2} + k_z \frac{\partial^2 h}{\partial z^2} = 0 \quad (3)$$

equação geral que traduz matematicamente o escoamento da água na região considerada.

Esta equação é, na realidade, um *caso particular da equação mais geral*

$$k_x \frac{\partial^2 h}{\partial x^2} + k_y \frac{\partial^2 h}{\partial y^2} + k_z \frac{\partial^2 h}{\partial z^2} = \frac{1}{1+e}\left(e\frac{\partial S}{\partial t} + S\frac{\partial e}{\partial t}\right)$$

quando se trata de um fluxo permanente em um meio contínuo, supondo-o incompressível (e = índice de vazios = Cte) e saturado (S_R = grau de saturação = Cte), dado que se anulam as derivadas parciais.

A aceitação da lei de Darcy implica a hipótese de um regime de escoamento laminar, ou seja, aquele em que o valor crítico do número de Reynolds

$$N_R = \frac{V \cdot D}{v}$$

para os solos, segundo alguns pesquisadores, varia entre 1 e 12; V é a velocidade, D o diâmetro médio das partículas e o ν coeficiente de viscosidade cinemática do fluido.

Se o solo é isotrópico em relação à permeabilidade, isto é, se $k_x = k_y = k_z = k$, a Equação (3) simplifica-se para:

$$\frac{\partial^2 h}{\partial x^2} + \frac{\partial^2 h}{\partial y^2} + \frac{\partial^2 h}{\partial z^2} = \nabla^2 h = 0 \quad (4)$$

que é a conhecida *equação de Laplace*.

Considerando-se as Equações. (2) para um meio isotrópico e multiplicando-as ordenadamente pelos versores fundamentais $\vec{i}, \vec{j}$ e $\vec{k}$, tem-se, somando vetorialmente membro a membro:

$$\vec{v} = -k \text{ grad } h$$

que é a lei de Darcy sob forma generalizada.

Tendo em vista a expressão do gradiente de um produto, pode-se escrever também que

$$\vec{v} = \text{grad } (kh)$$

o que leva a postular a existência de um potencial de velocidade $\Phi = kh$.

$$\begin{cases} \dfrac{\partial u_1}{\partial x} = \dfrac{\partial u_2}{\partial y} \\ \dfrac{\partial u_2}{\partial x} = -\dfrac{\partial u_1}{\partial y} \end{cases}$$

é fácil demonstrar que as funções componentes u_1 e u_2 satisfazem a equação de Laplace.

De fato, derivando a primeira em relação a x e a segunda em relação a y, vem:

$$\begin{cases} \dfrac{\partial^2 u_1}{\partial x^2} = \dfrac{\partial^2 u_2}{\partial y \partial x} \\ \dfrac{\partial^2 u_2}{\partial x \partial y} = -\dfrac{\partial^2 u_1}{\partial y^2} \end{cases}$$

Somando membro a membro, transpondo os termos e tendo em vista que pelo "teorema inversivo de Bernoulli":

$$\frac{\partial^2 u_2}{\partial x \partial y} = \frac{\partial^2 u_2}{\partial y \partial x}$$

tem-se, finalmente:

$$\frac{\partial^2 u_1}{\partial x^2} + \frac{\partial^2 u_1}{\partial y^2} = 0$$

demonstrando assim que $u_1(x, y)$ é a solução da equação de Laplace. De modo análogo, demonstraríamos ser $u_2(x, y)$ também solução da equação.

Mostraremos agora que estas funções $u_1(x, y)$ e $u_2(x, y)$ representam duas famílias de linhas que se cortam *ortogonalmente*. Com efeito, tendo em vista as condições de monogenismo, podemos escrever:

$$\frac{\dfrac{\partial u_1}{\partial x}}{\dfrac{\partial u_1}{\partial y}} = -\frac{\dfrac{\partial u_2}{\partial y}}{\dfrac{\partial u_2}{\partial x}} \text{ ou } \frac{\dfrac{\partial u_1}{\partial x}}{\dfrac{\partial u_1}{\partial y}} \cdot \frac{\dfrac{\partial u_2}{\partial x}}{\dfrac{\partial u_2}{\partial y}} = -1$$

Ora, esta relação prova que em qualquer ponto (x, y) a tangente à linha $u_1(x, y) = a \left[y' = -\dfrac{\frac{\partial u_1}{\partial x}}{\frac{\partial u_1}{\partial y}} \right]$ é perpendicular à tangente à linha $u_2(x, y) = b \left[y' = -\dfrac{\frac{\partial u_2}{\partial x}}{\frac{\partial u_2}{\partial y}}, \right]$ como queríamos demonstrar, e onde a e b são constantes.

1.5 REDE DE FLUXO

Fica assim demonstrado que a solução da equação de Laplace é representada por um *reticulado ortogonal*, como indicado na Figura 1.5, e que se chama *rede de escoamento* ou *rede de fluxo* (*flow net*).

A rede é constituída por *linhas de escoamento ou de fluxo*, que são as trajetórias das partículas do líquido, e por *linhas equipotenciais* ou linhas de igual carga total.

Observemos que um *canal de fluxo* representa certa porção ΔQ da quantidade total Q de água que se infiltra.

A perda de carga Δh entre duas linhas equipotenciais adjacentes denomina-se *queda de potencial.*

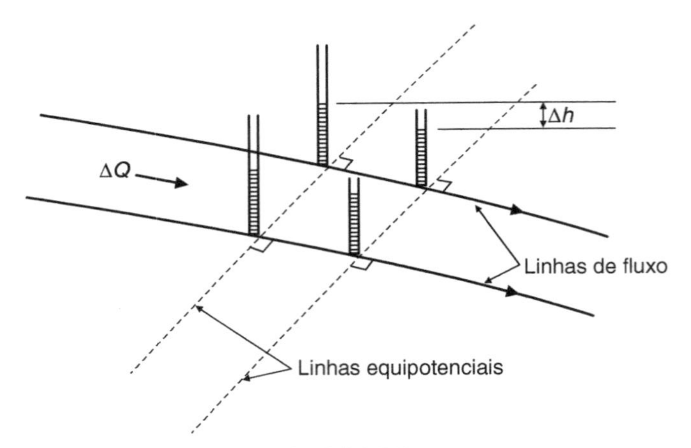

FIGURA 1.5

1.6 ARTIFÍCIO DE SAMSIOE

Vimos que o escoamento bidimensional da água em meio poroso e isótropo em relação à permeabilidade é teoricamente regido pela equação de Laplace:

$$\frac{\partial^2 h}{\partial x^2} + \frac{\partial^2 h}{\partial y^2} = 0$$

Esta equação, no entanto, poderá ser generalizada para um meio *anisotrópico* mediante a seguinte transformação de coordenadas:

$$X = \sqrt{\frac{k_y}{k_x}} \cdot x$$

em que k_x e k_y são, respectivamente, os coeficientes de permeabilidade nas direções x e y.

Com efeito, tendo em vista a equação de continuidade:

$$\frac{\partial v_x}{\partial x} + \frac{\partial v_y}{\partial y} = 0$$

e observando que:

$$\frac{\partial v_x}{\partial x} = + \frac{\partial v_x}{\partial X} \cdot \frac{\partial X}{\partial x}$$

com:

$$\frac{\partial X}{\partial x} = \sqrt{\frac{k_y}{k_x}}$$

pode-se escrever:

$$\sqrt{\frac{k_y}{k_x}} \cdot \frac{\partial v_x}{\partial X} + \frac{\partial v_y}{\partial y} = 0 \qquad (1)$$

Segundo a lei de Darcy:

$$v_x = -k_x \frac{\partial h}{\partial x} = -k_x \frac{\partial h}{\partial X} \cdot \frac{\partial X}{\partial x} = -k_x \sqrt{\frac{k_y}{k_x}} \cdot \frac{\partial h}{\partial X}$$

$$v_y = -k_y \frac{\partial h}{\partial y}$$

Derivando:

$$\frac{\partial v_x}{\partial X} = -k_x \sqrt{\frac{k_y}{k_x}} \cdot \frac{\partial^2 h}{\partial X^2}$$

$$\frac{\partial v_y}{\partial y} = -k_y \frac{\partial^2 h}{\partial y^2}$$

Substituindo esses valores em (1), vem:

$$-k_x \sqrt{\frac{k_y}{k_x}} \cdot \sqrt{\frac{k_y}{k_x}} \cdot \frac{\partial^2 h}{\partial X^2} - k_y \frac{\partial^2 h}{\partial y^2} = 0$$

donde, finalmente:

$$\frac{\partial^2 h}{\partial X^2} + \frac{\partial^2 h}{\partial y^2} = 0$$

equação que permite – mantida a escala vertical e reduzida a escala horizontal $\left(X = \sqrt{k_y/k_x} \cdot x\right)$ do desenho de uma seção, Figura 1.6 – substituir um meio anisotrópico por um meio isotrópico equivalente.

Nisso consiste o chamado *artifício de Samsioe*, de grande utilidade no estudo das barragens de terra.

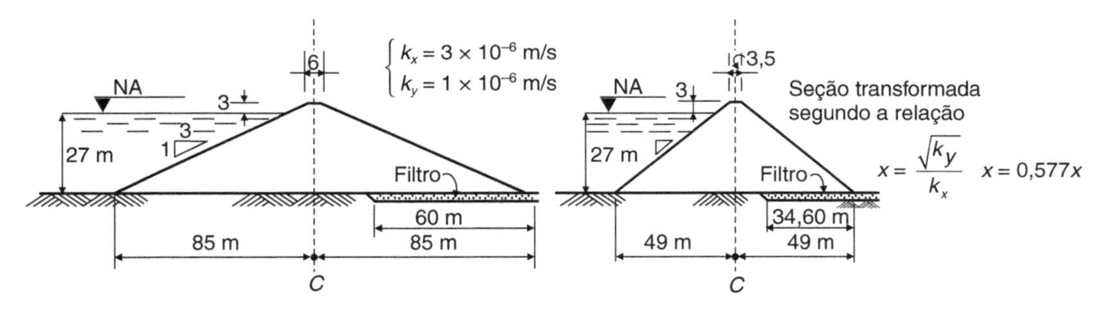

FIGURA 1.6

1.7 PROPRIEDADE GEOMÉTRICA DA REDE

Consideremos um tubo de escoamento ou canal de fluxo (Fig. 1.7) definido por duas linhas de corrente 11 e 22 situadas no mesmo plano, paralelo ao do escoamento, e 33 e 44 situadas em um plano paralelo e a uma distância b.

A água entre as quatro linhas se comporta como que circulando por um canal. Diminuindo a seção A, aumenta a velocidade v.

Igualando as descargas e supondo k constante, temos:

$$Q_1 = Q_2$$

$$A_1 \cdot v_1 = A_2 \cdot v_2$$

$$A_1 \cdot k \cdot i_1 = A_2 \cdot k \cdot i_2$$

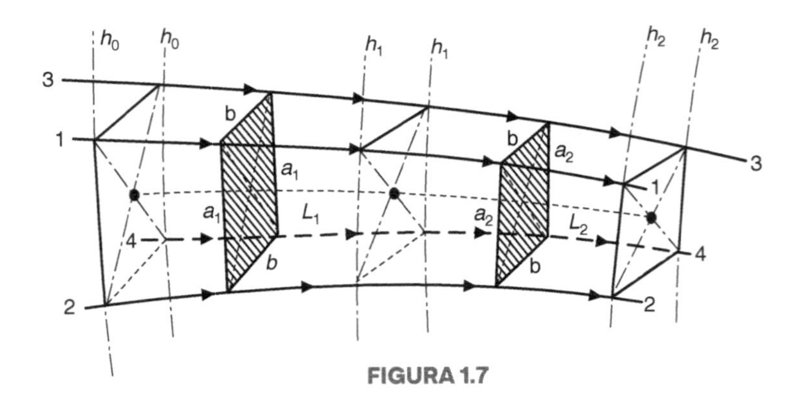

FIGURA 1.7

$$\left.\begin{array}{l} A_1 = a_1 b \\ A_2 = a_2 b \end{array}\right\} A_i \cdot i_1 = A_2 \cdot i_2 \left\{\begin{array}{l} i_1 = \dfrac{h_0 - h_1}{L_1} \\ i_2 = \dfrac{h_1 - h_2}{L_2} \end{array}\right.$$

Se traçarmos linhas equipotenciais de tal maneira que:

$$\Delta h = h_0 - h_1 = h_1 - h_2 = \text{etc., teremos:}$$

$$\frac{\Delta h}{L_1} a_1 b = \frac{\Delta h}{L_2} a_2 b$$

donde:

$$\frac{a_1}{L_1} = \frac{a_2}{L_2}$$

o que mostra ser *constante a razão dos lados dos "retângulos" de uma rede de fluxo.*

Se um "retângulo" da rede é aproximadamente um "quadrado" ($a_1 = L_1$), todos os demais também o serão. Esta circunstância permitirá, com mais facilidade, traçar a rede de escoamento.

1.8 MÉTODOS PARA TRAÇADO DAS REDES DE FLUXO

Os métodos para determinação das redes de fluxo são apresentados a seguir.

Soluções analíticas

Resultantes da integração da equação diferencial do fluxo. Somente aplicável em alguns casos simples, dada a complexidade do tratamento matemático quando se compara com outros métodos. O *método da relaxação*,[2] de Southwell, é utilizado com vantagens na solução desta equação.

---

[2] Vejamos qual o *princípio* do método de relaxação.

Consideremos (ver a figura) no maciço terroso, por meio do qual se dá a percolação da água, uma região referida a um sistema de coordenadas ortogonais (x, y) e seja $h = f(x, y)$ uma função representada por uma superfície no espaço ortogonal (h, x, y). Admitamos que o plano (x, y) seja coberto por uma malha quadrada de lado $\Delta x = \Delta y = a$; em cada nó, h tem certo valor representado por um segmento com o extremo na superfície $h = f(x, y)$.

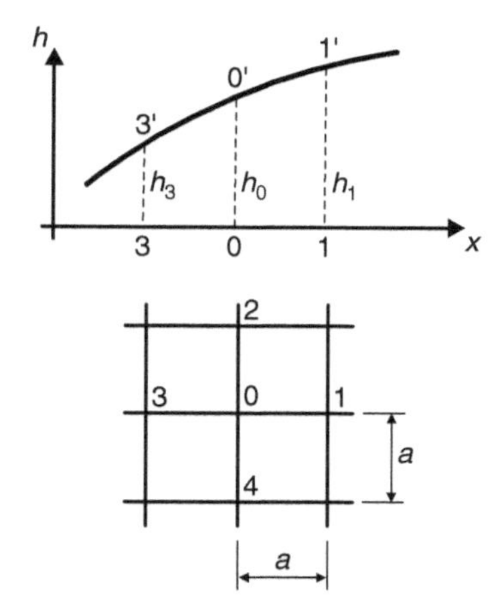

Tomemos o nó *O* como referência e seus vizinhos 1, 2, 3 e 4 como pontos de partida para a análise. A parte superior da figura mostra-nos o traço da superfície $h = f(x, y)$ segundo o plano vertical que passa pelos nós (3, 0, 1), linha segundo a qual y = Cte., pelo que a curva 3' 0' 1' é uma relação entre h e x para um valor particular de y. Supondo conhecido o valor de h para o nó *O*, vejamos como estudar a variação de h entre os nós 1 e 3 (h_1 e h_3) sob a forma de diferenças finitas.

Por meio da série de Taylor, obtém-se que:

$$\left.\begin{aligned} h_1 &= h_0 + a\left(\frac{\partial h}{\partial x}\right)_0 + \frac{a^2}{2!}\left(\frac{\partial^2 h}{\partial x^2}\right)_0 + \frac{a'}{3!}\left(\frac{a^1 h}{\partial x^1}\right)_0 + \ldots \\ h_3 &= h_0 - a\left(\frac{\partial h}{\partial x}\right)_0 + \frac{a^2}{2!}\left(\frac{\partial^2 h}{\partial x^2}\right)_0 + \frac{a'}{3!}\left(\frac{a^1 h}{\partial x^1}\right)_0 + \ldots \end{aligned}\right\} \quad (1)$$

com $-a$ na segunda equação pelo fato de o nó 3 estar à esquerda de *O*.

Subtraindo membro a membro a Equação (1), obtém-se:

$$h_1 - h_3 = 2a\left(\frac{\partial h}{\partial x}\right)_0 + \frac{a^3}{3!}\left(\frac{\partial^3 h}{\partial x^1}\right)_0 + \ldots$$

e daí:

$$2a\left(\frac{\partial h}{\partial x}\right) = (h_1 - h_3) - 2\frac{a^1}{3!}\left(\frac{\partial^3 H}{\partial X^1}\right) - \ldots$$

donde:

$$\left(\frac{\partial h}{\partial x}\right)_0 = \frac{1}{2a}\left[h_1 - h_3 - \frac{a^3}{3!}\left(\frac{\partial^3 h}{\partial x^1}\right)_0 \ldots\right]$$

Sendo suficientemente pequeno o intervalo a, podemos desprezar os termos de ordem superior, passando-se então a escrever que:

$$\left(\frac{\partial h}{\partial x}\right)_0 = \frac{1}{2a}(h_1 - h_3)$$

Analogamente, somando-se à Equação (1), tem-se:

$$h_1 + h_3 = 2h_0 + 2\frac{a^2}{2!}\left(\frac{\partial^1 h}{\partial x^1}\right)_0 + \ldots$$

e daí:

$$a_2\left(\frac{\partial^2 h}{\partial x^1}\right) = h_1 + h_3 - 2h_0$$

donde:

$$\frac{\partial^2 h}{\partial x^2} = \frac{1}{a^2}(h_1 + h_3 - 2h_0) \quad (2)$$

De modo análogo, trabalhando sobre um plano da malha para um valor particular x = Cte., resultam as expressões:

Analogias

Método baseado na semelhança ou analogia entre a rede de fluxo e um campo elétrico ou um campo de tensões. De fato, as leis de Ohm e de Hooke têm a mesma forma que a lei de Darcy. Assim, conhecida a solução de um problema de eletricidade ou de elasticidade, pode-se, por analogia, conhecer a solução de um problema de percolação de água em um meio permeável.

Modelos reduzidos

Construídos normalmente no interior de um tanque com paredes transparentes, permitem melhor visualização das redes de percolação e têm sido amplamente usados na investigação das linhas de corrente em barragens de terra.

Solução gráfica

É o mais rápido e prático de todos os métodos, como veremos adiante.

Nota A revista *O Empreiteiro*, março de 1971, publicou uma interessante aplicação, na barragem de Ilha Solteira, do uso de *radioisótopos* nos ensaios para determinação do caminho de percolação d'água.

1.9 DETERMINAÇÃO GRÁFICA DAS REDES DE FLUXO

Este método foi proposto pelo físico alemão Forchheimer. Consiste no traçado, à mão livre, de diversas possíveis linhas de escoamento e equipotenciais, respeitando-se a condição de que elas se interceptem ortogonalmente e que formem figuras "quadradas". Há que se atender também as "condições limites", isto é, as condições de carga e de fluxo que, em cada caso, limitam a rede de percolação.

$$\left(\frac{\partial h}{\partial y}\right)_0 = \frac{1}{2a}(h_2 - h_4)$$

$$\left(\frac{\partial^2 h}{\partial y^2}\right)_0 = \frac{1}{a^2}(h_2 + h_4 - 2h_0) \quad (3)$$

Somando (2) e (3), obtém-se finalmente:

$$\left(\frac{\partial^2 h}{\partial x^2}\right)_0 + \left(\frac{\partial^2 h}{\partial y^2}\right)_0 = \frac{1}{a^2}(h_1 + h_2 + h_3 + h_4 - 4h_0)$$

Uma vez que $a \neq 0$, a equação de Laplace para o ponto O, em termos de diferenças finitas, pode ser escrita assim:

$$h_1 + h_2 + h_3 + h_4 - 4h_0 = 0 \quad (4)$$

com h_1, h_2, ... os valores de h para os nós adjacentes.
Segundo esta equação:

$$h_0 = \frac{h_1 + h_2 + h_3 + h_4}{4}$$

o que nos mostra que a carga hidráulica em um nó interior é a média aritmética dos quatro nós vizinhos.
Para a resolução da Equação (4), o primeiro passo é atribuir valores de h a todos os nós da malha. Como não é provável que esses valores sejam corretos, encontraremos que:

$$h_1 + h_2 + h_3 + h_4 - 4h_0 = R_0$$

com R_0 um termo *residual.*
O método consiste em reduzir R_0 a um mínimo, mediante a variação dos valores nos nós.
Conhecidos seus valores definitivos, tem-se um quadro de distribuição das pressões, podendo-se, assim, traçar as linhas equipotenciais e, ortogonalmente a elas, as linhas de fluxo.

As redes formadas por figuras com a/L constante e, em particular, "quadradas" ($a/L = 1$) implicam o atendimento às condições que lhes são impostas, isto é, por cada canal de fluxo passa a mesma quantidade (ΔQ) de água e entre duas equipotenciais consecutivas há a mesma queda de potencial (Δh).

O método exige, naturalmente, experiência e prática de quem o utiliza. Geralmente, o traçado baseia-se em outras redes semelhantes obtidas por outros métodos.

Tomemos como exemplo o caso simples de uma *cortina de estacas-pranchas* cravadas em um terreno arenoso (Fig. 1.8), onde se indicam as condições limites, constituídas por duas linhas de fluxo e duas linhas equipotenciais.

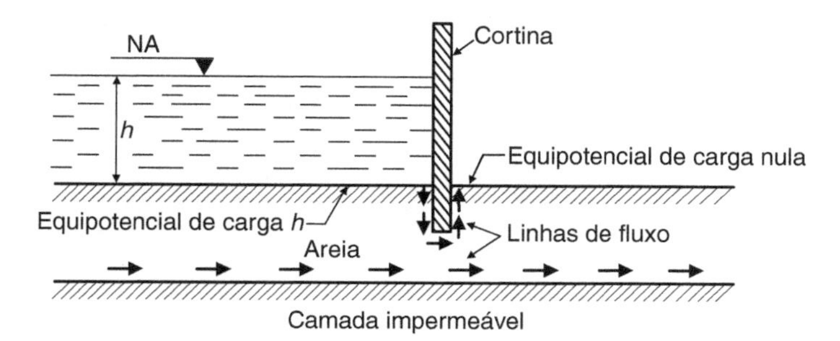

FIGURA 1.8

Para este caso, a rede de fluxo tem a disoisição da Figura 1.9. Inúmeras linhas de fluxo e equipotenciais poderiam ser traçadas; com as que foram representadas, obtém-se $N_d = 12$ quedas de potencial e $N_f = 5$ canais de fluxo.

A rede de fluxo para o caso de uma barragem impermeável sobre um terreno permeável é indicada na Figura 1.10.

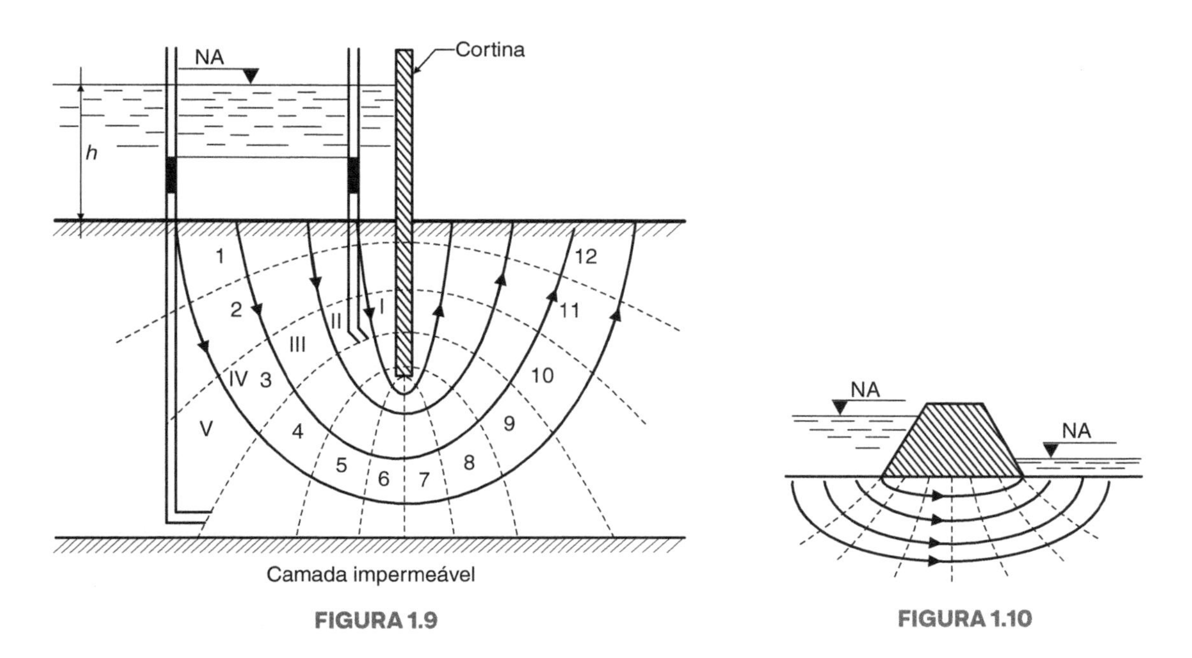

FIGURA 1.9

FIGURA 1.10

Sugestões de Casagrande

Para a aprendizagem do traçado das redes de fluxo, são úteis as seguintes sugestões:

a) Observar o aspecto das redes de fluxo bem desenhadas; quando a figura estiver bem gravada, tentar reproduzi-la de memória.

b) Para uma primeira tentativa, não traçar mais que 4 ou 5 linhas de fluxo, pois a preocupação com maior número poderá desviar a atenção de outros detalhes importantes.
c) Não tentar acertar detalhes antes que a rede, como um todo, se apresente aproximadamente correta.
d) Notar sempre que todas as transições, entre trechos retos e curvos das linhas, são suaves e de forma elítica ou parabólica. Os "quadrados", em cada linha de fluxo, mudam gradativamente de tamanho.

1.10 CÁLCULO DA PERDA DE ÁGUA POR PERCOLAÇÃO

Construída graficamente a rede de fluxo, devemos calcular a partir dela a quantidade de água que se infiltra. Consideremos, ainda, o caso de uma cortina de estacas-pranchas (Fig. 1.11). Suponhamos que as dimensões dos "retângulos" formados sejam a e L.

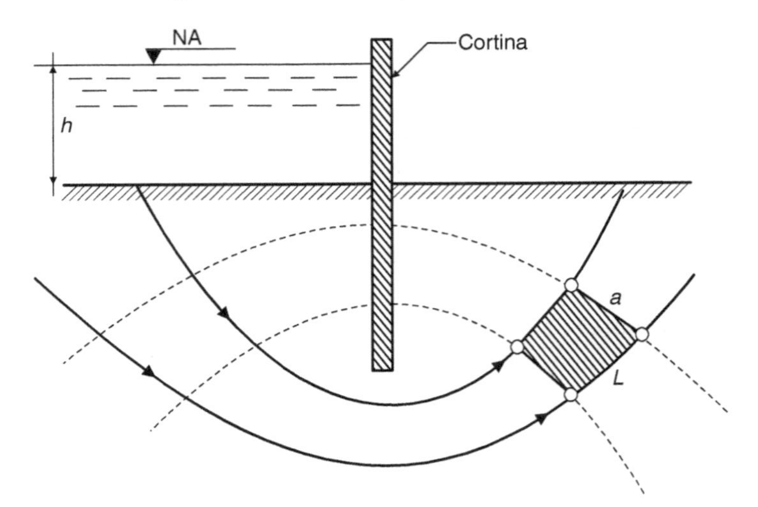

FIGURA 1.11

Pelo exposto, tem-se:

$$\Delta h = \frac{h}{N'_d}$$

$$\Delta Q = \frac{Q}{N_f} \text{ ou } Q = \Delta Q \cdot N_f$$

Com as indicações dadas na figura:

$$i = \frac{\Delta h}{L} = \frac{h}{L \cdot N_d}$$

Podemos escrever então que a quantidade de água que se infiltra, na unidade de tempo e por unidade de comprimento da cortina, com:

$$\Delta Q = k \cdot i \cdot A = k \cdot \frac{h}{L \cdot N_d} \cdot a \cdot 1$$

será:

$$Q = k \cdot \frac{h}{N_d} \cdot \frac{a}{L} \cdot N_f$$

com a/L praticamente constante ao longo do tubo de corrente considerado.

Para uma rede de figuras "quadradas" ($a = L$), tem-se finalmente:

$$Q = k \cdot h \cdot \frac{N_f}{N_d}$$

fórmula que permite calcular a quantidade de água que se infiltra em um maciço terroso, por unidade de comprimento.

Exemplo

Para a cortina, com 100 m de comprimento, representada na Figura 1.12, calcule:

a) a quantidade de água que percola, por mês, pelo maciço permeável ($k = 1{,}4 \times 10^{-7}$ m/s);
b) a pressão neutra no ponto A.

Solução

a) Tem-se:

$$Q = k \cdot h \frac{N_f}{N_d}$$

com $h = 15$ m, $k = 1{,}4 \times 10^{-7}$ m/s, $N_f = 3$ e $N_d = 6$

$$Q' = 1{,}4 \times 10^{-7} \cdot 15 \cdot \frac{3}{6} = 10{,}5 \times 10^{-7}\,\text{m}^3\text{s}$$

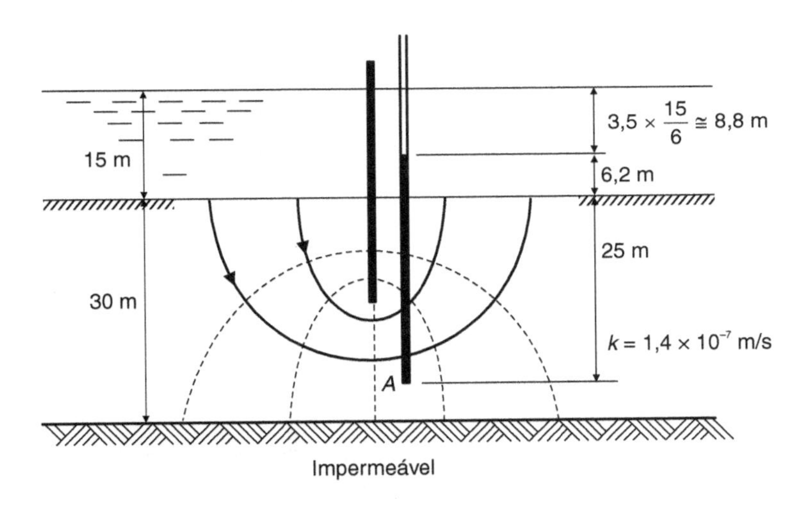

FIGURA 1.12

Em 100 m de comprimento de cortina:

$$Q = 10{,}5 \times 10^{-7} \cdot 10^2 = 1{,}05 \times 10^{-4}\,\text{m}^3/\text{s}$$

Em um mês, ter-se-á:

$$t = 30 \cdot 24 \cdot 60 \cdot 60 = 2592 \times 10^3\,\text{s}$$

donde:

$$Q = 1{,}05 \times 10^{-4} \cdot 2592 \cdot 10^3 \cong 272\,\text{m}^3/\text{mês}$$

b) Obtém-se a pressão neutra no ponto A da seguinte forma:

$$\Delta h = \frac{h}{N_d} = \frac{15}{6} = 2{,}5\,\text{m}$$

O número de quedas Δh até o ponto A é de aproximadamente 3,5, logo, a perda de carga até este ponto é de $3{,}5 \cdot \frac{15}{6} \cong 8{,}8$ m e o nível de água no tubo piezométrico instalado em A situa-se a 8,8 m abaixo do nível de água a montante. A tensão correspondente é, portanto, de $(15 - 8{,}8 + 25) \cdot \gamma_w = 312$ kN/m². A pressão na água, em um ponto A, é, portanto, a soma da pressão hidrostática mais a pressão hidrodinâmica.

Para o caso de solos anisotrópicos ($k_x \neq k_y$), a fórmula é empregada utilizando-se para coeficiente de permeabilidade um valor k', que a seguir deduzimos.

Reportando-nos à Figura 1.13, podemos escrever:

$$\Delta Q = \Delta Q'$$

ou:

$$k_x \cdot \frac{\Delta h}{L} a = k' \frac{\Delta h}{L\sqrt{k_y/k_x}} a$$

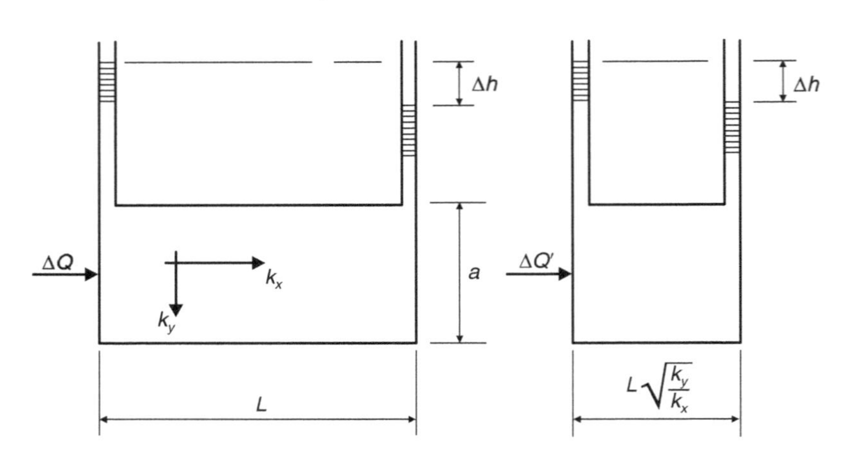

FIGURA 1.13

donde:

$$k' = \sqrt{k_y \cdot k_x}$$

1.11 TENSÃO DE PERCOLAÇÃO

Nos solos onde está presente um fluxo d'água, desenvolve-se, em cada ponto, uma tensão do tipo intergranular, de mesmo sentido do fluxo, chamada de *tensão de percolação*, f_p.

Na Figura 1.14 a *força de percolação*, atuante na área A, vale:

$$F_p = \Delta h \cdot \gamma_w \cdot A$$

e, por unidade de volume:

$$f_p = \frac{\Delta h \cdot \gamma_w \cdot A}{A \cdot L} = \frac{\Delta h}{L} \gamma_w = i \cdot \gamma_w$$

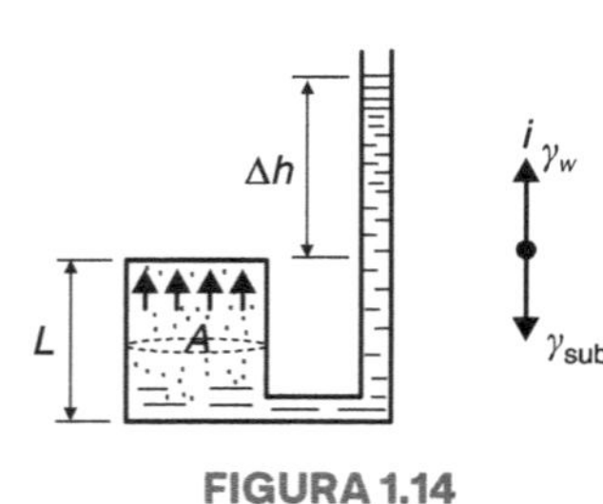

FIGURA 1.14

a qual tem a dimensão de um peso específico e é numericamente igual ao gradiente hidráulico i.

Por efeito da percolação aparecerá, também, na água intersticial, em cada ponto do terreno, uma pressão correspondente à altura em que a água subiria em um piezômetro colocado nesse ponto. Esta "sobrepressão hidrostática" u para um talude em que se considere a rede de fluxo com "superfície livre" é calculada para os diferentes pontos M de uma superfície hipotética de ruptura, como indicado na Figura 1.15; ela atua perpendicularmente à superfície de ruptura. Como M e M' estão sobre uma mesma equipotencial (linhas de igual carga), é evidente que a pressão em M é dada pela sua própria cota.

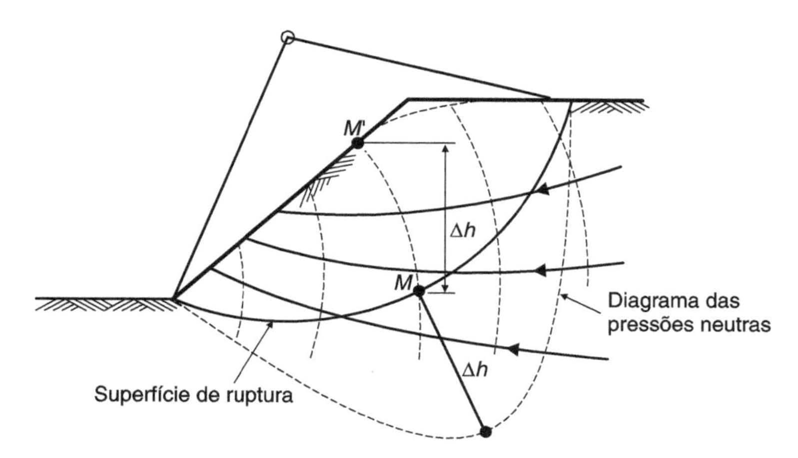

FIGURA 1.15

A pressão de percolação é a responsável pelos fenômenos de ruptura hidráulica, seja por levitação ou por erosão interna do solo, como veremos a seguir.

1.12 AREIA MOVEDIÇA

Se da composição de f_p com o peso próprio resultar (consideremos ainda a Fig. 1.14, admitindo tratar-se de areia):

$$f_p = \gamma_{sub}$$

diremos ter sido alcançado o *gradiente hidráulico crítico* ($i = i_c$), e daí:

$$i_c \cdot \gamma_w = \frac{G_s - 1}{1+e}\gamma_w$$

donde:

$$i_c = \frac{G_s - 1}{1+e} = (G_s - 1)(1-n)$$

em que G_s é a densidade das partículas e e o índice de vazios da areia.

Para esse valor há um afofamento do material, rompe-se o equilíbrio dos grãos e a areia assume um estado de instabilidade, chamado de *areia movediça* (*quicksand*).

As Figuras 1.16 e 1.17 ilustram dois exemplos de possibilidade de ocorrência de areia movediça; o primeiro, provocado por uma escavação num terreno natural, e o segundo, em razão de um rebaixamento do NA no interior de uma ensecadeira.

O combate à areia movediça é feito reduzindo o gradiente hidráulico ou aumentando a pressão sobre a camada.

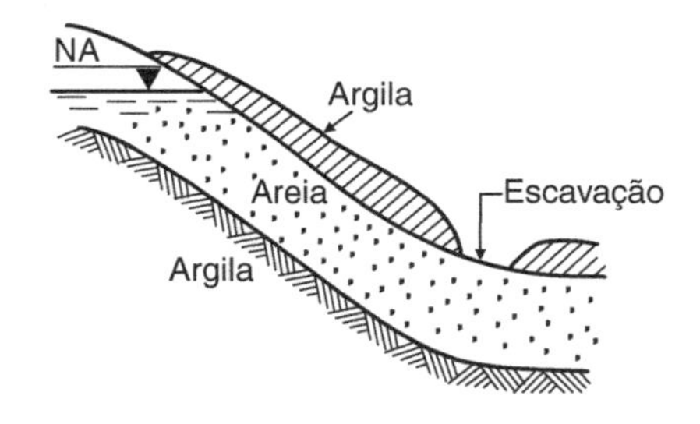

FIGURA 1.16

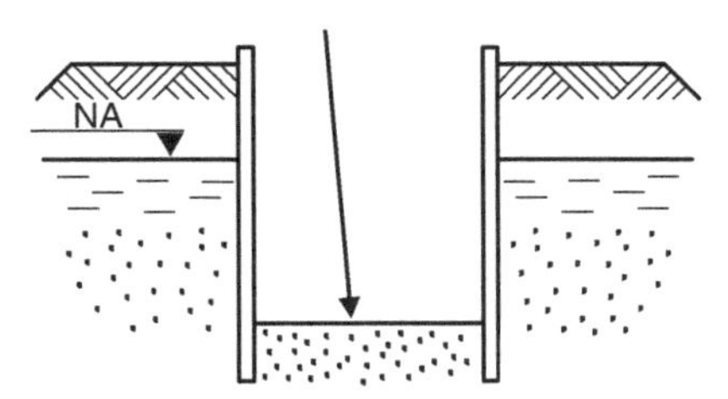

FIGURA 1.17

1.13 LEVANTAMENTO HIDRÁULICO (*HEAVING*)

Para uma cortina de ficha f, pode-se avaliar a estabilidade com relação ao levantamento hidráulico que se processa no interior do solo, segundo

Terzaghi (1922), considerando-se o equilíbrio do prisma de solo *ABCD* (de altura *f* e largura *f*/2), sujeito ao seu peso *P* e à força de percolação *U* (Fig. 1.18).

De imediato, tem-se:

$$P = \frac{1}{2}\gamma_{\text{sub}} \cdot f^2$$

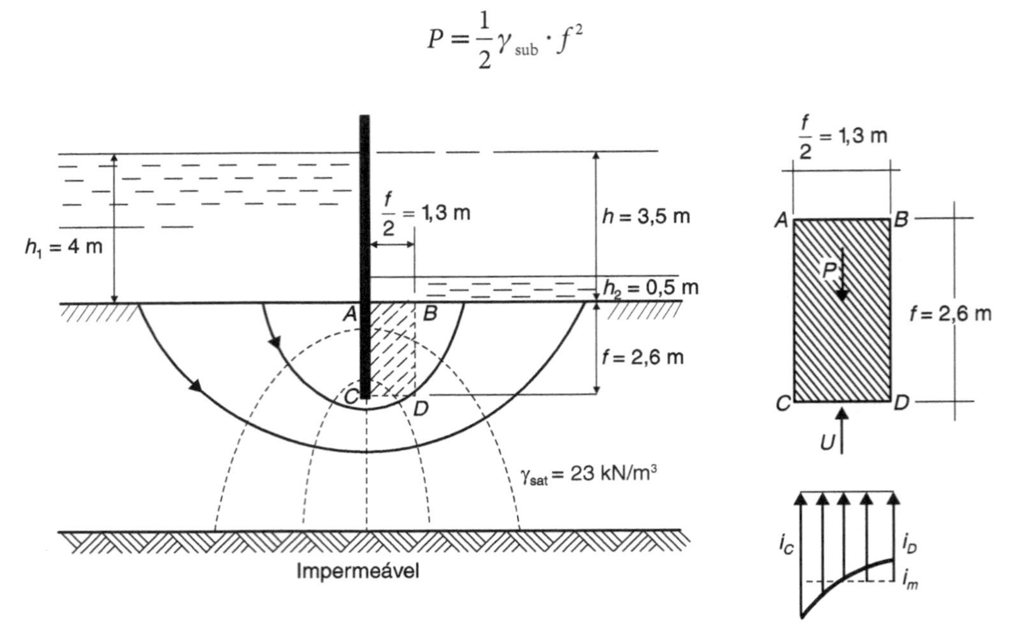

FIGURA 1.18

Para o cálculo de *U* considera-se o gradiente hidráulico médio entre seus valores junto à cortina (ponto *C*) e à distância *f*/2 (ponto *D*).

Da rede de fluxo, obtém-se:

$$i_c = \frac{n_1 \dfrac{h}{N_d}}{f} = \frac{h_c}{f} \text{ e } i_D = \frac{n_2 \dfrac{h}{N_d}}{f} = \frac{h_D}{f}$$

sendo *n* o número de quedas que falta para anular a carga hidráulica.

Admitindo, para simplificar, uma variação linear, tem-se:

$$i_m = \frac{\dfrac{h_c + h_D}{2}}{f} = \frac{h_m}{f}$$

e daí:

$$U = i_m \cdot \gamma_w \cdot \frac{1}{2} f^2 \cdot 1 = \frac{1}{2} \cdot i_m \cdot \gamma_w \cdot f^2 = \frac{1}{2} \cdot h_m \cdot \gamma_w \cdot f$$

Esta análise conduz, finalmente, ao seguinte fator de segurança ao levantamento hidráulico (*heaving*):

$$FS = \frac{P}{U} = \frac{\dfrac{1}{2} \cdot \gamma_{\text{sub}} \cdot f^2}{\dfrac{1}{2} \cdot h_m \ \gamma_w \cdot f} = \frac{\gamma_{\text{sub}} \cdot f}{h_m \cdot \gamma_w} = \frac{\dfrac{\gamma_{\text{sub}}}{\gamma_w}}{\dfrac{h_m}{f}} = \frac{\text{grad. hidráulico crítico}}{\text{gradiente médio}}$$

Aplicando este resultado aos dados da figura, obtém-se:

$$\text{gradiente hidráulico crítico} = \frac{23-10}{10} = 1,30$$

$$i_c = \frac{3 \cdot \frac{3,5}{6}}{2,6} = 0,67$$

$$i_D = \frac{1,8 \cdot \frac{3,5}{6}}{2,6} = 0,40$$

$$\text{gradiente médio} = \frac{0,67 + 0,40}{2} = 0,54$$

$$FS = \frac{1,30}{0,54} = 2,41$$

Na prática, recomendam-se fatores de segurança da ordem de 4 a 5.

EXERCÍCIOS

1) Conhecida a rede de escoamento, calcule em litros por segundo a quantidade de água que percola abaixo da cortina.

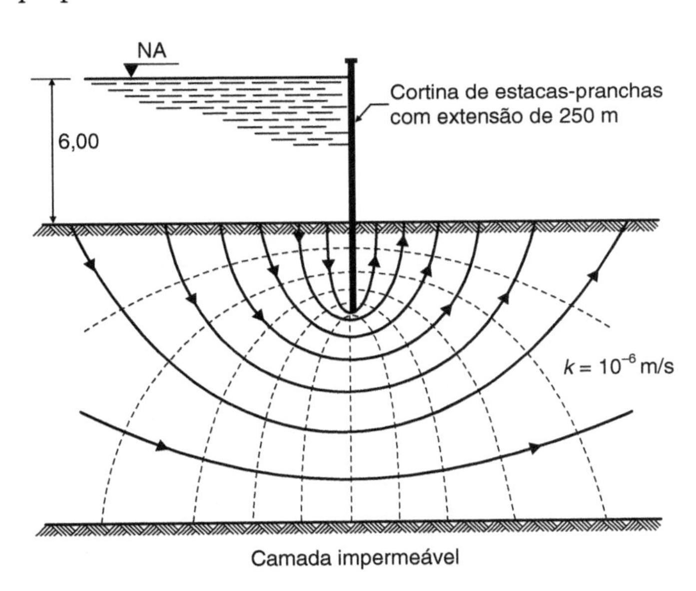

FIGURA 1.19

Solução
Como se sabe

$$Q = k \cdot h \cdot \frac{N_f}{N_d}$$

em que, no caso:

$$k = 10^{''-6} \text{ m/s}$$

$$h = 6 \text{ m}$$

$$N_f = 8$$

$$N_d = 12$$

donde, então, para uma extensão de 250 m:

$$Q = 10^{-6} \cdot 6 \cdot \frac{8}{12} \cdot 250 = 10^{-6} \cdot 10^3 = 10^{-3}\,\text{m}^3/\text{s} = 1\,\text{litro/s}$$

2) Para a barragem de concreto mostrada na Figura 1.20, sobre um solo não coesivo tendo $k = 2 \times 10^{-5}$ m/s, determine a quantidade de água que escoa, por metro e por dia, sob a barragem.

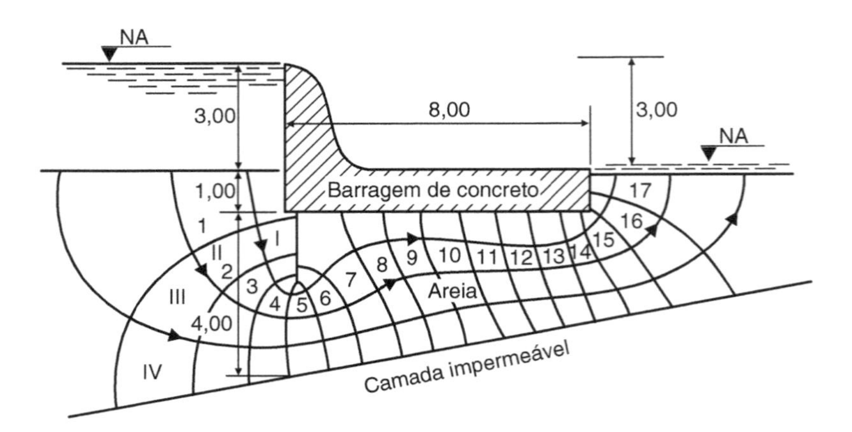

FIGURA 1.20

Solução

$$Q = 2 \times 10^{-5} \cdot 3 \cdot \frac{4}{17} \cdot 24 \cdot 60 \cdot 60 = 1{,}22\ \text{m}^3/\text{dia/m} = 1220\ \text{litros/dia/m}$$

3) Calcule a quantidade de água que escoa pela barragem indicada na Figura 1.21.

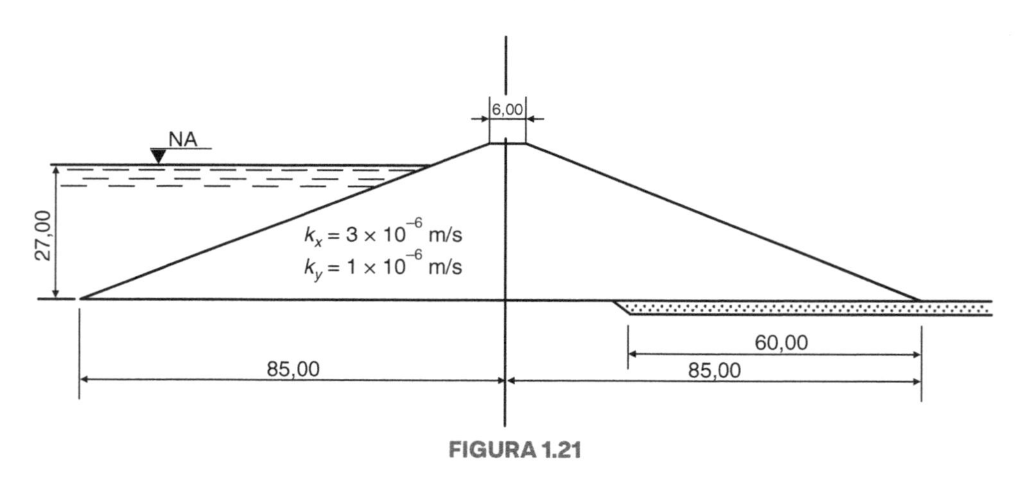

FIGURA 1.21

Solução

A Figura 1.22 mostra-nos a rede de fluxo para a seção transformada, a qual foi traçada procurando manter a razão a/L constante e igual a 1 (figuras "quadradas").

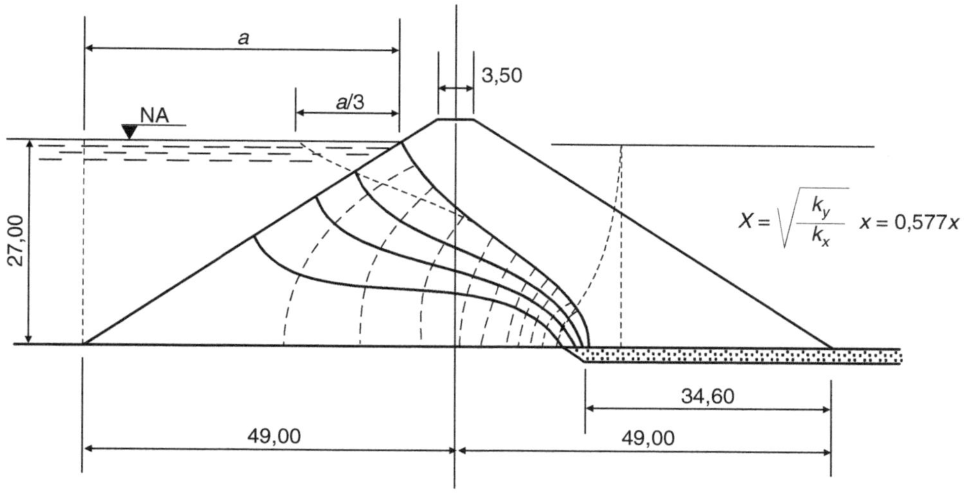

FIGURA 1.22

Nesse caso, a fórmula escreve-se

$$Q = k' \cdot h \cdot \frac{N_f}{N_d}$$

com

$$k' = \sqrt{k_x \cdot k_y} = 1,732 \times 10^{-6}\,\text{m/s} \cong 0,15\,\text{m/dia}$$

Assim, com $N_f = 4$, $N_d = 11$ e $h = 27$ m, tem-se

$$Q = 0,15 \cdot 27 \cdot \frac{4}{11} = 1,47\ \text{m}^3/\text{dia/m}$$

4) Sendo a densidade relativa das partículas igual a 2,75 e a porosidade igual a 45 %, qual o gradiente hidráulico que corresponde à condição da "areia movediça"?

Solução
Como

$$i_c = \frac{G_s - 1}{1 + e} \text{ e } e = \frac{n}{1 - n}$$

temos

$$e = \frac{0,45}{0,55} = 0,82 \text{ e } i_c = \frac{2,75 - 1}{1 + 0,82} = 0,96$$

5) Com as indicações da figura, pergunta-se: qual o índice de vazios da areia (com G_s = 2,65) que corresponderá ao seu estado de areia movediça?

Solução
O gradiente hidráulico vale:

$$i = \frac{h}{L} = \frac{0,50}{1} = 0,5$$

Para que ocorra o fenômeno da areia movediça, deveremos ter

$$i = i_{cr} = \frac{G_s - 1}{1 + e}$$

Logo

$$0,50 = \frac{2,65 - 1}{1 + e} \rightarrow e = 2,3$$

6) Para prevenir a condição de areia movediça, recorre-se ao emprego de uma sobrecarga sobre a superfície da camada de areia, o que equivale a aumentar o seu peso próprio. Sabendo-se que o gradiente hidráulico crítico do solo é de 0,35 e o gradiente hidráulico real de um dado sistema é de 0,46, qual deverá ser a sobrecarga (por unidade de volume) para que seja igual a 3,0 o fator de segurança (FS), do conjunto, contra a condição de areia movediça?

Solução

Seja $i_{cr} = 0,35$ o gradiente hidráulico crítico do solo e $i = 0,46$ o gradiente hidráulico real do sistema com um fator de segurança igual a 3,0.

Nessas condições $i = \frac{i'_{cr}}{3}$ ou $i'_{cr} = 3 \cdot i$. Por outro lado:

$$i'_{cr} \cdot \gamma_w = \gamma_{sub} + p$$

ou:

$$i'_{cr} = \frac{\gamma_{sub}}{\gamma_w} + \frac{p}{\gamma_w}$$

ou ainda:

$$i'_{cr} = \frac{G_s - 1}{1 + e} + \frac{p}{\gamma_w} = 3 \cdot i$$

que também se escreve:

$$i'_{cr} = i_{cr} + \frac{p}{\gamma_w} = 3 \cdot i$$

e, daí:

$$\gamma_w = 10 \text{ kN/m}^3$$

$$0,35 + \frac{p}{10} = 3 \cdot 0,46 \rightarrow p = 10,3 \text{ kN/m}^3$$

2

Rebaixamento do Nível d'Água

2.1 CONSIDERAÇÕES INICIAIS

Nas instalações de redes subterrâneas e no preparo do terreno para execução de fundações (edifícios, pontes, barragens etc.), ocorre com frequência a presença do nível d'água acima da cota em que estas obras deverão ser construídas. Ora, a presença da água nas cavas de fundação, como é óbvio, apresenta vários inconvenientes, pois não só dificulta ou mesmo impossibilita o trabalho, como, por outro lado, modifica o equilíbrio das terras, provocando a instabilidade do fundo da escavação e o desmoronamento dos taludes.

A presença de água obriga, ainda, que as escavações tenham escoramentos mais cuidadosos, uma vez que os empuxos a serem resistidos são maiores.

Daí a necessidade de ser eliminada ou reduzida a água existente no terreno, acima da cota do fundo da escavação, justificando-se, portanto, o interesse pelo estudo dos processos de *drenagem* e *rebaixamento do lençol d'água.*

Preliminarmente, observamos que os lençóis aquíferos podem ser *livres* ou *artesianos* se a água está confinada entre camadas impermeáveis ou semipermeáveis (Fig. 2.1).

O nível atingido pela água em um poço artesiano define o nível "piezométrico" do aquífero artesiano, enquanto em um poço situado em um aquífero livre, a água se eleva somente até o "nível freático". Nestes, a variação de nível corresponde a variações de volume de armazenamento e, naqueles, a variações de pressão na água.

Dependendo da pressão artesiana, a água se eleva acima do nível do terreno, por vezes até uma dezena ou mais de metros; são os chamados "poços surgentes".

Caso especial dos aquíferos livres são os denominados aquíferos suspensos, nos quais a massa d'água é suportada por uma camada impermeável ou semipermeável situada sobre o nível freático da zona.

A seguir serão analisados os dois principais processos de rebaixamento do nível d'água, quais sejam: esgotamento da água recolhida no interior de uma escavação (Fig. 2.2), por meio de bombas, e rebaixamento do nível d'água por meio de poços situados no aquífero (Fig. 2.3).

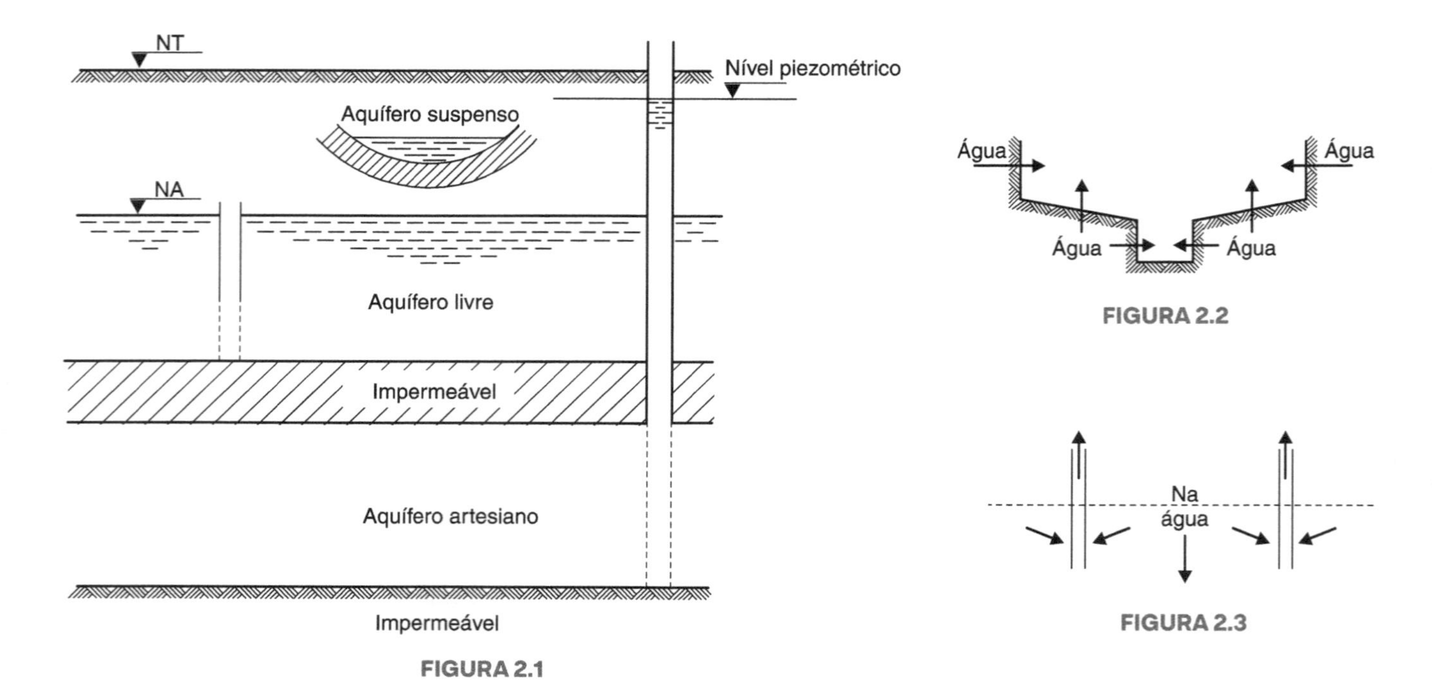

FIGURA 2.1

FIGURA 2.2

FIGURA 2.3

2.2 BOMBEAMENTO DIRETAMENTE DA ESCAVAÇÃO

Por esse processo, o esgotamento se faz recalcando, para fora da zona de trabalho, a água conduzida por meio de valetas e acumulada dentro de um poço executado abaixo da escavação (Fig. 2.4).

Quanto à bomba a ser empregada, o mercado dispõe dos mais variados tipos, sendo a sua escolha mais uma questão de prática ou tentativa.

O bombeamento diretamente do fundo de uma escavação só deve ser empregado em obras de pouca importância, tendo em vista os inconvenientes abordados a seguir.

Inicialmente, chamamos a atenção para o carreamento das partículas finas do solo pela água, o qual pode acarretar, por solapamento, o recalque das fundações vizinhas.

A seguir, observamos que, em uma escavação em terreno permeável, à medida que a água é bombeada, o nível dentro da escavação baixa mais rapidamente que o nível exterior, produzindo um fluxo d'água para dentro da escavação pelo seu fundo (Fig. 2.5), em razão da diferença de carga do exterior para o interior. Acima de certo valor do gradiente

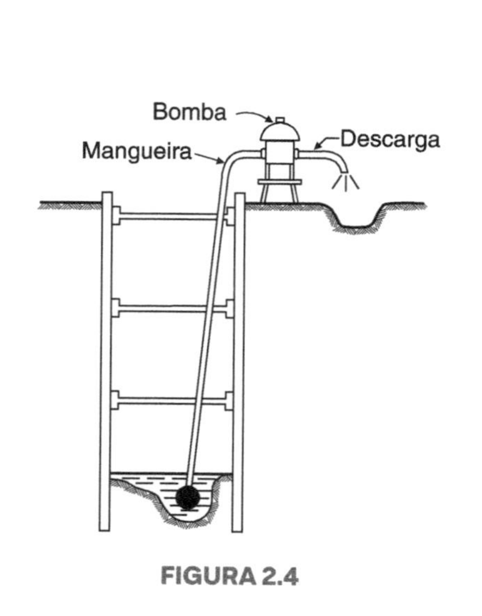

FIGURA 2.4

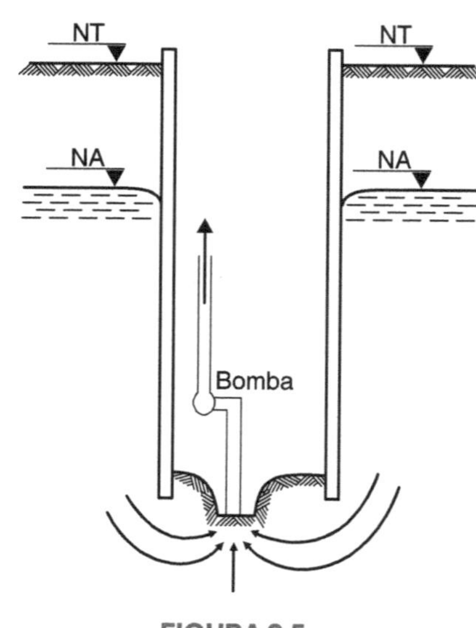

FIGURA 2.5

hidráulico que daí resulta, ele atingirá seu valor "crítico", ocorrendo então o conhecido fenômeno da *areia movediça*. Nessas condições, a areia do fundo da escavação eleva-se, tornando-se incapaz de receber cargas de uma fundação direta.

Finalmente, outro inconveniente a ser apontado é o da possibilidade de ruptura do fundo da escavação, em virtude da subpressão da água, quando esta for maior que o peso efetivo do solo; caso, por exemplo, em que o fundo da escavação é sobrejacente a uma camada de argila pouco espessa (Fig. 2.6).

Para evitar esses dois últimos efeitos, é recomendável o emprego de escoramentos não estanques.

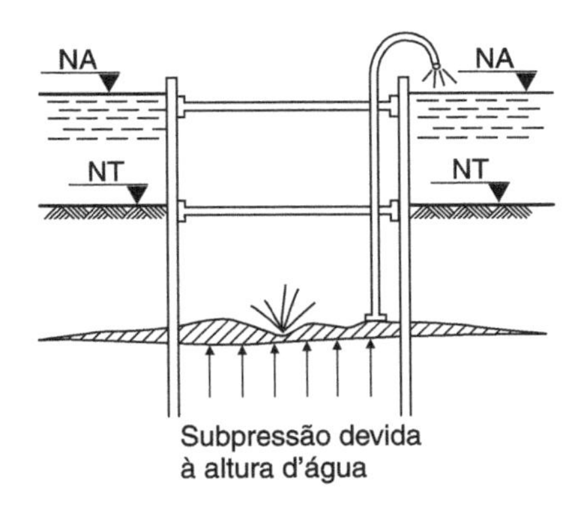

FIGURA 2.6

2.3 SISTEMA DE POÇOS FILTRANTES (*WELLPOINTS*)

Para eliminar os inconvenientes aqui descritos, utiliza-se o *sistema de poços filtrantes*, o qual permite realizar o rebaixamento do nível d'água de toda a área de trabalho.

O princípio geral do processo (Fig. 2.7) consiste em envolver a área que se pretende secar com linha coletora (em geral, de 6″) ligada à bomba aspirante característica do sistema.

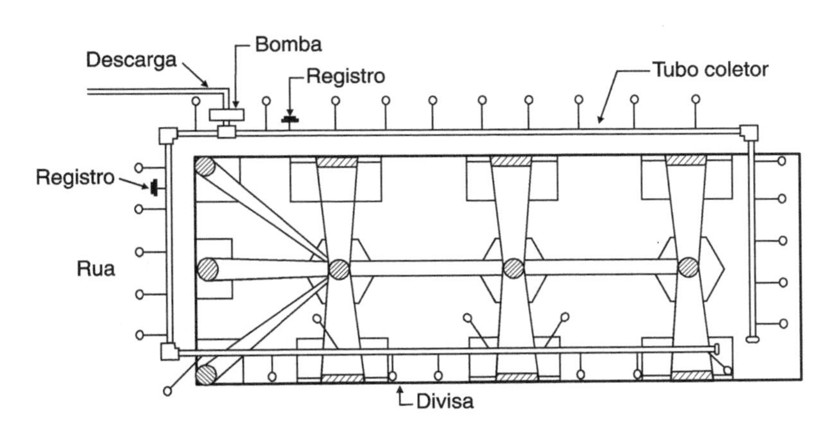

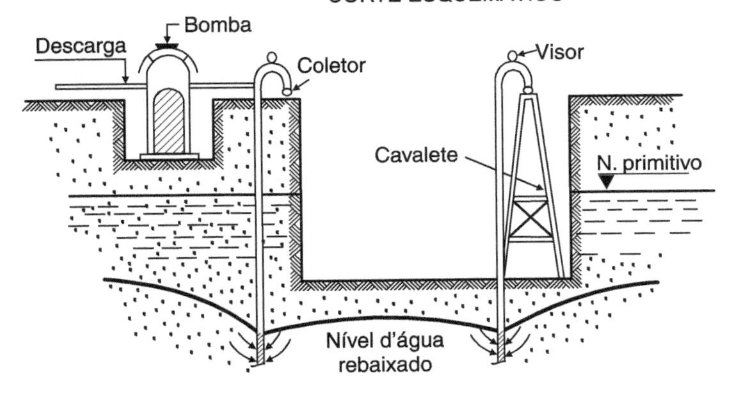

FIGURA 2.7

Ao longo do coletor e espaçadas de 90 cm, são soldadas tomadas de 1 ½″. No prumo destas tomadas (todas, ou apenas algumas, o cálculo determinará) são descidos – por cravação ou lançamento – tubos de 1 ½″, terminados por *ponteiras* especiais, constituídas de um elemento de cano de cobre perfurado, envolto por uma rede de telas de cobre de malhas adequadas. O espaçamento entre os tubos não deve ser inferior a 15 vezes o diâmetro do tubo, de maneira a reduzir suficientemente a influência recíproca de uns sobre os outros. As ponteiras descem a uma profundidade um pouco maior do que a do ponto mais baixo a ser escavado.

Os tubos verticais são conectados às tomadas do coletor por meio de uniões articuladas providas de um visor especial que permite acompanhar o funcionamento de cada uma das ponteiras. Finalmente, da bomba – que aspira a água do solo por meio das ponteiras – sai um cano de descarga, da capacidade do coletor, que pode ser conduzido para o local mais apropriado à evacuação das águas.

A rede deve ter ligeiro aclive no sentido das bombas, isto é, o trecho mais próximo das bombas deve ser mais elevado alguns centímetros (0,5 % é suficiente), a fim de que não se formem bolsas de ar no interior das canalizações.

Em face do grande número de poços filtrantes distribuídos pela área, consegue-se o rebaixamento do nível de maneira rápida e uniforme.

Em se tratando de áreas muito extensas, trabalha-se por *seções*, com o número de bombas que se fizer necessário.

Considerando-se que a multiplicidade de juntas da instalação torna a tubulação de aspiração pouco estanque ao ar, compreende-se por que, embora a altura teórica máxima de aspiração das bombas seja de 10,33 m, na prática, esta altura diminui consideravelmente. Assim, admite-se como uma instalação normal aquela que produz um rebaixamento do nível d'água de 6 a 7 m de altura, podendo, no entanto, em condições particularmente cuidadosas, alcançar 8,5 a 9 m de altura.

Em virtude, então, da limitação da altura de aspiração, quando for necessário rebaixar a água além de 7 m abaixo do nível do coletor, procede-se em *dois estágios*: o segundo sendo realizado após a escavação dos sete primeiros metros já enxutos (Fig. 2.8).

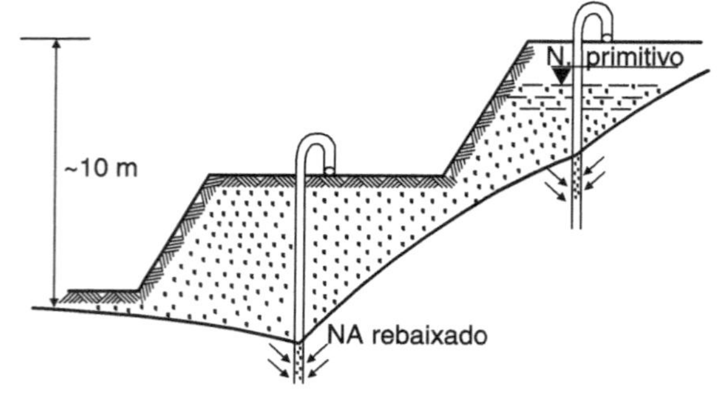

FIGURA 2.8

Em geral, não é econômico ultrapassar dois estágios, preferindo-se, no caso de um lençol d'água muito profundo, o emprego de "bombas de profundidade" (bombas submersas), às quais vamos nos referir mais adiante.

Caso especial, no entanto, foi o rebaixamento realizado por Estacas Franki Ltda., para o aproveitamento hidrelétrico de CuruáUna.

Trata-se da execução da barragem de terra mais alta do mundo *sobre terreno de areia*, localizada a 70 km de Santarém, Pará. É uma obra da Central Elétrica do Pará (Celpa).

Na construção da casa de força e do vertedouro, foi executado, pela primeira vez no Brasil, um rebaixamento do nível d'água em seis estágios, tal como ilustrado na Figura 2.9.

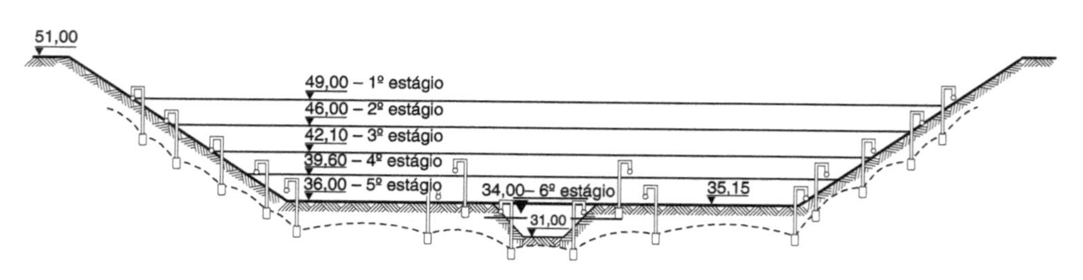

FIGURA 2.9

O processo aqui descrito foi usado pela primeira vez na Alemanha, em 1896, sendo, hoje, largamente empregado, inclusive no Brasil, com absoluto êxito.

Com relação à natureza do terreno, o sistema é aplicável eficientemente aos solos permeáveis, até um valor mínimo de k da ordem de 10^{-5} m/s e diâmetros efetivos maiores do que 0,1 mm.

Em presença de um solo argiloso, pode-se ainda, em alguns casos e com certo rendimento, aplicar o processo, desde que se envolva o tubo por uma coluna de areia e pedregulho, formando, assim, um dreno vertical.

2.4 CÁLCULO DE UMA INSTALAÇÃO DE REBAIXAMENTO

Quando se tem em funcionamento, após certo tempo, uma instalação de rebaixamento do nível d'água, a experiência mostra que se forma em torno de cada filtro uma zona de rebaixamento em forma de cone. Tendo-se vários filtros, haverá várias superfícies de rebaixamento, as quais se recompõem produzindo um rebaixamento geral. Assim, a seção vertical da superfície do lençol d'água toma a forma representada pela Figura 2.7, cujo rebaixamento máximo é função, como veremos, do número de filtros, de seu afastamento, do terreno, da descarga da bomba etc.

Estudaremos, inicialmente, o efeito de um único poço e, em seguida, o de n poços filtrantes sobre o rebaixamento do nível d'água.

As expressões fundamentais dos cálculos hidráulicos, aplicados ao rebaixamento do nível d'água, resultam das teorias clássicas estabelecidas por Darcy, Dupuit, Forchheimer e outros.

Um único poço

Vamos considerar o perfil do terreno passando pelo poço (Fig. 2.10) e referir o conjunto a um sistema cartesiano ortogonal, com o eixo dos x coincidindo com o limite superior da camada impermeável e o dos y com o eixo do poço filtrante.

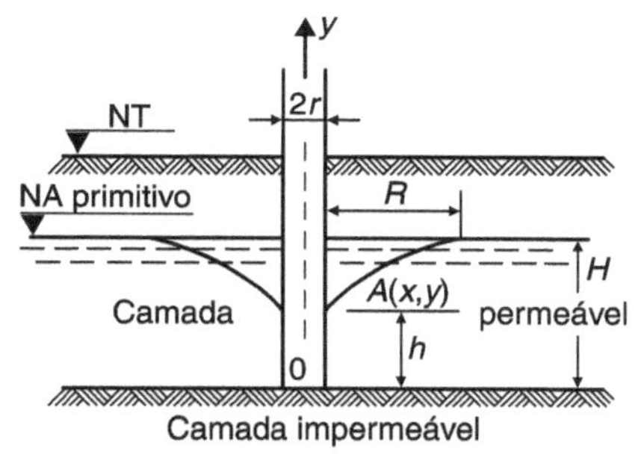

FIGURA 2.10

Seja $A(x, y)$ um ponto da curva de rebaixamento. Nesse ponto a declividade é dy/dx e a velocidade da água

$$v_x = k \cdot \frac{dy}{dx}$$

sendo k o coeficiente de permeabilidade do solo.

A descarga, então, por meio de uma superfície cilíndrica de raio x e altura y é igual a:

$$q = 2\pi \cdot x \cdot y \cdot k \cdot \frac{dy}{dx}$$

Separando as variáveis:

$$y \cdot dy = \frac{q}{2\pi \cdot k} \cdot \frac{dx}{x}$$

Integrando e simplificando, vem:

$$y^2 = \frac{q}{\pi \cdot k} \ln(x) + C$$

sendo C a constante de integração.

Esta constante pode ser determinada observando-se que, para $x = r$ (raio do poço), tem-se $y = h$ (altura do nível d'água no poço). Desse modo:

$$C = h^2 - \frac{q}{\pi \cdot k} \cdot \ln(r)$$

Substituindo C pelo valor achado, vem:

$$y^2 = \frac{q}{\pi \cdot k} \cdot \ln(x) + h^2 - \frac{q}{\pi \cdot k} \cdot \ln(r)$$

da qual, finalmente:

$$y^2 - h^2 = \frac{q}{\pi \cdot k} \cdot \ln\left(\frac{x}{r}\right) \quad (1)$$

que é a equação da curva meridiana de rebaixamento em função de um único poço.

Se em (1) fizermos $y = H$ (altura do lençol d'água não rebaixado), x toma um valor R, que corresponde ao "raio de influência do poço", isto é:

$$H^2 - h^2 = \frac{q}{\pi k} \cdot \ln\left(\frac{R}{r}\right) \quad (2)$$

Dessa equação tira-se:

$$h = \sqrt{H^2 - \frac{q}{\pi k} \ln\left(\frac{R}{r}\right)}$$

em que o "rebaixamento máximo" é igual a:

$$H - h = H - \sqrt{H^2 - \frac{q}{\pi k} \cdot \ln\left(\frac{R}{r}\right)}$$

A descarga correspondente, obtida de (2), tem por valor:

$$q = \frac{\pi \cdot k \cdot (H^2 - h^2)}{\ln\left(\frac{R}{r}\right)}$$

Portanto, para um poço de raio r, existem uma descarga e um rebaixamento máximo determinados.

Para um ponto qualquer à distância x do poço, o rebaixamento será:

$$H - y = H - \sqrt{h^2 - \frac{q}{\pi \cdot k} \cdot \ln\left(\frac{x}{r}\right)}$$

Determinação de *R*

No que concerne ao valor de R, obtém-se de (2):

$$\ln\left(\frac{R}{r}\right) = \frac{\pi \cdot k}{q} \cdot (H^2 - h^2)$$

ou:

$$\frac{R}{r} = e^{\frac{\pi \cdot k}{q} \cdot (H^2 - h^2)}$$

ou ainda:

$$R = r \cdot e^{\frac{\pi \cdot k}{q} \cdot (H^2 - h^2)}$$

em que, teoricamente, o raio de influência assume um valor constante, uma vez que a superfície de rebaixamento tenha atingido a posição de equilíbrio (descarga estabilizada).

Experimentalmente, no entanto, constata-se que, mesmo a descarga estando estabilizada, R continua a crescer com o tempo, embora lentamente.

Admitindo $r = 5$ cm e R sucessivamente igual a 500 e 1000, R/r varia de 10.000 para 20.000, enquanto $\ln(R/r)$ sofre uma variação aproximada de apenas 9,21 para 9,92, isto é, menos de 10 % para uma variação de 100 % de R.

Daí se concluir, então, que um erro na avaliação de R é de pouca importância para os resultados.

A avaliação de R pode ser feita, tanto pela fórmula de Schultze (de valor teórico discutido),

$$R = 60 \cdot \sqrt{\frac{H \cdot k \cdot t}{n}}$$

em que, além dos símbolos já definidos, t é o tempo de funcionamento e n a porosidade do solo, quanto pela fórmula empírica de Sichardt,

$$R = 3000 \cdot (H - h) \cdot \sqrt{k}$$

em que as unidades a adotar são o metro e o segundo.

O raio de influência de um poço, segundo a natureza do terreno, pode alcançar até 20.000 m, a menos que condições locais o determinem (proximidade de um rio, por exemplo).

Ensaio de bombeamento

Enquanto o valor de R tem relativamente pouca importância, como acabamos de mostrar, o mesmo não acontece com o coeficiente de permeabilidade k, cuja influência é marcante no cálculo de rebaixamento, devendo, portanto, ser determinado tão exatamente quanto possível.

Como sabemos, embora sua determinação possa ser feita a partir de ensaios no laboratório, o processo recomendável para o caso é o da determinação *in loco* pelo chamado *ensaio de bombeamento*.

Com efeito, com um poço filtrante em funcionamento e medindo-se a variação do nível d'água em dois poços testemunhas (Fig. 2.11), tem-se, aplicando a Equação (1):

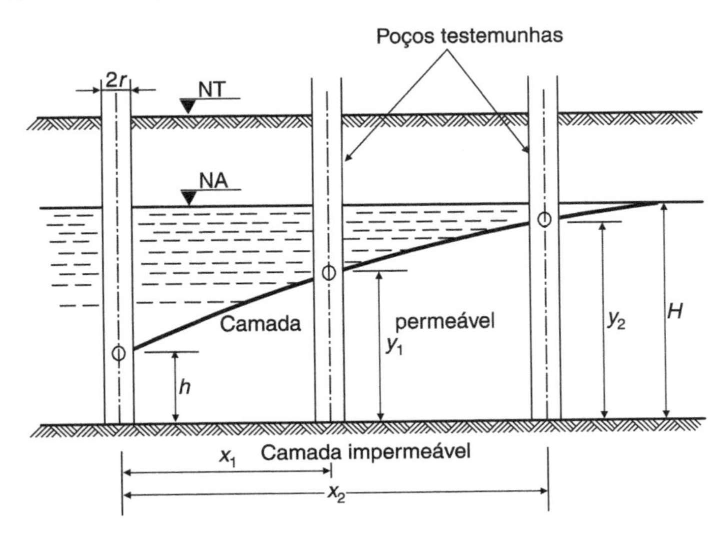

FIGURA 2.11

$$y_1^2 - h^2 = \frac{q}{\pi \cdot k} \cdot \ln\left(\frac{x_1}{r}\right)$$

$$y_2^2 - h^2 = \frac{q}{\pi \cdot k} \cdot \ln\left(\frac{x_2}{r}\right)$$

Subtraindo membro a membro, vem:

$$y_2^2 - y_1^2 = \frac{q}{\pi k}(\ln x_2 - \ln x_1)$$

e daí, portanto:

$$k = \frac{q \cdot \ln\left(\frac{x_2}{x_1}\right)}{\pi \cdot (y_2^2 - y_1^2)}$$

Em vista da heterogeneidade do solo e em se tratando de grandes áreas, deve-se tomar para k um valor médio dos valores determinados em diferentes pontos.

Caso em que o poço não atinge a camada impermeável

Cumpre observar que as fórmulas precedentes, estabelecidas no caso de o poço atingir a camada impermeável subjacente à camada permeável, são ainda aplicáveis quando aquela camada se encontra a grande profundidade, em que H, nesse caso, é a diferença entre o nível d'água não rebaixado e o nível do fundo do poço.

No que se refere à descarga, é comum considerar-se o valor $1{,}2 \times q$ – isto é, um aumento de 20 % da descarga prevista.

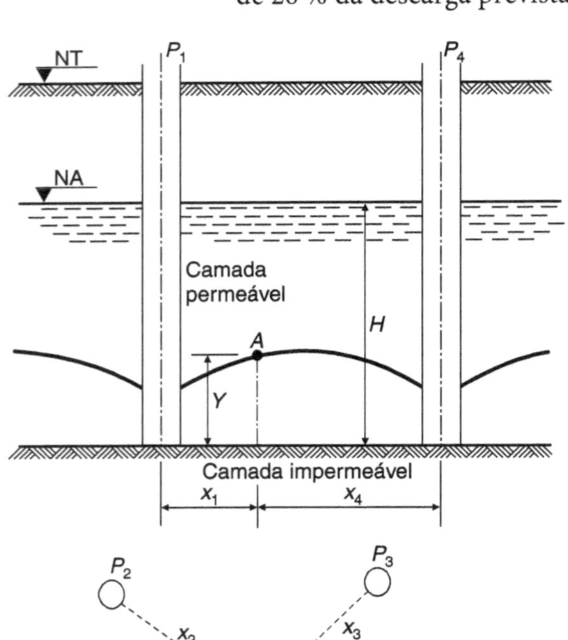

FIGURA 2.12

Na prática, sendo raro o emprego de um único poço filtrante, façamos, a seguir, o estudo de uma instalação com n poços.

Um grupo de poços filtrantes

Seja (Fig. 2.12) um conjunto de n poços $P_1, P_2 \dots P_n$ dispostos de uma maneira qualquer. Vejamos qual o efeito do rebaixamento em um ponto A distante $x_1, x_2 \dots x_n$, respectivamente, dos poços $P_1, P_2 \dots P_n$.

Segundo o mesmo raciocínio adotado para o caso de um único poço, podemos escrever as n equações diferenciais de derivadas parciais:

$$2\pi \cdot x_i \cdot y \cdot k \cdot \frac{\partial y}{\partial x_i} = q_i$$

com $i = 1, 2, \dots n$.

Fazendo:

$$y^2 = z$$

donde:

$$2\pi \frac{\partial y}{\partial x_i} = \frac{\partial z}{\partial x_i}$$

teremos:

$$\pi \cdot k \cdot x_i \cdot \frac{\partial z}{\partial x_i} = q_i$$

ou:

$$\pi \cdot k \cdot \frac{\partial z}{\partial x_i} = \frac{q_i}{x_i}$$

ou ainda:

$$\pi \cdot k \cdot \frac{\partial z}{\partial x_i} dx_i = q_i \cdot \frac{dx_i}{x_i}$$

Somando membro a membro estas n relações, vem:

$$\pi k \left(\frac{\partial z}{\partial x_1} dx_1 + \frac{\partial z}{\partial x_2} dx_2 + \ldots + \frac{\partial z}{\partial x_n} dx_n \right) = q_1 \frac{dx_1}{x_1} + q_2 \frac{dx_2}{x_2} + \ldots + q_n \frac{dx_n}{x_n}$$

ou:

$$\pi \cdot k \cdot dz = q_1 \cdot \frac{dx_1}{x_1} + q_2 \cdot \frac{dx_2}{x_2} + \ldots + q_n \cdot \frac{dx_n}{x_n}$$

Integrando, temos:

$$\pi \cdot k \cdot z = q_1 \cdot \ln(x_1) + q_2 \cdot \ln(x_2) + \ldots + q_n \cdot \ln(x_n) + C$$

donde, finalmente, substituindo z pelo seu valor:

$$y^2 = \frac{q_1}{\pi \cdot k} \cdot \ln(x_1) + \frac{q_2}{\pi \cdot k} \cdot \ln(x_2) + \ldots + \frac{q_n}{\pi \cdot k} \cdot \ln(x_n) + C \quad (3)$$

Para um ponto mais distante da instalação – R, raio de influência –, desprezando-se, por serem negligenciáveis, as distâncias relativas entre os poços, teremos $y = H$.

Assim:

$$H^2 = \frac{(q_1 + q_2 + \ldots + q_n) \cdot \ln(R)}{\pi \cdot k} + C$$

Substituindo C em (3) pelo seu valor obtido da equação anterior, vem:

$$y^2 = H^2 - \frac{q_1}{\pi \cdot k} \cdot \ln\left(\frac{R}{x_i}\right) - \ldots - \frac{q_n}{\pi \cdot k} \cdot \ln\left(\frac{R}{x_n}\right)$$

Se todos os poços forem iguais, isto é, $q_1 = q_2 = \ldots = q_n$, teremos:

$$y^2 = H^2 - \frac{q}{\pi \cdot k} \cdot \left\{ n \cdot \ln(R) - \left[\ln(x_1) + \ldots + \ln(x) \right] \right\}$$

notando que $n \cdot q = Q$ (descarga total da instalação), vem:

$$y^2 = H^2 - \frac{Q}{\pi \cdot k} \left[\ln(R) - \frac{1}{n} \ln(x_1 \cdot x_2 \ldots x) \right]$$

ou ainda:

$$y^2 = H^2 - \frac{Q}{\pi \cdot k} \cdot \ln\left(\frac{R}{\sqrt[n]{x_1 \times x_2 \ldots x_n}}\right) \quad (4)$$

Finalmente, o rebaixamento do nível d'água no ponto A vale:

$$H - y = H - \sqrt{H^2 - \frac{Q}{\pi \cdot k} \cdot \ln\left(\frac{R}{\sqrt{x_1 \times x_2 \ldots x_n}}\right)}$$

e a descarga correspondente:

$$Q = \frac{\pi \cdot k \cdot (H^2 - y^2)}{\ln\left(\frac{R}{\sqrt[n]{x_1 \times x_2 \ldots x_n}}\right)}$$

Como se observa, estas fórmulas são análogas às estabelecidas para um poço único.
Com:

$$\sqrt[n]{x_1 \times x_2 \ldots x_n} = r_m$$

a Equação (4) se escreve:

$$y^2 = H^2 - \frac{Q}{\pi \cdot k} \cdot \ln\left(\frac{R}{r_m}\right)$$

o que mostra que o rebaixamento produzido por uma instalação de n poços é igual ao que se teria com um poço único de raio igual à média geométrica das distâncias do ponto considerado aos diversos poços.

Cálculo aproximado

Na prática, quando se deseja um rebaixamento $H - y$ em certa área S, pode-se, para um cálculo rápido, assimilar esta área à de um círculo de raio:

$$r_m = \sqrt{\frac{S}{\pi}}$$

raio este de um poço fictício.

Em seguida, estimando-se o raio de influência R, calcula-se a descarga:

$$Q = \frac{\pi \cdot k \cdot (H^2 - y^2)}{\ln\left(\frac{R}{r_m}\right)}$$

Daí o número necessário de bombas em função de Q e da capacidade da bomba.
Vejamos o número necessário de poços.
Pela regra de Sichardt, a descarga máxima que um poço filtrante pode fornecer é igual a:

$$q_{\text{máx}} = \frac{2 \cdot \pi \cdot r \cdot h \cdot \sqrt{k}}{15}$$

em que h é a altura filtrante do poço e as unidades a adotar deverão ser o metro e o segundo.

O número de poços será, então:

$$n = \frac{Q}{q_{\text{máx}}}$$

Aplicação numérica

Sejam os seguintes dados:

$$\begin{cases} S = 1000\ \text{m}^2 \\ H = 20\ \text{m} \\ H - y = 7\ \text{m} \\ r = 0{,}02\ \text{m} \\ k = 10^{-2}\ \text{cm/s} = 10^{-4}\ \text{m/s} \end{cases}$$

Temos, então:
raio médio:

$$r_m = \sqrt{\frac{1000}{\pi}} = 17{,}84\ \text{m}$$

raio de influência aproximado:

$$R = 3000 \cdot 7 \cdot \sqrt{10^{-4}} = 210\ \text{m}$$

descarga:

$$Q = \frac{\pi \cdot 10^{-4} \cdot (20^2 - 13^2)}{\ln\left(\frac{210}{18{,}1}\right)} \cong 0{,}03\ \text{m}^3/\text{s}$$

Como esta descarga corresponderá ao funcionamento da instalação quando o rebaixamento já estiver estabelecido, é aconselhável, na prática, para o cálculo das bombas, tomar um acréscimo de 25 %.

Assim:

$$Q \cong 0{,}037\ \text{m}^3/\text{s} \cong 133\ \text{m}^3/\text{hora},$$

bastando então o emprego de uma única bomba.

As bombas do tipo *Moretrench* de 6″, por exemplo, são capazes de uma descarga de 1100 galões por minuto, ou:

$$\frac{1100 \times 3{,}785}{60} = 69{,}5\ \text{litros/s}$$

descarga de cada poço:

$$q_{\text{máx}} = \frac{2 \cdot \pi \cdot 0{,}02 \cdot 1 \cdot \sqrt{10^{-4}}}{15} \cong 0{,}000084\ \text{m}^3/\text{s}$$

em que h foi considerado igual a 1 m;
número de poços necessários:

$$n = \frac{0{,}037}{0{,}000084} \cong 440$$

2.5 SISTEMA A VÁCUO

O sistema a vácuo é empregado para solos com coeficientes de permeabilidade da ordem de 10^{-7} m/s e diâmetros efetivos menores que 0,05 mm.

Neste método, provoca-se a rarefação do ar nos coletores, por meio de bombas adicionais a vácuo ligadas à instalação, ao mesmo tempo em que se utilizam poços filtrantes envolvidos por drenos de areia obturados na extremidade superior por um tampão de argila (Fig. 2.13).

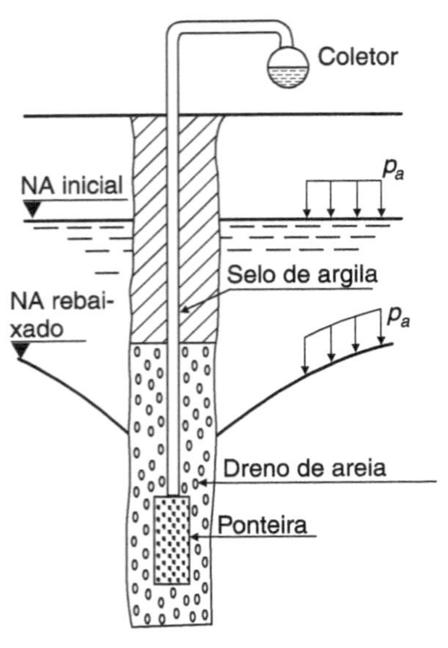

FIGURA 2.13

Em face desta rarefação no interior da instalação e considerando-se que, no exterior, a água está sujeita à pressão atmosférica (p_a), produz-se, assim, um gradiente de pressão que faz com que a água percole na direção dos poços filtrantes e daí para o coletor, de onde é esgotada.

Observe-se, ainda, que por esse método são acrescidas as pressões efetivas no solo, o que proporciona melhor estabilidade do maciço.

No Brasil, pode-se citar, dentre outros exemplos de aplicação do sistema, o rebaixamento do nível d'água (NA) nas obras do Edifício Marquês do Herval, no centro do Rio de Janeiro (esquina das Avenidas Rio Branco e Almirante Barroso). Nesta obra, da qual participamos na execução de sua infraestrutura, o subsolo é bastante heterogêneo, pois abaixo da camada superficial de aterro, com cerca de 2 m, segue-se um solo residual arenosiltoargiloso de baixa permeabilidade (da ordem de 10^{-7} m/s). O nível d'água encontra-se aproximadamente a 2 m abaixo do meio-fio. Constatou-se, ainda, a existência de veios mais permeáveis, por meio dos quais a água se infiltrava, carreando finos do solo e formando cavidades, o que explica os sucessivos escorregamentos conchoidais que ocorriam.

Como se evidenciava que não seria fácil o rebaixamento do NA, foi prevista e executada, com resultados satisfatórios, uma instalação com as seguintes características:

- poços filtrantes, com vácuo adicional, em dois estágios, com extremidades das ponteiras a 8 e 12 m do meio-fio;
- envolvimento das ponteiras por drenos verticais de areia, de 40 cm de diâmetro;
- uso de poços filtrantes inclinados em determinados locais (do lado da Av. Rio Branco).

2.6 SISTEMA COM POÇOS PROFUNDOS

Sistema com injetores

Com o objetivo de superar as limitações do sistema de ponteiras, foi concebido o sistema de rebaixamento por injetores.

Neste sistema, os poços atingem profundidades de até 30 m, com diâmetros que variam de 20 a 30 cm.

As bases do sistema estão apresentadas na Figura 2.14 e consistem na circulação de água por um bocal cuja conformação deve reproduzir um tubo *Venturi*.

O sistema funciona como um circuito semifechado em que a água é impulsionada por uma bomba centrífuga por meio de uma tubulação horizontal de injeção. Esta possui saída para conexões verticais com tubos de injeção, os quais levam a água até o injetor no fundo do poço.

As pressões de injeção de água variam de 700 a 1000 kN/m² e as pressões de retorno são da ordem de 10 % deste valor.

Como consequência, tem-se uma sucção na extremidade inferior do poço, promovendo a aspiração da água do lençol freático.

Sistema com bombas submersas

Este processo, denominado *processo Siemens*, que consiste em recalcar a água por meio de bombas submersas colocadas no fundo de um tubo filtrante, é indicado quando se deve executar um rebaixamento do nível d'água a uma grande profundidade. Existem bombas deste tipo que recalcam a água até mais de 100 m de altura e com uma descarga de 60 m³/hora ou mais.

O poço filtrante (Fig. 2.15) é revestido por um tubo de aço, com 15 a 30 cm de diâmetro e 4 mm de espessura, fechado na base e perfurado ao longo de certa altura. A parte perfurada é envolvida por um conjunto de telas com malhas convenientemente escolhidas, de maneira a impedir a passagem das partículas do solo. A altura desta parte filtrante do poço depende do nível do lençol d'água.

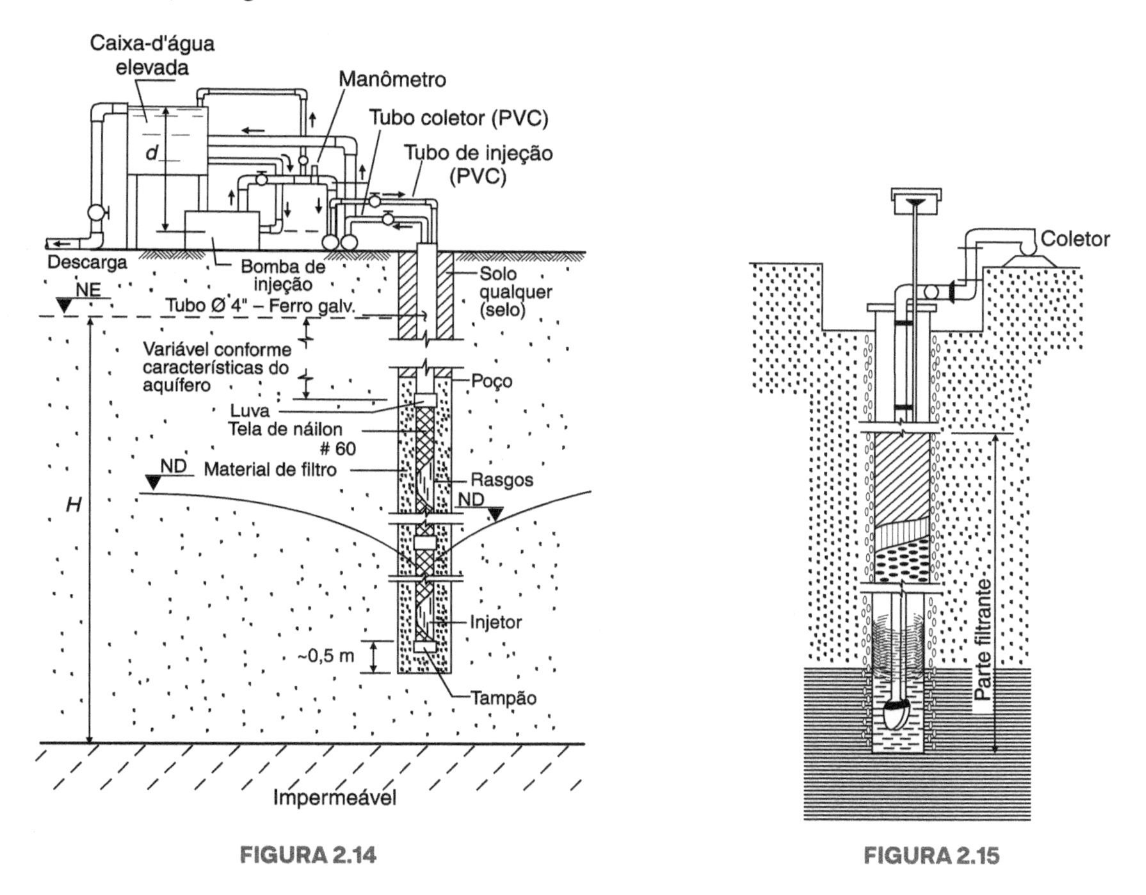

FIGURA 2.14

FIGURA 2.15

Na parte inferior, então, é colocada uma bomba de recalque (bomba centrífuga com eixo vertical), acoplada diretamente a um motor elétrico, também submerso ou situado na superfície do solo. A água é recalcada em tubo terminado por um coletor de evacuação.

2.7 DRENAGEM POR ELETROSMOSE

Para solos com coeficientes de permeabilidade compreendidos entre 10^{-7} e 10^{-9} m/s, os métodos de drenagem aqui referidos são inoperantes. Daí o interesse que vem despertando a aplicação do "fenômeno da eletrosmose", descoberto pelo Prof. Reuss, em 1808. Esta aplicação em Mecânica dos Solos deu origem ao chamado método de *drenagem por eletrosmose* ou *drenagem elétrica*, desenvolvido pelo Dr. Leo Casagrande.

Como ilustrado nas Figuras 2.16 e 2.17, após a passagem de uma corrente elétrica contínua entre dois eletrodos instalados em um solo saturado, a água contida nos vazios percolará no sentido do ânodo (polo positivo) para o cátodo (polo negativo), daí sendo coletada e esgotada por meio de bomba.

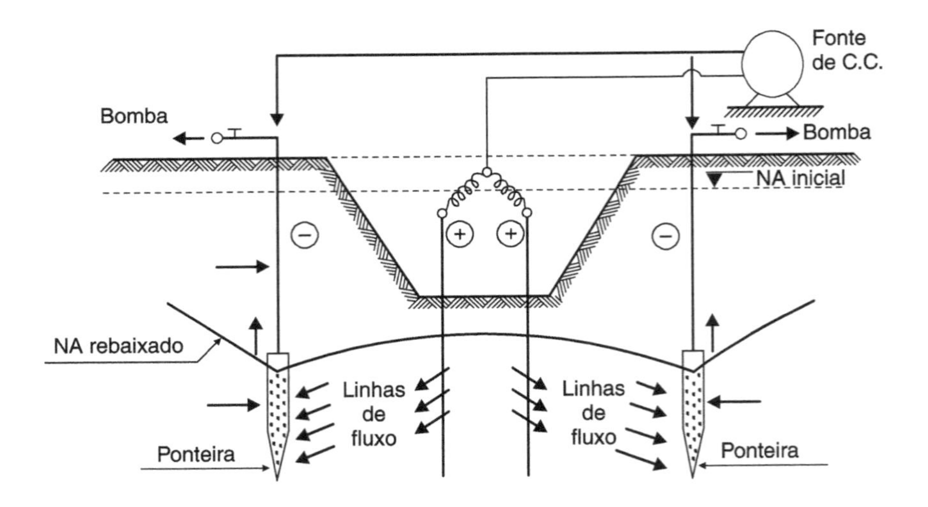

FIGURA 2.16

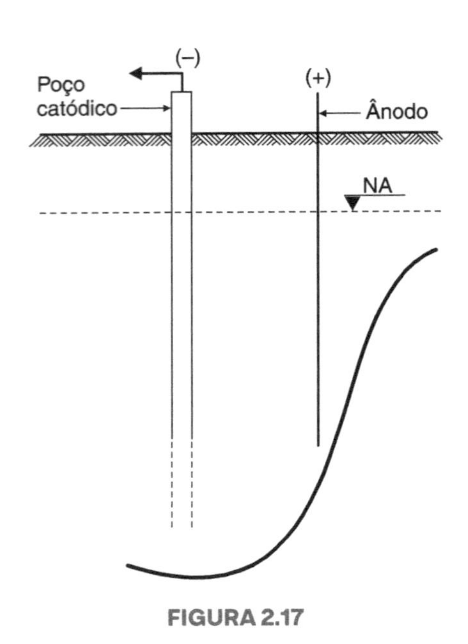

FIGURA 2.17

O princípio em que se baseia a drenagem por eletrosmose é mostrado na seguinte experiência: se uma amostra de solo é colocada entre dois eletrodos (Fig. 2.18) de área A e distância l, para uma diferença de potencial V, a quantidade de água que percola na unidade de tempo é:

$$q = k_e \frac{V}{l} A$$

Essa equação se apresenta da mesma forma que a da lei de Darcy; para valores de V/l menores que aproximadamente 10 volts por metro, esta equação deixa de ser válida, pois, para tais valores, o campo elétrico não é suficiente para vencer as forças de adsorção.

Ao contrário de k, que varia para os diferentes tipos de solo, k_e é praticamente constante e da ordem de 10^{-7} m/s para um gradiente de 10 volts/m.

Observe-se que, colocando as ponteiras (cátodos) perifericamente à escavação (Fig. 2.19), o uso do método inverterá os sentidos das linhas de fluxo e, consequentemente, as *forças de percolação* passarão a ser favoráveis à estabilidade do talude, ao contrário do que normalmente ocorre.

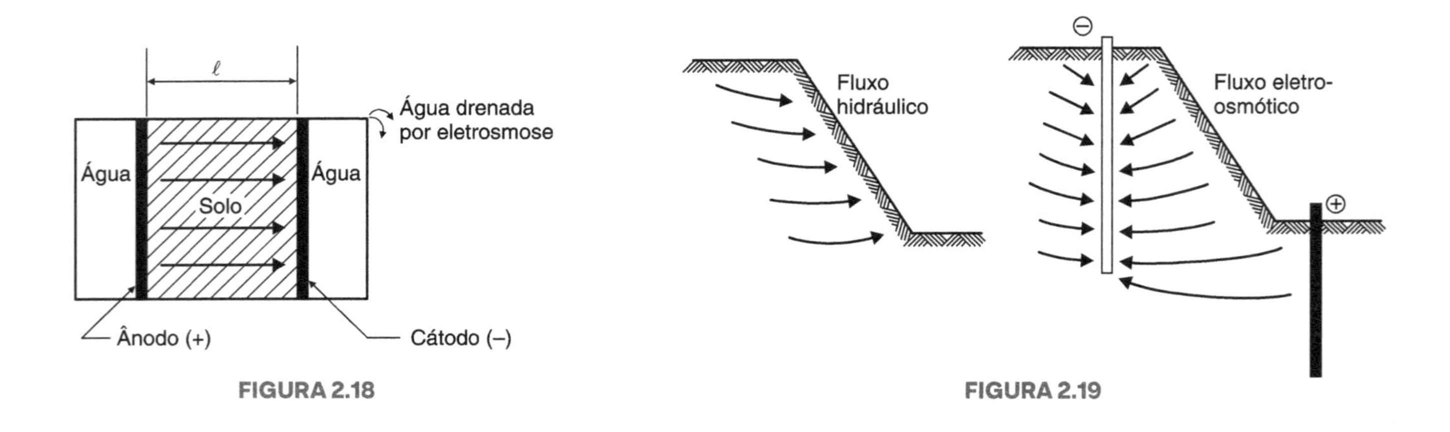

FIGURA 2.18

FIGURA 2.19

2.8 RECALQUES PROVOCADOS POR REBAIXAMENTO DO NÍVEL D'ÁGUA

O rebaixamento do nível d'água provoca, no solo, em consequência do aumento de seu peso específico aparente – não mais sujeito ao empuxo hidrostático – um acréscimo de pressão entre as partículas constituintes do terreno.

De fato, o peso específico que era de um solo submerso:

$$\gamma_{\text{sub}} = (G_s - \gamma_a) \cdot (1 - n)$$

passa a ser, digamos, de um solo seco:

$$\gamma_s = G_s \cdot (1 - n)$$

fórmulas essas muito conhecidas.

A razão entre os pesos específicos das zonas emersa e imersa é, portanto, $\dfrac{\gamma_s}{\gamma_{\text{sub}}} = \dfrac{G_s}{G_s - \gamma_a} > 1$. Supondo $G_s = 26{,}7$ kN/m³, tem-se $\gamma_s = 1{,}6\ \gamma_{\text{sub}}$.

Do acréscimo da pressão resulta um aumento de carga e, em consequência, o aparecimento de recalques.

Se o solo é constituído por uma camada de areia ou pedregulho, o recalque se produz simultaneamente com o rebaixamento do nível d'água, sendo geralmente de pouca importância.

O mesmo já não acontece quando se encontra camada de argila compressível no terreno. A sobrecarga decorrente do rebaixamento provocará o adensamento desta camada, podendo, assim, dar lugar a recalques nas fundações das obras vizinhas.

Observe-se, ainda, que a sobrecarga decorrente do rebaixamento do nível d'água, provocando o adensamento da camada compressível, poderá gerar "atrito negativo" (Fig. 2.20) nas estacas ou tubulões das fundações vizinhas.

Os recalques produzidos, assim como sua evolução com o tempo, podem ser calculados, como exemplificaremos a seguir, tendo em vista a conhecida teoria do adensamento de Terzaghi.

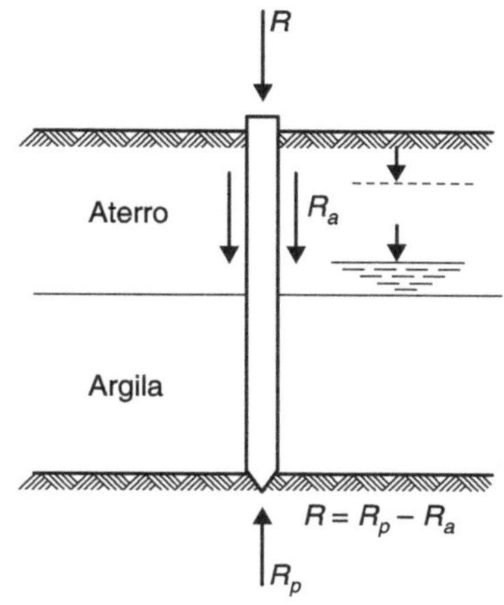

FIGURA 2.20

Exemplo

Estude o efeito do rebaixamento de 9 m do nível d'água sobre a camada de argila indicada no perfil (Fig. 2.21).

Pelo diagrama das pressões resultantes do peso próprio do terreno, facilmente obtido, verifica-se que, em consequência do rebaixamento do lençol d'água, a camada de argila sofrerá um *acréscimo de pressões* da ordem de 58 kN/m². Daí resultará um *recalque total* de 15,4 cm, que, *ao fim de um ano*, atingirá o valor de 7 cm (Fig. 2.22).

Sobre o assunto, constatações muito expressivas foram feitas quando dos ensaios realizados na Avenida Presidente Vargas, para a construção do metrô do Rio de Janeiro, onde o subsolo apresenta dois lençóis d'água: um superficial e outro profundo sob pressão.

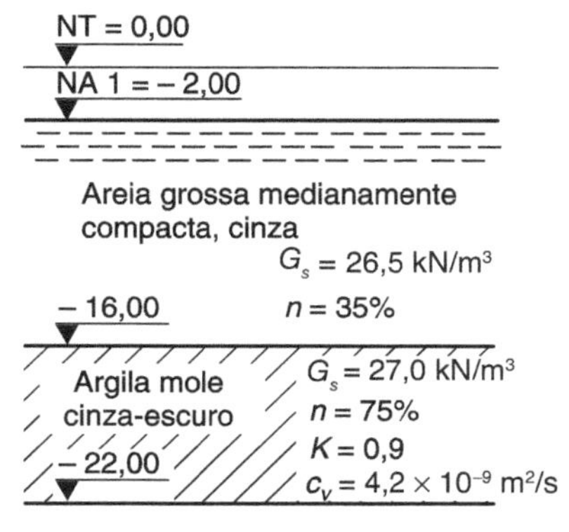

FIGURA 2.21

2.9 O CASO DA CIDADE DO MÉXICO

É sabido que os mais sérios problemas de fundação, talvez de todo o mundo, ocorrem na Cidade do México, dadas as condições geológicas de seu subsolo. Ele é constituído, na sua camada superior, com mais de 30 m de espessura, por diversos horizontes de argila de consistência mole e elevado teor de umidade, entremeados por horizontes de areias vulcânicas.

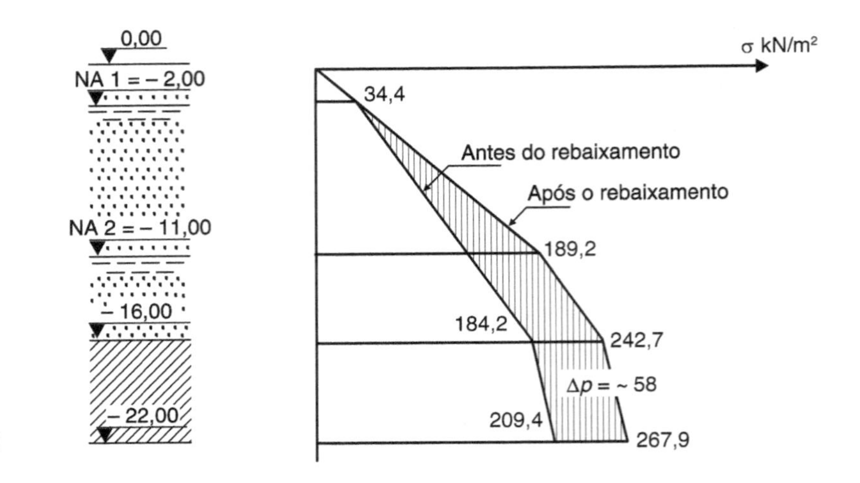

FIGURA 2.22

Subjacente a esta camada, e à medida que aumenta a profundidade, encontram-se horizontes de argilas, areias e pedregulhos, estes aglutinados por cimento vulcânico. Somente a 65 m de profundidade aparecem solos concrecionados de alta resistência.

Em face, portanto, das precárias condições de resistência desse singular subsolo, explicam-se os elevados recalques apresentados pelas construções e justificam-se os engenhosos sistemas de fundação utilizados, como é o caso das fundações do Edifício LatinoAmericano (um dos mais altos da América Latina, com cerca de 200 m de altura), cujo autor do projeto é o Dr. Zeevaert, professor de Mecânica dos Solos da Universidade do México.

Este edifício, com 43 andares, é apoiado em 361 estacas de 35 cm de diâmetro que atingem uma camada resistente a 33 m de profundidade. A amarração das cabeças das estacas, a 13,5 m de profundidade, é constituída por um caixão oco e estanque. Em função da subpressão hidrostática que nele se exerce, o alívio da carga sobre as estacas é de aproximadamente 40 % da carga total de 240 MN, como indicado na Figura 2.23.

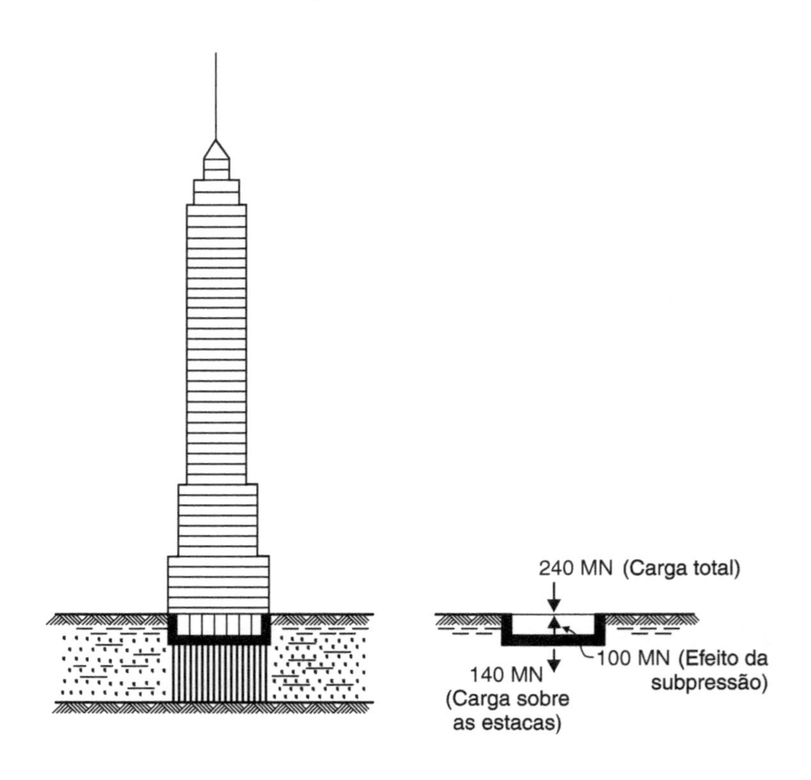

FIGURA 2.23

Acresce ao fato geológico apontado, a questão do rebaixamento do lençol d'água provocado pela retirada da água do subsolo, por meio de poços, para atender às necessidades urbanas, em crescimento considerável nos últimos anos.

Exemplo

Uma camada de areia, com 8 m de espessura e coeficiente de permeabilidade 7×10^{-4} m/s, é sobrejacente a uma camada de argila. O nível d'água está a 3 m abaixo da superfície livre da areia. Calcular o número e o espaçamento dos poços filtrantes necessários para rebaixar de 3 m do nível d'água, em uma área de 18 m × 42 m. As ponteiras têm 1½" de diâmetro e 1,10 m de comprimento.

Solução
70; 1,80 m.

EXERCÍCIOS

1) Em um "ensaio de bombeamento" foram obtidos os seguintes elementos (Fig. 2.24):

- descarga do poço filtrante 5,5 m³/h;
- alturas dos níveis de água nos poços-testemunhas, situados a 10 e 20 m do poço filtrante, respectivamente, 6,10 e 7,35 m.

Qual é o coeficiente de permeabilidade do solo?

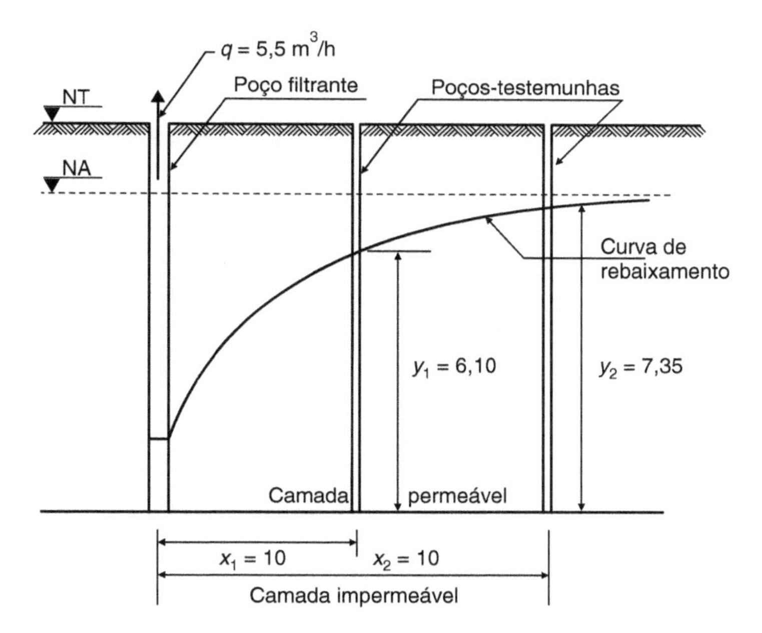

FIGURA 2.24

Solução
O cálculo de k, pelo ensaio de bombeamento, é feito pela fórmula:

$$k = \frac{q \cdot \ln\left(\frac{x_2}{x_1}\right)}{\pi\,(y_2^2 - y_1^2)}$$

No caso:

$q = 0{,}00153$ m³/s

$x_1 = 10$ m

$x_2 = 20$ m

$y_1 = 6{,}10$ m

$y_2 = 7{,}35$ m

Substituindo e efetuando, obtém-se:

$$k = \frac{0{,}00153 \cdot \ln\left(\frac{20}{10}\right)}{\pi\,(7{,}35^2 - 6{,}10^2)} = 2 \times 10^{-5}\ \mathrm{m/s}$$

2) Para uma situação de rebaixamento do nível d'água, como indicado na Figura 2.25, determine, pela fórmula de Sichardt, o "raio de influência" do poço.

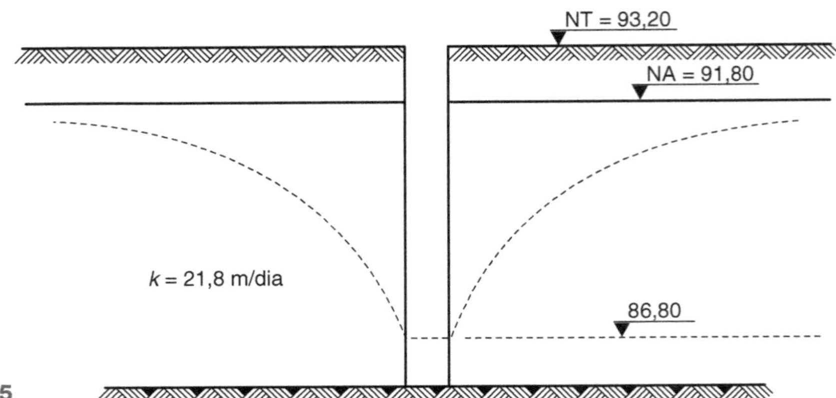

FIGURA 2.25

Solução

Pela fórmula de Sichardt,

$$R = 3000 \cdot (H - h) \cdot \sqrt{k}$$

com:

$$(H - h) = 91{,}80 - 86{,}80 = 5{,}00\ \mathrm{m}$$

$$k = 21{,}8\ \mathrm{m/dia} = \frac{21{,}8\ \mathrm{m}}{86.400\ \mathrm{s}} = 0{,}000252\ \mathrm{m/s}$$

obtém-se:

$$R = 3000 \cdot 5 \cdot \sqrt{0{,}000252} = 3000 \cdot 5 \cdot 0{,}0159 \cong 238{,}5\ \mathrm{m}$$

3) Determine o número de poços filtrantes necessários para realizar o rebaixamento do nível d'água, com vistas à execução de uma escavação com as indicações dadas na Figura 2.26.

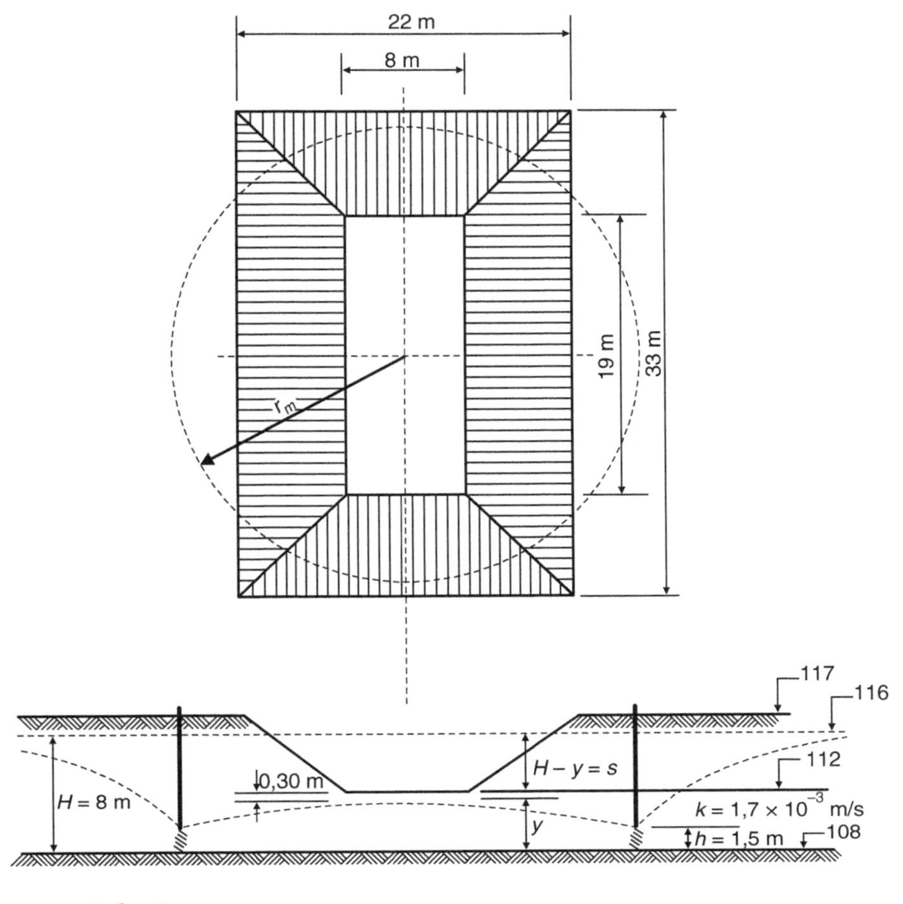

FIGURA 2.26

Solução
Temos:

$$S = 22 \cdot 33 = 726 \text{ m}^2$$

donde o raio médio:

$$r_m = \sqrt{\frac{726}{\pi}} = \sqrt{231{,}1} = 15{,}20 \text{ m}$$

Com:

$$S = 116 - 112 + 0{,}30 = 4{,}30 \text{ m}$$

e

$$y = H - S = 8 - 4{,}30 = 3{,}70 \text{ m}$$

tem-se para raio de influência aproximado:

$$R = 3000 \cdot S \cdot \sqrt{k} = 3000 \cdot 4{,}30 \cdot \sqrt{1{,}7 \times 10^{-3}} = 12.900 \cdot 10^{-2}\sqrt{17} = 531{,}9 \text{ m}$$

Levando em conta que:

$$\frac{R}{r_M} = \frac{531{,}9}{15{,}20} = 35$$

obtém-se para descarga da instalação:

$$Q = \frac{\pi \cdot 1{,}7 \cdot 10^{-3}(8^2 - 3{,}7^2)}{3{,}55} = \frac{\pi \cdot 1{,}7 \cdot 10^{-3} \cdot 50{,}31}{3{,}55} = 0{,}076 \text{ m}^3/\text{s}$$

Sendo a descarga do poço:

$$q_{máx} = \frac{2 \cdot \pi \cdot r \cdot h \cdot \sqrt{k}}{15} \therefore q_{máx} \cong 0,42 \cdot r \cdot h \cdot \sqrt{k} \rightarrow \begin{cases} r = 3'' = 0,075 \text{ m} \\ h = 1,5 \text{ m} \end{cases}$$

ou:

$$q_{máx} = 0,42 \cdot 0,075 \cdot 1,5 \cdot \sqrt{0,0017} \cong 0,002 \text{ m}^3/\text{s}$$

obtém-se, finalmente, para o número necessário de poços:

$$n = \frac{Q}{q_{máx}} = \frac{0,076}{0,002} = \frac{76}{2} = 38 \text{ poços}$$

3

Estabilidade de Taludes

3.1 INTRODUÇÃO

Sob o nome genérico de *taludes* compreendem-se quaisquer superfícies inclinadas que limitam um maciço de terra, de rocha ou de terra e rocha. Podem ser naturais, caso das encostas, ou artificiais, como os taludes de cortes e aterros. A Figura 3.1 apresenta a terminologia usualmente adotada.

Depreende-se, da própria definição, que nos estudos de estabilidade dos taludes intervêm decisivamente condicionamentos relativos à natureza dos materiais e agentes perturbadores, quer de natureza geológica, hidrológica e geotécnica, o que os torna da maior complexidade, abrindo amplos horizontes aos especialistas em Geologia Aplicada, Mecânica dos Solos e Mecânica das Rochas.[1] Daí, Krynine e Judd disseram que, na análise de taludes naturais ou artificiais, prevalece mais a "probabilidade" que a certeza.

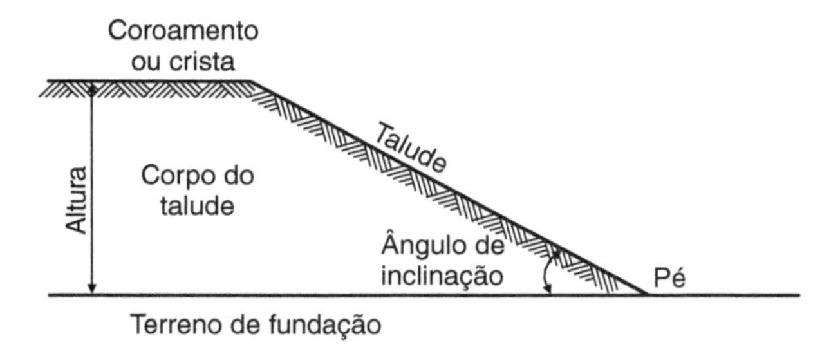

FIGURA 3.1

Quanto a sua importância,[2] basta atentar para os inúmeros acidentes ocorridos, iminentes ou receados, em todas as épocas e em todas as partes do mundo.

---

[1] Em 1960, emitindo parecer sobre um problema de estabilização de taludes, assim ponderava o Prof. Felippe dos Santos Reis: "Como é frequente na engenharia civil e até na própria ciência, o *fenômeno*, o *fato*, a *realidade* não são *levados integralmente* para o *laboratório*, o *escritório* e a *teoria*. O *racional* (a ciência toda) guarda distância do *natural*, produzindo sempre uma *evolução* na *ciência*, e por isso, com maior margem, a evolução aparece na técnica e seus projetos".

[2] "*Landslides are of profound interest to the common man. This interest stems from the fact that landslides, like volcanic eruptions, floods, and hurricanes, mean destruction of life and property by the forces of nature. Because landslides occur in a wide range of environments, they are seen and at least partly understood by almost everyone. It is little wonder that reports of "moving mountains", of rock avalanches, and even of trains or motor traffic held up by slides all capture the public imagination.*" (Edwin B. Eckel)

Historicamente, citam-se dois escorregamentos de grandes proporções. O de Saint Goldau, na Suíça, em que uma enorme massa rochosa, de 30 m de altura e 1500 m de comprimento, deslizou pela encosta arrasando uma aldeia. O outro foi o de Gross Ventre Valley, às margens de Snake River, no estado de Wyoming, Estados Unidos, onde em poucos minutos uma massa estimada em 50 milhões de metros cúbicos escorregou, dando origem a uma barragem natural de 60 m de altura.

No Brasil, citam-se os frequentes acidentes que ocorreram, nos primeiros trimestres de 1966 e 1967, nas encostas do Rio de Janeiro e trechos de nossas principais rodovias, bem como o deslizamento, de agosto de 1972, ocorrido na localidade de Vila Albertina, em Campos de Jordão (SP), provocando mortes e grandes prejuízos materiais. A gravidade desses deslizamentos foi de tal ordem que levou o então estado da Guanabara a criar o Instituto de Geotécnica.

Especificamente sobre os problemas que ocorreram no Rio de Janeiro, mas cujas conclusões valem para todas as áreas tropicais, onde as situações geoclimáticas são análogas, foram publicados dois valiosos trabalhos:

"Os Aguaceiros e as Encostas da Guanabara" (Sursan, 1966); trabalho elaborado sob a direção de Icarahy da Silveira.

"Os Movimentos de Encosta no Estado da Guanabara e Regiões Circunvizinhas" (Conselho Nacional de Pesquisas, 1967).

As Figuras 3.2 e 3.3 mostram dois, dentre muitos, dos acidentes ocorridos em 1967 na Variante da Serra das Araras (BR-462) e que a interditaram por longo tempo.

Desde o final de 2003, as Regiões Sul e Sudeste do Brasil vêm sofrendo com os efeitos de chuvas intensas e prolongadas, cabendo ressaltar os sucessivos desastres de Santa Catarina (2008), Paraná e Santa Catarina (2009) e, em 2010, os desastres em algumas cidades do estado São Paulo e do Rio de Janeiro, com inundações associadas aos escorregamentos de encostas.

FIGURA 3.2 Acidente ocorrido na Serra das Araras, em 1967.

FIGURA 3.3 Acidente ocorrido na Serra das Araras, em 1967.

Centenas de mortes foram contabilizadas nestes eventos catastróficos, além de vultosos danos materiais.

O assunto é tão importante que, durante o XV Congresso Brasileiro de Mecânica dos Solos e Engenharia Geotécnica (Cobramseg), realizado em Gramado, 2010, foi introduzido o "*Workshop* sobre Desastres Naturais", coordenado pelo Prof. Willy A. Lacerda, que estabelece as prioridades das discussões e apresenta um documento recente e importante para mapeamento de riscos de encostas. Outro evento importante é a Conferência Brasileira de Encostas (Cobrae), um fórum dedicado às discussões sobre a temática que ocorre a cada quatro anos.

Embora a Mecânica dos Solos tenha surgido para analisar e explicar fenômenos de instabilidade de taludes (vulgarmente denominados "quedas de barreiras") e apesar de todo o inconteste avanço, desde os estudos pioneiros de Collin, em 1846, ainda hoje esses fenômenos constituem um dos maiores problemas da Mecânica dos Solos no que se refere aos aspectos teóricos da previsão do seu mecanismo de evolução com o tempo, correta quantificação dos parâmetros dos materiais e exata análise dos esforços solicitantes e resistentes.

Neste capítulo é apresentada, ainda que sumariamente, uma visão global dos problemas de taludes quanto aos seus aspectos fenomenológicos e fundamentos teóricos mais importantes.

3.2 CLASSIFICAÇÃO DOS MOVIMENTOS

Conquanto as formas de instabilidade de maciços terrosos ou rochosos nem sempre se apresentem bem caracterizadas e definidas, os principais tipos de movimentos podem ser classificados em três grandes grupos (Fig. 3.4):

Desprendimento de terra ou rocha

É uma porção de maciço terroso ou de fragmentos de rocha que se destaca do resto do maciço, caindo livre e rapidamente, acumulando-se onde estaciona. Trata-se de fenômeno localizado. É evitável pelos processos comuns de prevenção e, quando necessário, utilizando-se os recursos de estabilização, como veremos adiante.

Escorregamento (*landslide*)

É o deslocamento rápido de uma massa de solo ou de rocha que, rompendo-se do maciço, desliza para baixo e para o lado de uma *superfície de deslizamento.*

Conforme o movimento seja acompanhado predominantemente por uma rotação (caso de solos coesivos homogêneos) ou uma translação (caso de maciços rochosos estratificados), denominar-se-ão, respectivamente, *escorregamento rotacional* e *escorregamento translacional.*

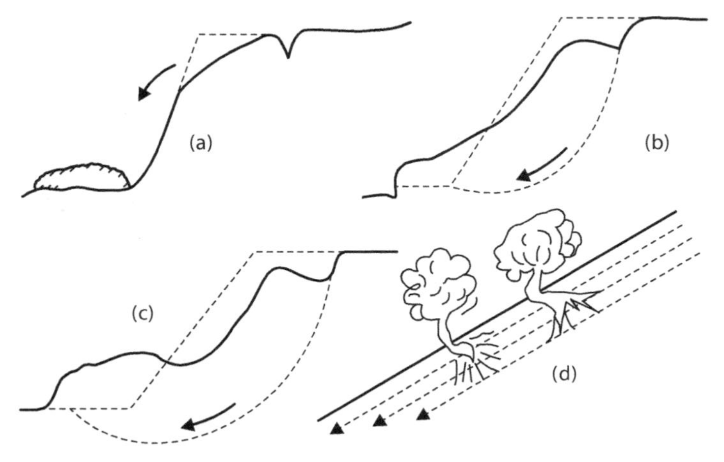

FIGURA 3.4

Se a superfície de deslizamento passar acima ou pelo pé do talude, será um escorregamento *superficial* ou ruptura de talude, e se por um ponto afastado do pé do talude, *escorregamento profundo*, *ruptura de base* ou *ruptura sueca* (por ter sido observado pela primeira vez nos acidentes ocorridos durante a construção das ferrovias suecas).

Rastejo (*creep*)

É o deslocamento lento e contínuo de camadas superficiais sobre camadas mais profundas, com ou sem limite definido entre a massa de terreno que se desloca e a que permanece estacionária.

A velocidade de rastejo é, geralmente, muito pequena. Segundo Terzaghi, é da ordem de 30 cm por decênio, enquanto a velocidade média de avanço de um escorregamento típico é de cerca de 30 cm por hora. A curvatura dos troncos de árvores, inclinação de postes e fendas no solo são alguns dos indícios da ocorrência do rastejo.

Escala de Varnes

A Figura 3.5 mostra-nos a *escala de Varnes*, que classifica os movimentos de maciços terrosos em função das velocidades com que eles se processam.

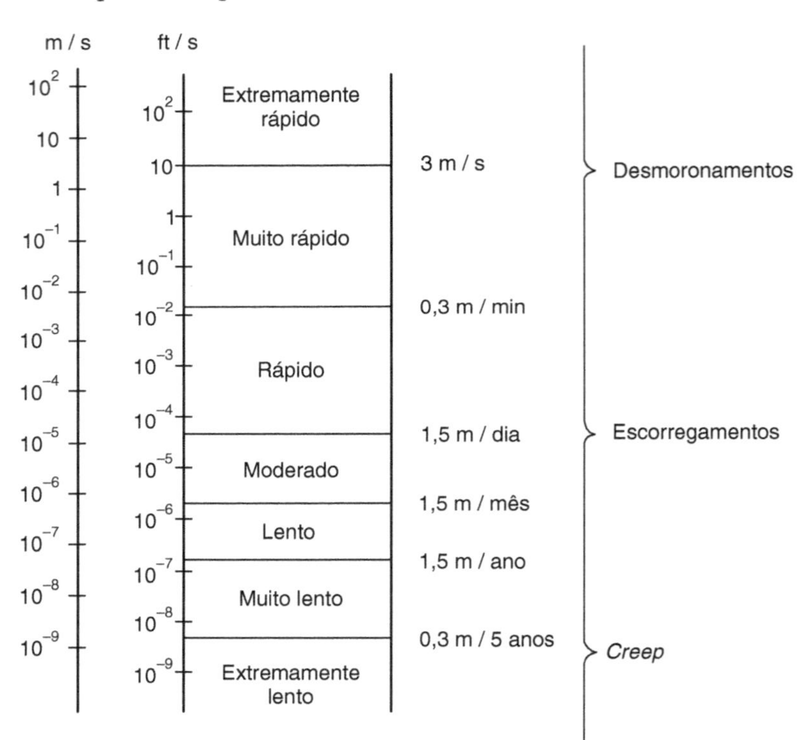

FIGURA 3.5

Outras classificações

Em um trabalho publicado na revista "Construção", em março de 1965, o Engº Eduardo Solon de Magalhães Freire propõe a seguinte classificação para os movimentos coletivos de solos e rochas:

a) *escoamento*, deformação ou movimento contínuo, com ou sem superfície definida de escorregamento; segundo suas características, subdivide-se em: corrido (escoamento fluido-viscoso) e rastejo ou reptação (escoamento plástico);

b) *escorregamento*, deslocamento finito ao longo de superfície definida de deslizamento, preexistente ou de neoformação;
c) *subsidência*, deslocamento finito ou deformação contínua de direção essencialmente vertical.

3.3 CAUSAS DOS MOVIMENTOS

Geralmente constituem *causas* de um escorregamento o "aumento" de peso do talude (incluindo as cargas aplicadas) e a "diminuição" da resistência ao cisalhamento do material. As primeiras classificam-se como *externas*, e as segundas, como *internas*.

A concomitância desses fatores nas estações chuvosas ou pouco depois - onde a saturação aumenta o peso específico do material e o excesso de umidade reduz a resistência ao cisalhamento pelo aumento da pressão neutra - explica a ocorrência da maioria dos escorregamentos nesses períodos de grande precipitação pluviométrica. Nos morros de Santos e cidades vizinhas, registraram-se 65 escorregamentos com vítimas, por ocasião das chuvas em março de 1956. Em 10 horas, a precipitação atingiu 250 mm.

Causa muito comum de escorregamento é a *escavação próxima ao pé do talude*, para implantação de uma obra (Fig. 3.6).

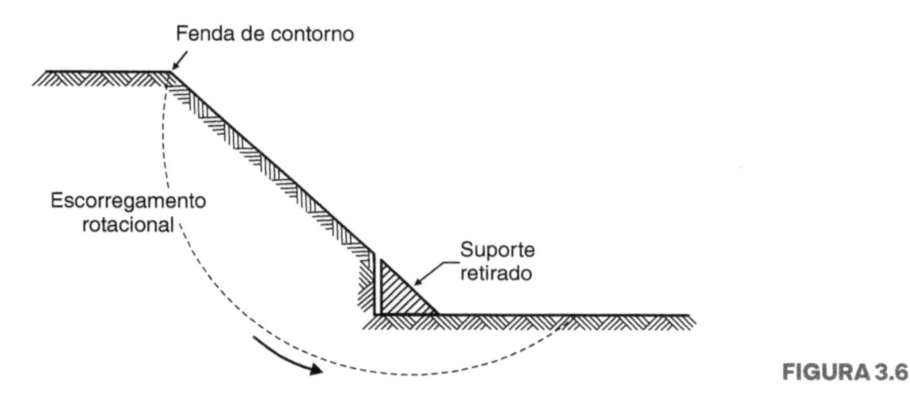

FIGURA 3.6

Há que se distinguir essas causas - por essa razão, chamadas de *causas reais* - do escorregamento, da *causa imediata*, que pode ser, por exemplo, um forte aguaceiro.

O Quadro 3.1, atribuído a Varnes (1978), seleciona os fatores dos movimentos de encostas.

QUADRO 3.1 Fatores deflagradores dos movimentos de encostas

Ação	Fatores	Fenômenos naturais/antrópicos
Aumento da solicitação	Remoção de massa (lateral ou da base)	Erosão, escorregamentos Cortes
	Sobrecarga	Peso da água da chuva, neve, granizo etc. Acúmulo natural de material (depósitos) Peso da vegetação Construção de estruturas, aterros etc.
	Soluções dinâmicas	Terremotos, ondas, vulcões etc. Explosões, tráfego, sismos induzidos
	Pressões laterais	Água em trincas, congelamento, material expansivo etc.

(continua)

(continuação)

Ação	Fatores		Fenômenos naturais/antrópicos
Redução da resistência	Características inerentes ao material	Textura, estrutura, geometria etc.	Características geomecânicas do material, estado de tensões iniciais
	Mudanças ou fatores variáveis	Mudanças nas características do material	Intemperismo, redução da coesão, ângulo de atrito Elevação do nível d'água
	Outras causas		Enfraquecimento em função do rastejo progressivo Ação das raízes das árvores e buracos de animais

Fonte: Varnes (1978).

3.4 ANÁLISE DA ESTABILIDADE

Do ponto de vista teórico, um talude se apresenta como uma massa de solo submetida a três campos de forças: as resultantes do peso, do escoamento da água e da resistência ao cisalhamento.

Basicamente, os métodos de estudo consistem:

a) em calcular as tensões em todos os pontos do meio e compará-las com as tensões resistentes; se aquelas forem maiores do que estas, aparecerão zonas de ruptura; e zonas de equilíbrio, em caso contrário (*métodos de análise das tensões*);
b) em isolar massas arbitrárias e estudar as condições de equilíbrio, pesquisando a de equilíbrio mais desfavorável (*métodos de equilíbrio limite*).

3.5 EQUAÇÃO BÁSICA DE KÖTTER

De grande importância no estudo da estabilidade de taludes, pelo primeiro método mencionado, é a equação de Kötter:

$$\frac{dp}{dl} - 2p \cdot \text{tg}\phi \frac{d\alpha}{dl} - \gamma \cdot \text{sen}(\alpha - \phi) = 0$$

na qual p é a tensão resultante sobre o elemento dl da curva de deslizamento, ϕ o ângulo de atrito interno, γ o peso específico e α o ângulo que o elemento dl forma com a horizontal (Fig. 3.7).

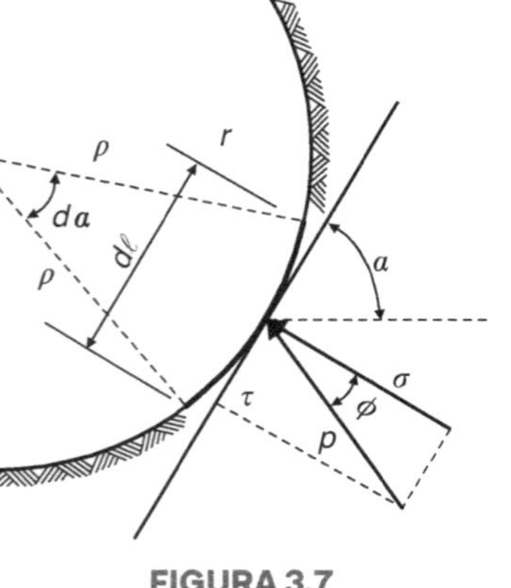

FIGURA 3.7

Esta equação diferencial linear de primeira ordem, que é célebre em Mecânica dos Solos Teórica, foi deduzida em 1888 pelo Prof. Fritz Kötter. Ela estabelece uma relação entre a forma da curva de deslizamento, por meio de sua curvatura $d\alpha/dl$, e as tensões p sobre ela exercidas.

Sua integral geral escreve-se:

$$p = \gamma \cdot e^{2 \cdot \alpha \cdot \text{tg}\phi} \int e^{-2 \cdot \alpha \cdot \text{tg}\phi} \text{sen}(\alpha - \phi) dl$$

Como mostrado por Jáky (1936), a equação de Kötter é também válida para solos coesivos.

Tendo em vista que

$$\tau = p \text{ sen } \phi$$

Obtém-se:

$$\frac{d\tau}{d\alpha} - 2 \cdot \tau \cdot \text{tg}\phi + \gamma \cdot p \cdot \text{sen}\phi \ \text{sen}(\alpha - \phi) = 0$$

que é a equação de Kötter em termos de tensão de cisalhamento, substituindo-se $dl/d\alpha$ pelo correspondente raio de curvatura, $-\rho$.

Estas são as equações que nos dão os valores de ρ e τ ao longo de uma superfície de ruptura.

Supondo plana a superfície de ruptura, $\frac{d\alpha}{dl} = -\frac{1}{p} = -\frac{1}{\infty} \rightarrow 0$ e a equação torna-se:

$$\frac{dp}{dl} - \gamma \cdot \text{sen}(\alpha - \phi) = 0$$

donde:

$$p = p_0 + \gamma \cdot l \cdot \text{sen}(\alpha - \phi)$$

com α constante.

3.6 TALUDES DE EXTENSÃO ILIMITADA (INFINITOS)

Consideremos um talude infinito e de inclinação i, constituído por um solo homogêneo de peso específico γ e submetido apenas ao peso próprio (Fig. 3.8).

Vamos admitir uma coluna do solo, de largura b e altura z, com comprimento unitário. As quatro forças que atuam sobre esta coluna e que deverão estar em equilíbrio são: $P = \gamma \cdot b \cdot z$ (peso da coluna, passando pelo ponto médio A da base), $P_E = P_D$ (forças que atuam nas faces laterais e que deverão ser iguais e terem a mesma linha de ação paralela à superfície do terreno, já que em dois pontos quaisquer à mesma profundidade as condições de esforço deverão ser as mesmas) e P_B, a qual, como é evidente, deverá ser igual e oposta a P; portanto, $P_B = P$.

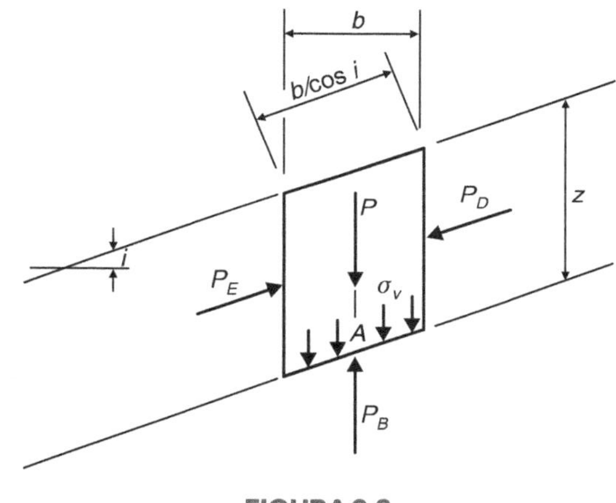

FIGURA 3.8

O valor da tensão vertical σ_v será, então:

$$\sigma_v = \frac{\gamma \cdot b \cdot z}{b/\cos i} = \gamma \cdot z \cdot \cos i$$

e suas componentes normal e tangencial:

$$\sigma = \gamma \cdot z \cdot \cos^2 i$$

$$\tau = \gamma \cdot z \cdot \text{sen}i \cdot \cos i = \frac{1}{2} \gamma \cdot z \cdot \text{sen}2 \cdot i$$

Nos diagramas de Mohr (Fig. 3.9), o ponto M representa as condições de pressão na profundidade z do maciço considerado. Verifica-se, assim, pela Figura 3.9(a), que para solos não coesivos, quando $i < \phi$, não ocorre a ruptura por cisalhamento.

Ao contrário, pela Figura 3.9(b), para solos coesivos, constata-se que para profundidades maiores do que a correspondente à pressão σ_D, o talude torna-se instável. A profundidade z do talude para esta tensão-limite chama-se *profundidade crítica* (H_c). O seu valor, para taludes de extensão ilimitada e sem forças de percolação e pressão neutra, pode ser determinado substituindo-se na equação de Coulomb σ e τ pelos valores anteriormente obtidos:

$$\gamma \cdot H_c \cdot \text{sen}\,i \cdot \cos i = c + \left(\gamma \cdot H_c \cdot \cos^2 i\right)\text{tg}\phi$$

donde:

$$H_c = \frac{c}{\gamma} \cdot \frac{\sec^2 i}{\text{tg}\,i - \text{tg}\phi}$$

ou:

$$\frac{c}{\gamma \cdot H_c} = \cos^2 i(\text{tg}\,i - \text{tg}\phi)$$

em que $\frac{c}{\gamma \cdot H_c}$ é um número adimensional chamado de "número de estabilidade".

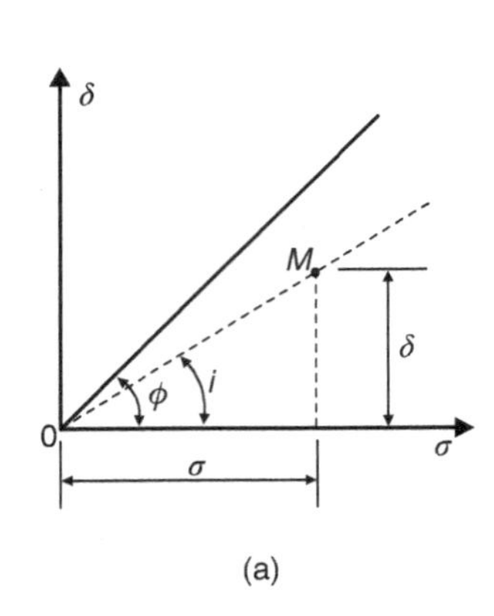

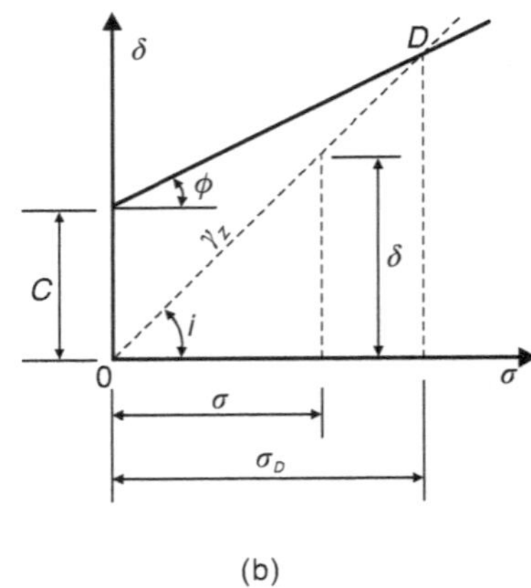

FIGURA 3.9

3.7 TALUDES EM SOLOS NÃO COESIVOS, COM PERCOLAÇÃO DE ÁGUA

Neste caso, o ângulo do talude deverá ser reduzido, como mostraremos ao analisar a situação em que o nível d'água encontra-se na superfície do talude (de extensão ilimitada).

Admitiremos as linhas de fluxo paralelas à superfície do talude e as equipotenciais, consequentemente, perpendiculares. Tal é a situação que ocorre na parte inferior de taludes naturais; como indicado na Figura 3.10.

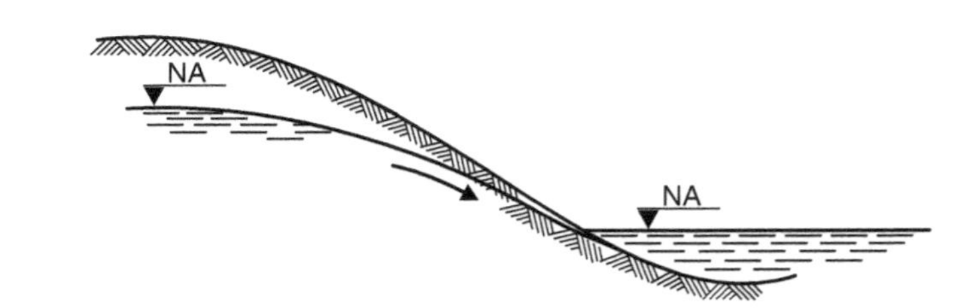

FIGURA 3.10

Da Figura 3.11 obtemos que

$$\overline{AB} = 2 \cdot \cos\, i$$

Portanto, a tensão neutra u na profundidade z, será $u = \gamma_w \cdot \overline{AC} = \gamma_w \cdot z \cdot \cos^2 i$

A resultante U valerá, assim:

$$U = (\gamma_w \cdot z \cdot \cos^2 i)\frac{b}{\cos\, i} = \gamma_z \cdot b \cdot z \cdot \cos\, i$$

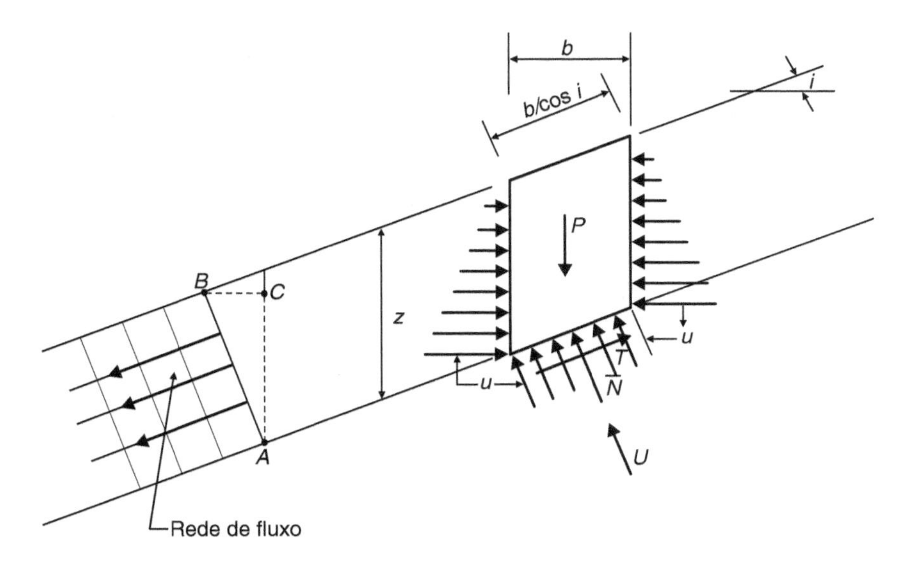

FIGURA 3.11

O peso do solo sendo:

$$P = \gamma_{sat} \cdot b \cdot z$$

suas componentes normal e tangencial valerão:

$$N = \gamma_{sat} \cdot b \cdot z \cdot \cos i$$

$$T = \gamma_{sat} \cdot b \cdot z \cdot \text{sen } i$$

Daí se obtém que a pressão efetiva será:

$$\overline{N} = N - U = (\gamma_{sat} - \gamma_w) \cdot b \cdot z \cdot \cos i = \gamma_{sub} \cdot b \cdot z \cdot \cos i$$

Como:

$$\text{tg}\phi = \frac{T}{\overline{N}}$$

Obtém-se:

$$\text{tg}\phi = \frac{\gamma_{sat}}{\gamma_{sub}} \text{tg } i$$

ou

$$\text{tg} i = \frac{\gamma_{sub}}{\gamma_{sat}} \text{tg}\phi \;\therefore\; i = \text{arc tg}\left(\frac{\gamma_{sub}}{\gamma_{sat}}\right)\text{tg}\phi$$

Exemplo

Se $\phi = 35°$ e $\frac{\gamma_{sub}}{\gamma_{sat}} = \frac{1}{2}$, o talude saturado no qual ocorra escoamento só será estável quando $i \cong 19°$.

Este mesmo resultado pode ser encontrado fazendo-se a seguinte análise alternativa (Fig. 3.12).

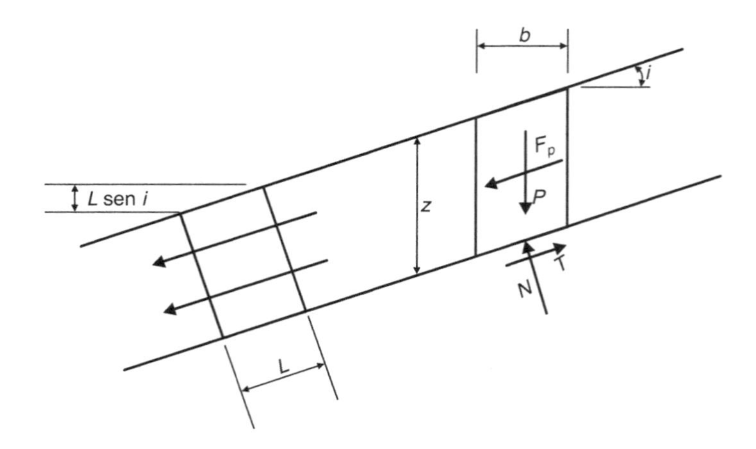

FIGURA 3.12

Gradiente hidráulico $i = \dfrac{L\text{sen } i}{L} = \text{sen } i$

Força de percolação $F_p = \gamma_w \cdot b \cdot z \cdot \text{sen } i$

Componentes do peso $P = \gamma_{\text{sub}} \cdot b \cdot z$

$$\overline{N} = \gamma_w \cdot b \cdot z \cdot \cos i \qquad \text{e} \qquad T = \gamma_{\text{sub}} \cdot b \cdot z \cdot \text{sen } i$$

Igualando a força de atrito da componente normal com a resultante das forças paralelas ao talude, obtém-se para o equilíbrio limite:

$$\overline{N} \cdot \text{tg}\phi = T + F_p$$

ou:

$$\gamma_{\text{sub}} \cdot b \cdot z \cdot \cos i \cdot \text{tg}\phi = \gamma_{\text{sub}} \cdot b \cdot z \cdot \text{sen } i + \gamma_w \cdot b \cdot z \cdot \text{sen } i = \gamma_w \cdot b \cdot z \cdot \text{sen } i$$

donde:

$$\text{tg } i = \frac{\gamma_{\text{sub}}}{\gamma_{\text{sat}}} \text{tg } \phi$$

Poderíamos ainda examinar esta questão, como faz Scott, utilizando as "equações de equilíbrio" da elasticidade.

3.8 TALUDES DE EXTENSÃO LIMITADA

Para os taludes de extensão limitada são consideradas superfícies de ruptura *planas* ou *curvas*. Estas são superfícies cilíndricas tendo por diretriz arcos de circunferência de círculo, espiral logarítmica, cicloide, ou outras curvas.

Quanto à *natureza* do material do talude, podemos ter escorregamentos em solos puramente coesivos, não coesivos e solos com coesão e ângulo de atrito interno (c, ϕ).

Podemos, também, considerar taludes em solos homogêneos e solos não homogêneos (solos estratificados, taludes parcialmente submersos, ou outras condições).

No que se refere à *geometria* dos taludes, eles poderão ser tratados em duas ou três dimensões.

Em Mecânica dos Solos, é usual a análise bidimensional, reduzindo, assim, o estudo das forças atuantes a um problema de estática plana.

Em Mecânica das Rochas, no caso de deslizamento de blocos de rocha, é conveniente o tratamento tridimensional.

Quanto ao *modo de ruptura*, como já nos referimos, podemos ter (Fig. 3.13):

a) "ruptura de talude", com a superfície passando acima ou pelo pé do talude [Fig. 3.13(a)];
b) "ruptura de base" [Fig. 3.13(b)], em que a superfície passa abaixo do pé do talude.

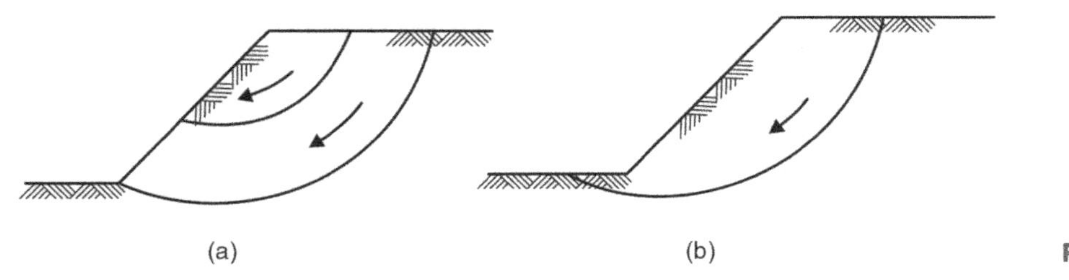

FIGURA 3.13

3.9 SUPERFÍCIE PLANA DE RUPTURA

A superfície plana de ruptura pode se desenvolver ao longo de um plano de contato predeterminado, de origem natural ou artificial, sendo ainda aceitável em taludes homogêneos e muito íngremes, com inclinação próxima de 90°.

Esta é a hipótese de condição de ruptura admitida pelo *Método de Culmann*, exposto a seguir.

Considere-se o talude de inclinação i e altura H representado na Figura 3.14, supondo-se que a ruptura se produza segundo um plano, como AD, definido pelo ângulo θ.

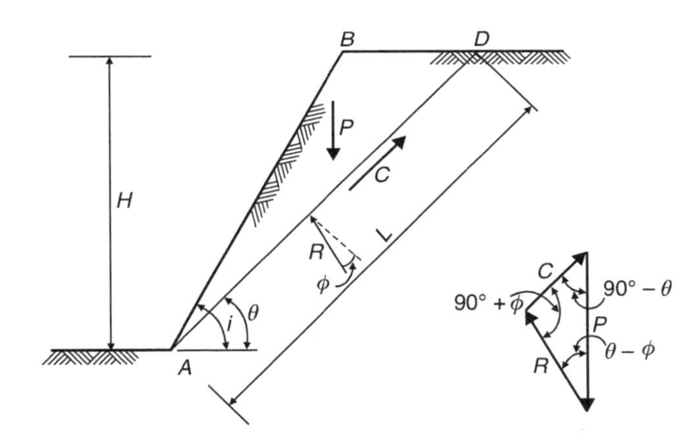

FIGURA 3.14

As expressões das forças que atuam sobre a cunha deslizante ABD são o peso:

$$P = \frac{1}{2}\gamma \cdot L \cdot H \cdot \text{cosec}\, i \cdot \text{sen}(i - \theta)$$

e a força resistente coesiva total:

$$C = c \cdot L$$

Do triângulo de forças P, C e R (resistência resultante do atrito e de obliquidade ϕ em relação ao plano de ruptura) obtém-se, pela aplicação do "teorema dos senos":

$$\frac{C}{P} = \frac{\text{sen}(\theta - \phi)}{\cos\phi}$$

Substituindo C e P pelos seus valores, vem:

$$\frac{c}{\gamma \cdot H} = \frac{1}{2}\,\text{cosec}\, i \cdot \text{sen}(i - \theta)\ \text{sen}(\theta - \phi)\ \sec\phi$$

Como já vimos, o termo $\frac{c}{\gamma \cdot H} = N$, chamado de número de estabilidade,[3] é adimensional, sendo diretamente proporcional à coesão do solo e inversamente proporcional à altura do talude.

Para um mesmo maciço, γ, c e ϕ são constantes: portanto, a inclinação θ dependerá de H e i. Assim, a superfície mais perigosa, ou seja, a superfície crítica de deslizamento, definida por um ângulo θ_{cr}, será obtida anulando-se a derivada primeira da expressão anterior em relação a θ.

Procedendo-se deste modo, obtém-se:

$$\theta_{cr} = \frac{i+\phi}{2}$$

$$\left(\frac{c}{\gamma \cdot H}\right)_{\phi_{cr}} = \frac{1-\cos(i-\phi)}{4 \cdot \text{sen}\, i \cdot \cos\, \phi}$$

que é o valor do número de estabilidade para o plano crítico de deslizamento.

A aplicação do método é feita calculando-se o valor da expressão

$$\frac{1-\cos(i-\phi)}{4 \cdot \text{sen} i \cdot \cos\phi} = K$$

e, daí, a coesão necessária c_n para que o talude seja estável

$$c_n = K \cdot \gamma \cdot H$$

que, comparada com a coesão c do terreno, fornecerá o fator de segurança:

$$FS = \frac{c}{c_n}$$

em relação à coesão.

Se o talude é vertical (i = 90°), tem-se:

$$\theta_{cr} = 45 + \frac{\phi}{2}$$

e

$$\left(\frac{c}{\gamma \cdot H}\right)_{\theta_{cr}} = \frac{1-\text{sen}\phi}{4 \cdot \cos\phi} \text{ ou, ainda, } \left(\frac{c}{\gamma H}\right)_{\theta_{cr}} = \frac{1}{4}\text{tg}\left(45 - \frac{\phi}{2}\right)$$

após simples transformações trigonométricas, expressando sen ϕ e cos ϕ em função de $\text{tg}\frac{\phi}{2}$.

[3] Observe-se que, na análise de estabilidade de taludes homogêneos, cinco parâmetros são envolvidos: i, H, γ, c e ϕ. O número de estabilidade combina três deles (H, γ e c) e seu inverso pode ser obtido, em função de i e ϕ, pelo gráfico:

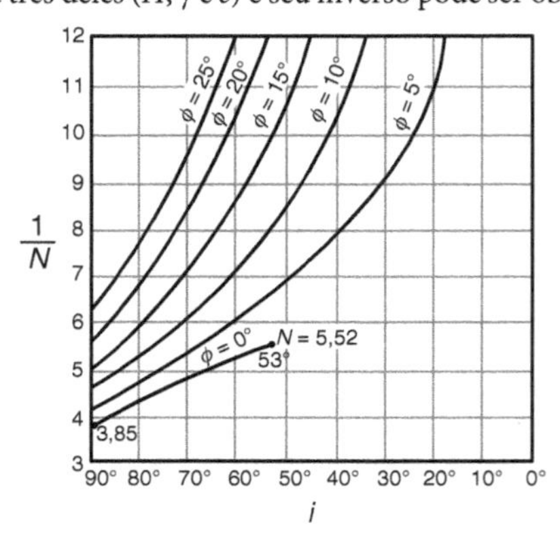

3.10 SUPERFÍCIE CURVA DE RUPTURA

Os métodos que admitem a superfície curva de ruptura são geralmente grafoanalíticos, os quais serão demonstrados a seguir.

3.11 MÉTODO SUECO

Sob esta designação genericamente são incluídos todos os métodos que consideram a superfície de ruptura cilíndrica tendo por diretriz um arco de circunferência de círculo.

A aplicação do método pode ser conduzida considerando-se a massa do talude na sua totalidade (*método global*) ou, então, dividida em fatias (*método das fatias*).

Solos puramente coesivos ($\phi = 0°$ e $c \neq 0$)

Neste caso, a resistência ao cisalhamento se expressa simplesmente por $\tau_r = c$ e a análise pode ser feita considerando-se possíveis superfícies de ruptura, tomando-se os momentos das forças estabilizadoras e instabilizadoras, tal como ilustrado na Figura 3.15.

O fator de segurança será, assim:

$$FS = \frac{M_e}{M_i} = \frac{c \cdot L \cdot R}{P \cdot d}$$

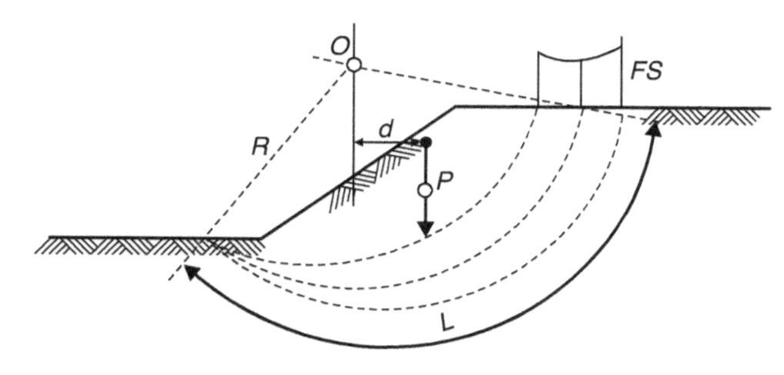

FIGURA 3.15

Das possíveis superfícies de deslizamento, obter-se-á por tentativas o $FS_{mín}$, daí concluindo-se:

$FS_{mín} \cdot FS_{requerido} \geq 1{,}5$, o talude é considerado estável;
$FS_{mín} = 1$, a ruptura está iminente;
$FS_{mín} < 1$, o talude é considerado instável.

Ao menor valor do fator de segurança corresponderá a *superfície crítica de ruptura*.

Na prática, é recomendável pesquisar inicialmente o $FS_{mín}$ para os círculos que passam pelo pé do talude e, em seguida, para os círculos profundos; o círculo crítico do talude será o menor dos dois.

De grande interesse prático para análise direta (sem tentativas) são as considerações analíticas que se seguem, de Fellenius e Taylor, para o problema de estabilidade de taludes simples, homogêneos com o terreno de fundação, em solos puramente coesivos.

Superfície deslizante passando pelo pé do talude Para este caso, como demonstrou Fellenius, a coesão necessária para garantir a estabilidade do talude é dada por (Fig. 3.16):

$$c_{cr} = \frac{\gamma \cdot H}{4}(i, \theta, \omega)$$

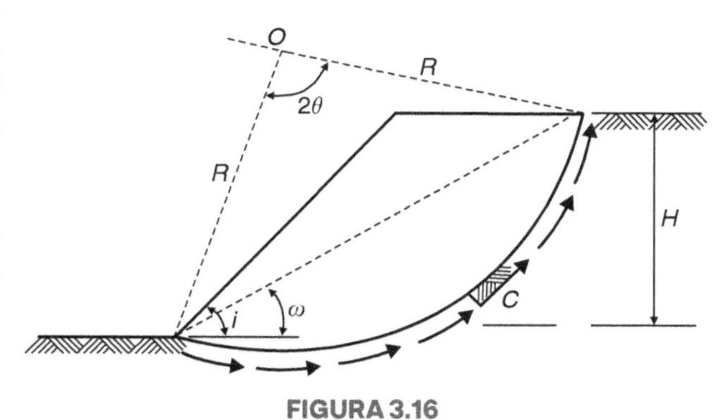

FIGURA 3.16

em que:

$$F(i, \theta, \omega) = \frac{2 \cdot \text{sen}^2\theta \cdot \text{sen}^2\omega}{\theta}\left[\text{cotg}\theta \cdot \text{cotg}\omega - \text{cotg}\theta \cdot \text{cotg}\,i + \text{cotg}\,i \cdot \text{cotg}\omega - \frac{2}{3}\text{cotg}^2\,i + \frac{1}{3}\right]$$

Assim, se o valor da coesão c é conhecido, o terreno se manterá com um talude i até a altura:

$$H_{cr} = \frac{4 \cdot c}{\gamma} \cdot \frac{1}{F(i, \theta, \omega)}$$

A locação do ponto O, centro da circunferência crítica, para o caso de escorregamento pelo pé do talude de material puramente coesivo, pode ser obtida pela tabela de Fellenius (Quadro 3.2). Uma extensão deste método foi sugerida por Jumikis para solos com $\phi \neq 0°$.

QUADRO 3.2

Talude	i	α	β
$\sqrt{3}$:1	60°	40°	29°
1:1	45°	37°	28°
1:1,5	33° 47′	35°	26°
1:2	26° 34′	35°	25°
1:3	18° 26′	25°	25°
1:5	11° 19′	37°	25°

Superfície deslizante profunda Segundo demonstrou Fellenius, o centro O do círculo crítico relativo à ruptura de base situa-se na vertical que passa pelo centro do talude (Fig. 3.17).

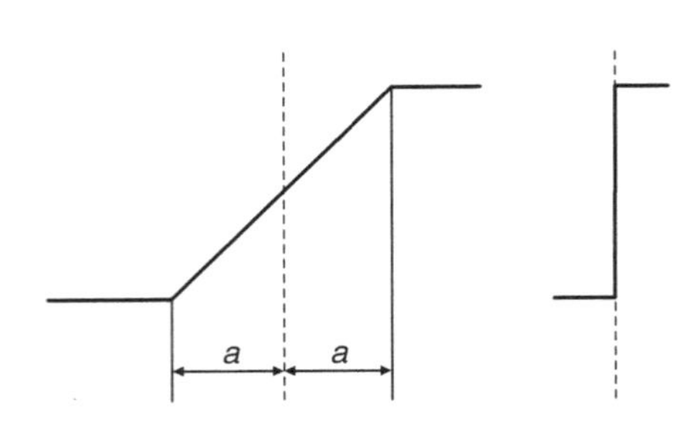

FIGURA 3.17

Deduz-se, ainda, que a superfície mais perigosa é infinitamente profunda e seu ângulo central $2\theta = 133°34'$, o que exigirá, para ser mantida a estabilidade, que a coesão assuma o valor:

$$c_n = 0{,}181 \cdot \gamma \cdot H$$

Observa-se que para um mesmo material o c_n depende apenas de H.

Se a coesão do solo c é conhecida, a altura crítica do talude pode ser calculada pela fórmula:

$$H_{cr} = \frac{c}{0{,}181 \cdot \gamma}$$

Comparando os valores anteriormente obtidos:

$$c_n = \frac{\gamma \cdot H}{4} F(i, \theta, \omega)$$
$$c_n = 0{,}181 \cdot \gamma \cdot H$$

Deduz-se que

$$F\,(i,\ \theta,\ \omega) = 0{,}724$$

que corresponde, segundo a Figura 3.18, ao valor da inclinação crítica do talude:

$$i_{cr} \cong 53°$$

Isso quer dizer que, para $i > 53°$, a curva crítica de deslizamento passa pelo pé do talude, e para $i < 53°$, a curva crítica corresponde a um deslizamento profundo.

Número de estabilidade Como já vimos, assim se denomina, segundo Taylor, o número (afetado agora de um fator de segurança):

$$N = \frac{c}{FS_c \cdot \gamma \cdot H}$$

em que FS_c, fator de segurança "com relação à coesão", define-se por:

$$FS_c = \frac{c}{c_n}$$

com c_n a coesão mínima necessária para manter o talude em equilíbrio.

Na prática, se a circunferência de deslizamento é restrita a certa profundidade por uma camada de solo mais resistente, dependendo das condições, ela passará através, acima ou abaixo do pé do talude. O número de estabilidade, para estes casos, será obtido pelas curvas da Figura 3.19. Se a circunferência de deslizamento é limitada por uma camada mais resistente a uma profundidade $D + H$, utilizar-se-ão as linhas cheias do gráfico. No caso em que a circunferência seja obrigada a passar pelo pé do talude, utilizam-se as linhas tracejadas. Quando a camada resistente encontra-se ao nível da base do talude ou acima, a circunferência de deslizamento passará acima do pé. Neste caso, a solução pode ser obtida, usando-se curvas tracejadas, como para o segundo caso.

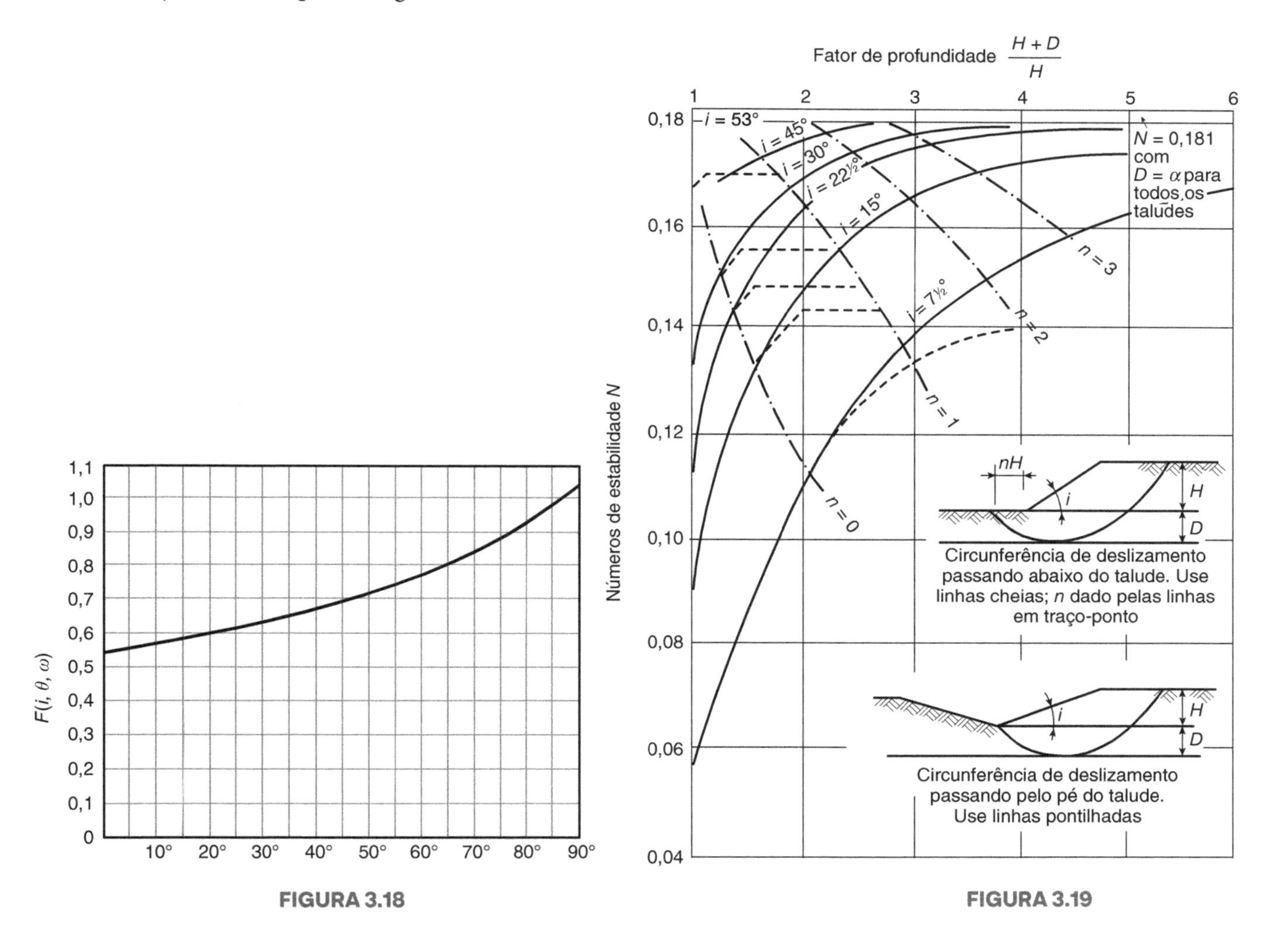

FIGURA 3.18

FIGURA 3.19

Solos com atrito e coesão ($\phi \neq 0$ e $c \neq 0$)

A estes tipos de solos aplica-se mais frequentemente o "método das fatias".[4] Ele consiste em dividir em fatias a massa de solo limitada pela superfície de ruptura escolhida e considerar

[4] Raul Valle Rodas propôs, em 1961, um "método prático" no qual a massa do solo se divide em "cunhas" deslizantes e resistentes.

as forças atuantes em cada uma delas (Fig. 3.20). O equilíbrio do conjunto é determinado somando-se todas as forças.

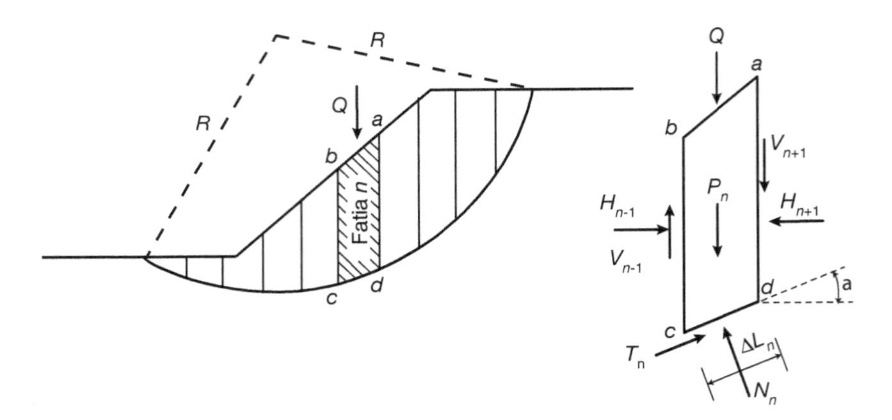

FIGURA 3.20

Sobre a fatia n as forças a considerar são: o peso P_n, a sobrecarga Q, as reações normal e tangencial N_n e T_n ao longo da superfície de ruptura e as componentes, normais (H_{n-1} e H_{n+1}) e verticais (V_{n-1} e V_{n+1}), das reações (R_{n-1} e R_{n+1}) das fatias vizinhas. Como o sistema é indeterminado, para resolvê-lo há que se fazer hipóteses quanto às grandezas e pontos de aplicação das forças H e V.

Solução aproximada Uma solução aproximada consiste em admitir que R_{n-1} e R_{n+1} são iguais, da mesma direção e sentidos opostos. Esta é a hipótese simplificadora do procedimento de Petterson e Hultin, e posteriormente desenvolvido por Fellenius, que, como se verifica, despreza a ação mútua entre as fatias. Esta simplificação, segundo Bishop, introduz um erro para mais no valor de FS da ordem de 15 %.

De imediato, escrevem-se as seguintes equações:

$$N_n = (P_n + Q) \cos \alpha$$
$$T_n = (P_n + Q) \operatorname{sen} \alpha$$

e para as tensões (com razoável aproximação):

$$\sigma_n = \frac{1}{\Delta L_n}(P_n + Q)\cos\alpha$$
$$\tau_n = \frac{1}{\Delta L_n}(P_n + Q)\cos\alpha$$

A força de cisalhamento ao longo de todo o arco será

$$\Sigma(P_n + Q) \operatorname{sen} \alpha$$

A resistência ao cisalhamento ao longo de ΔL_n vale:

$$\tau_r \cdot \Delta L_n = c \cdot \Delta L_n + (P_n + Q) \cos\alpha \cdot \operatorname{tg}\phi$$

e para todo o arco:

$$\sum\left[c \cdot \Delta L_n + (P_n + Q)\cos\alpha \cdot \operatorname{tg}\phi\right]$$

O fator de segurança será, então:

$$FS = \frac{\sum\left[c\Delta L_n + (P_n + Q)\cos\alpha \ \operatorname{tg}\phi\right]}{\sum(P_n + Q)\operatorname{sen}\alpha}$$

sem a consideração de pressões intersticiais U.

Repetindo-se o cálculo para outros centros de rotação, adotar-se-á como *circunferência crítica* aquela que conduzir ao menor valor de *FS*, que deverá ser maior que 1,5 (como usualmente adotado) para que o talude seja considerado estável.

Solução generalizada A consideração das reações das fatias vizinhas, levada em conta por Bishop, é feita como se segue, representando-se, nesta dedução, o coeficiente de segurança por *FS*.

Consideremos, Figura 3.21, a fatia de ordem n e levemos em conta as reações R_{n-1} e R_{n+1} das fatias vizinhas. Vamos designar suas componentes horizontais por H_{n-1} e H_{n+1}, e as verticais, por V_{n-1} e V_{n+1}.

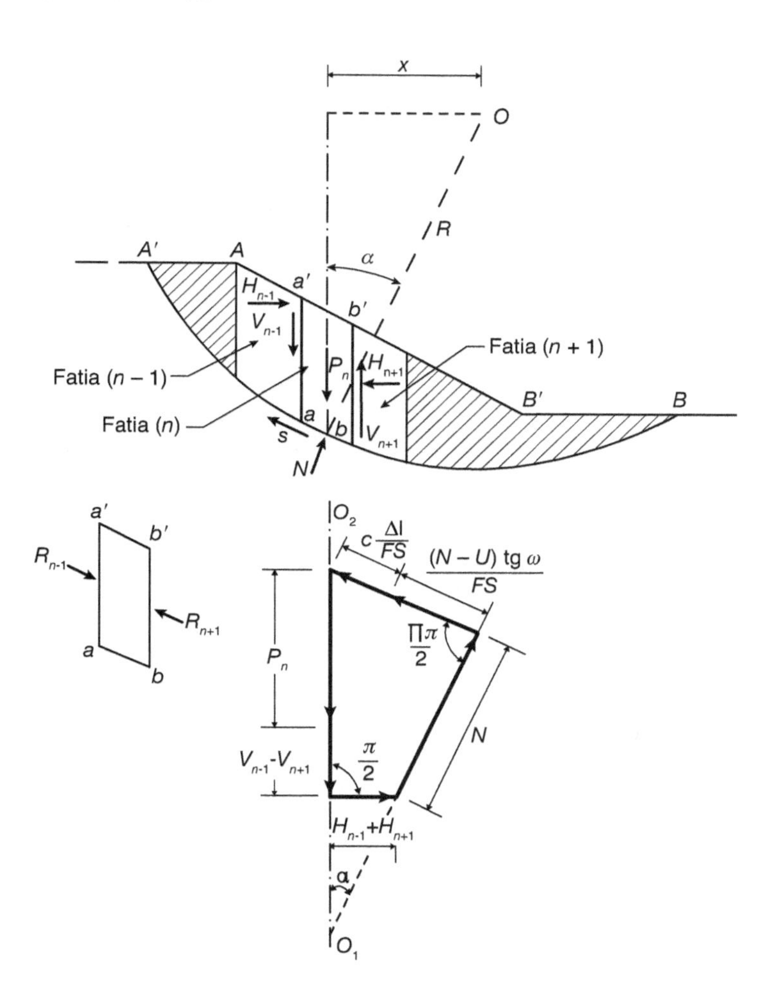

FIGURA 3.21

Sejam, ainda:

P_n = peso da fatia;
U = resultante das pressões intersticiais;
N = reação normal total;
s = fração da resistência total ao cisalhamento, efetivamente mobilizada ao longo do arco $ab = \Delta l$;
FS = fator de segurança relativo ao círculo de deslizamento considerado. Do polígono de forças indicado na figura obtém-se, projetando as forças sobre a direção O_1O_2:

$$P_n + V_{n-1} - V_{n+1} = N \cdot \cos a + \frac{(N-U)\text{tg}\phi}{FS} \text{sen}\,\alpha + c\frac{\Delta l}{FS} \text{sen}\,\alpha$$

Por outro lado, a resistência ao cisalhamento s efetivamente mobilizada sobre o arco ab é igual a:

$$s = c\frac{\Delta l}{FS} + \frac{(N-U)\text{tg}\phi}{FS}$$

Escrevendo-se a igualdade dos momentos em relação ao centro O do círculo de raio R, tem-se:

$$\sum P_n \cdot x = \sum s \cdot R = \frac{R}{FS}\sum \left[c \cdot \Delta l + (N-U)\text{tg}\phi\right]$$

ou, com $x = R \cdot \text{sen}\ \alpha$:

$$FS = \frac{\sum \left[c \cdot \Delta l + (N-U)\text{tg}\phi\right]}{\sum P_n \cdot \text{sen}\ \alpha}$$

Da primeira equação, tirando-se o valor de N - U, obtém-se:

$$N - U = \frac{P_n + V_{n-1} - V_{n+1} - c \cdot \Delta l \frac{\text{sen}\alpha}{FS} - U\cos\alpha}{\cos\alpha + \frac{\text{sen}\ \alpha}{FS}\text{tg}\phi}$$

que, substituído na equação anterior, nos dá:

$$FS = \frac{1}{\sum P_n \cdot \text{sen}\alpha}\sum \frac{\left[P_n + V_{n-1} - V_{n+1} - U\cos\alpha\right]\text{tg}\phi + c \cdot \Delta l \cdot \cos\alpha}{\cos\alpha + \frac{\text{sen}\alpha}{F}\text{tg}\phi}$$

a qual define implicitamente o fator de segurança FS. Como a diferença V_{n-1} - V_{n-1} só poderá ser avaliada por aproximações sucessivas, é usual admitir-se:

$$\sum \left(V_{n-1} - V_{n+1}\right)\text{tg}\phi = 0$$

o que elimina a necessidade dessa avaliação, e sem maior prejuízo, pois o erro resultante no valor de FS, segundo Bishop, é da ordem de apenas 1 %.

O cálculo é procedido da seguinte maneira: toma-se para FS um valor aproximado FS_0 (por exemplo, o obtido pelo método de Fellenius) e calcula-se o segundo membro da fórmula. Se o valor obtido FS_1 diferir muito de FS_0, repete-se o cálculo até que o valor obtido seja considerado satisfatório.

Coeficientes de estabilidade Baseados no método simplificado referido e utilizando-se da computação eletrônica, Bishop e Morgenstern propuseram um método analítico para a verificação da estabilidade de um talude, que se fundamenta na equação

$$S = m - n \cdot r_u$$

em que $r_u = \frac{u}{\gamma \cdot h}$ é um coeficiente de proporcionalidade constante ao longo da circunferência de deslizamento (com γ o peso específico do solo saturado e h a distância vertical entre o ponto considerado da linha de deslizamento e a superfície do talude), sendo m e n os *coeficientes de estabilidade*. Como estes coeficientes são obtidos de gráficos, a aplicação do método é de extrema rapidez.

Os gráficos (Fig. 3.22, reproduzidos de Scott) foram construídos para os valores 1,0 – 1,25 e 1,50 do fator de profundidade D_f e para os valores 0 – 0,025 e 0,05 do número de estabilidade $\frac{c'}{\gamma \cdot H}$.

Os coeficientes r_{ue} dados pelas linhas tracejadas indicam que, se $r_u \cdot r_{ue}$, o círculo crítico atinge maior profundidade que a indicada pelo fator de profundidade. Se não há linhas tracejadas, o círculo crítico jamais passará abaixo da profundidade correspondente, para qualquer valor de r_u.

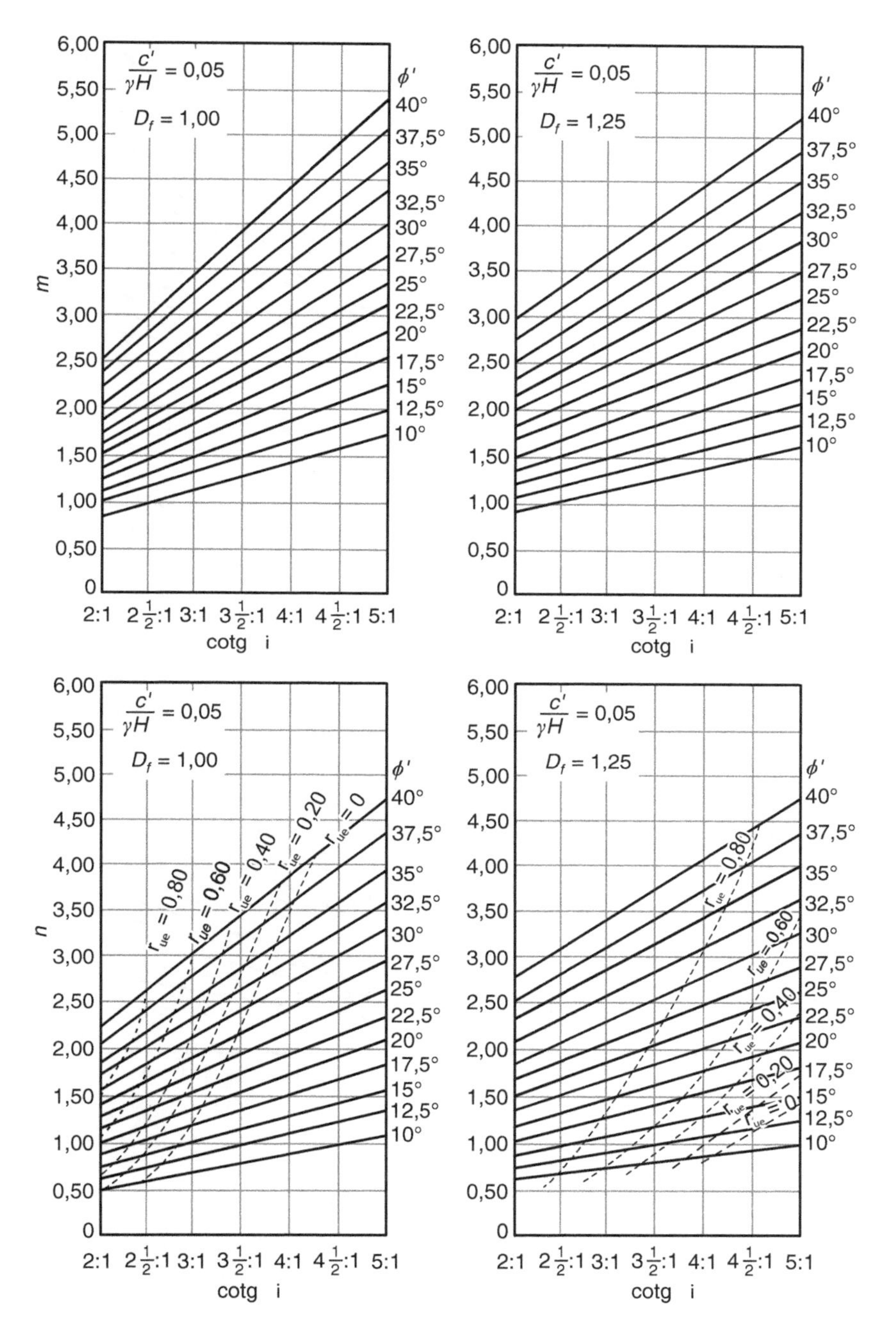

FIGURA 3.22

Taludes irregulares e terrenos heterogêneos

Sendo o talude irregular ou em terreno heterogêneo, como é preciso tentar muitas possíveis circunferências de deslizamento, torna-se necessário que a pesquisa seja bem orientada. Para isto, constroem-se curvas de igual fator de segurança (Fig. 3.23).[5]

[5] Na revista "O Empreiteiro", mar. 1971, encontra-se um trabalho sobre a aplicação dos computadores de mesa na análise da estabilidade de taludes.

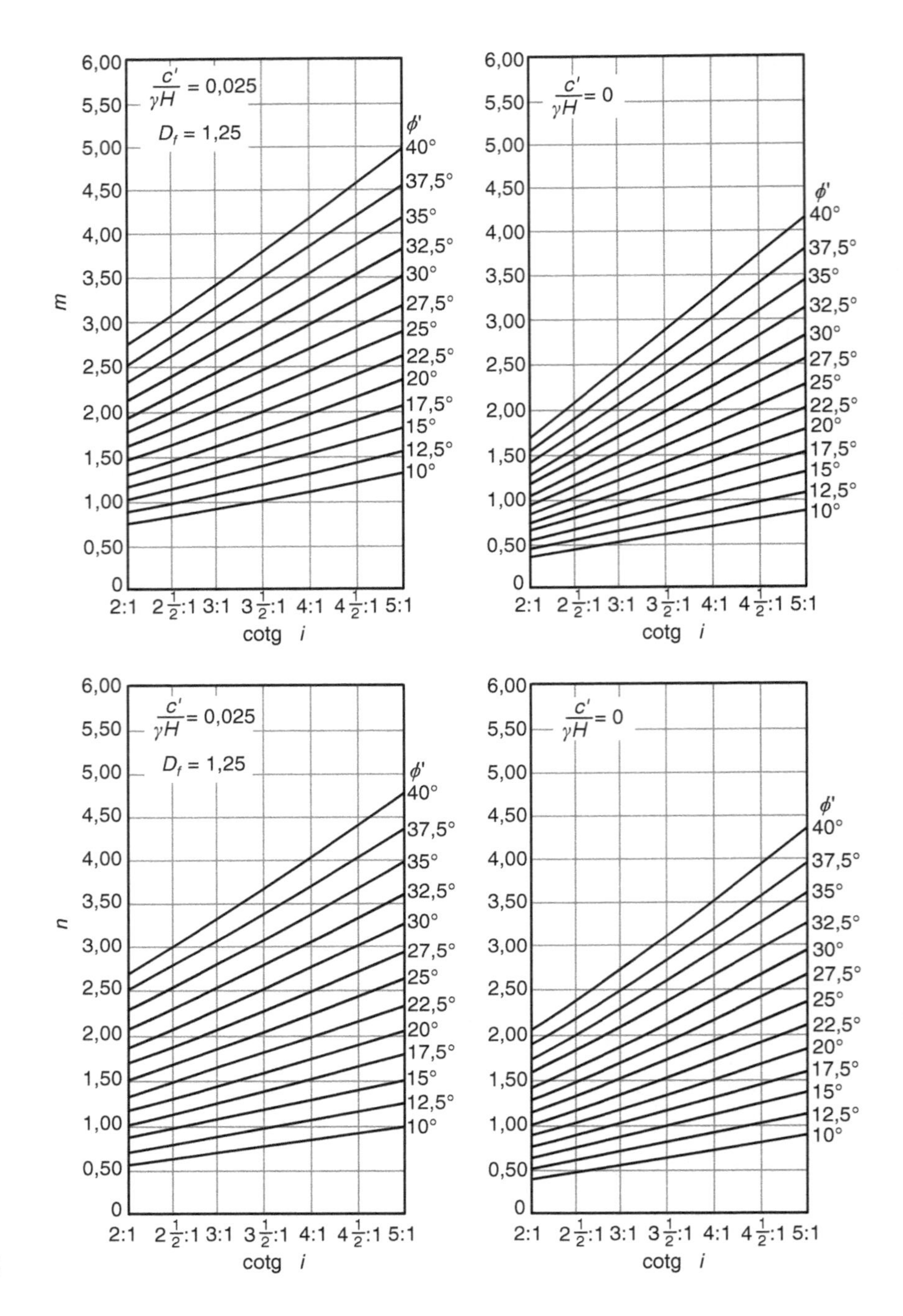

FIGURA 3.22
(Continuação)

Método do círculo de atrito

O procedimento chamado método do círculo de atrito ou "círculo ϕ", introduzido por Krey e desenvolvido por Taylor, aplica-se unicamente ao caso dos taludes homogêneos. Trata-se de um método igualmente simples e cômodo.

Traçada uma possível superfície de deslizamento cilíndrica de diretriz circular *AEB* (Fig. 3.24), com centro *O* e raio *r*, verifica-se que a cunha de ruptura, *AEBF*, está sob a ação das seguintes forças:

- peso *P* da massa que tende a deslizar, conhecida em grandeza e direção;
- resistência *R* em razão do atrito, de direção conhecida, pois deverá fazer o ângulo ϕ com a normal à superfície de deslizamento; satisfeita esta condição, sua linha de ação será tangente a uma circunferência de centro em *O* e raio $r \cdot \text{sen}\ \phi$.

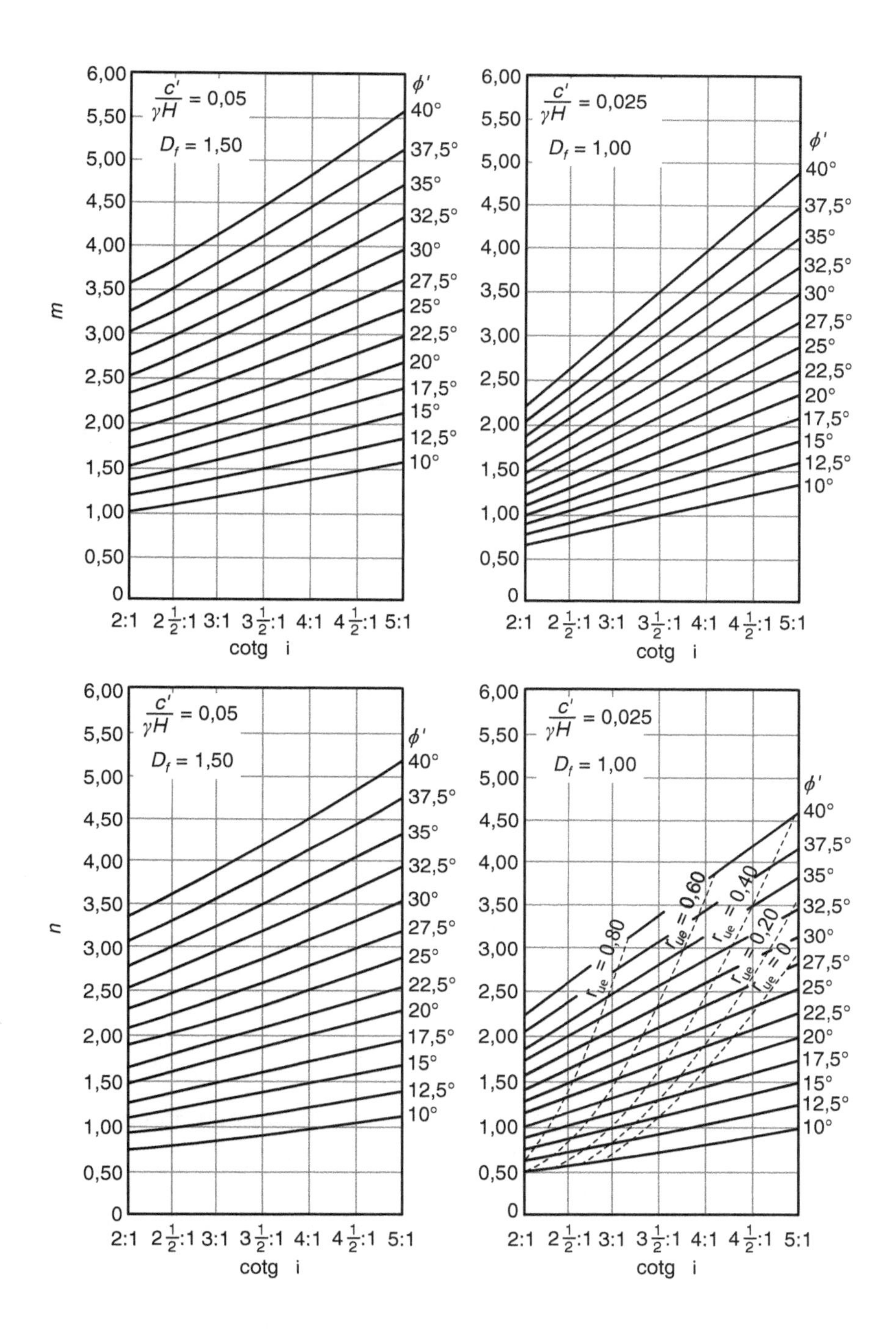

FIGURA 3.22
(Continuação)

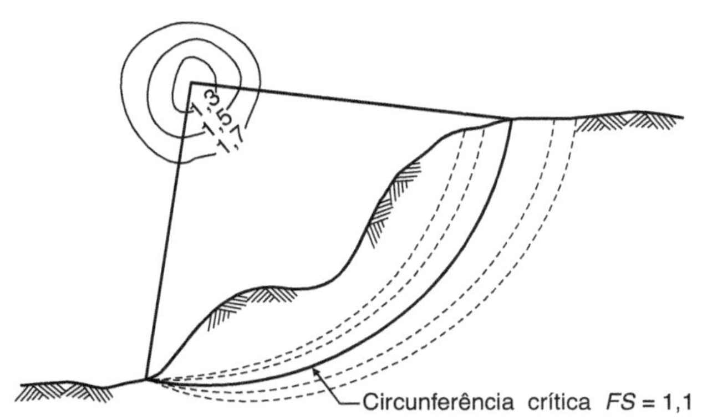

FIGURA 3.23

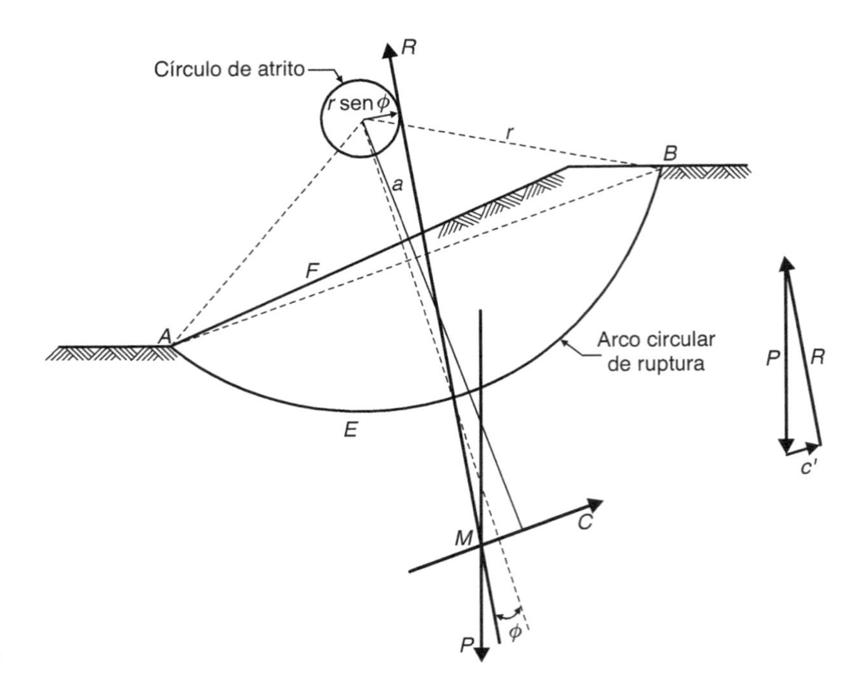

FIGURA 3.24

- resultante C das forças de coesão ao longo de AEB. Designando-se o comprimento do arco AB por $\overline{\overline{L}}$ e da corda AB por $\overline{L}$, a grandeza da resultante será $c \cdot \overline{L}$ (c é a coesão unitária) e sua direção necessariamente paralela à corda AB. A sua posição, ou seja, a sua distância a ao centro O, é determinada considerando-se a igualdade entre o "momento resultante" e o "momento da resultante", isto é:

$$c \cdot \overline{\overline{L}} \cdot r = c \cdot \overline{L} \cdot a$$

donde:

$$a = r \cdot \frac{\overline{\overline{L}}}{\overline{L}}$$

Ora, para haver equilíbrio, essas três forças devem concorrer em um mesmo ponto M, interseção de P com C. Torna-se, assim, possível, pelo traçado do polígono de forças (P, R e C'), determinar-se a força C' e, consequentemente, a "coesão" c' necessária para que o talude esteja em equilíbrio. Comparando-a com a coesão existente c, tem-se o fator de segurança associado ao círculo escolhido, em termos de coesão:

$$FS_c = \frac{c}{c'}$$

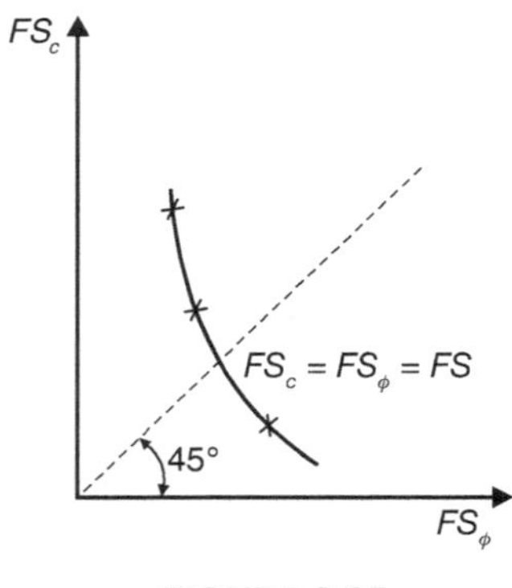

FIGURA 3.25

Do mesmo modo que no método das fatias, pesquisar-se-ia o menor valor de FS_c que, então, seria tomado como o fator de segurança do talude (em termos de coesão).

Poder-se-ia, também, adotando-se um ϕ_e menor que o ϕ do solo, definir um fator de segurança em relação ao atrito:

$$FS_\phi = \frac{\text{tg}\phi}{\text{tg}\phi_e}$$

Com este procedimento obteremos um número infinito de pares de valores FS_c e FS_ϕ, que, locados em um diagrama (Fig. 3.25), permitirão determinar sobre a bissetriz dos eixos um único coeficiente de segurança: $FS_c = FS_\phi = FS$.

3.12 FENDAS DE TRAÇÃO

Constata-se, na prática, que antes de ocorrer um deslizamento de terras, no topo do talude o solo rompe-se por tração, daí resultando a formação de fendas (Fig. 3.26), que, segundo Terzaghi, podem alcançar uma profundidade:

$$z = \frac{2 \cdot c}{\gamma} \operatorname{tg}(45 + \frac{\phi}{2})$$

ou:

$$z = \frac{2 \cdot c}{\gamma}$$

se o solo é puramente coesivo ($\phi = 0°$).

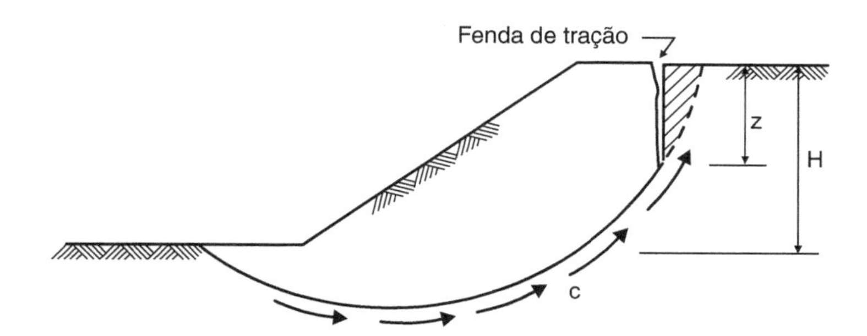

FIGURA 3.26

Nesses casos, a superfície de ruptura termina na extremidade da fenda, aconselhando-se, porém, levar em conta o peso do solo correspondente à área hachurada, para compensar o possível efeito da pressão d'água de enchimento da fenda.

Observação Taludes de terra compactados, construídos sobre camadas de fraca resistência (procedimento que *não é aconselhável*), rompem-se por tração, em vez de seguirem uma possível superfície teórica de deslizamento (como *ABCD*, na Fig. 3.27).

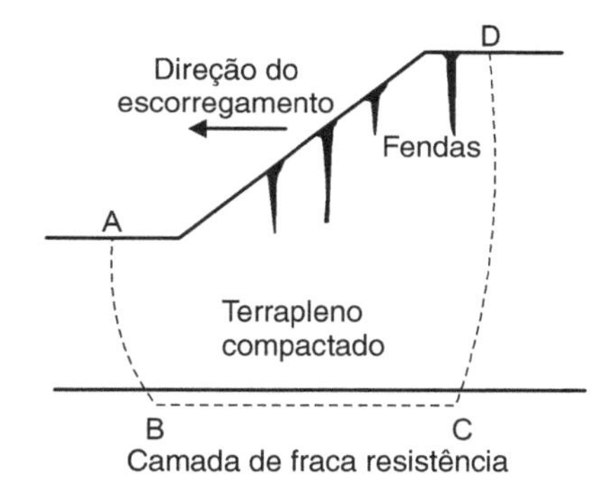

FIGURA 3.27

3.13 TALUDES VERTICAIS

Para taludes verticais (Fig. 3.28), supondo que a ruptura se produza segundo uma superfície plana de ruptura, como vimos, a altura crítica é dada por:

$$H_{cr} = \frac{4 \cdot c}{\gamma} (\operatorname{tg} 45 + \frac{\phi}{2})$$

No caso de solo puramente coesivo ($\phi = 0°$):

$$H_{cr} = \frac{4 \cdot c}{\gamma} = \frac{2 \cdot R}{\gamma}$$

sendo R a resistência à compressão simples.

Supondo que o escorregamento ocorra ao longo de superfícies curvas, o que corresponde mais à realidade, Fellenius obteve que:

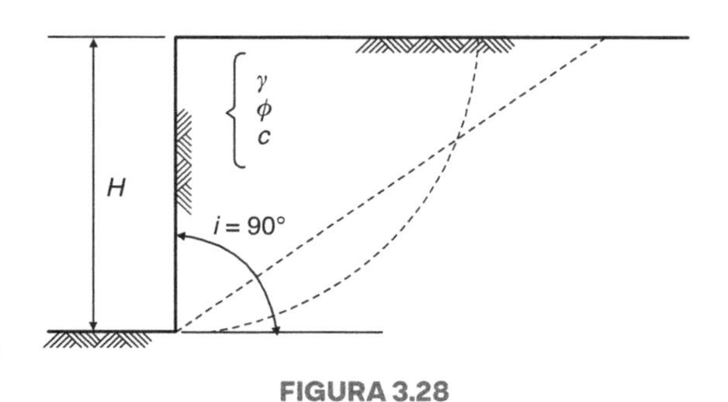

FIGURA 3.28

$$H_{cr} = \frac{3,86 \cdot c}{\gamma}$$

Levando em conta o aparecimento de fendas de tração no topo do talude, Terzaghi encontrou um valor ainda menor para a altura crítica teórica:

$$H_{cr} = \frac{2,67 \cdot c}{\gamma} \mathrm{tg}(45 + \frac{\phi}{2})$$

Se $\phi = 0°$:

$$H_{cr} = \frac{2,67 \cdot c}{\gamma}$$

3.14 MÉTODO DA ESPIRAL

Tendo em vista obter melhor concordância com a forma da superfície real de deslizamento, Rendulic propôs a adoção de uma superfície deslizante cilíndrica tendo por diretriz uma espiral logarítmica.

Considere-se (Fig. 3.29) um talude solicitado pelo peso próprio P e suponha-se que o deslizamento se produza segundo uma espiral logarítmica de polo O e de equação polar (Fig. 3.30):

$$r = r_o \cdot e^{\theta \, \mathrm{tg}\phi}$$

Como se sabe, dentre as propriedades dessa curva notável, destaca-se a de que todos os raios vetores formam um ângulo ϕ com a normal à curva, no ponto de interseção.

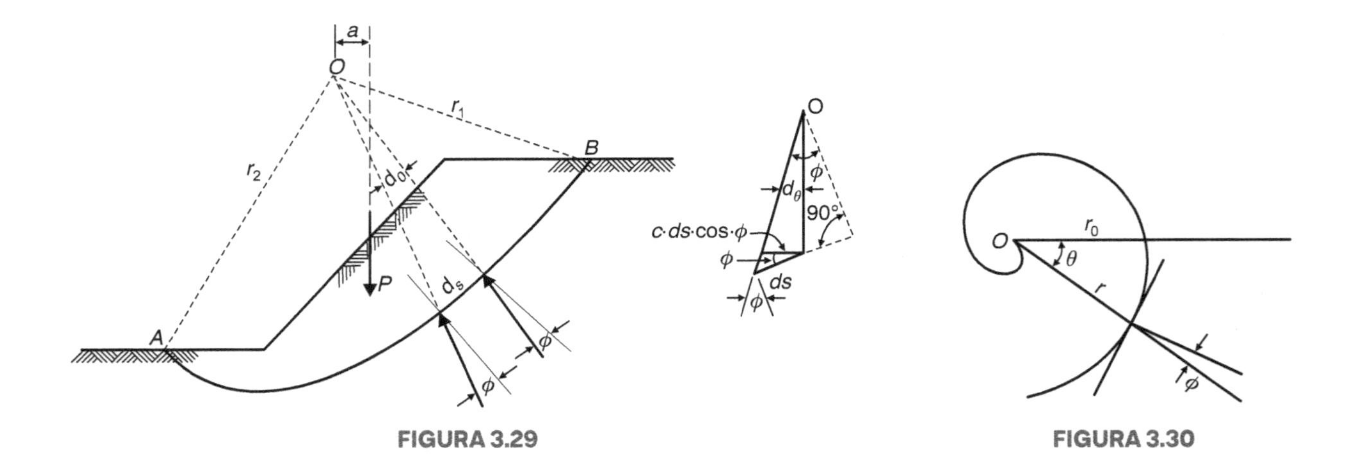

FIGURA 3.29

FIGURA 3.30

Nessas condições e considerando-se o equilíbrio em torno do ponto O, as forças de atrito não dão momentos em relação a este ponto. Portanto, somente o peso P e as forças de coesão entram nos cálculos. A influência da coesão, c, pode ser levada em conta tomando-se um elemento de comprimento ds na espiral. O valor da coesão será $c \cdot ds$ e seu momento em relação a O:

$$dM = r \cdot c \cdot ds \cdot \cos\phi = r \cdot c \frac{r \cdot d\theta}{\cos\phi} \cos\phi = c \cdot r^2 d\theta$$

ou:

$$dM = c \cdot r_0^2 \cdot e^{2\theta \operatorname{tg}\phi} d\theta$$

Integrando esta equação entre os limites q_1 e q_2, que não apresenta nenhuma dificuldade, pois:

$$d\left(\frac{e^{2\theta} \operatorname{tg}\phi}{2 \operatorname{tg}\phi}\right) = \frac{1}{2\operatorname{tg}\phi} e^{2\theta \operatorname{tg}\phi} \cdot 2 \cdot \operatorname{tg}\phi \cdot d\theta = e^{2\theta \operatorname{tg}\phi} d\theta$$

vem:

$$M = \int_{\theta_1}^{\theta_2} dM = c \cdot r_0^2 \int_{\theta_1}^{\theta_2} e^{2\theta \operatorname{tg}\phi} \cdot d\theta = c \cdot r_0^2 \left[\frac{e^{2\theta \operatorname{tg}\phi}}{2\operatorname{tg}\phi}\right]_{\theta_1}^{\theta_2}$$

ou:

$$M = \frac{c}{2 \cdot \operatorname{tg}\phi}(r_2^2 - r_1^2)$$

O conjunto será, pois, estável, se:

$$P_a < \frac{c}{2 \cdot \operatorname{tg}\phi}(r_2^2 - r_1^2)$$

Nas condições limite, ter-se-á:

$$P_a = \frac{c}{2 \cdot \operatorname{tg}\phi}(r_2^2 - r_1^2)$$

Se $c = 0$, dever-se-á ter $a = 0$, o que significa que P deve passar pelo polo O da espiral. Se $\phi = 0°$, a equação torna-se $r = r_0$, que é a de uma circunferência de raio r_0.

Para a pesquisa da superfície de deslizamento mais desfavorável, o cálculo deverá ser refeito para as diversas posições possíveis da espiral.

Conquanto este método tenha suas vantagens, segundo Taylor, os resultados pouco diferem dos que são obtidos supondo a diretriz circular.

3.15 TALUDES SUBMERSOS

Com vistas à estabilidade dos taludes de montante dos aterros-barragens, esquematizemos teoricamente as condições de equilíbrio deste caso especial de taludes submersos (Fig. 3.31).

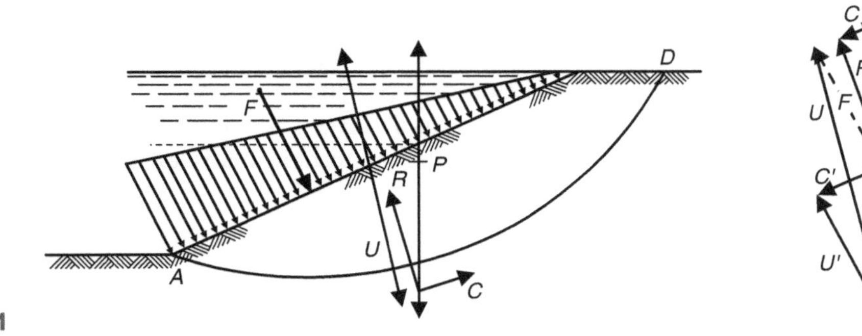

FIGURA 3.31

As forças a considerar são:

- peso próprio $P = P_{sub} + P_w$ correspondente ao volume da cunha de terra deslizante;
- resultante R das forças de atrito ao longo da superfície de deslizamento;
- resultante C das forças coesivas ao longo de AD;
- resultante U (passando pelo centro O) obtida de uma funicular das tensões neutras u que se exercem ao longo da superfície de deslizamento (o diagrama de tensões u é conhecido mediante o traçado da rede de escoamento) – Figura 3.32;
- resultante F das pressões hidrostáticas sobre o talude.

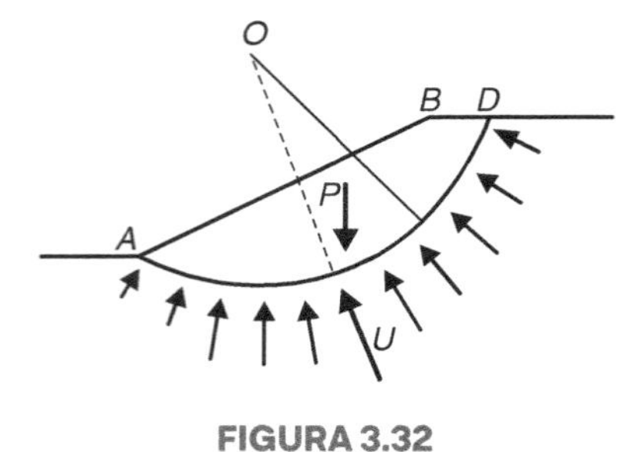

FIGURA 3.32

No caso do "reservatório cheio", como se verifica pelo polígono de forças, P_{sub} é equilibrado por C e R, enquanto P_w é equilibrado por U e F.

Após um "esvaziamento rápido", a força F desaparecerá e, para que o equilíbrio continue, será necessário mobilizar uma força coesiva de valor $C + C'$.

Do exposto se conclui que os dois casos conduzem a duas condições diferentes de equilíbrio, sendo que a do "esvaziamento rápido" corresponde à hipótese mais desfavorável e, portanto, a uma fase perigosa na vida do aterro-barragem.

3.16 OUTROS MÉTODOS DE ANÁLISE

Mencionaríamos o método de Frontard (1922), que admite para diretriz da superfície de ruptura um arco de cicloide,[6] como já havia sido considerado por Collin, em 1846.

Há, ainda, teorias que consideram outros tipos de superfície de ruptura, como a de Ehrenberg, que assimila as linhas de deslizamento a "linhas poligonais" convenientemente traçadas.

Importantes contribuições têm sido apresentadas acerca deste problema, destacando-se os trabalhos de Caquot (1934), Sokolovski (1947 e 1953), Jambu (1954), Kopácsy (1957 e 1961), Chugaev (1964), Nonveiller (1965) e outros.

Ressalta-se a alta complexidade matemática e o elevado grau de sofisticação de algumas soluções, como a de Kopácsy.

Registre-se, ainda, que nos últimos anos este campo da Geotecnia vem sofrendo relevantes progressos com a utilização do "método dos elementos finitos" e o generalizado emprego da computação eletrônica.

Trabalhos teóricos (Lévi, 1960) têm sugerido a utilização do Cálculo das Probabilidades para determinação da probabilidade de ruína de um talude. Se esta probabilidade é pequena (10^{-6} e 10^{-5}), o talude é admitido estável: se é grande (da ordem de 10^{-3}), o talude é considerado instável. Reportamo-nos a este problema em *Uma síntese dos fundamentos teóricos da geomecânica rodoviária*, 1971.

3.17 RUPTURAS POR TRANSLAÇÃO

Se a massa de terra que forma o talude é sobrejacente a uma camada de fraca resistência (Fig. 3.33), ocorre a "ruptura por translação" ao longo de uma superfície de deslizamento composta de uma parte retilínea e dois arcos de circunferência.

Calculando-se os empuxos ativo E_a, passivo E_p e a resistência ao cisalhamento R ao longo de cb, o fator de segurança correspondente à superfície analisada será:

$$FS = \frac{E_p + R}{E_a}$$

[6] A *cicloide* é a curva gerada por um ponto fixo tomado sobre uma circunferência de círculo que rola sem escorregar sobre uma reta fixa. Esta curva, como se sabe, apresenta várias propriedades notáveis.

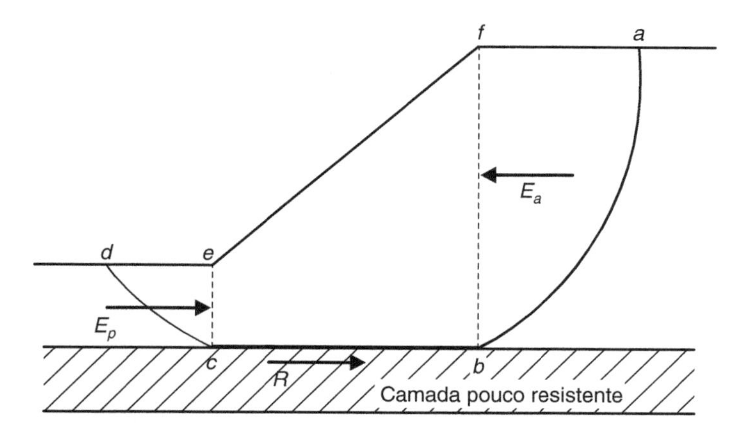

FIGURA 3.33

3.18 ESTABILIZAÇÃO DE TALUDES

Vários são os métodos utilizados para a estabilização de taludes. Alguns dos mais usuais são:

- diminuição da inclinação do talude;
- drenagem (superficial e profunda);
- revestimento do talude;
- emprego de materiais estabilizantes;
- muros de arrimo e ancoragens;
- utilização de bermas;
- prévio adensamento da fundação, quando constituída por solos compressíveis; além de soluções especiais, por exemplo, no caso de taludes rochosos, a associação de muros de arrimo e meio viaduto.

Constitui, igualmente, assunto de grande interesse o estudo dos métodos de observação, medição e alarma, relativos ao controle experimental dos taludes, das obras de proteção e estruturas de arrimo.

Diminuição da inclinação do talude De maneira geral, o método mais simples de reduzir o peso é a suavização do seu ângulo de inclinação [Fig. 3.34(a)] ou, então, por meio da execução de um ou mais patamares [Fig. 3.34(b)].

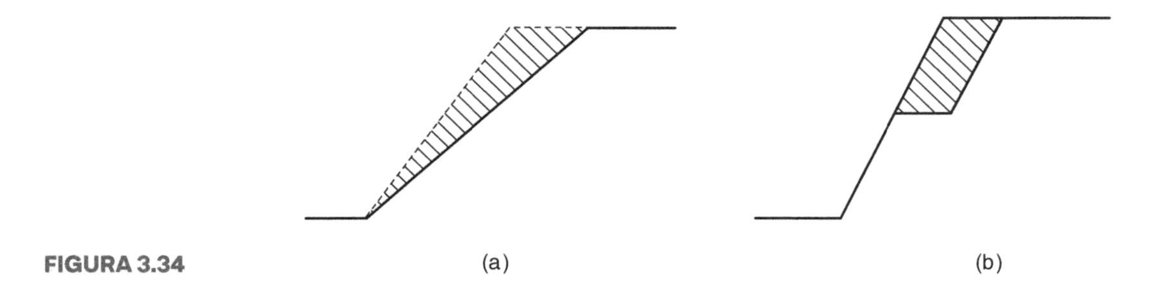

FIGURA 3.34 (a) (b)

Drenagem É sabido que as águas superficiais ou de infiltrações influem na estabilidade dos taludes. Daí, a importância dos diferentes tipos de drenagem, tanto superficial, por meio de canaletas [Fig. 3.35(a)], como profunda, por meio de furos horizontais [Fig. 3.35(b)]. No projeto das obras de drenagem tem grande significado o coeficiente de deflúvio superficial *run-off*, definido como a razão entre a chuva que escoa e a que cai.

Revestimento de talude A plantação do talude com espécies vegetais adequadas ao clima local é uma proteção eficaz do talude, sobretudo contra a erosão superficial. É usual a utilização de "hidrossemeadura", assim chamada porque o plantio se dá por via líquida.

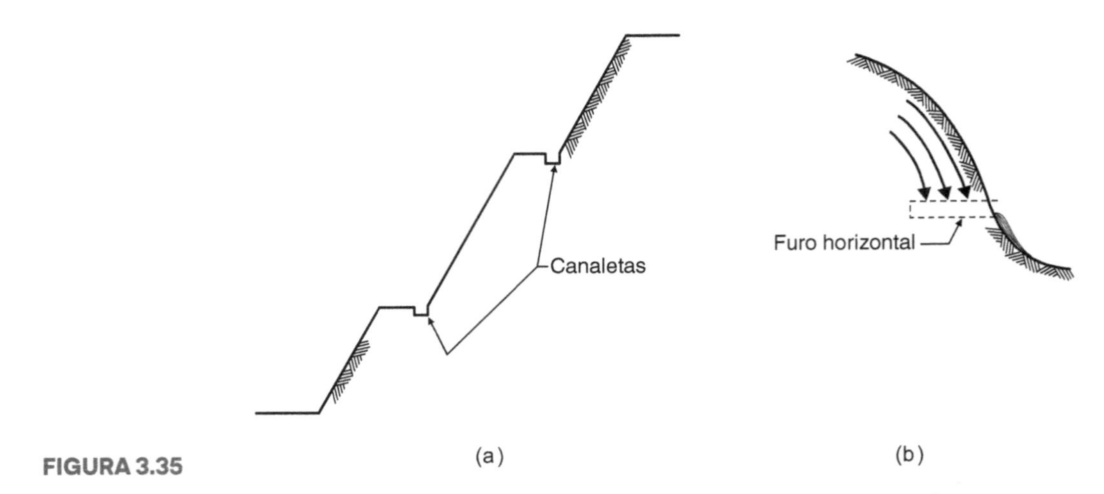

FIGURA 3.35

A *erosão superficial* é uma forma de instabilidade muito comum. Ela depende de condições geológicas, topográficas e climáticas, sendo agravada pelas constantes precipitações pluviométricas, que, evidentemente, favorecem o processo erosivo.

A *voçoroca*, por exemplo, é um tipo de erosão intensa, caracterizada por uma escavação do solo ou de rocha decomposta, e que ocorre em algumas regiões do Brasil, como no norte do Paraná. O seu mecanismo foi estudado por Ernesto Pichler (do IPT de São Paulo).

Emprego de materiais estabilizantes Visa melhorar as características de resistência dos solos, misturando-os com alguns produtos químicos. As injeções de cimento são particularmente recomendadas em casos de maciços rochosos fissurados.

Muros de arrimo e ancoragens A execução de muros de arrimo convencionais ou a introdução de tirantes de aço, protendidos ou não, no interior do maciço, ancorando-os fora da zona de escorregamento, constituem soluções para muitos casos que ocorrem na prática. A técnica da ancoragem no Brasil foi introduzida a partir de 1957, com os trabalhos pioneiros do Prof. Costa Nunes. Sua primeira aplicação em obras rodoviárias foi a ancoragem de blocos de rocha e de muros na Estrada Rio-Teresópolis.

Utilização de bermas Consiste em colocar bermas no pé do talude, isto é, banquetas de terra, em geral do mesmo material que o do próprio talude, com vistas a aumentar a sua estabilidade (Fig. 3.36). Este aumento é decorrente de seu próprio peso e da redistribuição das tensões de cisalhamento que se produzirá no terreno de fundação, onde abaixo do pé do talude as tensões são elevadas.

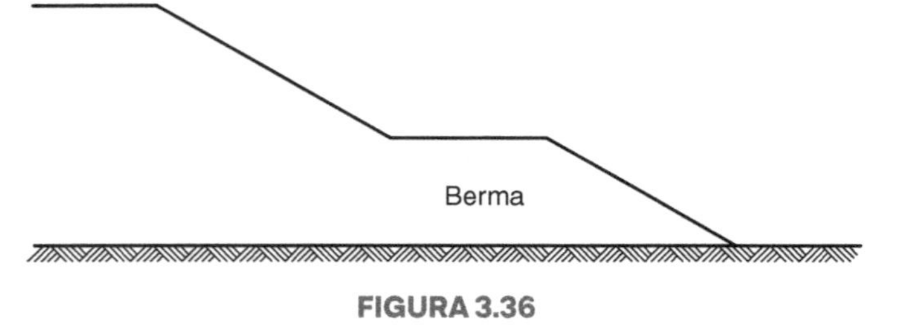

FIGURA 3.36

Adensamento do solo de fundação Sempre que a fundação for constituída por solos compressíveis, há que se cuidar da progressiva mobilização de sua resistência ao cisalhamento, em alguns casos até acelerando o processo de adensamento por meio de drenos verticais de areia, como exposto no Capítulo 4.

EXERCÍCIOS

1) Para o talude a seguir indicado, calcule o fator de segurança à ruptura por translação.

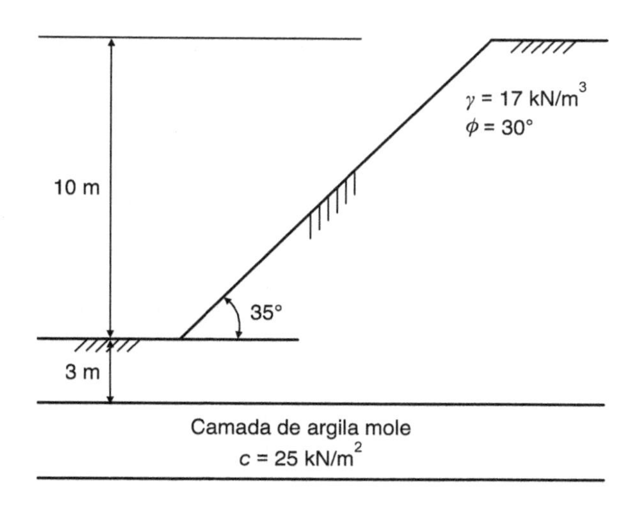

FIGURA 3.37

Solução

$FS \cong 1{,}22$.

2) Determine para o talude de terra da Figura 3.38 o fator de segurança ao deslizamento correspondente ao centro de rotação locado de acordo com a tabela de Fellenius.

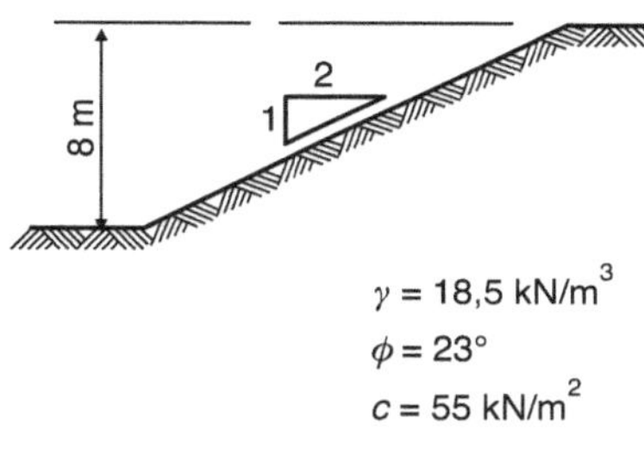

FIGURA 3.38

Solução

Tendo sido pedido o fator de segurança correspondente ao centro de rotação locado pela tabela de Fellenius – portanto, escorregamento superficial – os ângulos α e β são, para talude 1:2, $\alpha = 35°$ e $\beta = 25°$. O quadro adiante nos mostra os cálculos auxiliares para o traçado e a obtenção das componentes das forças de cada fatia.

O coeficiente de segurança é dado pela fórmula

$$FS = \frac{\text{tg}\phi \sum N + c \cdot L}{\sum T}$$

com:

$$\Sigma N = 2\,634{,}0 \text{ kN}$$

$$\Sigma T = 661{,}5 \text{ kN}$$

$$L = 2\pi \cdot 15{,}6 \cdot \frac{112°}{360°} = 30{,}5 \text{ m}$$

donde

$$FS = \frac{0{,}43 \cdot 2634{,}0 + 55 \cdot 30{,}5}{661{,}5} \cong 4{,}25$$

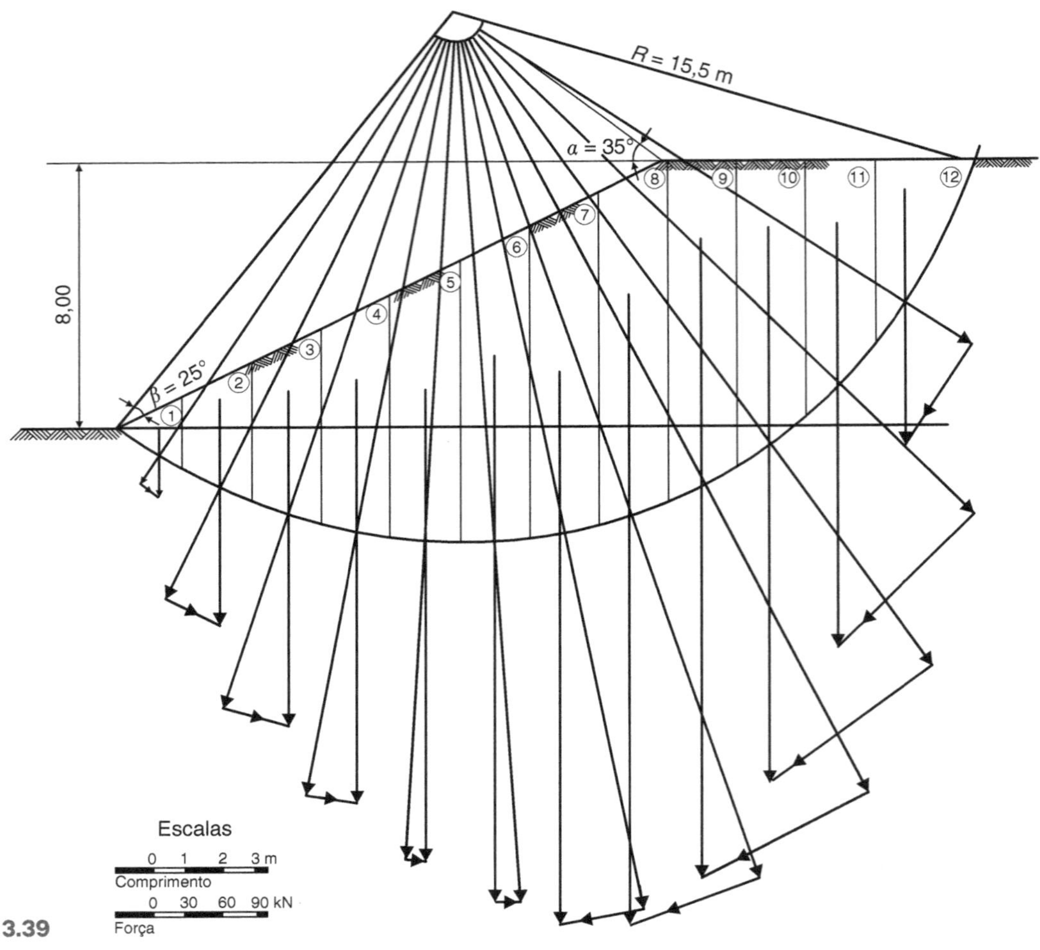

FIGURA 3.39

Nº da fatia	Peso total da fatia (kN)	Componentes	
		Normal	Tangencial
1	$\frac{2,3 \cdot 2}{2} \cdot 18,5 = 42,6$	30,0	–21,0
2	$\frac{2,3 \cdot 4,25}{2} \cdot 2 \cdot 18,5 = 121,2$	108,0	–54,0
3	$\frac{4,25 \cdot 5,85}{2} \cdot 2 \cdot 18,5 = 186,9$	177,0	–57,0
4	$\frac{5,85 + 7,2}{2} \cdot 2 \cdot 18,5 = 241,4$	238,0	–43,5
5	$\frac{7,2 + 8,3}{2} \cdot 2 \cdot 18,5 = 286,8$	287,0	–15,0
6	$\frac{8,3 + 9,15}{2} \cdot 2 \cdot 18,5 = 322,8$	322,0	27,0
7	$\frac{9,15 + 9,75}{2} \cdot 2 \cdot 18,5 = 349,7$	342,0	75,0

(continua)

(continuação)

Nº da fatia	Peso total da fatia (kN)	Componentes	
		Normal	Tangencial
8	$\frac{9{,}75+10}{2}\cdot 2\cdot 18{,}5=365{,}4$	342,0	123,0
9	$\frac{10+8{,}9}{2}\cdot 2\cdot 18{,}5=349{,}7$	309,0	165,0
10	$\frac{8{,}9+7{,}45}{2}\cdot 2\cdot 18{,}5=302{,}5$	243,0	180,0
11	$\frac{7{,}45+5{,}3}{2}\cdot 2\cdot 18{,}5=235{,}9$	165,0	171,0
12	$\frac{5{,}3\times 2{,}7}{2}\cdot 18{,}5=132{,}4$	71,0	111,0
Totais		2 634,0	661,5

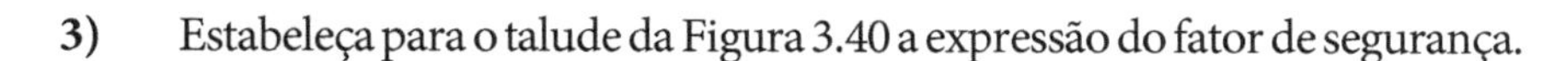

3) Estabeleça para o talude da Figura 3.40 a expressão do fator de segurança.

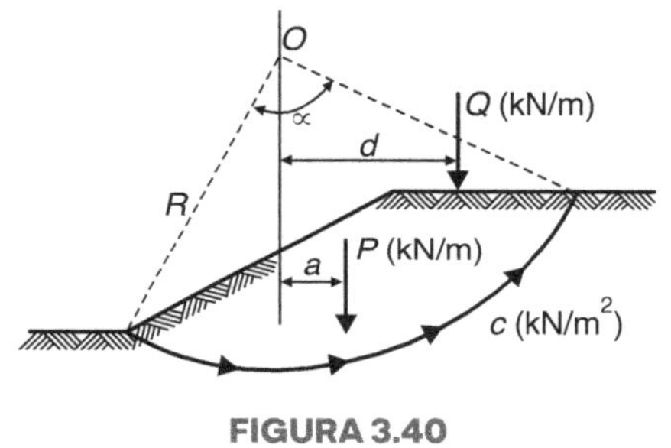

FIGURA 3.40

Solução

De imediato, obtém-se:

$$S=\frac{c.\dfrac{\pi\cdot R\cdot\alpha}{180^\circ}.R}{P\cdot a+Q\cdot d}$$

4) Em um terreno de peso específico de 16 kN/m³ e resistência à compressão simples de 46 kN/m², qual a profundidade máxima de escavação vertical?

Solução

Com

$$c=\frac{46}{2}=23\ \text{kN/m}^2$$

$$\gamma=16\ \text{kN/m}^3$$

obtém-se:

$$H_{cr}=4\frac{c}{\gamma}=4\cdot\frac{23}{16}=\frac{92}{16}=5{,}75\ \text{m}$$

supondo uma superfície plana de ruptura.

5) Calcule a altura crítica de uma escavação vertical em um solo com $\gamma = 18$ kN/m³, $\phi = 10°$ e $c = 30$ kN/m².

Solução

Dada a altura crítica de uma escavação vertical, segundo Terzaghi, pela fórmula

$$H_{cr}=\frac{2{,}67\cdot c}{\gamma}\text{tg}\left(45+\frac{\phi}{2}\right)$$

tem-se:

$$H_{cr} = \frac{2{,}67 \cdot 30}{18} \operatorname{tg}\left(45 + \frac{10}{2}\right) = 5{,}30 \text{ m}$$

6) Calcule a inclinação do talude de um aterro com 8 m de altura, sendo o peso específico, a coesão e o ângulo de atrito interno, respectivamente, 17 kN/m³, 15 kN/m² e 10°. Adote um fator de segurança igual a 1,5.

Solução

Sendo o "número de estabilidade"

$$N = \frac{c}{FS \cdot \gamma \cdot H}$$

com

$$\gamma = 17 \text{ kN/m}^3$$
$$c = 20 \text{ kN/m}^2$$
$$H = 8 \text{ m}$$
$$FS \cong 1{,}5$$

obtém-se

$$N = \frac{20}{1{,}5 \cdot 17 \cdot 8} = 0{,}098 \rightarrow \frac{1}{N} = 10{,}2$$

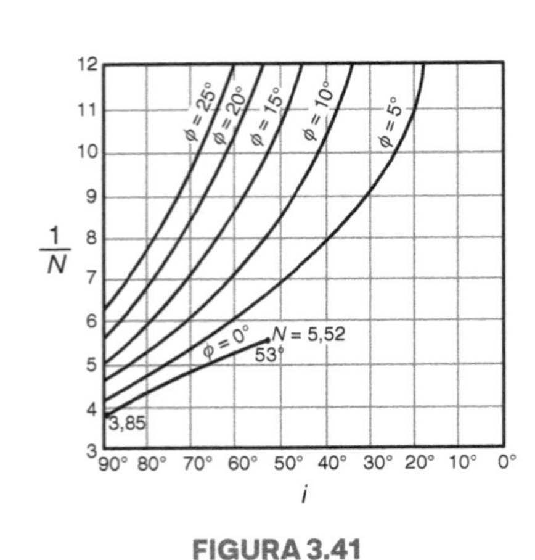

FIGURA 3.41

O gráfico nos dá para $\frac{1}{N} = 10{,}2 \; e \; \phi = 10°$ a inclinação $i \cong 42°$.

7) O fator de segurança do talude indicado na Figura 3.42 é considerado inadequado. Para aumentá-lo, altera-se sua seção, removendo-se o volume de material correspondente à área tracejada. Determine, para a superfície de deslizamento indicada, o fator de segurança antes e após a modificação da seção.

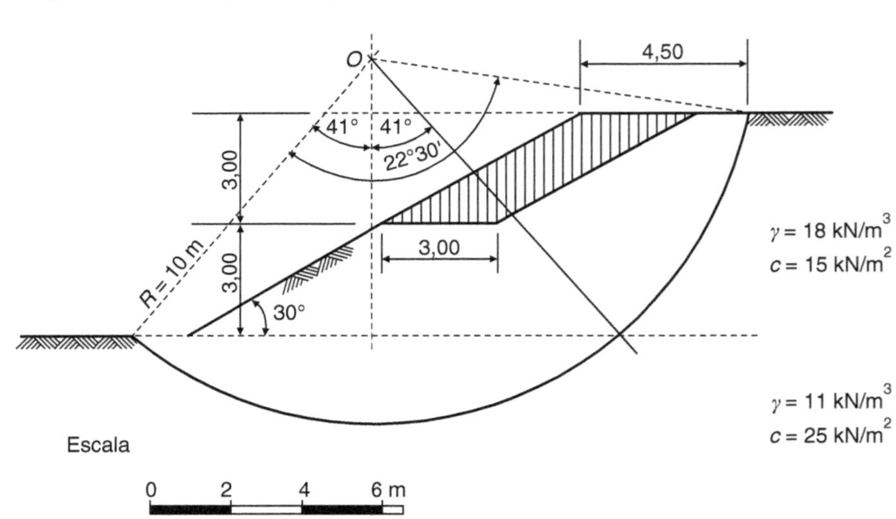

FIGURA 3.42

Solução

O problema é resolvido calculando-se os fatores de segurança

$$S = \frac{M_e}{M_i} = \frac{c \cdot L \cdot R}{P \cdot d}$$

Para a seção original e para a seção alterada, considerando-se devidamente os pesos *P* à direita e à esquerda da vertical que passa por *O*, bem como suas distâncias (*d*) a esta linha.

Assim procedendo, obtém-se para fator de segurança da seção original aproximadamente 1,4 e, para a seção alterada, aproximadamente 1,8.

4

Barragens de Terra

4.1 INTRODUÇÃO

As *barragens* são estruturas construídas em vales e destinadas a fechá-los transversalmente, como indicado na Figura 4.1, proporcionando, assim, um represamento de água. Não confundir com *diques*, que são obras construídas ao longo dos cursos d'água para evitar seu transbordamento para os terrenos marginais baixos.

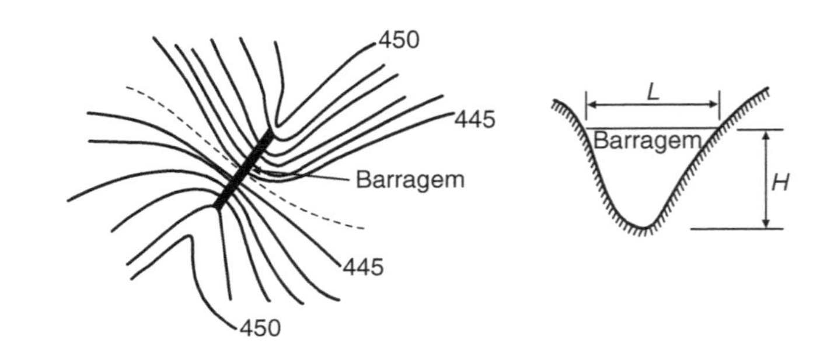

FIGURA 4.1

Finalidades A água acumulada por uma barragem é utilizada para as três seguintes finalidades principais: abastecimento de cidades, suprimento à irrigação e produção de energia elétrica. Estas são, portanto, *barragens de acumulação*. As que se destinam ao desvio dos cursos d'água denominam-se *barragens de derivação*.

Escolha do local A escolha do local para implantação de uma barragem é feita segundo um planejamento geral em que interferem as condições geológicas e geotécnicas da região e ainda fatores hidráulicos, hidrelétricos e político-econômicos.

4.2 ESTUDOS PRELIMINARES

O estudo de uma barragem e, em particular, de sua fundação requer preliminarmente as seguintes investigações:

Topográficas

Cumpre, previamente, um levantamento topográfico da região onde deverá ser construída a barragem, delineando-se assim sua bacia de acumulação.

Nesta fase, são particularmente úteis as fotografias aéreas, que, convenientemente interpretadas, fornecem valiosas informações. Por exemplo, o tipo de vegetação constitui uma indicação da natureza do terreno. Vales estreitos revelam a existência de rochas de boa qualidade, uma vez que suas margens são pouco erodíveis; ao contrário, vales largos e planos denunciam rochas de qualidade inferior facilmente erodíveis. A existência de canais de erosão é característica de solos impermeáveis, enquanto sua ausência é índice de alta permeabilidade.

Hidrológicas

Tais investigações, de grande importância, visam conhecer o regime de águas da região.

Geológicas

O conhecimento das condições geológicas da região é de importância fundamental. Basta observar que, das causas de acidentes de barragens nos Estados Unidos, pelo menos 40 % são, direta ou indiretamente, de ordem geológica. O trabalho do engenheiro deve, portanto, ser secundado pelo de um experimentado geólogo de barragens.

A prospecção geológica refere-se, em particular, ao estudo das rochas, com especial atenção aos seus eventuais fendilhamentos.

Em se tratando da rocha de fundação da barragem, cumpre a determinação de seu módulo de elasticidade e a verificação de sua estanqueidade.

Geotécnicas

Às investigações geológicas seguem-se as geotécnicas, tanto mais decisivas quando se trata de barragens de material granular. De fato, para a construção dessas barragens, impõe-se o conhecimento, tão exato quanto possível, das propriedades dos materiais da fundação e dos materiais de empréstimo que serão utilizados na sua constituição.

4.3 TIPOS DE BARRAGENS DE CONCRETO

As barragens de material aglomerado, que atualmente só se constroem de concreto simples ou armado, podem ser dos seguintes tipos: barragens de peso ou gravidade, arcogravidade, abóbadas ou contrafortes.

Barragens de peso

Têm a sua estabilidade assegurada pelo peso da própria estrutura (Fig. 4.2).

São geralmente de concreto simples ou ciclópico e de seção transversal trapezoidal.

O terreno de fundação deve ter boas características de resistência, deformabilidade e estanqueidade.

Na Figura 4.3, representamos as forças que se consideram na verificação da estabilidade da barragem: E = empuxo da água, G = peso próprio e S = subpressão na soleira. Admite-se que esta é representada por um diagrama triangular, que varia do valor $m \cdot \gamma_w \cdot h$ a montante, até zero a jusante (norma italiana). O coeficiente m cresce até o valor máximo 1, à medida que piora a natureza do material de fundação.

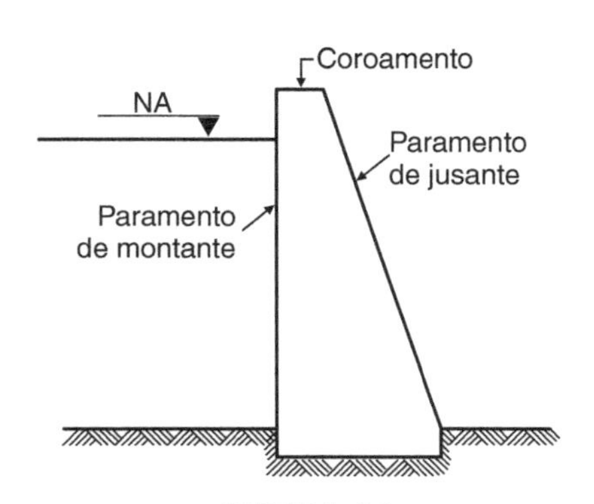

FIGURA 4.2

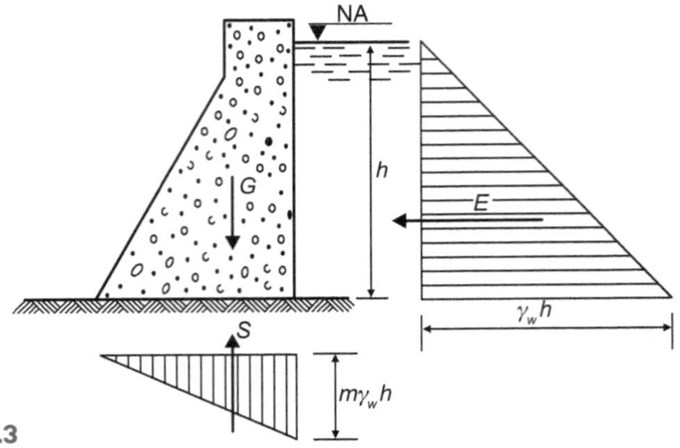

FIGURA 4.3

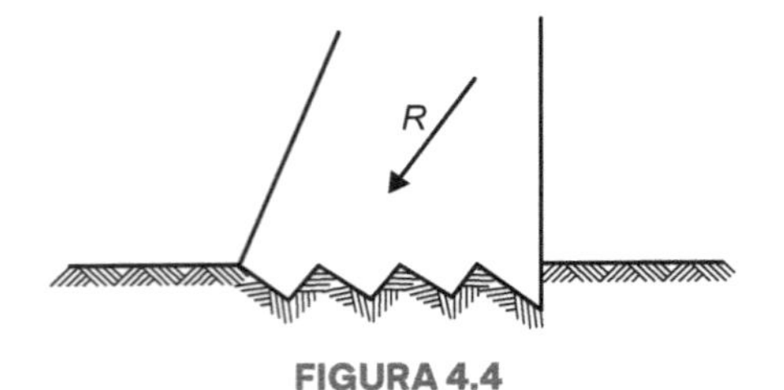

FIGURA 4.4

Há que se considerar, ainda, o coeficiente de atrito f da barragem com o terreno; alguns autores admitem para f valores entre 0,5 e 0,8. Para aumentar seu valor, utiliza-se abrir dentes no terreno da fundação, como indicado na Figura 4.4.

As *condições de estabilidade* a serem satisfeitas entre as forças verticais, horizontais e momentos são as mesmas dos muros de arrimo, isto é:

- segurança contra o tombamento: $\Sigma M = 0$
- segurança contra o escorregamento: $\dfrac{\sum H}{\sum V} \leq f$
- segurança contra a ruptura da fundação: $\sigma_{\text{máx}} < \sigma_{\text{adm}}$ com σ_{adm} a tensão admissível do terreno.

Essas condições devem ser examinadas nas duas situações do nível d'água do reservatório: nível máximo (barragem em carga) e mínimo (barragem sem carga).

Barragens arco-gravidade

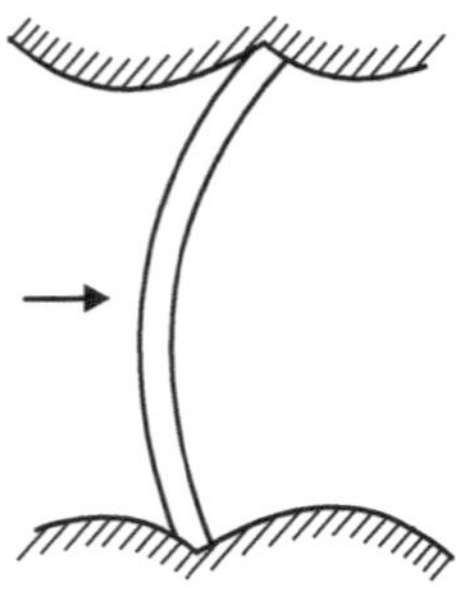

Curvas em planta e com a face convexa para montante (Fig. 4.5). Conquanto tenha sua estabilidade auxiliada por "efeito de arco" (parte da carga da água é transmitida para as rochas das encostas), ela é predominantemente assegurada pelo seu peso próprio. Existe método próprio de cálculo (Tolke).

FIGURA 4.5

Barragens abóbadas

Caracterizam-se pela sua pronunciada curvatura (simples ou dupla) e ainda pelo fato de suas seções trabalharem predominantemente à compressão (aproveitando, assim, esta propriedade fundamental do concreto), bem como suas fundações e encostas.

Até há alguns anos, essas barragens eram construídas somente em vales com forma de "V" e para razão $L/H < 1{,}5$. O seu emprego estende-se aos vales em forma de "U" e para valores de L/H até 6 ou mais.

A barragem abóbada é uma estrutura hiperestática. Inicialmente, foram calculadas pelo emprego da "fórmula dos tubos"[1] (Fig. 4.6).

---

[1] A dedução da chamada *fórmula dos tubos* é imediata. Com efeito (ver Fig. 4.6):

$$2\int_0^{\pi/2} p \cdot ds \cdot \cos\alpha = 2F$$

ou:

$$\sigma = \frac{p \cdot r}{d}$$

em que d é a espessura, r o raio médio e p a pressão hidrostática.

Esta fórmula é geralmente usada para calcular a espessura na base da barragem.

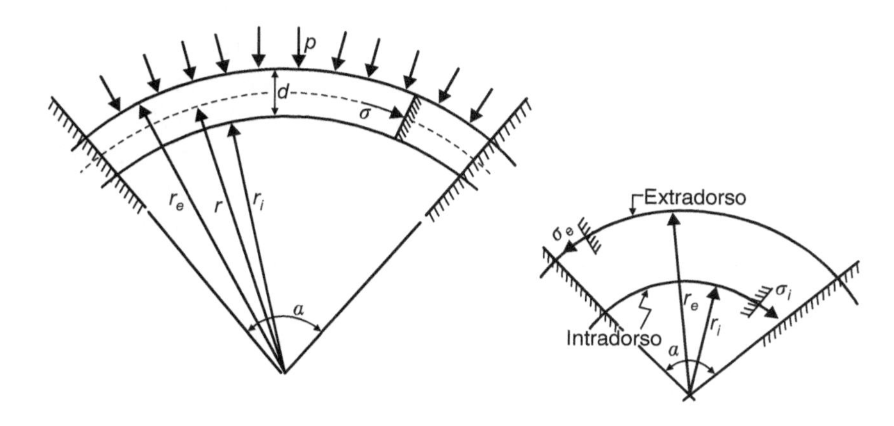

FIGURA 4.6

Sabe-se, ainda, da teoria matemática da elasticidade que:

– para o extradorso do arco (r_e)

$$\sigma_e = p\frac{r_e^2 + r_i^2}{r_e^2 - r_i^2}$$

– para o intradorso (r_i)

$$\sigma_i = \frac{2p \cdot r_e^2}{r_e^2 - r_i^2}$$

Considerando-se a possibilidade de deformação do maciço dos apoios, os valores das tensões reais diferem dos que são obtidos pelas fórmulas teóricas.

Atualmente, são utilizados os ensaios em "modelos" não só para verificar o comportamento dessas barragens, como também como um método de análise da estabilidade de tais obras.

Vejamos alguns exemplos. A barragem do *Cabril* (Fig. 4.7), em Portugal, é de dupla curvatura, com 135 m de altura e 290 m de desenvolvimento do coroamento; a largura da base é de 19 m e da crista é, apenas, de 4,5 m. A obra é realmente impressionante por sua esbelteza.

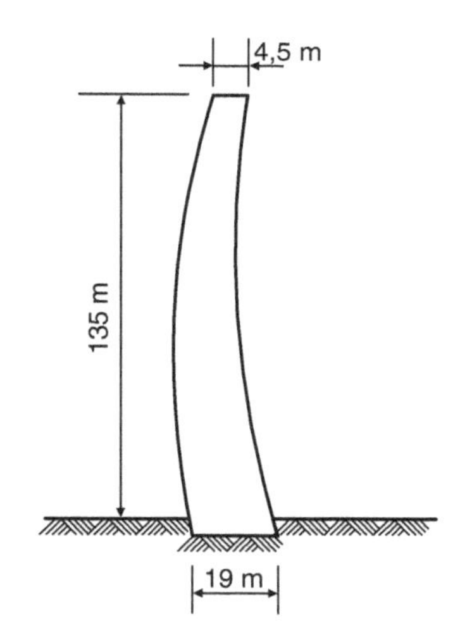

FIGURA 4.7

$$2\int_0^{\pi/2} r \cos\alpha \cdot d\alpha = 2F$$

ou, ainda:

$$p \cdot r\left[\operatorname{sen}\alpha\right]_0^{\pi/2} = F$$

donde:

$$p \cdot r = F$$

e daí:

$$p \cdot r = \sigma \cdot d \quad \text{ou} \quad \sigma = \frac{p \cdot r}{d}$$

Exemplo: Se p = 700 kN/m², r = 15 cm e d = 7,5 mm, a tensão tangencial ao tubo será $\sigma = (700 \cdot 0{,}15)/0{,}0075 = 14.000$ kN/m².

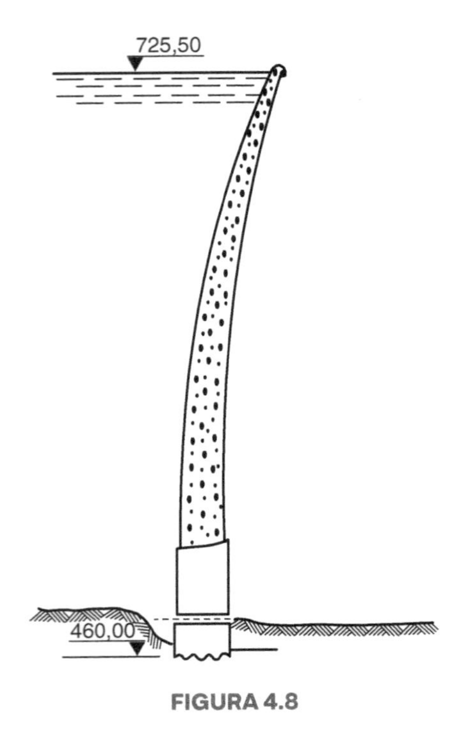

FIGURA 4.8

A barragem de *Vajont*, na Itália, é indicada na Figura 4.8. Trata-se de uma estrutura com 266 m de altura, fechando um estreito vale às proximidades de Longarone. Em 9 de outubro de 1963, grande massa de terra caiu sobre o reservatório, ocasionando um transbordamento e dando origem a uma torrente que se precipitou pelo vale, destruindo casas e causando inúmeras vítimas. A estrutura da barragem, no entanto, nada sofreu.

A barragem de *Mauvoisin* (Suíça) mede 237 m de altura e 530 m de desenvolvimento no coroamento. Na base, tem 53 m de espessura, adelgaçando-se até 14 m na crista. Sua estrutura requereu 2.030.000 m³ de concreto. Seu *índice de audácia*,[2] um dos mais altos, é igual a $K = 2100$.

O perfil da barragem *Malpasset*, na França, é mostrado na Figura 4.9. Suas principais características eram: cota de fundação = 6,5 m abaixo do leito do Rio Reyran, altura = 60 m, largura da base = 6,91 m e largura na crista = 1,5 m.

Esta barragem rompeu-se no dia 3/12/1959, causando grande número de vítimas e imensos prejuízos.[3]

Em face do comportamento perfeitamente satisfatório de várias obras deste tipo, este lamentável desastre não abalou a confiança dos projetistas quanto ao grau de segurança dessas arrojadas estruturas.

No Brasil, a barragem do *Funil* é uma abóbada, de dupla curvatura. Localizada em Resende, no estado do Rio de Janeiro, tem as seguintes características: altura máxima = 85 m, desenvolvimento no coroamento = 360 m, largura no coroamento = 3,60 m e largura na base = 26 m.

Barragens de contraforte

São essencialmente constituídas por dois elementos: a cortina e o contraforte.

Se a cortina é em laje armada apoiada nos contrafortes, tem-se a "barragem de cortina plana" (Fig. 4.10).

---

[2] Assim se denomina a relação $K = \frac{F^2}{V}$, em que F é a área da superfície média desenvolvida e V o volume de concreto da barragem. Seu valor exprime a imponência de uma barragem abóbada.

[3] A propósito desse lamentável acidente, transcrevemos, pelo seu elevado sentido de solidariedade humana, a carta de Terzaghi a André Coyne (1891-1960), autor do projeto da barragem:

"Ao ler nos jornais que a barragem de Malpasset rompera-se, veio-me à mente imediatamente a sua pessoa e o choque terrível que deve ter sofrido ao ter conhecimento de triste notícia. Em situação como essa não se pode, antes de mais nada, dissociar os aspectos técnicos da ocorrência, daqueles referentes à tragédia humana. Não obstante, todo engenheiro sensato se recordará de que acidentes deste tipo são, lamentavelmente, elos essenciais e inevitáveis na corrente do progresso da engenharia, pois que não se conhecem outras formas de se detectar os limites da validade de nossos conceitos práticos. Fui testemunha das manifestações chocantes deste processo doloroso na aviação durante a Primeira Guerra Mundial, quando procuramos passar, em poucos anos, de modelos primitivos de aeroplanos para os mais aperfeiçoados, sendo na construção de barragens o preço de nossas lições igualmente elevado.

Conhecendo-o bem há muitos anos, estou seguro de que a ruptura não decorreu de um erro de seu projeto. Ela servirá, portanto, ao propósito vital de destacar um fator que não recebeu no passado atenção merecida. Não lhe cabe culpa por terem as implicações desse fator se manifestado numa obra sua, pois que a ocorrência de falhas nas fronteiras de nosso conhecimento é governada por leis estatísticas que se manifestam ao acaso. Nenhum de nós a ela está imune. O senhor individualmente e as inocentes vítimas da ruptura pagaram um dos muitos tributos que a natureza estipulou para o progresso da construção de barragens. Portanto, os seus tormentos devem ser, pelo menos, amenizados ao saber que à simpatia de seus colegas da profissão de engenharia junta-se a gratidão pelos benefícios que têm usufruído de seu pioneirismo destemido."

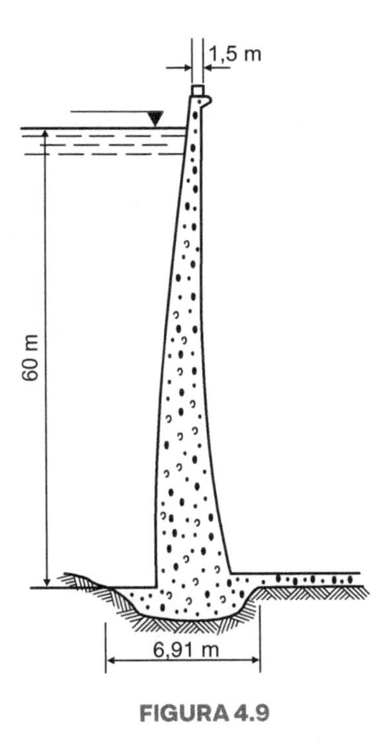

FIGURA 4.9

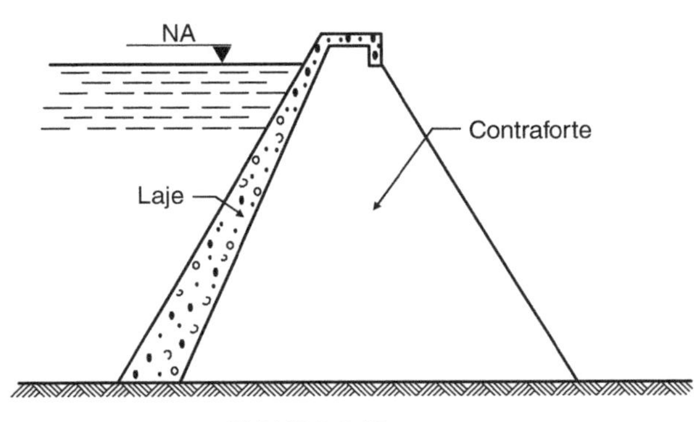

FIGURA 4.10

Se a cortina é formada por uma série de abóbadas ou cúpulas engastadas nos contrafortes, têm-se as "barragens de abóbadas ou cúpulas múltiplas" (Fig. 4.11).

Finalmente, se a cortina é constituída por um espessamento de contraforte a montante, ela é dita "barragem de gravidade aliviada".

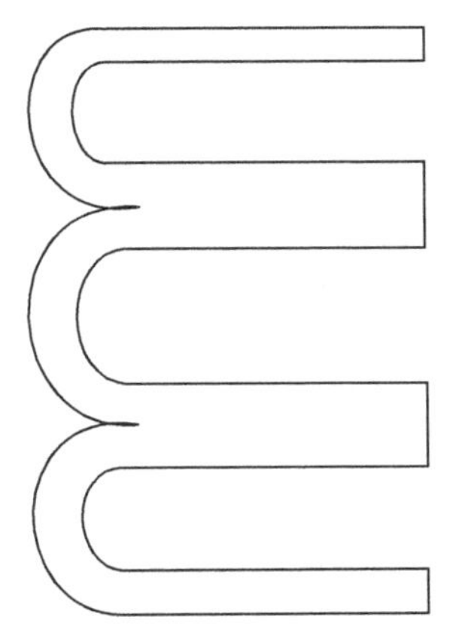

FIGURA 4.11

Barragens de concreto

Requerem, em geral, terrenos de fundação altamente resistentes, ou seja, rochas firmes e pouco fissuradas. Daí ser indispensável a remoção das espessas capas superficiais de rochas muito alteradas. Ainda assim, por vezes, torna-se necessária a consolidação desses terrenos por meio de injeções, com o objetivo de aumentar sua resistência e reduzir sua permeabilidade.

4.4 TIPOS DE BARRAGENS DE TERRA

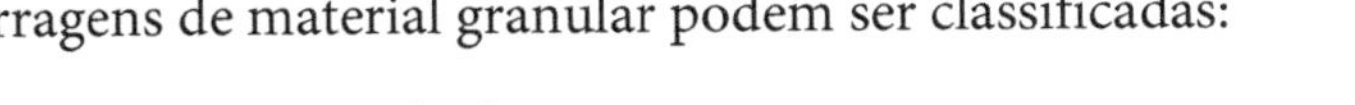

As barragens de material granular podem ser classificadas:

- segundo o ***método de construção***:
  - barragem de terra compactada
  - barragem construída pelo método hidráulico
- com relação ao ***tipo de seção***:
  - barragens homogêneas (em terra ou em enrocamento)
  - barragens mistas ou zonadas (podendo ser em terra e enrocamento).

As barragens homogêneas são constituídas inteiramente do mesmo material (Fig. 4.12).

As barragens zonadas são formadas essencialmente por um núcleo de terra impermeável, limitado por zonas permeáveis, que asseguram a estabilidade do conjunto (Fig. 4.13). O número e a disposição das zonas variam segundo perfis os mais diversos.

As barragens de material granular são as mais antigas e adaptáveis formas de estrutura de retenção de água. Quando bem projetadas e construídas, podem satisfatoriamente substituir os outros tipos, em terrenos de fundação menos resistentes. Quanto ao seu custo, é

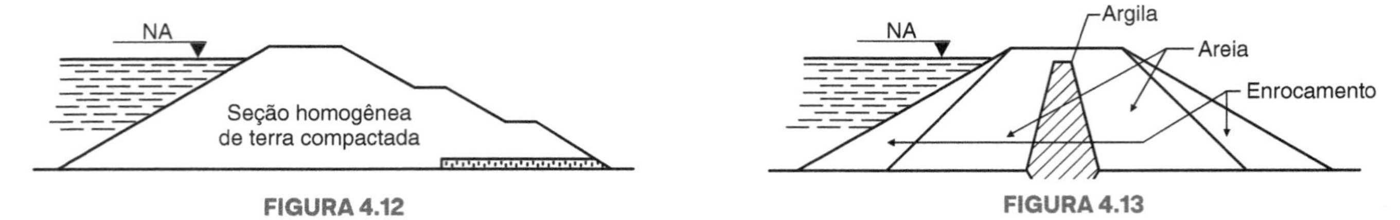

FIGURA 4.12

FIGURA 4.13

evidentemente influenciado pela existência, ou não, a curta distância do local da barragem, de jazidas de material disponíveis e aprováveis. Aliás, até mesmo a escolha do tipo de seção (homogênea ou zonada) depende da existência de jazidas.

Quanto ao método construtivo, as que utilizam o transporte hidráulico são mais econômicas que as de transporte e compactação mecânica; estas, ordinariamente sob controle de granulometria, umidade e peso específico.

A *barragem de Três Marias* é ilustrada na Figura 4.14. Localiza-se no Rio São Francisco, em Minas Gerais. É de seção homogênea, com 70 m de altura e 2700 m de comprimento. O volume total de terra é da ordem de 14 milhões de m^3. Sua fundação consiste em camada de argila vermelha siltosa ou arenosa cobrindo uma formação de arenito de granulação fina. Na margem direita, onde a rocha é altamente decomposta, uma trincheira de vedação foi escavada até a rocha e reenchida com material compactado.

A barragem de Três Marias destina-se à geração de energia elétrica (520.000 kW) e à formação de reservatório (cujo volume é de cerca de 20 bilhões de m^3) para regularização, irrigação e navegação.

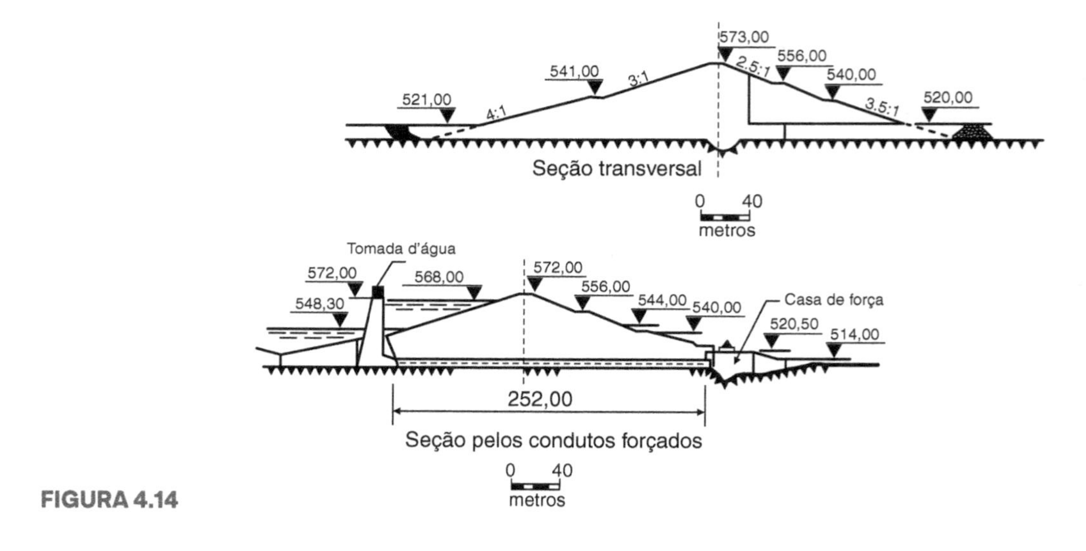

FIGURA 4.14

A *barragem de Furnas*, situada no Rio Grande, em Minas Gerais, tem capacidade de armazenamento de 30 bilhões de m^3 e uma potência instável de 1.200.000 kW.

As suas principais características (Fig. 4.15) são: barragem mista (com núcleo impermeável de argila seguido de trincheira de vedação e faces protegidas por enrocamento); o núcleo tem um volume de 700.000 m^3 e o volume total de enrocamento é de 8,7 milhões de m^3; altura máxima de 120 m e comprimento 500 m; sua fundação é de quartzito fraturado. A Figura 4.16 ilustra alguns detalhes da *barragem de Pium – I*, obra auxiliar do sistema de Furnas.

Complementarmente, há que se destacar a excelente obra redigida pelo nosso colega Prof. David de Carvalho (Unicamp) sobre barragens, que está disponível digitalmente e distribuída de forma gratuita pelo autor.

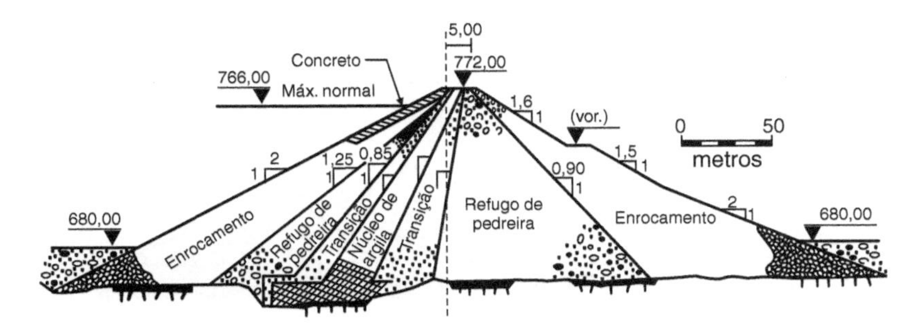

Seção típica da barragem

FIGURA 4.15

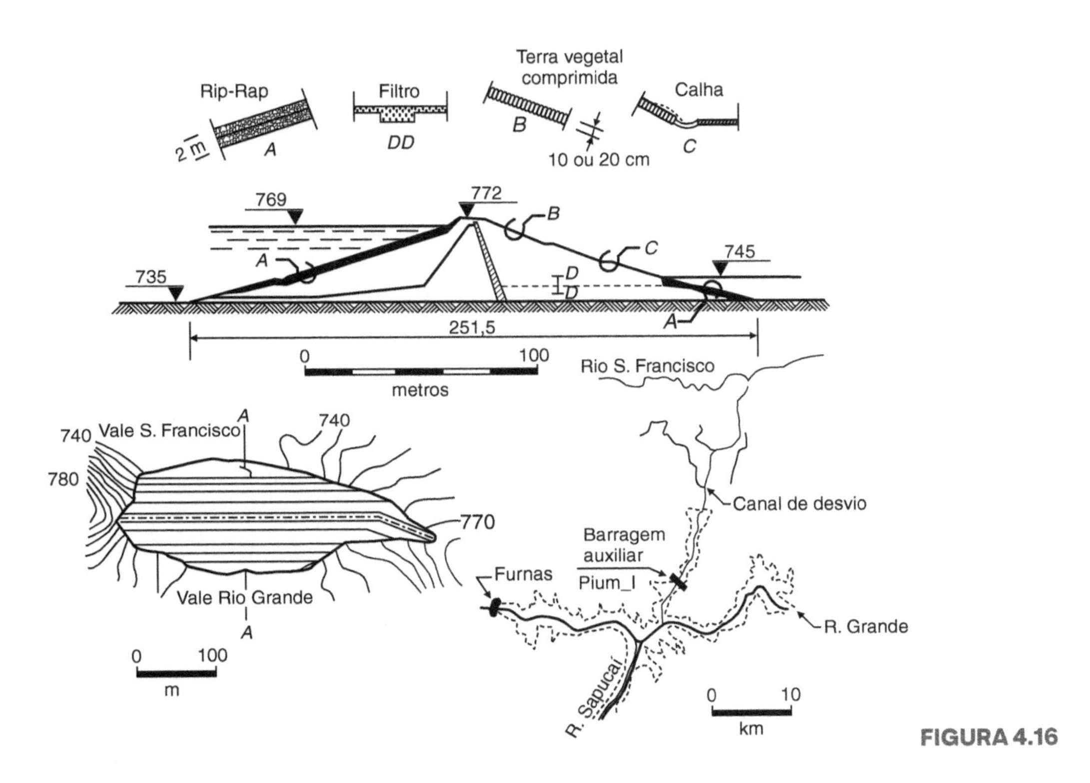

FIGURA 4.16

4.5 ESCOLHA DO TIPO DE BARRAGEM

A escolha técnico-econômica do tipo de barragem mais indicado para determinado local depende, como dissemos, da disponibilidade, na região, de jazidas de materiais construtivos adequados, em se tratando de barragens de material granular, e de facilidade de acesso ao local, de outros materiais, como cimento, no caso de barragens de concreto.

Cabe ainda considerar o vulto dos problemas construtivos em jogo, tais como desvio temporário do curso d'água no período de construção da obra.

4.6 SEÇÃO TRANSVERSAL DE BARRAGENS DE TERRA

O projeto e a construção de barragem de terra – segundo Giuliani, acompanhando-o em *Mecánica del Suelo y Fundaciones* – envolvem inúmeros e complexos problemas de ordem prática, cuja resolução se baseia fundamentalmente na experiência, com a importante contribuição que a técnica moderna oferece aos métodos teóricos e experimentais da Mecânica dos Solos, particularmente sobre circulação de água em meios permeáveis, estabilidade de taludes e compactação de solos.

A título de indicação, reproduzimos na Figura 4.17, acompanhando Cestelli-Guidi e Mallet, alguns tipos característicos de seção de barragens de terra. As de *a* até *e* são zonadas, e as de *f* a *h*, homogêneas.

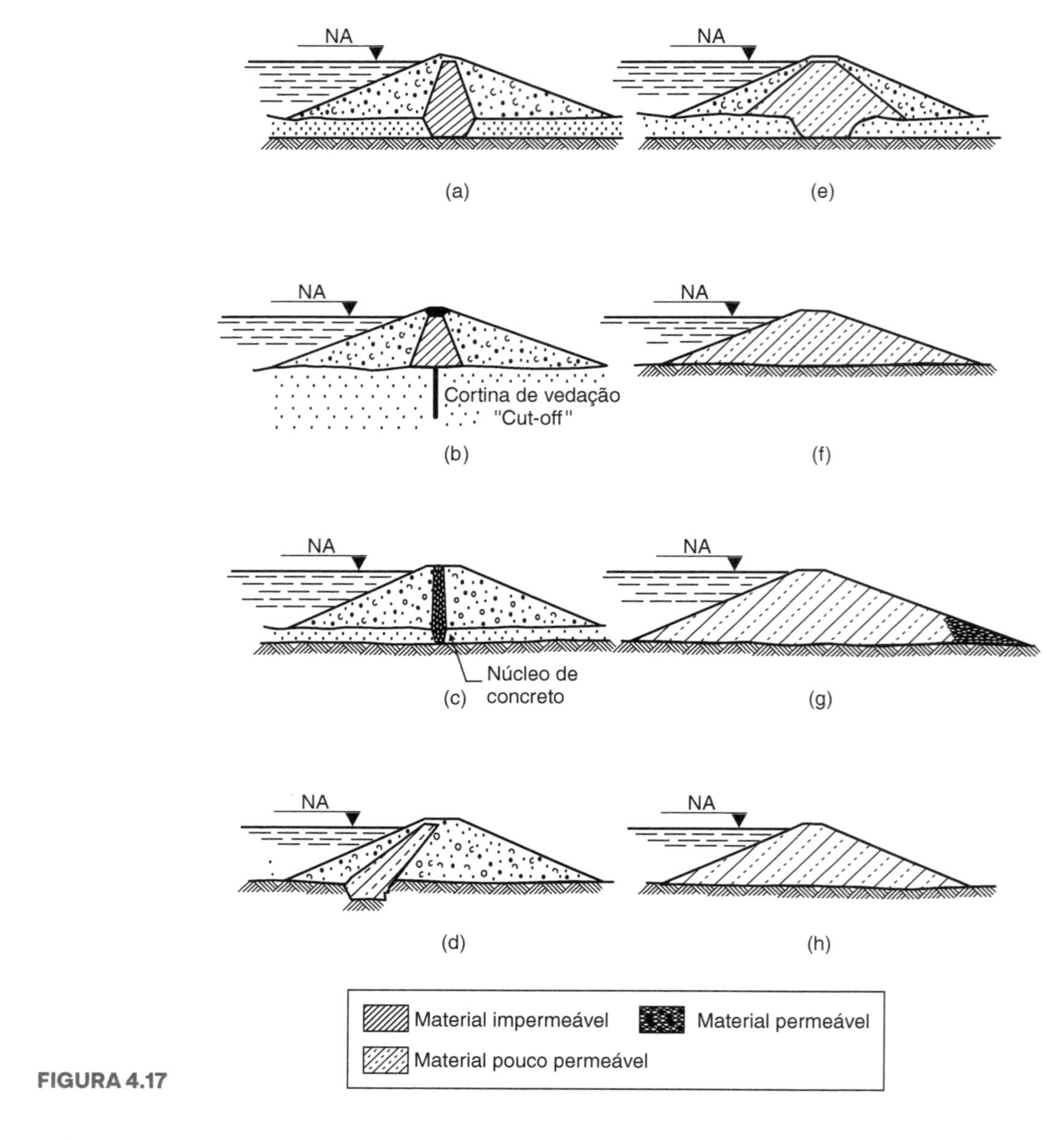

FIGURA 4.17

Adiante mostraremos que a escolha da seção deve ser condicionada às condições de estabilidade e estanqueidade da obra.

Altura A altura da barragem é determinada em função da potência a instalar e mediante o exame das condições locais, em particular da hidrologia da região. A sua fixação exige criteriosa apreciação dos diversos fatores interferentes.

Largura da crista Pode ser determinada por meio de fórmulas empíricas, como a de Knappen:

$$b = 1{,}65\sqrt{H}$$

ou a de Preece:

$$b = 1{,}1\sqrt{H} + 1$$

em que H é a altura da barragem e b a largura da crista, ambas as grandezas em m.

Quando é prevista a passagem de uma rodovia sobre a barragem, a largura da crista fica dependente das condições da estrada.

Taludes Segundo Terzaghi e para fins de anteprojeto, as inclinações aconselháveis dos taludes de uma barragem são as indicadas no Quadro 4.1.

QUADRO 4.1

Tipo de material	Taludes	
	Montante	**Jusante**
Seção homogênea – solo bem graduado	1:2,5	1:2
Seção homogênea – silte grosso	1:3	1:2,5
Seção homogênea – argila ou argila siltosa, altura menor que 15 m	1:2,5	1:2
Seção homogênea – argila ou argila siltosa, altura maior que 15 m	1:3	1:2,5
Areia ou pedregulho e areia com núcleo de argila	1:3	1:2,5
Areia ou pedregulho e areia com cortina de concreto armado	1:2,5	1:2

Observemos que os taludes da barragem devem ser *protegidos* contra a ação das ondas criadas pelo reservatório e a ação erosiva das águas pluviais.

Para o *talude de montante* são os seguintes os sistemas usuais de proteção: *rip-rap* (empedramento), revestimento à base de concreto e solo-cimento. Para garantir a ação efetiva contra a erosão no aterro, é necessário que o *rip-rap* seja lançado sobre *filtros de proteção.*

De acordo com os *critérios de Terzaghi,* um material de filtro, para proteger um solo B (base), deve obedecer às seguintes condições granulométricas (Fig. 4.18):

$$\frac{D_{15(\text{filtro})}}{D_{85(\text{solo})}} < 4 \text{ a } 5 \quad \text{e} \quad \frac{D_{15(\text{filtro})}}{D_{15(\text{solo})}} > 4 \text{ a } 5$$

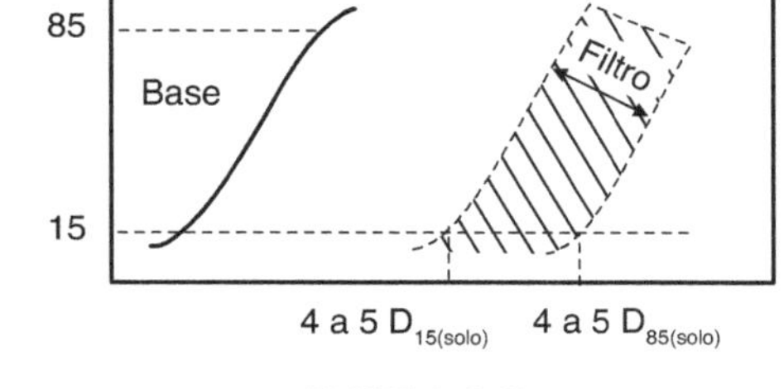

FIGURA 4.18

na qual, por exemplo, $D_{15(\text{solo})}$ é o diâmetro correspondente a 15 %, em peso total, de todas as partículas menores que ele; do mesmo modo, definiríamos os outros diâmetros, não só para o material que serve de filtro, como para o solo do aterro.

O diâmetro (em geral, entre 30 e 80 cm) da pedra do *rip-rap* é função da inclinação do talude e da velocidade das ondas.

Para o *talude de jusante,* o sistema de proteção mais comum e econômico consiste no plantio de vegetação adequada à redução da velocidade da água e à retenção do solo através de suas raízes.

Além da plantação de gramas, torna-se necessário executar um sistema de drenagem por meio de valetas que permitam o escoamento das águas pluviais.

Essas valetas situam-se paralelamente ao eixo das barragens (sobre as bermas), perpendicularmente ao eixo da crista e na saia da barragem. São de concreto e de seção trapezoidal.

4.7 SELEÇÃO DOS MATERIAIS

Os materiais empregados na construção da barragem de terra compactada devem, em princípio, satisfazer as seguintes condições:

a) estabilidade permanente contra a ruptura;
b) impermeabilidade suficiente;
c) insolubilidade dos sólidos constituintes;
d) facilidade nas operações de construção (espalhamento e compactação).

Os ensaios básicos para tais estudos são: análise granulométrica, limites de consistência, permeabilidade, compactação e resistência ao cisalhamento.

4.8 INFILTRAÇÕES

De particular importância no estudo das barragens de terra é o problema das infiltrações no corpo da barragem ou em suas fundações. Sabe-se que, se determinadas precauções não forem tomadas, as infiltrações poderão comprometer a estabilidade da obra.

Estudo experimental No estudo das barragens de terra é conveniente a determinação experimental (a partir de modelos) das redes de fluxo em meios permeáveis, conforme se explica a seguir, acompanhando Tschebotarioff, em *Mecánica del suelo*, 1958.

A Figura 4.19 mostra-nos o tanque de ensaios. Uma de suas faces é de vidro, com uma retícula de 10 × 10 cm nela gravada. A outra face é metálica e perfurada em 27 pontos, aos quais estão ligados tubos piezométricos. Há uma alimentação em *R* e uma saída em *U*.

Quando o tanque é cheio com água, esta alcança o mesmo nível em todos os tubos, independentemente de se acharem em quatro níveis diferentes.

Enchendo-se o tanque com areia, formando barragem [Fig. 4.19(b)], e mantida a diferença de nível *h*, observa-se que a água nos tubos piezométricos alcançará níveis compreendidos entre os da água a montante e a jusante da barragem. Tais níveis são lidos e anotados, nos pontos correspondentes aos tubos, em uma folha igual à da retícula. Desta forma, desenham-se as linhas de igual carga – linhas equipotenciais – indicadas por traços na figura.

Acionando-se um corante em alguns pontos do paramento do montante, ficarão materializadas as chamadas linhas de fluxo (representadas por linhas cheias).

Obtém-se, assim, a rede de escoamento.

As Figuras 4.19(c) e 4.19(d) ilustram outras redes de fluxo.

Linha de saturação O fluxo d'água em um corpo de barragens de terra é limitado superiormente por uma linha de percolação, denominada *linha de saturação* ou *linha freática*. Ela representa uma condição limite para o traçado da rede de fluxo no interior do maciço da barragem.

Solução teórica Para um fluxo d'água em um meio permeável, nas condições indicadas na Figura 4.20, a *solução teórica* de Kozeny demonstra que as linhas de fluxo, e, portanto, a linha de saturação, são parábolas homofocais, tendo o ponto *F* como foco.

Este é o tipo de escoamento que ocorrerá em uma situação como a indicada na Figura 4.21: maciço de terra homogêneo e permeável, repousando sobre uma camada plana horizontal e impermeável, com um tapete filtrante.

Referida ao sistema de coordenadas ξ e η, a equação da linha de saturação (parábola) escreve-se:

$$\eta^2 = 2 \cdot p \cdot \xi$$

ou:

$$\xi = \frac{\eta^2}{2p} \text{ (em que } p \text{ é o parâmetro).}$$

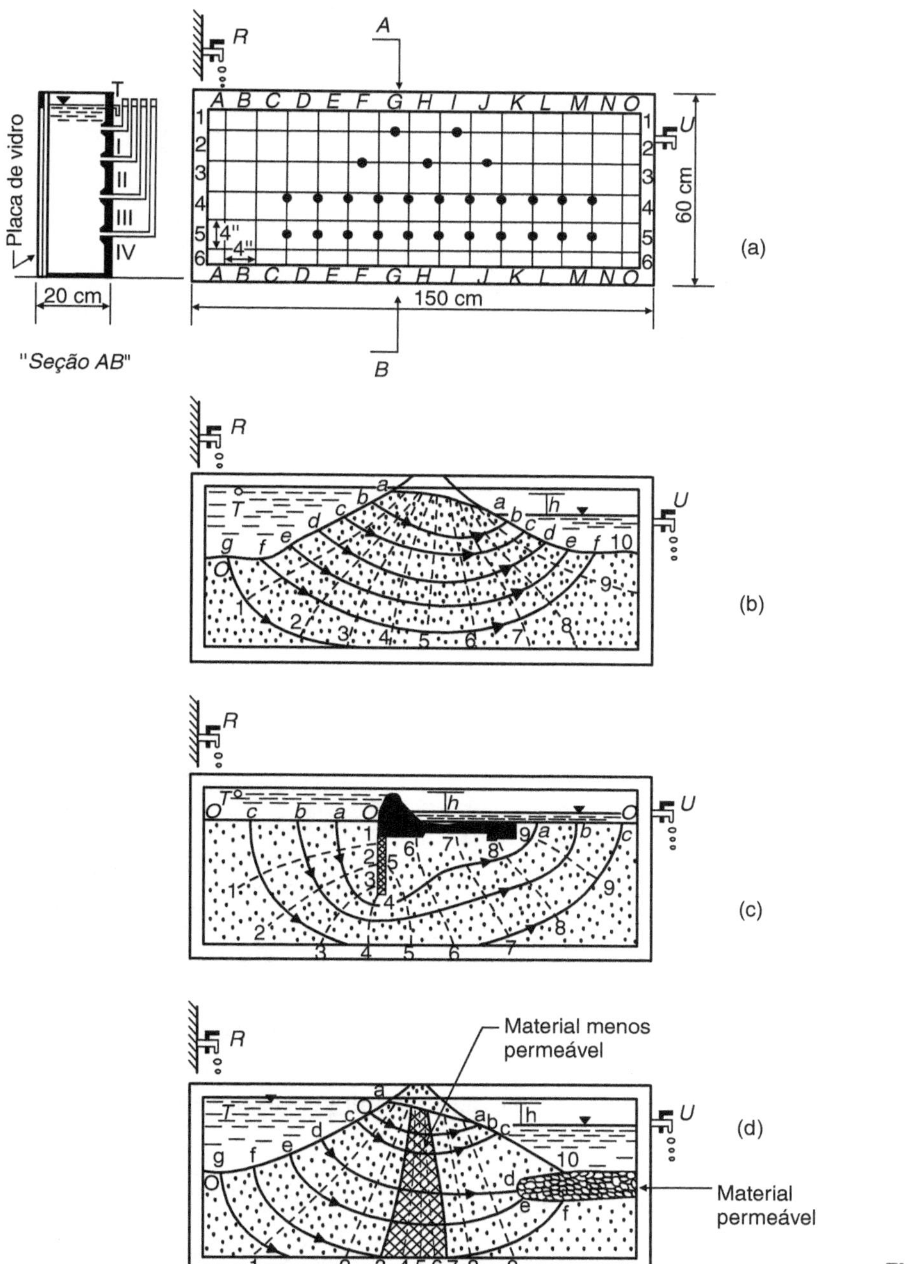

FIGURA 4.19

Em relação às coordenadas x e y, observando-se que $\xi = x + \frac{p}{2}$ e $\eta = y$, tem-se:

$$x + \frac{p}{2} = \frac{y^2}{2p}$$

ou:

$$x = \frac{y^2 - p^2}{2p}$$

que é a equação da linha de saturação com a origem do sistema de referência coincidente com seu foco.

Da Figura 4.20, obtém-se:

$$\overline{PF} = \overline{PG}$$

ou:

$$\sqrt{x^2 + y^2} = x + p$$

donde:

$$p = \sqrt{x^2 + y^2} - x$$

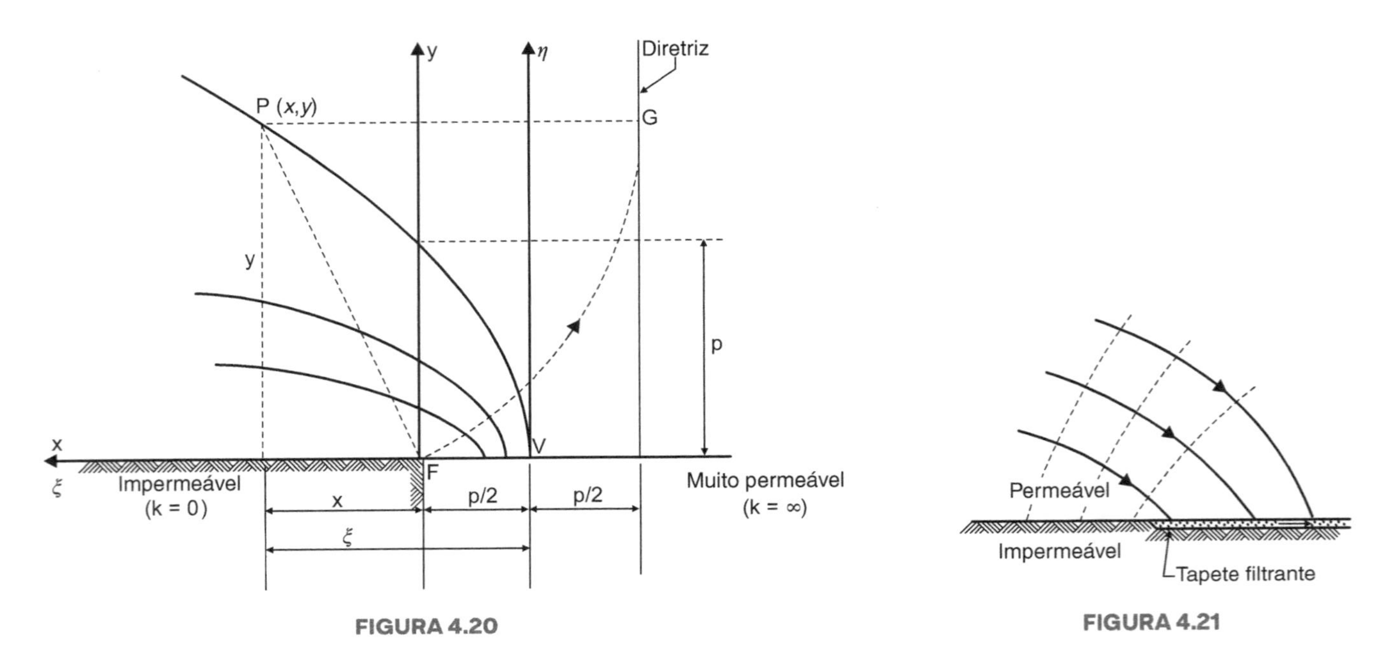

FIGURA 4.20

FIGURA 4.21

Construção gráfica de Casagrande (para α > 30°) Partindo-se da parábola de Kozeny – que será então uma "parábola básica" –, Casagrande sugere a construção indicada na Figura 4.22 para o traçado das linhas de saturação nas barragens homogêneas de terra.

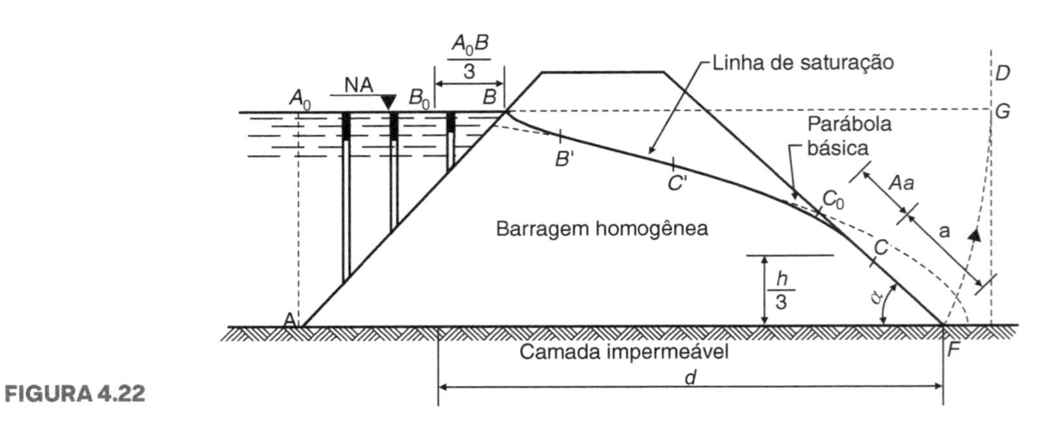

FIGURA 4.22

O ponto F será o foco da parábola básica. O ponto B_0 é locado empiricamente tomando $\overline{B_0B} = \frac{1}{3}\overline{A_0B}$. Com centro em B_0 e raio $B0F$, determina-se G na horizontal correspondente ao nível d'água e, assim, a diretriz D da parábola. Conhecidos F e D, constrói-se por pontos a parábola básica, a partir da qual se vai traçar a linha de saturação.

Chamando de d a largura da base da barragem diminuída de 7/10 da projeção do trecho molhado do talude de montante, pode-se escrever que:

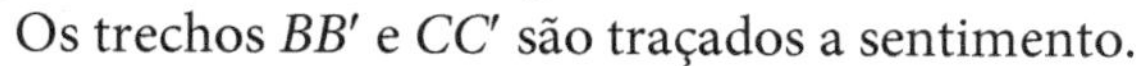

$$p = \sqrt{h^2 + d^2} - d$$

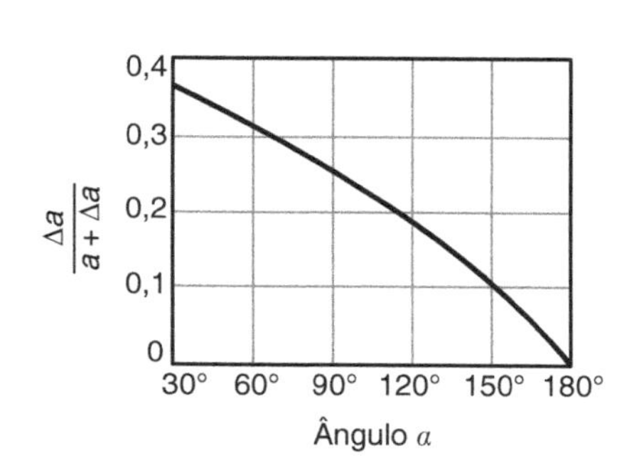

FIGURA 4.23

A concordância com o ponto B é feita a sentimento, notando-se que ela é normal ao talude de montante, pois este, abaixo do NA, é uma linha equipotencial.

O ponto real C em que a linha de saturação intercepta o talude de jusante é mais abaixo que o ponto C_0 correspondente à parábola de Kozeny. A correlação Δa é dada, em função do ângulo α, pelo gráfico da Figura 4.23, segundo estudos de Casagrande, em modelos de barragens.

Os trechos BB' e CC' são traçados a sentimento.

Mallet sugere tomar para ordenada de C o valor aproximado $\frac{h}{3}$.

Se a barragem é dotada de dreno horizontal, o foco da parábola básica será em F (Fig. 4.24) e a única correção neste caso é de BB'.

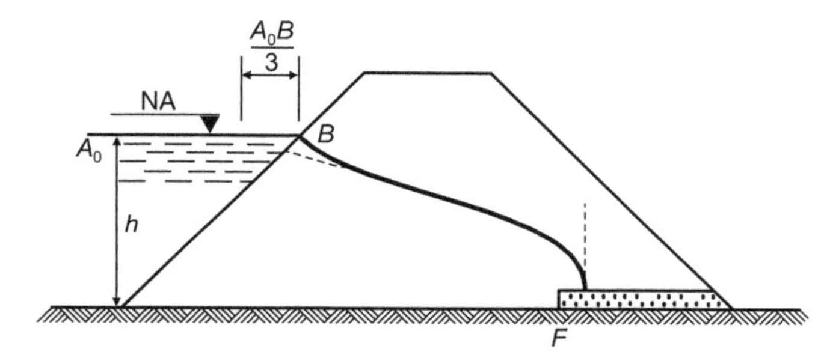

FIGURA 4.24

Se existir filtro de pé (enrocamento), deverá ser feita a correção Δa indicada na Figura 4.25.

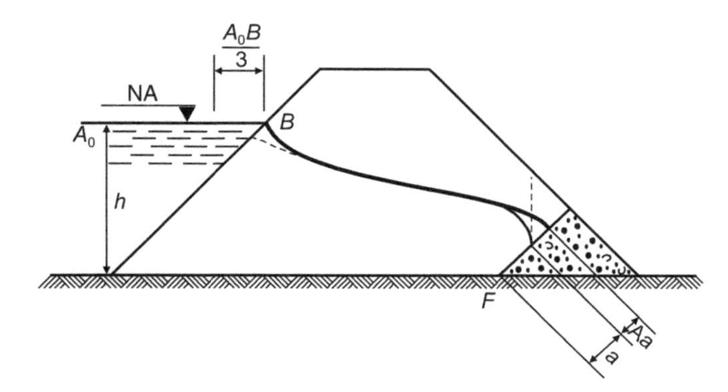

FIGURA 4.25

Caso em que α ***< 30°*** Quando a inclinação α do talude de jusante for inferior a 30°, o valor de a poderá ser calculado pela fórmula de SchaffernakCasagrande, que a seguir deduzimos.

Da Figura 4.26, obtém-se para a equação da descarga:

$$Q = v \cdot A = k \cdot i \cdot A = k(y \times 1)\frac{dy}{dx}$$

donde:

$$Q \cdot dx = ky \cdot dy$$

Integrando:

$$Q \cdot x = \frac{k \cdot y^2}{2} + K$$

em que K é a constante de integração.

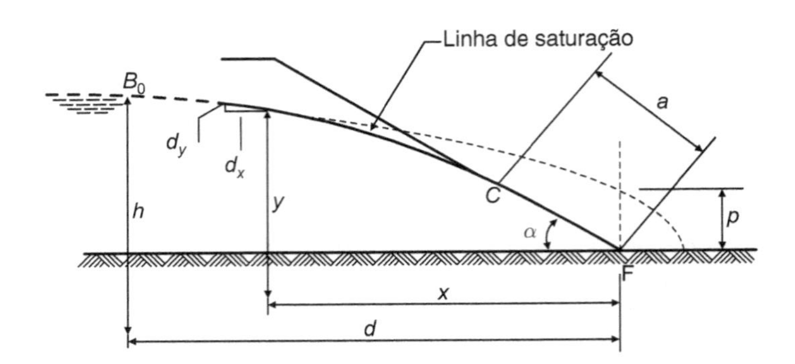

FIGURA 4.26

Substituindo nesta equação x e y pelas coordenadas do ponto C:

$$\begin{cases} x = a\cos\alpha \\ y = a\ \text{sen}\alpha \end{cases}$$

Obtém-se:

$$K = Qa\cos\alpha - \frac{k}{2}a^2\text{sen}^2\alpha$$

A equação da descarga será, então:

$$Qx = \frac{ky^2}{2} + Qa\cos\alpha - \frac{k}{2}a^2\ \text{sen}^2\alpha$$

ou:

$$Qx = Qa\cos\alpha + \frac{k}{2}(y^2 - a^2\ \text{sen}^2\alpha)$$

Como no ponto C a linha de saturação é tangente ao talude de jusante e, portanto, $\frac{d_y}{d_x} = \text{tg}\alpha$, tem-se:

$$Q = k \cdot a\ \text{sen}\alpha\ \text{tg}\alpha$$

Substituindo este valor na equação anterior, vem:

$$x \cdot k \cdot a\ \text{sen}\alpha\ \text{tg}\alpha = \frac{k \cdot a^2\text{sen}^2\alpha}{2} + \frac{k}{2}y^2$$

donde:

$$x = \frac{y^2 + a^2\text{sen}^2\alpha}{2a\ \text{sen}\alpha\ \text{tg}\alpha}$$

Para $x = d$ (distância horizontal de F a B_0) e $y = h$ (altura da água acima da base da barragem) teremos, resolvendo a equação em relação ao valor de a:

$$a = \frac{d}{\cos\alpha} - \sqrt{\frac{d^2}{\cos^2\alpha} - \frac{h^2}{\text{sen}^2\alpha}}$$

que é a fórmula procurada.

Graficamente, esse valor de a, ou seja, o ponto C para $a < 30°$, pode ser obtido como indicado na Figura 4.27.

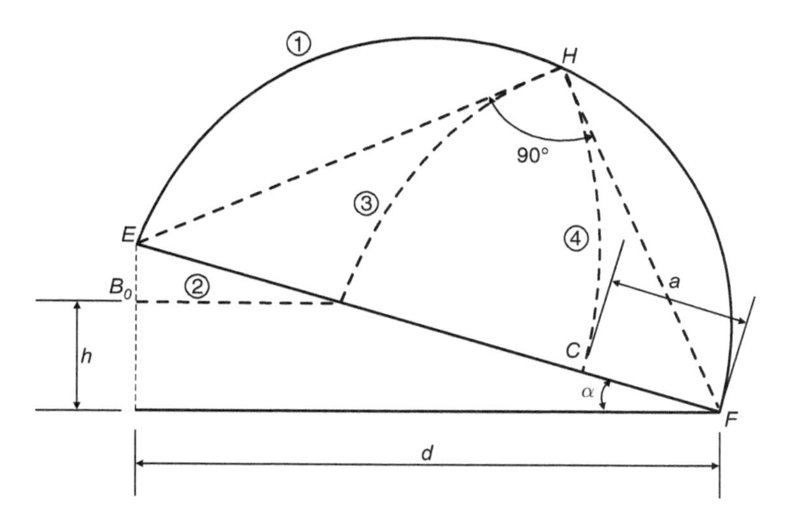

FIGURA 4.27

Tal construção justifica-se facilmente.
Com efeito:

$$\overline{FH}^2 + \overline{EH}^2 = \overline{EF}^2$$

$$\overline{FH} = \overline{FJ} = \frac{h}{\operatorname{sen}\alpha}$$

$$\overline{EH} = \overline{EC} = \frac{d}{\cos\alpha} - a$$

Assim:

$$\left(\frac{h}{\operatorname{sen}\alpha}\right)^2 + \left(\frac{d}{\cos\alpha} - a\right)^2 = \left(\frac{d}{\cos\alpha}\right)^2$$

donde:

$$a = \frac{d}{\cos a} - \sqrt{\frac{d^2}{\cos^2 a} - \frac{h^2}{\operatorname{sen}^2 a}},$$

que é o valor dado pela fórmula de Schaffernak-Casagrande.

Seções de permeabilidade diferentes No caso de barragens zonadas em que a razão entre os coeficientes de permeabilidade dos materiais é igual ou maior que 10, basta considerar a seção menos permeável, tal como indicado na Figura 4.28.

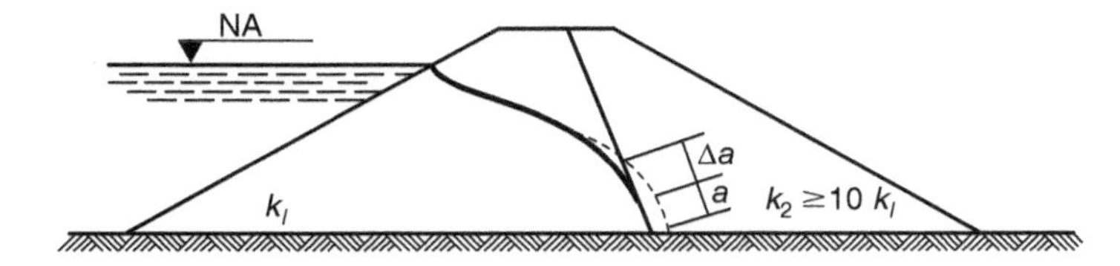

FIGURA 4.28

Quando esta razão for menor que 10, dever-se-á estudar as linhas de fluxo em todas as seções, traçando-se a linha de saturação por estimativa.

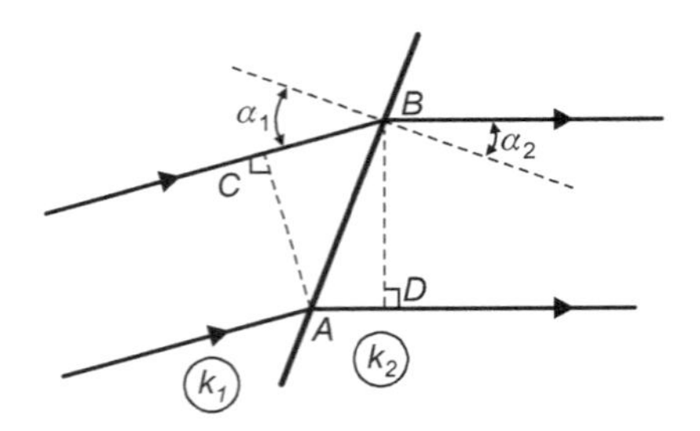

FIGURA 4.29

Observemos, ainda, que se as linhas de fluxo atingem uma superfície limite de duas seções de permeabilidade diferentes k_1 e k_2, elas sofrem mudança de direção; tal como nos feixes de luz, há uma refração. Na Figura 4.29 representamos um canal de fluxo com um ângulo de incidência α_1 e ângulo de saída α_2.

Se chamarmos de Δh a perda de carga entre as duas equipotenciais AC e BD, podemos escrever, igualando as duas expressões da vazão:

$$k_1 \cdot \frac{\Delta h}{\overline{BC}} \cdot \overline{AC} = k_2 \cdot \frac{\Delta h}{\overline{AD}} \cdot \overline{BD}$$

donde:

$$\frac{k_1}{k_2} = \frac{\operatorname{tg} \alpha_1}{\operatorname{tg} \alpha_2}$$

que é a relação procurada.

Cálculo da perda de água através da barragem A partir da parábola básica, pode-se calcular a perda de água através do corpo da barragem. Com efeito (Fig. 4.26):

$$Q = v \cdot A = k \cdot i \cdot A = k \cdot A \cdot \frac{dy}{dx}$$

com:

$$A = y \times 1 = y = \sqrt{2 \cdot p \cdot x + p^2}$$

e:

$$\frac{dy}{dx} = \frac{p}{\sqrt{2p \cdot x + p^2}}$$

Então:

$$Q = (k \cdot \sqrt{2 \cdot p \cdot x + p^2}).\left(\frac{p}{\sqrt{2 \cdot p \cdot x + p^2}}\right) = k \cdot p$$

em que k é o coeficiente de permeabilidade e p o parâmetro da parábola de Kozeny. Esta equação também pode ser escrita:

$$Q = k(\sqrt{h^2 + d^2} - d)$$

substituindo p pelo seu valor.

Se $\alpha < 30°$, aplica-se a relação empírica:

$$Q = k\left[\sqrt{h^2 + d^2} - \sqrt{d^2 - h^2 \cdot \operatorname{cotg}^2 \alpha}\right] \operatorname{sen}^2 \alpha$$

Adotando-se para k o valor:

$$k' = \sqrt{k_x \cdot k_y}$$

se os coeficientes de permeabilidade forem diferentes nas duas direções.

Cálculo da perda de água através da fundação Se, na Figura 4.30, B é a largura da zona impermeável da barragem (incluindo o "tapete impermeável"), z a espessura da camada permeável da fundação, h a carga hidráulica (em m) e k_f o coeficiente de permeabilidade médio da fundação (em m/s), a perda de água q através dessa fundação e por metro linear da barragem é calculada pelas *fórmulas aproximadas* de Terzaghi:

$$q = \frac{k_f \cdot h}{0,88 + \dfrac{B}{z}} \quad (\text{quando } B > 2z)$$

e:

$$q = \frac{k_f \cdot h}{2} \sqrt{\frac{2z}{B} - 1} \quad (\text{quando } B < 2z)$$

Estas fórmulas não são válidas quando o valor de B é aproximadamente igual ao de $2z$.

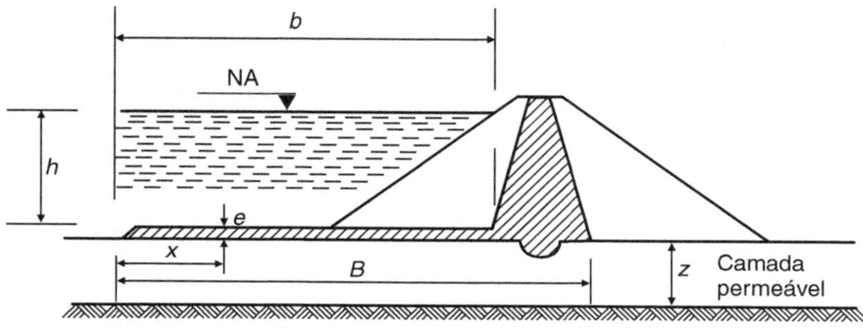

FIGURA 4.30

Na prática, essas fórmulas podem ser substituídas pela fórmula única $q = \lambda \cdot k_f \cdot h$ com λ um coeficiente dado, em função de B/z, pelo gráfico da Figura 4.31.

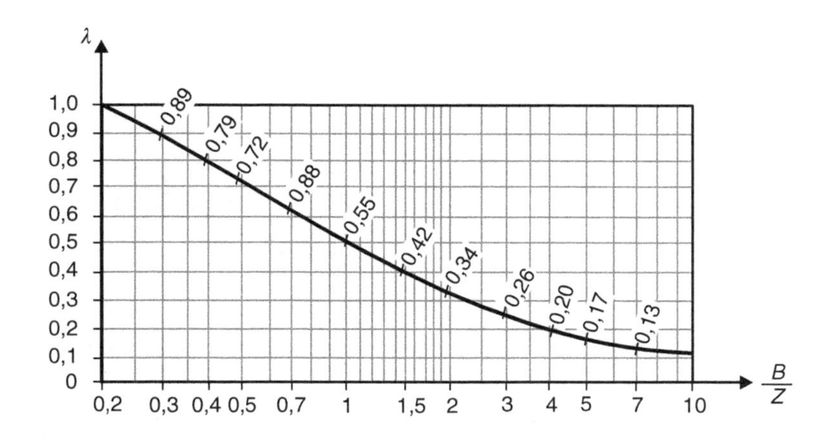

FIGURA 4.31

A espessura e do tapete impermeável é dada, segundo Knappen, pela relação:

$$e = \frac{k_t}{k_f} \cdot \frac{b}{z} \cdot x$$

em que k_t é o coeficiente de permeabilidade do material do tapete e x a abscissa do ponto considerado, como indicado na figura.

Na prática, essa espessura nunca é inferior a:

$$e_1 = 0{,}60 + \frac{x}{100} \quad \text{(em m)}$$

A *perda de água através do tapete* é estimada pela fórmula:

$$q_t = \frac{k_v \cdot h \cdot b}{2 \cdot e_m}$$

em que k_v é o coeficiente de permeabilidade vertical através do tapete e e_m a sua espessura média.

4.9 ESTABILIDADE

A análise da estabilidade da barragem de terra compreende a investigação da estabilidade do "corpo da barragem" e a do "solo de fundação".

Corpo da barragem

Há que se considerar o problema dos recalques e o da ruptura de taludes, além das tensões cisalhantes que se desenvolvem na base do terrapleno.

Quanto aos *recalques* – com a criteriosa seleção dos materiais, métodos modernos de compactação e cuidadosa execução –, é de se prever que seus valores sejam reduzidos. Sobre a *ruptura de taludes*, sua análise é feita segundo os conhecidos métodos de verificação da estabilidade de taludes expostos no Cap. 3. No caso, dever-se-ão levar em conta também as condições de tensões neutras e forças de percolação que se desenvolvem nas barragens.

Para o *talude de montante*, deverão ser consideradas duas situações: com o reservatório cheio e após brusco esvaziamento, tal como foi visto no Cap. 3.

No que se refere ao *talude de jusante*, deve-se atentar para os efeitos das "tensões de percolação". A Figura 4.32 ilustra várias composições de f_p com γ_{sub}, mostrando que essas tensões são desfavoráveis ao equilíbrio do talude de jusante. Daí a utilidade dos drenos, que, interceptando as linhas de fluxo, orientam a saída da água.

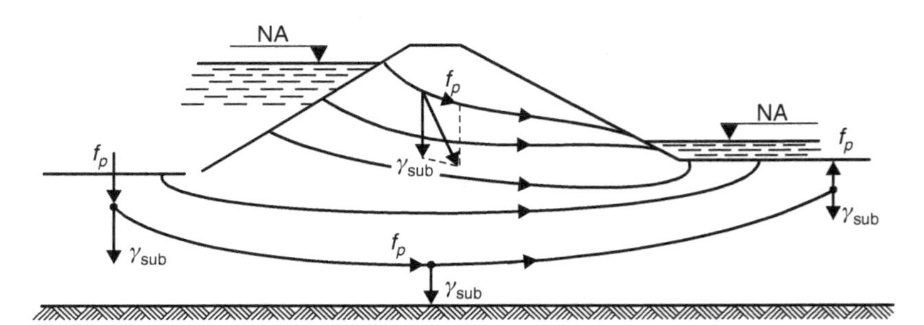

FIGURA 4.32

O problema das *tensões de cisalhamento na base do terrapleno* foi estudado matematicamente por Rendulic, e de maneira simplificada e aproximada por Krynine.

Solo de fundação

Evidentemente, a estabilidade da barragem de terra depende da natureza do solo de fundação. Há casos em que se deverá levar em conta a possibilidade de recalques excessivos ou até mesmo a ruptura da fundação. Tais investigações se procedem de acordo com os métodos de Mecânica dos Solos neste curso.

Nas condições da Figura 4.33, por exemplo, caso teórico de barragem de seção triangular, um valor aproximado da tensão máxima de cisalhamento é dado pela teoria de plasticidade (fórmula de Hencky):

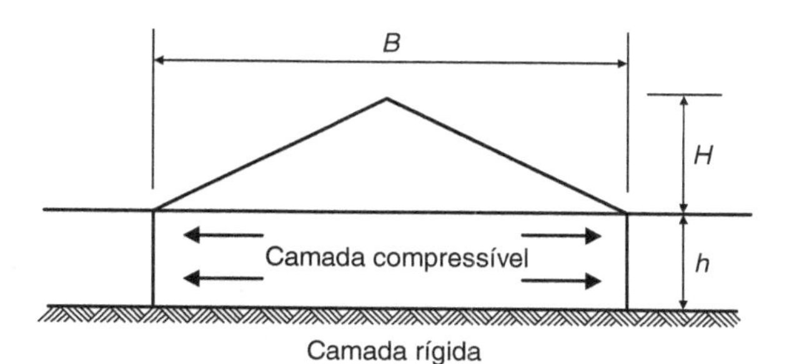

FIGURA 4.33

$$t = \frac{p \cdot h}{B} = \frac{\gamma \cdot H \cdot h}{B}$$

em que γ é o peso específico do material da barragem.

Esta fórmula é válida somente para $h \leq \frac{B}{10}$.

Se $h > B$, pela teoria de Carothers obtém-se (Fig. 4.34):

$$t = 0{,}256 \cdot p = 0{,}256 \cdot \gamma \cdot H$$

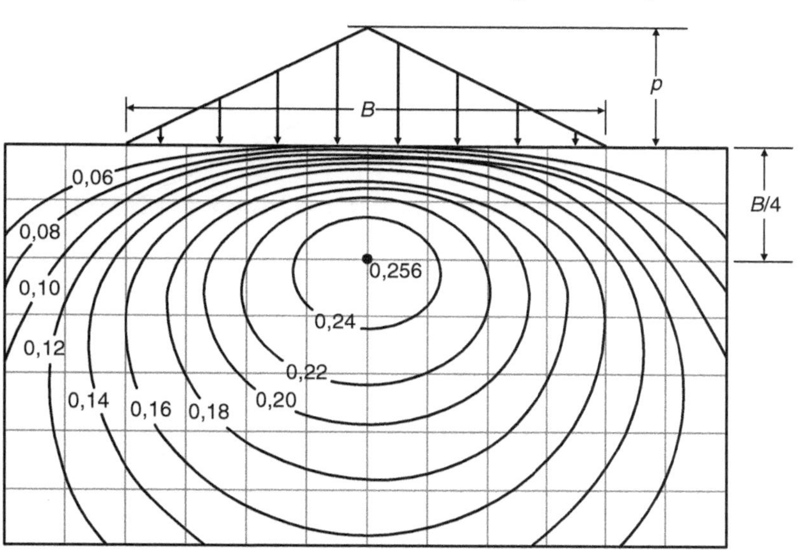

FIGURA 4.34

A condição de estabilidade será:

$$t \leq \tau$$

em que t é a resistência ao cisalhamento do terreno de fundação.

4.10 CAUSAS DE RUPTURA DAS BARRAGENS DE TERRA

As causas mais frequentes de ruptura das barragens de terra são: o extravasamento, as infiltrações e os escorregamentos. As duas primeiras, de origem "hidráulica", e a terceira, "estrutural".

Middlebrooks, investigando os acidentes de 206 barragens nos Estados Unidos (cujo trabalho data de 1953), chegou às seguintes conclusões quanto às causas:

- extravasamento .... 30 %
- infiltrações .... 25 %
- escorregamentos .... 15 %
- vazamentos de condutos .... 13 %
- falta de proteção dos taludes.......................... 5 %
- causas diversas e desconhecidas .... 12 %

Extravasamento

O extravasamento, ou seja, a passagem da água por cima da crista da barragem (Fig. 4.35), é combatido pelo conveniente dimensionamento do *vertedouro*, que se destina exatamente a eliminar o excesso de água do reservatório.

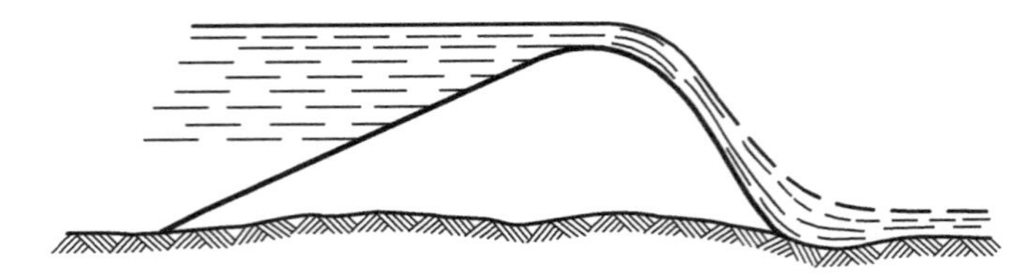

FIGURA 4.35

Ainda como segurança contra o extravasamento; a crista da barragem deve situar-se a certa distância R (Fig. 4.36) do nível d'água máximo "maximorum"; a essa distância denomina-se *revanche* (*freeboard*).

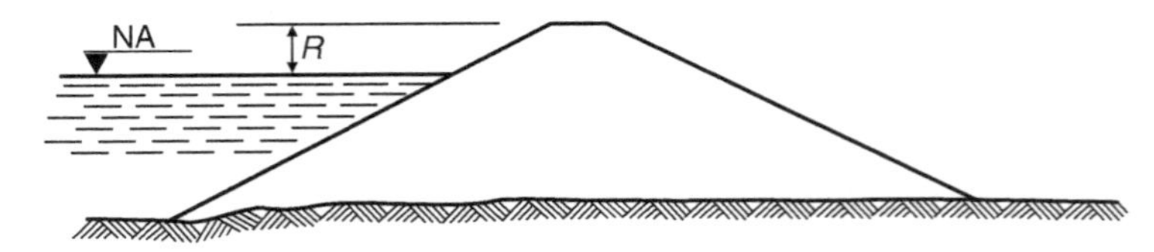

FIGURA 4.36

A estimativa da revanche pode ser feita pela fórmula:

$$R = 0,75 \cdot h + \frac{v^2}{2g}$$

em que h (em m) é a altura das ondas e v (em m/s) a velocidade das ondas, produzidas pelo vento.

Por sua vez, o valor de h (em m) pode ser estimado pela fórmula de Stevenson:

$$h = 0,75 + 0,34\sqrt{L} - 0,26\sqrt{L}$$

em que L (em km) é o máximo comprimento retilíneo do reservatório, normal ao eixo da barragem; é o que se denomina *fetch*.

Levando em conta a velocidade do vento U (em km/h), tem-se a fórmula de Molitor:

$$h = 0,75 + 0,032\sqrt{U \cdot L} - 0,27\sqrt{L}$$

Quanto à velocidade das ondas, ela é obtida pela relação de Gaillard:

$$v = 1,50 + 2 \cdot h$$

com h em m e v em m/s.

Em reservatórios pouco profundos e de grande superfície, pode-se ainda levar em conta o "efeito da maré de vento", adicionando-se a R, segundo Zuider Zee, o valor:

$$h_s = \frac{U^2 \cdot L}{63.000 \cdot z} \cos\phi$$

em que:

U = velocidade do vento (em km/h);
L = *fetch* (em km);
z = profundidade média do reservatório (em m);
ϕ = ângulo da direção do vento com a normal ao eixo da barragem.

Infiltrações

As infiltrações no corpo da barragem ou em sua fundação comprometem a estabilidade da obra se não forem tomadas precauções contra os efeitos decorrentes das pressões de percolação.

Com efeito, se as pressões de percolação tornam-se excessivas, pode ocorrer o carreamento de partículas finas do solo no ponto onde a água emergir no corpo da barragem ou no terreno de fundação, se este for mais permeável que a própria barragem. Desse modo, vai se formando, dentro da barragem ou na sua fundação, um orifício cada vez maior e em forma de tubo (Fig. 4.37).

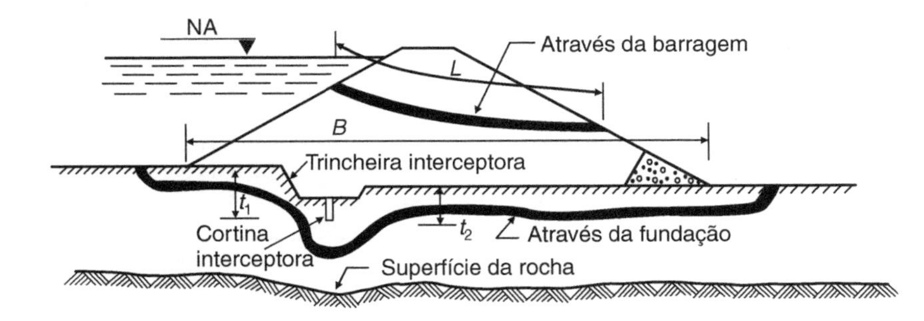

FIGURA 4.37

Esse *fenômeno de erosão regressiva* – seriamente comprometedor à estabilidade da barragem, podendo mesmo destruí-la completamente – é denominado *erosão tubular* ou *piping*. Com a redução do caminho de percolação e consequente aumento do gradiente hidráulico e, portanto, das tensões de percolação, o processo de erosão é acelerado com o tempo.

No Brasil, exemplo típico de acidente por erosão tubular no corpo da barragem foi a ruptura da barragem da Pampulha (Fig. 4.38), em Minas Gerais, ocorrido em 20/05/1954, 13 anos após sua construção.

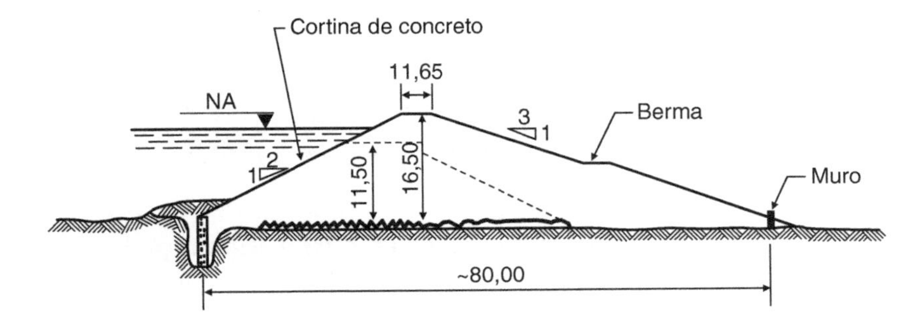

FIGURA 4.38

A proteção contra o *piping* no interior do corpo da barragem ou na sua fundação é feita facilitando a saída da água e reduzindo sua velocidade de infiltração.

No corpo da barragem, a orientação favorável ao percurso da água é obtida pela instalação de sistemas drenantes. Na Figura 4.39, indicamos os três tipos de drenos geralmente usados.

Para proteção contra o *piping* no terreno de fundação recomenda-se o emprego de um tapete impermeabilizante a montante, a construção de uma trincheira de vedação (*cutoff*) ou a construção de poços de alívio (Fig. 4.40).

A utilização simultânea dos três elementos – filtro, tapete e trincheira – assegura, em geral, eficaz proteção da barragem contra os efeitos da percolação.

Caminho de percolação Segundo Lane, retomando a teoria do inglês Bligh, para que não ocorra ruptura hidráulica da fundação da barragem, o *caminho de percolação L* deverá verificar a seguinte relação empírica:

$$L \geq C \cdot H$$

em que (Fig. 4.37):
H = carga hidráulica total;
C = coeficiente dependente da natureza do solo, cujos valores são:

areia fina e silte	7,0-8,5
areia média e grossa	5,0-6,0
pedregulho	3,0-4,0

$L = \Sigma t + \frac{1}{3}B$ com Σt representando a soma de todas as alturas das cortinas interceptadoras construídas e B a largura total da barragem.

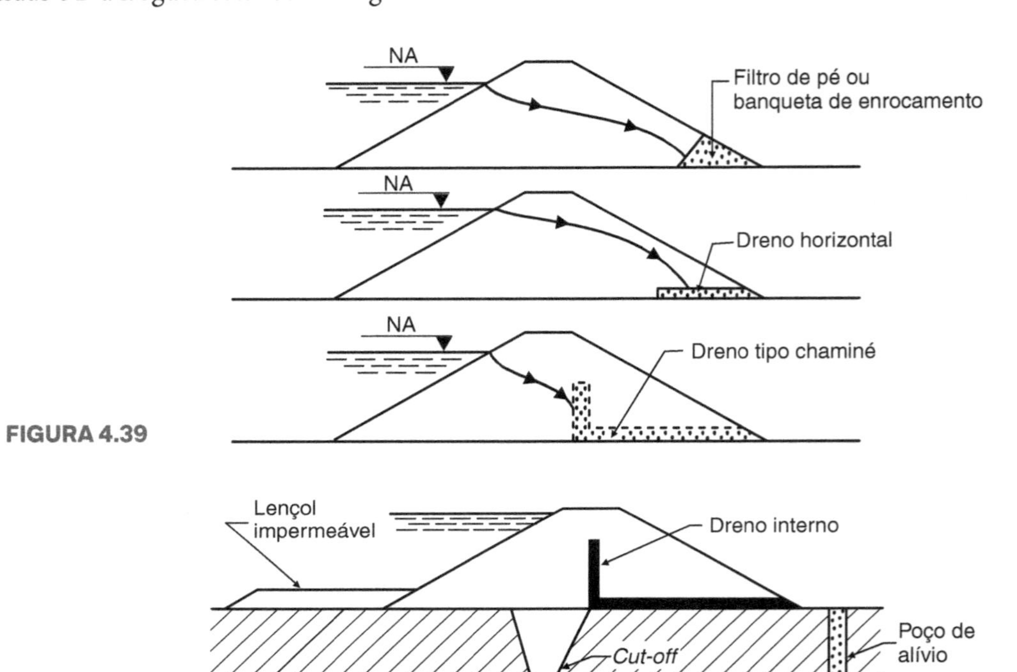

FIGURA 4.39

FIGURA 4.40

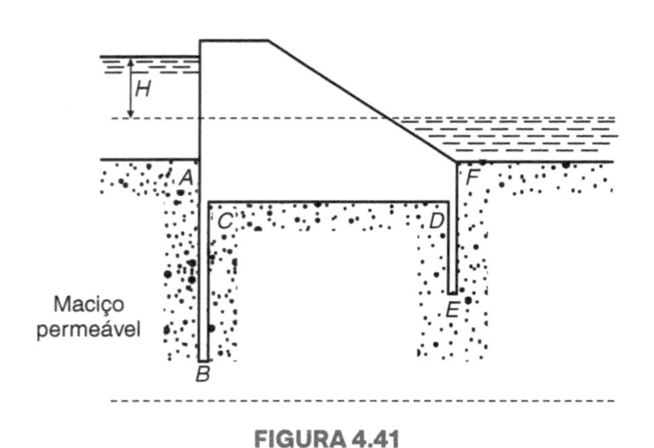

FIGURA 4.41

A verificação dessa relação garantirá a segurança da obra contra a ruptura hidráulica da fundação, ressalvando-se o caso da existência de caminhos preferenciais não previstos.

Para o caso representado na Figura 4.41, o caminho de percolação será:

$$L = \overline{AB} + \overline{BC} + \frac{\overline{CD}}{3} + \overline{DE} + \overline{EF}$$

Escorregamentos

Como vimos, esta causa de ruptura contribuiu, segundo Middlebrooks, com cerca de 15 % dos acidentes de barragens.

Os escorregamentos podem ser dos taludes ou da fundação, como vimos. Em um ou outro tipo de escorregamento, ele ocorre sempre que as “tensões” de cisalhamento ultrapassam as “resistências” ao cisalhamento do solo.

Nota Um levantamento abrangendo 1764 barragens de *todos os tipos* e com mais de 30 m de altura revelou que os casos de ruptura correspondiam a 1,8 % do total, sendo 40 % atribuídos a deficiências de fundações e 23 % a deficiências de sangradouros (dados publicados em 1961).

4.11 OUTROS TIPOS DE BARRAGENS

Embora não seja o objetivo deste capítulo desenvolver os outros tipos de barragens senão aqueles já mencionados, pretendemos aqui citar:

a) *barragens de enrocamento*: são barragens constituídas por segmentos de rocha e cascalho compactado em camadas com solos vibratórios. Podem ser com núcleo em argila impermeável ou outro material ou, ainda, com face de concreto;
b) *barragens de rejeitos*: são barragens com a finalidade de reter os resíduos sólidos e água, em sua maioria contaminados, provenientes de processos de extração e beneficiamento de minérios.

4.12 CONTROLE DO COMPORTAMENTO DAS BARRAGENS

A boa técnica recomenda, como de extrema importância, o controle do comportamento da obra durante e após sua construção.

Assim é que as barragens devem ser equipadas com dispositivos destinados à medida das tensões neutras, à determinação da linha de saturação e à medida de recalques e deslocamentos.

As tensões neutras, das quais depende a resistência ao cisalhamento dos solos e, consequentemente, a estabilidade do maciço, são medidas por meio de *piezômetros*, que podem ser horizontais ou verticais. Há vários tipos.

A linha de saturação é determinada pelos *medidores de nível d'água*, simples tubos de 2″ perfurados na parte inferior.

Os recalques são controlados pelos *medidores de recalques*, os quais, lidos periodicamente, permitirão em qualquer tempo, quando for o caso, realizar correções na sobrelevação da crista.

EXERCÍCIOS

1) Com os elementos dados na Figura 4.42, calcule o deslocamento lateral *d* da linha de fluxo.

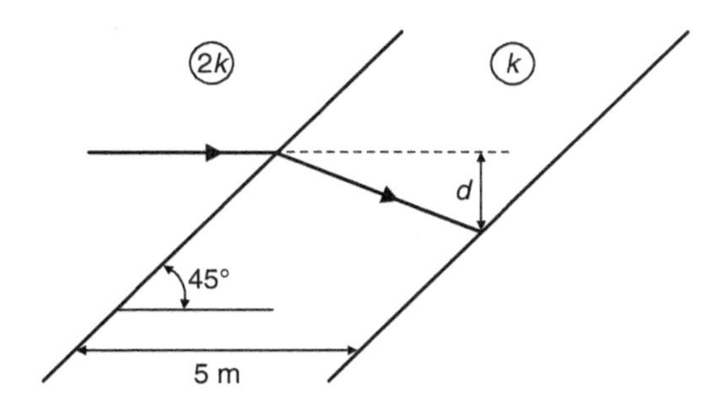

FIGURA 4.42

Solução
1,28 m.

2) Para a barragem de terra representada na Figura 4.43, determine graficamente o ponto de afloramento da linha de saturação.

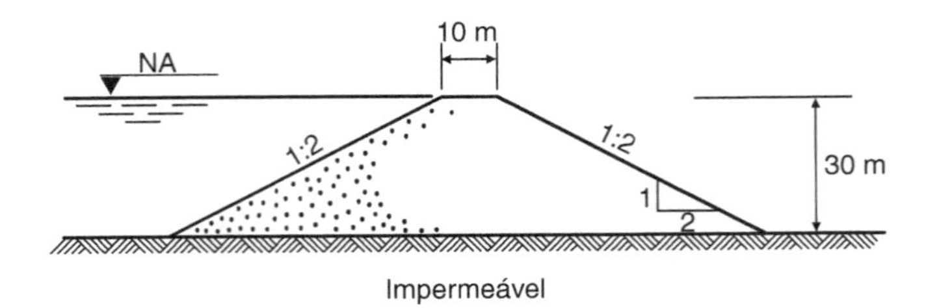

FIGURA 4.43

3) Determine o recalque de um aterro nas condições indicadas na Figura 4.44, negligenciando-se os recalques do aterro propriamente dito, em face dos da camada compressível de argila.

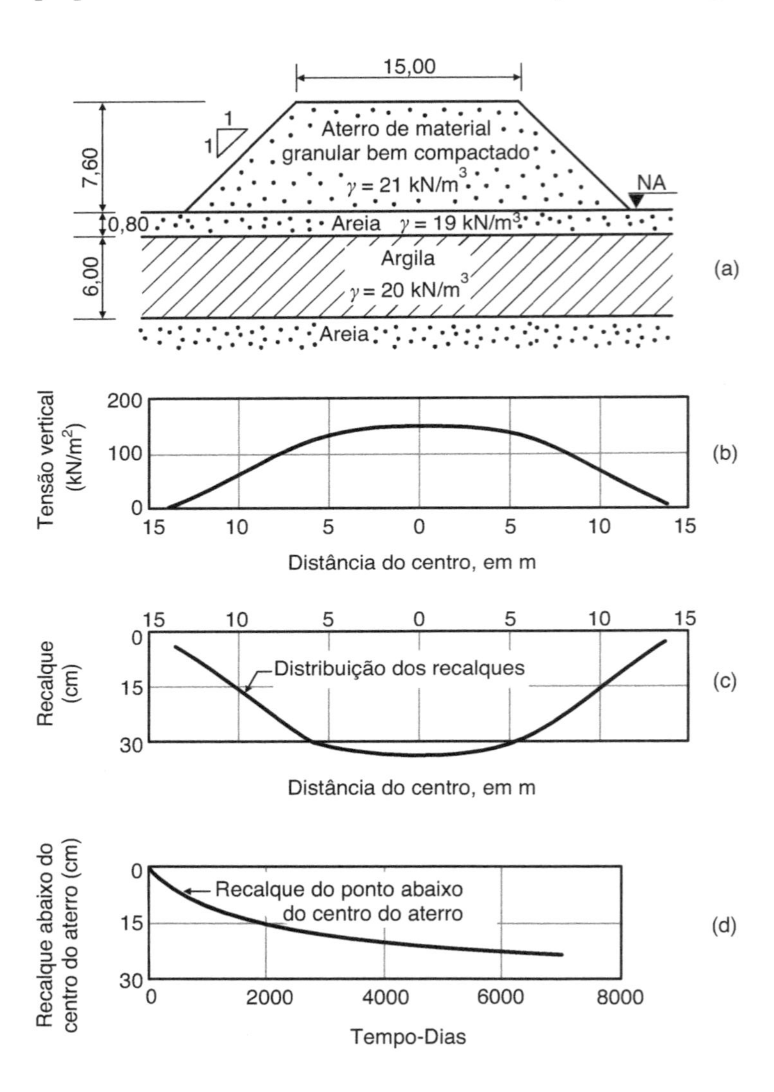

FIGURA 4.44

Solução

a) *Cálculo das pressões antes da construção do aterro.*

Para simplificar, consideraremos a tensão vertical média sobre a camada compressível igual à pressão sobre o plano médio da camada, ou seja, na profundidade de 3,80 m. Nessas condições, a tensão efetiva será:

$$\sigma_{v1} = 0,80(19-10) + 3,0(20-10) = 37,2 \text{ kN/m}^2$$

b) *Distribuição das tensões devidas à carga de aterro.*
Para o cálculo das tensões resultantes da carga de aterro, na profundidade de 3,80 m, vamos utilizar o gráfico de Jürgenson, tendo em vista que a seção do aterro pode ser considerada como a diferença entre os triângulos de bases 30,00 e 15,00 m. As tensões máximas a serem consideradas, como facilmente se determinam, são, respectivamente, de 315,0 kN/m² e 157,5 kN/m². A distribuição das tensões verticais, assim calculadas, está representada na figura (b).

c) *Cálculo do recalque da camada compressível.*
Considerando-se a "curva índice de vazios *vs.* tensões efetivas" (Fig. 4.45), obtida em um ensaio de adensamento com uma amostra indeformada da camada compressível de argila, calcule os recalques de diferentes pontos desta camada.

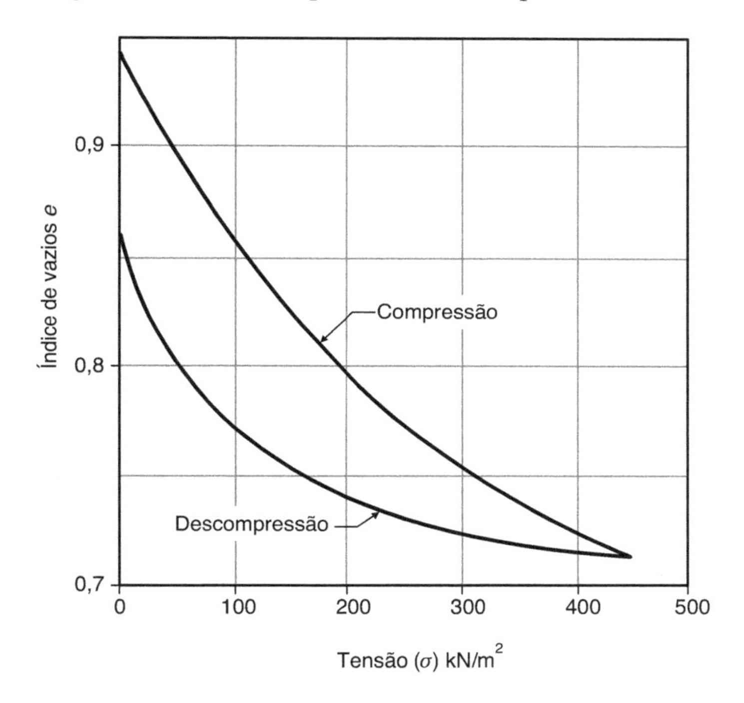

FIGURA 4.45

Para o ponto abaixo do centro do aterro, temos:
Tensão efetiva antes da construção do aterro: $\sigma_{v1} = 37,2$ kN/m²
Índice de vazios correspondente: $e_1 = 0,910$
Acréscimo de tensão resultante do aterro: $\Delta\sigma = 146,0$ kN/m²
Tensão efetiva total após a construção do aterro: $\sigma_{v,2} = \sigma_{v,1} + \Delta\sigma = 183,2 \text{ kN/m}^2$
Índice de vazios correspondente: $e_2 = 0,805$.
Recalque da camada de argila:

$$\Delta h = \frac{e_1 - e_2}{1 + e_1} \times h$$

$$\Delta h = \frac{0,910 - 0,805}{1 + 0,910} \times 6 = 0,33 \text{ m} = 33 \text{ cm}$$

Os recalques para os outros pontos são calculados exatamente da mesma maneira. É conveniente sistematizar o cálculo, tal como indicado na tabela mais adiante.

Na Figura 4.46, indicamos a curva de distribuição dos recalques para os diferentes pontos.

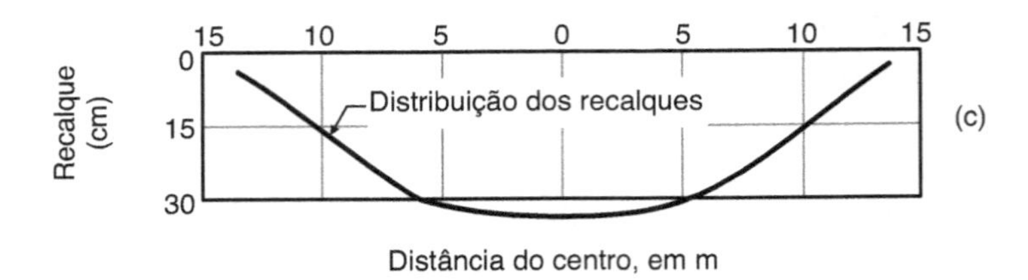

FIGURA 4.46

d) *Porcentagem de recalque.*
A Figura 4.47 mostra a correspondente "curva tempo *vs.* porcentagem de adensamento", para a amostra de solo ensaiada, a qual tinha 1,00 cm de espessura. Como se verifica, 90 % da consolidação ocorreu 60 minutos após o início do ensaio.

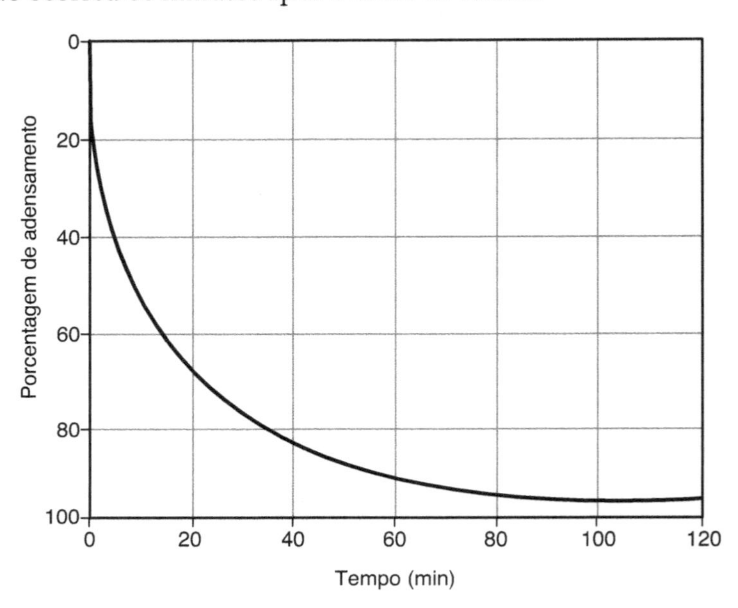

FIGURA 4.47

Considerando-se que tanto a amostra como a camada de solo no campo são drenadas pelas duas faces, teremos que:

$$\sigma_{v1}, \Delta\sigma \text{ e } \sigma_{v2} \text{ em kN/m}^2.$$

	Distância da linha do centro do aterro (em m)			
	0	**5**	**10**	**15**
σ_{v1}	37,2	37,2	37,2	37,2
$\Delta\sigma$	146,0	145,0	87,1	22,0
σ_{v2}	183,2	182,2	124,3	59,2
e_1	0,910	0,910	0,910	0,910
e_2	0,805	0,810	0,840	0,890
$e_1 - e_2$	0,105	0,100	0,070	0,020
$1 + e_1$	1,910	1,910	1,910	1,910
Recalques em centímetros $= \dfrac{e_1 - e_2}{1 + e_1} \times h$	33,0	31,4	22,0	6,3

Espessura por face de drenagem, no campo = 3,00 m (h_1). Espessura por face de drenagem, no laboratório = 0,50 cm (h_2). Nessas condições e recordando que:

$$\frac{t_1}{t_2} = \left(\frac{h_1}{h_2}\right)^2$$

ou, no caso em apreço:

$$t_1 = t_2 \left(\frac{300}{0,5}\right)^2 = 360.000 t_2$$

pode-se, facilmente, calcular os tempos t_1 em que ocorrerão, no campo, diferentes porcentagens de adensamento, sendo t_2 os tempos correspondentes obtidos no laboratório. Por exemplo, para 50 %, t_2 = 8 min, de onde virá:

$$t_1 = 8 \cdot 360\,000 = 2\,880\,000 \text{ min} = 2000 \text{ dias}$$

Assim procedendo para outras porcentagens de consolidação, traçamos, finalmente, a curva tempo *vs.* recalque para o ponto abaixo do centro do aterro (Fig. 4.48).

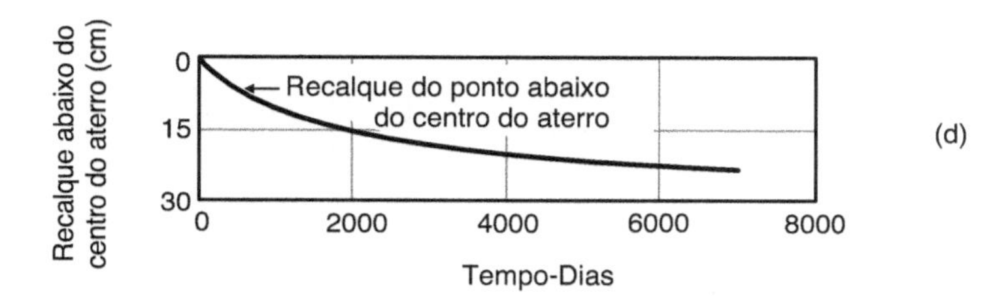

FIGURA 4.48

4) Sobre uma camada de argila mole com coesão de 13 kN/m², calcule a altura admissível de um aterro com material de peso específico de 17 kN/m³, tomando-se um fator de segurança igual a 1,3.

Solução

Segundo Fellenius, a altura crítica do aterro é dada por

$$h_{cr} = \frac{c}{0,18 \cdot \gamma} = \frac{13}{0,18 \cdot 17} = 4,25 \text{ m}$$

Logo, a altura admissível será

$$h_{\text{adm}} = \frac{h_{cr}}{1,3} = \frac{4,25}{1,3} = 3,27 \text{ m}$$

5) Para as condições do aterro da Figura 4.49, dimensione as bermas de equilíbrio, com um fator de segurança igual a 1,2.

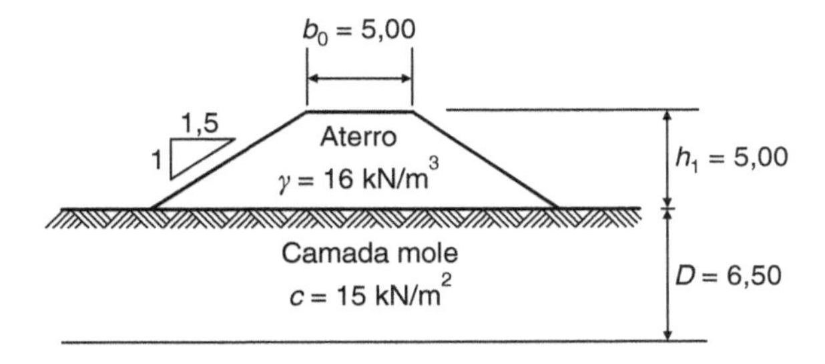

FIGURA 4.49

Solução

a) Tem-se para b_1 e σ_{v1}:

$$b_1 = b_0 + 1{,}5h_1 = 5 + 1{,}5 \cdot 5 = 12{,}5 \text{ m}$$

$$\sigma_{v1} = 18 \cdot 5 = 90 \text{ kN/m}^2$$

b) Tensão de cisalhamento admissível:

$$\tau_{\text{adm}} = \frac{15}{1{,}2} = 12{,}5 \text{ kN/m}^2$$

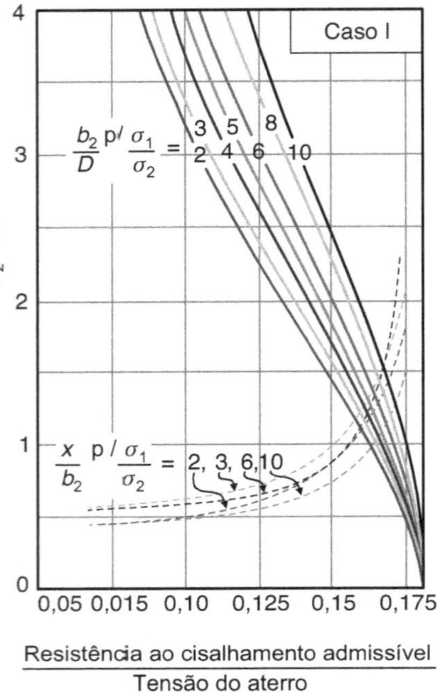

c) Determinação de σ_{v2} e h_2:

$$\sigma_{v2} = \sigma_{v1} - 5{,}5\tau_{\text{adm}} = 90 - 5{,}5 \cdot 12{,}5 = 21{,}25 \text{ kN/m}^2$$

d) Cálculo de $\frac{b_1}{D}$ e $\frac{\sigma_{v1}}{\sigma_{v2}}$

$$\frac{b_1}{D} = \frac{12{,}5}{6{,}5} \quad 1{,}92 \quad \text{e} \quad \frac{\sigma_{v1}}{\sigma_{v2}} = \frac{90}{21{,}25} = 4{,}24$$

O valor de $\frac{b_1}{D}$ indica, na Figura 4.50:

$$\frac{\tau_{\text{adm}}}{p_1} = \frac{12{,}5}{90} \quad 0{,}14 \text{ e } \frac{\sigma_{V1}}{\sigma_{V2}} = 4{,}24$$

obtemos

$$\frac{b_2}{D} = 1{,}8 \text{ e } \frac{x}{b_2} = 0{,}7$$

donde:

$$b_2 = 1{,}8 \cdot 6{,}5 = 11{,}70 \text{ m (largura da berma) e } x = 0{,}7 \cdot 11{,}7 = 8{,}19 \text{ m} < b_1.$$

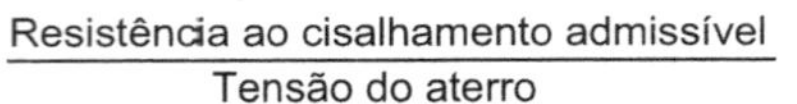

FIGURA 4.50

6) Para as condições do aterro indicadas, dimensione as bermas de equilíbrio, tomando um fator de segurança = 1,3.

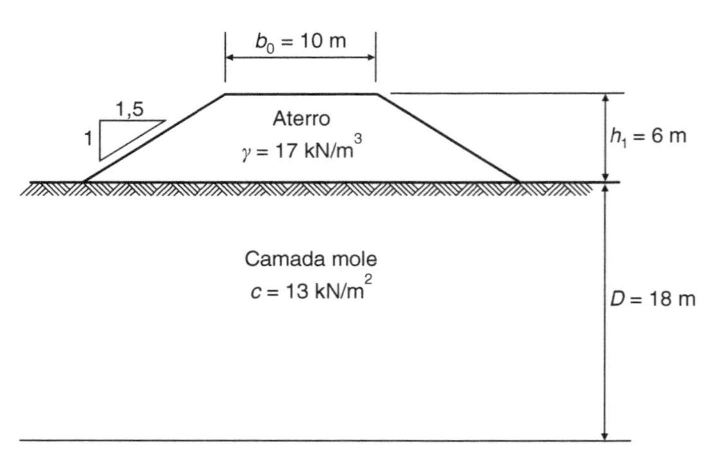

FIGURA 4.51

Solução

a) Tem-se para b_1 e σ_{v1}:

$$b_1 = b_0 + 2\left(1,5\frac{h_1}{2}\right) = b_0 + 1,5h_1$$

$b_1 = 10 + 1,5 \cdot 6 = 19$ m (largura do corpo central do aterro) e

$$\sigma_{v1} = 17 \,.\, 6 = 102,0 \text{ kN/m}^2$$

b) Tensão de cisalhamento admissível:

$$\tau_{\text{adm}} = \frac{13}{1,3} = 10 \text{ kN/m}^2$$

c) Determinação de b_2 e h_2:

$$\sigma_{v2} = \sigma_{v1} - 5,5\tau_{\text{adm}} = 102,0 - 5,5 \cdot 10 = 47 \text{ kN/m}^2$$

e

$$h_2 = \frac{47}{17} = 2,76 \text{ m (altura da berma).}$$

d) Cálculo de $\frac{b_1}{D}$ e $\frac{\sigma_{v1}}{\sigma_{v2}}$

$$\frac{b_1}{D} = \frac{19}{18} = 1,06$$

$$\frac{\sigma_{v1}}{\sigma_{v2}} = \frac{102,0}{47} = 2,17$$

Com esses valores (que indicam Caso II de ruptura):

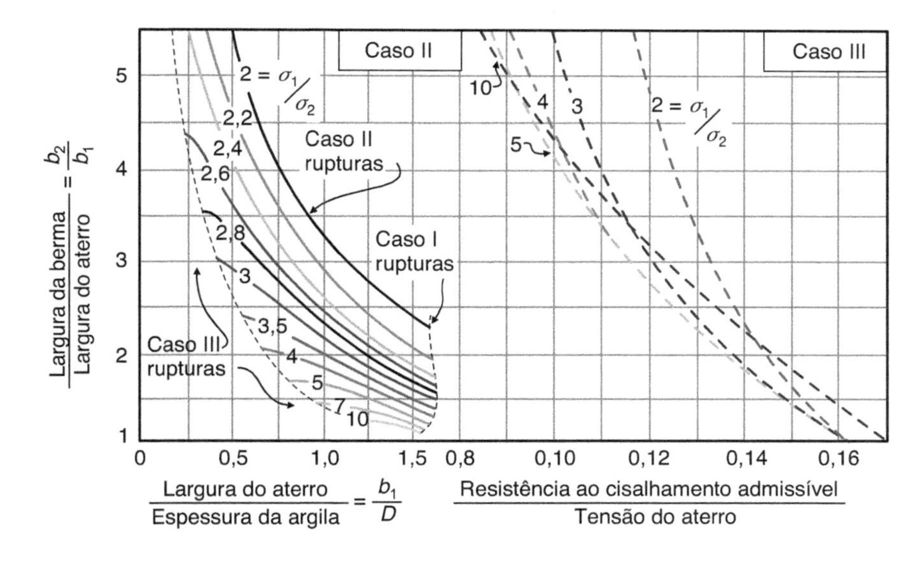

FIGURA 4.52

$$\frac{b_2}{b_1} = 2,8$$

donde:

$b_2 = 2,8 \,.\, 19 \cong 53$ m (largura da berma).

7) Para as condições do aterro, dimensione as bermas necessárias, adotando-se um fator de segurança igual a 1,2.

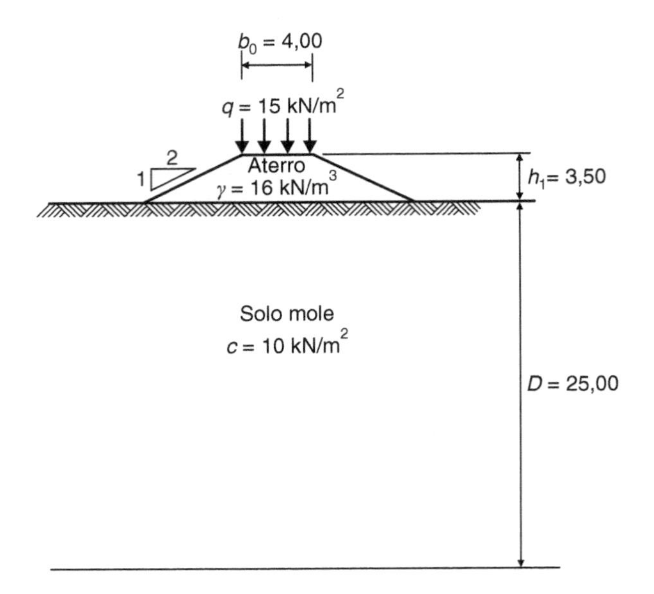

FIGURA 4.53

Solução

a) Tem-se:

$$b_1 = b_0 + 2\left(2\frac{h_1}{2}\right) = b_0 + 2h_1 = 4 + 2 \cdot 3,5 = 11 \text{ m}$$

$$\sigma_{v1} = 16 \cdot 3,5 + 15 = 71 \text{ kN/m}^2$$

b) Tensão de cisalhamento admissível:

$$\tau_{\text{adm}} = \frac{10}{1,2} = 8,3 \text{ kN/m}^2$$

c) Determinação de b_2 e h_2:

$$\sigma_{v2} = \sigma_{v1} - 5,5\tau_{\text{adm}} = 71 - 5,5 \cdot 8,3 = 25,4 \text{ kN/m}^2$$

$$h_2 = \frac{25,4}{16} = 1,59 \text{ m} (\text{altura da berma})$$

d) Cálculo de $\frac{b_1}{D}$ e $\frac{\sigma_{v1}}{\sigma_{v2}}$:

$$\frac{b_1}{D} = \frac{11}{25} = 0,44$$

$$\frac{\sigma_{v1}}{\sigma_{v2}} = \frac{71}{25,4} = 2,80$$

Com esses valores (que indicam Caso III de ruptura):

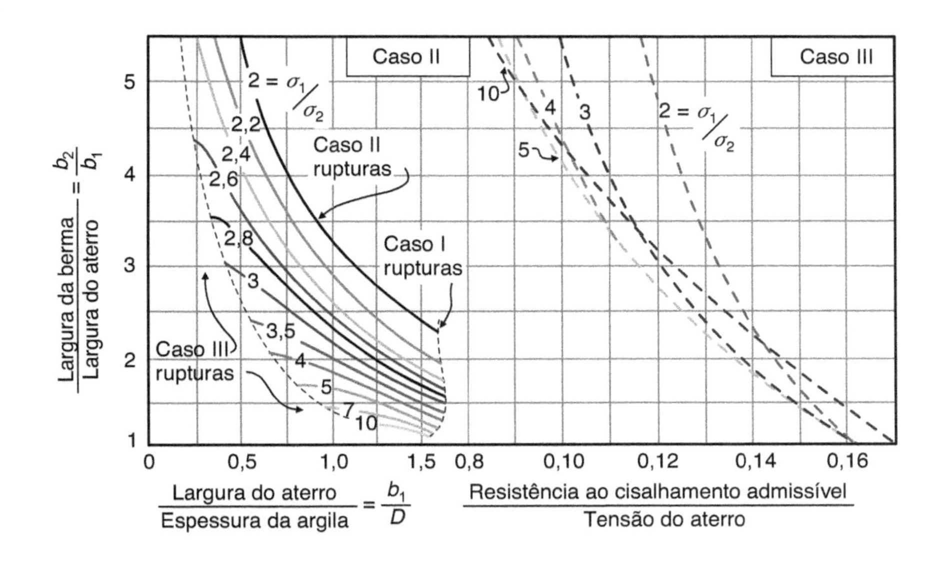

FIGURA 4.54

$$\frac{\tau_{adm}}{\sigma_{v1}} = \frac{8,3}{71} = 0,12 \; e \; \frac{\sigma_{v1}}{\sigma_{v2}} = 2,80$$

obtemos:

$$\frac{b_2}{b_1} = 3,5$$

donde

$$b_2 = 3,5 \cdot 11 = 38,5 \text{ m (largura da berma).}$$

8) Para as indicações da Figura 4.55, pede-se:

a) calcule o recalque do aterro, resultante do adensamento da camada mole;

b) comprove a eficiência de drenos verticais de areia com $D_d = 0,40$ m de diâmetro e espaçados de $a = 2,10$ m, dispostos segundo uma malha triangular.

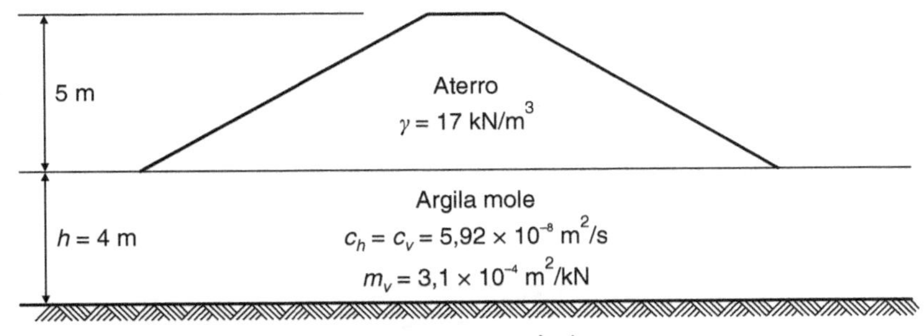

FIGURA 4.55

Solução

a) Da expressão do recalque total:

$$\Delta h = \Delta\sigma \,.\, h \,.\, m_v$$

supondo constante a pressão aplicada resultante do peso do aterro, $\Delta\sigma = 17 \cdot 5 = 85$ kN/m^2, obtém-se:

$$\Delta h = 85 \cdot 4 \cdot 3,1 \times 10^{-4} = 0,105 \text{ m} = 10,5 \text{ cm}$$

Considerando apenas a drenagem vertical, o tempo para atingir, por exemplo, U_z = 10 % (em que T_v = 0,008) do recalque total, dado pela teoria clássica de Terzaghi, será:

$$t = \frac{T_v \cdot h_2}{c_v} = \frac{0,008 \cdot 4^2}{5,92 \times 10^8} = 2,16 \times 10^6 s = 25 \text{ dias}$$

b) Com a utilização de drenos nas condições do enunciado e sabendo-se que o raio do círculo equivalente (Fig. 4.56), no caso, é aproximadamente igual a $\frac{D_c}{D_d} = 1,05$, obtém-se

$$n = \frac{D_c}{D_d} = \frac{2,10}{0,40} \cong 5$$

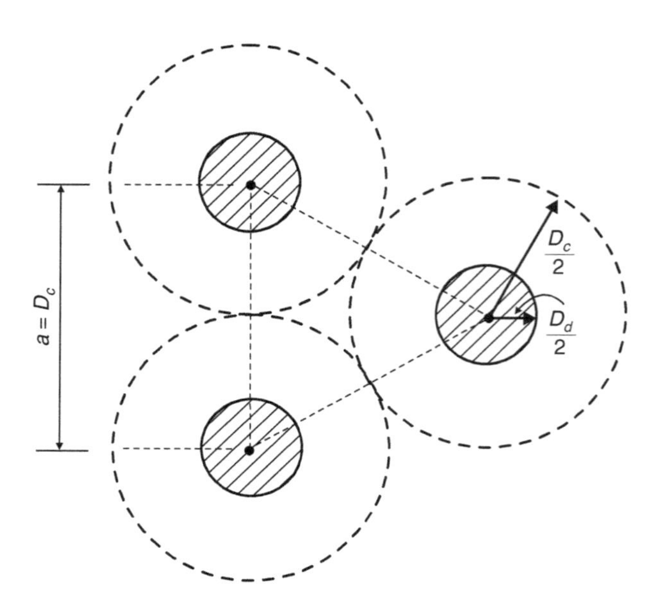

FIGURA 4.56

Assim, para o mesmo tempo $t = 2,16 \times 10^6$ s, tem-se:

$$T_r = \frac{c_h \cdot t}{(D_c)^2} = \frac{5,92 \times 10^{-8} \cdot 2,16 \times 10^6}{(2,10)^2} \cong 0,03$$

donde, da figura, obtém-se U_r = 30 %

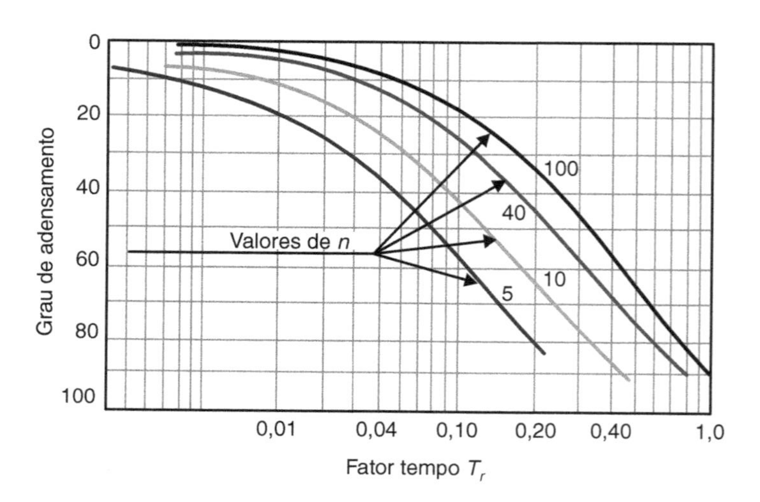

FIGURA 4.57

O grau de adensamento, atendendo às drenagens vertical e radial, valerá então:

$$100-U=\frac{1}{100}(100-30)(100-10)$$

$$100-U=\frac{1}{100}\cdot 70\cdot 90=63\ \%$$

$$U=100-63=37\ \%$$

A comparação de U % com U_z % comprova a eficiência dos drenos.

9) Para a barragem de terra indicada, trace a linha de saturação e avalie a quantidade de água que escoa, por metro de barragem.

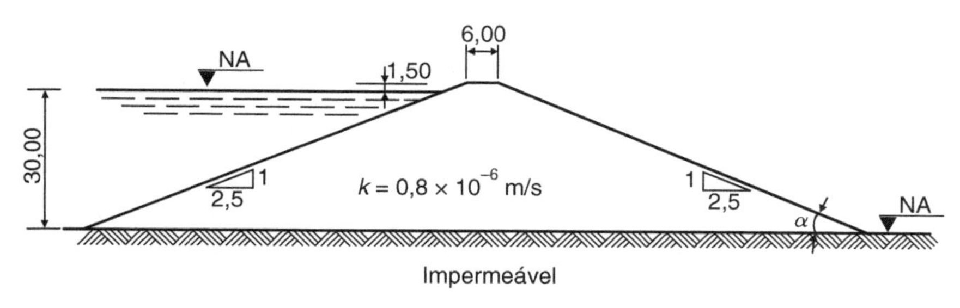

FIGURA 4.58

Solução

A construção gráfica, para $\alpha < 30$, mostra-nos a *linha de saturação* da barragem.

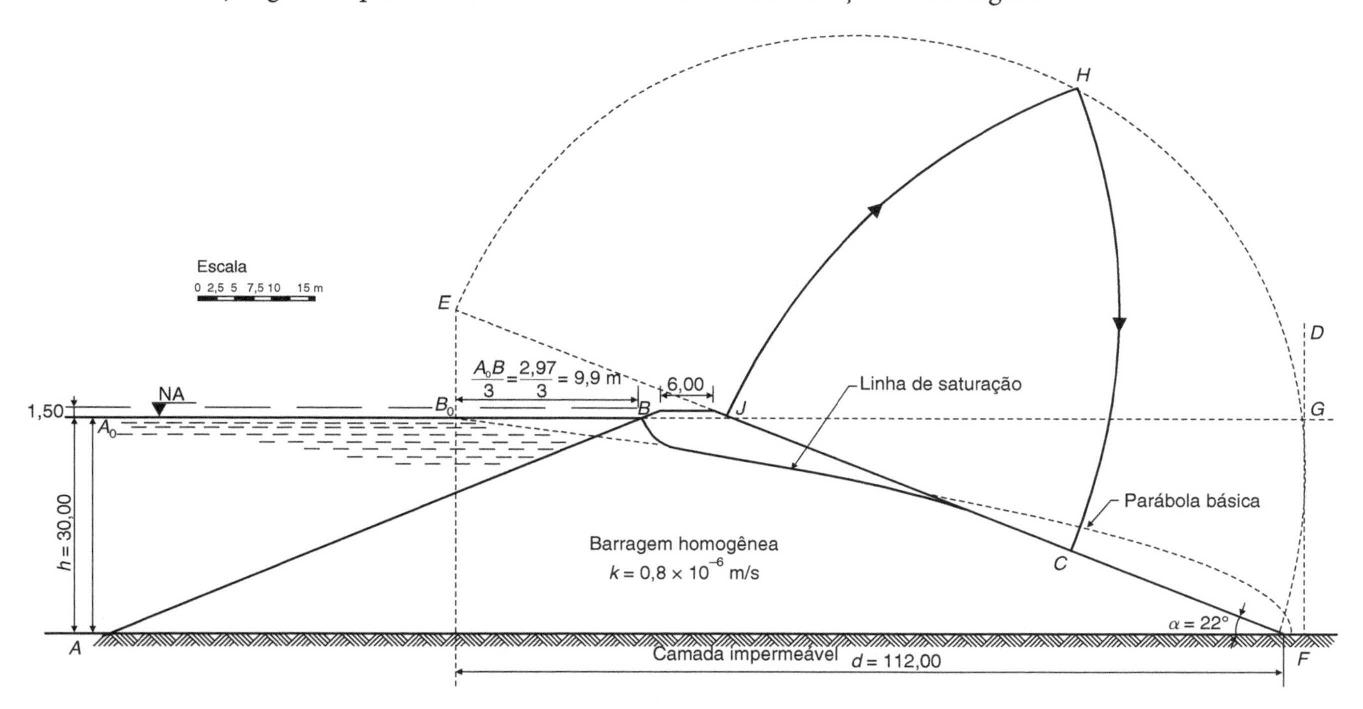

FIGURA 4.59

A perda de água no corpo da barragem é dada pela fórmula empírica:

$$Q = k\left[\sqrt{h^2 + d^2} - \sqrt{d^2 - h^2 \cdot \text{cotg}^2\alpha}\right]\text{sen}^2\alpha$$

com:

$$k = 0{,}8 \times 10^{'''6}\ \text{m/s}$$
$$h = 30{,}0\ \text{m}$$
$$d = 112{,}0\ \text{m (obtido do gráfico)}$$
$$\alpha = 22°$$

Assim:

$$Q = 0{,}8 \times 10^6\left[\sqrt{30^2 + 112^2} - \sqrt{112^2 - 30^2\,\text{cotg}^2\,22°}\right]\text{sen}^2\,22° = 3{,}63 \times 10^{-6}\,\text{m}^3/\text{s}$$

10) Trace a linha de saturação da barragem.

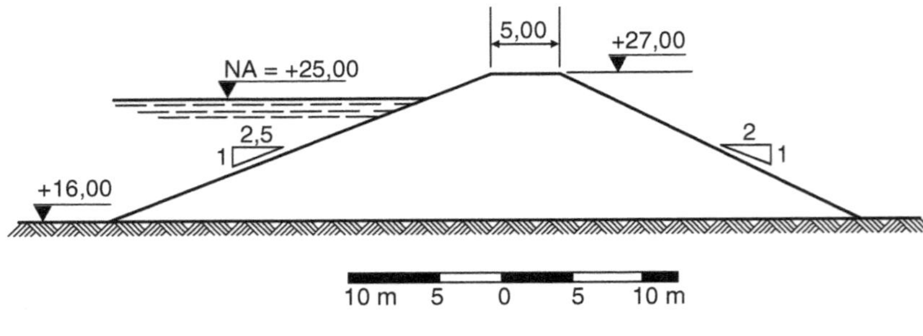

FIGURA 4.60

5

Empuxos de Terra

5.1 GENERALIDADES

Entende-se por *empuxo de terra* a ação produzida pelo maciço terroso sobre as obras com ele em contato.

A determinação de seu valor é fundamental em análise e projeto de obras, tais como muros de arrimo, cortinas de estacas-pranchas, construções de subsolos, encontros de pontes etc.

O assunto é um dos mais complexos em Mecânica dos Solos. Até hoje, nenhuma teoria geral e rigorosa pôde ser elaborada, apesar dos esforços de inúmeros pesquisadores e notáveis matemáticos e físicos. Todas as teorias propostas admitem hipóteses simplificadoras mais ou menos discutíveis conforme as condições reais.

As teorias clássicas sobre empuxo de terra foram formuladas por Coulomb (1773) e Rankine (1856), tendo sido desenvolvidas por Poncelet, Culmann, Rebhann, Krey e, mais modernamente, estudadas e criticadas por Caquot, Ohde, Terzaghi, Brinch Hansen e outros autores.

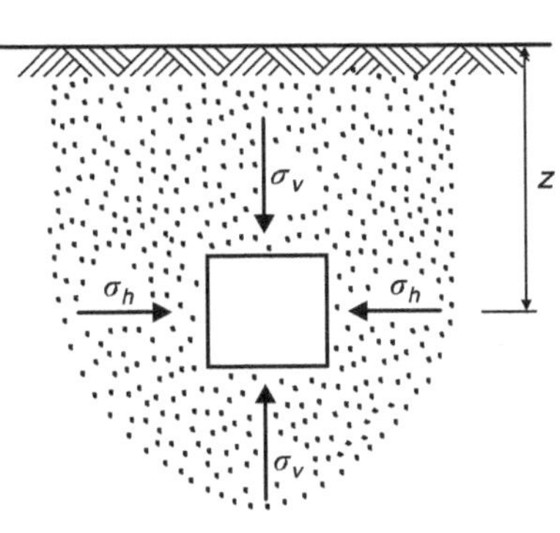

FIGURA 5.1

5.2 COEFICIENTES DE EMPUXO

Consideremos uma massa semi-infinita de solo e calculemos a tensão vertical σ_v em uma profundidade z:

$$\sigma_v = \gamma \cdot z$$

em que γ é o peso específico do solo (Fig. 5.1).

Suponhamos agora (Fig. 5.2) que se elimine uma parte do maciço semi-infinito e a substitua por um plano imóvel, indeformável e sem atrito. Assim, o estado de tensões da outra parte do maciço não variará.

Nessas condições, a tensão sobre o plano será horizontal, crescerá linearmente com a profundidade e valerá:

$$\sigma_h = K_0 \cdot \sigma_v = K_0 \cdot \gamma \cdot z$$

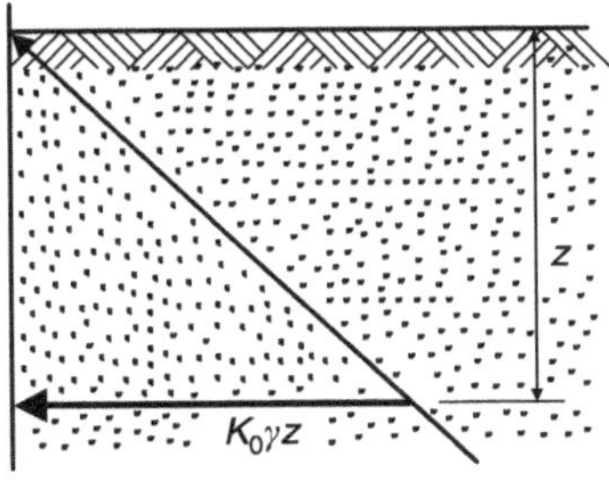

FIGURA 5.2

Tais tensões denominam-se *tensões no repouso* e K_0, *coeficiente de empuxo no repouso*. Os seus valores, obtidos experimentalmente, são:

Solo	K_0
Argila	0,70 a 0,75
Areia fofa (solta)	0,45 a 0,50
Areia compacta	0,40 a 0,45

Experimentalmente,[1] foi estabelecido por Jaky (1944) que para as areias e argilas normalmente adensadas,

$$K_0 \cong 1 - \text{sen}\,\phi'$$

com o parâmetro ϕ' relativo a tensões efetivas.

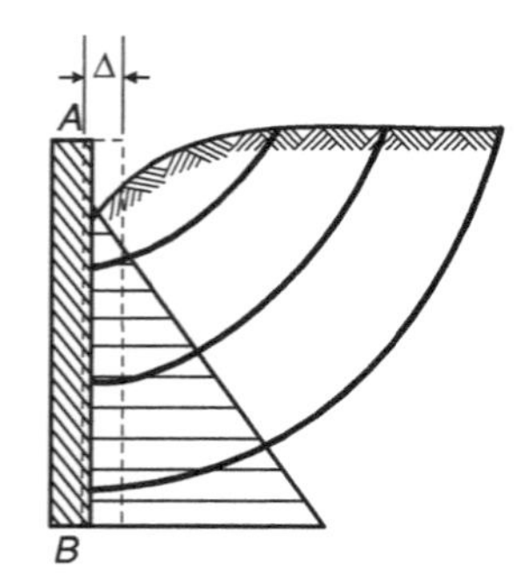

FIGURA 5.3

Os empuxos sobre estruturas, que por sua natureza essencialmente rígida não possam ou não devam sofrer deslocamentos apreciáveis, serão calculados utilizando-se o coeficiente K_0.

A expressão "empuxo no repouso" E_r foi introduzida por Donath, em 1891.

Admitamos agora que a parede *AB* (Fig. 5.3) sofra um pequeno deslocamento Δ de sua posição primitiva. Em consequência, o terrapleno (maciço que está sendo suportado) se deforma e aparecem tensões de cisalhamento, as quais conduzem a uma diminuição do empuxo sobre a parede.

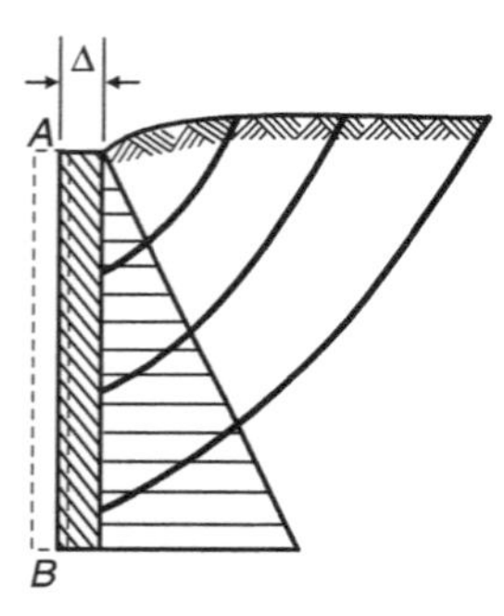

FIGURA 5.4

Se, ao contrário, a parede *AB* desloca-se (Fig. 5.4) de encontro ao terrapleno (deslocamento Δ), também são produzidas tensões de cisalhamento no solo, as quais fazem aumentar o empuxo sobre a parede. Quanto maior Δ, maior o empuxo.

Esses estados-limite de equilíbrio ou estados plásticos – o primeiro, estado de *equilíbrio inferior*, o segundo, *equilíbrio superior* – são também chamados *estados de Rankine*.

O empuxo de terra que atua sobre um suporte que resiste, porém cede certa quantidade que depende de suas características estruturais, denomina-se *empuxo ativo* (E_a). Ao contrário, quando a parede avança contra o terrapleno, teremos o chamado *empuxo passivo* (E_p). As tensões correspondentes chamam-se *ativa* e *passiva*, e os *coeficientes*, ativo (K_a) e passivo (K_p).

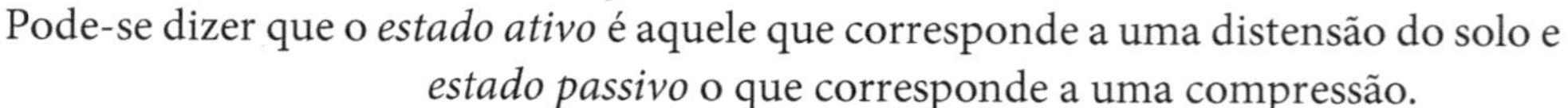

Pode-se dizer que o *estado ativo* é aquele que corresponde a uma distensão do solo e *estado passivo* o que corresponde a uma compressão.

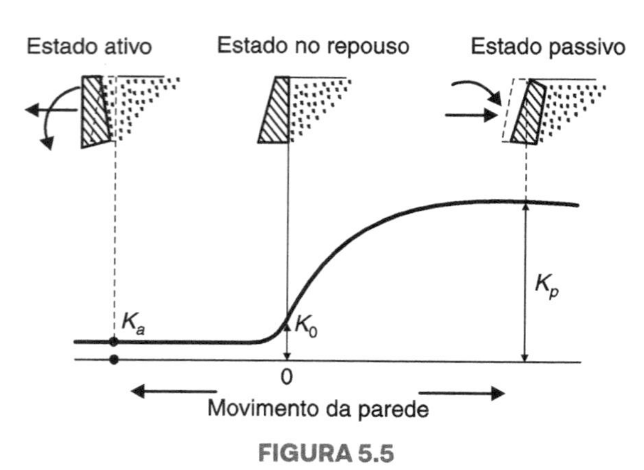

FIGURA 5.5

O gráfico da Figura 5.5 mostra a variação dos empuxos em função dos deslocamentos e a correspondência desses casos de estados de equilíbrio (em repouso e plásticos) com problemas práticos de engenharia, por onde se observa que a tensão horizontal diminui ou aumenta, conforme o muro se afasta do maciço ou se desloca contra o maciço. Na primeira situação, o maciço se apoia sobre o muro – diz-se, então, que o maciço é *ativo* e, na segunda, o maciço resiste à ação transmitida pelo muro – diz-se que o maciço é *passivo*.

Na prática, esses tipos de empuxo se manifestam em diversos casos. Por exemplo: o empuxo no repouso sobre as paredes de um subsolo de um edifício (Fig. 5.6); o empuxo

[1] Outras relações existentes, válidas para as argilas normalmente adensadas, são:

$$K_0 = 0{,}95 - \text{sen}\,\phi' \text{ [Brooker e Ireland (1965)]}$$

$$K_0 = 0{,}19 + 0{,}233 \log(\text{IP}) \text{ [Alpan (1967)]}.$$

ativo sobre um muro de arrimo (Fig. 5.7); e o empuxo passivo contra o apoio de uma ponte em arco (Fig. 5.8).

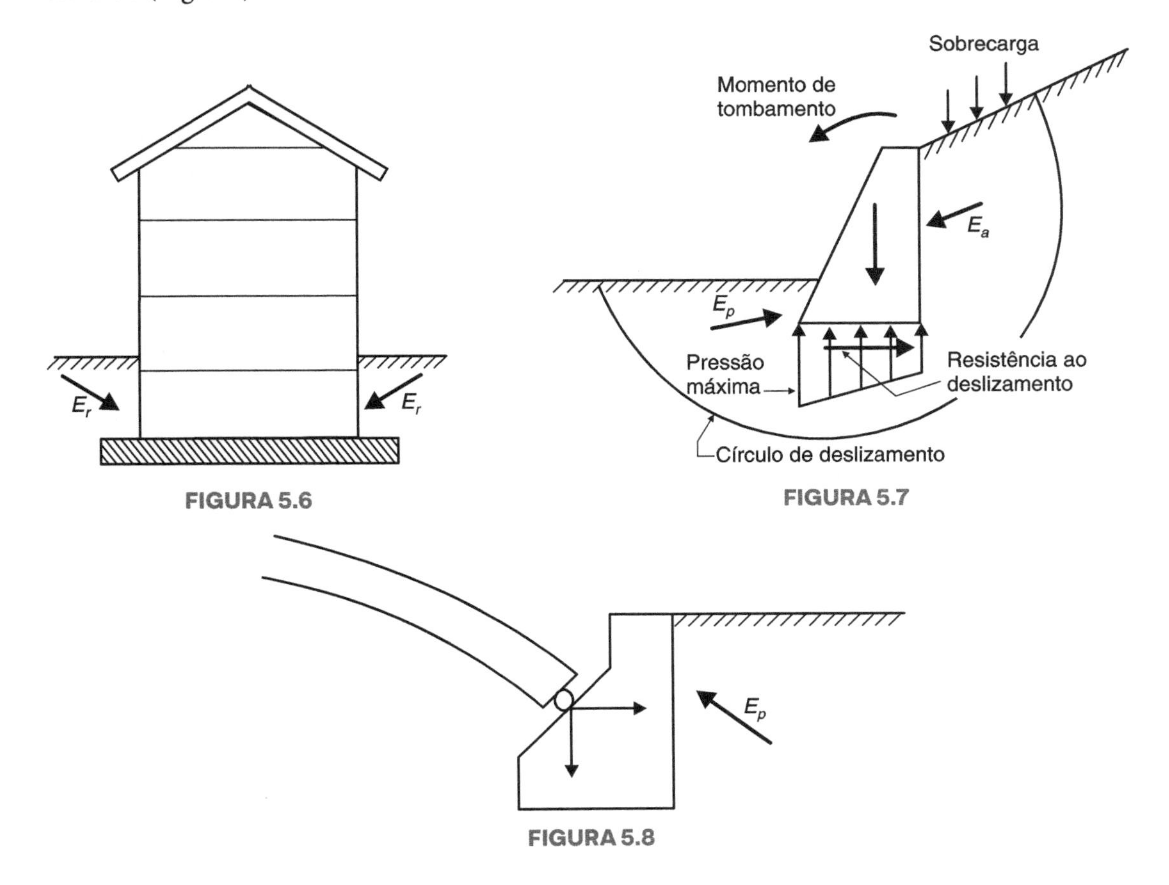

FIGURA 5.6

FIGURA 5.7

FIGURA 5.8

Observemos que a mobilização progressiva da resistência ao cisalhamento ao longo da curva de ruptura permite a redução (no caso do empuxo ativo) e o crescimento (no caso do empuxo passivo) do valor do empuxo. A partir de certo valor de Δ, E_a não decresce mais nem E_p cresce mais, pois τ atingiu seu valor máximo.

Notemos ainda, como sabemos, que em um *fluido* em repouso, a uma profundidade z, ao contrário do que ocorre nos solos, a tensão é a mesma em todas as direções e igual a $\gamma_w \cdot z$.

5.3 TEORIA DE RANKINE

Esta teoria baseia-se na *equação de ruptura de Mohr*:

$$\sigma_1 = \sigma_3 N_\phi + 2c\sqrt{N_\phi}$$

em que σ_1 e σ_3 são tensões principais, N_ϕ = tg²(45 + ϕ/2), com ϕ o ângulo de atrito interno e c a coesão do material.

Inicialmente, observemos que no interior de uma massa de solo considerada como um semiespaço infinito, limitada apenas pela superfície do solo e sem nenhuma sobrecarga, uma das tensões principais tem a direção vertical e seu valor é dado pelo peso próprio do solo. A direção da outra tensão principal será, consequentemente, horizontal.

Solos não coesivos

Admitindo-se que a parede *AB* (Fig. 5.9) se afaste do terrapleno, a tensão horizontal σ_h diminuirá até alcançar um valor mínimo:

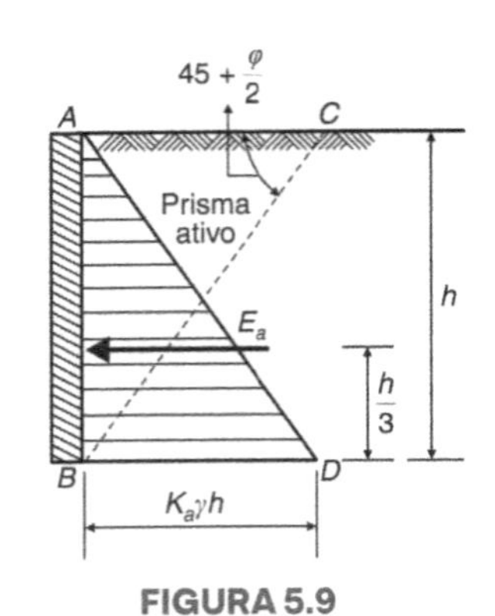

FIGURA 5.9

$$\sigma_h = \sigma_3 = K_a \cdot \gamma \cdot h$$

A tensão vertical σ_v será, neste caso, a tensão principal maior:

$$\sigma_v = \sigma_1 = \gamma \cdot h$$

Continuando o deslocamento de *AB*, deixará de haver continuidade das deformações e se produzirá o deslizamento (Fig. 5.10) ao longo da linha *BC* que, como sabemos, forma um ângulo de 45 – $\phi/2$ com a direção da tensão principal maior ou 45 + $\phi/2$ com a direção da tensão principal menor.

A relação

$$K = \frac{\sigma_h}{\sigma_v}$$

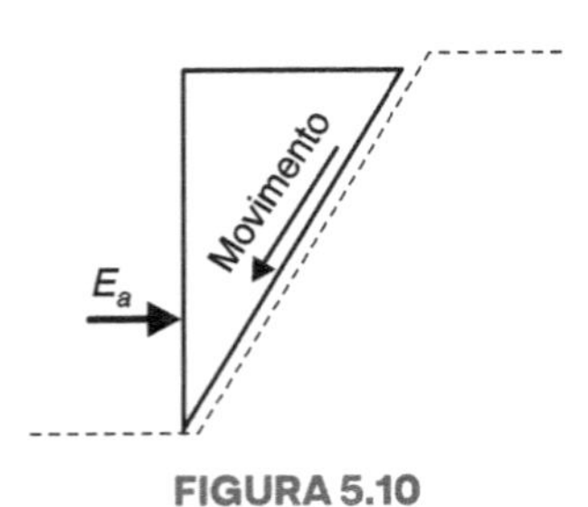

FIGURA 5.10

assume assim, para solos não coesivos, o valor

$$K = \frac{\sigma_3}{\sigma_1} = K_a = \frac{1}{N_\phi} = \text{tg}^2\left(45 - \frac{\phi}{2}\right)$$

que é o chamado *coeficiente de empuxo ativo.*

A expressão do empuxo ativo total, E_a, igual à área do triângulo *ABD*, será:

$$E_a = \int_0^h K_a \cdot \gamma \cdot z dz = \frac{1}{2} \gamma \cdot h^2 \cdot K_a$$

força esta aplicada no terço inferior da altura *h*.

Admitamos agora o problema inverso, isto é, que a parede se desloque contra o terrapleno (Figs. 5.11 e 5.12).

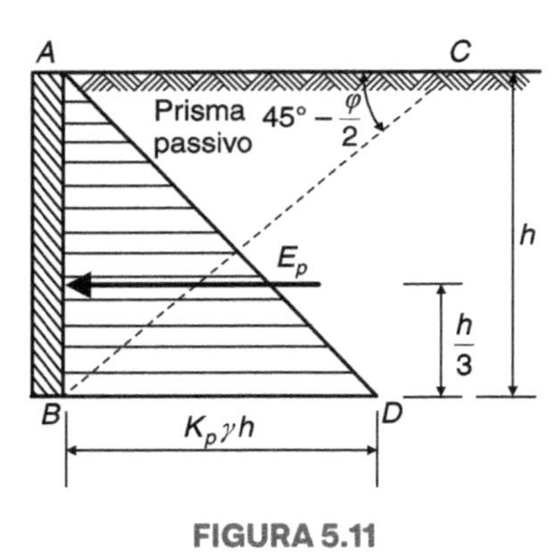

FIGURA 5.11

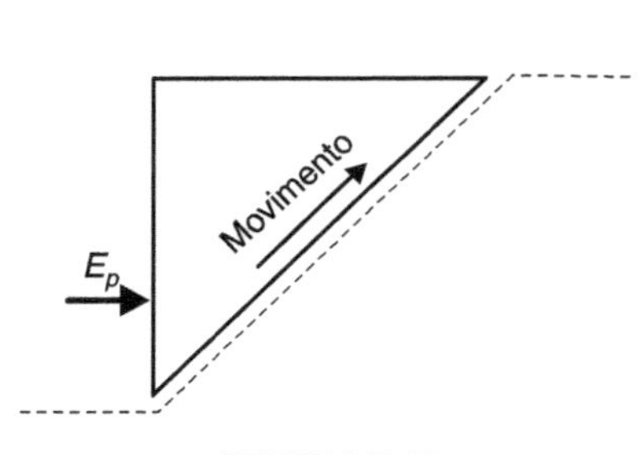

FIGURA 5.12

Para que se produza o deslizamento, o empuxo deverá ser maior do que o peso do terrapleno. Assim, pode-se supor que a tensão principal maior é a horizontal, e a menor, a vertical.

Nessas condições, o valor *K* passará a ser:

$$K = \frac{\sigma_1}{\sigma_3} = K_p = N_f = \text{tg}^2\left(45 + \frac{\phi}{2}\right)$$

que é o chamado *coeficiente de empuxo passivo.*

De maneira análoga, obtém-se para a expressão do empuxo passivo total:

$$E_p = \frac{1}{2} \gamma \cdot h^2 \cdot K_p$$

No Quadro 5.1 indicam-se os valores de K_a e K_p para os diferentes ϕ.

QUADRO 5.1

ϕ	K_a	K_p
0	1,00	1,00
10	0,70	1,42
20	0,49	2,04
25	0,41	2,47
30	0,33	3,00
35	0,27	3,69
40	0,22	4,40
45	0,17	5,83
50	0,13	7,55
60	0,07	13,90

Como se observa, entre os três valores de K podemos escrever:

$$K_a < K_0 < K_p$$

com:

$$K_p = 1/K_a$$

Na Figura 5.12(a) representamos, segundo o critério de Mohr, os três estados: em repouso, ativo e passivo.

Partindo da tensão vertical $\sigma_v = \gamma \cdot z$ observa-se que, o maciço expandindo-se, a tensão horizontal σ_h decresce até que o círculo torne-se tangente à reta de Coulomb; neste ponto, ocorre a ruptura e o valor de σ_h é dado por $K_a \cdot \gamma \cdot z$. Quando, ao contrário, o solo é comprimido lateralmente, σ_h cresce até que a ruptura atinja o valor $K_p \cdot \gamma \cdot z$. Assim, os pontos de tangência representam estados de tensão sobre planos de ruptura.

Observa-se assim que, no estado ativo, a plastificação do maciço dá-se ao longo de planos definidos por um ângulo de $45 + \frac{\phi}{2}$ com a horizontal e, no estado passivo, segundo um ângulo de $45 - \frac{\phi}{2}$ [Fig. 5.13(a)].

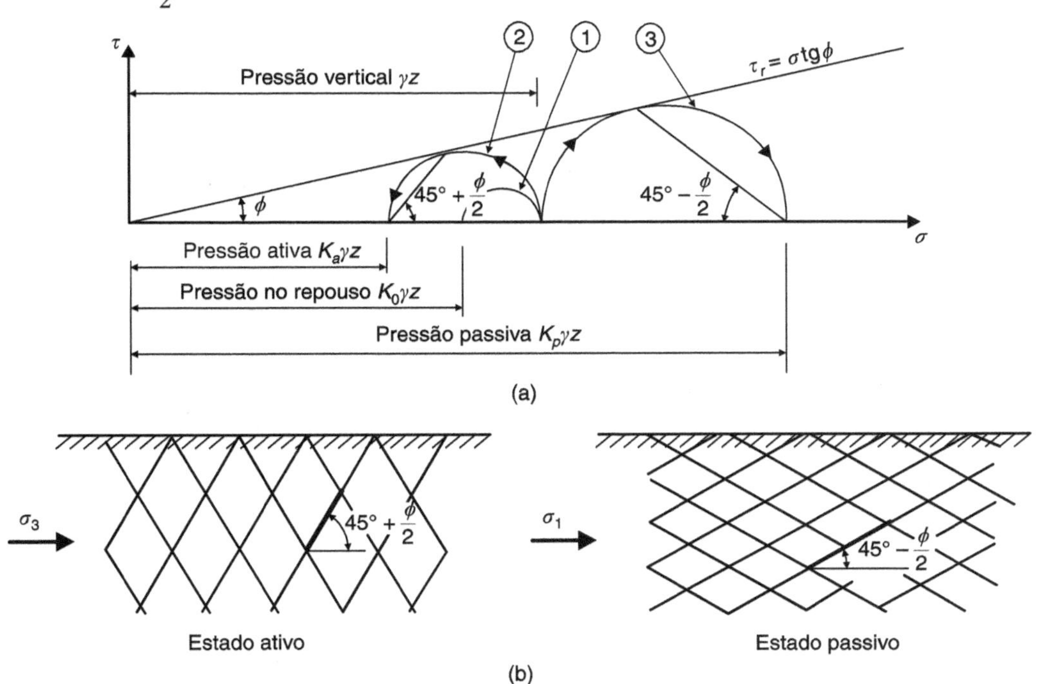

FIGURA 5.13

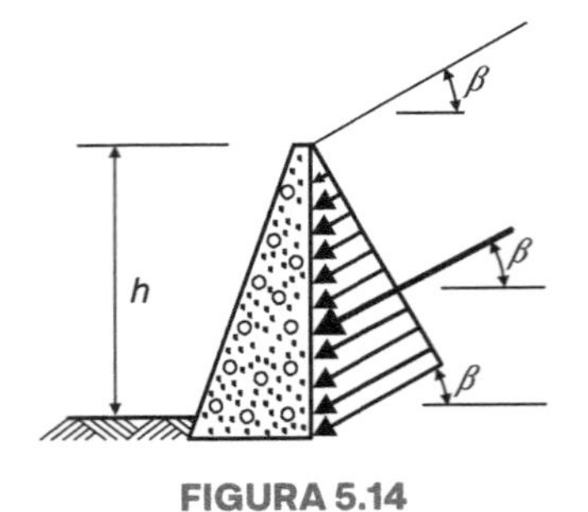

FIGURA 5.14

Se a superfície livre do terrapleno tem uma *inclinação* β (Fig. 5.14), os valores dos empuxos serão, segundo dedução analítica de Rankine, respectivamente:

$$E_a = \frac{1}{2}\gamma \cdot h^2 \cdot \cos\beta \, \frac{\cos\beta - \sqrt{\cos^2\beta - \cos^2\phi}}{\cos\beta + \sqrt{\cos^2\beta - \cos^2\phi}}$$

$$E_p = \frac{1}{2}\gamma \cdot h^2 \cdot \cos\beta \, \frac{\cos\beta + \sqrt{\cos^2\beta - \cos^2\phi}}{\cos\beta - \sqrt{\cos^2\beta - \cos^2\phi}}$$

com seus pontos de aplicação ainda no terço inferior da altura h.

Solos coesivos

Para os solos coesivos, partindo da equação de Mohr, podemos escrever, considerando o estado ativo de equilíbrio-limite $(\sigma_1 = \sigma_v = \gamma \cdot z \text{ e } \sigma_3 = \sigma_h)$:

$$\sigma_v = \sigma_h \cdot N_\varphi + 2c\sqrt{N_\phi}$$

ou:

$$\sigma_h = \frac{\sigma_v}{N_\phi} - \frac{2c\sqrt{N_\phi}}{N_\phi}$$

ou ainda:

$$\sigma_h = \gamma \cdot z \, \text{tg}^2\left(45 - \frac{\phi}{2}\right) - 2c \cdot \text{tg}\left(45 - \frac{\phi}{2}\right)$$

Esta equação nos mostra para

$$\gamma \cdot z \, \text{tg}^2\left(45 - \frac{\phi}{2}\right) = 2c \cdot \text{tg}\left(45 - \frac{\phi}{2}\right)$$

ou:

$$z = z_0 = \frac{2c}{\gamma}\text{tg}\left(45 - \frac{\phi}{2}\right) = \frac{2c}{\gamma\sqrt{K_a}}$$

que a tensão horizontal se anula, sendo negativa acima de z_0 e positiva abaixo dessa profundidade (Fig. 5.15).

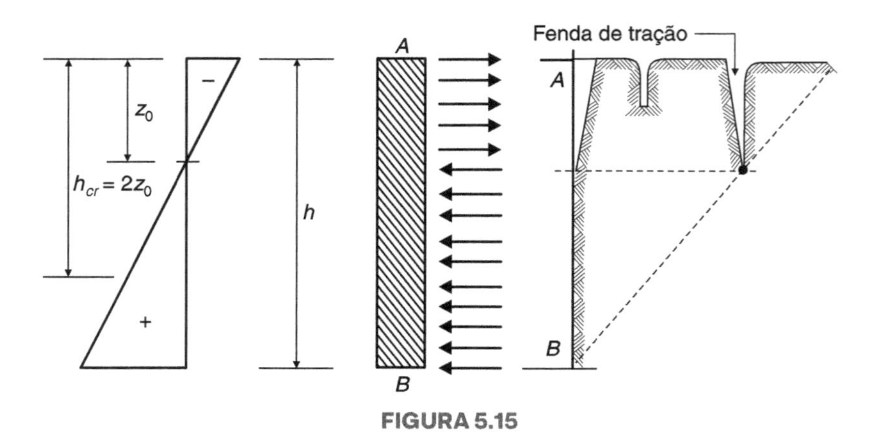

FIGURA 5.15

Calculando o empuxo ativo total, obteremos a expressão:

$$E_a = \int_0^h \sigma_h \cdot dz = \frac{1}{2}\gamma \cdot z^2 \ \text{tg}^2\left(45 - \frac{\phi}{2}\right) - 2c \cdot h \ \text{tg}\left(45 - \frac{\phi}{2}\right)$$

pela qual, a uma profundidade

$$\frac{1}{2}\gamma \cdot z^2 \ \text{tg}^2\left(45 - \frac{\phi}{2}\right) = 2c \cdot h \ \text{tg}\left(45 - \frac{\phi}{2}\right)$$

ou:

$$h = h_{cr} = \frac{4c}{\gamma}\text{tg}\left(45 + \frac{\phi}{2}\right) = 2z_0$$

chamada de *altura crítica*, o empuxo ativo sobre a parede AB se anula. Note-se que, para esta altura, o maciço se mantém estável, sem nenhuma contenção.

Para as argilas moles, com $\phi = 0°$, esses valores serão:

$$E_a = \frac{1}{2}\gamma \cdot h^2 - 2c \cdot h \quad \text{e} \quad h_{cr} = \frac{4c}{\gamma}$$

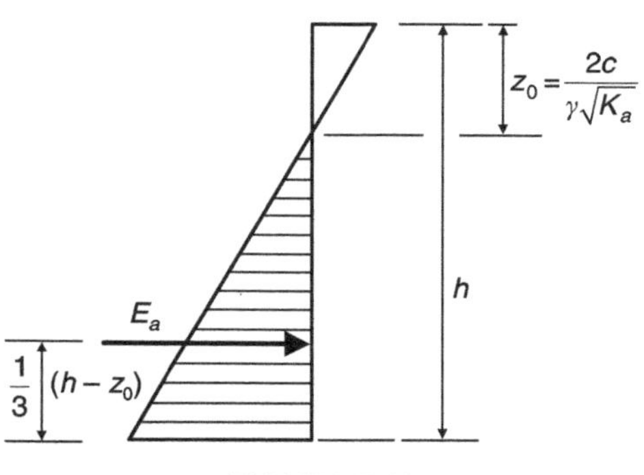

FIGURA 5.16

Comumente considera-se E_a como a tensão total representada pela área do triângulo hachurado (Fig. 5.16), da qual então se obtém:

$$E_a = \int_{2c/\gamma\sqrt{K_a}}^{h}\left(\gamma \cdot z \cdot K_a - 2c\sqrt{K_a}\right)dz = \frac{1}{2}\gamma \cdot h^2 \cdot K_a - 2c \cdot h\sqrt{K_a} + \frac{2c^2}{\gamma}$$

Para $\phi = 0°$:

$$E_a = \frac{1}{2}\gamma \cdot h^2 - 2c \cdot h + \frac{2c^2}{\gamma}$$

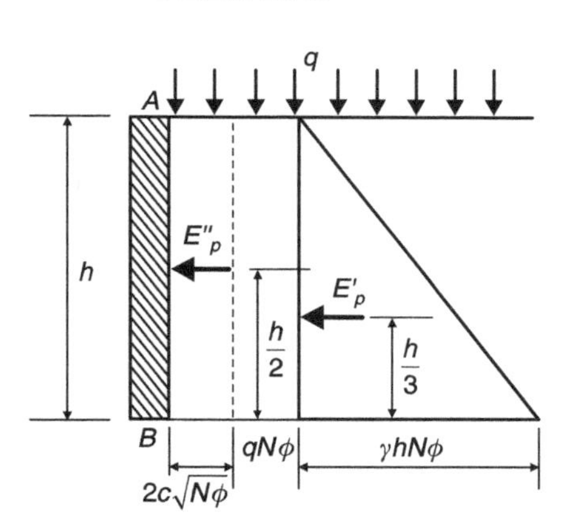

FIGURA 5.17

Considerando agora o estado passivo, a equação de ruptura para $\sigma_1 = \sigma_h$ e $\sigma_3 = \sigma_v = \gamma \cdot z + q$, levando-se em conta uma "sobrecarga uniformemente distribuída q", se escreve:

$$\sigma_h = (\gamma \cdot z + q)N_\phi + 2c\sqrt{N_\phi}$$

A expressão do empuxo positivo total será, então, como facilmente se obtém (Fig. 5.17):

$$E_p = \int_0^h \sigma_h dz = \frac{1}{2}\gamma \cdot h^2 \cdot N_\phi + q \cdot h \cdot N_\phi + 2c \cdot h\sqrt{N_\phi}$$

Exemplo

Para o terreno indicado na Figura 5.18, trace o diagrama das tensões ativas sobre o painel vertical AB e indique a direção das linhas de ruptura.

As tensões no solo (1) são calculadas usando $K_a = \text{tg}^2\left(45 - \frac{30}{2}\right) = \left(\frac{1}{\sqrt{3}}\right)^2 = \frac{1}{3}$ e $\gamma = 18\ \text{kN/m}^3$. O solo (1) é considerado uma sobrecarga de (18 · 3,0) kN/m² sobre o

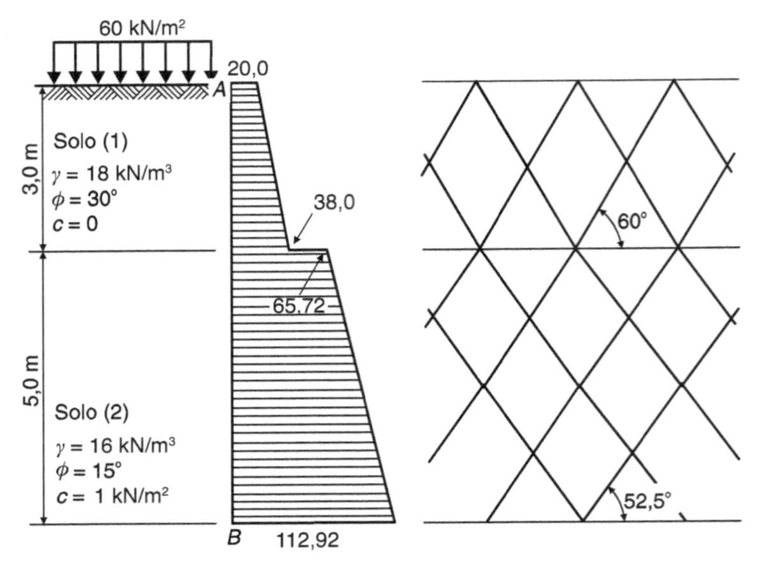

FIGURA 5.18

solo (2), adicionando-se a sobrecarga de 60 kN/m². As tensões em (2) são calculadas tomando-se $K_a = \text{tg}^2\left(45 - \dfrac{15}{2}\right) = 0{,}59$, γ = 16 kN/m³ e c = 1 kN/m².

Os ângulos das linhas de ruptura são, para o solo (1), $\alpha = 45 + \dfrac{30}{2} = 60°$ e, para o solo (2), $\alpha = 45 + \dfrac{15}{2} = 52{,}5°$.

Solo	Profundidade (m)	Tensões ativas (kN/m²)
1	0	$\frac{1}{3} \cdot 60 = 20{,}00$
1	3	$\left(\frac{1}{3} \cdot 60\right) + \frac{1}{3} \cdot 18 \cdot 3 = 38{,}00$
2	3	$0{,}59[60 + (18 \cdot 3)] - (2 \cdot 1 \cdot \sqrt{0{,}59}) = 65{,}72$
2	8	$0{,}59[60 + (18 \cdot 3) + (16 \cdot 5)] - (2 \cdot 1 \cdot \sqrt{0{,}59}) = 112{,}92$

Influência do lençol d'água

A influência do lençol d'água sobre o cálculo das tensões pode ser levada em conta considerando-se que a tensão total (no caso de solos permeáveis) é igual à soma da tensão da água mais a do solo com um peso específico submerso (cerca de 10 kN/m³); no caso de solos pouco permeáveis, aconselha-se calcular a tensão considerando o solo com um peso específico saturado (da ordem de 19 kN/m³).

Efeito da sobrecarga

Quanto ao efeito da sobrecarga q aplicada sobre o terreno, ele pode também ser considerado como uma *altura equivalente de terra*, h_0, escrevendo-se $h_0 = q/\gamma$, sendo γ o peso específico do terreno.

A tensão, em uma profundidade z, será, então, $K \cdot \gamma \cdot z + K \cdot \gamma \cdot h_0$, com K igual a K_a ou K_p, conforme o caso que se considere.

O diagrama da Figura 5.19 será, neste caso, trapezoidal, e a resultante estará acima do terço inferior da altura da parede.

FIGURA 5.19

Para uma superfície livre inclinada (Fig. 5.20):

$$h_n = \frac{q}{\gamma}, h_n = h_0 \cos\beta \rightarrow h_0 = \frac{q}{\gamma \cdot \cos\beta}$$

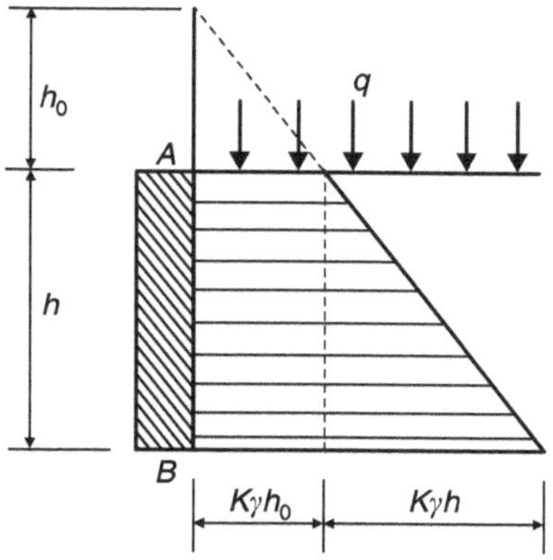

Observação Considerando-se que, segundo a teoria de Rankine, não existe atrito entre o terrapleno e a parede, conclui-se que os resultados obtidos não correspondem à realidade, mas, em se tratando de empuxo ativo, vale admiti-los em favor de maior segurança (mas contra a economia). Apesar disso, a teoria de Rankine, de fácil e rápida aplicação, continua sendo empregada, mesmo porque nesse gênero de cálculos não se pode ainda pretender grande rigor.

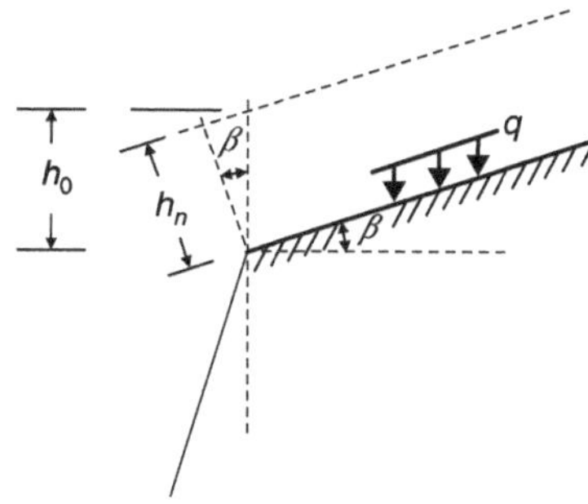

FIGURA 5.20

5.4 TEORIA DE COULOMB

Solos não coesivos

Na teoria de Coulomb – apresentada por este notável físico em sua célebre memória à Academia de Ciências da França, em 1773 – o terrapleno é considerado um maciço indeformável, mas que se rompe segundo superfícies curvas, as quais se admitem planas por conveniência (Fig. 5.21).

Levando-se em conta uma possível cunha de ruptura ABC, em equilíbrio sob a ação de:

P = peso da cunha, conhecido em grandeza e direção;

R = reação do terreno, formando um ângulo ϕ com a normal à linha de ruptura BC;

E_a = empuxo resistido pela parede, força cuja direção é determinada pelo ângulo δ de atrito entre a superfície rugosa AB e o solo arenoso (divergem as opiniões quanto ao valor a ser atribuído a δ, sabendo-se, no entanto, que ele não pode exceder ϕ); admite-se, segundo Müller Breslau, quando muito $\delta = \frac{3}{4}\phi$ e, de acordo com Terzaghi, $\frac{\phi}{2} \leq \delta \frac{2}{3}\phi$ podemos determinar E_a traçando-se o polígono de forças, tal como desenhado na Figura 5.21.

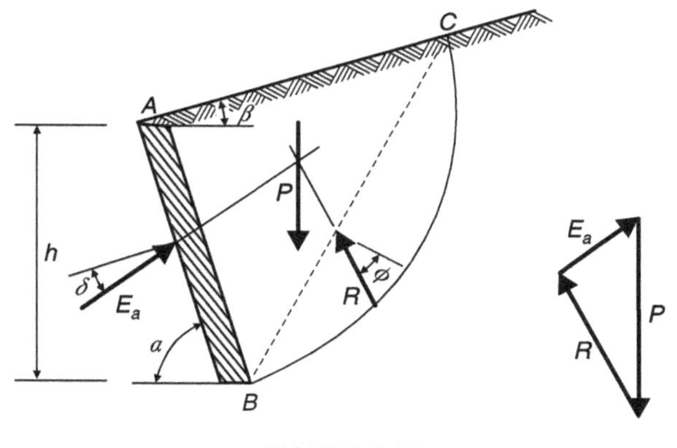

FIGURA 5.21

Admitindo-se, então, vários possíveis planos de escorregamento, BC_i, será considerada superfície de ruptura aquela que corresponder ao maior valor de E_a, que é o valor procurado.

Partindo das condições de equilíbrio das três forças P, R e E_a, deduzem-se analiticamente as equações gerais que se seguem para os empuxos ativo (E_a) e passivo (E_p), este último correspondendo à superfície de deslizamento, também suposta plana, que produz o prisma de empuxo mínimo. A curvatura da superfície de ruptura tem aqui maior importância que no caso ativo e é tanto mais acentuada quanto maior for δ em relação a ϕ, o que torna admissível a aplicação da teoria de Coulomb para o cálculo do empuxo passivo, somente aos solos não coesivos, quando $\delta \leq \phi/3$.

Temos (Figs. 5.21 e 5.22):

$$E_a = \frac{1}{2}\gamma \cdot h^2 \cdot K_a$$

$$K_a = \frac{\operatorname{sen}^2(\alpha + \phi)}{\operatorname{sen}^2\alpha \cdot \operatorname{sen}(\alpha - \delta)\left[1 + \sqrt{\dfrac{\operatorname{sen}(\phi + \delta)\cdot \operatorname{sen}(\phi - \beta)}{\operatorname{sen}(\alpha - \delta)\cdot \operatorname{sen}(\alpha + \beta)}}\right]^2}$$

$$E_p = \frac{1}{2}\gamma \cdot h^2 \cdot K_p$$

$$K_p = \frac{\operatorname{sen}^2(\alpha + \phi)}{\operatorname{sen}^2\alpha \cdot \operatorname{sen}(\alpha - \delta)\left[1 - \sqrt{\dfrac{\operatorname{sen}(\phi + \delta)\cdot \operatorname{sen}(\phi - \beta)}{\operatorname{sen}(\alpha - \delta)\cdot \operatorname{sen}(\alpha + \beta)}}\right]^2}$$

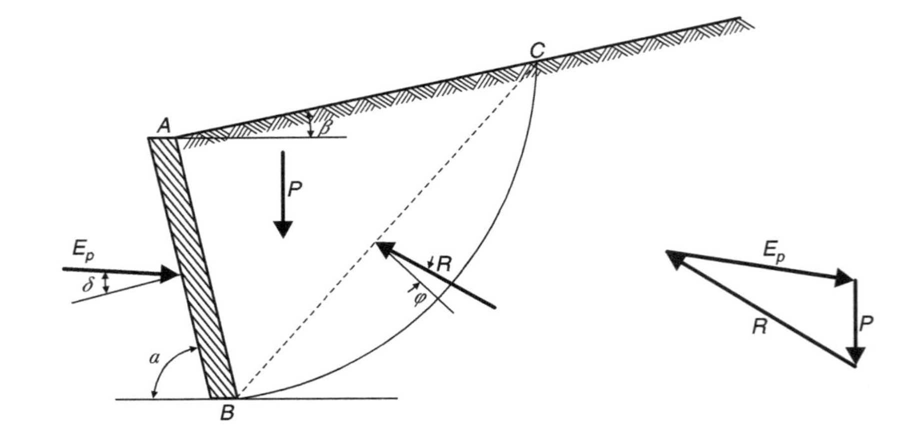

FIGURA 5.22

A teoria de Coulomb, que estamos considerando apenas para o caso de solos não coesivos, leva em conta, ao contrário da teoria de Rankine, o atrito entre o terrapleno e a superfície sobre a qual se apoia.

Essas equações, para α = 90° e $\beta = \delta$ = 0°, transformam-se nas conhecidas extensões de Rankine:

$$E_a = \frac{1}{2}\gamma \cdot h^2 \ \operatorname{tg}^2\left(45 - \frac{\phi}{2}\right), E_p = \frac{1}{2}\gamma \cdot h^2 \ \operatorname{tg}^2\left(45 + \frac{\phi}{2}\right)$$

Tabelas de Krey

Os valores dos coeficientes K_a e K_p podem ser obtidos das *tabelas de Krey*, as quais são de grande utilidade prática. Conhecidos esses valores, podemos rapidamente calcular E_a e E_p e, assim, suas componentes normal e tangencial ao paramento. A seguir reproduzimos um estrato dessas tabelas para valores de K_a.

$\phi =$	15°	20°	25°	27,5°	30°	32,5°	35°	37,5°	40°	45°
$\delta = 0°$	00,590	00,491	00,406	00,369	00,334	00,301	0,272	0,242	0,216	0,170
1+ 5°	00,557	00,466	00,386	00,351	00,318	00,288	0,261	0,233	0,208	0,164
1+10°	00,534	00,448	00,372	00,340	00,309	0,281	0,253	0,227	0,202	0,160
1+ 15°	00,517	00,435	00,364	00,332	00,302	0,210	0,248	0,222	0,198	0,158
1+ 20°	—	00,428	00,358	00,328	00,300	0,274	0,246	0,220	0,197	0,157
1+ 25°	—	—	00,357	00,327	00,298	00,271	0,246	0,222	0,198	0,158
+ 30°	—	—	—	—	00,297	0,271	0,248	0,223	0,199	0,160
+ 40°	—	—	—	—	—	0,273 —	—	—	0,211	0,171

$\phi =$	15°	20°	25°	27,5°	30°	32,5°	35°	37,5°	40°	45°
$\delta = 0°$	0,657	0,564	,481	,446	,410	,378	,348	,317	,290	,238
+ 5°	0,626	0,540	0,464	0,430	0,396	0,366	0,338	0,309	0,282	0,232
+10°	0,608	0,524	0,452	0,418	0,387	0,358	0,332	0,304	0,276	0,230
+ 15°	0,597	0,514	0,446	0,412	0,382	0,353	0,327	0,300	0,274	0,229
+ 20°	—	0,510	0,442	0,410	0,382	0,352	0,324	0,297	0,273	0,230
+ 25°	—	—	0,441	0,411	0,384	0,356	0,325	0,299	0,275	0,231
+ 30°	—	—	—	—	0,389	0,360	0,331	0,304	0,279	0,234
+ 40°	—	—	—	—	—	—	—	—	0,088	0,251
			—	—						0,060

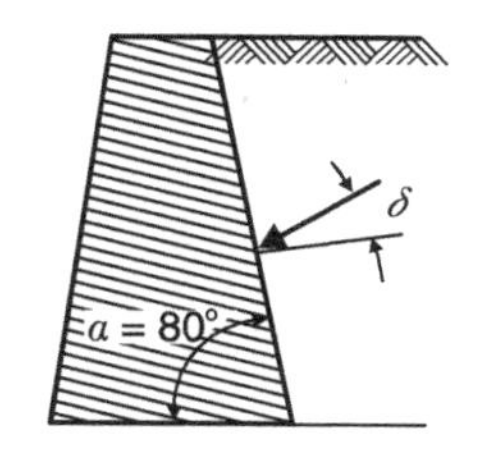

$\phi =$	15°	20°	25°	27,5°	30°	32,5°	35°	37,5°	40°	45°
$\delta = 0°$	0,735	0,648	0,572	0,534	0,496	0,467	0,434	0,405	0,376	0,323
+ 5°	0,710	0,628	0,555	0,520	0,484	0,457	0,425	0,398	0,370	0,320
+10°	0,695	0,616	0,546	0,5130,509	0,478	0,460	0,421	0,394	0,370	0,321
+ 15°	0,693	0,610	0,544	0,509	0,475	0,448	0,422	0,397	0,370	0,322
+ 20°	—	0,612	0,547	0,5100,510	0,477	0,452	0,428	0,402	0,374	0,324
+ 25°	—	—	0,556	0,520	0,486	0,460	0,434	0,410	0,382	0,330
+ 30°	—	—	—	—	0,501	0,474	0,445	0,420	0,393	0,343
+ 40°	—	—	—	—	—	—	—	—	0,427	0,379

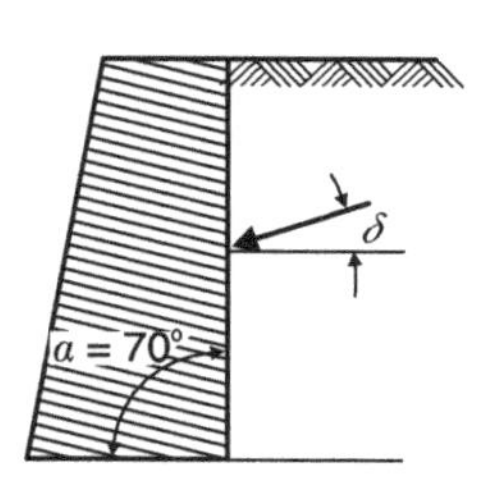

$\phi =$	15°	20°	25°	27,5°	30°	32,5°	35°	37,5°	40°	45°
$\delta = 0°$	0,536	0,431	0,305	0,305	0,269	0,238	0,207	0,181	0,158	0,117
+ 5°	0,498	0,405	0,320	0,288	0,254	0,226	0,197	0,172	0,150	0,112
+10°	0,470	0,384	0,305	0,274	0,243	0,216	0,190	0,167	0,145	0,108
+ 15°	0,453	0,368	0,293	0,264	0,236	0,210	0,184	0,162	0,141	0,106
+ 20°	—	0,358	0,285	0,258	0,230	0,204	0,180	0,160	0,140	0,105
+ 25°	—	—	0,281	0,254	0,226	0,202	0,178	0,158	0,139	0,105
+ 30°	—	—	—	—	0,224	0,201	0,178	0,158	0,139	0,104
+ 40°	—	—	—	—	—	—	—	—	0,139	0,106

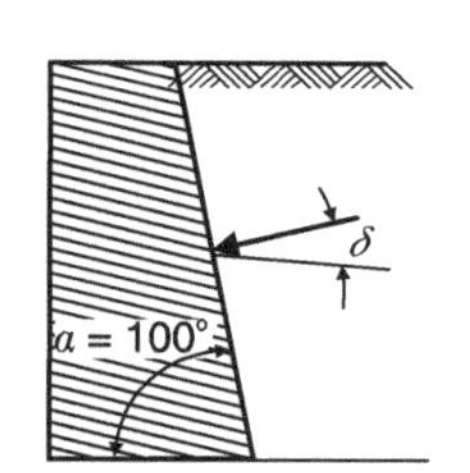

$\phi =$	15°	20°	25°	27,5°	30°	32,5°	35°	37,5°	40°	45°
$\delta = 0°$	0,496	0,375	0,282	0,242	0,206	0,176	0,150	0,127	0,106	0,069
+ 5°	0,454	0,347	0,263	0,237	0,194	0,166	0,142	0,120	0,100	0,065
+10°	0,424	0,325	0,248	0,214	0,184	0,160	0,135	0,116	0,097	0,063
+ 15°	0,402	0,308	0,236	0,206	0,178	0,155	0,131	0,112	0,093	0,061
+ 20°	—	0,301	0,228	0,200	0,174	0,151	0,128	0,110	0,090	0,060
+ 25°	—	—	0,224	0,197	0,172	0,148	0,126	0,108	0,089	0,059
+ 30°	—	—	—	—	0,171	0,146	0,124	0,106	0,088	0,059
+ 40°	—	—	—	—	—	—	—	—	0,088	0,060

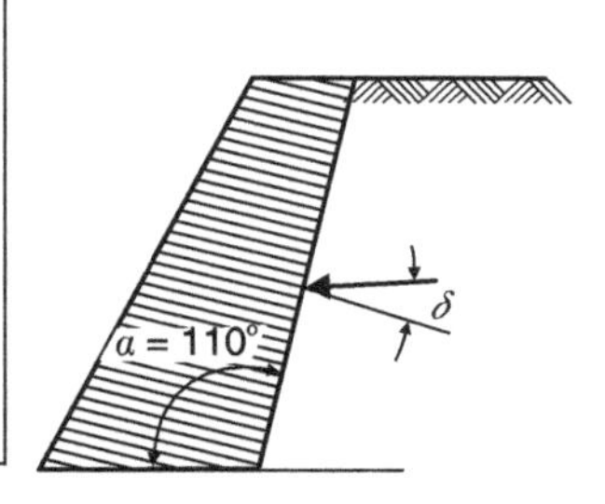

$\phi =$	15°	20°	25°	27,5°	30°	32,5°	35°	37,5°	40°	45°
$\delta = 0°$	0,457	0,331	0,227	0,190	0,155	0,123	0,099	0,079	0,060	0,032
+ 5°	0,415	0,299	0,208	0,173	0,140	0,114	0,092	0,073	0,057	0,029
+10°	0,379	0,278	0,193	0,160	0,130	0,108	0,087	0,069	0,054	0,028
+ 15°	0,355	0,266	0,182	0,150	0,123	0,103	0,082	0,065	0,051	0,027
+ 20°	—	0,247	0,173	0,145	0,119	0,097	0,078	0,062	0,048	0,026
+ 25°	—	—	0,168	0,142	0,116	0,092	0,075	0,060	0,046	0,026
+ 30°	—	—	—	—	0,114	0,091	0,074	0,058	0,045	0,025
+ 40°	—	—	—	—	—	—	—	—	0,045	0,024

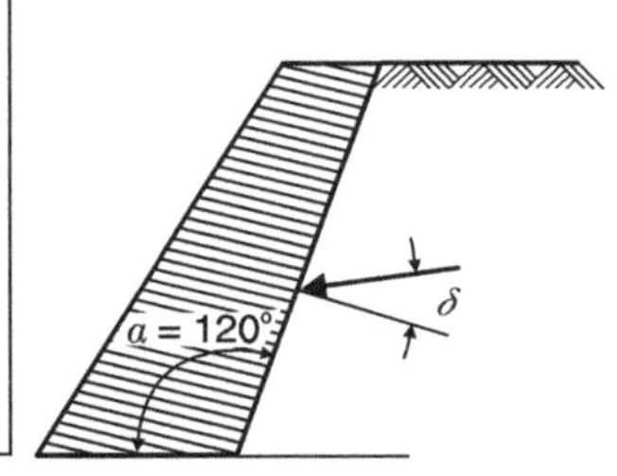

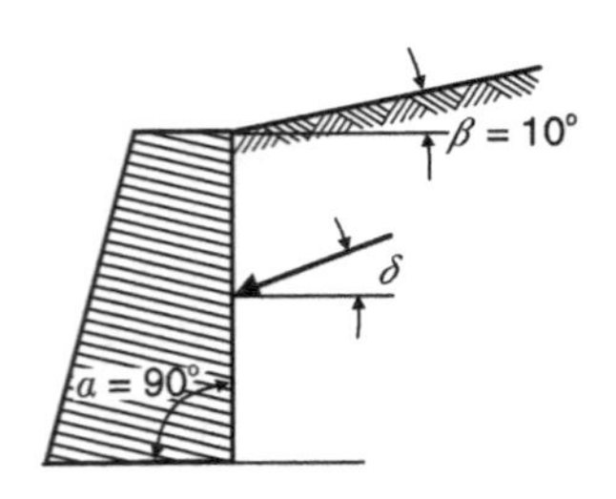

$\phi =$	15°	20°	25°	27,5°	30°	32,5°	35°	37,5°	40°	45°
$\delta = 0°$	0,71	0,57	0,46	0,42	0,37	0,33	0,30	0,27	0,23	0,19
+ 5°	0,68	0,54	0,44	0,41	0,36	0,32	0,29	0,25	0,23	0,18
+10°	0,67	0,53	0,43	0,40	0,35	0,32	0,28	0,25	0,22	0,18
+ 15°	0,66	0,52	0,42	0,39	0,34	0,31	0,28	0,25	0,22	0,18
+ 20°	—	0,51	0,42	0,39	0,34	0,31	0,27	0,25	0,22	0,17
+ 25°	—	—	0,42	0,39	0,35	0,31	0,28	0,25	0,22	0,18
+ 30°	—	—	—	—	0,35	0,32	0,28	0,25	0,23	0,18
+ 40°	—	—	—	—	—	—	—	—	0,24	0,19

$\phi =$	15°	20°	25°	27,5°	30°	32,5°	35°	37,5°	40°	45°
$1\delta = 0°$	0,64	0,50	0,39	0,39	0,30	0,27	0,23	0,19	0,17	0,13
+ 5°	0,62	0,47	0,37	0,34	0,28	0,25	0,22	0,18	0,16	0,12
+10°	0,59	0,46	0,35	0,33	0,27	0,24	0,21	0,18	0,16	0,12
+ 15°	0,57	0,44	0,34	0,32	0,27	0,24	0,21	0,18	0,15	0,12
+ 20°	—	0,44	0,33	0,31	0,26	0,23	0,20	0,18	0,15	0,11
+ 25°	—	—	0,33	0,30	0,26	0,23	0,20	0,18	0,15	0,11
+ 30°	—	—	—	—	0,26	0,23	0,20	0,18	0,15	0,11
+ 40°	—	—	—	—	—	—	—	—	0,16	0,12

$\alpha = 90°$ $\beta = +30°$				
$\phi =$	**35°**	**37,5°**	**40°**	**45°**
$1\delta = 0°$	0,434	0,372	0,318	0,236
+ 5°	0,426	0,365	0,312	0,231
+10°	0,421	0,360	0,307	0,228
+ 15°	0,420	0,358	0,306	0,226
+ 20°	0,423	0,360	0,306	0,227
+ 25°	0,430	0,364	0,309	0,230
+ 30°	0,440	0,372	0,315	0,233
+ 40°	—	—	0,336	0,250

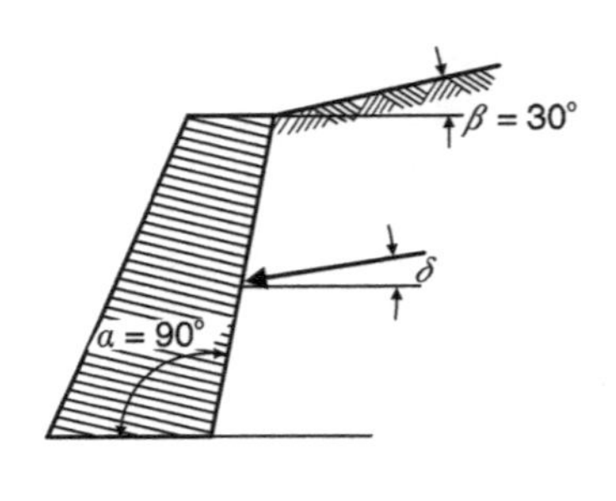

$\alpha = 100°$ $\beta = +30°$				
$\phi =$	**35°**	**37,5°**	**40°**	**45°**
$1\delta = 0°$	0,335	0,273	0,226	0,152
+ 5°	0,323	0,264	0,218	0,146
+10°	0,317	0,257	0,212	0,144
+ 15°	0,314	0,253	0,207	0,142
+ 20°	0,310	0,251	0,206	0,141
+ 25°	0,310	0,252	0,207	0,141
+ 30°	0,314	0,255	0,209	0,143
+ 40°	—	—	0,217	0,148

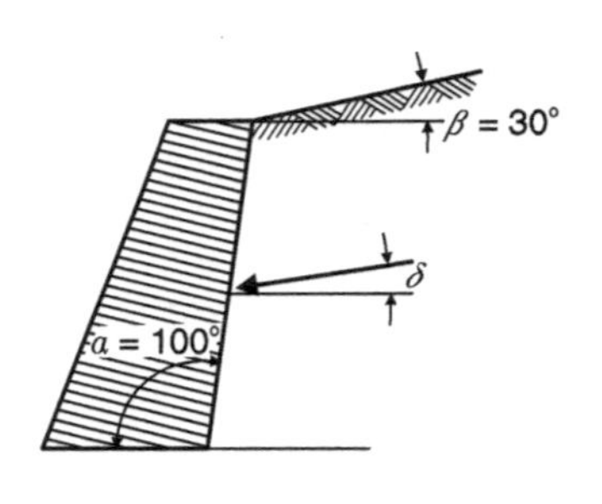

$\alpha = 110°$ $\beta = +30°$				
$\phi =$	**35°**	**37,5°**	**40°**	**45°**
$\delta = 0°$	0,236	0,180	0,147	0,090
+ 5°	0,225	0,178	0,150	0,086
+10°	0,217	0,171	0,136	0,084
+ 15°	0,210	0,167	0,131	0,082
+ 20°	0,206	0,164	0,129	0,080
+ 25°	0,204	0,162	0,128	0,079
+ 30°	0,204	0,162	0,127	0,079
40°	—	—	0,129	0,080

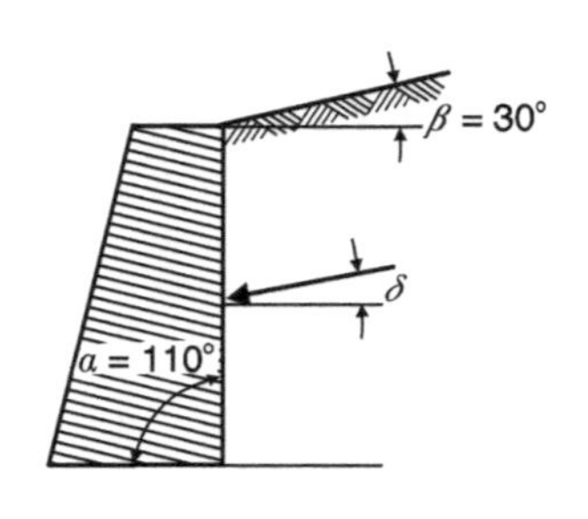

Teorema de Rebhann

Partindo da hipótese de Coulomb, segundo a qual (Fig. 5.23) o plano em que ocorre o deslizamento é aquele que limita o prisma de empuxo máximo sobre o suporte, Rebhann obteve (em 1871) uma relação geométrica entre a área da seção do prisma deslizante (inclusive, a sobrecarga correspondente, transformada em altura de terra) e a área de um triângulo definido: pelo traço do plano de deslizamento, pela chamada "reta de talude natural", *BT*, e por uma paralela, do ponto de afloramento da superfície deslizante à denominada "reta de orientação", *BO*.

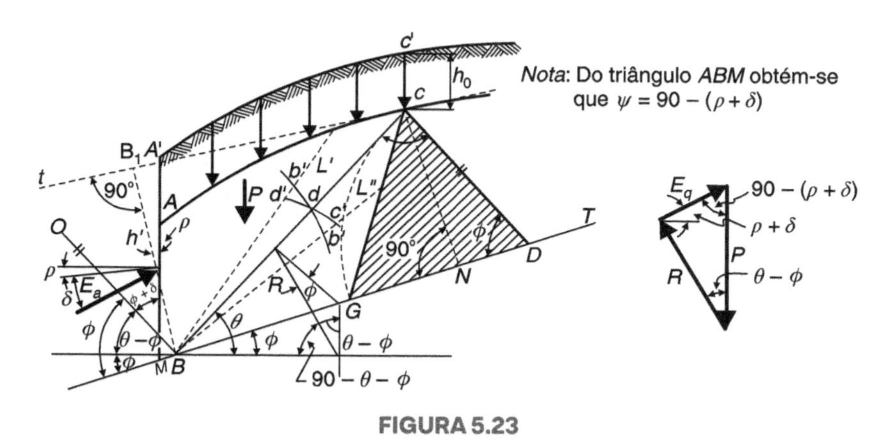

FIGURA 5.23

Segundo o teorema de Rebhann, temos:

$$S_0 = \text{área}\, BAA'C'CB = \left(1 + \frac{2h_0}{h'}\right) \text{área}\, BCDB$$

relação geométrica simples e que permite, por tentativas, obter o plano de deslizamento; h_0 é a altura da sobrecarga e h' a distância de *B* à tangente à superfície livre do terreno no ponto *C*.

Na prática, consideram-se planos arbitrários *BL'*, *BL''*, e marcam-se sobre os traços desses planos, a partir de *B*, os valores correspondentes às duas áreas que devem ser iguais de acordo com o teorema; obtém-se, assim, para os valores de uma das áreas, a curva *a'a''*, e, para os da outra, *b'b''*, que se cortam em *d*, por onde então passará o plano de ruptura *BdC*.

O teorema de Rebhann se aplica a quaisquer que sejam as formas do tardoz (parâmetro interno do muro) e da superfície livre do terrapleno, sobre a qual atua uma sobrecarga variável, porém distribuída.

Do triângulo das forças (P, E_a, R), semelhante (ângulos iguais) ao triângulo *BCD*, obtém-se:

$$\frac{E_a}{\overline{CD}} = \frac{P}{\overline{BD}}$$

donde:

$$E_a = P\frac{\overline{CD}}{\overline{BD}} = \gamma \cdot S_0 \frac{\overline{CD}}{\overline{BD}}$$

Como, por outro lado:

$$\text{área}\, BCDB = \frac{1}{2}\overline{BD} \cdot \overline{CN}$$

podemos escrever:

$$E_a = \gamma\left(1+\frac{2h_0}{h'}\right)\cdot\frac{1}{2}\overline{BD}\cdot\overline{CN}\cdot\frac{\overline{CD}}{\overline{BD}}$$

ou:

$$E_a = \gamma\left(1+\frac{2h_0}{h'}\right)\cdot\frac{1}{2}\overline{CD}\cdot\overline{CN}$$

ou, ainda:

$$E_a = \gamma\left(1+\frac{2h_0}{h'}\right)\cdot \text{área do triângulo } CDG$$

O triângulo *CDG* é obtido tomando-se $\overline{DG} = \overline{CD}$. No caso em que não exista sobrecarga, o empuxo será obtido multiplicando-se simplesmente o peso específico do terreno pela área do triângulo *CDG*, representativo do empuxo.

A expressão anterior também se escreve:

$$E_a = \left(\gamma + \frac{2\cdot\gamma\cdot h_0}{h'}\right)\cdot \text{área do triângulo } CDG$$

ou:

$$E_a = \left(\gamma + \frac{2q}{h'}\right)\cdot \text{área do triângulo } CDG$$

em que q é a sobrecarga.

Fazendo-se:

$$\gamma + \frac{2q}{h'} = \gamma$$

tem-se:

$$E_a = \gamma'(\text{área do triângulo } CDG).$$

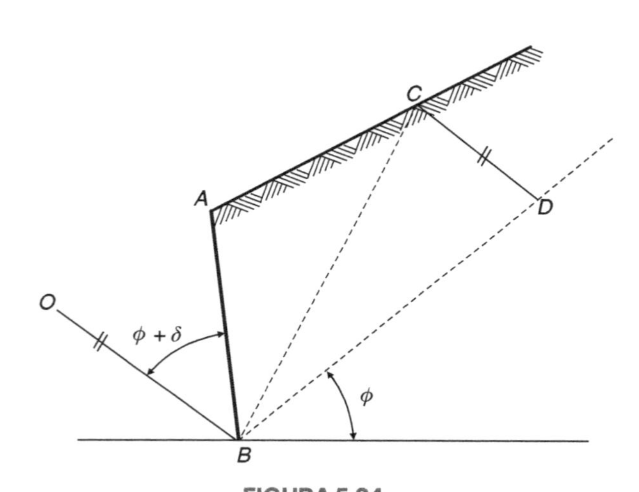

FIGURA 5.24

Quando $h_0 = 0$, o teorema de Rebhann conduz à igualdade dos triângulos *ABC* e *BCD* (Fig. 5.24).

Processo geométrico de Poncelet

Para um terreno de superfície plana, a determinação do empuxo se faz de maneira muito simples pelo traçado de Poncelet (1849), que consiste em (Fig. 5.25):

1) traçar *BT* fazendo o ângulo ϕ com a horizontal;
2) traçar *AS* paralela a *BO*, fazendo o ângulo $\phi + \delta$ com *AB*;
3) sobre *BT*, como diâmetro, traçar uma semicircunferência;
4) traçar por *S* a perpendicular *SL* a *BT*;
5) rebater *L* em *D*, com centro em *B* e raio em *BL*;
6) traçar, finalmente, *DC* paralela a *AS* e rebater o ponto *C*, assim obtido, em *G*.

A superfície de escorregamento será *BC* e o valor do empuxo, de acordo com o teorema de Rebhann:

$$E_a = \gamma(\text{área do triângulo } CDG),$$

ou:

$$E_a = \gamma \cdot \frac{1}{2} \cdot \overline{CD} \cdot \overline{CN}$$

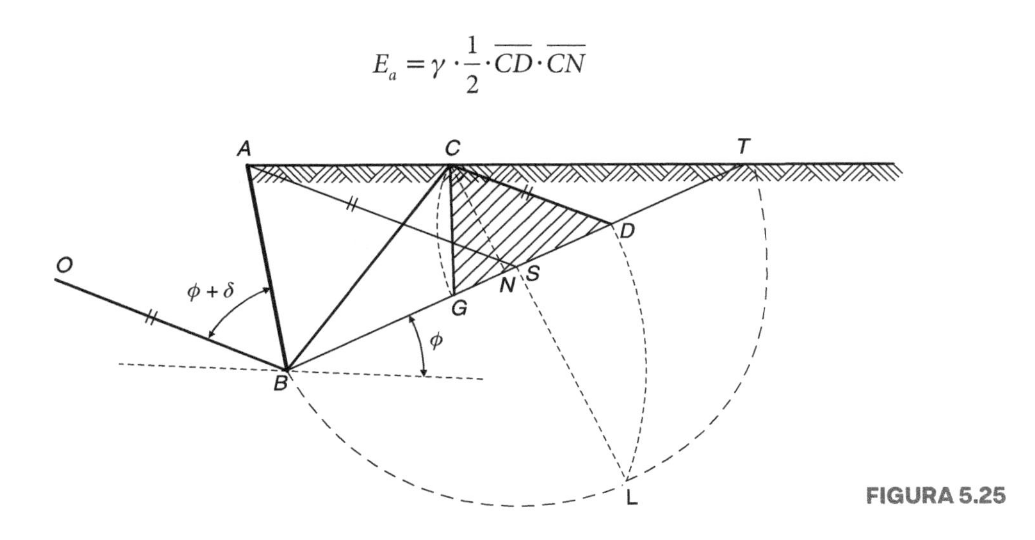

FIGURA 5.25

Eventualmente, para pequenos valores de ϕ ou grandes inclinações no terreno, a construção gráfica descrita não se mostra muito prática (o ponto T afasta-se demasiadamente), preferindo-se então a seguinte (Fig. 5.26):

1) traçar BT formando o ângulo ϕ com a horizontal;
2) traçar AS formando o ângulo $\phi + \delta$ com AB;
3) pelo ponto S traçar SS_0 paralela à superfície livre do terreno;
4) por S_0 traçar a perpendicular S_0L_0 a AB, até encontrar a circunferência de diâmetro AB;
5) rebater BL_0 sobre AB e marcar o ponto D_0;
6) traçar por D_0 uma paralela a SS_0, obtendo assim o ponto D;
7) finalmente, traçar por D uma paralela a AS até encontrar a superfície do terreno em C, que é o ponto procurado.

Existindo uma sobrecarga q uniformemente distribuída sobre o terreno, a construção de

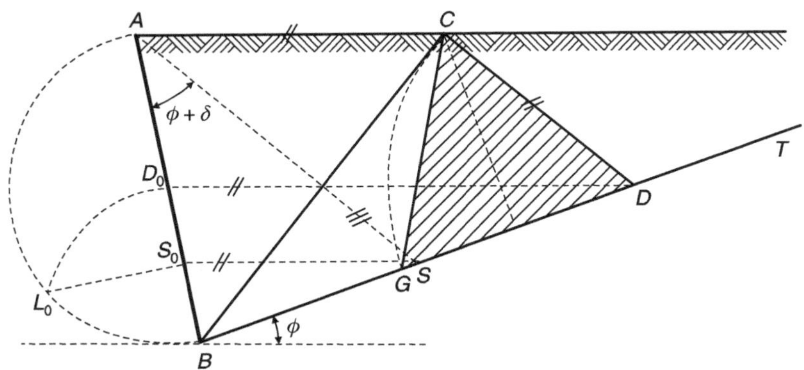

FIGURA 5.26

Poncelet se faz da mesma maneira, apenas o ângulo $\phi + \delta$ é marcado a partir do ponto A' (Fig. 5.27) e a semicircunferência é traçada sobre o diâmetro BT', sendo T' o ponto de encontro da chamada reta de talude natural BT' com a superfície fictícia do terreno $A'C'T'$, obtida a partir da superfície natural do terreno, acrescentando-se a altura equivalente de terra: $h_0 = q/\gamma$.

Para a determinação do empuxo passivo, a construção de Poncelet é a seguinte (Fig. 5.27):

1) traçar a reta BT formando o ângulo ϕ com a horizontal;
2) prolongar a superfície livre AC até interceptar em E o prolongamento da reta BT;
3) traçar por A a reta AF formando com AB o ângulo $\phi + \delta$;

4) sobre BE, como diâmetro, descrever a semicircunferência de círculo BHE;
5) por F traçar a perpendicular FH até o ponto H sobre a semicircunferência:
6) rebater o ponto H em D, com centro em B;
7) por D traçar a paralela DC a AF até cortar a superfície livre em C;
8) a reta BC representa a superfície de ruptura mais perigosa;
9) rebatendo-se C em G, com centro em D, define-se o triângulo CDG, de área S;
10) o valor do empuxo E_p será, assim, $E_p = \gamma \cdot S$.

Essas construções gráficas facilmente se justificam.

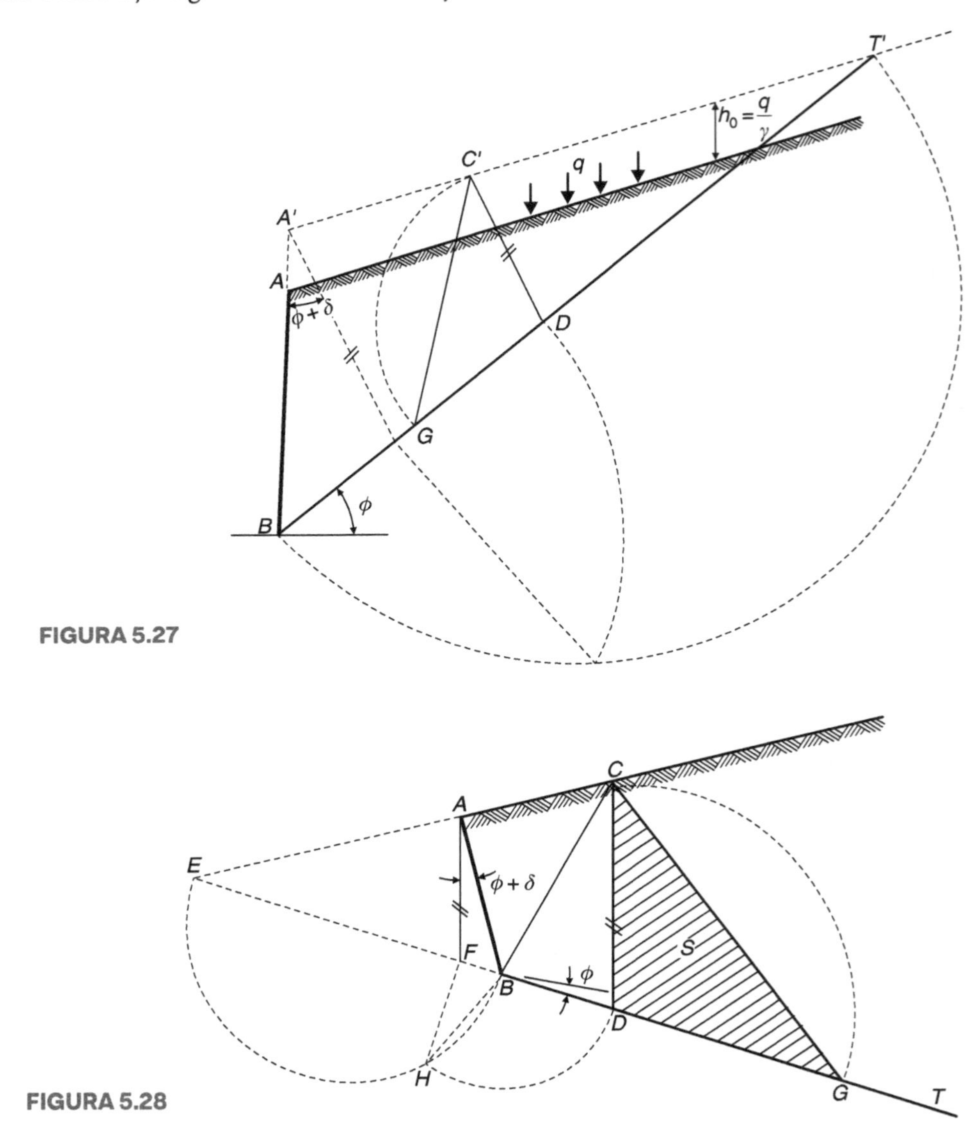

FIGURA 5.27

FIGURA 5.28

Processo gráfico de Culmann (1866)

Como o de Poncelet, o processo de Culmann admite também a hipótese de Coulomb.

Trata-se de um processo de fácil aplicação e absolutamente geral, utilizado para qualquer que seja a superfície superior do terreno e a sobrecarga nele aplicada, assim como para qualquer formato do paramento interno da parede de contenção.

O princípio do processo está baseado na seguinte observação (Fig. 5.29): se a partir de B, sobre a reta de talude natural tomada como eixo, marcamos o peso P (Bd) do prisma de escorregamento ABC, o segmento de obtido, traçando-se por d uma paralela à reta de orientação, representa, na escala escolhida, o empuxo do prisma ABC. De fato, o polígono das forças e o triângulo Bde são iguais, pois eles têm um lado igual $Bd = P$, adjacente a dois ângulos respectivamente iguais, $\theta - \phi$ e $\alpha - \delta$, como facilmente se verifica; daí se concluir que $de = E_a$.

O processo de Culmann (Fig. 5.30) consiste em traçar as retas BT e BO e marcar sobre BT, a partir de B e em uma dada escala, comprimentos Bd_1, Bd_2 ... iguais aos pesos das cunhas $A'ABC_1C'_1$, $A'ABC_2C'_2$, ..., correspondentes às possíveis superfícies de escorregamento $BC_1C'_1$, $BC_2C'_2$, ... arbitrariamente escolhidas. O peso P_i de uma cunha qualquer se obtém da seguinte maneira:

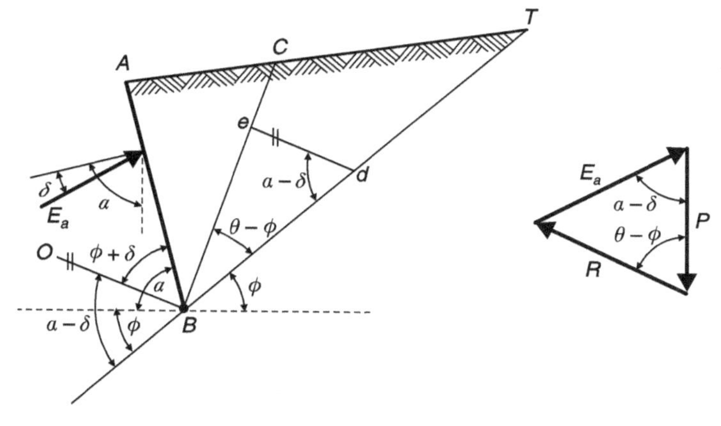

FIGURA 5.29

$$P_i = \gamma \cdot \text{área } A'ABC_iC'_i \, . \, \phi$$

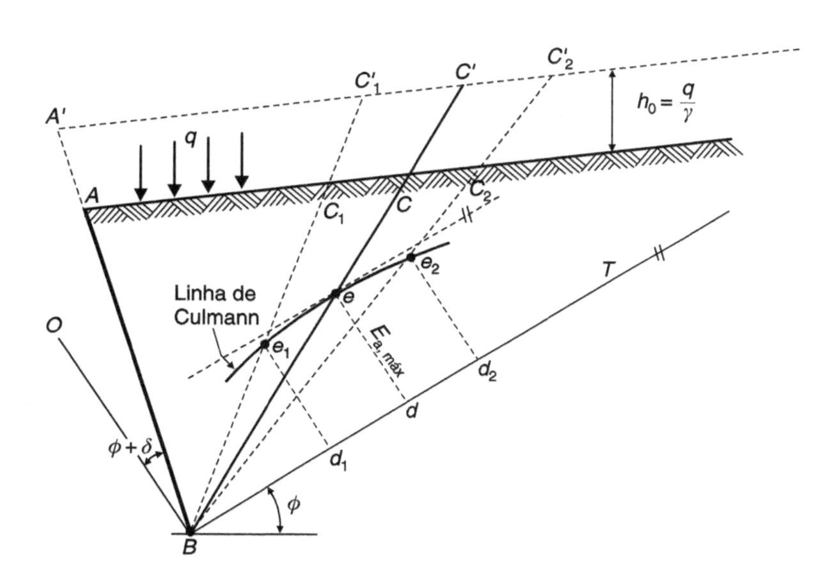

FIGURA 5.30

Pelos pontos d_1, d_2 ... traçam-se paralelas a BO até que os pontos e_1, e_2 ..., sobre BC_1, BC_2 ... Ligando-se e_1, e_2 ... define-se a chamada *linha de Culmann*. Obtida essa linha, basta traçar a tangente mais afastada de BT e a ela paralela. O ponto de tangência e determinará a reta BC e, assim, a superfície de escorregamento BCC' e o valor máximo do empuxo ativo:

$$E_{a,\text{máx}} = \overline{ed}$$

A construção da linha de Culmann, para o caso de uma sobrecarga linear de intensidade q (Fig. 5.31), é feita como explicado anteriormente, notando-se, no entanto, que a linha apresentará uma descontinuidade segundo o plano de deslizamento BM; nessa direção, a linha dará um "salto" brusco devido ao efeito da sobrecarga.

Para o cálculo do empuxo passivo ($E_{p,\text{mín}}$), pode-se também empregar o processo de Culmann, notando-se que a construção gráfica (Fig. 5.32) é semelhante à que foi antes exposta.

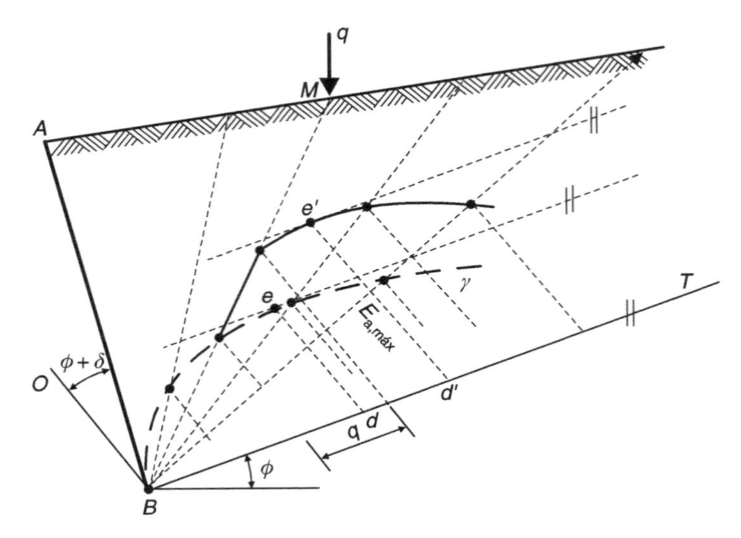

FIGURA 5.31

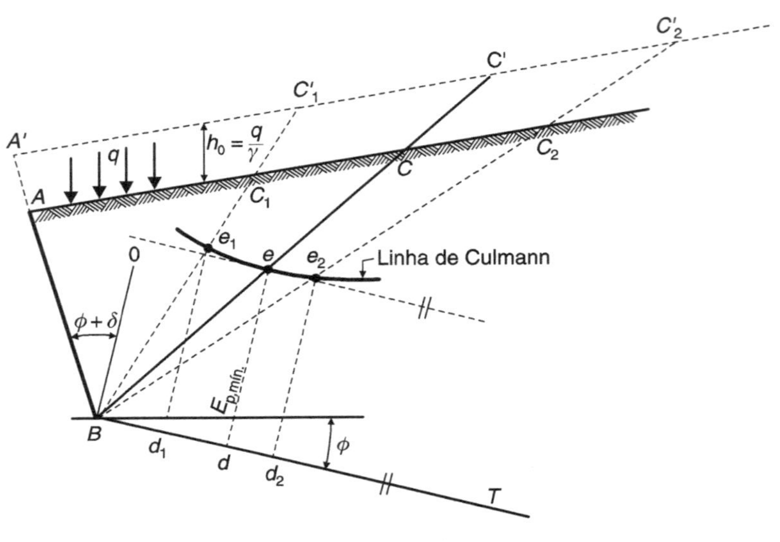

FIGURA 5.32

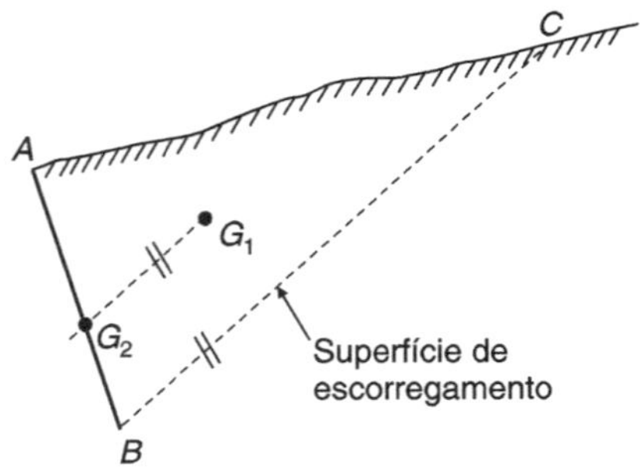

FIGURA 5.33

Ponto de aplicação do empuxo

É obtido (Fig. 5.33) traçando-se pelo baricentro G_1 da cunha *ABC* uma paralela ao plano de escorregamento *BC* até encontrar o paramento interno G_2, que será, então, aproximadamente, o ponto de aplicação.

Diagrama de tensões

A teoria de Coulomb fornece-nos o valor do empuxo, não nos dando, porém, indicação quanto à distribuição das tensões. Na prática, esse diagrama pode ser obtido, como mostrado na Figura 5.34, dividindo-se a altura da parede em certo número de partes e admitindo-se, em cada trecho, uniforme a distribuição das tensões.

Empuxo no caso de várias camadas de solo

Começaremos por calcular o empuxo e a distribuição das tensões para o trecho correspondente à camada superior, tal como visto anteriormente. Feito isso, passamos ao trecho seguinte, considerando então o peso da terra da primeira camada como se fosse uma sobrecarga,

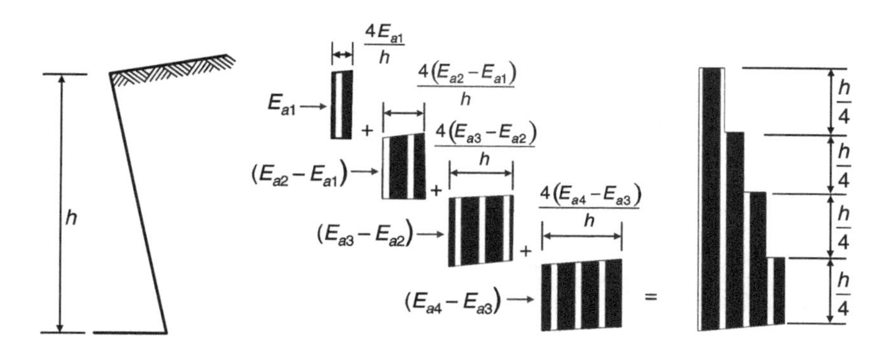

FIGURA 5.34

transformando-o em altura de terra de material da segunda camada, calculando-se em seguida o empuxo e a distribuição das tensões da segunda camada.

Para a terceira camada consideraremos como sobrecarga o peso das duas primeiras, reduzindo-o à altura equivalente de terra dessa terceira camada, para então, a seguir, calcular o empuxo. O mesmo faremos com as camadas seguintes.

A Figura 5.35 representa o diagrama para o caso de três camadas; as descontinuidades observadas são decorrentes da diversidade das camadas.

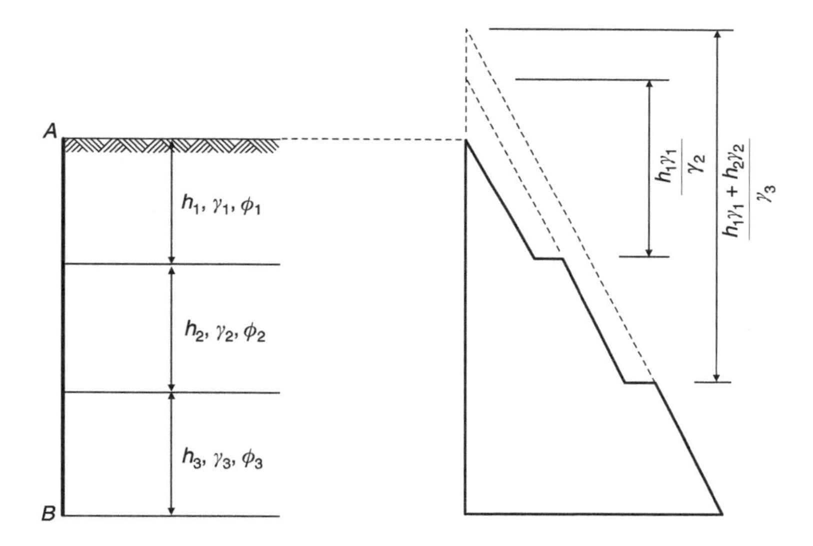

FIGURA 5.35

Solos coesivos

Na aplicação da teoria de Coulomb aos solos coesivos, além das forças R (atrito) e P (peso da cunha), devemos considerar ainda as forças de coesão, S, ao longo da superfície de deslizamento e de adesão, T, entre o terrapleno e a parede. O problema consiste em procurar o máximo valor da força E_a que, com as demais, feche o polígono das forças (Fig. 5.36), as quais são conhecidas em grandeza e direção – P, S e T, e apenas em direção – R e E_a.

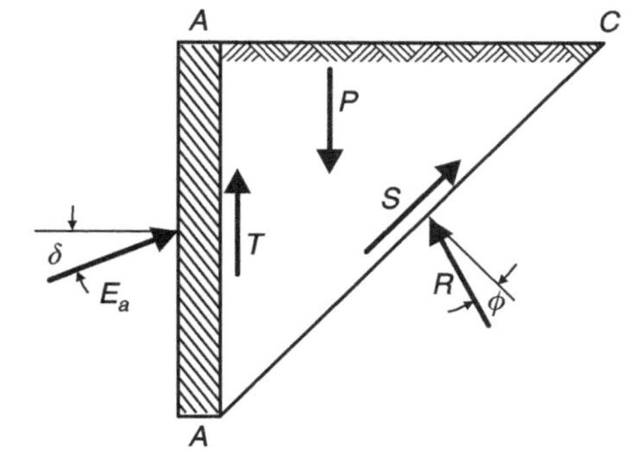

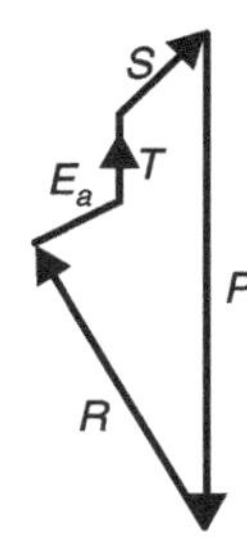

FIGURA 5.36

5.5 SUPERFÍCIE DE DESLIZAMENTO CURVA

No caso de empuxo passivo em solos arenosos quando $\delta \geq \phi/3$ e em solos coesivos, a experiência tem mostrado que a superfície de deslizamento nas proximidades da parede tem diretriz nitidamente curva, pelo que a sua forma é suposta constituída por um arco de espiral logarítmica (método de Ohde) ou um arco de circunferência de círculo (método de Krey) tangente a uma reta inclinada de $45-\frac{\phi}{2}$ com a horizontal (Fig. 5.37). No que se segue consideraremos *BC* como um arco de circunferência de círculo, portanto apenas o método de Krey.

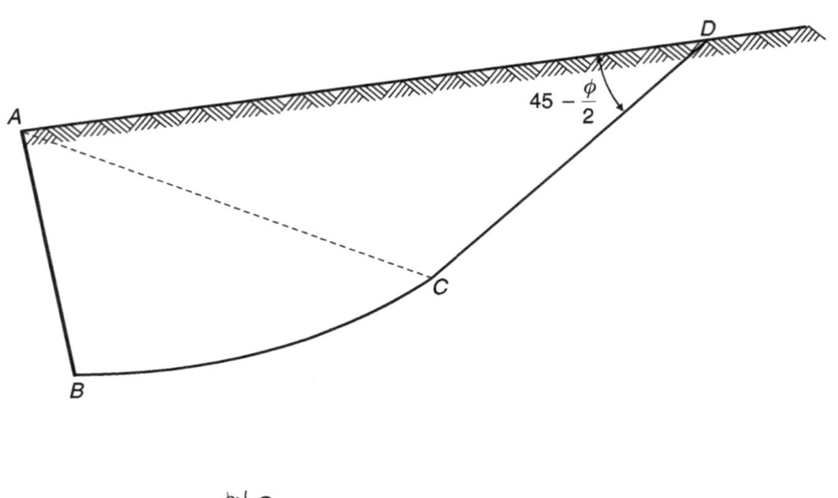

FIGURA 5.37

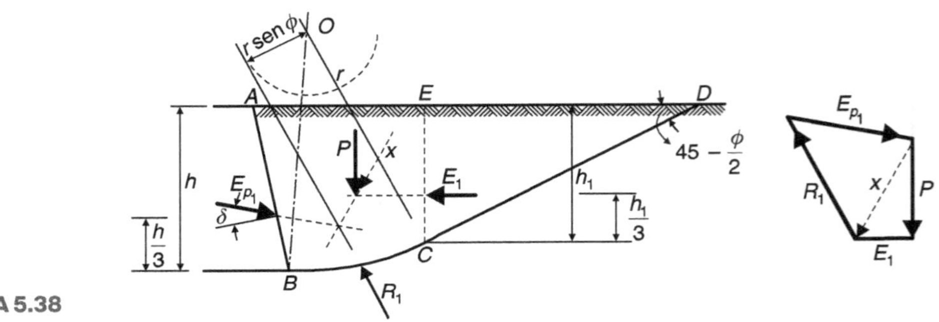

FIGURA 5.38

Empuxo passivo de solos arenosos com $\delta \geq \phi/3$

Suponhamos que a forma da superfície de ruptura seja a indicada na Figura 5.38, em que *ABCDE* representa a massa de solo deslizante. Ela é constituída pela porção *ABCE* limitada pela curva circular *BC* e pela parte triangular *CDE* definida pela tangente *CD* inclinada em um ângulo de $45-\frac{\phi}{2}$ com a horizontal.

O valor do empuxo passivo E_{p1} é determinado pela consideração de equilíbrio da porção *ABCE*, sobre a qual, além de E_{p1}, atuam as forças *P*, E_1 e R_1.

A força *P* representa o peso da massa de terra *ABCE*.

A força E_1 é o empuxo passivo da cunha *CDE*, atuando a $\frac{h_1}{3}$ do ponto *C*, e de valor dado pela fórmula de Rankine:

$$E_1 = \frac{1}{2}\gamma \cdot h_1^2 \cdot K_p$$

A linha de ação da resultante R_1 da reação ao longo da superfície *BC*, inclinada de ϕ com a normal, será, assim, tangente a uma circunferência de raio $r \times \text{sen}\ \phi$, concêntrica com a de raio *r* e que se denomina *circunferência de atrito*.

Traçando-se o polígono de forças indicado na figura, a resultante fornecerá o valor do empuxo passivo E_{p1}. A sua direção forma um ângulo δ com a normal ao paramento e seu ponto de aplicação atua a 1/3 da altura.

Traçando-se outras possíveis superfícies de deslizamento e procedendo-se como indicado, obtém-se (Fig. 5.40) o menor valor do empuxo passivo.

Empuxo passivo de solos coesivos

Se o solo tem atrito e coesão, o empuxo passivo é determinado computando-se separadamente as parcelas resultantes do atrito e da coesão. Assim, supondo $c = 0$, de acordo com o que acaba de ser exposto, obtém-se E_{p1}, parcela do empuxo resultante apenas ao atrito. Supondo-se, agora, puramente coesivo, passa-se a considerar o equilíbrio da massa de terra *ABCE* (Fig. 5.39) sob a ação somente das forças externas E_2, S, T, R_2 e E_{p2}.

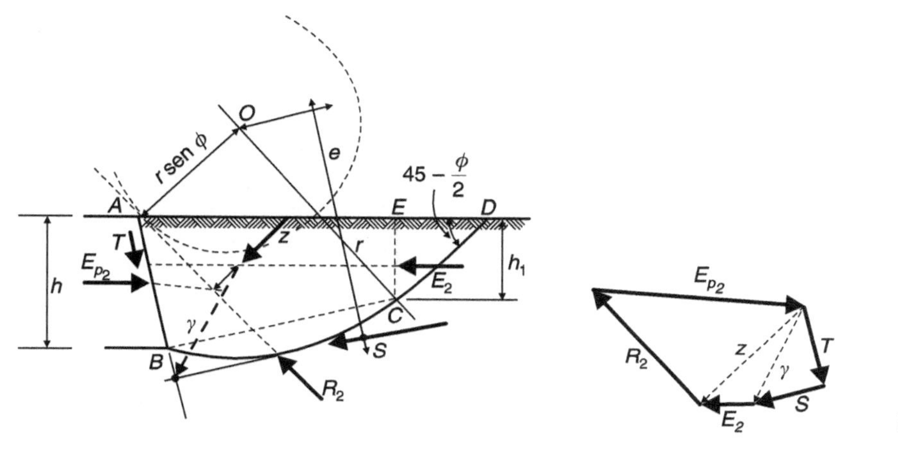

FIGURA 5.39

A força E_2, empuxo passivo da cunha *CDE*, é dada pela fórmula:

$$E_2 = 2 \cdot c \cdot h_1 \sqrt{N_\phi}$$

obtida da expressão geral de E_p da teoria de Rankine, para $\gamma = 0$ e $q = 0$. Ela representa um diagrama retangular de tensões, com a resultante E_2 aplicada no meio de h_1.

A resultante S da coesão c ao longo de BC – uma vez que é um arco de circunferência de círculo e, portanto, as componentes normais são nulas – será paralela à corda $\overline{BC}$ e de valor:

$$S = c \cdot BC$$

Obtém-se a distância l da linha de ação dessa força ao centro O da circunferência de raio r considerando que:

$$S \cdot l = c \cdot \overline{BC} \cdot l = c \cdot BC \cdot y$$

então:

$$l = y \cdot \frac{BC}{\overline{\overline{BC}}}$$

A adesão T ao longo da parede AB é igual ao valor da adesão unitária a multiplicada pelo comprimento do paramento:

$$T = a \cdot \overline{AB}$$

À medida que admitimos que a força de atrito R_2 é tangente à "circunferência de atrito", sua linha de ação é conhecida.

Pode-se agora completar o polígono de forças, como indicado na figura, obtendo-se finalmente o valor do empuxo passivo E_{p2}. Esta força, aplicada à meia altura de h, é inclinada de δ com a normal ao paramento.

O empuxo passivo total será, então, $E_p = E_{p1} = E_{p2}$.

Repetindo-se esta análise para outras possíveis superfícies de ruptura, será considerada como superfície real de deslizamento a que fornecer um valor mínimo para a soma E_p (Fig. 5.40). Assim:

$$E_p = \left(E_{p2} + E_{p2}\right)_{\text{mín}}$$

com o ponto de aplicação entre o terço inferior e o ponto meio de h.

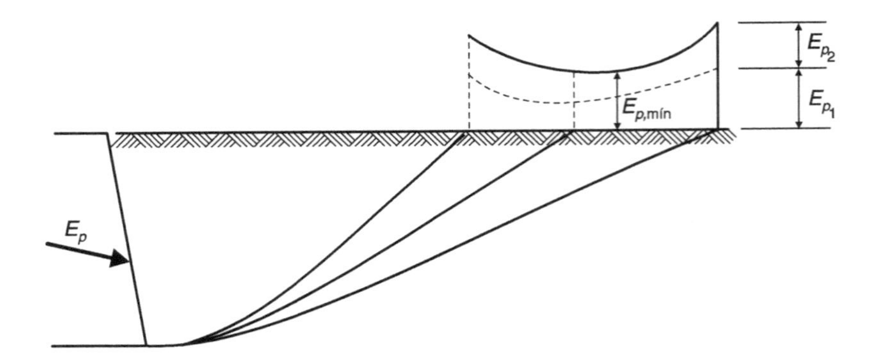

FIGURA 5.40

5.6 RESULTADOS EXPERIMENTAIS

Os resultados dos ensaios realizados por Terzaghi, em 1929, no Massachusetts Institute of Technology (MIT), com paredes de grandes dimensões, conduziram às seguintes conclusões:

1) só se produz a distribuição linear das tensões ao longo do suporte, tal como prevê a teoria de Coulomb, quando este gira em torno de sua aresta inferior [Fig. 5.41(a)];
2) se o suporte desloca-se por translação, o diagrama das tensões tende para a forma parabólica e o ponto de aplicação do empuxo sobe;
3) se o suporte gira em torno de sua aresta superior, o diagrama das tensões torna-se ainda sensivelmente parabólico, com aumento de intensidade na parte superior [Fig. 5.41(b)];
4) se o suporte está impedido de se deslocar, tanto na parte superior como na inferior, o diagrama das tensões será do tipo representado na Figura 5.41(c).

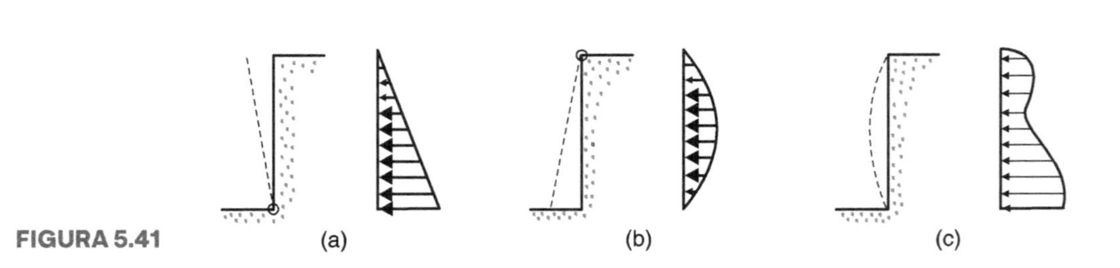

FIGURA 5.41

As conclusões (2), (3) e (4) correspondem a fenômenos de transferência de tensões, os quais são decorrentes do chamado *efeito de arco* ou *arqueamento*, que tão frequentemente ocorre nos solos.

Mostraremos por meio de um ensaio muito simples em que consiste este efeito. Para isto vamos considerar uma plataforma cheia de areia e munida de um alçapão *AB*, como indicado na Figura 5.42. Estando o alçapão na sua posição inicial, a tensão sobre a plataforma é uniforme e igual a γh, sendo γ o peso específico da areia.

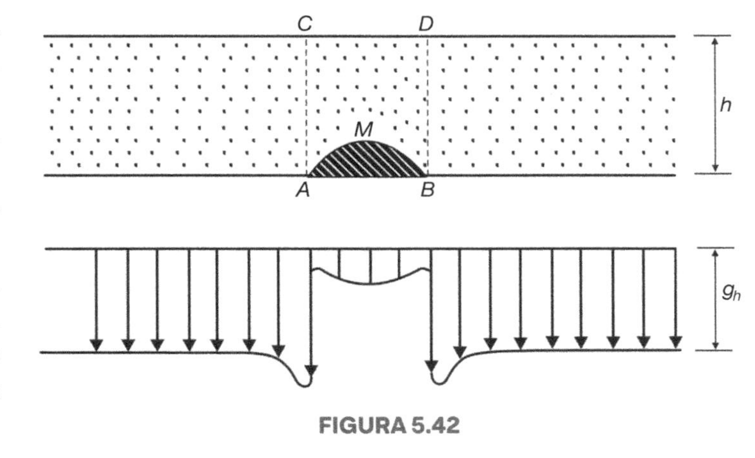

FIGURA 5.42

Abaixando-se ligeiramente o alçapão, constata-se a formação de uma superfície *AMB* no interior da camada de areia, com a consequente diminuição da tensão sobre *AB* e aumento sobre as porções adjacentes, como indicado no diagrama. Tal fato é explicado pelas tensões de cisalhamento que se desenvolvem ao longo de *AC* e *BD*, as quais resistem à descida do prisma *ABCD*; nessas condições, a tensão sobre *AB* é dada apenas pelo peso de uma pequena fração do prisma, *AMB*, tensão esta que a experiência demonstra ser independente de *h*.

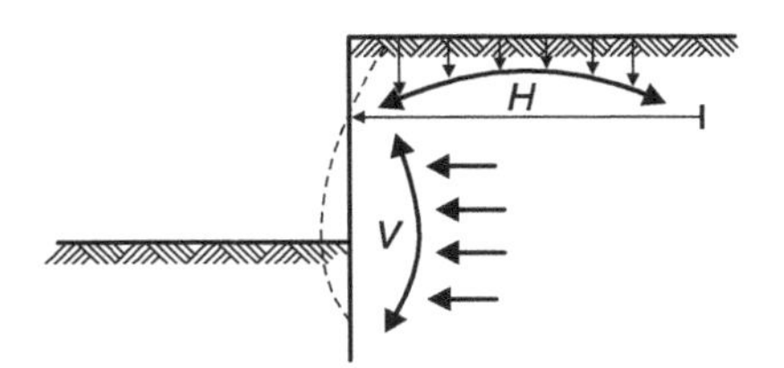

FIGURA 5.43

Fenômeno análogo ao que acabamos de explicar ocorre quando os suportes sofrem um deslocamento. Com a formação dos arcos, apoiando-se no suporte e na superfície de escorregamento, há um aumento de tensões na região superior e alívio na inferior [Fig. 5.41(b)], ou então, como indicado na Figura 5.41(c), caso em que os arcos tomam outra orientação.

Esta formação de arcos ou abóbadas a que estamos nos referindo é semelhante à que ocorre nos silos, onde se formam verdadeiras cúpulas que chegam a impedir completamente a saída dos produtos ensilados.

Outros exemplos ilustrativos de ocorrência de arqueamento são indicados nas Figuras 5.43 e 5.44.

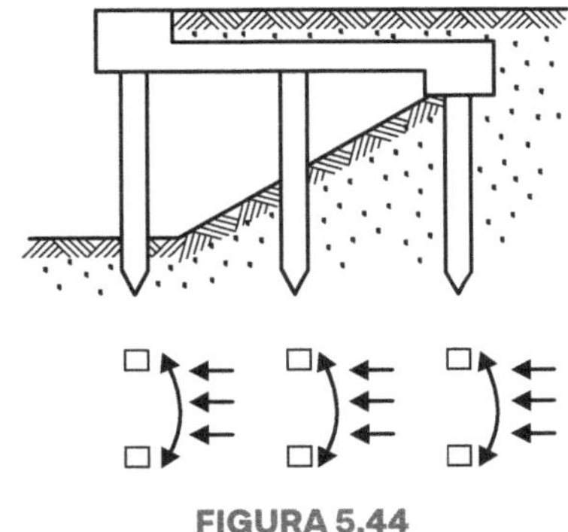

FIGURA 5.44

Do que foi exposto conclui-se que a posição do ponto de aplicação do empuxo depende do tipo de deslocamento do suporte. Assim é que ele pode se localizar entre 0,33*h* e 0,50*h*. O primeiro destes valores, 0,33*h*, corresponde ao deslocamento do suporte por rotação em torno da fundação, caso em que é aplicável a teoria de Coulomb. O outro, 0,50*h*, corresponde ao caso em que o suporte gira em torno de seu extremo superior, suposto fixo. Para outras condições de deformação preveem-se localizações intermediárias em torno de 0,4*h*.

Teoria geral da cunha

Para o cálculo do empuxo E_a que atua sobre escoramentos que sofrem deslocamentos, passando de uma posição inicial *AB* para uma posição final *AB'* (Fig. 5.45), pode-se recorrer à chamada *teoria geral da cunha*, de Terzaghi (1941).

Como já foi visto, quando o suporte gira em torno de seu extremo superior, a distribuição de tensões não obedece à lei linear das teorias clássicas, mas tende para uma distribuição sensivelmente parabólica, com o ponto de aplicação do empuxo total aproximadamente a 0,50 · *h*, sendo *h* a altura da escavação.

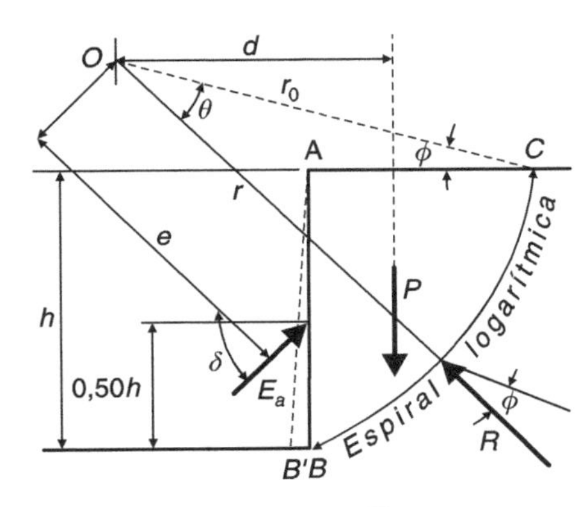

FIGURA 5.45

Segundo esta teoria, a diretriz da superfície de escorregamento do solo é suposta uma espiral logarítmica da equação

$$r = r_0 \cdot e^{\theta \cdot \text{tg}\phi}$$

em que e é a base do sistema neperiano de logaritmos e os demais símbolos têm os significados dados pela Figura 5.45.

Consideremos a escavação em areia ($c = 0$) e suponhamos conhecidos δ e ϕ.

A determinação do empuxo é feita procurando a espiral que, passando por B e interceptando a superfície livre AC aproximadamente a 90° (segundo resultados experimentais), dê o máximo valor para E_a.

O problema consiste agora em estudar o equilíbrio de uma cunha ABC, sujeita às seguintes forças:

- o seu próprio peso, P;
- a força R das reações ao longo da superfície de escorregamento, de grandeza desconhecida, mas que sabemos passar por O, centro da espiral (dada a conhecida propriedade desta curva);
- a força E_a, cuja grandeza se quer determinar, conhecida em direção, sentido e ponto de aplicação.

Tomando-se os momentos em relação ao centro O da espiral, obtém-se para o valor do empuxo:

$$E_a = P\frac{d}{e}$$

em que d e e são as distâncias ao ponto O, respectivamente do peso P e do empuxo E_a.

Em seguida, prossegue-se por tentativas, utilizando-se outros ramos da espiral logarítmica, até se obter o valor mais desfavorável de E_a, ou seja, seu valor máximo.

5.7 NOTAS COMPLEMENTARES

Nº 1 Dedução da fórmula de Coulomb

Consideremos a Figura 5.46, em que a construção geométrica e os símbolos indicados já são todos conhecidos.

Da expressão do peso da cunha:

$$P = \frac{1}{2}\gamma \cdot \overline{AB} \cdot \overline{AC_i} \cdot \text{sen}\left[\pi - (\alpha + \beta\right] = \frac{1}{2}\gamma \cdot \overline{AB} \cdot \overline{AC_i} \cdot \text{sen}(\alpha + \beta)$$

e tendo em vista a semelhança do triângulo AC_iD e o triângulo das forças, resulta que:

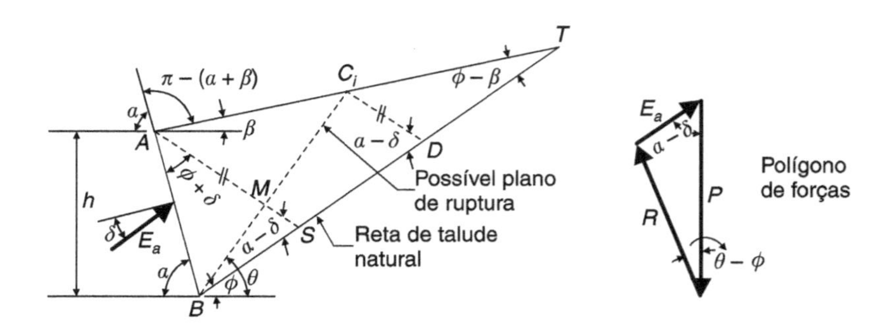

FIGURA 5.46

$$E_a = \frac{1}{2}\gamma \cdot \text{sen}(\alpha + \beta)\frac{\overline{AB} \cdot \overline{AC_1} \cdot \overline{C_1D}}{\overline{BD}}$$

Dos triângulos semelhantes ATS e C_iTD, obtém-se:

$$\overline{AC_i} = \overline{AT} \cdot \frac{\overline{SD}}{\overline{TS}} \ e \ \overline{C_iD} = \overline{AS} \cdot \frac{\overline{TD}}{\overline{TS}}$$

que, levados à expressão anterior, fornecem:

$$E_a = \frac{1}{2}\gamma \cdot \text{sen}(\alpha + \beta)\frac{\overline{AB} \cdot \overline{AT} \cdot \overline{AS}}{\overline{TS}^2} \cdot \frac{\overline{SD} \cdot \overline{TD}}{\overline{BD}}$$

Nesta expressão apenas as grandezas SD, TD e BD dependem do ângulo θ; portanto, o valor máximo de E_a corresponderá ao valor máximo de:

$$\frac{\overline{SD} \cdot \overline{TD}}{\overline{BD}} = \frac{(\overline{BD} - \overline{BS})(\overline{BT} - \overline{BD})}{\overline{BD}}$$

que, como sabemos,[2] é:

$$\frac{\left(\overline{BT} - \sqrt{\overline{BS} \cdot \overline{BT}}\right)^2}{\overline{BT}}$$

Tem-se, assim, para a expressão do *valor máximo do empuxo*:

$$E_a = \frac{1}{2}\gamma \,\text{sen}(\alpha + \beta)\frac{\overline{AB} \cdot \overline{AT} \cdot \overline{AS}}{\overline{TS}^2} \cdot \frac{\left(\overline{BT} - \sqrt{\overline{BS} \cdot \overline{BT}}\right)^2}{\overline{BT}}$$

ou como $\overline{TS} = \overline{BT} - \overline{BS}$:

$$E_a = \frac{1}{2}\gamma \cdot \text{sen}(\alpha + \beta)\frac{\overline{AB}}{\overline{BT}} \cdot \overline{AT} \cdot \overline{AS}\frac{\left(\overline{BT} - \sqrt{\overline{BS} \cdot \overline{BT}}\right)^2}{\left(\overline{BT} - \overline{BS}\right)^2}$$

Por outro lado, observando-se que:

$$\frac{\overline{AB}}{\overline{BT}} = \frac{\text{sen}(\phi - \beta)}{\text{sen}(\alpha + \beta)}$$

---

[2]A função em exame é do tipo:

$$y = \frac{(x-a)(b-x)}{x}$$

cujo extremante, obtido com o auxílio das derivadas, é $x = \sqrt{ab}$ ao qual corresponde o valor máximo:

$$y_{\text{máx}} = \frac{\left(b - \sqrt{ab}\right)^2}{b}$$

$$\overline{AT} = \overline{AB}\frac{\text{sen}(\alpha + \phi)}{\text{sen}(\phi - \beta)}$$

$$\overline{AS} = \overline{AB}\frac{\text{sen}(\alpha + \phi)}{\text{sen}(\alpha + \delta)}$$

podemos escrever:

$$E_a = \frac{1}{2}\gamma \cdot \overline{AB}^2 \frac{\text{sen}^2(\alpha + \phi)}{\text{sen}(\alpha - \delta)} \cdot \left(\frac{\overline{BT} - \sqrt{\overline{BS} \cdot \overline{BT}}}{\overline{BT} - \overline{BS}}\right)^2$$

O quadrado da expressão entre parênteses também se escreve:

$$\left(\frac{\overline{BT} - \sqrt{\overline{BS} \cdot \overline{BT}}}{\overline{BT} - \overline{BS}}\right)^2 = \frac{\overline{BT}\left(1 - \sqrt{\dfrac{\overline{BS}}{\overline{BT}}}\right)}{\overline{BT}\left(1 + \sqrt{\dfrac{\overline{BS}}{\overline{BT}}}\right)} = \frac{1}{\left(1 + \sqrt{\dfrac{\overline{BS}}{\overline{BT}}}\right)^2}$$

e, como:

$$\overline{AB}^2 = \frac{h^2}{\text{sen}^2\alpha}$$

$$\overline{BS} = \overline{AB}\frac{\text{sen}(\phi - \delta)}{\text{sen}(\alpha - \delta)}$$

$$\overline{BT} = \overline{AB}\frac{\text{sen}(\alpha + \beta)}{\text{sen}(\phi - \beta)}$$

e, então:

$$\frac{\overline{BS}}{\overline{BT}} = \frac{\text{sen}(\phi + \delta)\text{sen}(\phi - \beta)}{\text{sen}(\alpha - \delta)\text{sen}(\alpha + \beta)}$$

vem, finalmente:

$$E_a = \frac{1}{2}\gamma \cdot h^2 \frac{\text{sen}^2(\alpha + \phi)}{\text{sen}^2\alpha \cdot \text{sen}(\alpha - \delta)\left[1 + \sqrt{\dfrac{\text{sen}(\phi + \delta)\text{sen}(\phi - \beta)}{\text{sen}(\alpha - \delta)\text{sen}(\alpha + \beta)}}\right]^2}$$

que é a fórmula de Coulomb.

Nº 2 Demonstração do teorema de Rebhann

Considerando-se o equilíbrio das três forças P, E_a e R representadas no polígono das forças (Fig. 5.23) e aplicando a "lei dos senos", vem:

$$\frac{E_a}{\text{sen}(\theta - \phi)} = \frac{P}{\text{sen}[90 - (\theta - \phi - \rho - \delta)]} = \frac{P}{\cos(\phi + \rho + \delta - \theta)}$$

daí:

$$E_a = P \frac{\operatorname{sen}(\theta - \phi)}{\cos(\phi + \rho + \delta - \theta)}$$

que é a expressão do empuxo, com $P = f(\theta)$.

Derivando em relação a θ e simplificando, tem-se:

$$\frac{dE_a}{d\theta} = \frac{dP}{d\theta} \cdot \frac{\operatorname{sen}(\theta - \phi)}{cos(\phi + \rho + \delta - \theta)} + P \cdot \frac{\cos(\rho + \delta)}{\cos^2(\phi + \rho + \delta - \theta)}$$

Igualando a zero esta expressão, obtém-se:

$$P = -\frac{dP}{d\theta} \cdot \operatorname{sen}(\theta - \phi) \cdot \frac{\cos(\phi + \rho + \delta - \theta)}{\cos(\rho + \delta)}$$

Do triângulo retângulo *ABM* (Fig. 5.23), tira-se que:

$$\psi = 90° - (\rho + \delta) \therefore \rho + \delta = 90° - \psi$$

ou, somando a ambos os membros $\phi - \theta$:

$$\phi + \rho + \delta - \theta = 90° - \psi + \phi - \theta = 90° - (\psi - \phi + \theta)$$

Assim:

$$P = -\frac{dP}{d\theta} \cdot \operatorname{sen}(\theta - \phi) \cdot \frac{\operatorname{sen}(\psi - \phi + \theta)}{\operatorname{sen} \psi}$$

Considerando-se um plano de escorregamento $\overline{BC_1}$ infinitamente próximo de $(CBC_1 = d\theta)$, tem-se (Fig. 5.47):

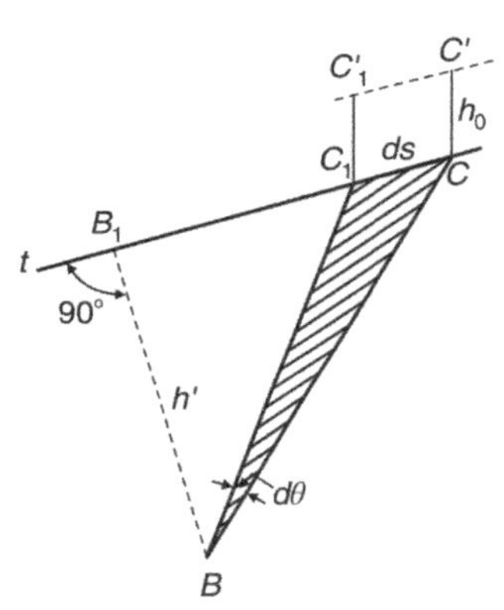

FIGURA 5.47

$$-\frac{dP}{d\theta} d\theta = \left(\gamma \cdot h_0 \cdot ds + \frac{1}{2} \gamma \cdot h' \cdot ds\right)$$

ou:

$$-\frac{dP}{d\theta} d\theta = \frac{1}{2} \cdot h \cdot ds \left(1 + \frac{2h_0}{h'}\right)$$

com o sinal negativo (–) porque *P* diminui quando θ aumenta.

Ora, $\frac{1}{2} h' ds$ representa a área do triângulo BCC_1, que também é igual a $\frac{1}{2} \overline{BC}^2 d\theta$. Assim:

$$-\frac{dP}{d\theta} d\theta = \frac{1}{2} \gamma \cdot \overline{BC}^2 d\theta \left(1 + \frac{2h_0}{h'}\right)$$

ou:

$$-\frac{dP}{d\theta} = \frac{1}{2} \gamma \cdot \overline{BC}^2 \left(1 + \frac{2h_0}{h'}\right)$$

Como, ainda:

$$\text{sen}(\theta - \phi) = \frac{\overline{CN}}{\overline{BC}}$$
$$\in = 180° - (\theta - \phi + \psi)$$
$$\text{sen} \in = \text{sen}(\psi + \theta - \phi)$$
$$\frac{\text{sen} \in}{\overline{BD}} = \frac{\text{sen}(\psi + \theta - \phi)}{\overline{BD}} = \frac{\text{sen}\psi}{\overline{BC}}$$
$$\frac{\text{sen}(\psi + \theta - \phi)}{\text{sen}\psi} = \frac{\overline{BD}}{\overline{BC}}$$

e, considerando a expressão anteriormente deduzida, tem-se, substituindo:

$$P = \frac{1}{2}\gamma \cdot \overline{BC}^2 \left(1 + \frac{2h_0}{h'}\right) \frac{\overline{CN}}{\overline{BC}} \cdot \frac{\overline{BD}}{\overline{BC}}$$

ou:

$$P = \gamma \left(1 + \frac{2h_0}{h'}\right) \cdot \frac{1}{2} \overline{CN} \cdot \overline{BD}$$

ou ainda:

$$P = \gamma \left(1 + \frac{2h_0}{h'}\right) \text{área } BCDB$$

Este é, pois, o valor de P que corresponde ao plano de escorregamento $\overline{BC}$. Por outro lado, sabe-se que:

$$P = \gamma \cdot \text{área } BAA'C'CB$$

donde então, finalmente:

$$\text{área } BAA'C'CB = \left(1 + \frac{2h_0}{h'}\right) \text{área } BCDB$$

como queríamos demonstrar.

EXERCÍCIOS

1) Para as condições indicadas na Figura 5.48, calcule o empuxo ativo e seu ponto de aplicação.

Solução
119,5 kN/m; 2,25 m.

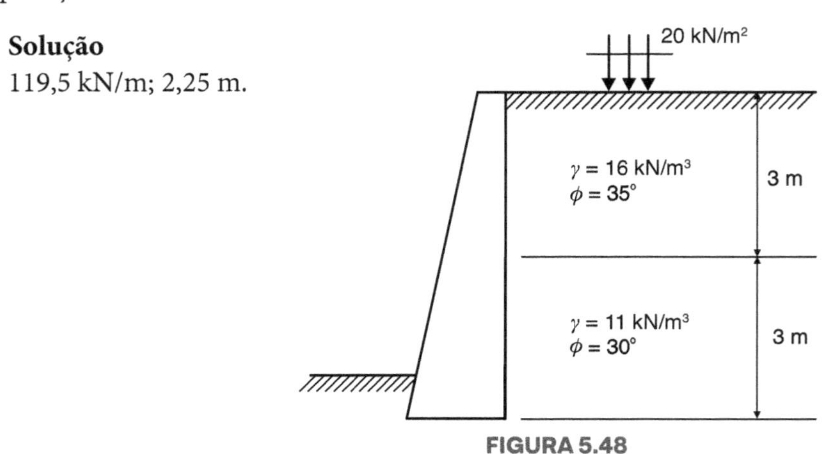

FIGURA 5.48

2) Com os dados da Figura 5.49, calcule o empuxo passivo e a localização de seu ponto de aplicação.

Solução

532,4 kN/m; 1,58 m.

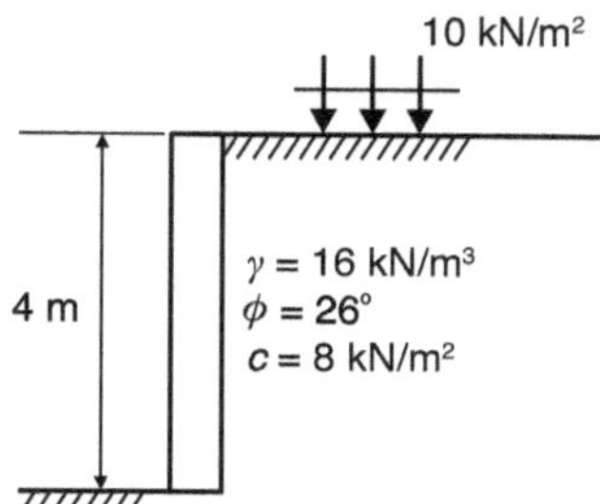

FIGURA 5.49

3) Calcule, pelo método de Rankine, o valor do empuxo ativo sobre o muro da Figura 5.50.

Solução

Altura equivalente de terra:

$$h_0 = \frac{20}{16} = 1{,}25 \text{ m}$$

Tensão no topo do muro:

$$p_0 = K_a \cdot \gamma \cdot h_0 \left(\phi = 30° \rightarrow K_a = 1/3\right)$$

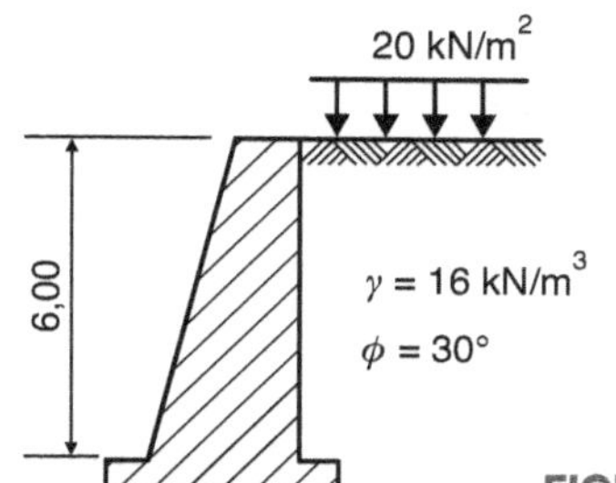

FIGURA 5.50

$$p_0 = \frac{1}{3} \cdot 16 \cdot 1{,}25 = 6{,}7 \text{ kN/m}^2$$

Tensão na base do muro:

$$p_1 = K_a \cdot \gamma \left(h_0 + 6{,}00\right)$$

$$p_1 = \frac{1}{3} \cdot 16 \cdot 7{,}25 = 38{,}7 \text{ kN/m}^2$$

Valor do empuxo:

$$E_a = \frac{6{,}7 + 38{,}7}{2} \cdot 6{,}00 \quad 140 \text{ kN/m}$$

4) Um muro vertical, com 5,5 m de altura, suporta um aterro de material não coesivo, com superfície livre horizontal; o peso específico do aterro é de 17 kN/m³ e o ângulo de atrito de 33°. O ângulo de atrito entre o aterro e o muro é de 20°. Calcule, utilizando a construção de Poncelet:

a) a componente horizontal do empuxo;

b) a distância entre o topo do muro e a interseção do plano de ruptura com a superfície livre do aterro.

Solução

Pela construção gráfica de Poncelet, obtém-se para o valor do empuxo:

$$E_a = \gamma \left(\text{área o triângulo } CDG\right) = 17 \cdot \frac{3 \cdot 2{,}8}{2} = 71{,}4 \text{ kN/m}$$

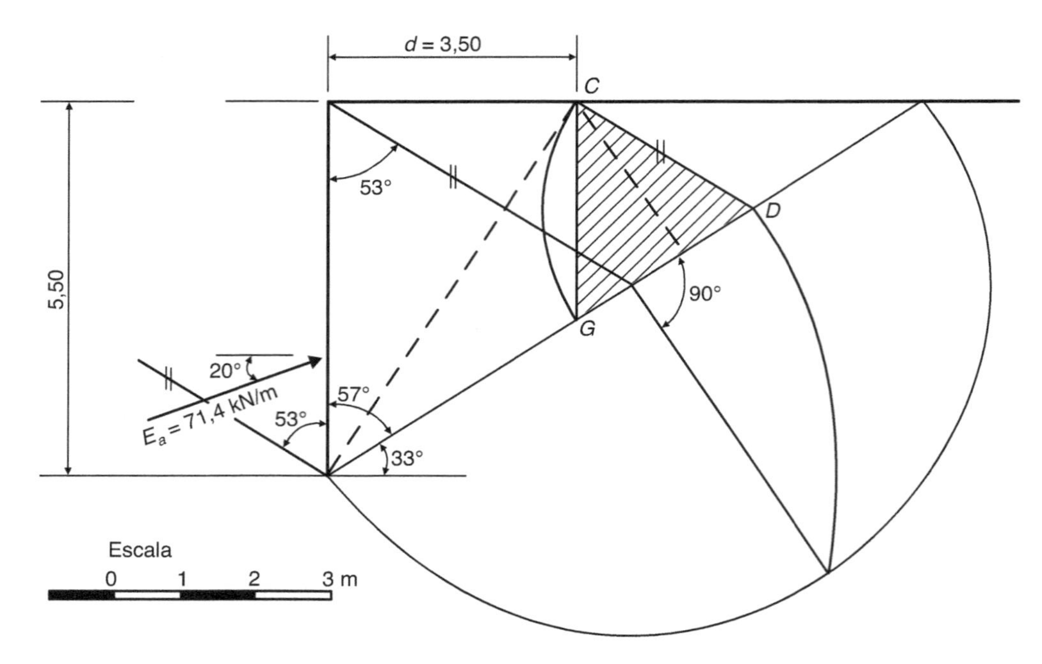

FIGURA 5.51

A componente horizontal do empuxo será, portanto:

$$E_{a,h} = 71,4 \cdot \cos 20° = 71,4 \cdot 0,94 = 67,1 \text{ kN/m}$$

A distância *d* entre o muro e a interseção do plano de ruptura com a superfície livre do terrapleno, obtida graficamente como indicado na figura, é igual a 3,50 m.

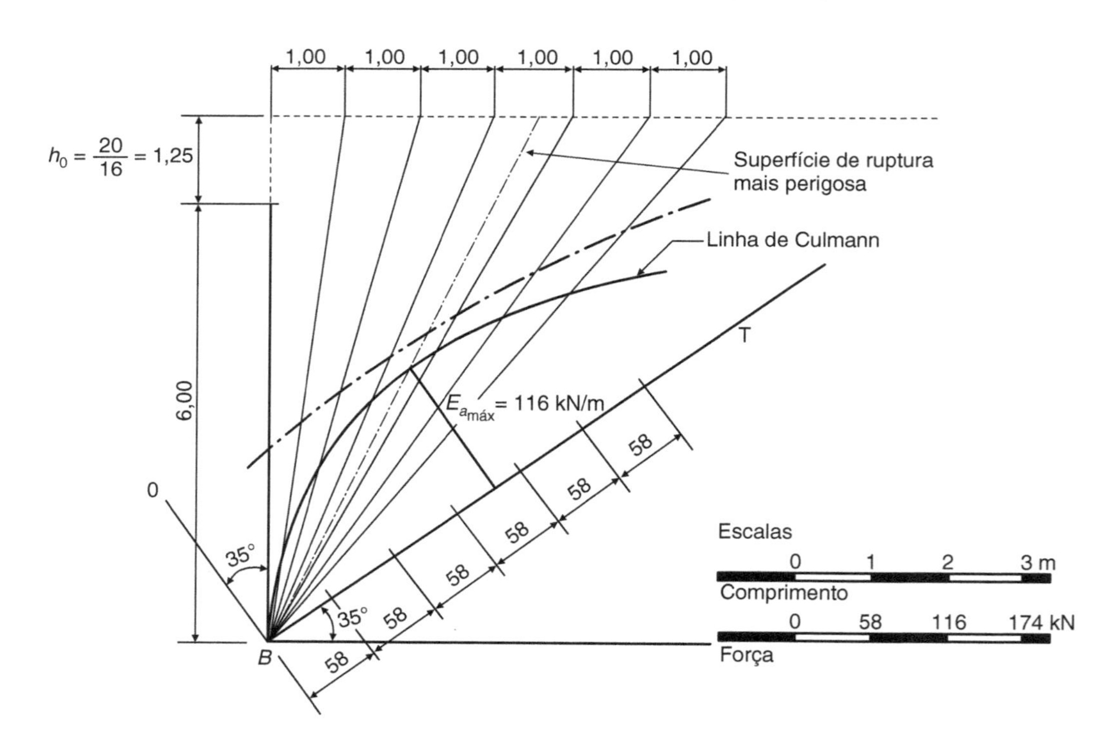

FIGURA 5.52

5) Determine o valor do empuxo, pelo método gráfico de Culmann, e indique a posição da superfície mais perigosa.

Solução

A Figura 5.53 mostra-nos a aplicação do método de Culmann, de onde se obtém para valor do empuxo ativo, $E_{a,\text{máx}} = 116\ \text{kN/m}$.

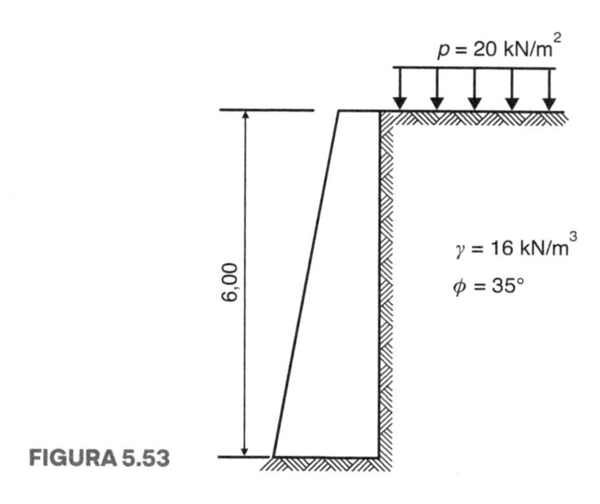

FIGURA 5.53

6) Considerando-se a Figura 5.54, calcule, pelo processo gráfico de Culmann, o valor do empuxo ativo máximo sobre a parede.

Solução

$$E_{a,\text{máx}} = 85\ \text{kN/m}.$$

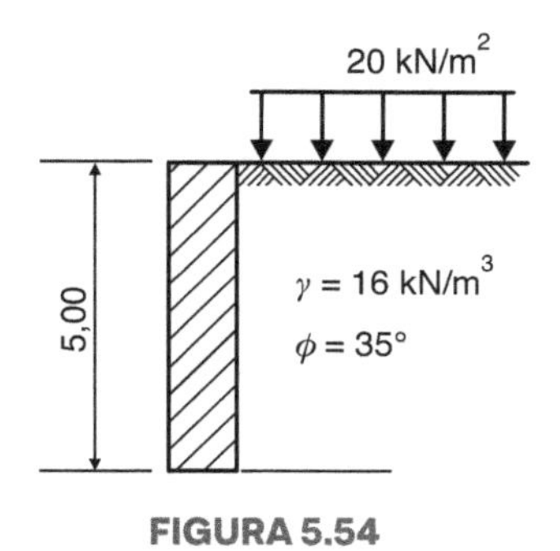

FIGURA 5.54

6

Estabilidade dos Muros de Arrimo

6.1 MUROS DE ARRIMO

A construção de muros de arrimo é o tipo de obra que, com frequência, se apresenta ao engenheiro, particularmente ao engenheiro rodoviário. A Figura 6.1 ilustra três exemplos de aplicação.

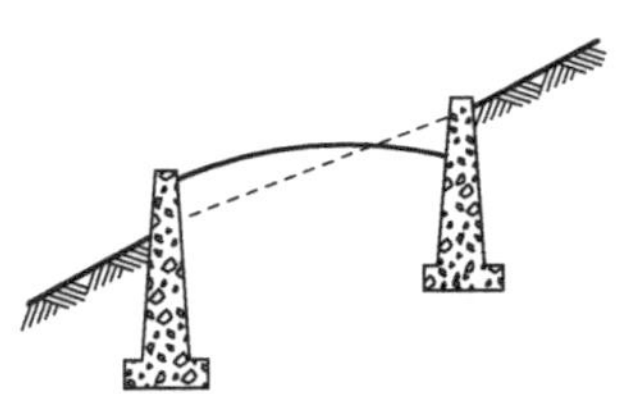
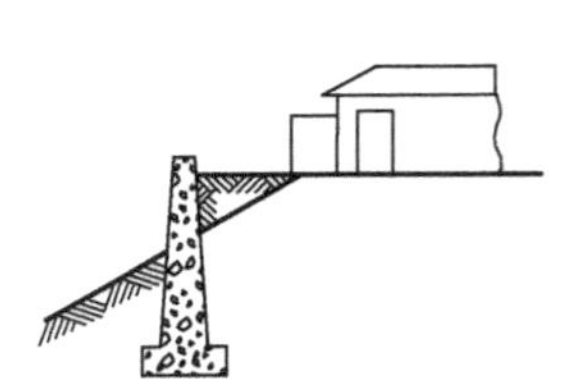

FIGURA 6.1

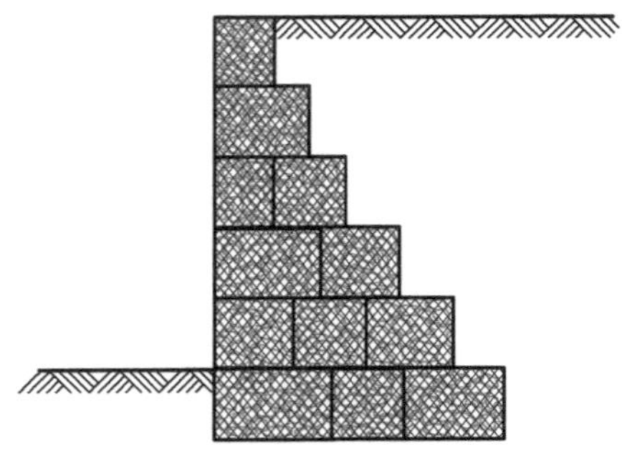

FIGURA 6.2

Os muros de sustentação podem ser de *gravidade* (construídos de alvenaria ou de concreto simples ou ciclópico), de *flexão* ou de *contraforte* (em concreto armado), ou, ainda, "muro de fogueira" (*crib wall*), formado por peças de madeira, de aço ou de concreto armado pré-moldado, preenchidos com solos os espaços entre as peças.

Outro tipo de obra de contenção são as estruturas constituídas por uma rede metálica em forma de cesta, e cheia com pedras, chamadas de gabiões (Fig. 6.2).

A partir de 1966 passou a ser desenvolvida a técnica da *terra armada*, concebida pelo francês Henry Vidal e que consiste em reforçar um terrapleno com tiras de aço, capazes de suportar forças de tração importantes (Fig. 6.3). Por vezes, esses elementos são corrugados, visando aumentar o atrito entre o solo e a armadura.

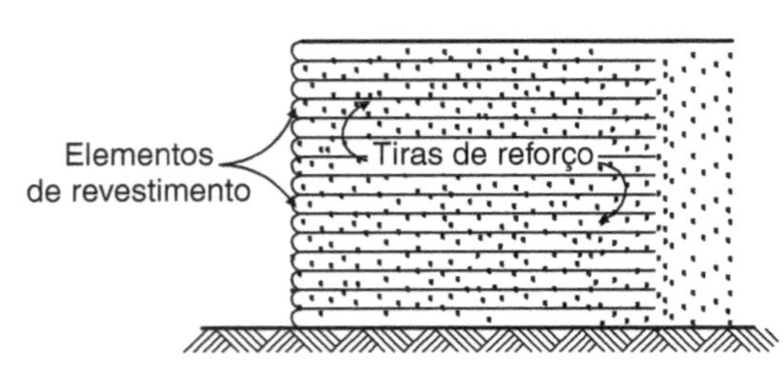

FIGURA 6.3

6.2 CONDIÇÕES DE ESTABILIDADE

Na verificação da estabilidade de um muro de gravidade, seja de seção trapezoidal seja do tipo escalonado, como representados na Figura 6.4, ou com qualquer outra seção, devem ser investigadas as seguintes *condições de estabilidade*:

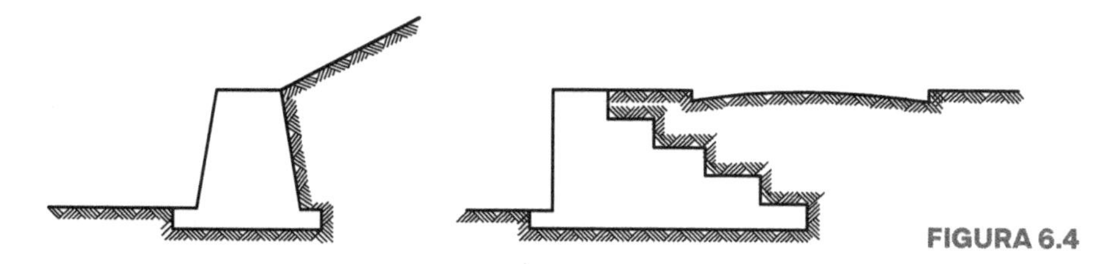

FIGURA 6.4

1ª condição Segurança contra o tombamento

Evidentemente, para que o muro não tombe em torno da extremidade externa A da base, Figura 6.5, o momento do peso do muro deve ser maior que o momento do empuxo[1] total, ambos tomados em relação ao ponto A. É aconselhável que a resultante de todas as forças atuantes, R, passe dentro do "núcleo central" (terço médio da seção) da base AB e, tanto quanto possível, próximo do ponto médio O quando o muro repousar sobre terreno muito compressível.

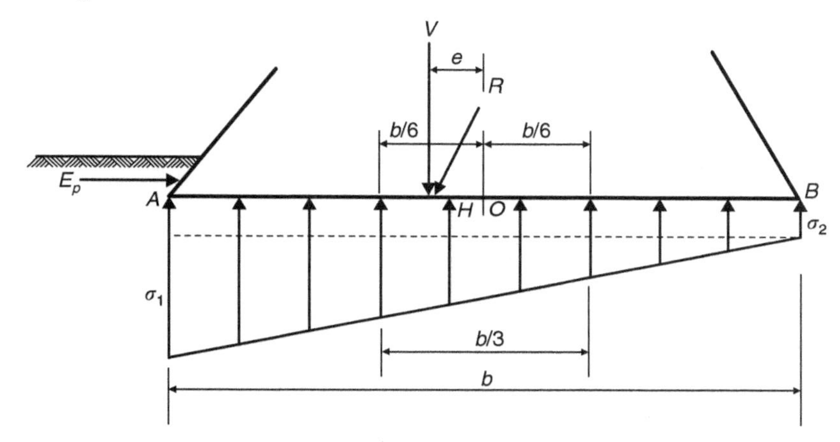

FIGURA 6.5

2ª condição Segurança contra o escorregamento

Desprezando-se a contribuição do empuxo passivo, E_p, o que é a favor da segurança, esta condição será satisfeita quando, pelo menos:

$$1,5 \cdot H = V \cdot \mathrm{tg}\phi'$$

sendo ϕ' igual ao ângulo de atrito entre o muro e o solo, o qual pode ser tomado da ordem de 30° se o solo é areia grossa pura, e aproximadamente 25°, no caso de areia grossa argilosa ou siltosa.

3ª condição Segurança contra ruptura e deformação excessiva do terreno de fundação

Quando a força R cair no núcleo central da base, o diagrama de tensões no solo será – o que é uma aproximação – um trapézio; o terreno estará, pois, submetido apenas a tensões de compressão. As equações de equilíbrio (Fig. 6.5) serão:

---

[1] Para os muros de pequena altura (no máximo, 7 m), que geralmente são construídos ao longo das rodovias e ferrovias, o valor do empuxo pode ser obtido rapidamente pelo *método empírico desenvolvido por Terzaghi* (ver K. Terzaghi e R. B. Peck, *Mecánica de Suelos en la Ingeniería Práctica*, 2. ed., 1973).

$$\begin{cases} \dfrac{\sigma_1 + \sigma_2}{2} \cdot b = V \\ \dfrac{\sigma_1 - \sigma_2}{2} \cdot b \cdot \dfrac{b}{6} = V \cdot e \end{cases}$$

ou:

$$\begin{cases} \dfrac{1}{2}(\sigma_1 + \sigma_2) = \dfrac{V}{b} \\ \dfrac{1}{2}(\sigma_1 - \sigma_2) = \dfrac{6 \cdot V \cdot e}{b^2} \end{cases}$$

ou, ainda:

$$\sigma_1 = \frac{V}{b}\left(1 + \frac{6e}{b}\right)$$

e

$$\sigma_2 = \frac{V}{b}\left(1 - \frac{6e}{b}\right)$$

A condição a ser satisfeita, portanto, é que a maior das tensões (σ_1) seja menor ou igual à *tensão admissível* do terreno.

Nota Essas equações agrupam-se na fórmula única:

$$\sigma = \frac{V}{b} \pm \frac{V \cdot e}{b^2 / 6}$$

Com $M = V \cdot e$ e designando-se por W o *momento resistente* da base (de área $S = b \cdot 1$) em relação ao eixo baricêntrico:

$$W = \frac{b^3 / 12}{b / 2} = \frac{b^2}{6}$$

tem-se:

$$\sigma = \frac{V}{S} \pm \frac{M}{W}$$

que é a conhecida fórmula da flexão composta.

Quando a força R cair fora do núcleo central, a distribuição será triangular (Fig. 6.6), mas limitada à parte que dá compressão. Neste caso, teremos:

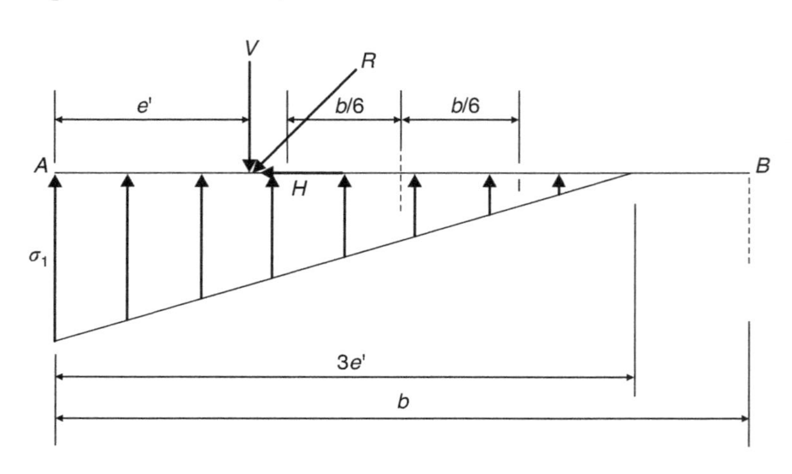

FIGURA 6.6

$$\frac{\sigma_1 \cdot 3e'}{2} = V$$

donde:

$$\sigma_1 = \frac{2V}{3e'}$$

Essas condições de estabilidade deverão também ser satisfeitas para as demais seções do muro.

4ª condição Segurança contra ruptura do conjunto muro-solo

A possibilidade de ruptura do terreno, segundo uma superfície de escorregamento *ABC* (Fig. 6.7), deve também ser investigada.

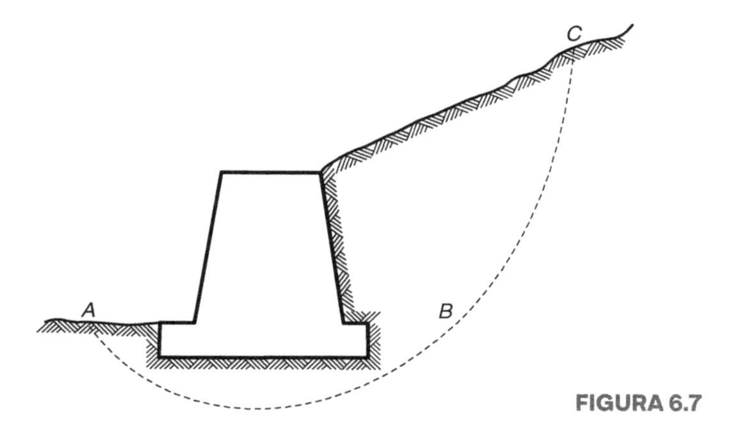

FIGURA 6.7

6.3 DRENAGEM

Na construção de um muro, a fim de evitar o acúmulo das águas pluviais infiltradas no lado do maciço de solo, é de boa técnica prever um sistema de drenagem dessas águas. Normalmente, utilizam-se barbacãs de 100 cm² de seção, a cada 1 m, conforme indicado na Figura 6.8. Drenagem mais eficiente será obtida com o sistema da Figura 6.9. Em rigor, no exame da influência da água nas tensões sobre as obras de contenção (muros de arrimo, cortinas e escoramentos), deverá ser conhecida a rede de percolação de água no terrapleno. Só assim se poderá determinar a resultante *U* do diagrama das tensões neutras sobre o plano de ruptura, para então considerá-la com as demais forças no estudo do equilíbrio da cunha deslizante e obter o valor do empuxo (Fig. 6.10).

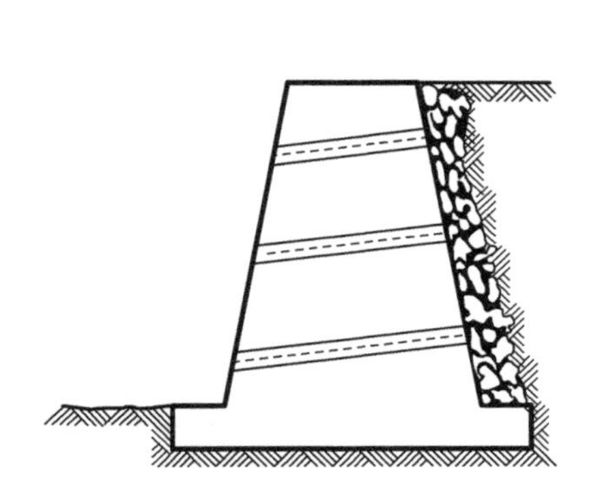

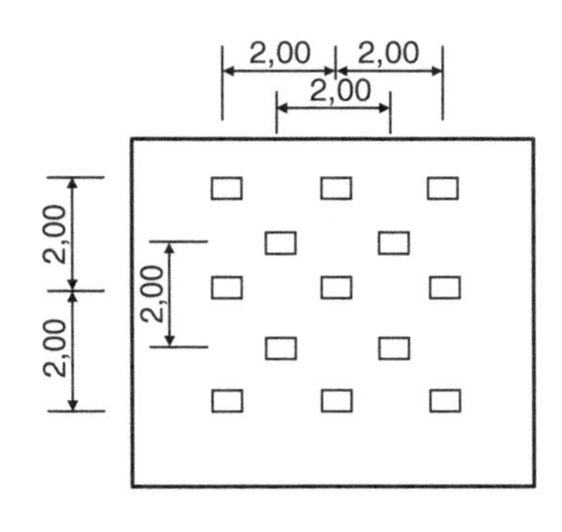

FIGURA 6.8

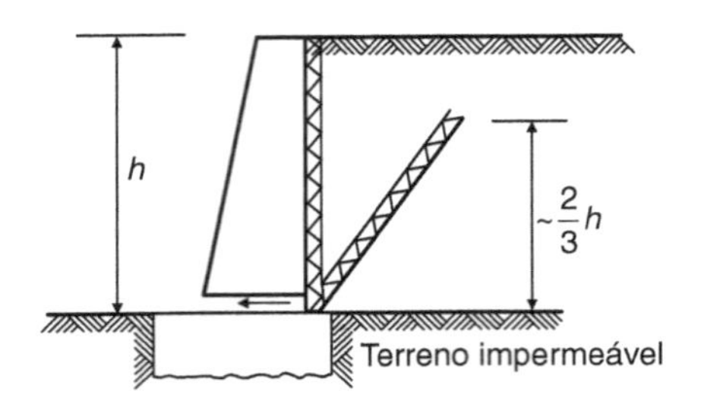

FIGURA 6.9

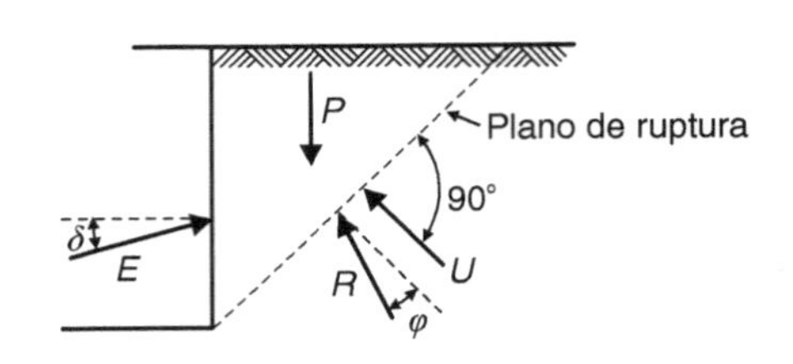

FIGURA 6.10

6.4 ENCONTROS DE PONTES

O que vem a ser exposto também se aplica aos encontros de pontes, bastando levar em conta a reação R_a proveniente da ponte (Fig. 6.11).

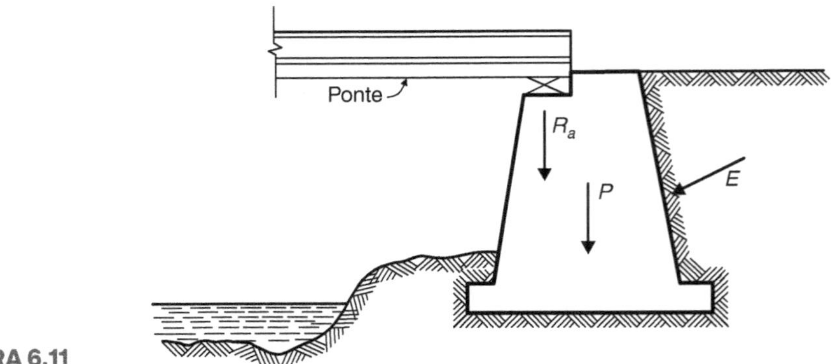

FIGURA 6.11

EXERCÍCIOS

1) Determine para o muro de arrimo da Figura 6.12:
a) fator de segurança contra o tombamento;
b) fator de segurança contra o deslizamento;
c) fator de segurança contra a ruptura do terreno de fundação.

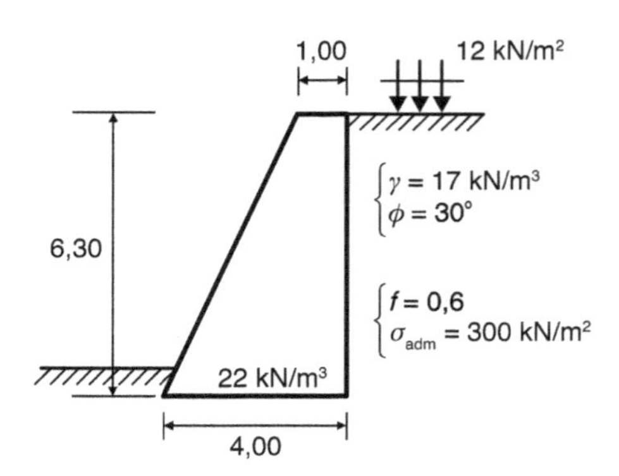

FIGURA 6.12

Solução

a) $FS_T = 2{,}86$; b) $FS_D = 1{,}51$; c) $FS_R = 2{,}36$ (tensão máxima de 126,9 kPa/m).

7

Cortinas de Estacas-pranchas. Ensecadeiras

7.1 ESTACAS-PRANCHAS

As *estacas-pranchas* (em inglês *sheet-piles*, em francês *palplanches*) são peças de madeira, concreto armado ou metálicas, que se cravam no terreno, formando por justaposição as cortinas, planas ou curvas, utilizadas em obras de retenção de água ou de terras.

As de *madeira* são constituídas por pranchões de grande espessura, com a extremidade inferior cortada em forma de cunha de maneira a se encaixarem perfeitamente. O encaixe tipo macho-fêmea pode ser de seção quadrada, trapezoidal ou triangular; com frequência, a união é feita simplesmente a meia-madeira. A Figura 7.1 representa alguns desses tipos.

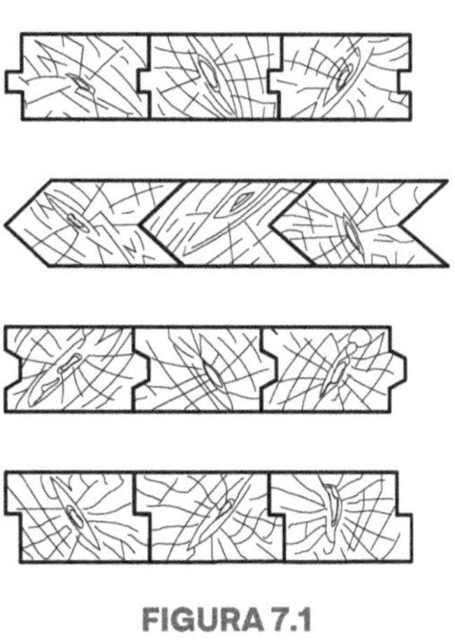

FIGURA 7.1

Na cravação das estacas-pranchas, a de ranhura deve ser guiada pela de parte saliente; de modo contrário, poderíamos obstruir a parte reentrante, danificando a estaca posterior, ou mesmo impedindo sua cravação.

Hoje, o emprego das estacas-pranchas de madeira encontra-se limitado, tendo em vista seu comprimento relativamente pequeno (4 a 5 m), sua reduzida duração quando sujeitas a alternativas de umidade e secagem e sua dificuldade de cravação (rompendo-se com facilidade quando encontram terrenos mais resistentes).

As estacas-pranchas de *concreto armado* são estacas pré-moldadas muito mais resistentes que as de madeira, sendo, porém, muito pesadas e de difícil cravação (sob ação de golpes de martelo, o concreto danifica-se, especialmente nas juntas). Na Figura 7.2, mostramos dois tipos de seções transversais de estacas-pranchas de concreto.

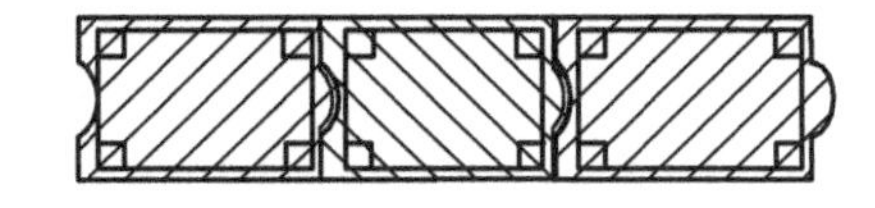

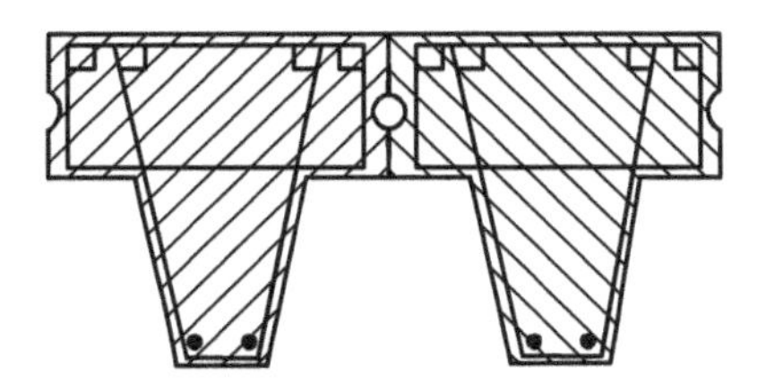

FIGURA 7.2

Nas de seção em forma de T, para o caso de maiores solicitações sobre a cortina, a ranhura existente no lado menor é destinada a receber uma injeção de cimento para garantir a solidariedade entre as estacas e a estanqueidade da cortina.

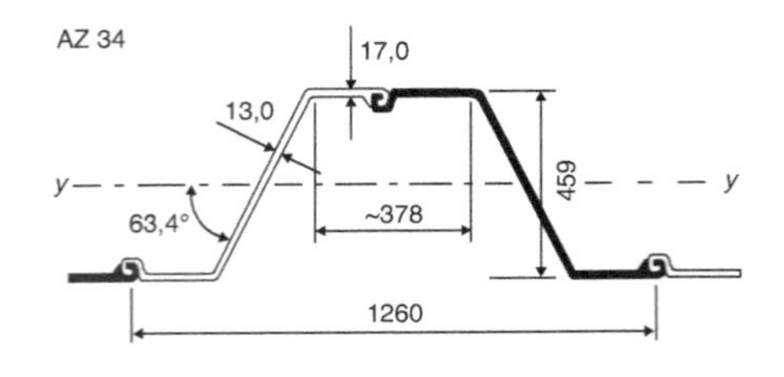

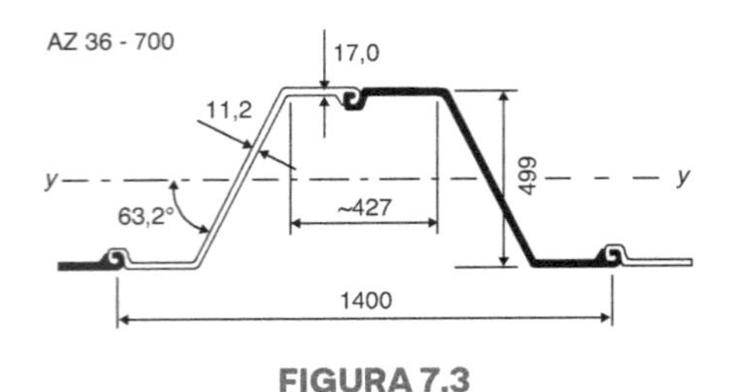

FIGURA 7.3

As estacas de concreto vêm sendo raramente empregadas, dadas as maiores vantagens e o uso generalizado das estacas-pranchas *metálicas*.

Essas estacas são peças de aço laminado, de perfis transversais normalizados e cujas características geométricas e estáticas constam dos catálogos fornecidos pelos fabricantes. A título de ilustração, reproduzimos na Figura 7.3 alguns tipos da ArcelorMittal.

As principais vantagens das estacas-pranchas metálicas sobre as de madeira e de concreto são: maior facilidade de cravação e de recuperação, maior regularidade, melhor estanqueidade, grande variedade de módulos de resistência, possibilidade de efetuar cortinas de grande altura e capacidade de serem utilizadas várias vezes (G. Froment, *Procédés Generaux de Constrution*, 1949, Tome III).

O seu emprego em obras de menor vulto é limitado pelo seu custo significativo, entretanto, especialmente em obras *off-shore* de vulto, sua aplicação tem sido crescente.

Aconselha-se cravar as estacas-pranchas de aço por meio de equipamentos que, mantendo as estacas sempre solicitadas, reduzam o atrito. Em alguns casos, auxilia-se a cravação por meio de jatos d'água ou de ar.

Uma das qualidades mais exigidas das estacas-pranchas metálicas é sua resistência à corrosão, fator determinante para sua duração. Para tal, recomenda-se consultar a ABNT NBR 6122, que estabelece, em função do grau de agressividade, a redução da espessura para efeito de corrosão.

A Figura 7.4(a) mostra um procedimento de cravação de estacas-pranchas.

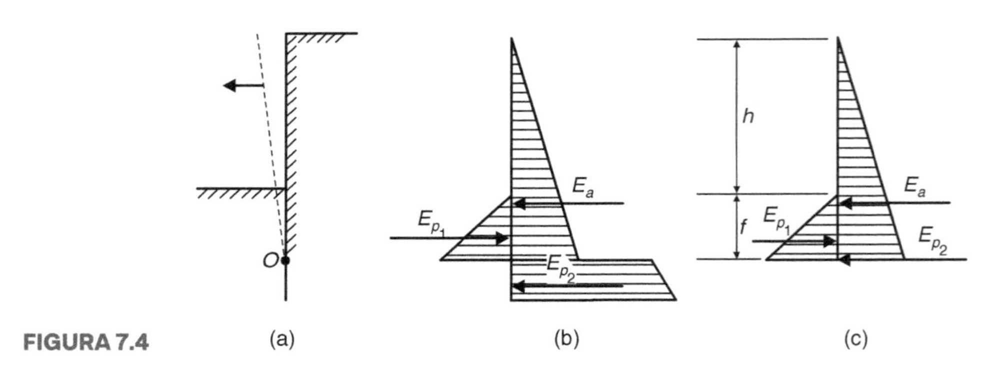

FIGURA 7.4

Sobre o mesmo assunto transcrevemos, de Tschebotarioff, as seguintes considerações:

> Quanto maior a acidez do solo, expressa por um baixo valor de seu pH,[1] maior será a atividade dos íons H e também sua ação corrosiva sobre os metais, que só se manifestam em presença da umidade. As soluções ácidas têm pH menor que 7 e as soluções básicas ou alcalinas maior que 7.

Do mesmo autor são, ainda, as seguintes referências:

> A corrosão das estacas-pranchas de aço varia com a localidade. Ela se produz mais facilmente acima do nível mínimo da água, na zona alternadamente seca e molhada. Na Inglaterra, tem-se comprovado que a redução da espessura de estacas-pranchas é, em média, da ordem

[1] O símbolo pH, criado por Søren Peter Lauritz Sørensen, significa "potencial de hidrogênio" e assim se define: pH 5 –log (H^1).

de 0,075 mm anuais em águas do mar e 0,050 mm anuais em água doce. Esses valores podem variar consideravelmente em outros lugares.

7.2 CORTINAS DE ESTACAS-PRANCHAS

Assim se denominam as estruturas, planas ou curvas, formadas por estacas-pranchas justapostas, cravadas verticalmente no terreno.

As cortinas destinam-se a resistir às tensões laterais resultantes da terra e da água. Têm larga aplicação em obras portuárias, proteção de taludes e de fundações de construções vizinhas etc.

As cortinas diferem estruturalmente dos muros de sustentação por serem flexíveis e terem peso próprio desprezível em face das demais forças atuantes.

Baseadas em seu tipo estrutural e esquema de carregamento, as cortinas classificam-se em dois grupos principais: cortinas sem ancoragem (em "cantilever") e cortinas ancoradas.

Conforme as estacas sejam cravadas a uma pequena profundidade ou a uma profundidade considerável, as cortinas serão de "extremidade livre" ou "extremidade fixa". Daí dois métodos de cálculo, como veremos adiante.

Para o cálculo das cortinas, admitiremos a distribuição hidrostática das tensões ativas e passivas, tal como preveem as teorias clássicas de empuxo de terra. Vamos considerar nulo o ângulo de atrito entre o solo e a cortina e negligenciar sua flexibilidade (definida por Rowe pelo número H^4/EI, em que H é a altura total da cortina, E é o módulo de Young do material e I é o momento de inércia da seção transversal). Essas hipóteses simplificadoras conduzirão, evidentemente, a valores aproximados. Para um estudo mais rigoroso, consulte, por exemplo, as excelentes obras de Wayne C. Teng, *Foundation design*, e Costet e Sanglerat, *Cours pratique de mécanique des sols*, as quais se reportam aos modernos métodos de cálculos de Tschebotarioff, Rowe e Brinch Hansen.

Os elementos fundamentais a serem determinados são: comprimento da ficha, esforço no tirante e momento fletor máximo. Conhecidos esses valores, escolhe-se o "perfil", dimensionam-se o tirante, a viga de coroamento da cortina e a ancoragem (bloco, muro ou placa), detalham-se as fases de execução e, finalmente, orça-se a obra.

Examinemos, a seguir, a obtenção dos elementos fundamentais.

7.3 CORTINA SEM ANCORAGEM (EM "CANTILEVER")

Para pequenas alturas, podem ser empregadas cortinas sem ancoragem. A rotação da cortina em torno de um ponto O e o sistema de forças atuantes são indicados na Figura 7.4. Para simplificar os cálculos, admite-se que a linha de ação E_{p2} coincida com o ponto O [Fig. 7.4(c)].

Se considerarmos o *solo não coesivo* ($c = 0$) e de peso específico γ, tomando-se os momentos das forças em relação ao ponto de aplicação de E_{p2}, tem-se:

$$E_{p1} \cdot \frac{f}{3} = E_a \cdot \left(\frac{h+f}{3}\right)$$

ou:

$$\frac{1}{2} K_p \cdot \gamma \cdot \frac{f^3}{3} = \frac{1}{2} K_a \cdot \gamma \cdot \left(\frac{h+f}{3}\right)^3$$

ou, ainda:

$$K_p \cdot f^3 - K_a \cdot (h+f)^3 = 0$$

equação do 3º grau que permite o cálculo do comprimento teórico da ficha. A favor da segurança aconselha-se acrescer este valor de 20 %.

Se o solo é *puramente coesivo* ($\phi = 0°$), tendo presente as extensões vistas anteriormente:

$$p_a = \gamma \cdot z - 2 \cdot c$$

e

$$p_p = \gamma \cdot z + 2 \cdot c$$

compreende-se facilmente o diagrama de tensões da Figura 7.5. Abaixo da profundidade h o diagrama resultante é um retângulo de lados z e $4 \cdot c - \gamma h$. Daí, dois casos possíveis.

Se:

$$4 \cdot c - \gamma \cdot h > 0$$

o empuxo passivo equilibrará o empuxo ativo.

Se:

$$4 \cdot c - \gamma \cdot h < 0$$

então o empuxo passivo não poderá equilibrar o empuxo ativo e, consequentemente, a cortina não será estável.

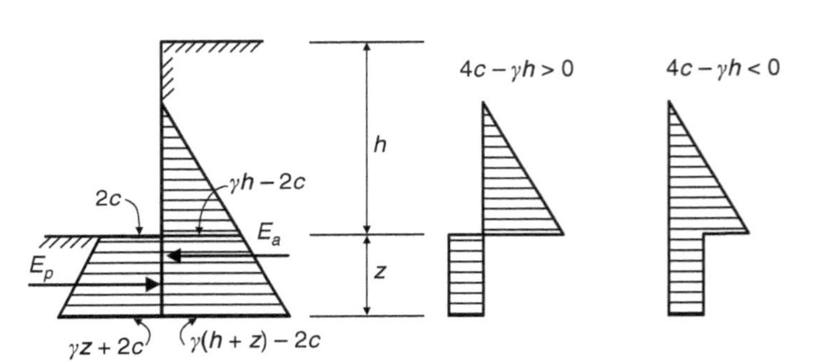

FIGURA 7.5

A condição-limite é $4 \cdot c = \gamma h$ ou $\frac{c}{\gamma \cdot h} = \frac{1}{4} = 0,25$. Assim, se $\frac{c}{\gamma \cdot h} < 0,25$, a cortina não poderá ser estável.

7.4 CORTINAS ANCORADAS

O emprego da ancoragem reduz consideravelmente a ficha da cortina.

Cortinas de extremidade livre

Segundo este método, a cortina flexiona-se como indicado na Figura 7.6 e o cálculo se reduz a um simples problema de Estática. O sistema de forças para um solo não coesivo é o representado na figura, incluindo o esforço A no tirante.

Tem-se, assim:

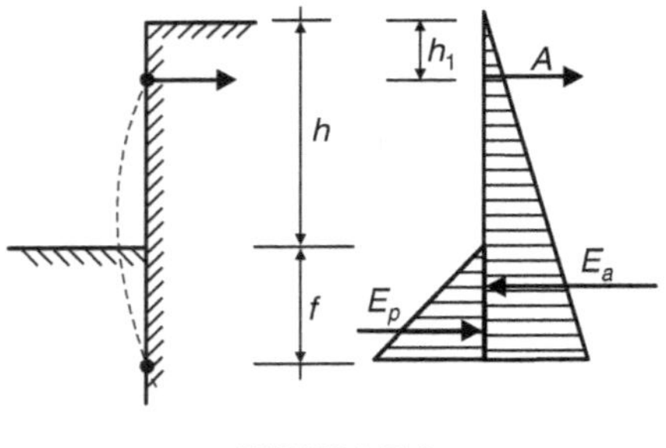

$$\text{(I)} \begin{cases} A + \dfrac{E_p}{n} - E_a = 0 \\ \dfrac{E_p}{n} \cdot \left[\dfrac{2}{3} \cdot f + (h - h_1)\right] = E_a \left[\dfrac{2}{3} \cdot (h+f) - h_1\right] \end{cases}$$

FIGURA 7.6

com n normalmente admitido igual a 2, considerando-se apenas uma parcela do empuxo passivo, pois, para sua completa mobilização,[2] seria necessária uma grande deformação. Os momentos foram tomados em relação ao ponto de aplicação de A.

Por outro lado, notando que E_a e E_p são dados por:

$$E_a = \frac{1}{2} \cdot K_a \cdot \gamma \cdot (h + f)^2$$

$$E_p = \frac{1}{2} \cdot K_p \cdot \gamma \cdot f^2$$

o sistema de equação (I) permitirá calcular as incógnitas f e A.

Observando-se que a distribuição não hidrostática das tensões eleva o ponto de aplicação de E_a, aumentando, assim, o valor de A, Terzaghi aconselha acrescê-lo de mais 20 %.

Conhecidos, então, o comprimento da ficha e o esforço no tirante, determinaremos, analiticamente ou pela Grafostática, o momento fletor máximo M. Com esse valor e fixando-se uma tensão de trabalho σ para o aço, obteremos o momento resistente $W = \frac{M}{\sigma}$, o que nos permitirá, recorrendo a um manual técnico ou a um catálogo especializado, procurar o tipo de perfil que mais convenha.

Cortinas de extremidade fixa

Este método é adotado quando a parte cravada da cortina é suficiente para considerá-la engastada no terreno.

Tais estruturas flexionam-se como indicado na Figura 7.7. O seu cálculo, na prática, é feito pelo chamado "método da viga equivalente".

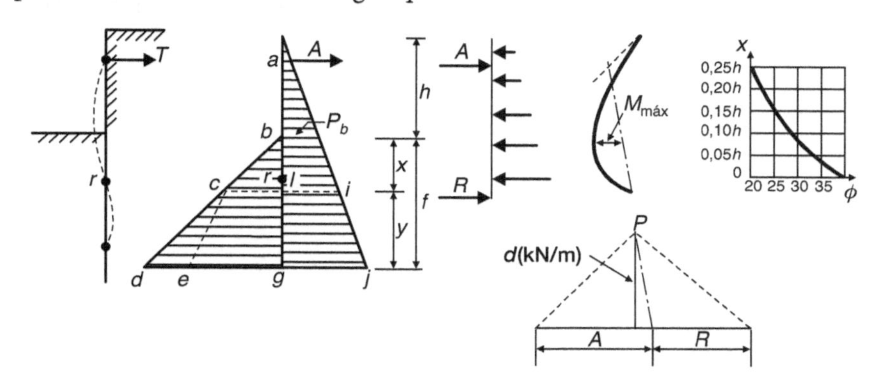

FIGURA 7.7

---

[2] Com os elementos do exemplo obtém-se que o empuxo passivo necessário para assegurar a estabilidade da cortina é

$$E_{p,m} = \frac{288{,}0 \times 5{,}2}{7{,}2} = 208 \text{ kN/m}$$

donde a porcentagem mobilizada

$$\frac{208{,}0}{327{,}0} \times 100 \cong 64 \text{ \%}$$

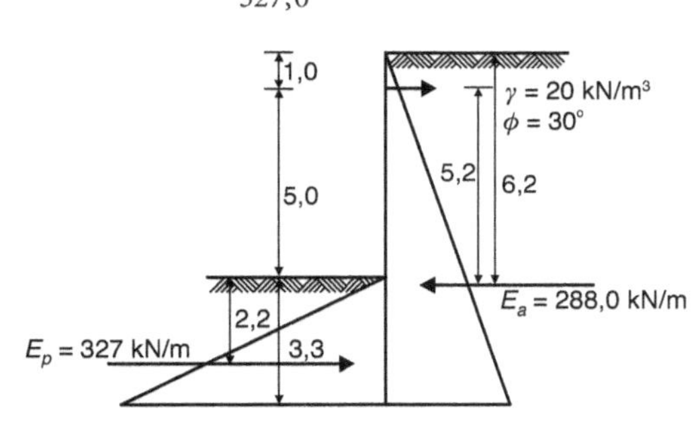

Nesse método, cujo princípio é ilustrado na Figura 7.7, considera-se a cortina como uma viga sobre dois apoios, um dos quais em "*a*" é o tirante, e outro em "*r*", na chamada "linha de apoio" (*na prática* para os casos comuns, tomado em correspondência ao ponto de inflexão "*r*"). Para tal suposição é preciso que os pontos "*a*" e "*r*" sejam tão rígidos quanto possível; em "*a*", consegue-se por meio de uma ancoragem adequada e em "*r*" a posição da linha de apoio é determinada igualando-se as tensões unitárias, ativa e passiva ($ri = cr$). A estabilidade do ponto "*r*" é assegurada aprofundando-se a cravação para baixo da linha de apoio (valor "*y*").

O cálculo do esforço no tirante é feito dividindo-se o diagrama das tensões em uma série de cargas e, na forma habitual, traçando-se o polígono de forças e o correspondente funicular, determinam-se as reações "*A*" (tração no tirante) e "*R*" (esforço na linha de apoio).

Vejamos agora o cálculo da ficha "*f*". A profundidade "*x*" do ponto "*r*" abaixo da superfície original do terreno pode ser obtida graficamente ou pela fórmula de dedução imediata:

$$x = \frac{p_b}{(K_p - K_a)\cdot\gamma}$$

Para solos arenosos ($\phi \cong 30°$), a profundidade "*x*" do apoio é aproximadamente igual a 0,10 h, segundo o engenheiro Dr. Blum. Para outros valores de ϕ, ver o gráfico na Figura 7.7.

Por outro lado, a reação "*R*" aplicada em "*r*" e o excedente $\overline{dc}$ *e* da pressão passiva resultante da área "*c r g d*" com relação à pressão ativa resultante da área "*r g j i*" devem estar em equilíbrio. Ora, a força representada pela área "*d c e*" é igual a:

$$dce = \frac{1}{2}\cdot\overline{de}\cdot y = \frac{1}{2}\cdot(K_p - K_a)\cdot\gamma\cdot y^2$$

aplicada no terço inferior de "*y*". Tomando os momentos dessa força e de "*R*" em relação a "*g*", obtém-se:

$$R\cdot y = \frac{1}{6}\cdot(K_p - K_a)\cdot\gamma\cdot y^3$$

donde:

$$y = \sqrt{\frac{6\cdot R}{(K_p - K_a)\cdot y}}$$

O comprimento da ficha será, finalmente:

$$j = \frac{P_b}{(K_p - K_a)\cdot\gamma} + y = \sqrt{\frac{6\cdot R}{(K_p - K_a)\cdot y}}$$

É conveniente aumentar esse valor de 20 a 40 %.

Quanto ao momento fletor máximo na cortina, ele é obtido medindo-se a ordenada máxima do polígono funicular e multiplicando-se pela "distância polar" "*d*".

No estudo da estabilidade das cortinas, principalmente no caso de obras portuárias, deve-se levar em conta a influência das marés, uma vez que sua variação determina o aparecimento de uma pressão adicional decorrente do movimento retardado da água nos vazios do solo.

7.5 ANCORAGEM

Nas cortinas de estacas-pranchas, o esforço "*A*" no tirante é resistido por um dos seguintes tipos de ancoragem:

a) *Blocos sobre estacas inclinadas* (Fig. 7.8)

Como facilmente se verifica, uma das estacas trabalha a tração e a outra a compressão; o valor de cada um dos esforços pode ser obtido a partir do polígono de forças.

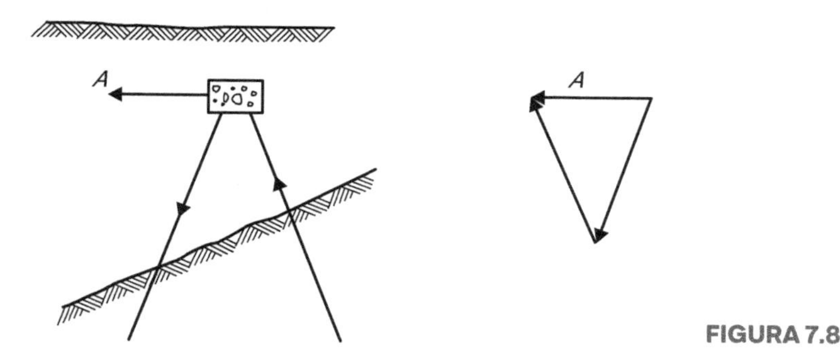

FIGURA 7.8

b) *Muros e placas de ancoragem*

Os muros são peças contínuas e as placas são isoladas e espaçadas. Em qualquer dos casos, o dimensionamento deve ser tal que a resistência passiva por eles mobilizada seja consideravelmente maior que o esforço no tirante.

Para muros de ancoragem que alcançam o nível do terreno ou tais que a altura $H_1 \geq \frac{H}{2}$, o esforço no tirante "A" deve satisfazer a condição:

$$A = \frac{1}{s} \cdot (P_p - P_a)$$

em que $s \geq 2$ é um fator de segurança, P_p o empuxo passivo e P_a o empuxo ativo que se desenvolve do outro lado da ancoragem "*ab*" (ambos tomados sobre H).

Se "e" é o espaçamento entre os tirantes e l o comprimento da placa, tem-se:

$$A = \frac{\gamma \cdot H^2 \cdot l}{2 \cdot e \cdot s}(K_p - K_a)$$

Para que a ancoragem cumpra sua função, que é a de fixar a cortina, ela deve ser colocada a uma distância tal que fique fora da zona provável de ruptura do terrapleno. A Figura 7.9 ilustra a maneira de determinar a distância mínima de ancoragem à cortina.

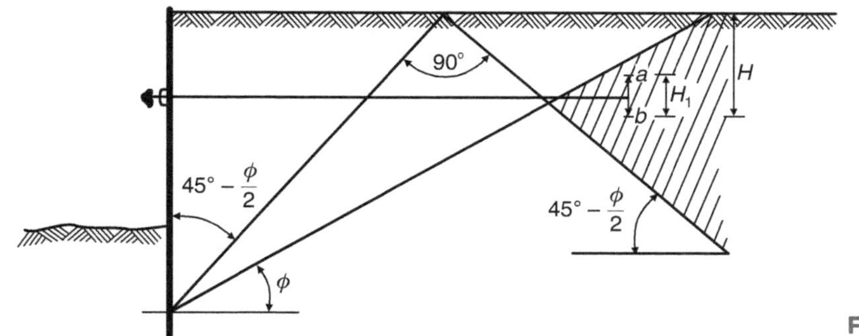

FIGURA 7.9

Se o tirante assim projetado for excessivamente comprido, o peso da terra que se apoia sobre ele poderá produzir uma flecha muito grande, caso que demanda um apoio intermediário.

Para evitar uma flexão na extremidade superior da cortina, é previsto um "tirante auxiliar", o qual, em geral, é calculado para compensar um terço da pressão atuante acima do tirante principal.

7.6 ENSECADEIRAS

Ensecadeiras são as estruturas provisórias destinadas a manter seca determinada área, tendo em vista a construção de uma obra submersa.

Os principais tipos de ensecadeiras (*cofferdams*) são as de pranchadas de estacas e as ensecadeiras celulares com estacas-pranchas de aço.

Recentemente, tornou-se bastante usual a construção de ensecadeira com uma parede diafragma plástica, ou seja, uma parede preenchida com *coulis* (mistura de cimento, bentonita e água) no lugar do concreto.

As ensecadeiras de estacas-pranchas podem ser simples (Fig. 7.10) e duplas (Fig. 7.11), estas últimas atirantadas e com enchimento granular.

As ensecadeiras celulares são aquelas formadas por células circulares [Fig. 7.12(a)] ou semicirculares [Fig. 7.12(b)] de estacas-pranchas de aço e cheias com terra.

O projeto de uma ensecadeira celular compreende a verificação de sua estabilidade ao tombamento, ao deslizamento, ao perigo de ruptura por tração nas juntas e ao cisalhamento vertical do material de enchimento. Dever-se-á, ainda, comprovar sua estanqueidade própria e a do seu solo de fundação, protegendo-o contra a ação erosiva da água.

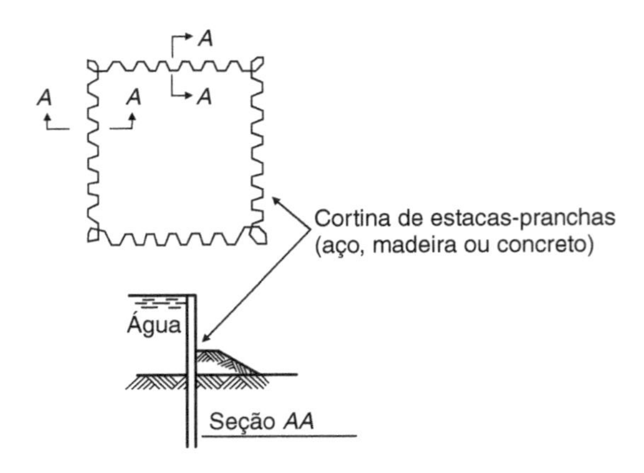

FIGURA 7.10

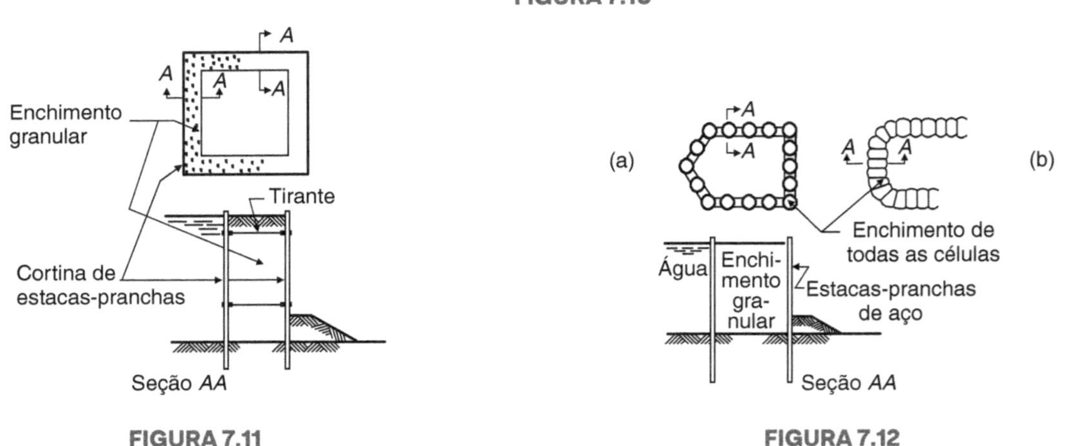

FIGURA 7.11

FIGURA 7.12

Examinemos essas condições para o caso mais comum de ensecadeiras celulares sobre leitos rochosos.

Tombamento Como mostra a Figura 7.13, a condição de estabilidade ao tombamento supondo a resultante do empuxo e do peso próprio passando pelo limite do terço médio da base e tomando os momentos em relação ao ponto "*A*" será:

$$P \cdot \frac{b}{6} \geq E \cdot \frac{h}{3}$$

ou:

$$b \geq h \cdot \sqrt{\frac{\gamma_w}{\gamma}}$$

sendo γ o peso específico do material de enchimentos das células.

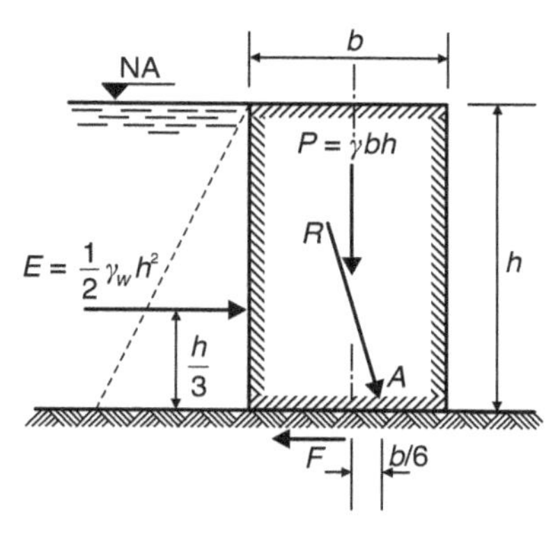

FIGURA 7.13

Deslizamento A resistência ao deslizamento ao longo da superfície da rocha, sendo

$$F = \gamma \cdot b \cdot h \cdot \text{tg}\phi$$

em que ϕ é o ângulo de atrito do material de enchimento e a rocha (aproximadamente 30°), e o fator de segurança correspondente será F/E.

Tensão de tração nas juntas A tensão máxima de tração nas juntas de ligação das estacas-pranchas se dará na ponta das estacas e seu valor será:

$$t_{\text{máx}} = p \cdot r = r \cdot \gamma \cdot h \cdot K_a$$

em que r (Fig. 7.14) é o raio da célula e K_a o coeficiente de empuxo ativo.

Para atender à condição de estabilidade, $t_{\text{máx}}$ deverá ser inferior à taxa de trabalho fixada pelo fabricante das estacas-pranchas.

No caso de células semicirculares [Fig. 7.14(b)], considera-se $b = 0{,}9b_1$ com b_1 a largura máxima e $r = L$, sendo L a distância entre as paredes transversais da célula.

Cisalhamento vertical Segundo Terzaghi, há também o perigo de ruptura por cisalhamento do material de enchimento ao longo do plano meridiano indicado na Figura 7.15.

Representando-se as tensões produzidas pelo momento M por dois diagramas triangulares e se V é a carga total correspondente a cada triângulo, pode-se escrever que:

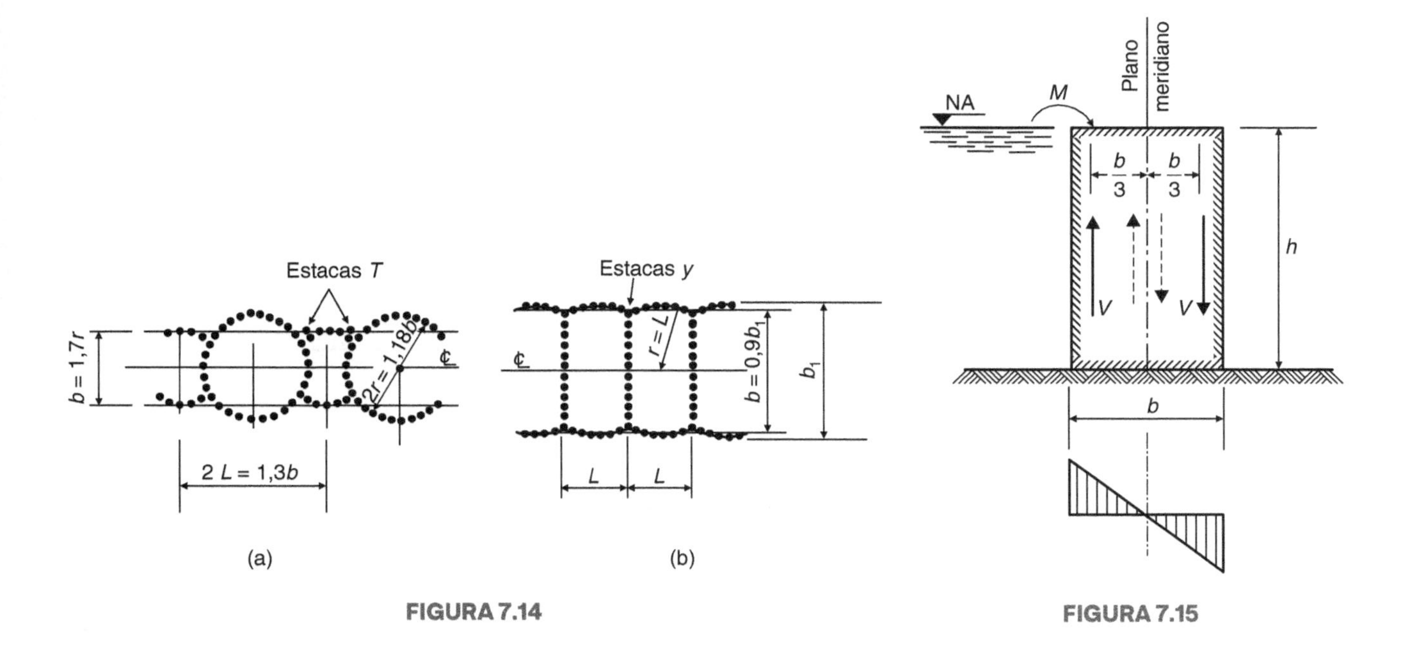

FIGURA 7.14

FIGURA 7.15

$$M = V \cdot \frac{2}{3} \cdot b \text{ ou } V = \frac{3 \cdot M}{2 \cdot b}$$

Por outro lado, a resistência ao cisalhamento do solo pode ser determinada pela equação:

$$S' = \frac{1}{2} \cdot \gamma \cdot h^2 \cdot K_a \cdot \text{tg}\phi$$

Como a ocorrência desse cisalhamento implicará um deslizamento das interligações das estacas-pranchas ao longo do plano meridiano, em consequência será gerada uma resistência de atrito total por unidade de comprimento de ensecadeira igual a:

$$S'' = \frac{1}{2} \cdot \gamma \cdot h^2 \cdot K_a \cdot \frac{r}{L} \cdot f = \frac{1}{2} \cdot \gamma \cdot h^2 \cdot K_a \cdot f$$

uma vez que r/L tende ou é igual à unidade e f é o coeficiente de atrito das juntas das estacas.

O fator de segurança contra a ruptura por cisalhamento vertical será, assim:

$$C_s = \frac{S' + S''}{V} = \frac{\frac{1}{2} \cdot \gamma \cdot h^2 \cdot K_a \cdot (\text{tg}\phi + f)}{\frac{3 \cdot M}{2 \cdot b}} = \frac{\gamma \cdot b \cdot h^2 \cdot K_a}{3 \cdot M} \cdot (\text{tg}\phi + f)$$

ou, com $M = \frac{1}{6} \gamma_a h^3$:

$$FS = \frac{2 \cdot \gamma \cdot b \cdot K_a}{\gamma_w \cdot h} (\text{tg}\phi + f)$$

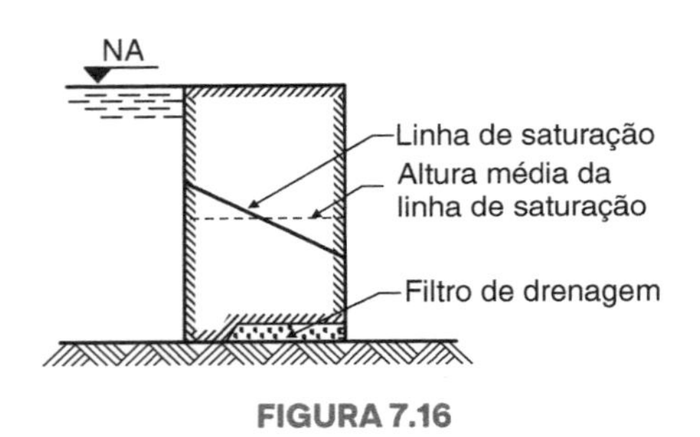

FIGURA 7.16

Drenagem Para melhores condições de estabilidade da ensecadeira, dever-se-á prever um sistema de drenagem (filtros no fundo da ensecadeira e orifícios de escoamento da água que se acumula em seu interior) que mantenha a linha de saturação (Fig. 7.16) na posição mais baixa possível.

EXERCÍCIOS

1) Calcule a ficha da cortina, admitindo para o empuxo passivo mobilizado apenas 2/3 do valor teórico.

Solução

6 m.

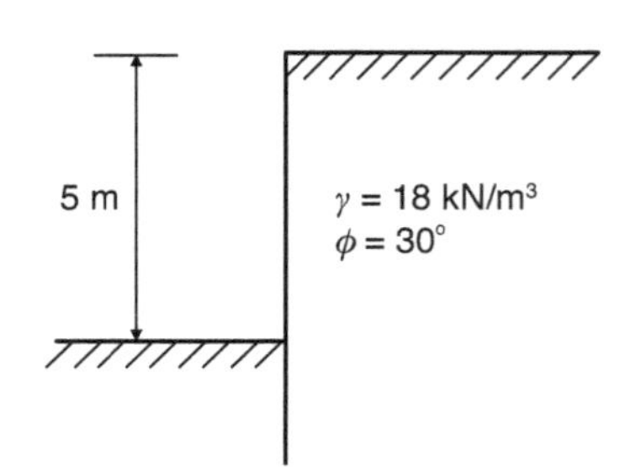

FIGURA 7.17

2) Verifique a estabilidade da cortina de estacas-pranchas representada na Figura 7.18.

Solução

Para

$$\phi = 30° \rightarrow K_a = \frac{1}{3} \; e \; K_p = 3$$

Altura equivalente de terra: $h_0 = \frac{12}{17} = 0{,}705$ m

Tensões e empuxos (Fig. 7.19):

$$p_I^a = \frac{1}{3} \cdot 17 \cdot 0{,}705 = 4 \text{ kN/m}^2$$

$$p_{II}^a = \frac{1}{3} \cdot 17 \cdot (3{,}00 + 0{,}705) = 21 \text{ kN/m}^2$$

$$p_{III}^a = \frac{1}{3} \cdot 12 \cdot 7{,}5 + p_{II}^a \therefore p_{III}^a = 30 + 21 = 51 \text{ kN/m}^2$$

$$p_{IV}^a = 3 \cdot 12 \cdot 3{,}50 = 126 \text{ kN/m}^2$$

$$\left.\begin{aligned} E_1^a &= 4 \cdot 3 = 12 \text{ kN/m} \\ E_2^a &= \frac{17 \cdot 3}{2} = 25{,}5 \text{ kN/m} \\ E_3^a &= 21 \cdot 7{,}5 = 157{,}5 \text{ kN/m} \\ E_4^a &= \frac{30 \cdot 7{,}5}{2} = 112{,}5 \text{ kN/m} \end{aligned}\right\} \sum E_a = 307{,}5 \text{ kN/m}$$

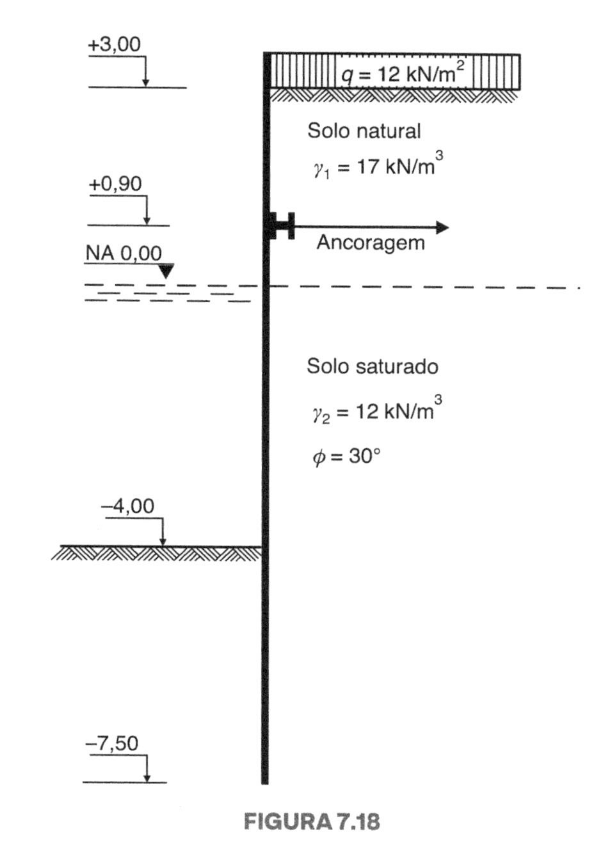

FIGURA 7.18

$$E_p = \frac{126 \cdot 3{,}50}{2} = 220{,}5 \text{ kN/m}$$

Esforço no tirante de ancoragem:

$$A = \sum(E_a - E_p) = 307{,}5 - 220{,}5 = 87 \text{ kN/m}$$

Fator de segurança:

Tomando os momentos em relação ao ponto onde atua a ancoragem, vem:

$$M_a = 112{,}5 \cdot 5{,}90 + 157{,}5 \cdot 4{,}65 - 25{,}5 \cdot 0{,}10 - 12 \cdot 0{,}60 = 1386{,}4 \text{ kN} \times \text{m/m}$$

$$M_p = 220 \cdot 7{,}24 = 1596{,}4 \text{ kN} \times \text{m/m}$$

donde o fator de segurança:

$$FS = \frac{1596{,}4}{1386{,}4} = 1{,}15$$

Teoricamente, está assegurada a estabilidade da cortina, no entanto a prática recomenda que ele deve ser maior que 1,5.

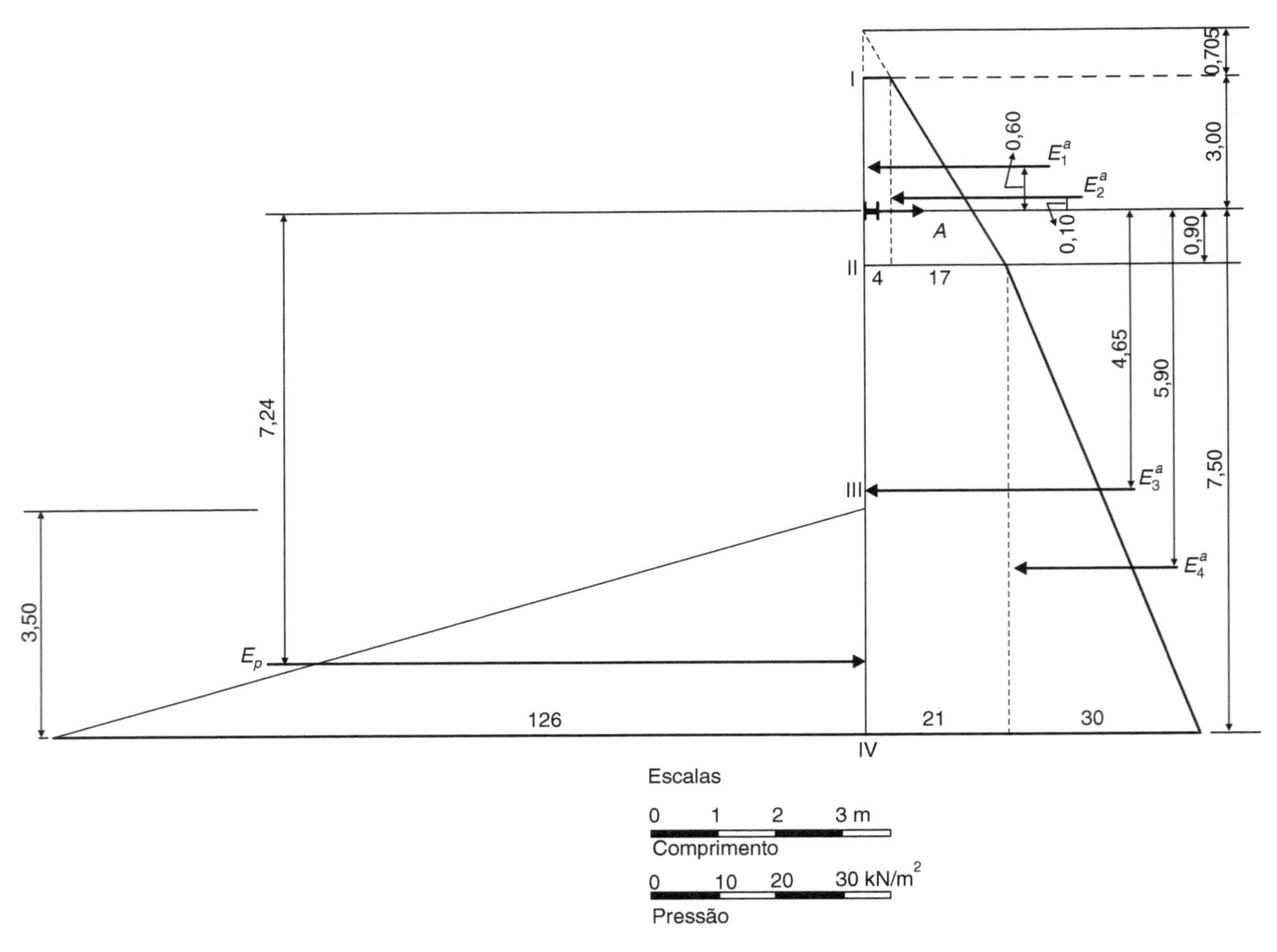

FIGURA 7.19

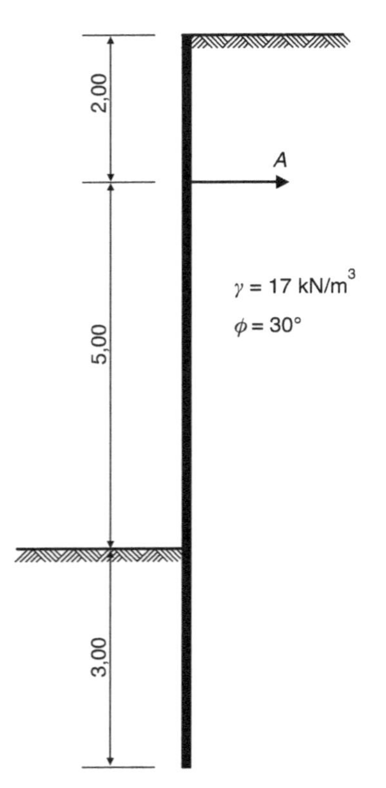

FIGURA 7.20

3) Calcule o esforço teórico na ancoragem da cortina de extremidade livre representada na Figura 7.20.

Solução

Tem-se:

$$A = E_a - E_p$$

ou

$$A = \frac{1}{2} \cdot \gamma \cdot (K_a \cdot h^2 - K_p \cdot h'^2)$$

donde

$$A = \frac{1}{2} \cdot 17 \cdot \left(\frac{1}{3} \cdot 10^2 - 3 \cdot 3^2 \right) \cong 54 \text{ kN/m}$$

4) Considerando-se a cortina de estacas-pranchas metálicas da Figura 7.21 e admitindo-se sua extremidade livre, pede-se: a) o comprimento da ficha; b) o esforço no tirante de ancoragem; c) o momento fletor máximo; d) o perfil a ser adotado.

Solução

a) 2,85 m; b) 63,5 kN/m; c) 118,6 kNm/m; d) 990 cm^3/m (momento resistente, em função do qual se escolherá o perfil a adotar).

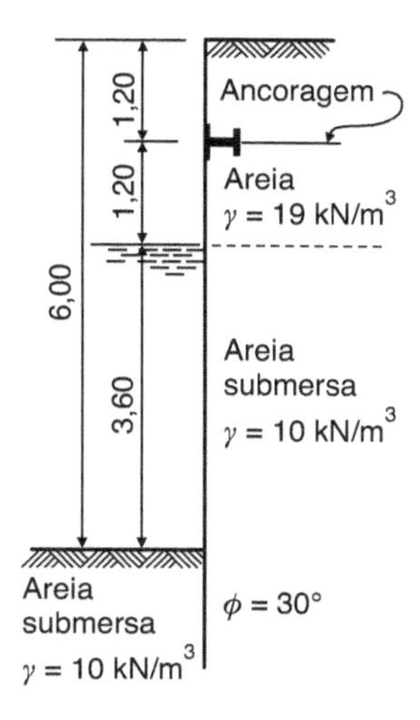

FIGURA 7.21

5) Considerando-se as indicações constantes na Figura 7.22 e admitindo-se a cortina com "extremidade fixa", determine: a) comprimento da ficha; b) o momento fletor máximo na cortina; c) o momento resistente para $\sigma = 1500$ kg/cm²; d) o esforço na escora (espaçadas de 2 em 2 metros); e) a seção da escora para uma tensão de trabalho de 8 MN/m².

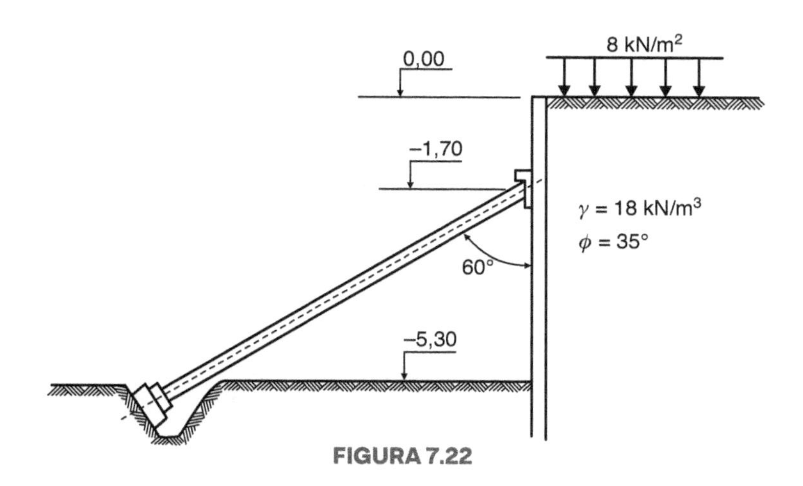

FIGURA 7.22

Solução

A Figura 7.23 indica-nos a solução do problema, pelo "método da viga equivalente".

O comprimento da ficha, dado pela fórmula

$$f = \frac{p_b}{(K_p - K_a)\cdot\gamma} + \sqrt{\frac{6\cdot R}{(K_p - K_a)\cdot\gamma}}$$

será, então:

$$f = \frac{28}{(3{,}69 - 0{,}27)\cdot 18} + \sqrt{\frac{6\cdot 39{,}5}{(3{,}69 - 0{,}27)\cdot 18}} = 0{,}45 + 1{,}96 = 2{,}41 \text{ m}$$

que, acrescida de 20 %, passará a ser 2,90 m.

O momento fletor máximo será:

$$M = 0{,}72\cdot 50 = 35 \text{ kN}\cdot\text{m} = 360.000 \text{ kg}\cdot\text{cm}$$

e o momento resistente:

$$W = \frac{M}{\sigma} = \frac{360.000}{1500} = 240 \text{ cm}^3 = 2{,}4\cdot 10^{-4} \text{ m}^3$$

O esforço na escora valerá:

$$A = \frac{2\cdot A'}{\cos 30°} = \frac{2\cdot 53{,}5}{\frac{\sqrt{3}}{2}} = 123{,}6 \text{ kN}$$

e a seção correspondente:

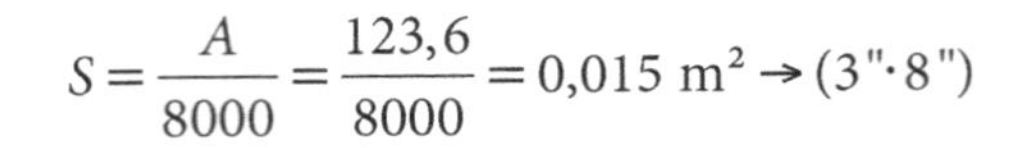

$$S = \frac{A}{8000} = \frac{123,6}{8000} = 0,015 \text{ m}^2 \rightarrow (3''\cdot 8'')$$

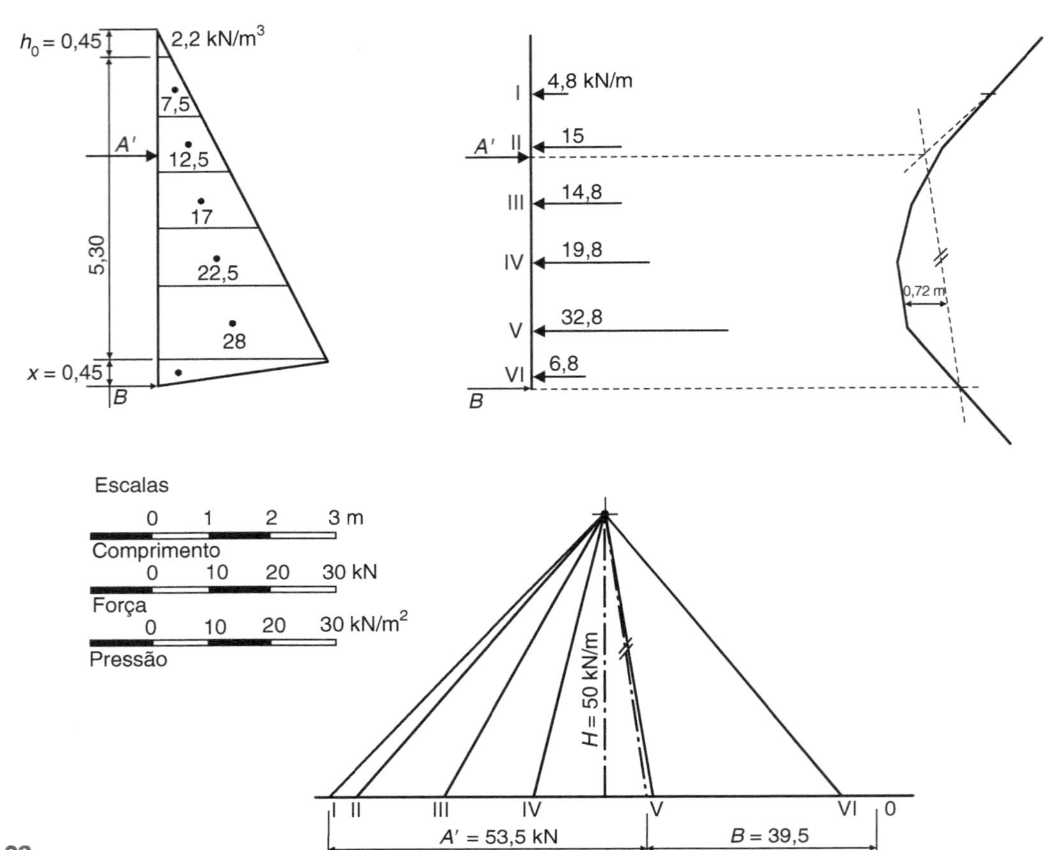

FIGURA 7.23

8

Escavações e Escoramentos

8.1 GENERALIDADES

Na execução de fundações e de obras públicas subterrâneas – metrôs, galerias, tubulações enterradas, subsolos de edifícios, obras enterradas para estacionamento de veículos etc. – é frequente a *execução de escavações de solos e/ou rochas a céu aberto*. Tal método construtivo está sendo adotado, apenas para exemplificar, no metrô do Rio de Janeiro e em trechos do paulistano. Ele consiste na abertura de uma vala devidamente escorada ou ancorada, com vistas também à proteção dos prédios vizinhos. Em inglês, esse sistema é conhecido por *cut and cover*.

Dentre os aspectos geotécnicos envolvidos em trabalhos dessa natureza – tudo dependendo fundamentalmente das propriedades dos solos e/ou das rochas, das condições do nível d'água, da forma e dimensões das escavações, do espaço disponível e da situação das fundações vizinhas, em se tratando de núcleos urbanos –, destacaríamos o *escoramento das paredes das valas*.

São usuais as seguintes variantes, cada uma com suas vantagens e desvantagens técnicas e econômicas (Fig. 8.1):

a) cortinas de estacas-pranchas;
b) cortina de perfis metálicos e pranchões de madeira ou placas pré-moldadas de concreto; há casos em que, em vez do clássico prancheamento de madeira, utilizam-se painéis de chapas de aço soldadas entre si e aos perfis (este processo foi empregado nas fundações do edifício Marquês de Herval, no Rio de Janeiro. Ver Costa Nunes, em *Anais...* I Congresso Brasileiro de Mecânica dos Solo, v. 2, 1954);
c) cortinas de estacas-raiz secantes;
d) paredes moldadas no solo que podem ser de concreto armado ou não, de concreto pré-moldado ou mistas;
e) cortinas estroncadas;
f) cortinas ancoradas;

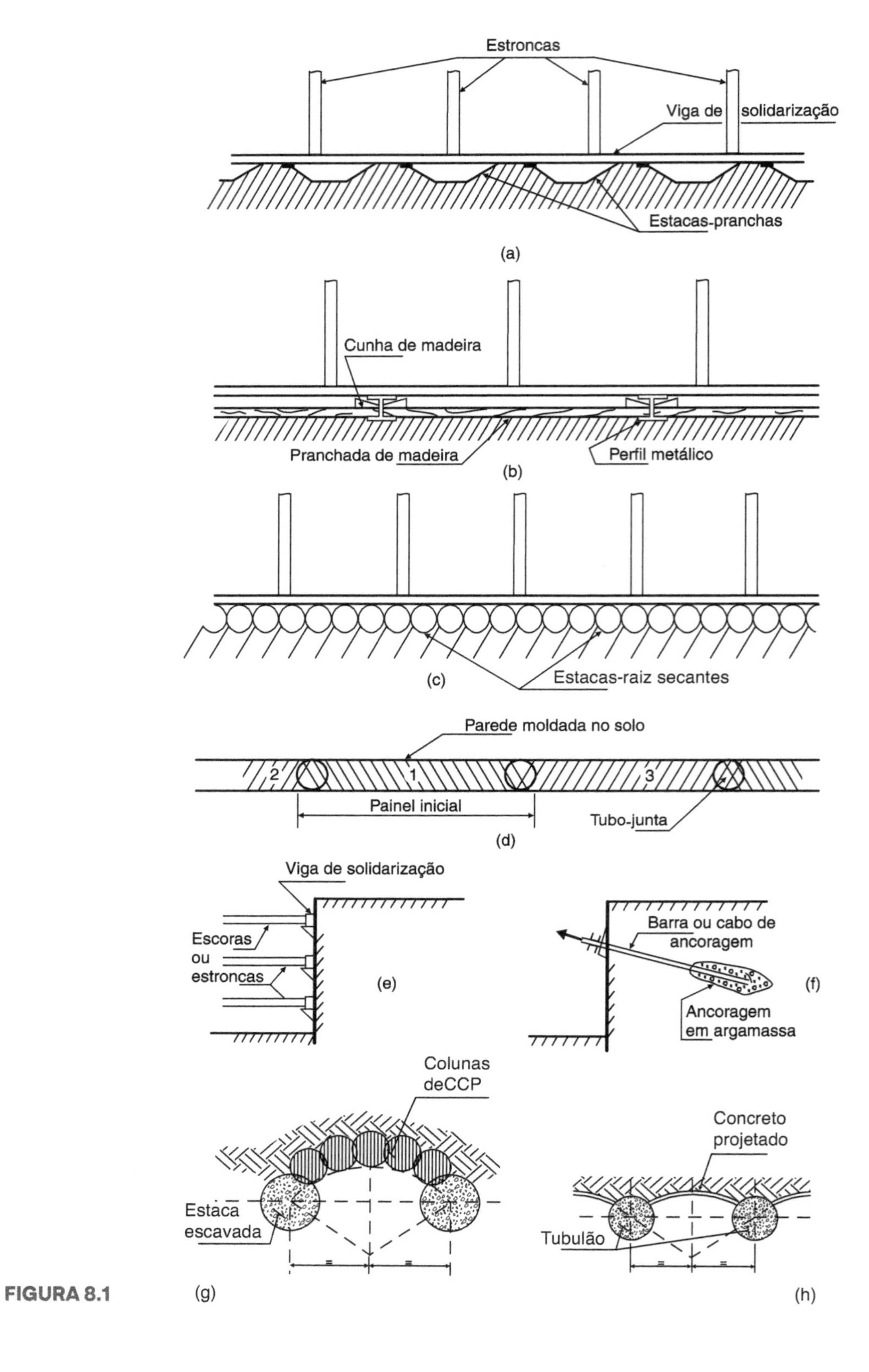

FIGURA 8.1

g) cortina com estacas escavadas espaçadas e concreto projetado ou colunas de *cement churning pile* (CCP);
h) cortina de tubulões justapostos.

Portanto, as cortinas podem ser estroncadas (e) ou atirantadas (f) sempre que as valas forem muito largas e as condições do subsolo o permitirem, nada impedindo que os dois sistemas sejam associados em um mesmo trecho.

Em zonas de edificações próximas, uma preocupação essencial durante os trabalhos é evitar recalques ou movimentos que afetem a estabilidade dessa obra.

No que se segue, vamos nos limitar a um estudo sobre:

- escavações prevendo taludes;
- profundidade crítica de uma escavação;
- diagramas de pressões;
- ação de sobrecargas no escoramento;
- estabilidade do fundo da escavação;
- paredes moldadas no solo.

8.2 ESCAVAÇÕES COM TALUDES

Nas escavações a céu aberto, é sempre mais econômico prever a execução de taludes, sem ou com degraus (Fig. 8.2) do que paredes verticais escoradas ou ancoradas, desde que a natureza do solo e as condições locais o permitam, isto é, desde que não haja perigo de deslizamento que possa afetar a estabilidade das construções vizinhas.

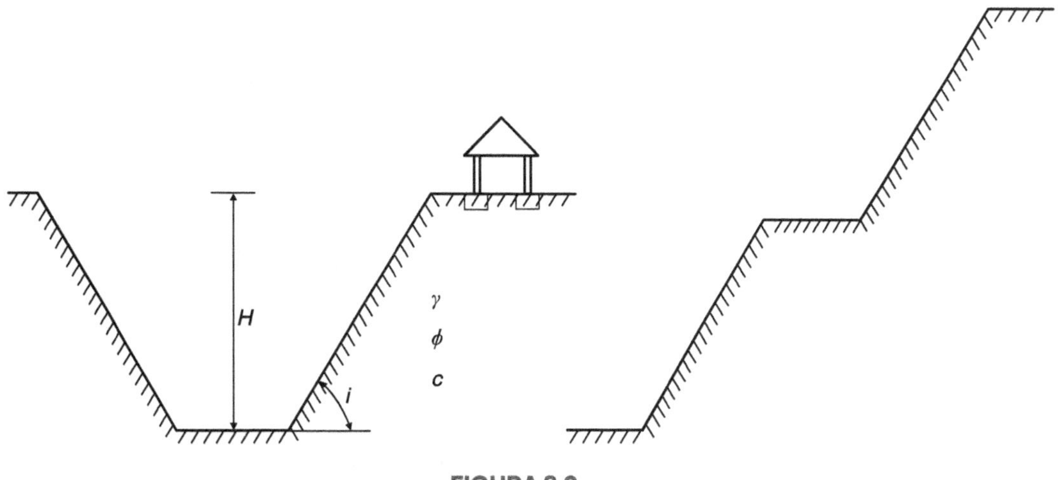

FIGURA 8.2

O Quadro 8.1[1] fornece indicações sobre as inclinações admissíveis (i) do talude, em função da natureza do solo, a partir dos seus parâmetros: peso específico do solo, γ; ângulo de atrito interno, ϕ; e coesão, c, além da profundidade H da escavação.

[1] Cf. WAGNER, Harald. *VerkehrsTunnelbau*. Berlin: Wilhelm Ernest & Sohn, 1968. v. I. Tradução particular de alguns capítulos.

QUADRO 8.1 Inclinações admissíveis do talude em função do solo e da profundidade da escavação

Solo	Peso específico γ (kN/m^3)	Ângulo de atrito interno ϕ	Coesão c (kN/m^2)	Profundidade H (m)	Inclinação do talude (cotg i)
Areia muito fina	18,0	22,5	10,0	03,0 3,06,0 6,09,0 9,012,0 12,015,0	1:1,5 1:1,75 1:1,9 1:2,2 1:2,5
Silte com areia muito fina	19,0	27,5	10,0	03,0 3,06,0 6,09,0 9,012,0 12,015,0	1:1,5 1:1,5 1:1,5 1:1,8 1:2,0
Silte	20,0	20,0	15,0	03,0 3,06,0 6,09,0 9,012,0 12,015,0	1:1,5 1:1,5 1:1,8 1:2,15 1:2,5
Argila mole	19,0	15,0	25,0	03,0 3,06,0 6,09,0 9,012,0 12,015,0	1:1,5 1:1,5 1:1,5 1:1,8 1:2,4
Argila rija	20,0	10,0	35,0	03,0 3,06,0 6,09,0 9,012,0 12,015,0	1:1,5 1:1,5 1:1,5 1:1,8 1:2,6
Areia fina Areia grossa Saibro e pedras	— — —	— — —	— — —	— — —	1:2,0 1:1,7 1:1,5

8.3 PROFUNDIDADE CRÍTICA DE UMA ESCAVAÇÃO

Teoricamente, demonstra-se que uma escavação em solos permanece verticalmente, sem suporte, até que a profundidade atinja a chamada *profundidade crítica* H_{cr}.

Dentre as fórmulas propostas para o cálculo H_{cr}, citaremos a de Fröhlich:

$$H_{cr} \leq \frac{4 \cdot c}{\gamma} \cdot \text{tg}\left(\frac{\pi}{4} + \frac{\phi}{2}\right)$$

em que:
c = coesão do solo (kN/m^2);
γ = peso específico do solo (kN/m^3);
ϕ = ângulo de atrito interno do solo (em graus).

Para solos não coesivos ($c = 0$), $H_{cr} = 0$, pois a areia escoa para dentro da escavação. No caso de solo puramente coesivo ($\phi = 0$), obtém-se (após levantamento da indeterminação):

$$H_{cr} \leq \frac{4 \cdot c}{\gamma}$$

Exemplos

1) Para γ = 16 kN/m³ e c = 10 kN/m² (argila muito mole):

$$H_{cr} \leq \frac{4 \cdot 10}{16} = 2{,}5 \text{ m}$$

2) Para γ = 16 kN/m³ e c = 100 kN/m² (argila rija):

$$H_{cr} \leq \frac{4 \cdot 100}{16} = 25 \text{ m}$$

Em se tratando de escavações em rochas, a permanência de taludes verticais vai depender da inclinação dos planos de estratificação e do material de preenchimento das zonas fraturadas ou de descontinuidade. Assim é que, como representado na Figura 8.3 (reproduzida de Tomlison, 2001), as situações (a) e (b) revelam condições de instabilidade e a situação (c), esta sim, indica condição de estabilidade de um talude vertical sem escoramento.

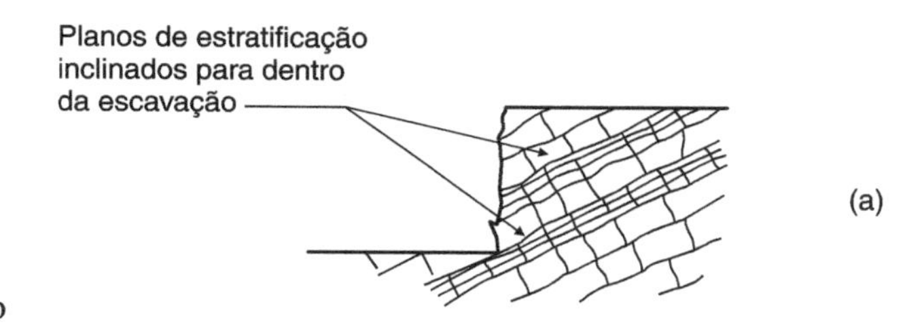

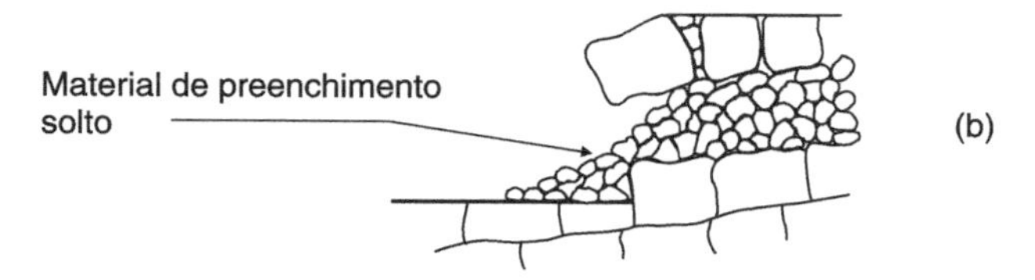

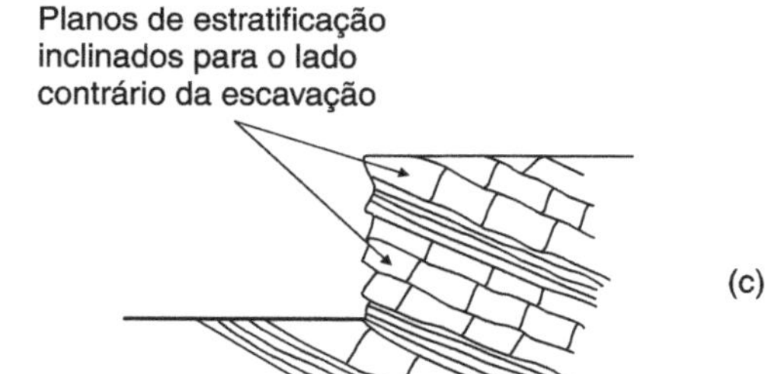

FIGURA 8.3

8.4 DIAGRAMAS DE TENSÕES

O estudo da estabilidade do escoramento de uma escavação depende, basicamente, da distribuição das pressões do terreno sobre as estruturas de contenção do maciço.

Pelas teorias clássicas de empuxo de terras (Rankine e Coulomb), sabe-se que o diagrama das pressões que atuam sobre as obras de contenção é triangular (Fig. 8.4), sendo a resultante (empuxo ativo), que tem seu ponto de aplicação a 1/3 da altura, dada por:

$$E_a = \frac{1}{2} \cdot \gamma \cdot H^2 \cdot K_a$$

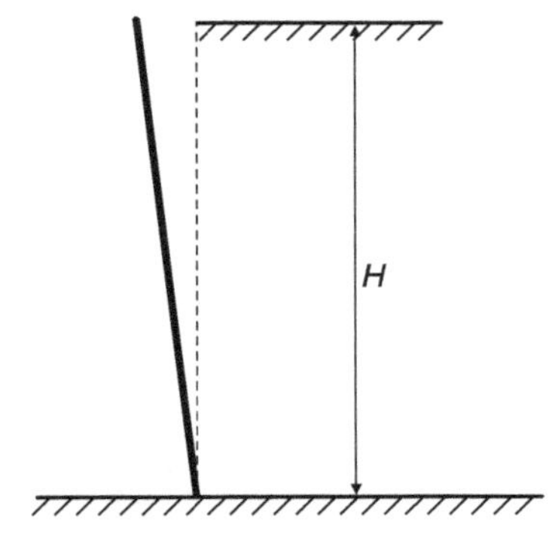

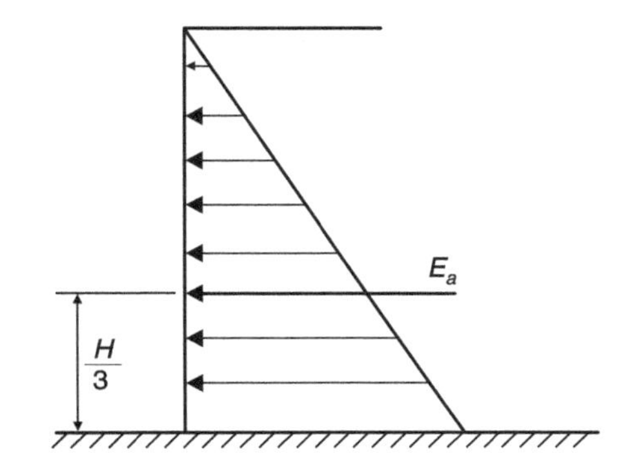

FIGURA 8.4

em que γ é o peso específico do solo e $K_a = \text{tg}^2\left(45 - \frac{\phi}{2}\right)$ é o coeficiente de empuxo ativo (sendo ϕ o ângulo de atrito interno).

Sabe-se, também, em face dos resultados de ensaios realizados por Terzaghi no Massachusetts Institute of Technology (MIT), em 1929, que essa conclusão é razoavelmente válida para os suportes que "giram em torno de sua aresta inferior" (muito comum em muros de gravidade). Como veremos a seguir, este não é o caso que estamos tratando, ou seja, estruturas transitórias de suporte de escavações destinadas à execução de fundações ou obras subterrâneas. Com efeito, à medida que a escavação progride e são colocadas as estroncas 1, 2, 3, ... [Fig. 8.5(a)], estas restringem progressivamente a expansão do solo, permitindo, assim, a expansão apenas nos trechos inferiores ainda não escorados; ao final da escavação, a parede vertical *AB* foi, de fato, escorada na posição *AB'*, "girando, portanto, em torno do topo".

O maciço, não podendo deformar-se lateralmente na parte superior, desloca-se verticalmente, dando origem a uma superfície de deslizamento que corta o terreno segundo um ângulo reto. Na Figura 8.5(b) tem-se o tipo de curva provável, comparada com a reta da teoria clássica; segundo Terzaghi, essa superfície de escorregamento pode ser representada por uma espiral logarítmica.

Quanto à distribuição de pressões, na parte superior desenvolvem-se pressões que mais se aproximam do repouso (portanto, mais elevadas), resultando em um diagrama teórico de forma parabólica [Fig. 8.5(c)], com o máximo aproximadamente no centro da altura da parede.

Nessa redistribuição de pressões, principalmente no que se refere a areias, segundo a qual se produz uma concentração de pressões nos trechos onde há restrição à deformação e alívio nas zonas menos restringidas (no caso, a parte inferior do escoramento), o fenômeno *efeito de arco* (em inglês, *arching*) desempenha um importante papel. É o caso que ocorre nos silos. O nome advém do modo de trabalhar de um arco estrutural.

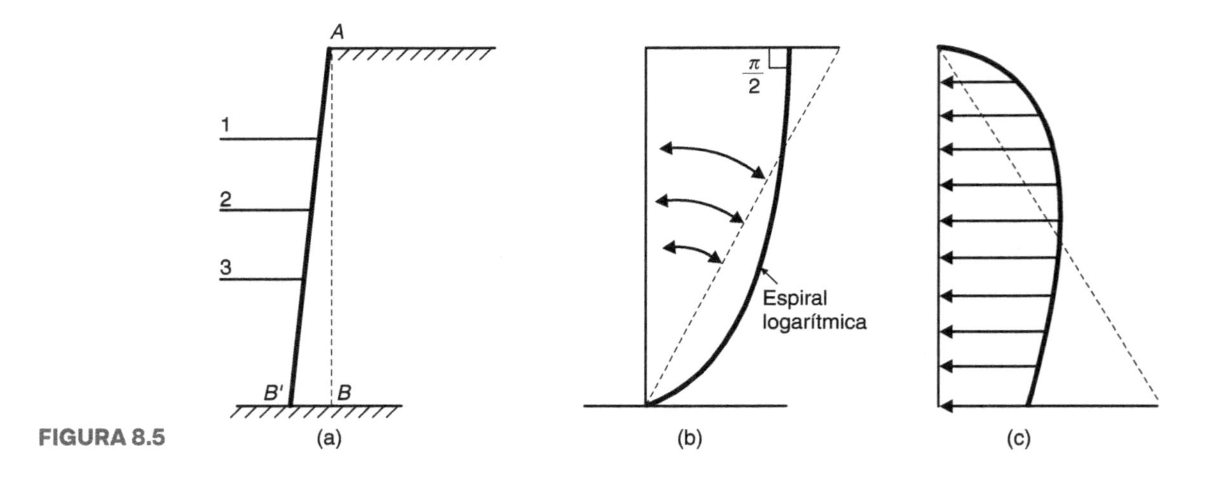

FIGURA 8.5

Na Figura 8.6 são apresentadas as formas dos diagramas de pressões, segundo as limitações (número de escoras) impostas ao deslocamento da parede.

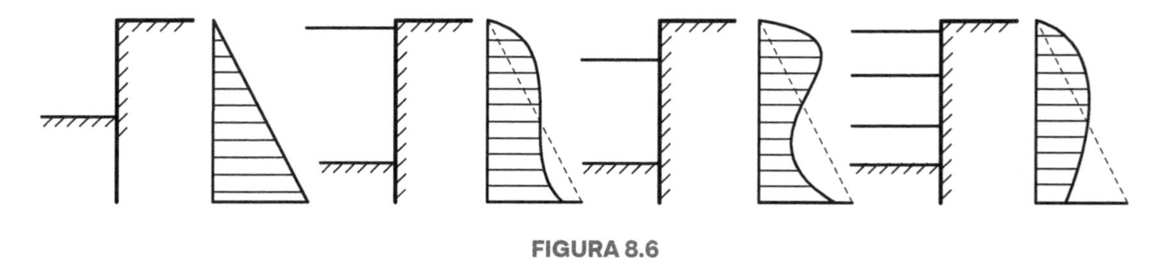

FIGURA 8.6

Outra diferença fundamental entre um muro de gravidade e uma parede de escoramento é que, no primeiro caso, a obra representa uma unidade estrutural e como tal se comporta, deslocandose em um só bloco, sem maior influência de uma heterogeneidade local; no segundo caso, pode ocorrer, em uma zona mais fraca do terreno, o colapso de uma estronca (por flambagem), com sobrecarga das outras peças, propiciando, eventualmente, mecanismos de ruptura progressiva.

Por outro lado, cabe ainda considerar, entre outros fatores, a influência da temperatura sobre as cargas das estroncas metálicas e as deformações das estacas, como observado por Sousa Pinto, Faiçal Massad e Reis Martins na construção do metrô de São Paulo.[2]

Por todas essas razões é que não se dispõe, até o momento, de nenhuma teoria geral que permita avaliar as pressões laterais nos escoramentos e os consequentes esforços nas estroncas; daí, a natureza empírica dos métodos utilizados, resultantes da compilação dos trabalhos de instrumentação e medições *in loco*, que têm sido realizados em obras de importância, cujas conclusões de caráter genérico podem ser consideradas representativas.

Note-se que os diagramas de pressões dependem da natureza do terreno, pelo que a extrapolação das conclusões obtidas para determinada obra deve ser precedida de extrema precaução, impondo-se, para cada local, a elaboração de um programa de pesquisas com vistas a comprovar ou ajustar os diagramas atualmente usados, como veremos.

Evolução dos diagramas

A seguir, mencionaremos as diversas envoltórias que englobam as curvas de distribuição real de pressões, correspondentes às diferentes medidas e estágios de execução da escavação, sugeridas pelos autores que procederam a tais observações.

Da literatura técnica sobre o assunto, constata-se que os primeiros resultados datam de 1936, no que concerne às *areias* (estudos de Spilker, durante a construção do metrô de Berlim), e de 1941, para as *argilas* (trabalhos de Peck quando da construção do metrô de Chicago). A partir daí foram realizadas observações por Klenner, Tschebotarioff e Kane, entre outros.

A título de ilustração, observamos que as dificuldades decorrentes da natureza do subsolo – como em Berlim, Chicago e na Cidade do México – não ocorreram nos metrôs de Nova York (quase todo construído em rocha), Londres (onde os túneis geralmente atravessam terrenos altamente coesivos e de baixa permeabilidade) e em Milão (onde o nível d'água se encontra a grande profundidade, simplificando sobremodo sua execução).

Na Figura 8.7 mostramos as envoltórias para os diferentes tipos de solo, destacando os diagramas propostos por Terzaghi e Peck na 2ª edição (1967) do conhecido livro *Soil mechanics in engineering practice*, frequentemente utilizadas, hoje, na prática profissional.

---

[2] Carlos de Sousa Pinto; Faiçal Massad; Manuel Carlos Reis Martins. *Comportamento do escoramento numa escavação do metrô de São Paulo* – Seção Experimental n. 1. São Paulo: IPT de São Paulo, 1972. Publicação n. 963).

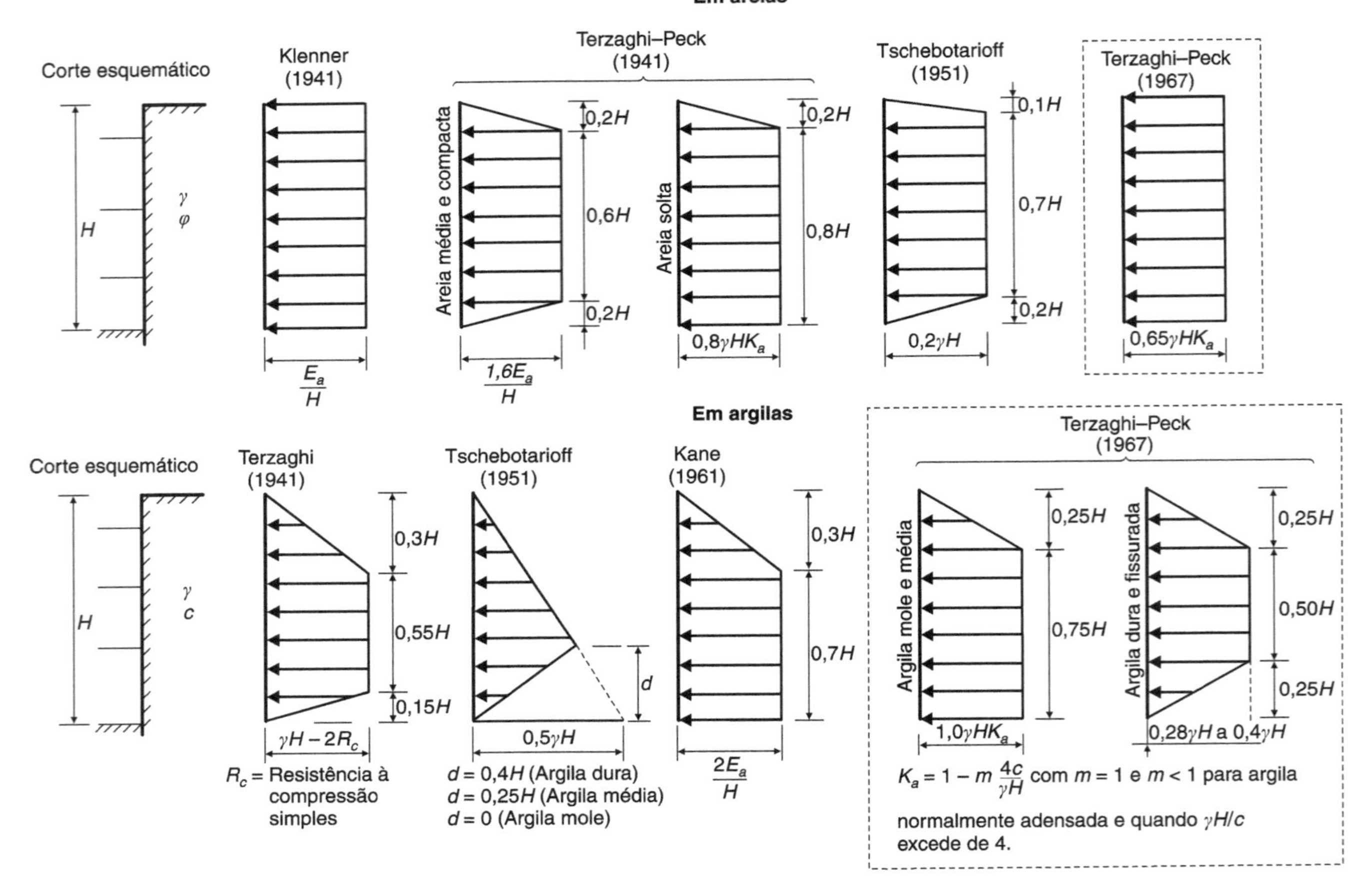

FIGURA 8.7

EXERCÍCIOS

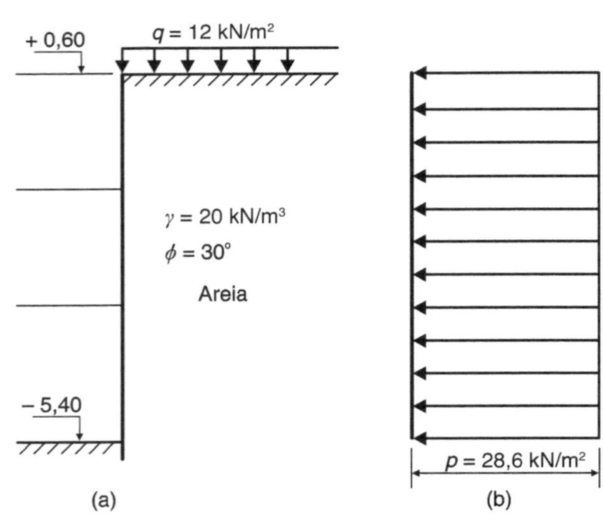

FIGURA 8.8

1) Calcule o diagrama de pressões para a escavação indicada na Figura 8.8(a).

Tem-se que $H = 6{,}0$ m e $K_a = \dfrac{1}{3}$, donde:

$$p = 0{,}65 \cdot (20 \cdot 6 + 12) \cdot \frac{1}{3} = 28{,}6 \text{ kN/m}^2$$

e daí o diagrama da Figura 8.8(b), segundo Terzaghi e Peck (1967).

2) Calcule o digrama de pressões para uma escavação escorada, com as condições indicadas na Figura 8.9(a). Com $m = 1$, obtém-se:

$$\frac{\gamma \cdot H}{c} = \frac{17 \cdot 12}{50} = 4$$

$$k_a = 1 - \frac{4 \cdot c}{\gamma \cdot H} = 1 - \frac{4 \cdot 50}{17 \cdot 12} = 1 - \frac{20}{204} = 0{,}02$$

e daí:

$$p_{\text{máx}} = 1 \cdot 17 \cdot 12 \cdot 0,02 = 4,1 \text{ kN/m}^2$$

Segundo Terzaghi e Peck (1967), decorre, então, o diagrama da Figura 8.9(b).

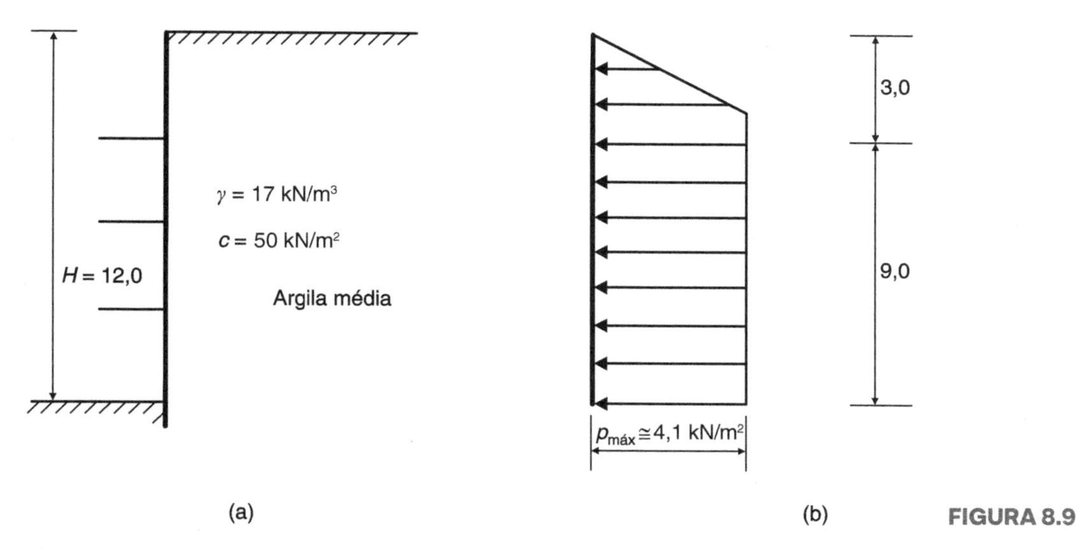

FIGURA 8.9

3) Para o escoramento provisório esquematizado na Figura 8.10, calcule o diagrama de pressões e o esforço nas escoras.

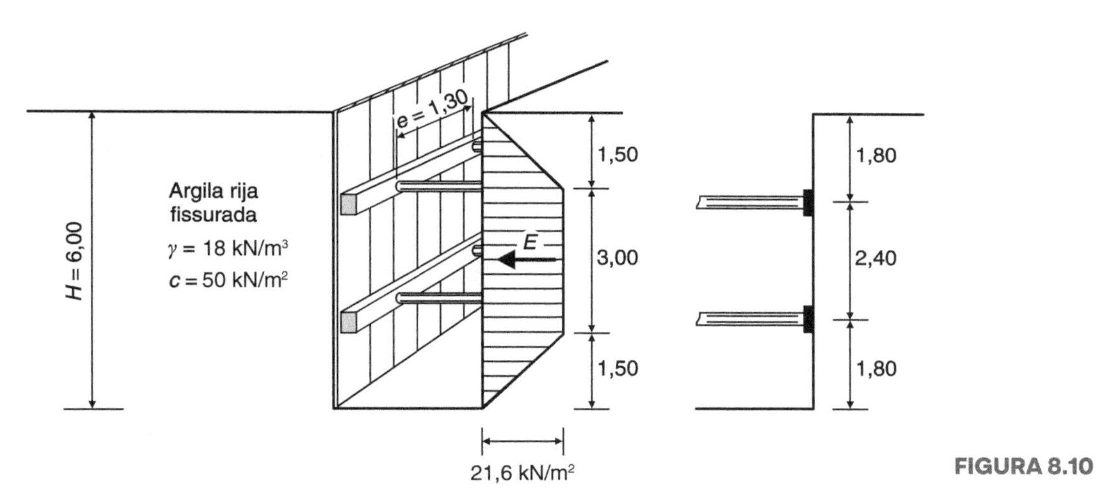

FIGURA 8.10

Segundo Terzaghi e Peck, a pressão máxima sendo 0,2 · γ · H = 0,2 · 18 · 6,0 = 21,6 kN/m², o valor do empuxo (ver o diagrama) será $E = \frac{6,0 + 3,0}{2} \cdot 21,6 = 97,2 \text{ kN/m}$. Sendo e = 1,30 m o espaçamento entre as escoras, o esforço sobre cada escora valerá:

$$N = \frac{97,2 \times 1,30}{2} \cong 63,2 \text{ kN}$$

8.5 AÇÃO DE CARGAS APLICADAS NA SUPERFÍCIE

A seguir transcreveremos *fórmulas teóricas* que permitem avaliar os esforços transmitidos a escoramentos em função de sobrecargas localizadas em sua zona de influência.

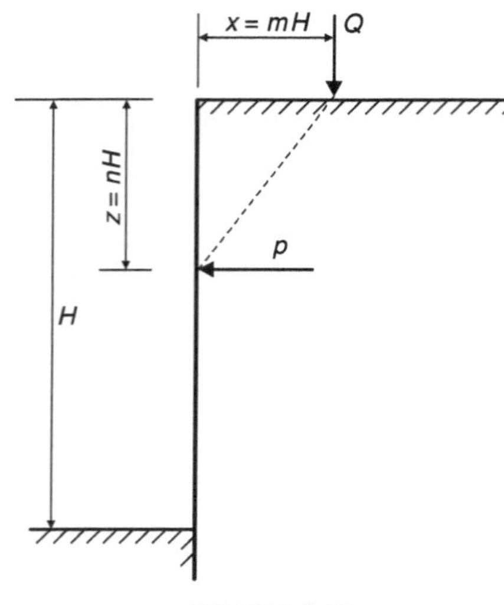

FIGURA 8.11

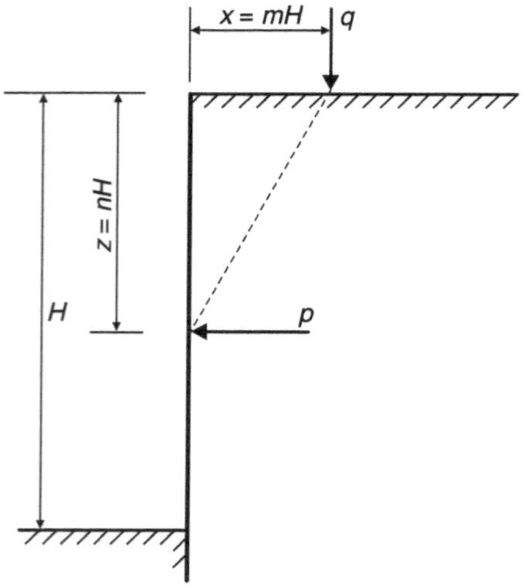

FIGURA 8.12

Para *carga concentrada* (Fig. 8.11):

a) Para $m > 0{,}4$

$$p = \frac{1{,}77 \cdot Q}{H^2} \cdot \frac{n^2}{(m^2 + n^2)^3}$$

b) Para $m \leq 0{,}4$

$$p = \frac{0{,}28 \cdot Q}{H^2} \cdot \frac{n^2}{(0{,}16 + n^2)^3}$$

e para carga *linearmente distribuída* (Fig. 8.12):

c) Para $m > 0{,}4$

$$p = \frac{4 \cdot q}{\pi \cdot H} \cdot \left[\frac{m^2 \cdot n}{(m^2 + n^2)^2} \right]$$

d) Para $m \leq 0{,}4$

$$p = \frac{q}{H} \cdot \left[\frac{0{,}203 \cdot n}{(0{,}16 + n^2)^2} \right]$$

Na prática, a distribuição desses esforços é feita por *métodos semiempíricos*. Em seu livro *Fundamentos de mecánica del suelo*, Tomo 1, 1970, Graux expõe os procedimentos a adotar para diferentes tipos de carregamento. Tais métodos baseiam-se nos princípios expostos na Figura 8.13, onde, na horizontal, se admite uma distribuição de carga a 27° e, na vertical, limita-se o trecho sujeito à ação das sobrecargas, definindo-o pelas retas que formam os ângulos ϕ e $\frac{\pi}{4} + \frac{\phi}{2}$.

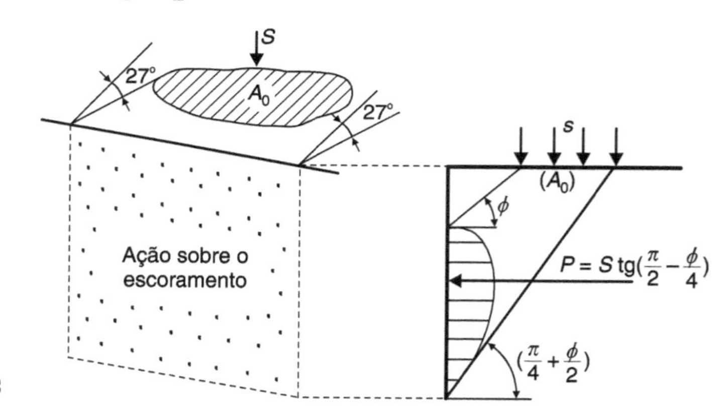

FIGURA 8.13

O valor total do empuxo é dado por:

$$P_s = S \cdot \text{tg}\left(\frac{\pi}{4} - \frac{\phi}{2} \right)$$

sendo S a carga aplicada.

Com base nesses princípios, a Figura 8.14 mostra-nos as condições a considerar para uma sobrecarga s atuando em uma área retangular $A_0 = b \cdot d$ e a uma distância "a" da parede do escoramento.

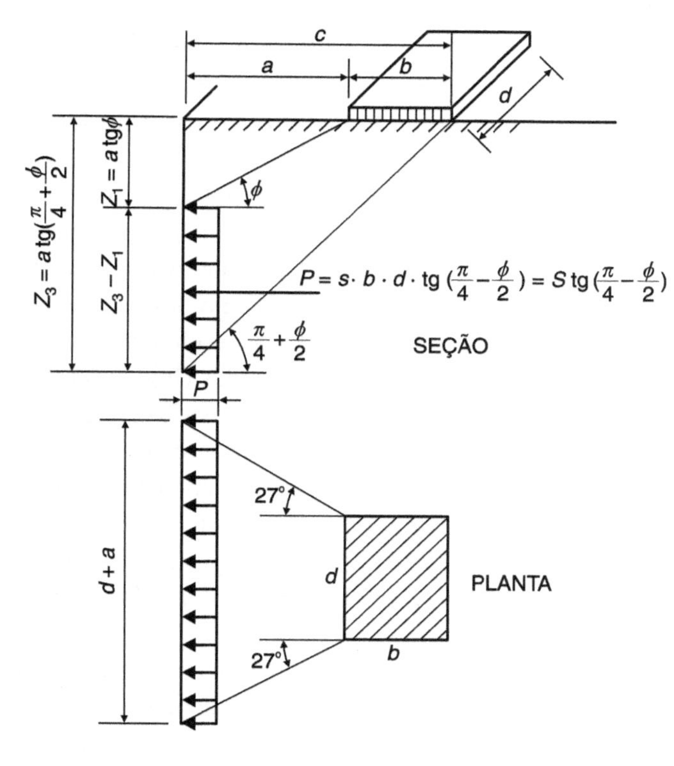

FIGURA 8.14

Admitindo-se uma distribuição uniforme nas duas direções, tem-se:

$$p = \frac{P}{(a+d)\cdot(Z_3 - Z_1)}$$

conservando-se a notação do livro de Graux.

Para uma carga concentrada (Fig. 8.15):

$$d = 0 \text{ e } c = a$$

$$Z_1 = a \cdot \text{tg}\phi \text{ e } Z_2 = a \cdot \text{tg}\left(\frac{\pi}{4} + \frac{\phi}{2}\right)$$

o que fornece:

$$p = \frac{P}{a \cdot (Z_2 - Z_1)}$$

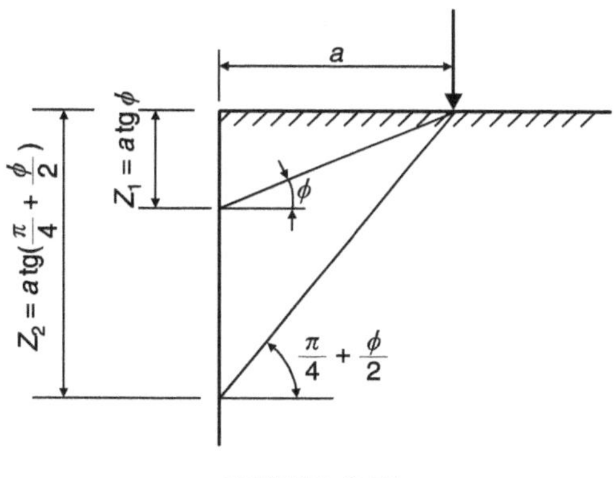

FIGURA 8.15

EXERCÍCIO

1) Calcule o efeito da carga de um tubulão de 2000 kN sobre a cortina da Figura 8.16.

Com os elementos da figura, tem-se:

$$P = 2000 \cdot \text{tg}\left(\frac{\pi}{4} - \frac{30°}{2}\right) = 2000 \cdot \text{tg } 30° = 1154{,}70 \text{ kN} \cong 1155 \text{ kN}$$

$$p = \frac{1155}{(0{,}60 + 3{,}80)\cdot(5{,}19 - 1{,}74)} = \frac{1155}{5{,}40 \cdot 3{,}45} \cong 62{,}0 \text{ kN/m}^2$$

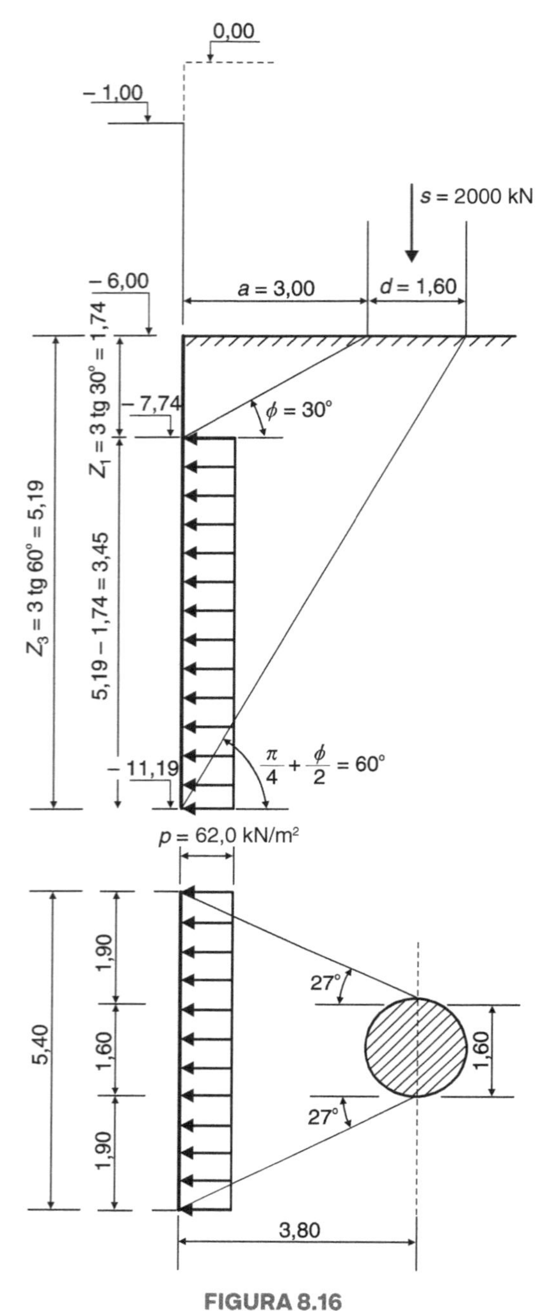

FIGURA 8.16

8.6 ESTABILIDADE DO FUNDO DA ESCAVAÇÃO

Quando uma escavação é feita em argila mole, pode ocorrer a *ruptura do fundo*, em razão do peso da massa do solo adjacente à escavação.

Uma interessante visualização desse fenômeno (ver Badillo e Rodriguez em *Mecánica de suelos*, Tomo II, 1975) pode ser feita por meio do modelo mecânico imaginado por Khristianovich. Considere-se uma balança ordinária cujo deslocamento dos pratos somente ocorre quando o peso colocado em um deles supera o atrito desenvolvido ao longo das guias (Fig. 8.17). Entende-se por "equilíbrio crítico da balança" a situação em que esta perde seu equilíbrio com qualquer incremento de peso, por menor que seja, em um dos pratos. Se um peso P é colocado no prato da direita – mas ainda assim a balança permanece em equilíbrio (em razão do atrito nas guias) –, as alternativas de "equilíbrio crítico" ocorrem para $Q = Q_1 < P$ ou $Q = Q_2 > P$, como ilustrado nas Figuras 8.17(a) e 8.17(b).

A correspondência de uma *escavação* com a *balança* de Khristianovich é indicada na Figura 8.18. Evidentemente, este é o caso $Q < P$, em que P equivale ao peso próprio do terreno ($\gamma \cdot H$). À medida que a profundidade da escavação aumenta, atingir-se-á um valor crítico tal que o fundo se levantará, como o prato da balança o faria.

O caso $Q > P$ corresponde ao problema de uma *fundação*, ou seja, o de encontrar a carga máxima que o terreno é capaz de suportar sem perda de estabilidade.

Um solo *pouco resistente* corresponde, no modelo mecânico, a uma balança capaz de desenvolver *pequeno atrito* nas guias, e reciprocamente.

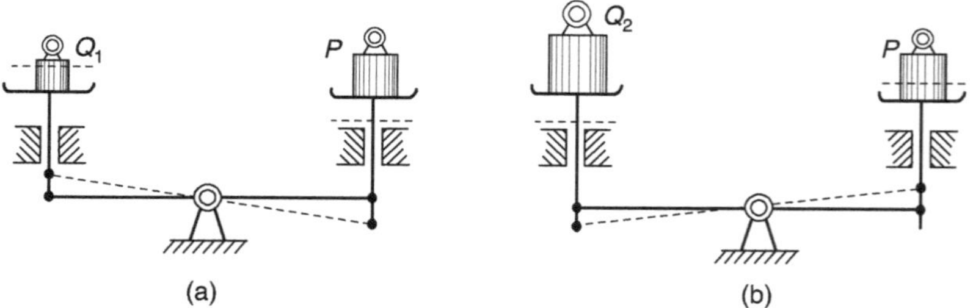

FIGURA 8.17

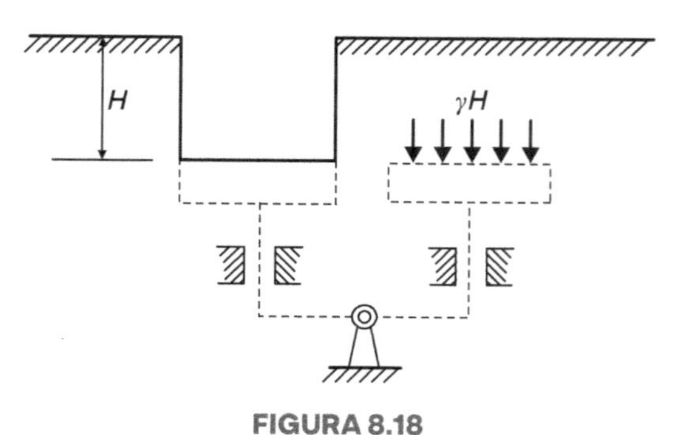

FIGURA 8.18

Uma análise de estabilidade, segundo o método de Terzaghi, admite uma superfície de deslizamento de diretriz circular, com centro no pé do fundo da escavação e em concordância com uma reta formando ângulo de 45°, como indicado na Figura 8.19.

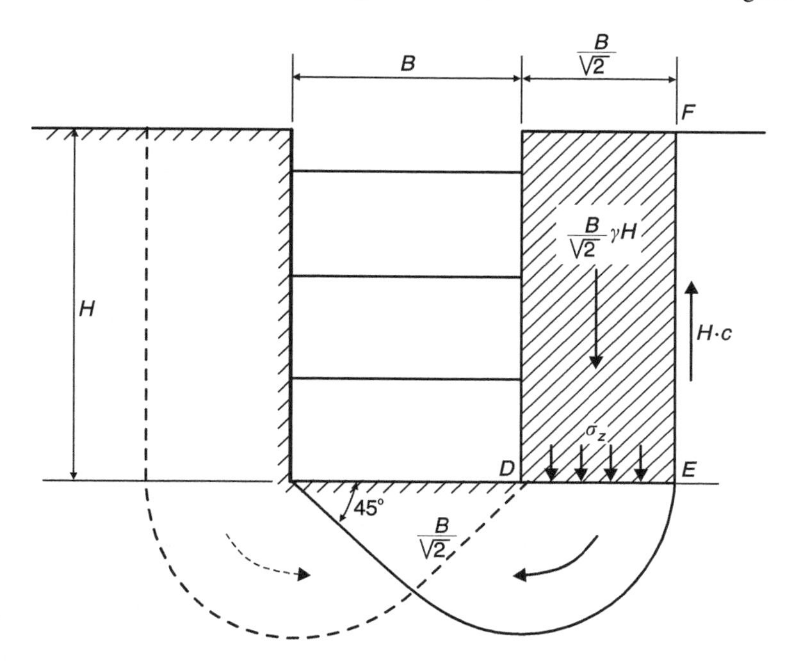

FIGURA 8.19

Por unidade de comprimento da escavação, as forças a considerar, como ilustrado na figura, são o peso próprio $\left(\frac{B}{\sqrt{2}}\cdot\gamma\cdot H\right)$ e a resistência ao cisalhamento ($H \cdot c$) desenvolvida ao longo de *EF*. Assim:

$$\sigma_z = \frac{\frac{B}{\sqrt{2}}\cdot\gamma\cdot H - H\cdot c}{\frac{B}{\sqrt{2}}} = \gamma\cdot H - \frac{\sqrt{2}}{B}\cdot H\cdot c$$

O fator de segurança contra a ruptura será, então:

$$FS = \frac{\text{capacidade de carga do terreno do fundo da escavação}}{\gamma\cdot H - \frac{\sqrt{2}}{B}\cdot H\cdot c}$$

Se tomarmos para capacidade de carga da argila $\sigma_r = 5{,}7\cdot c$ (válido para fundações superficiais corridas, tais como se assemelham às condições do carregamento em causa), ter-se-á para expressão da profundidade crítica ($FS = 1$):

$$1 = \frac{5{,}7\cdot c}{\gamma\cdot H_{cr} - \frac{\sqrt{2}}{B}\cdot H_{cr}\cdot c}$$

ou:

$$H_{cr} = \frac{5{,}7\cdot c}{\gamma - \frac{\sqrt{2}}{B}\cdot c}$$

Outros autores apresentaram, para o cálculo H_{cr}, as seguintes fórmulas:

Bjerrum e Eide:

$$H_{cr} = N_c \cdot \frac{c}{\gamma}$$

com N_c dado pelo gráfico da Figura 8.20, levando em conta, assim, a forma e as dimensões da escavação.

Finn:

$$H_{cr} \cong 10 \cdot \frac{c}{\gamma}$$

considerando que uma apreciável mobilização da resistência coesiva do solo não vai além de uma altura $3B$ acima do fundo da escavação.

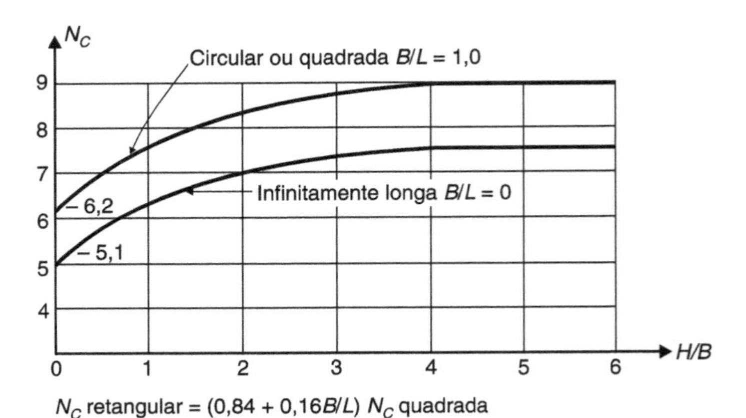

FIGURA 8.20 N_C retangular = (0,84 + 0,16B/L) N_C quadrada

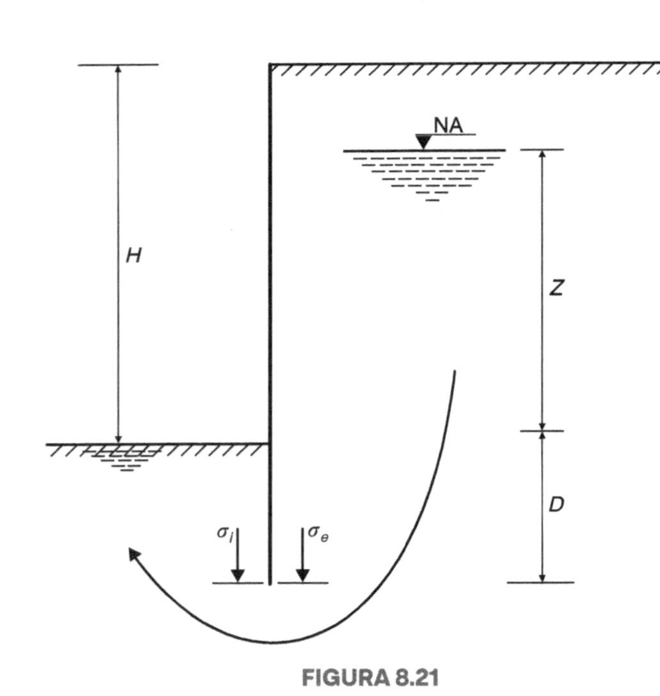

FIGURA 8.21

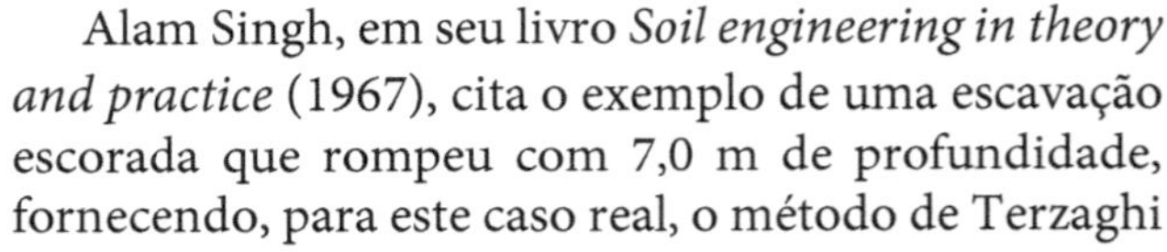

Alam Singh, em seu livro *Soil engineering in theory and practice* (1967), cita o exemplo de uma escavação escorada que rompeu com 7,0 m de profundidade, fornecendo, para este caso real, o método de Terzaghi o valor de 9,5 m e as fórmulas de Bjerrum e Finn, respectivamente, valores de 5,84 m e 6,5 m.

A ruptura do fundo de uma escavação pode também ser ocasionada pela existência de *pressões de percolação* provenientes da diferença de carga do exterior para seu interior. Trata-se de um aspecto de grande importância a considerar. No entanto, sendo inúmeros os fatores interferentes no seu cálculo, a exatidão matemática obtida é bastante discutível.

Segundo Graux, em seu livro já citado, a condição de estabilidade requer (Fig. 8.21):

$$\sigma_e = \sigma_i \cdot N_q$$

com $N_q = f(\phi)$ = fator de capacidade de carga de Terzaghi,[3] relativo à profundidade.

---

[3] No caso de se utilizar a teoria de Prandtl-Caquot, a expressão desse fator seria:

$$N_q = \text{tg}^2 \cdot \left(\frac{\pi}{4} + \frac{\phi}{2}\right) \cdot e^{\pi \cdot \text{tg}\phi}$$

EXERCÍCIO

1) Verifique a estabilidade do fundo da escavação representada na Figura 8.22.

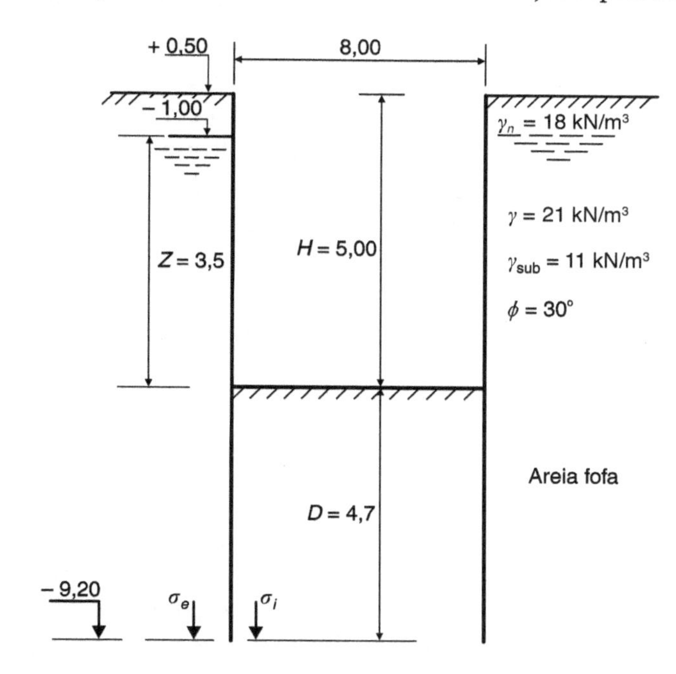

FIGURA 8.22

Podemos escrever, então, que o gradiente hidráulico é igual a:

$$i = \frac{Z}{Z + 2 \cdot D} = \frac{3,5}{3,5 + 2 \cdot 4,7} = \frac{3,5}{12,9} \cong 0,271$$

Com:

$$\sigma_e = (H - Z) \cdot \gamma + (Z + D) \cdot (\gamma_{sub} - i \cdot \gamma_a) \ \varepsilon \ \sigma_i = D \cdot (\gamma_{sub} - i \cdot \gamma_a)$$

tem-se:

$$\sigma_e = (5 - 3,5) \cdot 18 + (3,5 + 4,7) \cdot (11 + 0,427 \cdot 10) \cong 139,4 \text{ kN/m}^2$$

$$\sigma_i = 4,7 \cdot (11 - 0,427 \cdot 10) \cong 39 \text{ kN/m}^2$$

Para $\phi = 30 \rightarrow N_q = 20,3$ e, portanto:

$$\sigma_i \cdot N_q = 38,96 \cdot 20,3 \cong 791 \text{ kN/m}^2$$

O fator de segurança é, assim:

$$FS = \frac{791}{139,4} \cong 5,7$$

perfeitamente satisfatório.

8.7 PAREDES MOLDADAS NO SOLO

Chamam-se *paredes moldadas no solo*, *paredes-diafragma* ou *paredes contínuas* as cortinas verticais executadas enchendo-se com argamassa plástica, concreto (simples ou armado) ou uma placa pré-moldada de concreto uma trincheira aberta no terreno e mantida estável pelo emprego de *lama tixotrópica* (em geral, constituída por uma mistura de água e bentonita sódica) ou polímero.

Esse processo construtivo, não produzindo vibrações, reduz as perturbações no terreno e, consequentemente, os recalques dos prédios vizinhos. É de execução rápida, mesmo tendo que atravessar camadas resistentes ou blocos de rocha (com prévia trepanação).

Com relação às cortinas de estacas-pranchas, essas paredes são bem mais rígidas e as substituem vantajosamente em escavações de grandes dimensões. Normalmente são mais econômicas, uma vez que, além de constituírem um elemento auxiliar de construção, podem ser incorporadas à estrutura definitiva da obra (paredes de contenção e sustentação).

As paredes moldadas no solo têm espessuras compreendidas entre 0,40 m e 1,20 m e profundidades que podem alcançar 50 m ou mais.

Elas constituem uma evolução natural das cortinas de estacas-raiz cortantes utilizadas desde 1934. Suas primeiras realizações datam de 1948, na Califórnia (Estados Unidos), e as primeiras patentes são as dos italianos Veder (1952) e Marconi (1953).

Distinguem-se três grandes categorias de utilização das paredes moldadas no solo:

- *diagramas estanques*: caso em que as paredes ficam permanentemente enterradas e cujo objetivo é assegurar a estanqueidade em obras hidráulicas;
- *paredes de contenção*: caso em que, executada a parede, é feita a escavação em uma das suas faces, tal como ocorre em subsolos, garagens subterrâneas, estradas em corte etc.;
- *paredes de sustentação*: quando, além de conter as terras, recebem cargas verticais, também aproveitadas como elementos de fundação.

A construção dessas paredes se inicia pela execução de "muretas-guias" em concreto (Fig. 8.23), com aproximadamente 1 m de altura, e cujo objetivo é definir o caminhamento da parede e assegurar a verticalidade da escavação. A escavação, até a profundidade desejada, é feita utilizando-se um *clamshell*, que pode ser a cabo ou hidráulico. Durante a escavação, a vala é mantida cheia de lama tixotrópica, com determinadas características físicas (peso específico – da ordem de 10,1 a 10,4 kN/m^3, viscosidade, teor em areia etc.) e cuja finalidade é manter as paredes da vala pelo efeito simultâneo da pressão hidrostática e das propriedades da lama que, junto à superfície da parede, formam uma película impermeável, denominada *cake*.

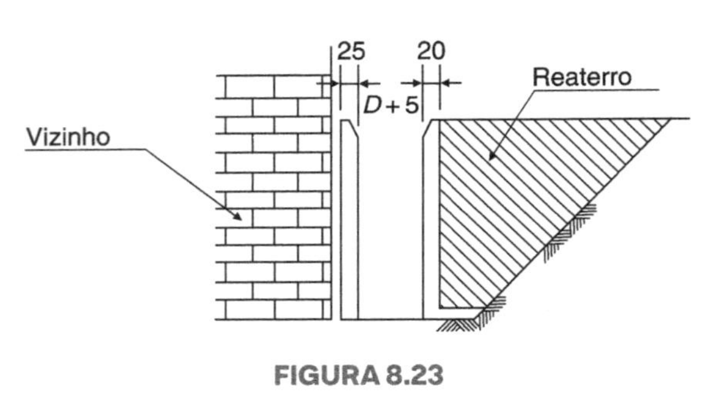

FIGURA 8.23

Recentemente, foi desenvolvido o uso de polímeros acrílicos, que produzem o mesmo efeito que a lama bentonítica, mas cujo consumo é cerca de 20 vezes menor que o consumo de bentonita. As características físicas do polímero são as mesmas da lama bentonítica.

Admite-se que a estabilidade estará assegurada se, em um ponto qualquer da parede (Fig. 8.24),

$$\sigma' + u \leq \sigma_l \text{ ou } \sigma' \leq \sigma_l - u$$

com:

σ' = tensão horizontal efetiva no terreno;
σ_l = tensão resultante da lama;
u = pressão hidrostática.

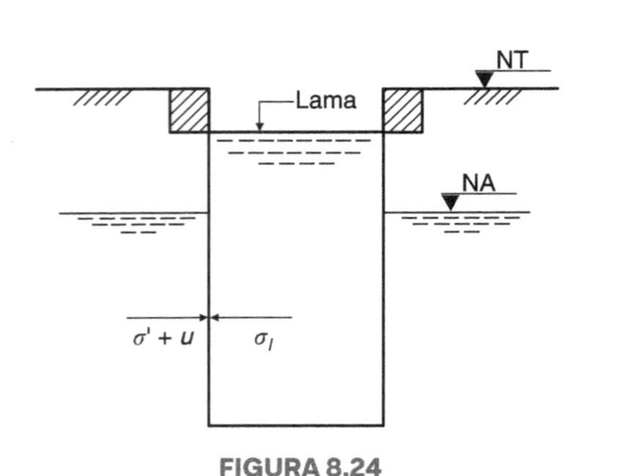

FIGURA 8.24

Ao longo do processo, a lama é desarenada em bacias de decantação interpostas no circuito da central de lama.

À medida que cada trecho (*painel*) é escavado, por um guindaste auxiliar desce-se a armadura necessária (em forma de *gaiola*) e, em seguida, por meio de um tubo (tremonha) que atinge o fundo do painel, concreta-se de baixo para cima (concretagem submersa). Para que o concreto não se misture com a lama, coloca-se dentro do tubo uma bucha (geralmente uma bola de borracha) que, à medida que o concreto é lançado, vai descendo até ser expulsa, emergindo na superfície. Ao mesmo tempo, a lama é esgotada.

A experiência mostra que a aderência armadura-concreto não é prejudicada.

As paredes moldadas no solo são executadas em painéis *sucessivos* ou *alternados*.

A divisão dos painéis é feita com o auxílio de um *tubo-junta*, ou *chapa-junta*, colocado após a escavação e retirado antes do endurecimento do concreto (Fig. 8.25).

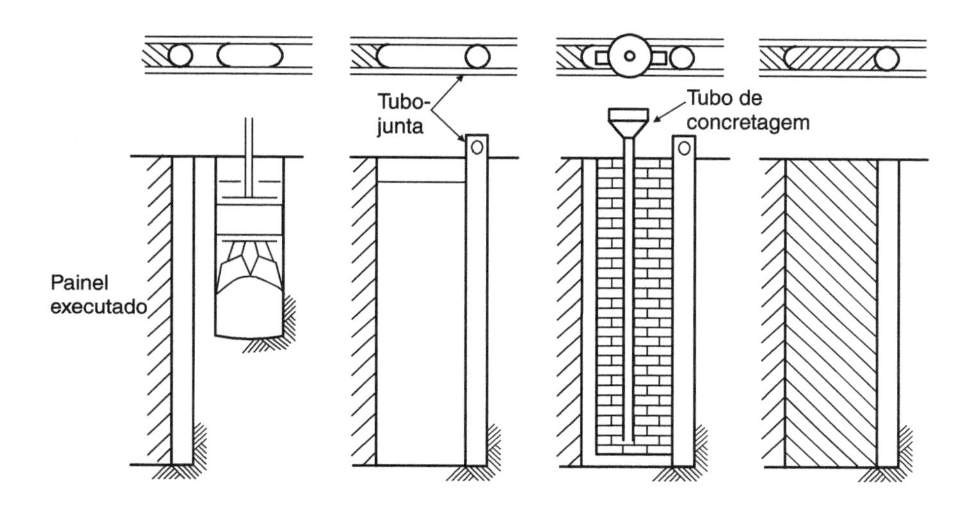

FIGURA 8.25

A espessura do painel e sua largura mínima são, respectivamente, a largura e o "passe" do *clamshell.*

Para um estudo sobre o assunto, recomenda-se o livro de Costet e Sanglerat, citado na bibliografia, bem como o de G. Schneebeli, editado em 1971, *Les parois moulées dans le sol.*

EXERCÍCIOS

1) Determine, segundo Terzaghi, a profundidade crítica de uma escavação escorada, com 4 m de largura, num terreno com $\gamma = 16$ kN/m^3 e $c = 10$ kN/m^2.

Solução
4,6 m.

2) Pede-se para o escoramento da escavação, suposta infinitamente longa, indicado na Figura 8.26: a) o diagrama de pressões; b) a força de compressão nas estroncas; c) o fator de segurança, segundo Bjerrum e Eide, quanto à ruptura do fundo.

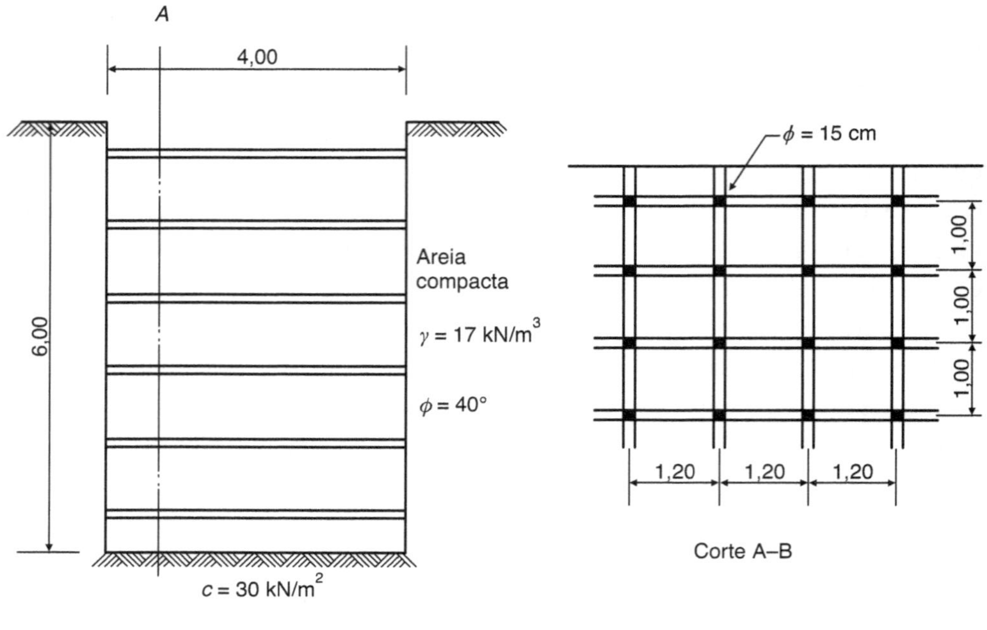

FIGURA 8.26

Solução

a) O diagrama de pressões é o indicado na Figura 8.27.

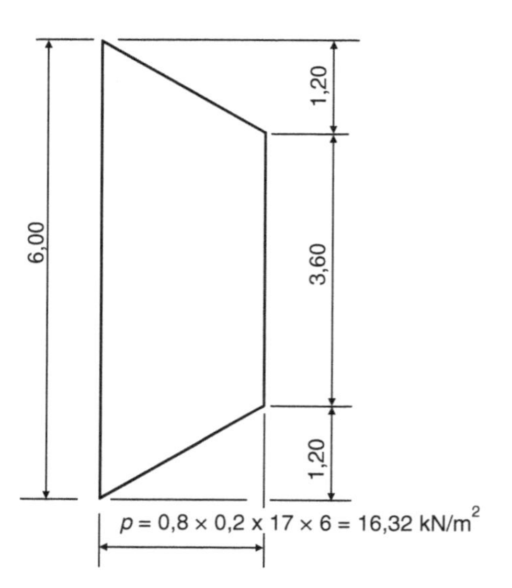

FIGURA 8.27

b) A compressão nas estroncas vale, assim:

$$1{,}0 \cdot 1{,}2 \cdot 16{,}32 = 19{,}6 \text{ kN}$$

c) O fator de segurança é dado por

$$FS = N_c \cdot \frac{c}{\gamma \cdot H + q}$$

que, com $q = 0$, $c = 30\text{kN/m}^2$ e $\frac{H}{B} = \frac{6}{4} = 1{,}5 \rightarrow N_c = 6{,}7$ fornece:

$$FS = \frac{30}{17 \cdot 6} \cdot 6{,}7 = \frac{201}{102} \cong 2$$

3) Dadas as indicações constantes da Figura 8.28, pede-se: a) trace o diagrama de pressões; b) calcule o espaçamento entre os perfis de escoramento, sabendo-se que serão utilizadas pranchas de peroba de seção 3″ × 10″ e com uma tensão admissível à flexão de 20 MN/m².

Solução

a) Com $\gamma = 17$ kN/m³ e $\phi = 30° \rightarrow K_a = 1/3$, de imediato obtém-se o "diagrama triangular" em que a base vale

$$p = K_a \cdot \gamma \cdot h = \frac{1}{3} \cdot 3 \cdot 17 = 17 \text{ kN/m}^2$$

b) A altura da prancha sendo $b = 10'' = 25{,}4$ cm, a carga, por metro, será:

$$q = p \cdot b = 17 \cdot 0{,}254 = 4{,}32 \cdot 10^{-4} \text{m}^3$$

O momento resistente da prancha de espessura $d = 3'' = 7{,}6$ cm vale:

$$W = \frac{b \cdot d^2}{6} = \frac{25{,}4 \cdot 7{,}6^2}{6} = 244{,}5 \text{ cm}^3 = 2{,}445 \times 10^{-4} \text{m}^3$$

Como $\sigma = 20.000$ MN/m², de $M = \sigma \cdot W$ obtém-se:

$$M = 20.000 \cdot (2{,}445 \cdot 10^{-4}) = 4{,}89 \text{ kN/m}$$

Por outro lado, como

$$M = \frac{q \cdot l^2}{8}$$

donde

$$l = \sqrt{\frac{8 \cdot M}{q}}$$

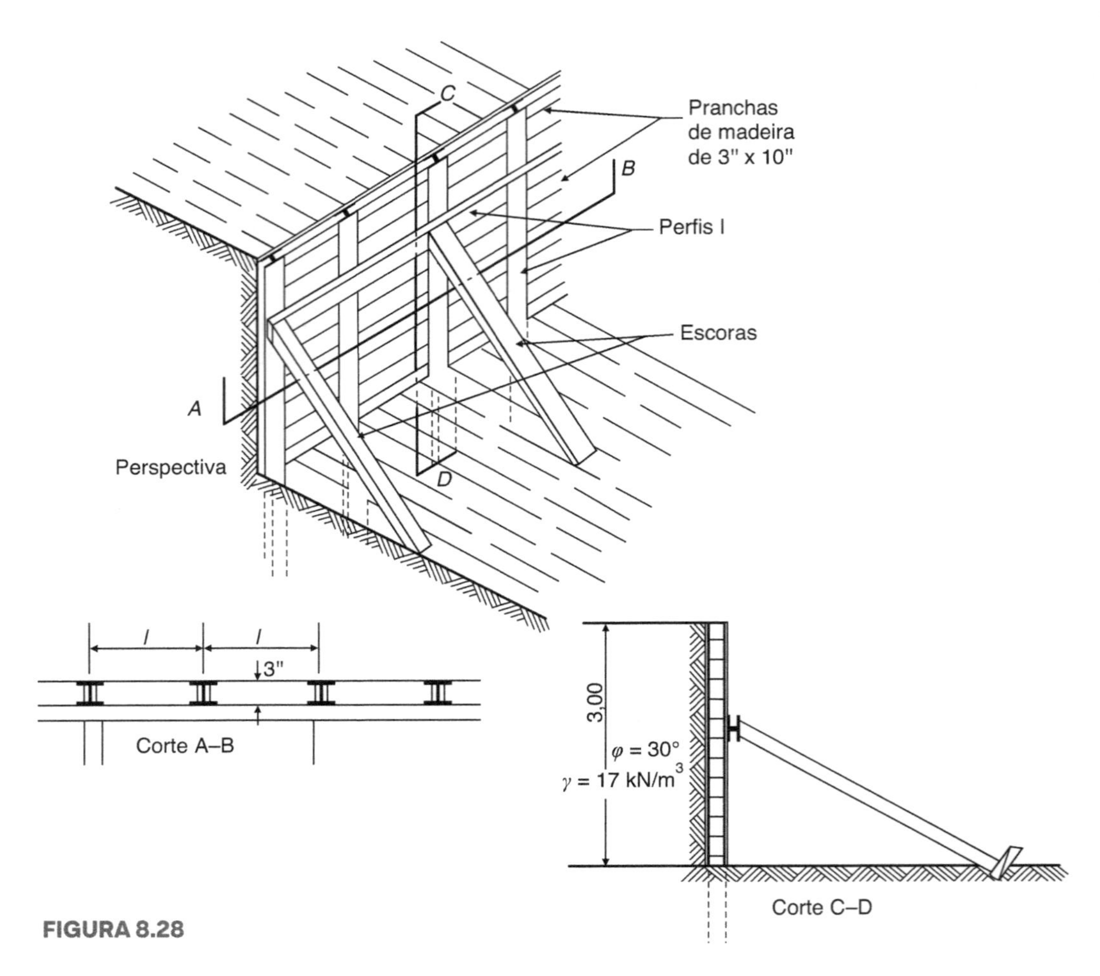

FIGURA 8.28

tem-se, finalmente:

$$l = \sqrt{\frac{8 \cdot 4,89}{4,32}} = \sqrt{9,06} = 3,01 \text{ m}$$

9

Exploração do Subsolo

9.1 CONSIDERAÇÕES INICIAIS

O primeiro requisito para se abordar qualquer problema de Mecânica dos Solos consiste em um conhecimento, tão perfeito quanto possível, das condições do subsolo, isto é, no reconhecimento da disposição, da natureza e da espessura de suas camadas, assim como de suas características, com respeito ao problema em exame. Tal conhecimento implica a *prospecção* do subsolo e a *amostragem* ao longo de seu decurso. Nesta fase dos estudos e em determinadas obras, torna-se indispensável, ainda, a colaboração, com o engenheiro civil, de um geólogo experimentado.

A importância desses estudos é tão grande e tão evidente, que alguém já comparou o engenheiro que os omitisse a um cirurgião que operasse sem um prévio diagnóstico ou a um advogado que defendesse uma causa sem um prévio entendimento com seu cliente.

Tanto a escolha do método e da técnica como a amplitude das investigações devem ser função das dimensões e das finalidades da obra, das características do terreno, dos dados disponíveis de investigações anteriores e da observação do comportamento de estruturas próximas.

Com efeito, para um estudo prévio, os mapas geológicos fornecem, muitas vezes, indicações úteis sobre a natureza dos terrenos. Do mesmo modo, o conhecimento do comportamento de estruturas próximas existentes, em condições semelhantes às que se pretende projetar – no que se refere à tensão admissível do terreno, tipo de fundação e características da estrutura –, propicia valiosos subsídios.

9.2 MÉTODOS DE EXPLORAÇÃO DO SUBSOLO[1]

Os principais métodos empregados para a exploração do subsolo podem ser classificados nos seguintes grupos:

---

[1] Numerosas e valiosas contribuições sobre o tema foram apresentadas em um Simpósio Internacional realizado em Paris, em 1983, e publicadas sob o título *Reconnaissance des sols et des roches par essais en place* (dois volumes).

a) Com retirada de amostras (deformadas ou indeformadas):
   - abertura de poços de exploração;
   - execução de sondagens.
b) Ensaios *in loco*:
   - auscultação;
   - ensaio de cone e piezocone;
   - ensaio de bombeamento e de "tubo aberto";
   - Vane Test, Rhéotest e pressiômetro;
   - medida da pressão neutra;
   - prova de carga;
   - medida de recalque;
   - ensaios geofísicos.

A cada um desses grupos vamos nos referir mais adiante.

Quanto à *amostra* de solo, isto é, a porção de solo *representativa* da massa da qual ela foi extraída, distinguimos aquelas – ditas *deformadas* – que se destinam apenas à identificação e classificação do solo, e aquelas outras – consideradas *indeformadas*, admitindo-se para tal a conservação de textura, estrutura e umidade – destinadas à execução de ensaios para determinação das propriedades físicas e mecânicas do solo. Uma condição, no entanto, que não se conserva, pelo inevitável desaparecimento das pressões confinantes, é a do "estado de tensão" a que estava submetida a amostra.

A decisão por um ou por outro tipo de amostra é função da heterogeneidade do subsolo, da natureza das camadas que o compõem e, ainda, da importância da obra que se vai executar.

Outra questão a ser observada é a do *acondicionamento* da amostra, a qual não deve sofrer variação em seu teor de umidade, nem perturbações durante seu transporte ao laboratório, quando se trata de amostra indeformada.

9.3 PROFUNDIDADE, LOCAÇÃO E NÚMERO DE SONDAGENS

Com relação à profundidade, à locação e ao número de sondagens, não é possível definir regras gerais, devendo-se, em cada caso, atender à natureza do terreno e da obra. Em muitos problemas, por exemplo, o das barragens ou das grandes obras de arte, torna-se indispensável levar o reconhecimento até o *bedrock*, procurando, ao mesmo tempo, conhecer seu perfil ao longo dos furos.

O estudo amplo e completo, relativo a um reconhecimento fisiográfico de uma região, é o que em inglês se denomina *survey*. Em se tratando de projeto de estrada, por exemplo, esse estudo deverá ser feito, senão antes, pelo menos durante a fase de locação.

Quando os estratos que compõem o terreno são mais ou menos paralelos, diz-se que o *perfil é simples* ou *regular*, e quando, ao contrário, são irregulares, diz-se que o *perfil é errático*.

Em rigor, a profundidade a ser alcançada pelas sondagens deve ser fixada levando-se em conta as curvas de distribuição de tensões.

A experiência indica que os recalques prejudiciais são raros quando a tensão adicional $\Delta\sigma$, resultante do peso da estrutura e atuante sobre camadas compressíveis, é inferior a 10 % da tensão σ atuante nessa camada e causada pelo peso próprio das camadas sobrejacentes. Portanto, a profundidade a ser alcançada pelas sondagens deve ser fixada levando-se em conta a distribuição de tensões.

Na prática, sugere-se que a profundidade média das sondagens, a partir da cota de fundação, satisfaça à condição:

$$D \geq (0{,}8\ a\ 1{,}0) \cdot p \cdot B$$

com D e B em metros, sendo B a menor dimensão da fundação e p (em kg/cm^2) a tensão média na base da fundação [Fig. 9.1(a)].

Tratando-se de fundação em estacas, a profundidade das sondagens deve ser contada a partir da ponta das estacas, podendo a profundidade anteriormente determinada ser reduzida em 1/3.

Algumas regras práticas para diferentes disposições das fundações são dadas na Figura 9.1(b), em que D é a profundidade mínima das sondagens, $L > B$, as dimensões da fundação, e A, o espaçamento entre elas.

Como condições gerais a serem observadas na exploração do subsolo para fins de caracterização de subleitos e jazidas, vejam-se as Instruções recomendadas pelos órgãos rodoviários e, para o caso de fundações, o que estipulam as normas da ABNT (NBR 6502, NBR 7181, NBR 8036, NBR 9061, NBR 6484, NBR 6122 e NBR 13441).

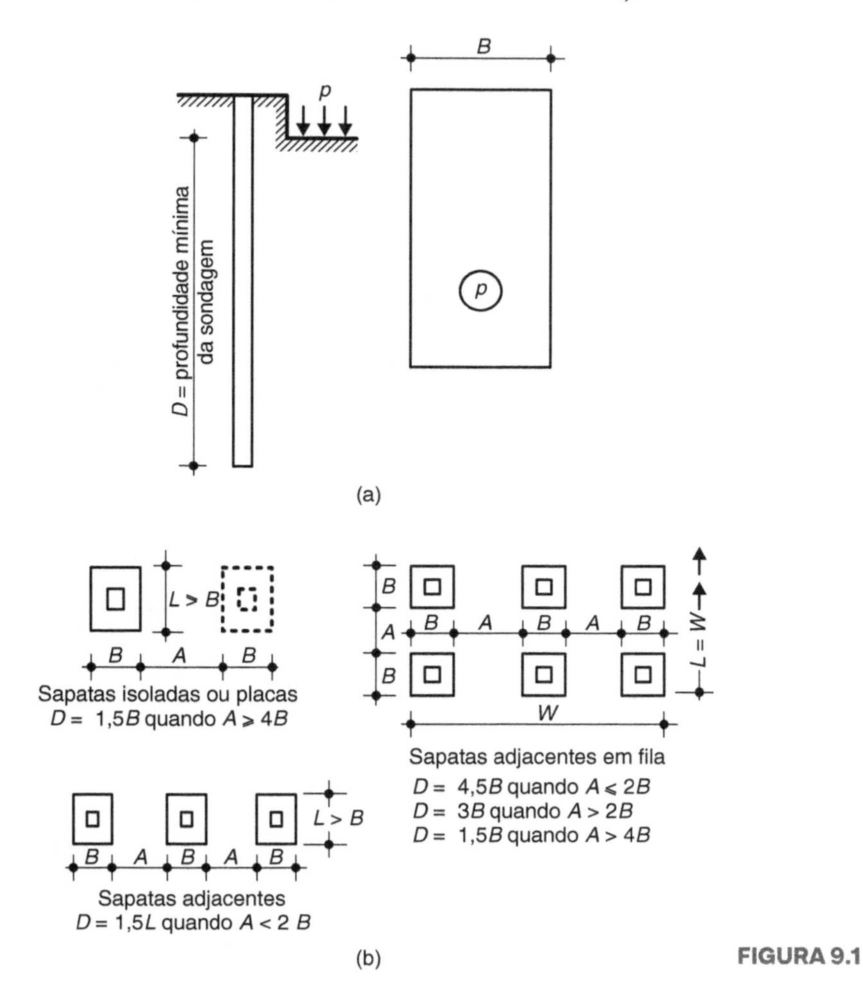

FIGURA 9.1

9.4 ABERTURA DE POÇOS DE EXPLORAÇÃO

A técnica que melhor satisfaz aos fins de prospecção é, sem dúvida, a abertura de poços de exploração, pois permite não só uma observação *in loco* das diferentes camadas como também a extração de boas amostras. O seu emprego, no entanto, encontra-se, na prática, limitado pelo seu elevado custo, o qual o torna, por vezes, economicamente proibitivo, exigindo onerosos trabalhos de proteção a desmoronamentos e esgotamento d'água quando a prospecção

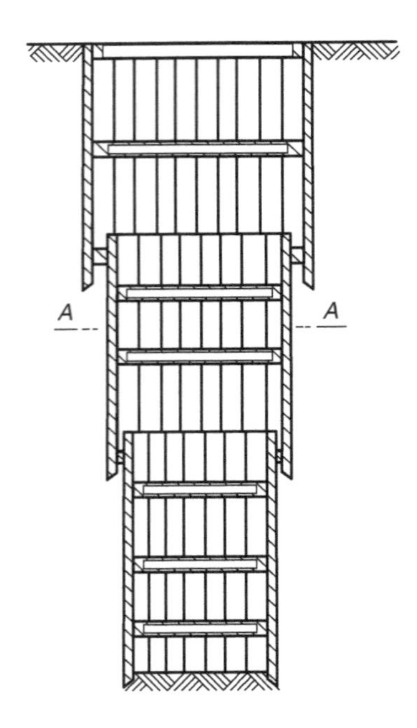

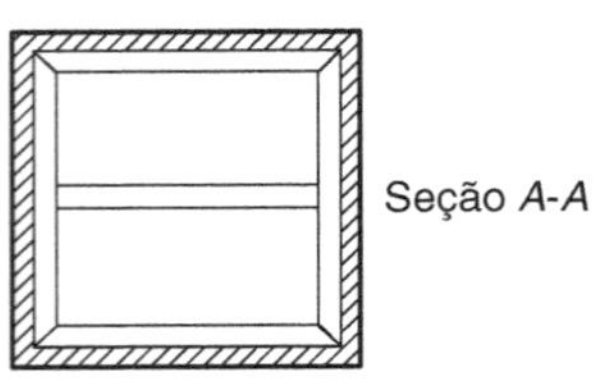

FIGURA 9.2

precisa descer abaixo do nível d'água. Mesmo assim, tem sido empregada em obras de vulto, que justificam grandes despesas com estudos prévios.

Na Figura 9.2 reproduzimos um poço de exploração escorado por cortinas que transmitem os empuxos do terreno a quadros horizontais e, na Figura 9.3, apresentamos os processos empregados para a retirada de amostras indeformadas na superfície do terreno ou no fundo de um poço, para solos de diferentes naturezas.

Em se tratando de terrenos cobertos por aterros onde se encontram corpos estranhos ou grandes blocos de rocha ou, ainda, terrenos com restos de antigas construções, aconselha-se o emprego de uma técnica mista, isto é, abertura de poços até a base desses aterros ou dessas antigas construções e, daí por diante, então, prosseguimento da prospecção por meio de sondagens. Solução idêntica pode ser adotada quando se atinge o nível do lençol freático.

9.5 EXECUÇÃO DE SONDAGENS

A execução de sondagens, a técnica mais comumente empregada, consiste, de modo geral, na abertura de um furo no solo, furo este normalmente revestido

(a) Solos coesivos sem pedregulho

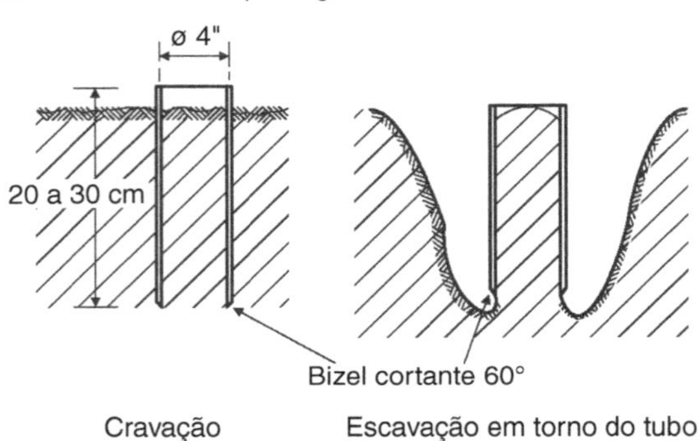

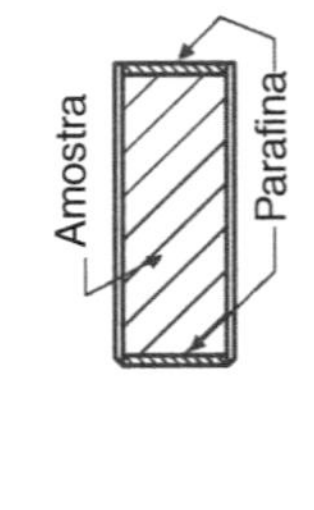

(b) Solos coesivos com pedregulho ou concrecionado

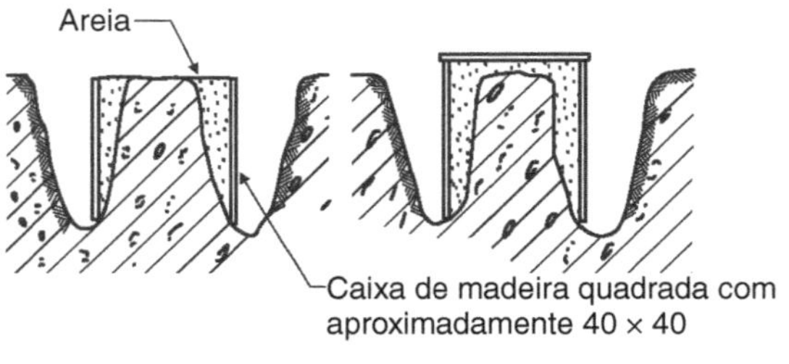

(c) Solos não coesivos

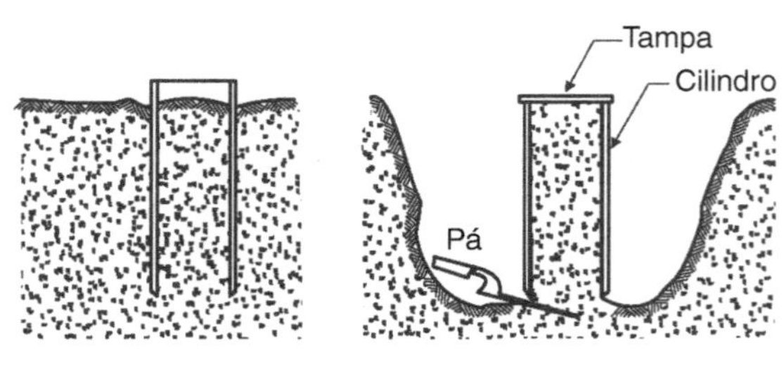

FIGURA 9.3

por tubos metálicos. A perfuração, como veremos adiante, é feita por meio de ferramentas ou de máquinas que vão provocando a desagregação parcial ou total do terreno, permitindo, desse modo, a extração de amostras representativas das diferentes camadas atravessadas. À medida que a sondagem progride e as amostras são coletadas, registram-se as diferentes cotas em que aparecem camadas distintas, mesmo aquelas de pequena resistência, assim como os diversos níveis d'água e todas as outras observações que possam elucidar ao engenheiro quando da fase de projeto da obra.

Observe-se que, no caso de pontes, opta-se, entre outras soluções, por sondagens apoiadas em flutuantes, tripoides (utilizados na Ponte Rio-Niterói), plataformas fixas ou sondagens em embarcações, dependendo da altura da lâmina d'água, das condições de marés, dos ventos etc. O *sino de sondagem* é, também, um equipamento empregado, entre outras finalidades, para o estudo das fundações de estruturas *offshore*.

9.6 TIPOS DE SONDAGENS

Os diferentes tipos de sondagens distinguem-se:

- pela retirada de amostras deformadas, e são ditas *sondagens de reconhecimento* (o diâmetro dos tubos de revestimento ou de guia é geralmente de 2″);
- pela retirada de amostras indeformadas (o diâmetro dos tubos é, em geral, de 6″).

Normalmente, uma prospecção geotécnica inicia-se com sondagens de 2″, decidindo-se depois pela necessidade, ou não, de sondagens de 6″, tendo em vista o vulto da obra em confronto com a natureza do terreno encontrado na sondagem preliminar.

9.7 SONDAGENS DE RECONHECIMENTO

As sondagens de reconhecimento iniciam-se com a execução de um furo feito por um *trado-cavadeira* (Fig. 9.4), até que o material comece a desmoronar, e, daí por diante, elas progridem, já com o furo revestido, seja por meio do *trado-espiral* (Fig. 9.5), da *bomba de areia* (Fig. 9.6) ou do chamado *método de percussão com circulação de água*, utilizando-se para isso o tipo de sonda indicado na Figura 9.7. Quando ocorre a obstrução do furo de sondagem, lança-se mão, por vezes com sucesso, do *trépano* (Fig. 9.8).

Os trados indicados são também de grande utilidade quando se deseja um reconhecimento a pequena profundidade, como é o caso, por exemplo, de estudos para fins de pavimentação.

A bomba de areia é utilizada para avanço da sondagem em areias puras e soltas abaixo do nível d'água, a qual, com movimentos bruscos de puxada e largada da corda que a sustenta, vai enchendo de areia; simultaneamente, o tubo de guia desce por meio de rotação.

O tipo e o emprego do equipamento de sondagem representados na Figura 9.7, introduzidos há mais de 40 anos, e adotados por todos os institutos técnicos oficiais e todas as firmas particulares especializadas – portanto, por demais conhecidos –, dispensam maiores considerações.

Basicamente, consiste em introduzir um tubo no terreno, mediante golpes de uma massa, com peso e altura de queda constantes, registrando a penetração e o número de golpes. Têm uma dupla função: colhem amostras (se bem que as alterando por choque e vibração)

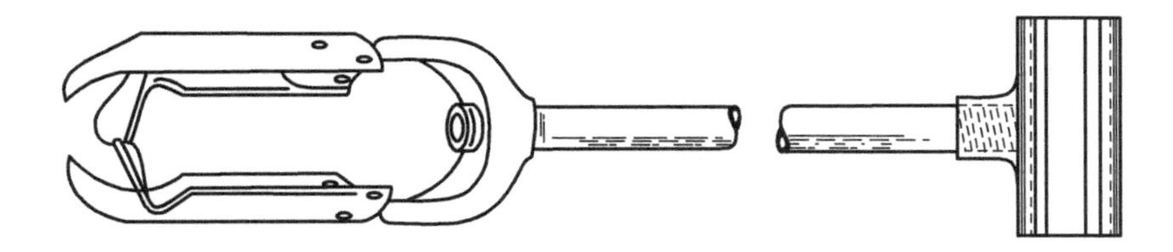

FIGURA 9.4

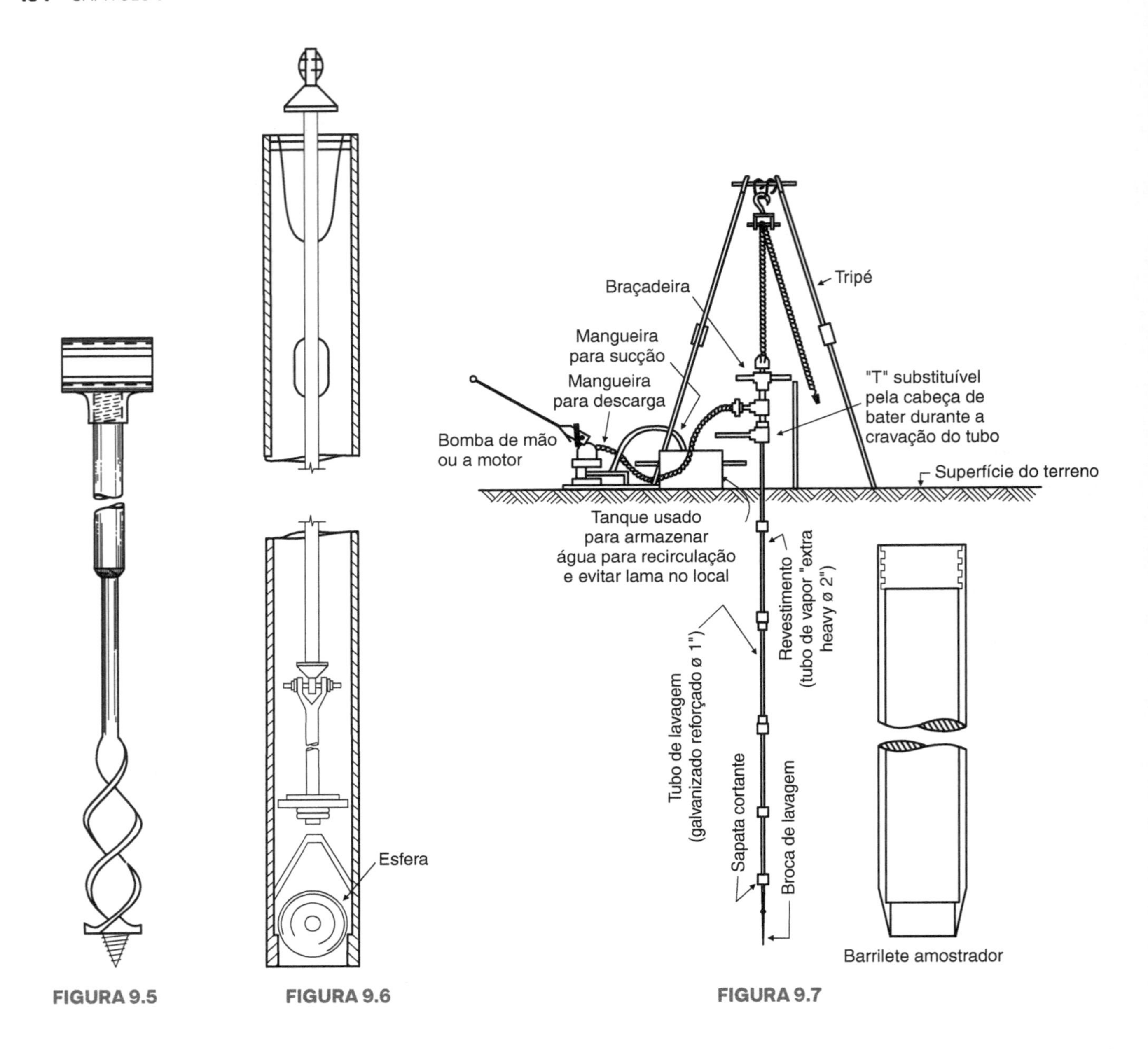

FIGURA 9.5 FIGURA 9.6 FIGURA 9.7

e medem a resistência à penetração, o que permite completar as informações sobre as diferentes camadas atravessadas. O método é econômico, rápido e aplicável à maioria dos solos, exceto pedregulhos.

No *standard penetration test* (SPT), o mais amplamente usado, o "barrilete amostrador" [Fig. 9.8(b)], com 2″ e 1 3/8″ de diâmetros externo e interno, respectivamente, e que se abre longitudinalmente (para retirada da amostra), é fixado na extremidade das hastes de cravação e cravado 45 cm no solo, por dentro do tubo de sondagem. A cravação é feita por um peso de 65 kg, com 75 cm de altura de queda. Primeiramente, se faz penetrar 15 cm e, em seguida, se registra o número N de golpes aplicados para cravar os outros 30 cm, anotando-se separadamente cada 15 cm.

Em 1988, Rankine sugeriu procedimentos adicionais ao ensaio, com a medição de torque após a execução do SPT, o que é conhecido como ensaio SPT-T.

Para areias finas submersas, com o número de golpes medidos $N' > 15$, o valor a considerar deve ser:

$$N = 15 + \frac{1}{2}(N'15)$$

No Quadro 9.1, extraído de Cestelli-Guidi, em *Geotecnica e tecnica delle fondazioni*, vol. 1, 1975, indicamos correlações aproximadas de N com a compacidade, a consistência e os parâmetros de resistência dos solos. O Quadro 9.2 apresenta a correlação de N com a compacidade, segundo recomendações da ABNT NBR 6484.

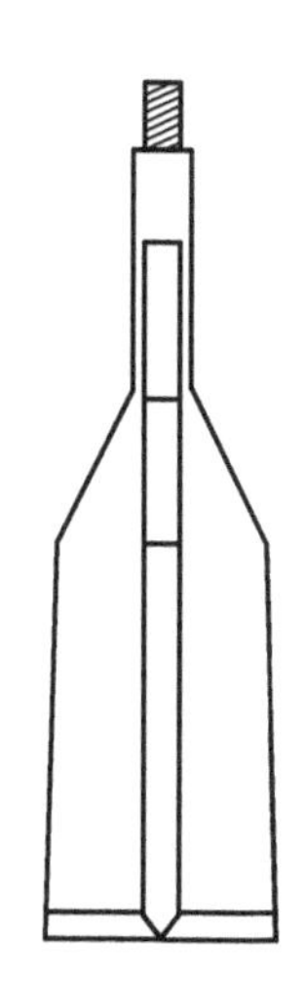

(a)

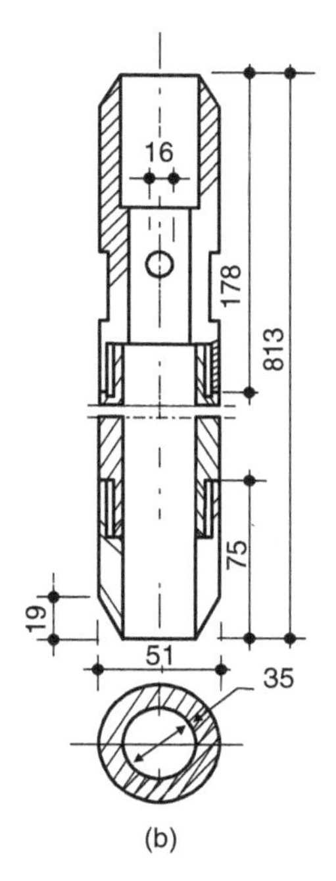

(b)

FIGURA 9.8

QUADRO 9.1 Avaliação dos parâmetros de resistência em função do SPT

Solos	**Nº de golpes N (SPT)**	**Índice de consistência (IC)**	**Coesão não drenada c_u (kN/m²)**
ARGILAS			
Muito mole	≤ 2	0	< 10
Mole	3-5	0-0,25	10-25
Média(o)	6-10	0,25-0,5	25-50
Rija(o)	11-19	0,5-0,75	50-100
Muito rija(o)	20-30	0,75-1,0	100-200
Dura(o)	≥ 30	> 1,0	> 200
		Grau de compacidade (GC) ou Densidade relativa (D_R)	**Ângulo de atrito (ϕ)**
AREIAS			
Muito fofa(o)	< 4	< 0,2	< 30°
Fofa(o)	5-8	0,2-0,4	30°-35°
Média(o)	9-18	0,4-06	35°-40°
Compacta(o)	19-40	0,6-0,8	40°-45°
Muito compacta(o)	> 40	> 0,8	> 45°

QUADRO 9.2 Estados de compacidade e de consistência

Solo	**Índice de resistência à penetração N**	**Designação***
Areias e siltes arenosos	≤ 4	Fofa(o)
	5 a 8	Pouco compacta(o)
	9 a 18	Medianamente compacta(o)
	19 a 40	Compacta(o)
	> 40	Muito compacta(o)
Areias e siltes argilosos	≤ 2	Muito mole
	3 a 5	Mole
	6 a 10	Média(o)
	11 a 19	Rija(o)
	20 a 30	Muito rija(o)
	> 30	Dura(o)

* As expressões empregadas para a designação de compacidade das areias (fofa, compacta etc.) são referências à deformabilidade e à resistência destes solos, sob o ponto de vista de fundações, e não podem ser confundidas com as mesmas denominações empregadas para a designação da compacidade relativa das areias ou para a situação perante o índice de vazios críticos, definidos na Mecânica dos Solos.

Para as areias bem graduadas, Zeevaert sugere a relação $\phi \sim 26° + 20\, D_r$.

A Figura 9.9 mostra-nos uma correlação entre N e a tensão admissível para as areias.

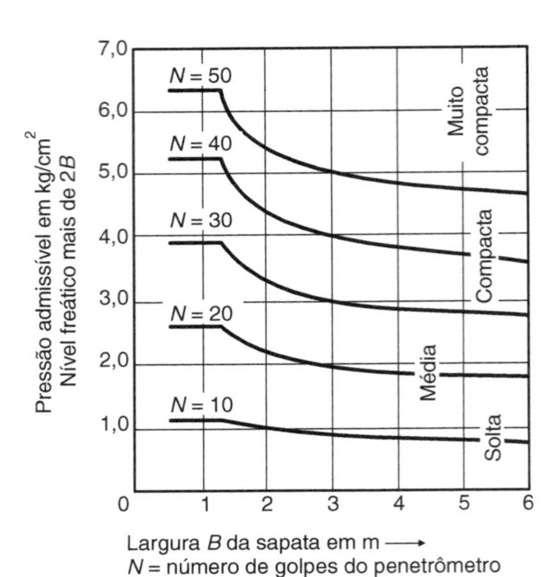

FIGURA 9.9

Para a tensão admissível das argilas, uma relação razoavelmente satisfatória é a seguinte:

$$\sigma_{adm} = 1{,}33 \cdot N \left(1 + 0{,}3 \cdot \frac{B}{L}\right) \quad (\text{em t/m}^2)$$

sendo B e L as dimensões da sapata ($B < L$).

As correlações existentes devem ser utilizadas prudentemente, tendo em vista as restrições a que correlações desse tipo estão sempre sujeitas.

Para outras condições de cravação do barrilete, o número de golpes N equivalente ao SPT pode ser obtido pela fórmula aproximada:

$$N = \frac{30 \cdot n \cdot h}{75 \cdot \delta}$$

sendo h a altura de queda e n o número de golpes correspondentes à penetração δ.

Se as características do barrilete também são outras, Karol sugere uma relação para obter o N equivalente ao SPT.

Chamaríamos a atenção, ainda, para um dado de grande interesse prático, que deve ser anotado ao se executar uma sondagem: a altura a que a água ascende no tubo de revestimento, em certo tempo (digamos 10 minutos), após atingido o lençol d'água. Isso nos permitirá verificar se o lençol d'água se encontra, ou não, sob tensão.

Há algum tempo generalizou-se o emprego de tubos de parede fina, conhecidos como *shelby-tubes*, com os quais se obtêm amostras semideformadas.

9.8 SONDAGENS COM RETIRADA DE AMOSTRAS INDEFORMADAS

De modo geral, as sondagens para retirada de amostras indeformadas (6″) são executadas do mesmo modo que as de 2″. Toda a diferença reside no maior cuidado com que devem ser feitas e nos tipos de amostradores empregados, a alguns dos quais faremos referência a seguir.

A cravação desses amostradores não deverá ser feita por percussão (esta é uma das maiores causas de alteração das amostras), e sim, como é usual, pela carga de um cilindro hidráulico reagindo contra uma ancoragem fixada no próprio tuboguia.

Na Figura 9.10 reproduzimos um corte da parte inferior do amostrador, com a indicação de seus diâmetros característicos. A escolha desses diâmetros é feita de tal maneira que reduzam ao mínimo possível as alterações na amostra.

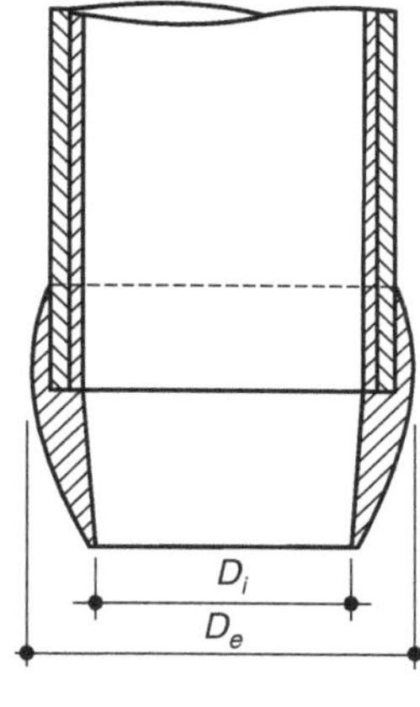

FIGURA 9.10

O *grau de alteração* A_r% da amostra é medido pela razão entre a área A_e da porção do solo que é deslocada pelo amostrador durante sua cravação e a área A_i limitada pela sapata cortante.

Nessas condições, sendo:

$$A_e = \frac{\pi}{4} \cdot \left(D_e^2 - D_1^2\right)$$

$$A_i = \frac{\pi}{4} \cdot D_1^2$$

temos:

$$A_r\% = \left(\frac{D_e^2 - D_i^2}{D_i^2}\right) \cdot 100$$

Para tubos de aço com 2″ de diâmetro e de paredes delgadas, A_r% é, aproximadamente, igual a 10 %.

9.9 AMOSTRADORES PARA SOLOS COESIVOS

Na Figura 9.11(a) representamos o amostrador de pistão MIT (Massachusetts Institute of Technology), o qual é empregado para amostragem de solos coesivos. Uma característica especial desse aparelho é o fio de aço para cortar a amostra. Atualmente, esses amostradores são usados com camisas metálicas para recolher as amostras.

Entre outros tipos de amostradores para solos coesivos, citaríamos o de Moran-Proctor, o de Porter e o de Casagrande-Mohr-Rutledge [Fig. 9.11(b)], o qual é munido de dispositivos, pouco eficientes, para fazer vácuo na parte superior e comprimir ar na parte inferior da amostra, visando sustentá-la no interior da camisa receptora.

9.10 AMOSTRADORES PARA SOLOS NÃO COESIVOS

Se o problema da obtenção de amostras indeformadas não é simples para solos coesivos, muito menos o é para solos não coesivos. Isso porque acresce a circunstância de que a amostra, uma areia pura, por exemplo, não se mantém, por si só, dentro do amostrador. Torna-se, pois, necessário prover a base do amostrador, tal como indica na Figura 9.12 o amostrador de Ivanoff, de um sistema de chapas móveis que, recolhidas no curso da cravação, desçam e prendam a amostra durante a extração (com prejuízo, assim, para as características do amostrador, o qual terá que ser de parede espessa).

Outro recurso de que se poderia lançar mão para a retirada de amostras indeformadas de solos não coesivos consiste na estabilização preliminar desses solos pela *injeção de produtos betuminosos* ou pelo *congelamento*. Esses processos, além de serem passíveis de crítica, são de difícil aplicação e muito onerosos, sendo, por isso, raramente aplicados.

Na prática, essa deficiência na amostragem de solos não coesivos é suprida pelos ensaios de auscultação de que nos ocuparemos adiante.

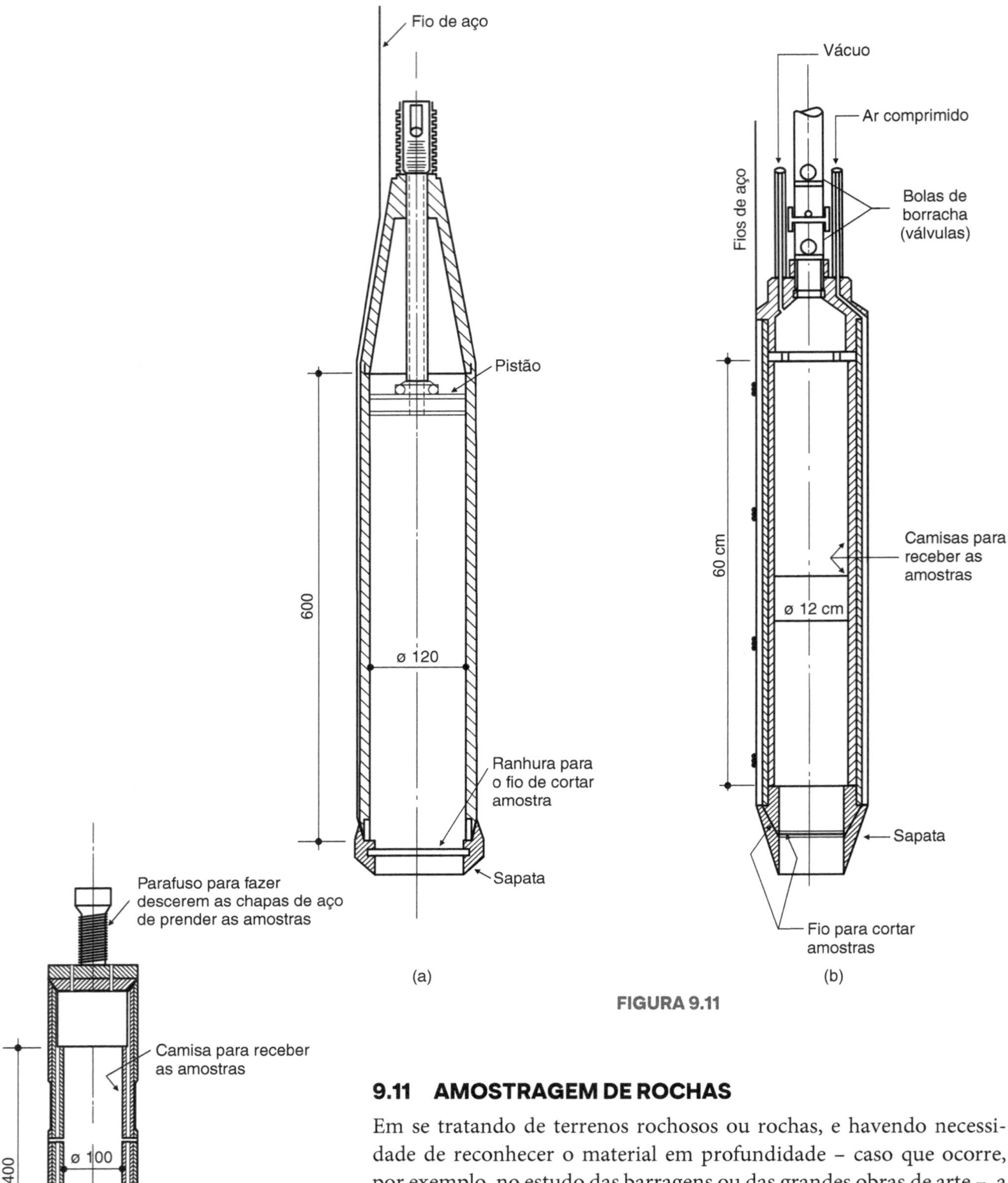

FIGURA 9.11

FIGURA 9.12

9.11 AMOSTRAGEM DE ROCHAS

Em se tratando de terrenos rochosos ou rochas, e havendo necessidade de reconhecer o material em profundidade – caso que ocorre, por exemplo, no estudo das barragens ou das grandes obras de arte –, a obtenção de amostras é feita por meio de *sondas rotativas*, empregando-se, geralmente, brocas de diamante. Os diâmetros das amostras (ou *testemunhos*), em geral, variam de 2 a 10 cm; dada a grande velocidade de rotação dessas sondas, elas permitem um avanço muito rápido. Desse tipo, que corta a amostra, é o chamado *amostrador Denison*, usado quando se trata de solo muito resistente.

9.12 APRESENTAÇÃO DOS RESULTADOS DE UM SERVIÇO DE SONDAGEM

Os resultados de um serviço de sondagem são sempre acompanhados de relatório, fornecendo as seguintes indicações:

- planta de situação dos furos;
- perfil de cada sondagem com as cotas de onde foram retiradas as amostras;
- classificação das diversas camadas e os ensaios que as permitiram classificar;
- níveis do terreno e dos diversos lençóis d'água, com a indicação das respectivas tensões;
- resistência à penetração do barrilete amostrador, indicando as condições em que ela foi tomada (diâmetro do barrilete, peso do pilão e altura de queda).

Na Figura 9.13 reproduzimos um perfil individual de uma sondagem, bem como um perfil geral do terreno.

Perfil de sondagem S-1 (ø 2")

+ 0,50

NA 2,70

Penetração Golpes/cm	Profundidade (m)	Amostra	Classificação do material
	000 – 1,00		Escavação
5/30	1,00 – 2,00	①	Areia fina e média, pouco argilosa, com pedregulho, pouco compacta, cinza
3/30 2/30	2,00 – 3,75	② ③	Idem, fofa, marrom
4/30 5/30	3,75 – 6,00	④ ⑤	Areia fina e média, muito argilosa, pouco compacta, marrom
9/30	6,00 – 6,80	⑥	Areia média e grossa, argilosa, com pedregulho, compacta, cinza
25/30	6,80 – 7,90	⑦	Idem, muito compacta, amarelada
30/30 50/30	7,90 – 10,70	⑧ ⑨	Areia fina e média, com mica muito compacta, cinza e marrom (alteração de rocha)

Limite de sondagem (rocha)

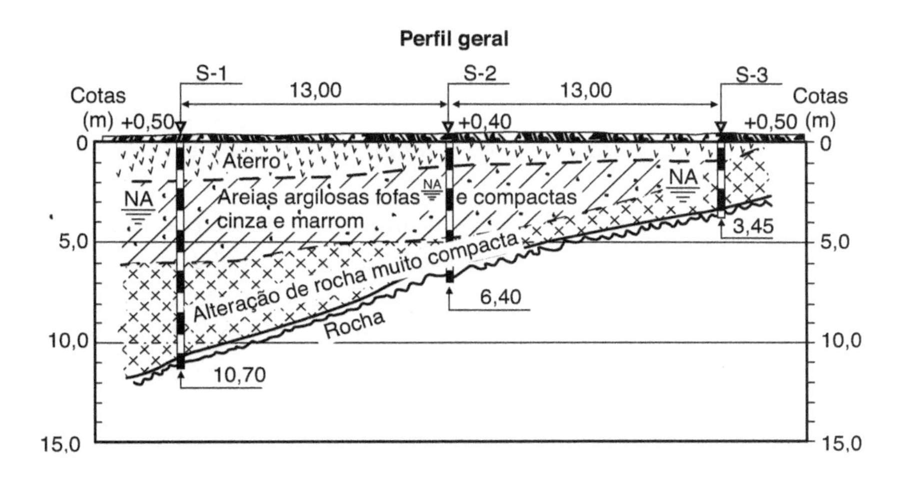

FIGURA 9.13

Com base nesses resultados, é usual traçar-se um *subsolo representativo*, isto é, uma idealização do subsolo real, a fim de permitir, de maneira mais simples, uma análise do problema em estudo.

9.13 ENSAIO DE AUSCULTAÇÃO

Este ensaio, também conhecido como *ensaio de penetração*, consiste, nas suas linhas gerais, em cravar uma haste no solo e registrar a resistência dinâmica ou estática oferecida à sua penetração. Daí, dois tipos de ensaios: dinâmico e estático.

Os ensaios de penetração constituem valiosas técnicas auxiliares na radiografia dos terrenos, podendo seus resultados correlacionar-se com a compacidade, a consistência, a compressibilidade e a resistência ao cisalhamento dos solos. Indicam, além disso, os níveis rochosos ou estratos resistentes e as cavidades existentes nos terrenos. São ensaios complementares às sondagens, e, em geral, realizados durante a execução destas.

Ensaios dinâmicos Há muitos anos que engenheiros e construtores têm recorrido à prática de cravar perfis metálicos ou estacas de madeira a fim de avaliar qualitativamente, por meio do número de golpes necessário para conseguir uma dada penetração, a resistência de um terreno em profundidade.

Presentemente, utilizamo-nos desse ensaio como um elemento a mais de informação para esclarecer a natureza do subsolo, e em geral, a não ser que o utilizemos apenas com a finalidade de delimitar obstáculos, ele é sempre realizado durante a execução das sondagens.

9.14 ENSAIOS ESTÁTICOS (ENSAIOS DE CONE E PIEZOCONE)

Esses ensaios, conhecidos pelas siglas CPT (*cone penetration test*) e CPTU (*cone penetration test undrained* ou *piezocone*), vêm se caracterizando internacionalmente como uma das mais importantes ferramentas de prospecção geotécnica. Resultados de ensaios podem ser utilizados para determinação estratigráfica de perfis dos solos, determinação de propriedades dos materiais prospectados, particularmente em depósitos de argilas moles, e previsão de capacidade de carga de fundação.

O princípio do ensaio de cone é bastante simples, consistindo na cravação no terreno de uma ponteira cônica (60° de ápice) a uma velocidade constante de 20 mm/s (Fig. 9.14). A seção transversal do cone é normalmente de 10 cm^2, podendo atingir até 15 cm^2 para equipamentos mais robustos, de maior capacidade de carga.

O procedimento de ensaio é padronizado segundo a ASTM D3441, entretanto há diferenças entre equipamentos, que podem ser classificados em três categorias: (a) cone mecânico, caracterizado pela medida na superfície, com a transferência mecânica, pelas hastes, dos esforços necessários para cravar a ponta cônica q_c e o atrito lateral f_s; (b) cone elétrico, cujas células de carga instrumentadas eletricamente permitem a medida de q_c e f_s diretamente na ponteira; e (c) o piezocone, que, além das medidas elétricas de q_c e f_s, garante a contínua monitoração das pressões neutras u geradas durante o processo de cravação.

O equipamento de cravação consiste em uma estrutura de reação sobre a qual é montado um sistema de aplicação de cargas. Sistemas hidráulicos são normalmente utilizados para essa finalidade, sendo o pistão acionado por uma bomba hidráulica acoplada a um motor a combustão ou elétrico. Uma válvula reguladora de vazão possibilita o controle preciso da velocidade de cravação durante o ensaio. A penetração é obtida pela cravação contínua de hastes de comprimento de 1 m, seguida da retração do pistão hidráulico para posicionamento de nova haste.

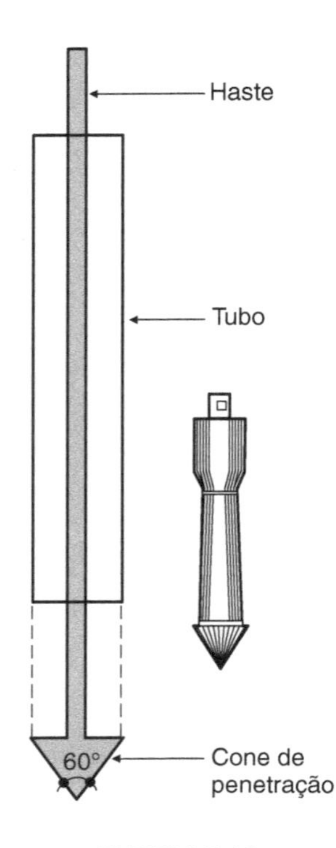

FIGURA 9.14

O conjunto pode ser montado sobre um caminhão, utilitário ou reboque, cuja capacidade varia entre 10 e 20 toneladas (100 e 200 kN). A reação aos esforços de cravação é obtida pelo peso próprio do equipamento e/ou por meio de fixação ao solo de hélices de ancoragem.

Sistemas automáticos de aquisição de dados são normalmente empregados em ensaios de cone. Programas computacionais simples permitem o gerenciamento do processo de aquisição e armazenamento das medidas *in situ*, a partir da interação entre um conversor analógico/digital (*datalogger*) e um computador. É recomendável o uso de um gatilho automático, que, posicionado entre a haste de cravação e o pistão hidráulico, fecha o circuito elétrico ao princípio da cravação e desencadeia o início das leituras. Assim, não há interferência do operador na aquisição de dados de ensaio.

Em conclusão, os principais atrativos do ensaio são o registro contínuo da resistência à penetração, fornecendo uma descrição detalhada da estratigrafia do subsolo, informação essencial à composição de custos de um projeto de fundações, e a eliminação de qualquer influência do operador nas medidas de ensaio (q_c, f_s, u).

No ensaio CPT, as grandes medidas são a resistência de ponta q_c e o atrito lateral f_s, sendo a razão de atrito $R_f = f_s/q_c$ o primeiro parâmetro derivado do ensaio, utilizado para a classificação dos solos. Valores de medidas contínuas de q_c, f_s e R_f são plotados ao longo da profundidade, conforme a Figura 9.15.

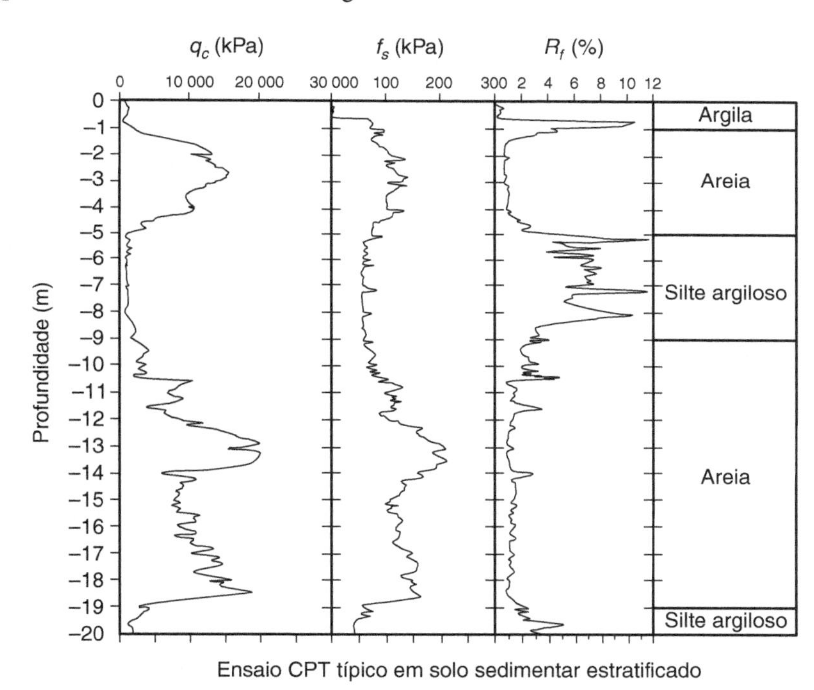

Ensaio CPT típico em solo sedimentar estratificado

FIGURA 9.15

No caso do piezocone (CPTU), as informações qualitativas do CPT são complementadas pelas medidas de poropressões geradas durante o processo de cravação.

Nesse caso, utiliza-se um novo parâmetro de classificação dos solos, B_q, em que:

$$B_q = \frac{u_2 - u_0}{q_t - \sigma_{v_0}}$$

sendo:

B_q = parâmetro de poropressão;

u_0 = pressão hidrostática;

u_2 = poropressão medida na base do cone;

q_t = resistência de ponta do cone corrigida;
σ_{v_0} = tensão vertical *in situ*.

As medidas contínuas de resistência ao longo da profundidade, associadas à extrema sensibilidade na monitoração das poropressões, possibilitam a identificação precisa das camadas de solos, podendo-se, por exemplo, detectar camadas drenantes delgadas.

O exemplo típico de um perfil de piezocone é apresentado na Figura 9.16 na qual as medidas contínuas de q_t, R_f, u_0, u e B_q são plotadas ao longo da profundidade.

Identifica-se, com clareza, a existência de uma camada de argila mole de aproximadamente 15,00 m de espessura, caracterizada por baixos valores de q_t e geração significativa de excesso de poropressões ($u \cong q_t$ e $B_q \cong 1$). A ocorrência de uma lente de areia de pequena espessura à profundidade de 5,50 m é detectada pelo aumento pontual de q_t e $\Delta u = 0$.

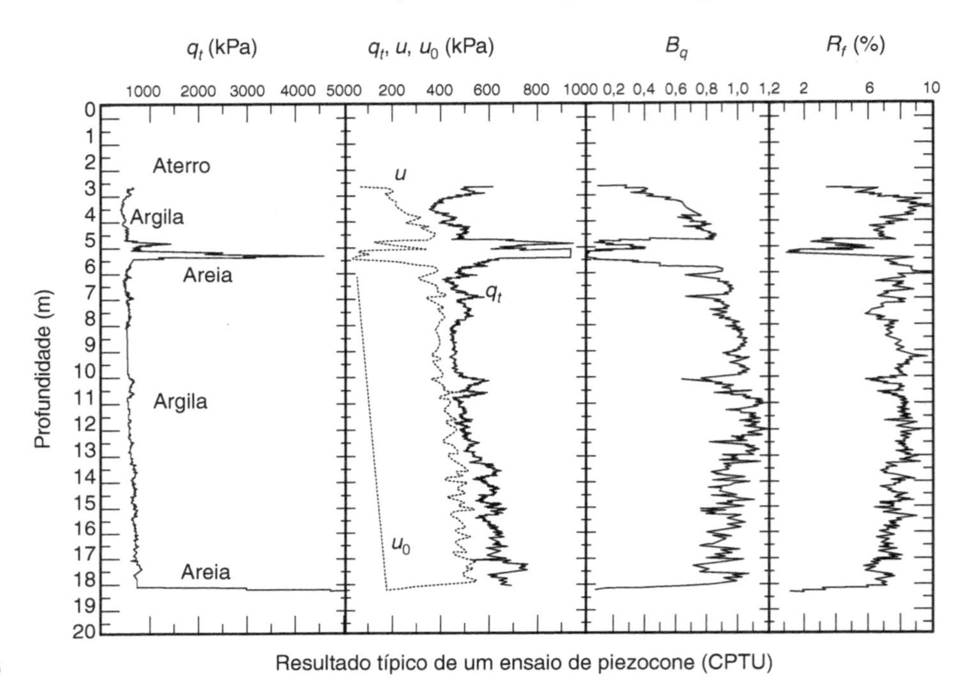

FIGURA 9.16 Resultado típico de um ensaio de piezocone (CPTU)

Numerosas correlações estatísticas têm sido propostas entre os ensaios penetrométricos estáticos e dinâmicos, segundo Meyerhof, por exemplo:

$$q_c\left(\text{kgf/cm}^2\right) = \left(12\ a\ 4\right) \cdot N$$

sendo o coeficiente 12 para as areias e solos arenosos e 4 para as argilas e solos argilosos.

Outra correlação muito útil, extraída de *Fundações rasas* [publicação do IME (1975)], é a seguinte:

$$q_c = \frac{E'}{m}$$

em que $E' = \dfrac{\Delta p}{\Delta h / h}$ é o "módulo edométrico" do solo, que corresponde ao "módulo de elasticidade" E, utilizado para os demais materiais de construção.

O valor de E' assim calculado, em função de q_c, pode ser utilizado para cálculo estimativo de recalques.

Nos Quadros 9.3 e 9.4, respectivamente, transcrevemos os valores típicos de m e de E' para diferentes tipos de solos.

A tendência cada vez maior é aliar o ensaio de cone a outros ensaios, e gradativamente estão sendo implementados no Brasil os ensaios de cone sísmico, cone pressiométrico e cone resistivo, muito usados em engenharia ambiental para mapear espacialmente a extensão de áreas contaminadas.

QUADRO 9.3 Valores típicos de *m*

Solo	*m*
Areias (r_p > 4,5 MN/m²)	1,5
Areia argilosa, argila dura (1,5 MN/m² ≤ r_p ≤ 3,0 MN/m²)	2 a 5
Argila mole (r_p ≤ 1,0 MN/m²)	5 a 10

QUADRO 9.4 Valores típicos de *E'*

Solo	*E'* (MN/m²)
Argila muito mole	0,35-2,8
Argila mole	1,75-4,2
Argila média	4,2-8,4
Argila dura	7,0-17,5
Argila arenosa	28,0-42,0
Areia siltosa	7,0-21,0
Areia fofa	10,5-24,5
Areia compacta	49,0-85,0
Areia compacta e pedregulho	98,0-197,0

9.15 ENSAIOS DE BOMBEAMENTO E DE "TUBO ABERTO"

Eles permitem, como vimos anteriormente, a determinação da permeabilidade do solo sem retirada de amostras.

9.16 VANE TEST, RHÉOTEST E PRESSIÔMETRO

Vane Test (*scissomètre* ou "ensaio de palheta")

Com esse ensaio, determina-se *in situ* a resistência ao cisalhamento de solos coesivos. O esquema da Figura 9.17 mostra o princípio em que se fundamenta. Cravado o aparelho no terreno, mede-se o momento *M* necessário para fazê-lo girar. A este se opõem os momentos resultantes das resistências ao cisalhamento que se desenvolvem ao longo da superfície lateral e das bases do cilindro de ruptura do solo que envolve as duas placas retangulares. Na rotação, os bordos da placa geram uma superfície de revolução. Como não há possibilidade de drenagem, o ensaio é classificado como "não drenado".

Chamados de M_1 o momento resistente sobre a superfície cilíndrica vertical e de M_2 o momento sobre cada uma das bases horizontais do cilindro, podemos escrever que o momento resistente total registrado no aparelho é igual a:

$$M = M_1 + M_2$$

Com *r* sendo o raio das palhetas, tem-se:

$$M_1 = (2 \cdot \pi \cdot r \cdot h) \cdot r \cdot c_u = 2 \cdot \pi \cdot h \cdot r^2 \cdot c_u = 8 \cdot \pi \cdot r^3 \cdot c_u$$

com $h = 2 \cdot (2 \cdot r) = 4 \cdot r$

Dividindo cada base em uma série de anéis elementares concêntricos, tem-se:

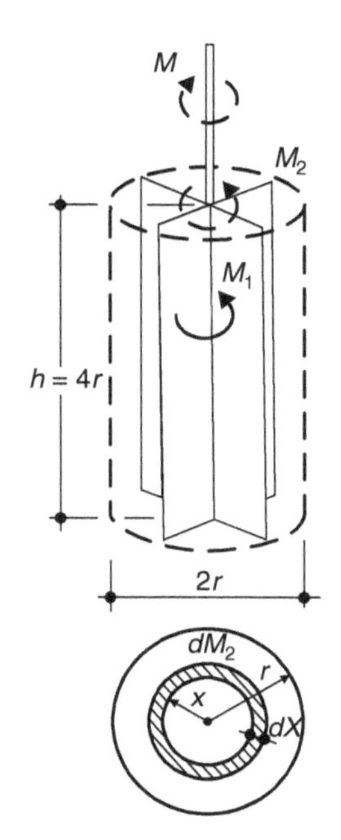

FIGURA 9.17

$$dM_2 = (2 \cdot \pi \cdot x \cdot dx) \cdot x \cdot c_u = 2 \cdot \pi \cdot x^2 \cdot dx \cdot c_u$$

e daí:

$$M_2 = c_u \cdot \int_e^r 2 \cdot \pi \cdot x^2 dx = \frac{2\pi}{3} \cdot r^3 \cdot c_u$$

Então:

$$M = 8 \cdot \pi \cdot r^3 \cdot c_u + \frac{4 \cdot \pi}{3} \cdot r^3 \Rightarrow c_u = \frac{28}{3} \cdot \pi \cdot r^3 \cdot c_u$$

e, portanto:

$$c_u = \frac{3}{28} \cdot \frac{M}{\pi \cdot r^3}$$

que é o valor da coesão não drenada da argila.

Rhéotest

É um aparelho, introduzido em 1967 por Biarez, que se baseia no mesmo princípio do Vane Test, permitindo, porém, conhecer a componente normal da tensão ao longo da superfície de ruptura, o que leva à possibilidade de se determinar a "curva intrínseca" do material, mediante uma série de ensaios.

Ensaios pressiométricos

Estes foram introduzidos por Kögler e Scheidig em 1930 e desenvolvidos posteriormente, em 1957, por Ménard. Eles se propõem a medir o módulo de deformação transversal ou módulo pressiométrico E_p dos solos – que se utiliza no cálculo de recalques – e a pressão-limite p_l que corresponde à ruptura dos terrenos – que intervém nos cálculos de estabilidade das fundações.

A razão E_p/p_l é considerada uma característica do tipo de solo, sendo tanto maior para os solos resistentes. Nos solos correntes, essa razão varia estatisticamente entre 8 e 12.

A Figura 9.18(a) nos dá uma ideia esquemática do pressiômetro. O ensaio consiste em transmitir uma pressão à célula principal e medir, em cada instante, a pressão e o volume de água injetado. A célula é de altura constante, deformando-se, portanto, lateralmente. A Figura 9.18(b) mostra-nos os resultados das medidas, em que se observam quatro fases distintas: (1) fase de recompactação; (2) fase pseudoelástica; (3) fase plástica e (4) fase de equilíbrio-limite. Esse ensaio é padronizado pela norma norte-americana ASTM D4719.

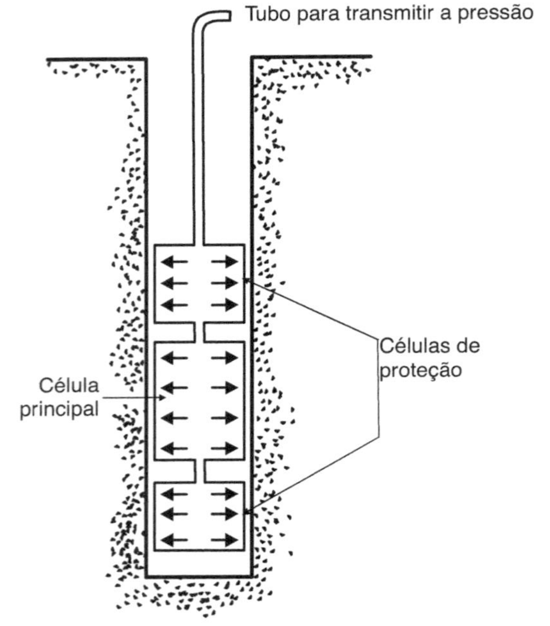

(a)

(b)

FIGURA 9.18

9.17 MEDIDA DE PRESSÃO NEUTRA

No estudo do equilíbrio de uma camada de argila mole, sob um carregamento crescente, proveniente da construção de aterro, constitui um elemento de grande valia a medida das pressões neutras. A determinação dessas pressões pode ser feita, muito simplesmente, cravando-se um tubo, com a extremidade inferior porosa, até a cota onde se deseja fazer a medida; a altura que a água atinge no tubo fornece o valor da pressão procurada (se maior que a correspondente ao nível do lençol freático, indicará a existência de uma sobrepressão).

9.18 PROVA DE CARGA

As características de compressibilidade de um solo podem também ser obtidas a partir de provas de carga diretas sobre o terreno.

Esses ensaios consistem em carregar progressivamente o terreno, utilizando-se placas metálicas de dimensões determinadas, e medir os recalques sucessivos, conforme as normas ABNT NBR 6122 e ABNT NBR 6484. Os resultados obtidos são traduzidos em um gráfico tensão-recalque (Fig. 9.19).

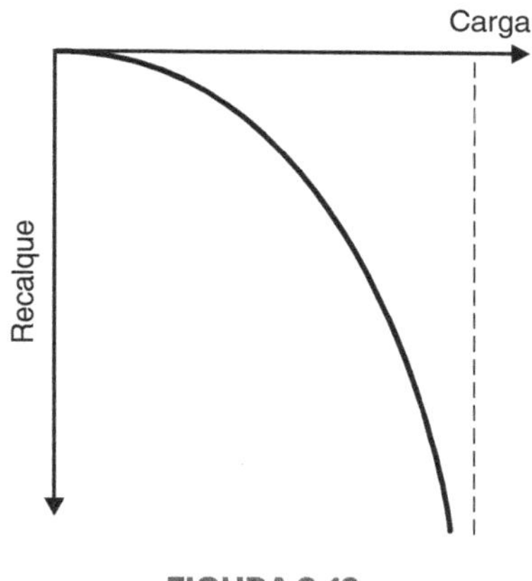

FIGURA 9.19

Sobre os valores obtidos influem, de maneira apreciável, as dimensões e a forma da placa de carregamento, o tipo de carga (se estática ou dinâmica) e o número de repetições de carga.

Por intermédio de provas de carga determina-se o *coeficiente de recalque* k (também chamado constante de Winker) de um solo, que é a razão entre a tensão σ e o recalque y produzido.

$$k = \frac{p}{y}\ (\text{kN/m}^2/\text{m})$$

O seu valor é utilizado para fins de dimensionamento de "pavimentos rígidos" ou para o estudo de "vigas de fundação sobre base elástica".

Quanto ao comportamento de uma fundação, como se depreenderá do estudo sobre distribuição de tensões, pouco nos esclarece o resultado de uma prova de carga sem os elementos fornecidos por sondagens.

Nos problemas de estacas ou tubulações submetidas a cargas horizontais, define-se o *módulo de reação horizontal* k_h (referido à largura unitária da estaca) como a razão entre a reação σ do terreno e o deslocamento y (Fig. 9.20). Assim, $p = k_h \cdot dy$. Para terrenos coesivos, adota-se k_h = constante, e para terrenos não coesivos, admite-se uma variação linear com a profundidade $k_h = n_h \cdot \frac{z}{D}$ com n_h (de dimensão FL^{-3}) um coeficiente constante para cada tipo de solo (ver Naval Facilities Engineering Command. *Design Manual.* Foundation and Earth Structures, 1986).

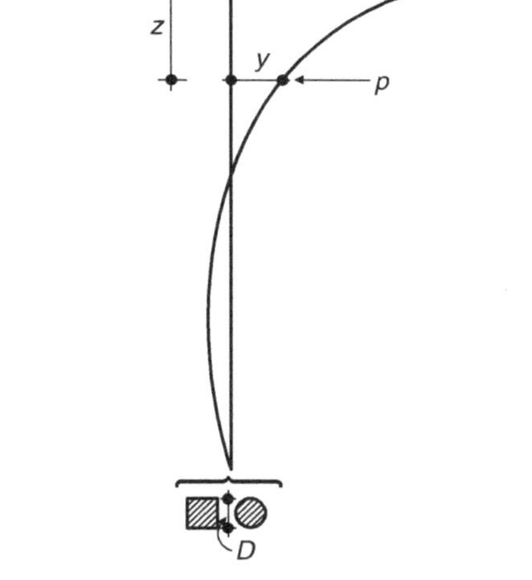

FIGURA 9.20

9.19 MEDIDA DE RECALQUE

A determinação dos recalques de uma obra constitui um elemento de grande importância para seu controle, seja na fase da execução – caso, por exemplo, da construção de aterros –, seja para um eventual reforço, em se tratando de fundações.

Como se exige que tais medidas sejam rigorosas, é indispensável que, preliminarmente, se adote um marco de referência (*benchmark*).

Na Figura 9.21 esquematizamos uma referência de nível (*benchmark*) apropriada à medida de recalques.

Para medida dos recalques de fundações, usa-se um nível óptico de precisão (a de um bom nível é de 0,5 mm) ou, então, o "nível de vasos comunicantes", introduzido por Terzaghi

(Fig. 9.22); esse nível é capaz de uma precisão de 0,01 mm. Na maioria dos casos, o primeiro é perfeitamente satisfatório. Constatados os recalques ocorridos, mediante nivelamentos periódicos entre o *benchmark* e as peças de referência embutidas nos pilares, traçam-se as curvas de igual recalque sobre a planta dos pilares, as quais permitem, então, se ajuizar do comportamento da fundação.

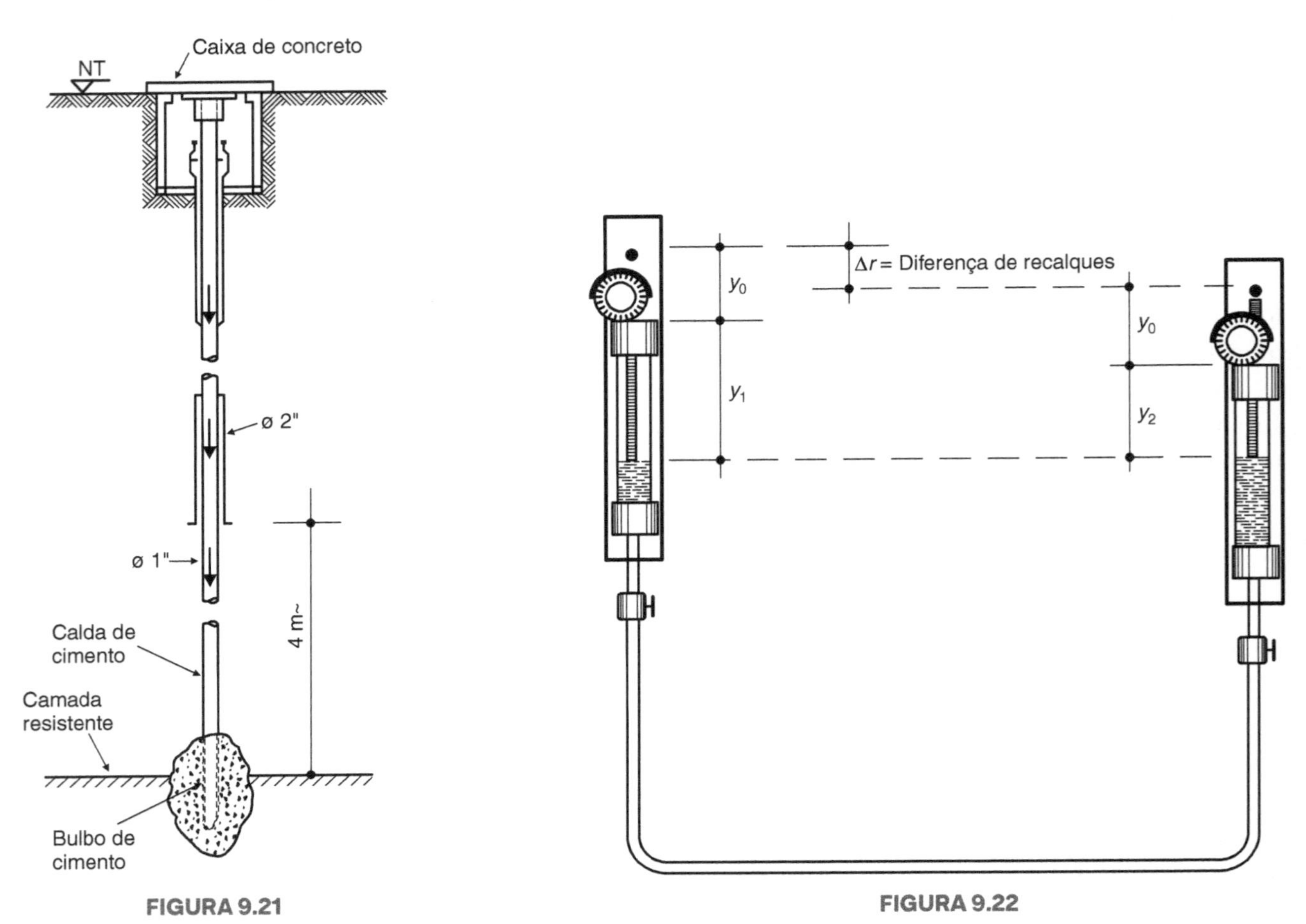

FIGURA 9.21

FIGURA 9.22

9.20 ENSAIOS GEOFÍSICOS

A prospecção geofísica – das quais as mais comuns são a sísmica e a elétrica – permite determinar o tipo e a espessura das camadas, bem como detectar singularidades do terreno (presença de grandes blocos de rocha ou cavidades subterrâneas), o que é especialmente importante no estudo preliminar do projeto de grandes obras (aterros, pontes, barragens).

A interpretação de seus resultados deve ser comprovada por outros métodos de reconhecimento (sondagens, auscultações etc.). O seu emprego, contudo, pode reduzir o número de outros ensaios, conduzindo a uma economia nos estudos, particularmente quando se trata de áreas muito extensas a serem exploradas.

Ensaio sísmico

Seja por reflexão ou por refração, consiste em medir a velocidade de propagação de ondas vibratórias, enquanto o *ensaio elétrico* se baseia na medida da resistividade do solo.

Método da resistividade elétrica

O princípio do método é ilustrado pela Figura 9.23. Por meio de dois eletrodos, *A* e *B*, cravados no terreno, faz-se passar uma corrente de intensidade *I*; por entre dois outros, *M* e *N*, mede-se a diferença de potencial V. Sendo d a distância comum entre os quatro eletrodos, a fórmula de Wenner:[2]

$$\rho = 2 \cdot \pi \cdot d \cdot \frac{V}{I}$$

fornece o valor da resistividade elétrica do terreno, suposto homogêneo.

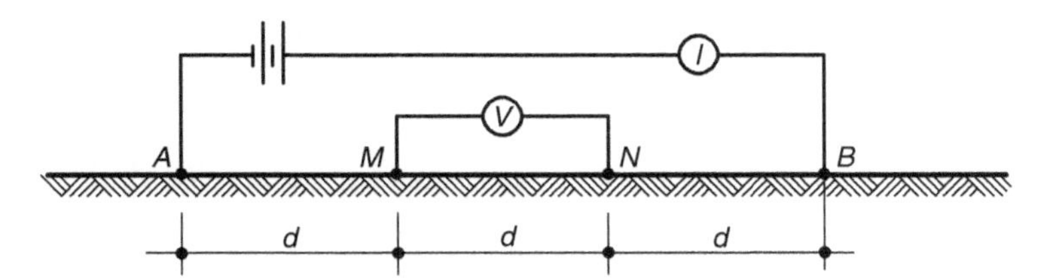

FIGURA 9.23

Tratando-se de terrenos não homogêneos, o valor obtido representará a resistividade média das diferentes camadas, até a profundidade alcançada pela investigação, que se considera igual a d, ou seja, o espaçamento comum entre os eletrodos. A profundidade de investigação aumenta, portanto, com o maior afastamento dos eletrodos.

As maiores resistividades correspondem às rochas; valores intermediários referem-se aos pedregulhos; os menores valores relacionam-se com siltes e argilas saturadas.

Método da refração sísmica

A Figura 9.24 esquematiza o princípio em que se fundamenta. Essencialmente, consiste em emitir, de determinado ponto, ondas sísmicas produzidas por um choque ou uma explosão, as quais são captadas por uma rede de sismógrafos.

Se marcarmos em abscissas as distâncias dos sismógrafos ao ponto de perturbação e em ordenadas os tempos que as ondas levam para atingir os sismógrafos, obteremos duas retas, de declividades $1/v_1$ e $1/v_2$ (Fig. 9.25), em que v_1 e v_2 são as velocidades, respectivamente, na primeira e segunda camadas.

Como para determinado sismógrafo de abscissa x_1, ponto de interseção das duas retas, as ondas *direta* e *refratada* o alcançam ao mesmo tempo, da fórmula:

---

[2] O fundamento teórico dessa fórmula é o seguinte: a propagação da corrente elétrica de intensidade I, a partir do ponto A (figura a seguir), se processa segundo trajetórias retilíneas; assim, entre duas esferas de raios r e $r + dr$ há uma diferença de potencial dV que, de acordo com a lei de Ohm, é proporcional ao comprimento dr e inversamente proporcional à superfície do solo condutor, ou seja:

$$dV = -\frac{\rho \cdot dr}{2 \cdot \pi \cdot r^2} \cdot I$$

em que ρ é a resistividade elétrica do solo. Integrando:

$$V = \frac{\rho \cdot I}{2 \cdot \pi \cdot r}$$

donde:

$$\rho = 2 \cdot \pi \cdot t \cdot \frac{V}{I}$$

$$h = \frac{x_1}{2} \cdot \sqrt{\frac{v_2 - v_1}{v_2 + v_1}}$$

deduz-se a espessura h da camada, uma vez que as velocidades v_1 e v_2 obtêm-se das declividades das duas retas.

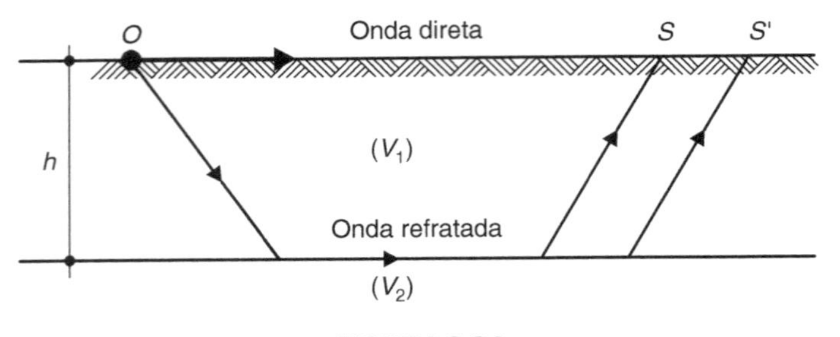

FIGURA 9.24

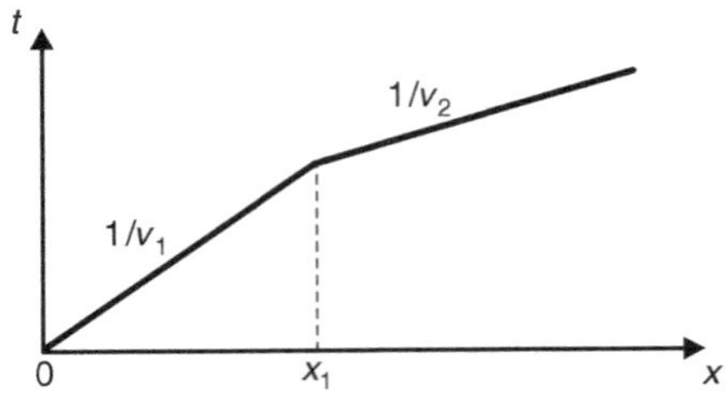

FIGURA 9.25

Para a maioria dos solos a velocidade de propagação de ondas sísmicas varia entre 150 e 2500 m/s, correspondendo os valores menores às areias soltas e os maiores, aos pedregulhos compactos; as argilas têm valores intermediários, tanto maiores quanto mais duras. Para as rochas sãs, os valores oscilam entre 2000 e 8000 m/s. Na água, a velocidade é da ordem de 1400 m/s.

Por esse método pode-se, também, obter valores aproximados do módulo E dos solos, utilizando a relação teórica:

$$E = \frac{v^2 \cdot \gamma \cdot \left(1 - \mu - 2 \cdot \mu^2\right)}{g \cdot (1 - \mu)}$$

em que:

v = velocidade de propagação das ondas sísmicas no interior do solo;
γ = peso específico do solo;
μ = coeficiente de Poisson;
g = aceleração da gravidade.

Para explorações superficiais foi desenvolvido um aparelho sísmico portátil chamado *Terra Scout*.

Outros métodos

Os outros métodos de prospecção geofísica – *gravimétrico* (que utiliza aparelhos muito sensíveis, como a balança de torção ou pêndulos) e *magnético* (empregando magnetômetros) – não são, em geral, usados nas aplicações da Mecânica dos Solos.

9.21 OUTRAS TÉCNICAS

A exploração visual, por meio de galerias, poços e trincheiras abertas no terreno, é, evidentemente, de grande interesse, uma vez que, por meio das amostras obtidas pelas sondagens, não se pode reconhecer a direção ou a inclinação ou, ainda, a orientação de eventuais falhas ou fraturas de maciços rochosos. Para essa finalidade, as *fotografias em cores* constituem um registro de grande valor.

Uma técnica muito elegante, embora bastante onerosa, para inspeção visual das paredes de um maciço consiste em utilizar uma *câmera especial de televisão*, colocada no interior de um tubo de sondagem ou de uma escavação para execução de um tubulão.

9.22 COMPROVAÇÃO DURANTE E APÓS A CONSTRUÇÃO

As investigações geotécnicas não se esgotam nas fases de projeto, quando se trata de obras de vulto em terrenos difíceis.

A "medida de recalques" de uma obra, por exemplo, durante e após a construção – segundo técnica já mencionada e bastante conhecida –, constitui um elemento de grande importância, seja, principalmente, com vistas ao controle do seu comportamento (e consequente aferição das hipóteses, critérios e teorias de cálculo e métodos construtivos), seja para um eventual reforço, em se tratando de fundações.

Igualmente necessárias e úteis são as "medidas das pressões neutras" que se desenvolvem nos maciços terrosos, para as quais se utilizam "piezômetros"; há vários tipos, e o de uso mais frequente é o de Casagrande (Fig. 9.26).

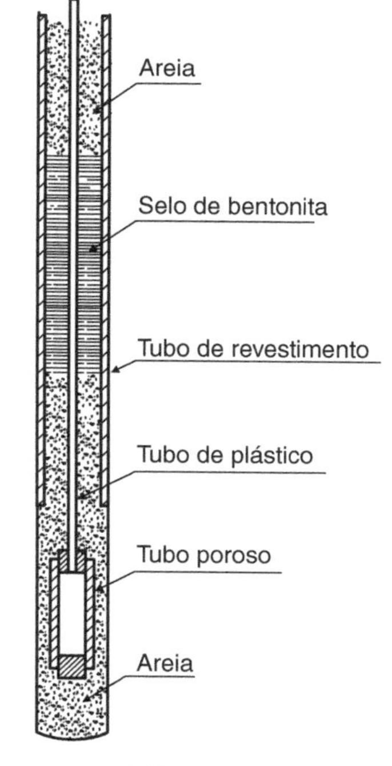

FIGURA 9.26

Também a instalação de "células de carga", para captar tensões que são despertadas nos maciços terrosos, é muito empregada.

Registre-se, ainda, por sua importância, as provas de carga executadas nos tubulões da Ponte Rio-Niterói, para confirmar critérios de projeto. Entre elas, uma prova de carga vertical à compressão, até 1750 t, e uma prova de carga horizontal de 100 t, em que foi utilizado o *slope indicator* (inclinômetro) para determinar a deflexão do tubulão ao longo de todo o seu comprimento.

Hoje, nas pistas experimentais para pavimentos de rodovias e aeroportos, tem sido desenvolvida técnica bastante avançada de instalação de instrumentos de medição, tais como células de carga, extensômetros, pares termoelétricos, tensômetros etc.

A propósito, cremos que não há melhor justificativa para tais estudos e pesquisas do que a ênfase dada por Terzaghi e Peck (foto) na 2ª edição (1973) do seu conhecido e conceituado livro *Mecânica dos Solos na Prática da Engenharia*, com o acréscimo de um capítulo (o 12º) sobre *observações de comportamento*, classificando-as e descrevendo-as em sete categorias:

1. observações para detectar sinais de perigo iminente;
2. observações do terreno durante a construção;
3. prévias a reforço de fundações;
4. visando aperfeiçoar métodos construtivos;
5. para acumular experiência local;
6. com vistas a perícias judiciais;
7. para comprovar teorias.

RALPH B. PECK (CANADENSE: 1912).

Em abono, ainda, da importância dessas pesquisas, basta recordar os simpósios – hoje na ordem do dia – que têm sido realizados sobre instrumentação de campo e ensaios *in loco* como os que tiveram lugar na Coppe/UFRJ em novembro de 1975 e no Nanyang Technological Institute, de Cingapura, em 1986.

Podemos, assim, resumir nas seguintes fases o problema das fundações de uma obra:

Investigações ⇒ *Estudos* ⇒ *Execução* ⇒ *Controles.*

10

Introdução ao Estudo das Fundações

10.1 CONSIDERAÇÕES INICIAIS

Chama-se *fundação*[1] a parte de uma estrutura que transmite ao terreno subjacente a carga da obra.

O estudo de toda fundação compreende, preliminarmente, duas partes essencialmente distintas:

a) cálculo das cargas[2] atuantes sobre a fundação;
b) estudo do terreno.

Com esses dados, passa-se à escolha do tipo de fundação, tendo-se presente que:

a) as cargas da estrutura devem ser transmitidas às camadas de terreno capazes de suportá-las sem ruptura, segundo a ABNT NBR 8681, estado limite último;
b) as deformações das camadas de solo subjacentes às fundações devem ser compatíveis com as da estrutura, segundo a ABNT NBR 8681, estado limite de utilização;
c) a execução das fundações não deve causar danos às estruturas vizinhas;
d) ao lado do aspecto técnico, a escolha do tipo de fundação deve atentar também para o aspecto econômico.

Finalmente, segue-se o *detalhamento* e *dimensionamento*, estudando-se a fundação como elemento estrutural.

Segundo Krynine: "When designing foundations, the engineer should consider three signs, +, – and $."

---

[1] Do latim *fundare*, que significa apoiar, firmar, fixar.

[2] Para um cálculo preliminar das fundações pode-se adotar – para uma estrutura convencional de um edifício de concreto armado (residencial ou para escritórios) – uma carga distribuída $p = 12$ kN/m²/andar. Assim, para um edifício com n andares, os pilares receberiam cargas iguais a $P = n \cdot p \cdot A$, sendo A a área de influência de cada pilar.

O terreno de fundação

a) Do ponto de vista construtivo, os materiais que compõem os terrenos de fundação agrupam-se nos seguintes tipos:
   - *Rochas* O termo "rocha" designa apenas os materiais naturais consolidados, duros e compactos da crosta terrestre ou litosfera. Tal como em Geologia, distinguem-se três grandes categorias de rochas: eruptivas (granitos, basaltos etc.), sedimentares (calcários, arenitos etc.) e metamórficas (gnaisses, mármores etc.).
   - *Blocos de rocha, matacões e pedras* Encontram-se frequentemente também "blocos de rocha" (diâmetro médio superior a 1 m), matacões (diâmetro médio superior a 25 cm e inferior a 1 m) e pedras (diâmetro superior a 7,6 cm e inferior a 25 cm), imersos em camadas de solos residuais e mesmo sedimentares.
   - *Rochas alteradas* São materiais que normalmente se encontram acima ou ao lado das rochas firmes e que, comportando-se como rochas, já apresentam vestígios de alteração; é provável que apresentem também fissuras ou fendas preenchidas com outros materiais.
   - *Solos* São os materiais que se originam de meteorização das rochas pela ação de agentes transformadores (físicos, químicos ou biológicos), constituindo a epiderme do esqueleto rochoso da crosta ou litosfera. Se os produtos resultantes permanecem no local da rocha de origem, caso que ocorre com grande frequência no Brasil, denominam-se *solos residuais* (ou autóctones); se sofrem a ação de agentes transportadores (água, vento, gravidade etc.) chamam-se *solos sedimentares* (ou alotóctones); sendo de origem essencialmente orgânica, de natureza vegetal (plantas, raízes) ou animal (conchas), denominam-se *solos de formação orgânica.*
   - *Pedregulhos* Solos constituídos por grãos minerais de dimensões compreendidas entre 60 mm e 2,0 mm.
   - *Areias* Solos com partículas de dimensões entre 2,0 mm e 0,06 mm. Classificam-se em grossas, médias e finas; quanto à compacidade, em fofas ou soltas, medianamente compactas e compactas. Apresentam elevado ângulo de atrito interno (ϕ).
   - *Siltes* Solos constituídos por grãos minerais com dimensões compreendidas entre 0,06 mm e 0,002 mm. Quando secos, formam torrões facilmente desagregáveis por tensão dos dedos.
   - *Argilas* Solos coesivos constituídos por grãos minerais cujas dimensões são inferiores a 0,002 mm. Apresentam marcantes características de plasticidade e fraca permeabilidade. Quanto à consistência, classificam-se em muito moles (vasas), moles, médias, rijas e duras. *Lodo* é o termo vulgar para as argilas orgânicas muito moles. *Lama* é o nome usado para as argilas moles amolgadas.
   - *Bentonitas* Argilas ultrafinas formadas pela alteração química de cinzas vulcânicas. Em sua composição predomina a montmorilonita, o que explica sua tendência ao inchamento.
   - *Turfas* Solos com grande porcentagem de partículas fibrilares de material carbonoso, ao lado de matéria orgânica no estado coloidal; o material é fofo, não plástico e combustível. Encontram-se em zonas pantanosas.
   - *Alterações de rochas* Solos que apresentam ainda vestígios das rochas de origem. Os saibros, por exemplo, são solos em avançado estágio de alteração.
   - *Solos concrecionados* Massas de solos cujos grãos foram ligados por um cimento natural qualquer (argiloso, calcário, ferruginoso etc.).
   - *Solos superficiais* Solos logo abaixo da superfície do terreno natural, expostos à ação dos fatores climáticos e dos agentes de origem vegetal e animal. Constituem a "terra

vegetal". São formados por uma mistura de areia, silte ou argila, ou por uma combinação deles com a matéria orgânica (húmus). Têm valor apenas para a agricultura.

- *Aterros* Depósitos artificiais de qualquer tipo de solo ou de entulho.

b) Além da caracterização dos tipos de materiais, a *estratificação dos terrenos* tem grande influência na estabilidade das obras. Os estratos que compõem o terreno podem ser mais ou menos paralelos [Fig. 10.1(a)] ou irregulares, formados por cunhas ou lentes [Fig. 10.1(b)]. Em casos como o da Figura 10.1(c), onde existem estratos heterogêneos, podem-se prever recalques diferenciais.

A inclinação dos estratos é também um dado importante a ser investigado. As Figuras 10.2(a) e 10.2(b) ilustram os perigos de ocorrência de deslizamentos a que estão expostas uma fundação [Fig. 10.2(a)] e uma escavação [Fig. 10.2(b)].

c) É também importante determinar o nível ou os níveis dos *lençóis freáticos*. Assim se designa a água que se move livremente no terreno, submetida unicamente à ação da gravidade e preenchendo todos os vazios do solo. Esses lençóis aquíferos podem ser "livres" ou "artesianos", dependendo de a água estar confinada entre camadas impermeáveis ou semipermeáveis (Fig. 10.3).

Caso particular dos aquíferos livres são os denominados "aquíferos suspensos", em que a água é suportada por uma camada impermeável ou semipermeável, situada acima do nível freático da zona.

A Figura 10.4 ilustra o caso dos lençóis aquíferos independentes, ou seja, separados por camadas impermeáveis.

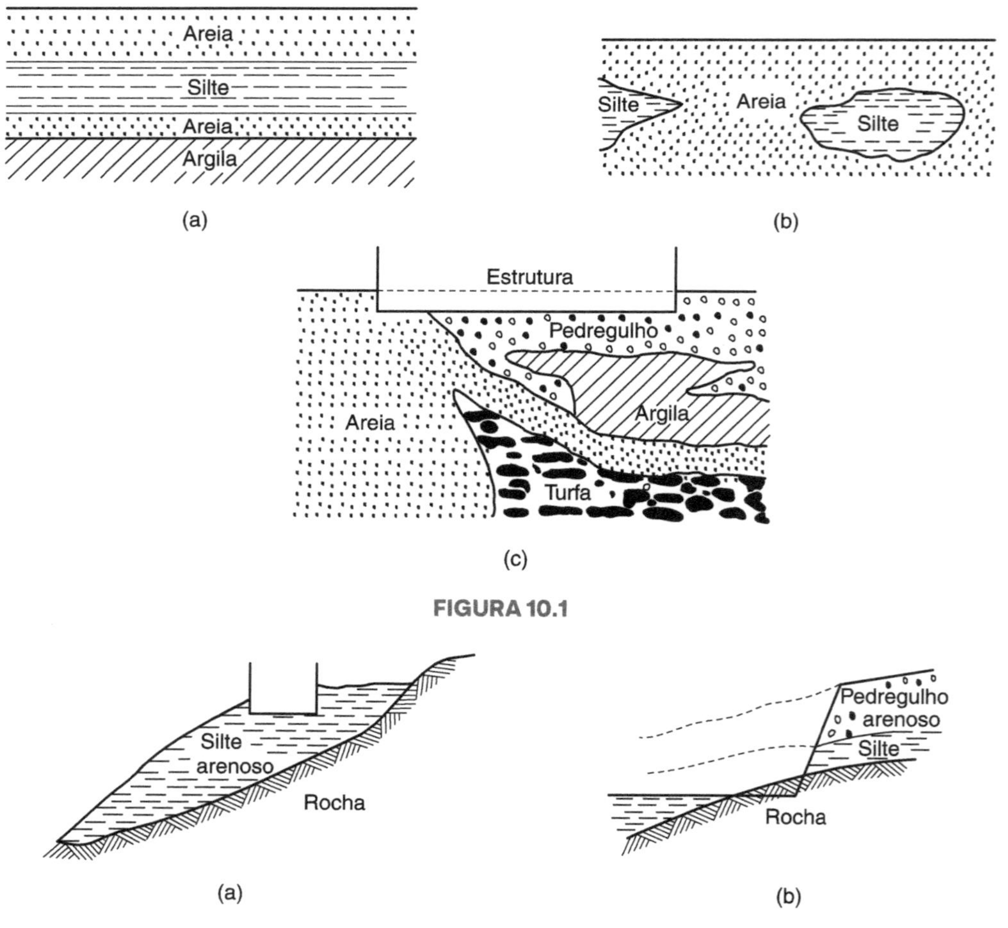

FIGURA 10.1

FIGURA 10.2

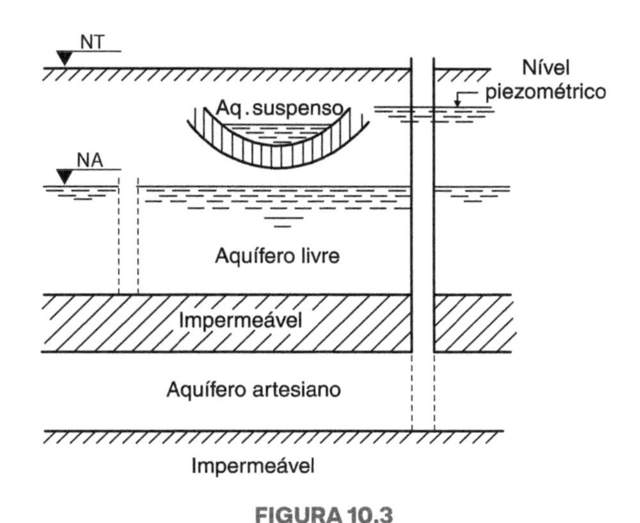

FIGURA 10.3

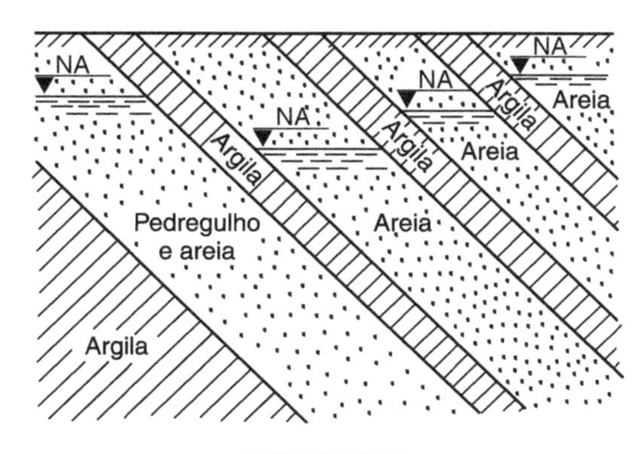

FIGURA 10.4

Se a água[3] (ou o solo) apresenta características suspeitas (odor fétido, desprendimento de gases, acidez) ou elementos químicos que possam ser prejudiciais ao concreto ou ao aço, as amostras devem ser submetidas a um estudo químico em laboratório.

d) Finalmente, observaríamos que uma classificação geotécnica dos terrenos deve não só "identificar os materiais", como também "traduzir o comportamento" dos maciços em função dos tipos de solicitação a que estarão submetidos. As classificações estão ligadas ao problema a tratar, daí os diferentes e conhecidos sistemas de classificação existentes.

10.2 TIPOS DE FUNDAÇÃO

Os principais tipos de fundação podem ser reunidos em dois grandes grupos: *fundações superficiais* e *fundações profundas*.

As primeiras, também chamadas *rasas*, são empregadas onde as camadas do subsolo imediatamente abaixo das estruturas são capazes de suportar as cargas; as segundas, quando se necessita recorrer a camadas profundas mais resistentes.

A fixação da profundidade que deve alcançar uma fundação, em geral, não é um problema fácil.

Vejamos, por exemplo, os casos que podem ocorrer em um terreno com o perfil indicado na Figura 10.5, supondo ainda que as espessuras das camadas variem entre 3 e 12 m.

Temos:

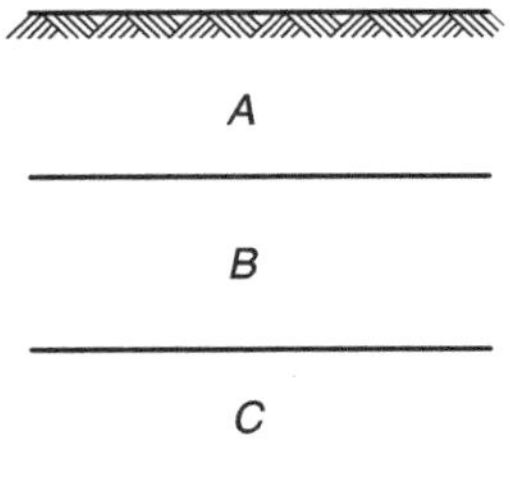

A

B

C

FIGURA 10.5

a) se as três camadas *A*, *B* e *C* têm satisfatórias características de resistência, é possível a implantação da fundação na camada *A*, para qualquer tipo de estrutura e valor da carga;
b) se apenas a camada *A* é resistente, então só devemos apoiar nesta camada fundações de estruturas leves, cuja carga limite deve ser determinada por uma análise de recalques;
c) se a camada *A* é de fraca resistência e a *B* é resistente, a esta deve transmitir-se a carga da estrutura por meio de uma fundação profunda, atentando-se em particular para o peso limite da estrutura (por meio de um estudo de recalques), quando a camada *C* for de fraca resistência e de grande espessura;

[3] Sobre a agressividade das águas do subsolo, veja a pesquisa realizada por R. F. Bartholomew – *The protection of concrete piles in agressive ground conditions: an international appreciation*, apresentada ao ICE de Londres, em 1979.

d) se as camadas A e B são fracamente resistentes e a camada C é resistente, nesta deverá ser apoiada a fundação.

Em qualquer caso, não é aconselhável a adoção de tipos diferentes de fundação para uma mesma estrutura, tendo em vista a possibilidade de acréscimo dos "recalques diferenciais".

10.3 FUNDAÇÕES SUPERFICIAIS

Fundação isolada é a que suporta apenas a carga de um pilar. Pode ser um bloco ou uma sapata. Em qualquer dos tipos, a tensão transmitida ao terreno é dada por $p = P/S$, em que P é a carga do pilar e S a área da base da fundação.

Os *blocos* (Fig. 10.6) são usualmente fundações de concreto simples ou ciclópico e com grande altura, o que lhes confere "rigidez" considerável.

As *sapatas* (Fig. 10.7) são fundações de concreto armado e de pequena altura em relação às dimensões da base. São "semiflexíveis". Ao contrário dos blocos, que trabalham a compressão simples, as sapatas trabalham a flexão. Quanto à forma, geralmente elas são de base quadrada, retangular, circular ou octogonal (Fig. 10.8).

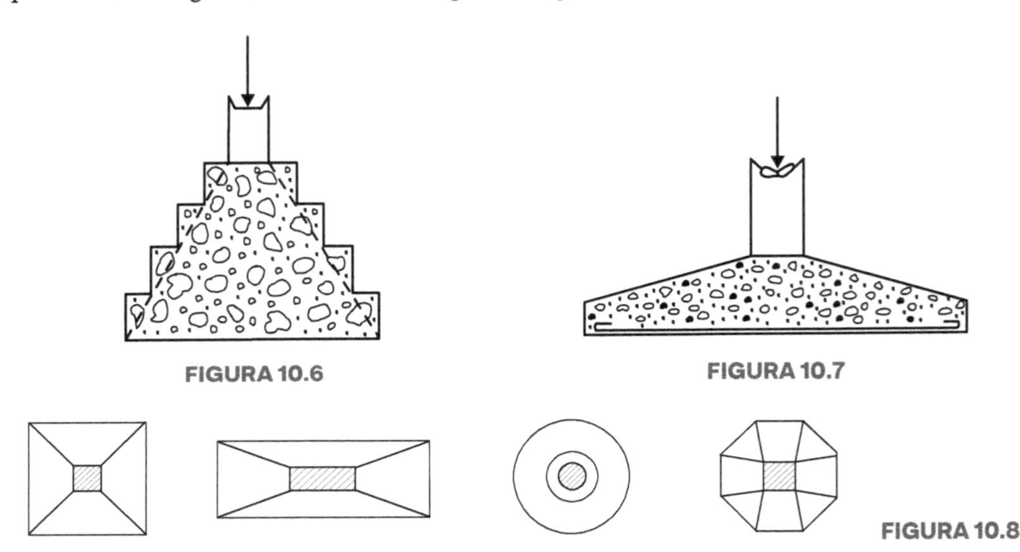

FIGURA 10.6

FIGURA 10.7

FIGURA 10.8

Fundação excêntrica é aquela em que a resultante das cargas aplicadas não passa pelo centro de gravidade da base. É o caso das fundações em divisas de terrenos.

Sendo P e M, respectivamente, a carga e o momento que atuam sobre uma fundação (Fig. 10.9), as pressões de contato convencionalmente distribuem-se segundo um diagrama trapezoidal, com os valores máximo e mínimo dados pela fórmula da flexão composta, a que já nos referimos:

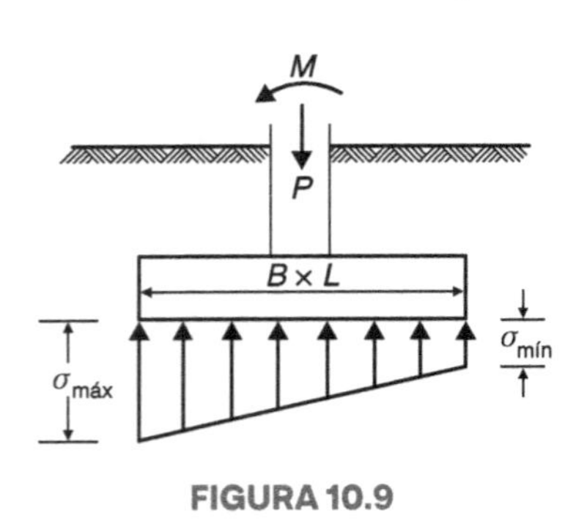

FIGURA 10.9

$$\sigma = \frac{P}{B \cdot L} \pm \frac{M \cdot B}{2 \cdot I}$$

em que $I = \dfrac{L \cdot B^3}{12}$ é o momento de inércia da base.

Com $\dfrac{M}{P} = e$ – excentricidade da carga – tem-se:

$$\sigma = \frac{P}{B \cdot L}\left(1 \pm \frac{6 \cdot e}{B}\right)$$

Para $\sigma > 0$ e, portanto, apenas compressão, P deverá estar contida no terço médio da base.

Em geral, uma fundação com carga excêntrica é associada, por meio de uma *viga de equilíbrio*, com a de um pilar mais próximo.

A Figura 10.10 esquematiza o funcionamento de uma viga de equilíbrio.

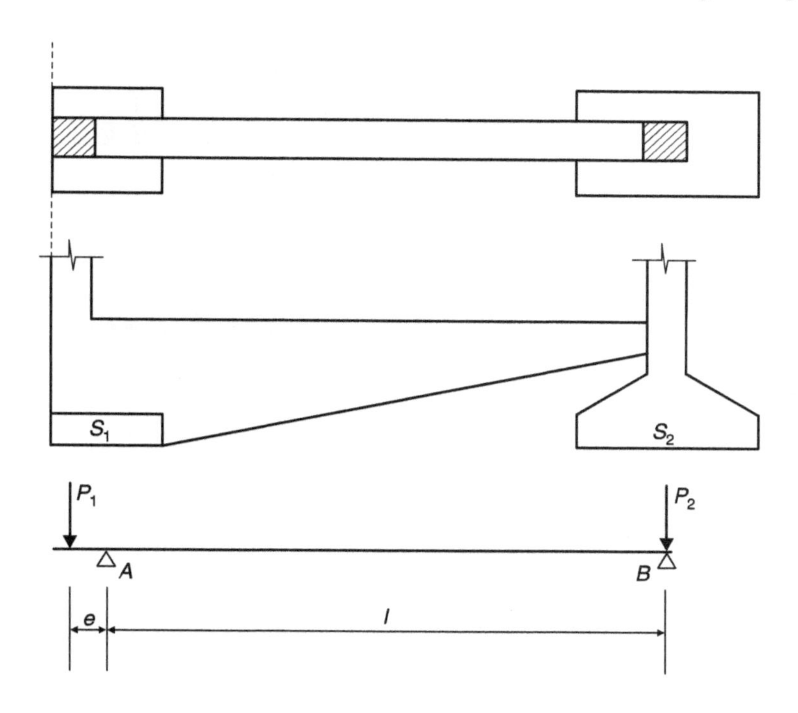

FIGURA 10.10

Tem-se de imediato para as reações A e B, com as quais se dimensionam as sapatas S_1 e S_2:

$$\begin{cases} A+B=P_1+P_2 \\ A\cdot l=P_1\cdot(e+l) \end{cases}$$

donde:

$$\begin{cases} A=P_1+\dfrac{P_1\cdot e}{l} \\ B=P_2-\dfrac{P_1\cdot e}{l} \end{cases}$$

Há, pois, uma sobrecarga em S_1 e um alívio em S_2.

Nos terrenos estreitos, encravados entre dois prédios existentes, poderá ser conveniente a adoção do "sistema Baumgart" indicado na Figura 10.11.

Fundação corrida é a que transmite a carga de um muro, de uma parede ou de uma fila de pilares. São exemplos as *sapatas corridas* da Figura 10.12 e a *viga de fundação*[4] da Figura 10.13.

A Figura 10.14 indica um *radier*[5] constituído por *laje* de concreto armado e a Figura 10.15 o denominado *radier* de *laje* e *viga*. O primeiro é flexível, e o segundo, rígido.

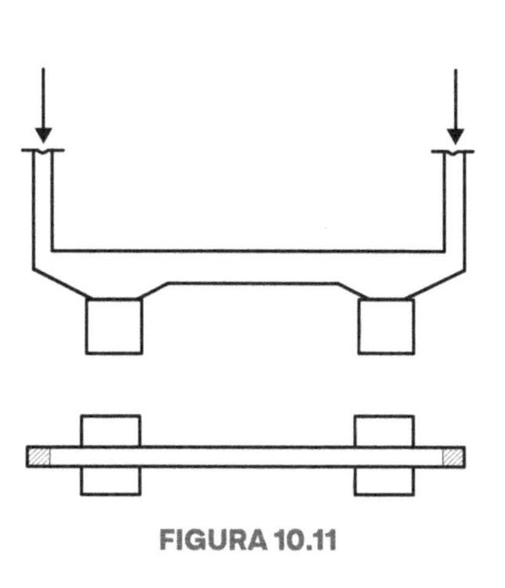

FIGURA 10.11

[4] Não confundir com "cintas de fundação", ou seja, as vigas de amarração dos diversos pilares entre si e sobre as quais repousam as paredes dos edifícios.

5 *Radiers* em forma de abóbada também são usados; têm vantagens e desvantagens.

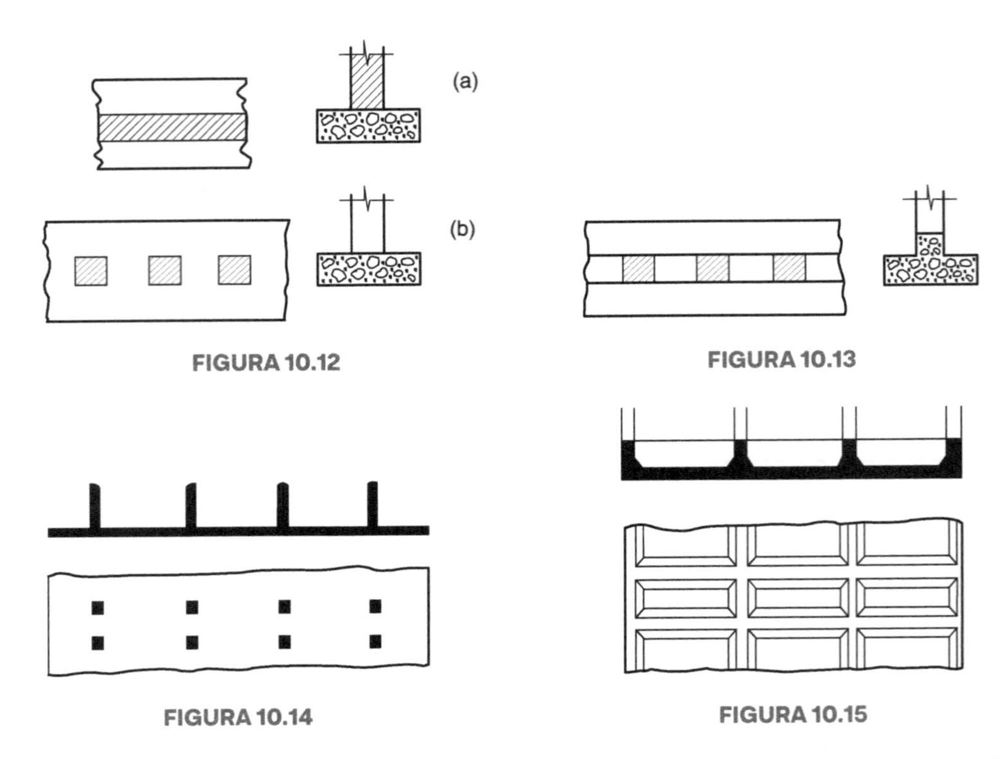

FIGURA 10.12

FIGURA 10.13

FIGURA 10.14

FIGURA 10.15

Quanto mais rígido, menores (ou nulos, se o solo for homogêneo) serão os recalques diferenciais.

10.4 FUNDAÇÕES PROFUNDAS

Com relação às fundações profundas, os tipos principais são: estacas, tubulões e caixões.

Estacas de sustentação São peças alongadas, cilíndricas ou prismáticas, que se cravam ou se confeccionam no solo com o fim de transmitir as cargas da estrutura a uma camada profunda e resistente (Figs. 10.16 e 10.17).

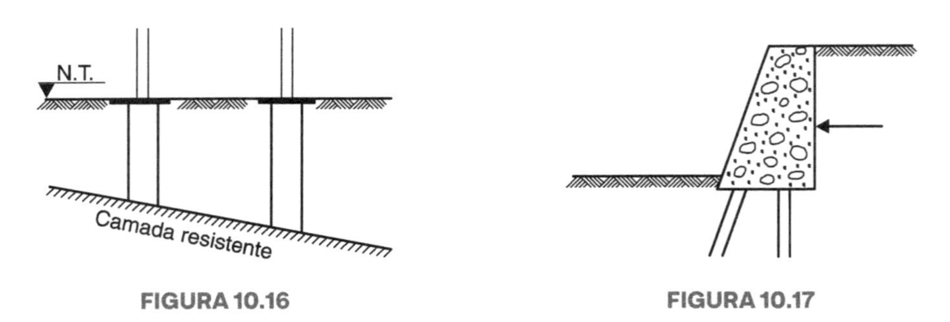

FIGURA 10.16

FIGURA 10.17

Tubulões São fundações de forma cilíndrica, com base alargada ou não, destinadas a transmitir as cargas da estrutura a uma camada de solo ou substrato rochoso de alta resistência e a grande profundidade, essencialmente por resistência de ponta.

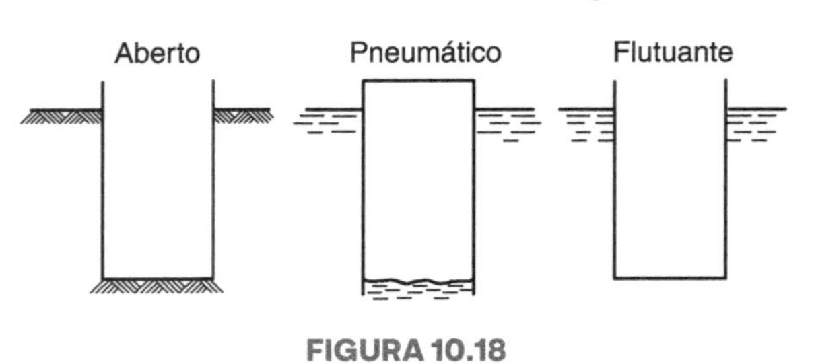

FIGURA 10.18

Caixões São de seção retangular e, em geral, de volumes muito maiores que os tubulões.

Os tubulões podem ser "abertos" ou "pneumáticos", e os caixões ainda podem ser "flutuantes" (Fig. 10.18).

10.5 OUTROS TIPOS

Fundação flutuante É aquela que, mediante a escavação de um volume de solo de peso equivalente ao da construção, mantém no terreno o primitivo estado de pressões.

No caso de solos muito compressíveis, a fundação flutuante constitui uma das soluções para reduzir, ao mínimo, os recalques.

Tal solução, em geral, acarreta um considerável acréscimo de despesas com escavações, escoramentos, eventual rebaixamento do nível d'água e construção de subsolos adicionais.

Veja na revista *Ingeniería Internacional - Construcción* (fevereiro de 1941) a ilustrativa notícia sob o título *Un Edificio de 20 Pisos en Cimiento Flotante*, construído na cidade do México.

Fundação sobre aterro compactado Consiste na remoção do solo pouco resistente, o qual, a seguir, é redepositado em camadas e convenientemente compactado (Fig. 10.19). Esta solução não constitui propriamente um tipo de fundação, mas apenas um recurso que poderá ser vantajoso em alguns casos.

A título de exemplo, citamos a construção de um grande reservatório d'água (5×10^7 litros), em São Paulo. Veja, do Prof. Milton Vargas, a publicação do IPT n. 440, em junho de 1951.

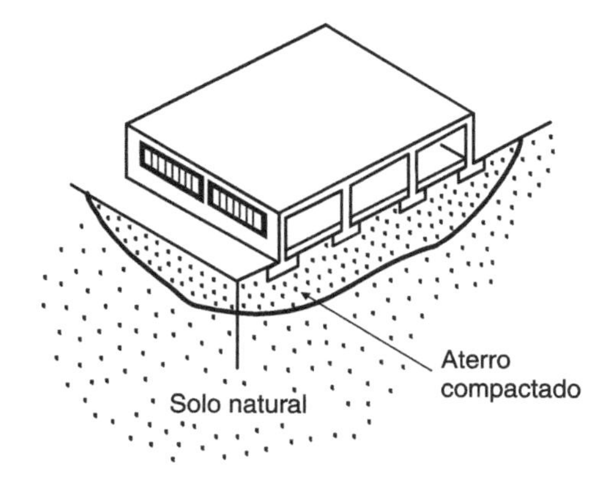

FIGURA 10.19

Fundação em blocos arrumados Esse processo aplica-se especialmente às fundações de obras marítimas (molhes e cais). Em sua execução, os blocos de pedra ou de concreto, previamente separados, são colocados no local da fundação por meio de equipamentos flutuantes.

A princípio, eram empregados blocos de pequenas dimensões ($20 \text{ m}^3 \cong 500$ kN), mas hoje, graças ao desenvolvimento dos equipamentos, já têm sido empregados os blocos de 4000 e 5000 kN.

Fundação em concreto submerso Este processo de concretagem sob água, para evitar os esgotamentos, pode proporcionar uma solução econômica ao problema das fundações abaixo do nível d'água (Fig. 10.20). É necessário operar dentro de um recinto contínuo de estacas-pranchas ou caixão sem fundo.

Impõe-se ainda que a água não contenha substâncias que impeçam o processo de pega e aderência do cimento ao agregado.

Em alguns casos, é possível executar a primeira camada com concreto submerso, terminando a fundação, a seco, com um prévio esgotamento.

A Figura 10.21 esquematiza as fases de execução da concretagem submersa de um tubulão.

Fundação por congelamento do terreno O processo de congelação do terreno é apenas empregado nos casos difíceis de fundações em terrenos constituídos por solos moles e saturados d'água.

Trata-se de uma solução muito onerosa, pois exige a instalação de uma central de refrigeração.

Emprega-se também esta solução como processo de consolidação em trabalhos de reforço de fundações.

Melhoramento de solo (Soil improvement) Tem como objetivo reduzir os vazios do solo e, assim, aumentar a sua capacidade de suporte, minimizando os recalques. É empregado quando solicitado por um carregamento que pode ser um aterro, pilha de minérios, rodovia, ferrovia, entre outras aplicações.

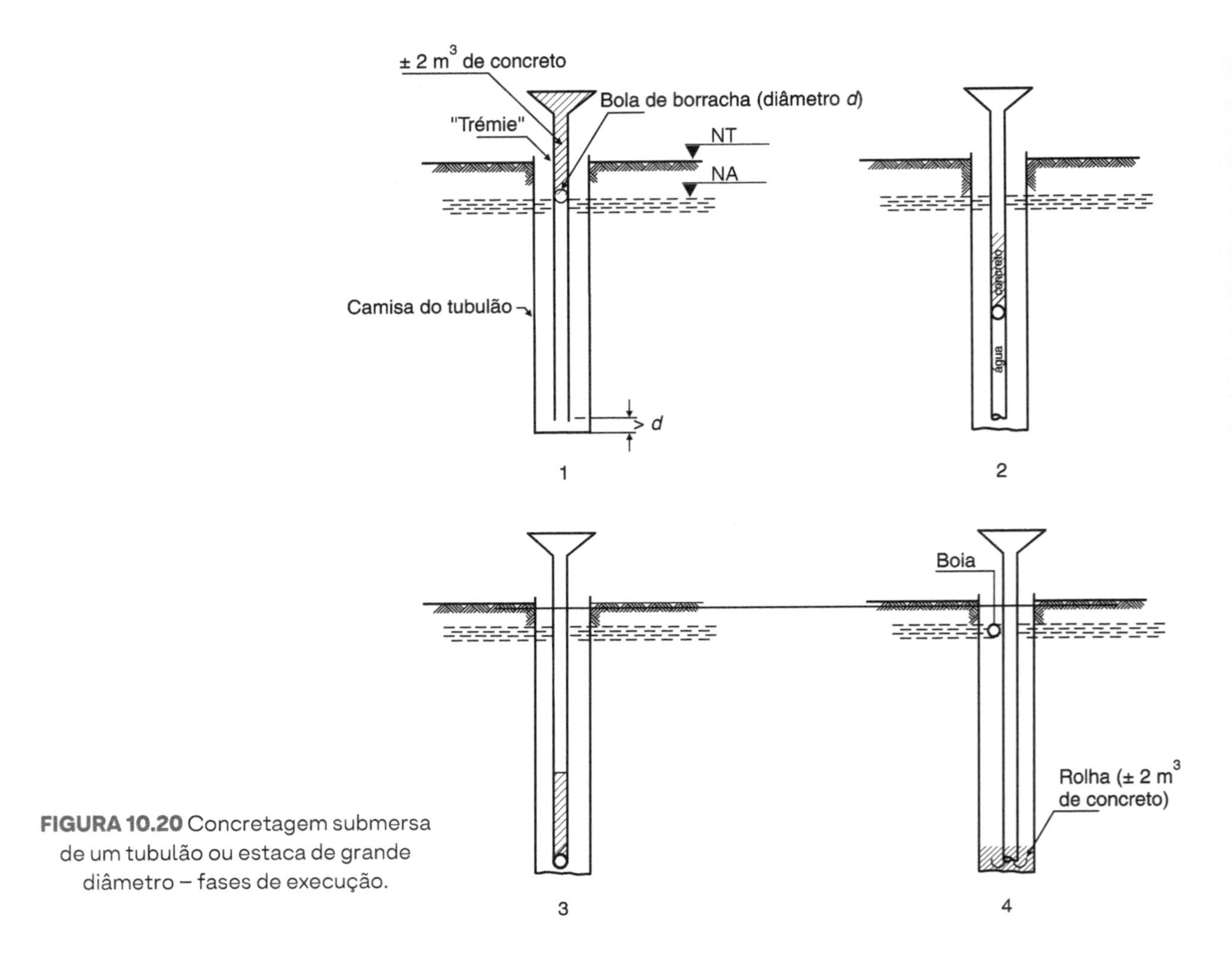

FIGURA 10.20 Concretagem submersa de um tubulão ou estaca de grande diâmetro – fases de execução.

10.6 EFEITO DA SUBPRESSÃO

Nas fundações situadas abaixo do nível d'água, há sempre que se considerar o efeito decorrente do empuxo de Arquimedes, de valor igual a $\gamma_a \cdot h_a$, sendo γ_a o peso específico da água ($\cong$10 kN/m^3) e h_a a altura do lençol d'água acima da cota de fundação.

10.7 FUNDAÇÕES SOBRE MACIÇOS INCLINADOS

Qualquer que seja a natureza do maciço (rochoso ou terroso), quando se constrói sobre superfícies inclinadas, as fundações devem sempre se situar em planos horizontais, embora não necessariamente no mesmo nível, como indicado na Figura 10.22.

10.8 LOCAÇÃO DE FUNDAÇÕES ADJACENTES

Somente por meio de uma análise de distribuição de tensões, capacidade de carga e recalques, podem-se realmente minimizar os efeitos da construção de uma nova fundação em relação a fundações existentes.

Uma regra empírica geralmente empregada é mostrada na Figura 10.23, em que *b* é a largura da sapata mais larga.

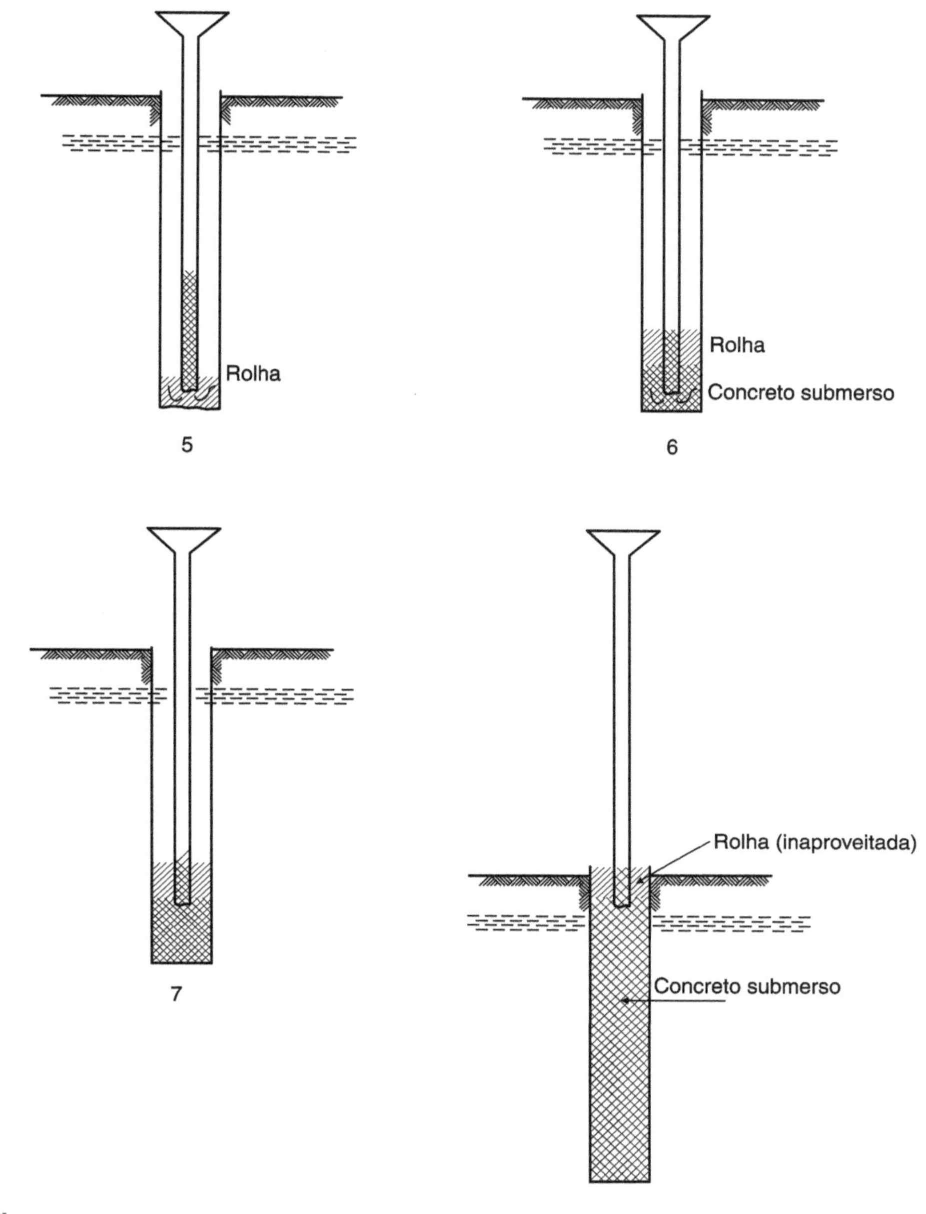

FIGURA 10.21

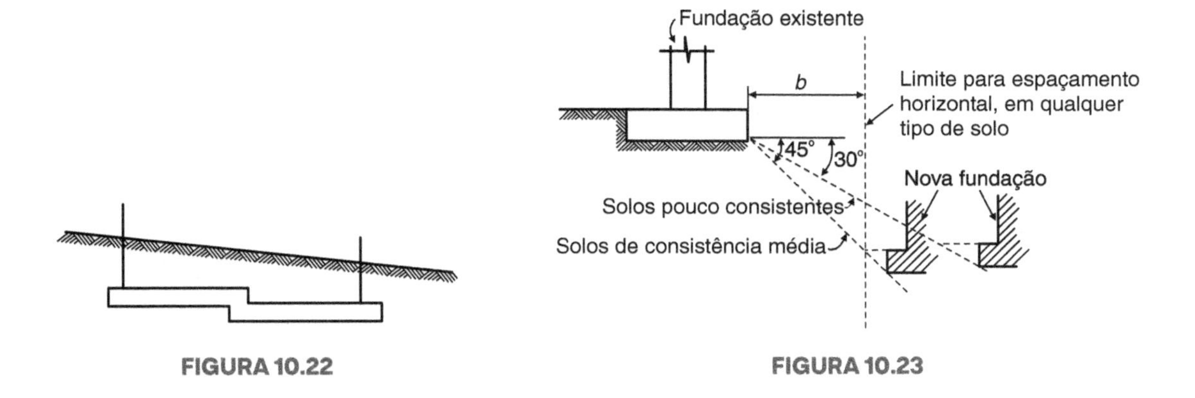

FIGURA 10.22

FIGURA 10.23

10.9 ESCOLHA DO TIPO DE FUNDAÇÃO

A escolha do tipo de fundação de determinada obra depende de uma série de fatores, tanto técnicos quanto econômicos, a saber:

- a carga a que se deve suportar;
- o tempo disponível para a execução do serviço;
- as características do solo que o elemento de fundação atravessará, bem como as dos estratos onde ela se apoiará;
- a disponibilidade de equipamento e a facilidade de transportá-lo até a obra;
- a disponibilidade de material para o elemento de fundação;
- as condições das estruturas vizinhas.

No Quadro 10.1, encontramos um resumo de algumas sugestões sobre a escolha do tipo de fundação, segundo Goodman e Karol, como citado pelo Prof. Dirceu de Alencar Velloso em sua conferência *Algumas considerações acerca do projeto e execução de fundações* (Escola Federal de Minas de Ouro Preto, 1968).

QUADRO 10.1 Possibilidades de fundação de acordo com as condições do subsolo

Condições do subsolo	Possibilidades de fundação	
	Estruturas leves, flexíveis	**Estruturas pesadas, rígidas**
Camada resistente à pequena profundidade	1) Sapatas ou blocos	1) Sapatas ou blocos 2) *Radier* raso
Camada compressível de grande espessura	1) Sapatas em solo não coesivo previamente compactado 2) *Radier* raso 3) Estacas flutuantes	1) *Radier* profundo com eventual estrutura de enrijecimento 2) Estacas de grande comprimento 3) Estacas flutuantes
Camadas fracas sobrejacentes a uma camada resistente	1) Estacas de ponta 2) Sapatas ou blocos em solo não coesivo previamente compactado ou em solo pré-carregado 3) *Radier* raso	1) Estacas de ponta ou tubulões 2) *Radier* profundo
Camada resistente sobrejacente à camada fraca	1) Sapatas ou blocos 2) *Radier* raso	1) *Radier* profundo (Fundação flutuante) 2) Estacas de grande comprimento ou tubulões, atravessando a camada fraca
Camadas fracas e resistentes alternadas	1) Sapatas ou blocos 2) *Radier* raso	1) *Radier* profundo 2) Estacas ou tubulões apoiados numa camada resistente

11

Capacidade de Carga dos Solos

11.1 CONSIDERAÇÕES INICIAIS

O problema da determinação da capacidade de carga dos solos é dos mais importantes para o engenheiro.

No que se segue, vamos nos referir às *fundações superficiais* em que a profundidade da fundação é menor ou igual à sua largura.

Quando uma carga proveniente de uma fundação é aplicada ao solo, este se deforma e a fundação recalca, como sabemos. Quanto maior a carga, maiores os recalques. Como indicado na Figura 11.1, para pequenas cargas os recalques são aproximadamente proporcionais.

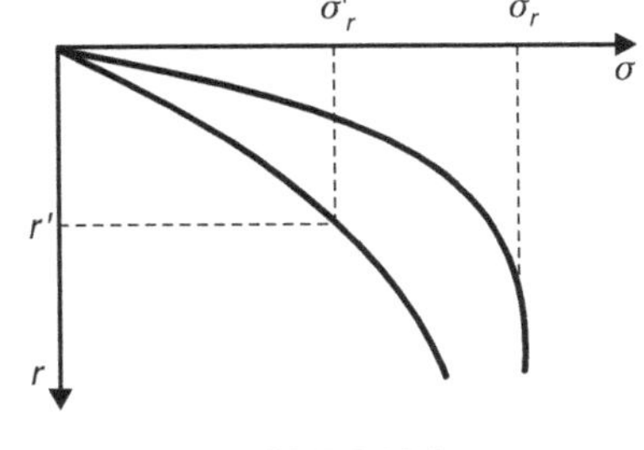

FIGURA 11.1

Das duas curvas *tensões-recalques* mostradas, observa-se que uma delas apresenta uma bem definida *tensão de ruptura* (σ_r), que, uma vez atingida, os recalques tornam-se incessantes. Este caso, designado por *ruptura generalizada*, corresponde aos solos pouco compressíveis (compactos ou rijos). Observa-se na curva que os recalques continuam crescendo com o aumento das tensões, porém não evidencia, como dito anteriormente, uma tensão de ruptura; esta será então arbitrada (σ'_r) em função de um recalque máximo (r') especificado. Nesse caso, denominado *ruptura localizada*, enquadram-se os solos muito compressíveis (fofos ou moles).

Atingida a ruptura, o terreno desloca-se, arrastando consigo a fundação, como mostrado na Figura 11.2. O solo passa, então, do estado "elástico" ao estado "plástico". O deslizamento ao longo da superfície *ABC* deve-se à ocorrência de tensões de cisalhamento maiores que a resistência ao cisalhamento do solo.

Deve ser considerada também a ruptura por *puncionamento* (Vesic),[1] caracterizada por um mecanismo de difícil observação (Fig. 11.3). À medida que a carga cresce, o movimento vertical da fundação é acompanhado pela compressão do solo imediatamente abaixo. A penetração da fundação é

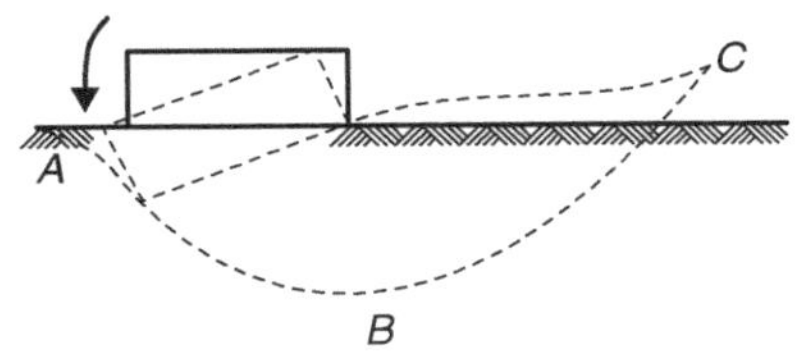

FIGURA 11.2

[1] O Prof. Aleksandar Sedmak Vesic, eminente pesquisador iugoslavo, faleceu em 1982.

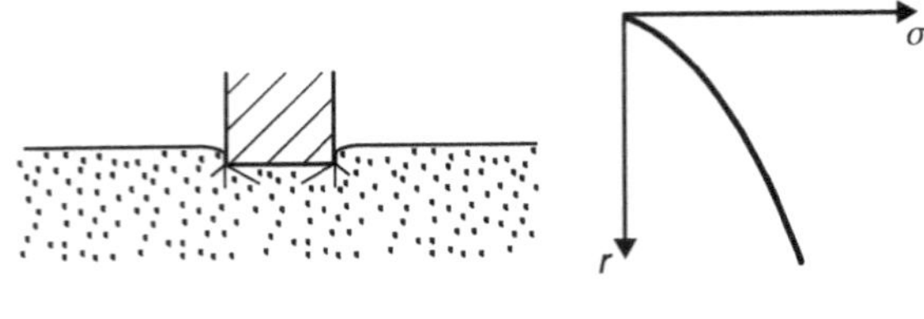

FIGURA 11.3

possibilitada pelo cisalhamento vertical em torno do perímetro da fundação. O solo fora da área carregada praticamente não participa do processo.

Não são muito comuns os acidentes de fundação em razão de ruptura do terreno. Um exemplo clássico da literatura técnica é o caso indicado esquematicamente na Figura 11.4. Trata-se de um conjunto de silos construídos sobre um "radier" geral, com 23 × 57 m.

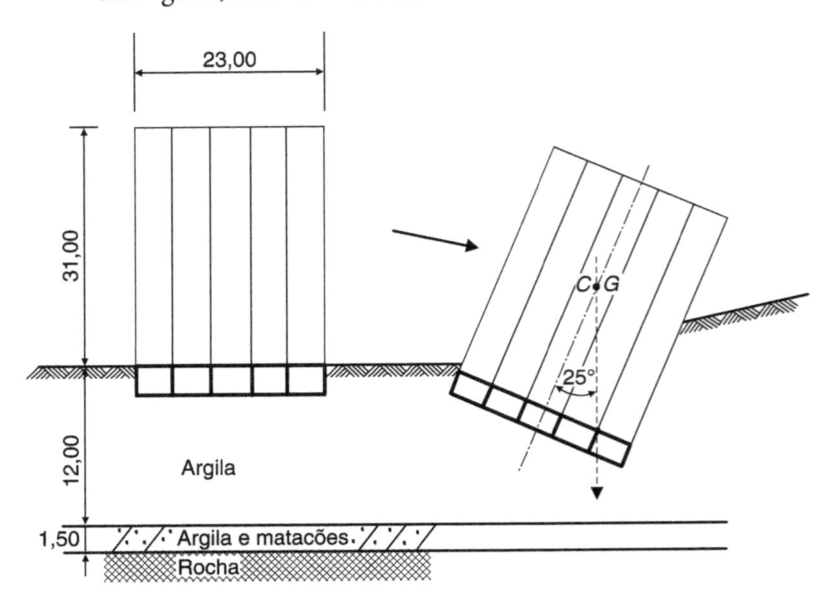

FIGURA 11.4

Em consequência de uma dissimetria de carregamento, houve a ruptura do solo e o colapso da obra, que em 24 horas tombou para a posição mostrada. Provavelmente, a elevação lateral do nível do solo ajudou a mantê-lo, impedindo que tombasse completamente. Um exemplo de acidente em decorrência da ruptura de fundação foi o caso do edifício São Luiz Rei, no Rio de Janeiro, ocorrido em 30 de janeiro de 1958. O controle de recalques, iniciado no dia 27 do mesmo mês, registrou uma velocidade de recalques de 2 mm/h, chegando a 4 mm/h no dia do acidente.

A tensão de ruptura ou *capacidade de carga* de um solo é a tensão σ_r, que, aplicada ao solo, causa sua ruptura. Afetando-a de um adequado fator de segurança, da ordem de 2 a 3, obtém-se a *tensão admissível*, a qual deverá ser "admissível" não só à ruptura como às deformações excessivas do solo.

O cálculo da capacidade de carga do solo pode ser feito por diferentes métodos e processos, embora nenhum deles seja matematicamente exato.

Fatores de segurança

Nos problemas de fundações há sempre incertezas, seja no que se refere aos métodos de cálculo, seja quanto aos valores dos parâmetros do solo introduzidos nesses cálculos, ou ainda nas cargas a suportar. Consequentemente, é fundamental a introdução de fatores de segurança que levem em conta essas incertezas. No entanto, a escolha do adequado fator de segurança nos cálculos de Mecânica dos Solos ou Fundações não é um procedimento assim tão simples.

Se todas as incertezas relacionadas com cálculo pudessem ser reunidas em um único fator de segurança, caberia chamá-lo de fator de segurança global. Considerando que as cargas são aplicadas à estrutura e à resistência do solo, as variáveis independentes, parece mais razoável adotar fatores de segurança parciais, conforme sugerido por Brinch-Hansen (1965).

A ABNT NBR 6122 estabelece os fatores de segurança, parcial e global, para fundações superficiais.

11.2 FÓRMULA DE RANKINE

Para deduzi-la, vamos considerar uma "fundação corrida" em um solo não coesivo, ou seja, uma fundação com forma retangular alongada.

Em correspondência ao vértice *A*, observe as três zonas da Figura 11.5. Escrevendo a condição de equilíbrio entre a tensão da zona 1, que suporta a fundação, e a tensão da zona 2, contida pela altura *h* de terra, tem-se:

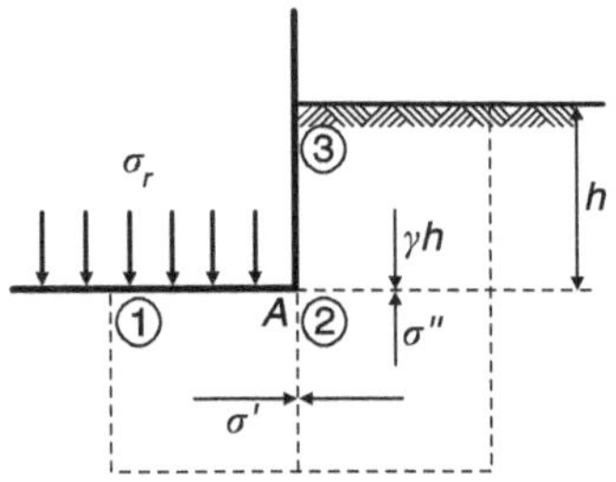

FIGURA 11.5

$$\sigma' = \sigma_r \cdot \text{tg}^2 \cdot \left(45 - \frac{\phi}{2}\right)$$

e

$$\sigma'' = \sigma' \, \text{tg}^2 \left(45 - \frac{\phi}{2}\right)$$

Admitindo-se que se estabeleçam os "estados de Rankine".

Segundo Rankine, quando uma massa de solo se expande (tensões ativas) ou se contrai (tensões passivas), formam-se planos de ruptura definidos por um ângulo de $45 + \phi/2$ ou $45 - \phi/2$ com a horizontal (Fig. 11.6).

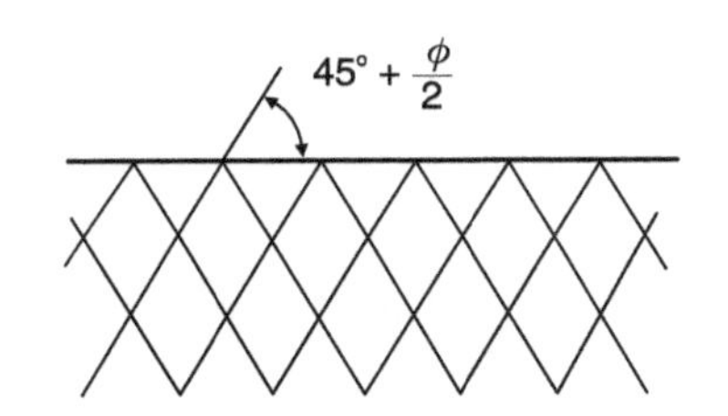

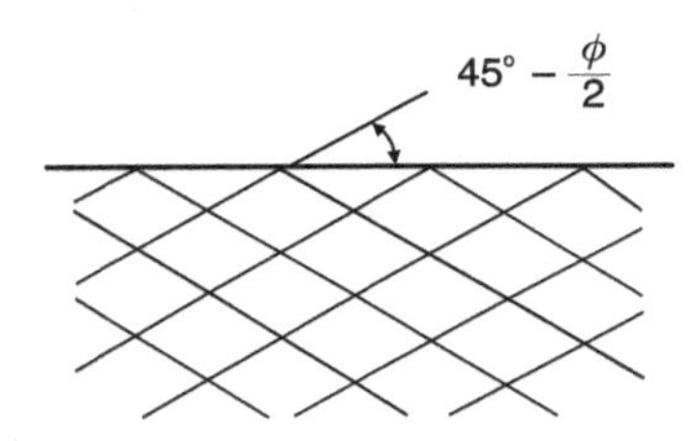

FIGURA 11.6

Para que não ocorra ruptura do terreno, deve-se ter:

$$\sigma'' \leq \gamma \cdot h$$

ou:

$$\sigma_r \cdot \text{tg}^4 \cdot \left(45 - \frac{\phi}{2}\right) \leq \gamma \cdot h$$

Daí:

$$\sigma_r = \gamma \cdot h \cdot \left[\text{tg}\left(45 + \frac{\phi}{2}\right)\right]^4 = \gamma \cdot h \cdot K_p^2$$

que é a *tensão-limite de ruptura* de Rankine.

Pela aplicação do *teorema dos estados correspondentes* de *Caquot*, facilmente pode-se generalizar esta fórmula aos solos coesivos. Com efeito, substituindo σ_r por $\sigma_r + \frac{c}{\text{tg}\phi}$ e γh por $\gamma \cdot h + \frac{c}{\text{tg}\phi}$, ter-se-á:

$$\sigma_r = \frac{c}{\text{tg}\phi} = (\gamma \cdot h + \frac{c}{\text{tg}\phi})K_p^2$$

ou:

$$\sigma_r = \gamma \cdot h \cdot K_p^2 + \frac{c}{\text{tg}\phi}(K_p^2 - 1)$$

que é a fórmula procurada.

Para solos puramente coesivos ($\phi = 0°$):

$$\sigma_r = \gamma \cdot h + 4c$$

e se $h = 0$:

$$\sigma_r = 4 \cdot c$$

valor considerado bastante conservador.

11.3 FÓRMULA DE TERZAGHI

A teoria de Terzaghi originou-se nas investigações de Prandtl, relativas à ruptura plástica dos metais por puncionamento.

Retomando esses estudos, Terzaghi aplicou-os ao cálculo da capacidade de carga de um solo homogêneo que suporta uma fundação corrida e superficial.

Segundo esta teoria e como ilustrado nas Figuras 11.7 e 11.8, o solo imediatamente abaixo da fundação forma uma "cunha", que, em decorrência do atrito com a base da fundação, se desloca verticalmente, em conjunto com a fundação. O movimento dessa "cunha" força o solo adjacente e produz então duas zonas de cisalhamento, cada uma delas constituída por duas partes: uma de cisalhamento radial e outra de cisalhamento linear.

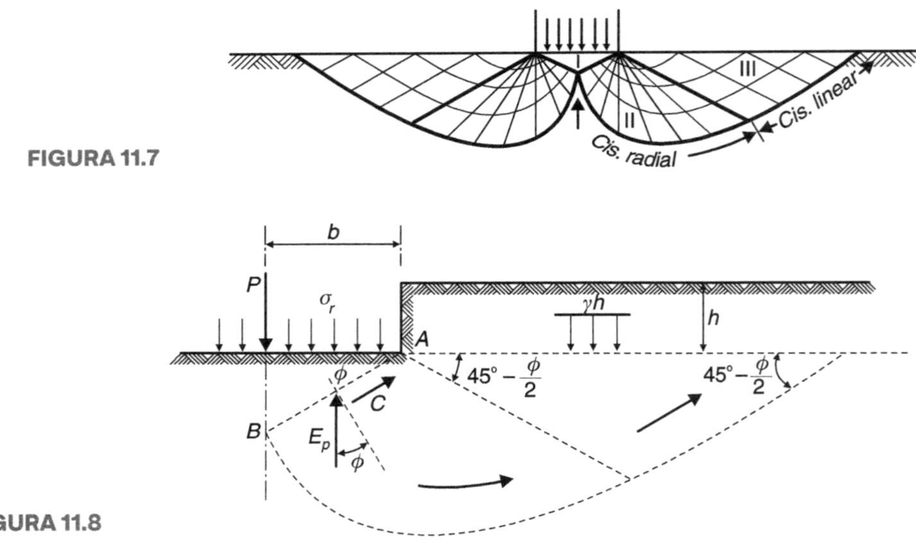

FIGURA 11.7

FIGURA 11.8

Assim, após a ruptura, desenvolvem-se no terreno de fundações três zonas: I, II e III, admitindo-se que a zona II seja limitada inferiormente por um arco de espiral logarítmica.

A capacidade de suporte da fundação, ou seja, a capacidade de carga, é igual à resistência oferecida ao deslocamento pelas zonas de cisalhamento radial e linear.

Da Figura 11.8, obtém-se:

$$\overline{AB} = \frac{b}{\cos\phi}$$

onde ϕ é o ângulo de atrito interno do solo.

Sobre AB, além do empuxo passivo E_p, atua a força de coesão:

$$C = c \cdot \overline{AB} = \frac{b \cdot c}{\cos\phi}$$

Para equilíbrio da cunha, de peso P_0, tem-se:

$$P + P_0 - 2 \cdot C \cdot \text{sen}\phi - 2 \cdot E_p = 0$$

ou:

$$P = 2 \cdot C \cdot \text{sen}\phi + 2 \cdot E_p - P_0$$

ou ainda:

$$P = 2 \cdot \frac{b \cdot c}{\cos\phi} \text{sen}\phi + 2 \cdot E_p - \frac{1}{2} \cdot (2 \cdot b \cdot b \cdot \text{tg}\phi) \cdot \gamma$$

ou:

$$P = 2 \cdot b \cdot c \cdot \text{tg}\phi + 2 \cdot E_p - \gamma \cdot b^2 \cdot \text{tg}\phi$$

sendo γ o peso específico.

Daí:

$$\sigma_r = \frac{p}{2 \cdot b} = c \cdot \text{tg}\phi + \frac{E_p}{b} - \frac{1}{2}\gamma \cdot b \cdot \text{tg}\phi$$

Entrando-se com a consideração do valor de E_p, que omitiremos para não alongar, a expressão obtida por Terzaghi escreve-se:

$$\sigma_r = c \cdot N_c + \gamma \cdot b \cdot N_\gamma + \gamma \cdot h \cdot N_q$$

Os termos N_c, N_γ e N_q são chamados *fatores de capacidade de carga*. As suas expressões escrevem-se:

$$N_c = \text{cotg}\phi \left[\frac{a^2}{2\cos^2\left(45 + \frac{\phi}{2}\right)} - 1 \right]$$

$$N_q = \frac{a^2}{2 \cdot \cos^2\left(45 + \frac{\phi}{2}\right)}$$

$$N_\gamma = \frac{1}{2} \cdot \text{tg}\phi \left(\frac{K_{P\gamma}}{\cos^2\phi} - 1 \right)$$

sendo $a = e^{(3\pi/4 - \phi/2) \cdot \text{tg}\phi}$

Para os dois tipos de ruptura obtêm-se, em função de ϕ, os valores de N_c, N_q e N_γ, fornecidos pela Figura 11.9.

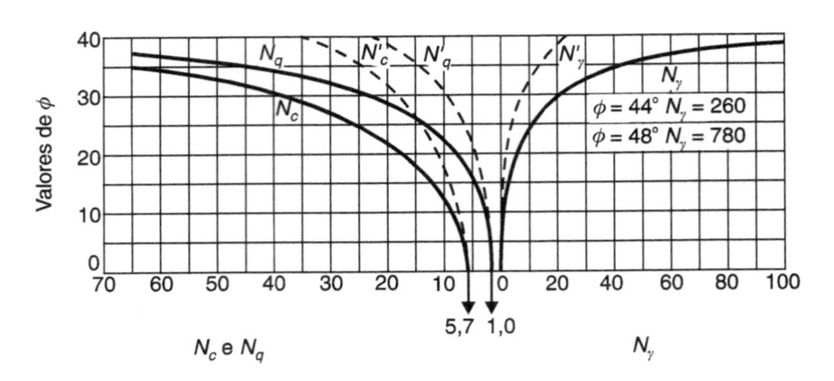

FIGURA 11.9

A fórmula obtida refere-se a fundações corridas.

Para fundações de base quadrada de lado $2b$:

$$\sigma_{rb} = 1{,}3 \cdot c \cdot N_c + 0{,}8 \cdot \gamma \cdot b \cdot N_\gamma + \gamma \cdot h \cdot N_q$$

e de base circular do raio r:

$$\sigma_{rr} = 1{,}3 \cdot c \cdot N_c + 0{,}6 \cdot \gamma \cdot r \cdot N_\gamma + \gamma \cdot h \cdot N_q$$

fórmulas semiempíricas.

A análise até aqui exposta refere-se ao caso de "ruptura generalizada". Em se tratando de "ruptura localizada", os fatores a usar serão N'_c, N'_γ e N'_q (Fig. 11.9), adotando-se ϕ' dado por $\phi'' = \frac{2}{3} \cdot tg\phi$ e $c' = \frac{2}{3} \cdot c$. Os valores N' são obtidos entrando-se com ϕ' nas linhas cheias ou com ϕ nas linhas tracejadas.

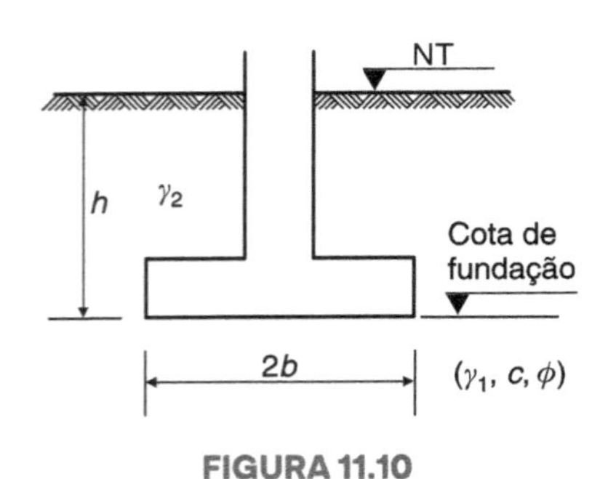

FIGURA 11.10

Explicando o significado dos termos da fórmula de Terzaghi, pode-se escrever (Fig. 11.10):

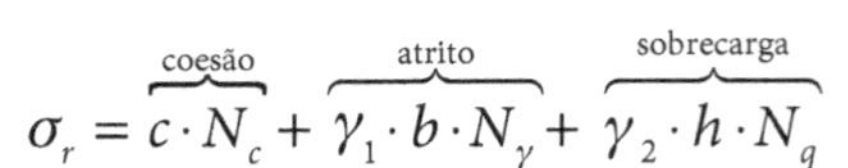

$$\sigma_r = \overbrace{c \cdot N_c}^{\text{coesão}} + \overbrace{\gamma_1 \cdot b \cdot N_\gamma}^{\text{atrito}} + \overbrace{\gamma_2 \cdot h \cdot N_q}^{\text{sobrecarga}}$$

Para os solos puramente coesivos, com $\phi = 0°$, $N_q = 1$, $N_\gamma = 0$ e $N_c = 5{,}7$, obtém-se:

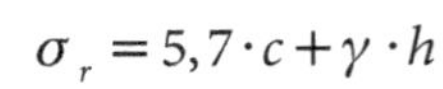

$$\sigma_r = 5{,}7 \cdot c + \gamma \cdot h$$

Se $h = 0$:

$$\sigma_r = 5{,}7 \cdot c$$

o que dará:

$$p\sigma_r = 5{,}7 \cdot c + \gamma \cdot h \text{, para fundações corridas,}$$

e:

$$p\sigma_{rb} = \sigma_{rr} = 5{,}7 \cdot 1{,}3 \cdot c = 7{,}4 \cdot c \text{, para fundações quadradas e circulares.}$$

Para as *areias* ($c = 0$):

$$\sigma_r = \gamma_1 \cdot b \cdot N_\gamma + \gamma_2 \cdot h \cdot N_q$$

o que mostra que a capacidade de carga das areias é proporcional à dimensão da fundação e aumenta com a profundidade.

Abaixo do nível d'água deve-se usar o peso específico de solo submerso, o que reduzirá o valor da capacidade de carga.

Vimos que para fundações corridas de comprimento L e largura $2b$, em argilas ($\phi = 0°$):

$$\sigma_r = c \cdot N_c + \gamma \cdot h$$

Introduzindo, agora, as razões $\frac{2b}{L}$ e $\frac{h}{2b}$ (que deverá ser menor que 2,5), o valor de N_c é obtido pela *fórmula de Skempton*:

$$N_c = \left(5 + \frac{2 \cdot b}{L}\right)\left(1 + \frac{h}{10 \cdot b}\right)$$

Para fundações quadradas e circulares, constata-se experimentalmente que o valor máximo de N_c é igual a 9.

Para maiores informações, consulte o livro *Engenharia de fundações* dos autores Albuquerque e Garcia (2020).

Norma alemã DIN 4017 (de 1970) Pela fórmula de Terzaghi vimos que, para carga vertical centrada e fundação alongada, a capacidade de carga dos solos é dada pela fórmula

$$\sigma_r = c \cdot N_c + \gamma \cdot h \cdot N_q + \frac{1}{2} \cdot \gamma \cdot b \cdot N_\gamma$$

em que, nesse caso, b é a *largura total da fundação.*

Generalizando-a para as fundações de diferentes formas, segundo esta mesma norma alemã, que tem sua origem principalmente nos estudos de Meyerhof, ela se escreve:

$$\sigma_r = s_c \cdot c \cdot N_c + s_q \cdot \gamma \cdot h \cdot N_q + \frac{1}{2} \cdot \gamma \cdot s_\gamma \cdot b \cdot N_\gamma$$

com os fatores de capacidade N dados pelo Quadro 11.1 e os coeficientes de forma "s" pelo Quadro 11.2.

QUADRO 11.1

ϕ	0°	5°	10°	15°	20°	22,5°	25°	27,5°	30°	32,5°	35°	37,5°	40°	42,5°
N_c	5,1	6,5	8,3	11,0	14,8	17,5	20,7	24,9	30,1	37,0	46,1	58,4	75,3	99,2
N_q	1,0	1,6	2,5	3,9	6,4	8,2	10,7	13,9	18,4	24,6	33,3	45,8	64,2	91,9
N_γ	0,0	0,3	0,7	1,6	3,5	5,0	7,2	10,4	15,2	22,5	33,9	54,5	81,8	131,7

QUADRO 11.2

Forma da fundação	Coeficientes de forma	
	s_c, s_q	s_γ
Corrida	1,0	1,0
Retangular ($b < a$)	$1+0,3\,\frac{b}{a}$	$1-0,4\,\frac{b}{a}$
Quadrada ($a = b$) Circular ($D = b$)	1,3	0,6

Influência de ϕ na extensão e profundidade da superfície de deslizamento De especial interesse é observar a influência de variação do ângulo de atrito interno ϕ na extensão e profundidade da superfície de deslizamento, como indicado na Figura 11.11.

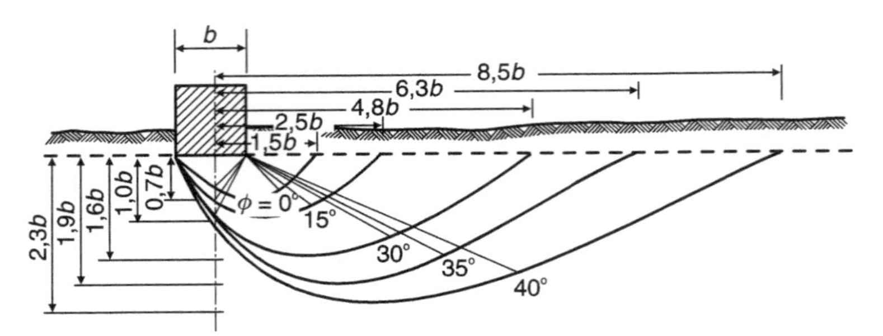

FIGURA 11.11

Carga vertical excêntrica Se e é a excentricidade da carga, Meyerhof sugere atribuir à fundação uma largura $b' = b - 2e$, centralizando assim a carga.

Nessas condições:

$$\sigma_r = c \cdot N_c + \gamma \cdot h \cdot N_q + \frac{1}{2} \cdot \gamma \cdot b' \cdot N_\gamma$$

e a carga total de ruptura:

$$P_r = b' \cdot \sigma_r = b' \cdot (c \cdot N_c + \gamma \cdot h \cdot N_q + \frac{1}{2} \cdot \gamma \cdot b' \cdot N_\gamma)$$

Para voltar à largura real, podemos escrever que:

$$P_r = b' \cdot \sigma_r = b \cdot \left(\frac{b'}{b} \cdot \sigma_r \right)$$

como:

$$\frac{b'}{b} = \frac{b - 2 \cdot e}{b} = 1 - \frac{2 \cdot e}{b}$$

resultará:

$$P_r = b \cdot \left[\left(1 - \frac{2 \cdot e}{b}\right) c \cdot N_c + \left(1 - \frac{2 \cdot e}{b}\right) \gamma \cdot h \cdot N_q + \frac{1}{2} \cdot \gamma \cdot \left(1 - \frac{2 \cdot e}{b}\right) (b - 2 \cdot e) \cdot N_\gamma \right]$$

ou, finalmente:

$$P_r = b \cdot \left[\left(1 - \frac{2 \cdot e}{b}\right) \cdot c \cdot N_c + \left(1 - \frac{2 \cdot e}{b}\right) \cdot \gamma \cdot h \cdot N_q + \frac{1}{2} \cdot \gamma \cdot \left(1 - \frac{2 \cdot e}{b}\right)^2 \cdot b \cdot N_\gamma \right]$$

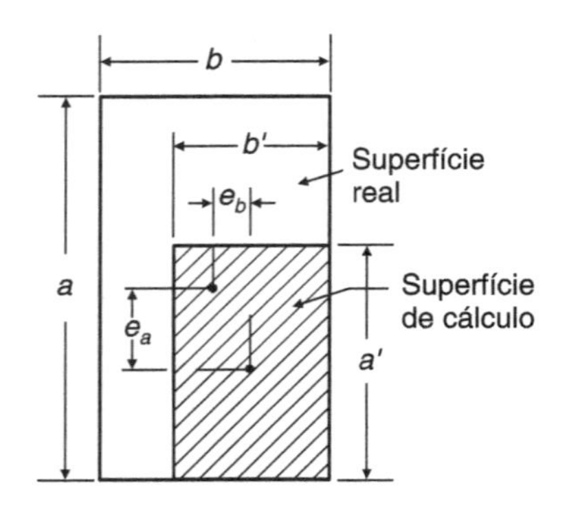

FIGURA 11.12

Se a carga é duplamente excêntrica (Fig. 11.12), opera-se do mesmo modo, substituindo b e a por $b' = b\ 2e_b$ e $a' = a - 2e_a$. E, assim, $P_r = a'b'\sigma_r$.

Carga inclinada Se a carga é inclinada de um ângulo α com a vertical, segundo ainda Meyerhof, os fatores N_γ, N_c e N_q deverão ser multiplicados, respectivamente, por:

$$i_\gamma = (1 - \alpha/\phi)^2 \text{ e } i_c = i_q = (1 - \alpha/90°)^2$$

Fórmula geral de Meyerhof Para fundações de forma retangular sujeitas a uma carga resultante, excêntrica e inclinada, Meyerhof (1963) propôs a seguinte fórmula geral para o cálculo da capacidade de carga (Fig. 11.13):

$$\sigma_r = s_c \cdot d_c \cdot i_c \cdot c \cdot N_c + s_q \cdot d_q \cdot i_q \cdot \gamma \cdot d \cdot N_q + \frac{1}{2} \cdot \gamma \cdot s_\gamma \cdot d_\gamma \cdot i_\gamma \cdot b' \cdot N_\gamma$$

tal como apresentada por Verdeyen, Roisin e Nuyens.

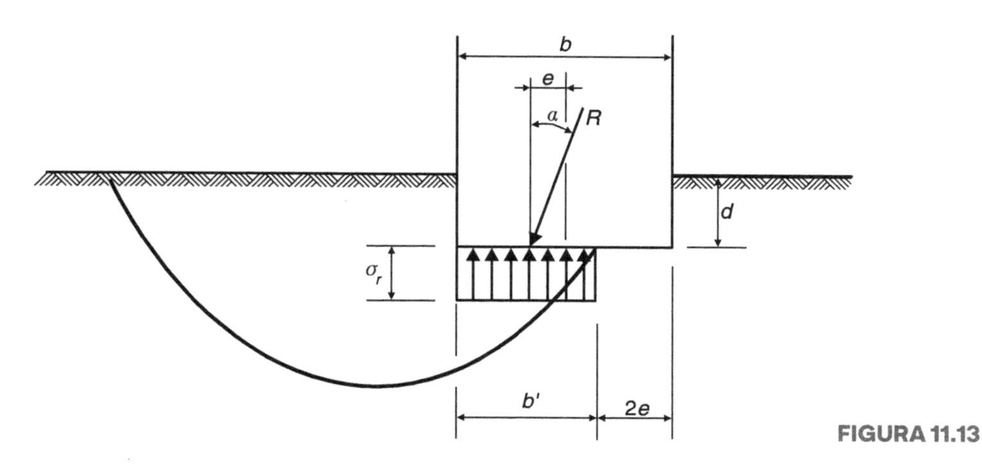

FIGURA 11.13

Nessa fórmula:
σ_r = tensão de ruptura;
b = largura da fundação;
e = excentricidade;
α = inclinação da carga resultante;
$b' = b - 2e$;
l = comprimento da fundação;
γ = peso específico do solo;
c = coesão;
d = profundidade da fundação.

$$\left.\begin{aligned} N_c &= (N_q - 1)\text{cotg}\phi; \\ N_q &= N_\phi e^{\pi \,\text{tg}\phi}; \\ N_\gamma &= (N_q - 1)\text{tg}(1,4\phi); \end{aligned}\right\} \text{Fatores da capacidade de carga com } N_\phi = \text{tg}^2\left(45 + \frac{\phi}{2}\right) \text{ e } \phi \text{ o ângulo de atrito interno}$$

$$\left.\begin{aligned} s_c &= 1 + 0,2N_\phi (b/l); \\ s_q &= s_\gamma = 1 + 0,1N_\phi (b/l) \rightarrow (\phi > 10°); \end{aligned}\right\} \text{Coeficientes de forma da fundação}$$

$$\left.\begin{aligned} d_c &= 1 + 0,2\sqrt{N_\phi}(d/b); \\ d_q &= d_\gamma = 1 + 0,1\sqrt{N_\phi}(d/b); \end{aligned}\right\} \text{Coeficientes de profundidade}$$

$$\left.\begin{aligned} i_c &= i_q = (1 - a/90°)^2; \\ i_\gamma &= (1 - \alpha/\phi)^2. \end{aligned}\right\} \text{Coeficientes de inclinação}$$

Os valores numéricos de N_c, N_q e N_γ não são os mesmos para as diferentes teorias. Sobre o assunto pode-se consultar *Cours pratique de mécanique des sols*, de Costet-Sanglerat.

Exemplo

Um pilar de uma ponte tem como fundação uma sapata retangular de largura $b = 3$ m e comprimento $l = 4$ m. Os demais dados são os indicados na Figura 11.14, por onde se verifica que, após a redução dos esforços atuantes na cabeça do pilar, levando-se em conta o peso próprio do pilar e da sapata, o terreno é submetido a uma carga excêntrica e inclinada. Calcule a tensão de ruptura.

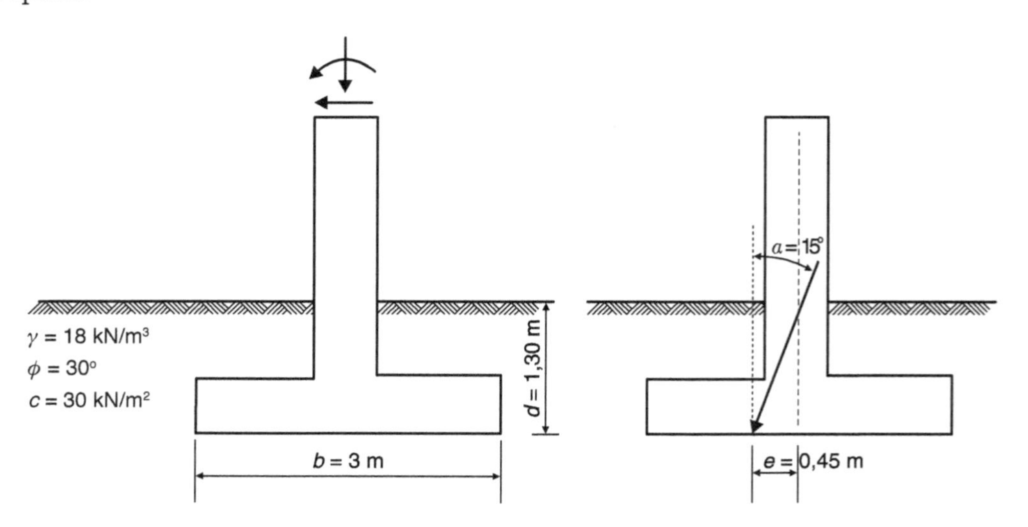

FIGURA 11.14

Calculando os coeficientes da fórmula de Meyerhof, tem-se:

$$N_\phi = \text{tg}^2\left(45 + \frac{30^\circ}{2}\right) = \text{tg}^2\left(60^\circ\right) = 3{,}0$$

$$N_q = N_\phi e^{\pi\,\text{tg}\phi} = 3 \cdot e^{\pi \cdot \text{tg}30^\circ} = 18{,}40$$

$$N_c = (18{,}40 - 1)\text{cotg}30^\circ = 30{,}14$$

$$s_c = 1 + 0{,}2 \cdot 3 \cdot (3/4) = 1{,}45$$
$$s_q = s_\gamma = 1 + 0{,}1 \cdot 3 \cdot (3/4) = 1{,}23$$
$$d_c = 1 + 0{,}2 \cdot \sqrt{3} \cdot (1{,}3/3) = 1{,}15$$
$$d_q = d_\gamma = 1 + 0{,}1 \cdot \sqrt{3} \cdot (1{,}3/3) = 1{,}08$$
$$i_c = i_q = (1 - 15^\circ/90^\circ)^2 = 0{,}69$$
$$i_\gamma = (1 - 15^\circ/30^\circ)^2 = 0{,}25$$

Substituindo e efetuando, obtém-se:

$$\sigma_r = 1{,}45 \cdot 1{,}15 \cdot 0{,}69 \cdot 30 \cdot 30{,}14 + 1{,}23 \cdot 1{,}08 \cdot 0{,}69 \cdot 18 \cdot 1{,}30 \cdot 18{,}40 + \frac{1}{2}$$
$$\cdot 18 \cdot 1{,}23 \cdot 1{,}08 \cdot 0{,}25 \cdot (3 - 2 \cdot 0{,}45) \cdot 15{,}67 = 1535 \text{ kN/m}^2$$

Tabelas e gráficos de Giroud As fórmulas de capacidade de carga, inclusive as de fundações situadas sobre *taludes* e fundações com *bases inclinadas*, têm sido apresentadas por Giroud (1973) sob a forma de tabelas e gráficos.

Teoria de Balla Entre outras teorias de capacidade de carga, a proposta por Balla para fundações superficiais em solos não coesivos ou em pequenos valores da coesão é muito conceituada (ver *Foundation analysis and design*, de J. E. Bowles, 1997).

11.4 PROCESSO GRÁFICO DE FELLENIUS, SIMPLIFICADO POR GUTHLAC WILSON

Aplicado aos solos coesivos, este processo admite para diretriz da superfície de ruptura um arco de circunferência de círculo. Ele assemelha-se ao que é usado na análise da estabilidade de taludes.

Locado um centro de rotação, traça-se o arco passando pelo vértice inferior da fundação (Fig. 11.15) e calculam-se os momentos resistentes ($L \cdot c \cdot R$) e de tombamento ($P \cdot z$). O processo é repetido para diferentes centros, até que seja obtido o menor valor da carga sobre a fundação. Para a primeira tentativa pode-se utilizar o gráfico da Figura 11.16. O fator de segurança será:

$$FS = \frac{L \cdot c \cdot R}{Pz}$$

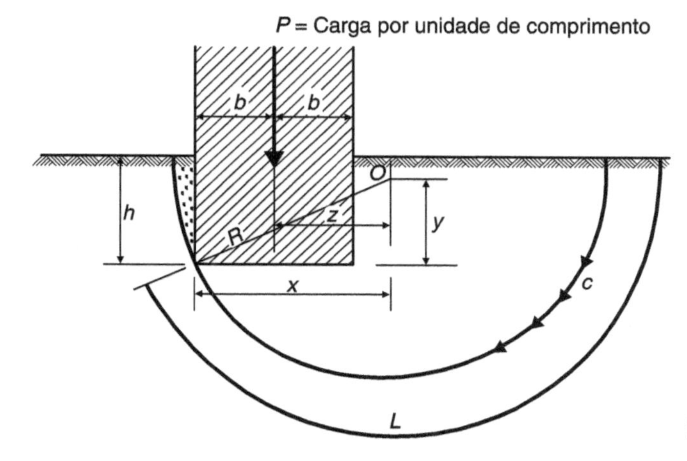

FIGURA 11.15

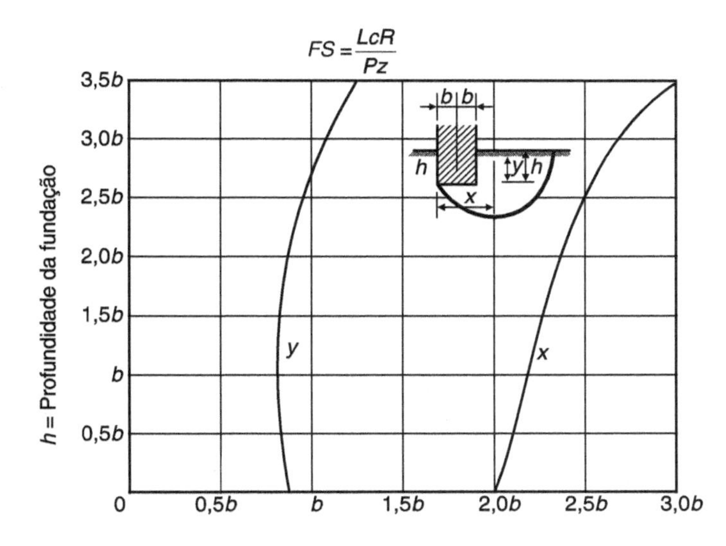

FIGURA 11.16

Tschebotarioff, analisando os estudos de Guthlac Wilson, deduziu a seguinte fórmula para o cálculo aproximado da tensão de ruptura de uma sapata em um solo de coesão c:

$$\sigma_r = 5,52 \cdot c \cdot \left(1 + 0,38 \cdot \frac{h}{b} + 0,44 \cdot \frac{b}{L}\right)$$

em que b é a largura, L o comprimento e h a profundidade da sapata.

Para fundações corridas sobre a superfície do terreno, $\sigma_r = 5,52 \cdot c$, valor intermediário entre $5,14 \cdot c$ (Prandtl) e $5,71 \cdot c$ (Terzaghi).

11.5 MÉTODO DE HOUSEL

Este método baseia-se nos resultados de provas de cargas, permitindo determinar a carga total sobre uma fundação, de tal maneira que não seja ultrapassado um recalque máximo permissível.

Ele admite que a resistência do solo possa ser escrita como a soma de dois termos: um representando sua resistência à compressão sob a área da placa e, outro, sua resistência ao cisalhamento ao longo do perímetro da placa.

Assim:

$$Q = Ap = An + Pm, p = n + \frac{P}{A} m, p = mx + n,$$

com $x = P/A$ e em que:

Q = carga total sobre a área da placa (kN);

A = área da placa (m^2);

P = perímetro da placa (m);

n = fator de resistência, função da área (kN/m^2);

m = fator de resistência, função do perímetro (kN/m);

x = relação perímetro-área;

p = carga sobre a fundação (kN/m^2).

Supondo m e n constantes para cada solo e cota de fundação e x_1 e x_2 as relações perímetro-área de duas placas, os resultados das provas de carga para determinado recalque permitem escrever: $p_1 = mx_1 + n$ e $p_2 = mx_2 + n$, donde se obtém m e n.

Se a relação perímetro-área da fundação é x', ter-se-á:

$$p = mx' + n,$$

valor da tensão para que não seja ultrapassado o recalque fixado.

11.6 FUNDAÇÕES PROFUNDAS

Para as *fundações profundas*, como estacas e tubulões, a capacidade de carga deverá ser considerada como a soma da capacidade de carga da base com uma parcela de carga absorvida pelo atrito ao longo da sua superfície lateral.

Assim (Fig. 11.17):

$$P = P_b + P_a$$

A resistência de base para uma fundação circular de raio r escreve-se:

$$P_b = \pi \cdot r^2 \cdot \sigma_{rr}$$

em que σ_{rr} pode ser calculada, entre outras, pela fórmula anterior de Terzaghi.[2]

---

[2] Para as estacas, a fórmula geral de Meyerhof – desprezando-se o terceiro termo (b é pequeno), não se levando em conta os coeficientes de inclinação (uma vez que, devido à esbeltez da estaca, ela só pode ser submetida a

A parcela correspondente ao atrito será:

$$P_a = 2 \cdot \pi \cdot r \cdot h \cdot f$$

em que f é o coeficiente de atrito entre o solo e a fundação. Os seus valores, para fins práticos, são indicados no Quadro 11.3.

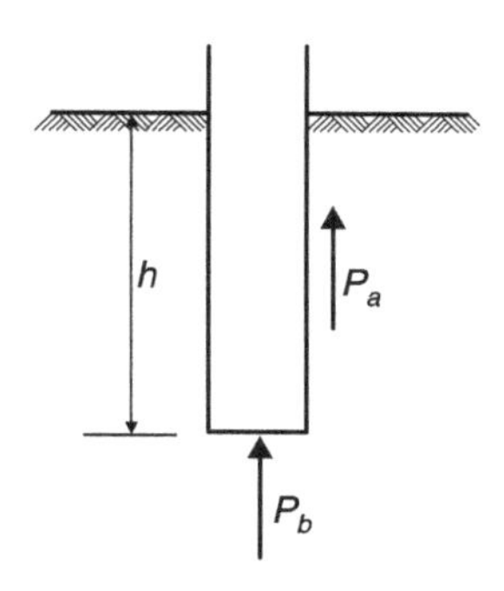

FIGURA 11.17

QUADRO 11.3 Valores de Coeficiente de Atrito f

Tipo de solo	f (em kN/m²)
Solo orgânico ou argila mole	5
Silte e areia fina solta	5 a 20
Areia argilosa solta e argila média	20 a 50
Argila rija	50 a 100

11.7 A TEORIA DE MEYERHOF

Retomando o estudo de Terzaghi, Meyerhof, a cuja fórmula já nos referimos, considerou, na análise do mecanismo de ruptura, superfícies como as indicadas na Figura 11.18 (para fundações de pequena profundidade) e Figura 11.19 (para as de grande profundidade). Passou assim a levar em conta a resistência ao cisalhamento do solo acima da base de fundação, o que Terzaghi tratava simplesmente como uma sobrecarga.

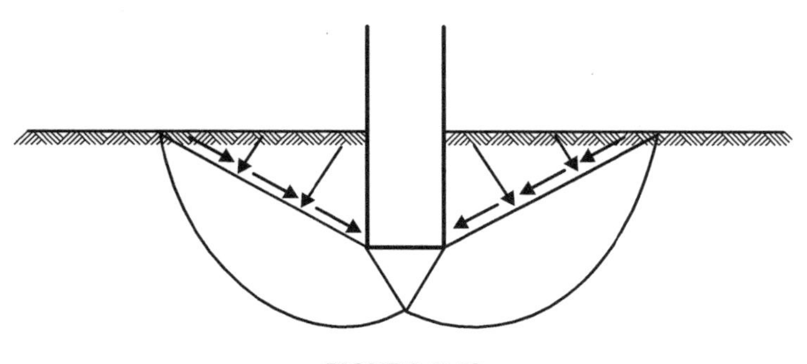

FIGURA 11.18

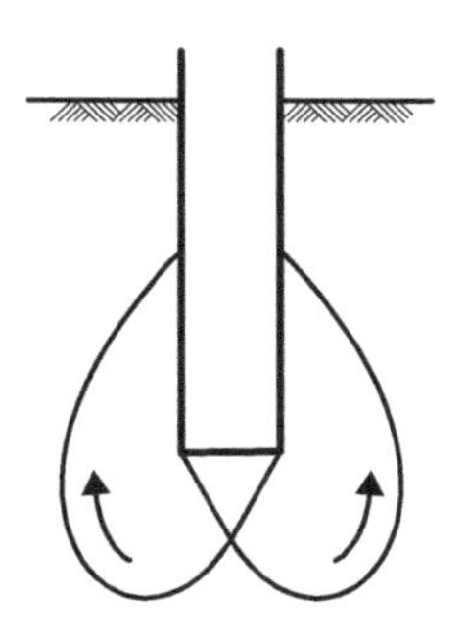

FIGURA 11.19

Para *fundações corridas situadas em encostas*, a capacidade de carga é determinada por $\sigma_r = c \cdot N_{cq} + 0{,}5 \cdot \gamma \cdot B \cdot N_{\gamma q}$, com os fatores de capacidade de carga N_{cq} e $N_{\gamma q}$ dados pela Figura 11.20.

Em se tratando de fundações em encostas, devemos nos preocupar, também, com os possíveis *movimentos das encostas*.

Terrenos não homogêneos

Toda a análise teórica relativa à capacidade de carga tem suposto o terreno homogêneo. Se, no entanto, em uma profundidade igual à largura da sapata, o terreno é constituído por duas camadas de argila, a capacidade de carga pode ser determinada utilizando-se uma solução aproximada, de Button, a qual admite uma superfície cilíndrica de ruptura.

---

forças não axiais muito pequenas) e tendo em vista que $s_c d_c - s_q d_q$ – simplifica-se e fornece para a resistência unitária de ponta:

$$\sigma_r = \left(c \cdot N_c + \gamma \cdot h \cdot N_q\right) \cdot s_c \cdot d_c$$

Utilizando-se para sua aplicação os gráficos de Hansen (*Cimientos Profundos*, de Oreste Moretto. Revista "La Ingeniería", n. 1021, mar./abr. 1972).

A fórmula a empregar é $\sigma_r = c_1 N'_c$, em que c_1 é a coesão da camada superior e N'_c o fator de capacidade de carga, dado pelo gráfico da Figura 11.21 em função de c_2/c_1.

O fator N'_c cresce com a espessura d da camada superior, quando $c_1 > c_2$; quando $c_1 < c_2$, ele decresce com o aumento de d.

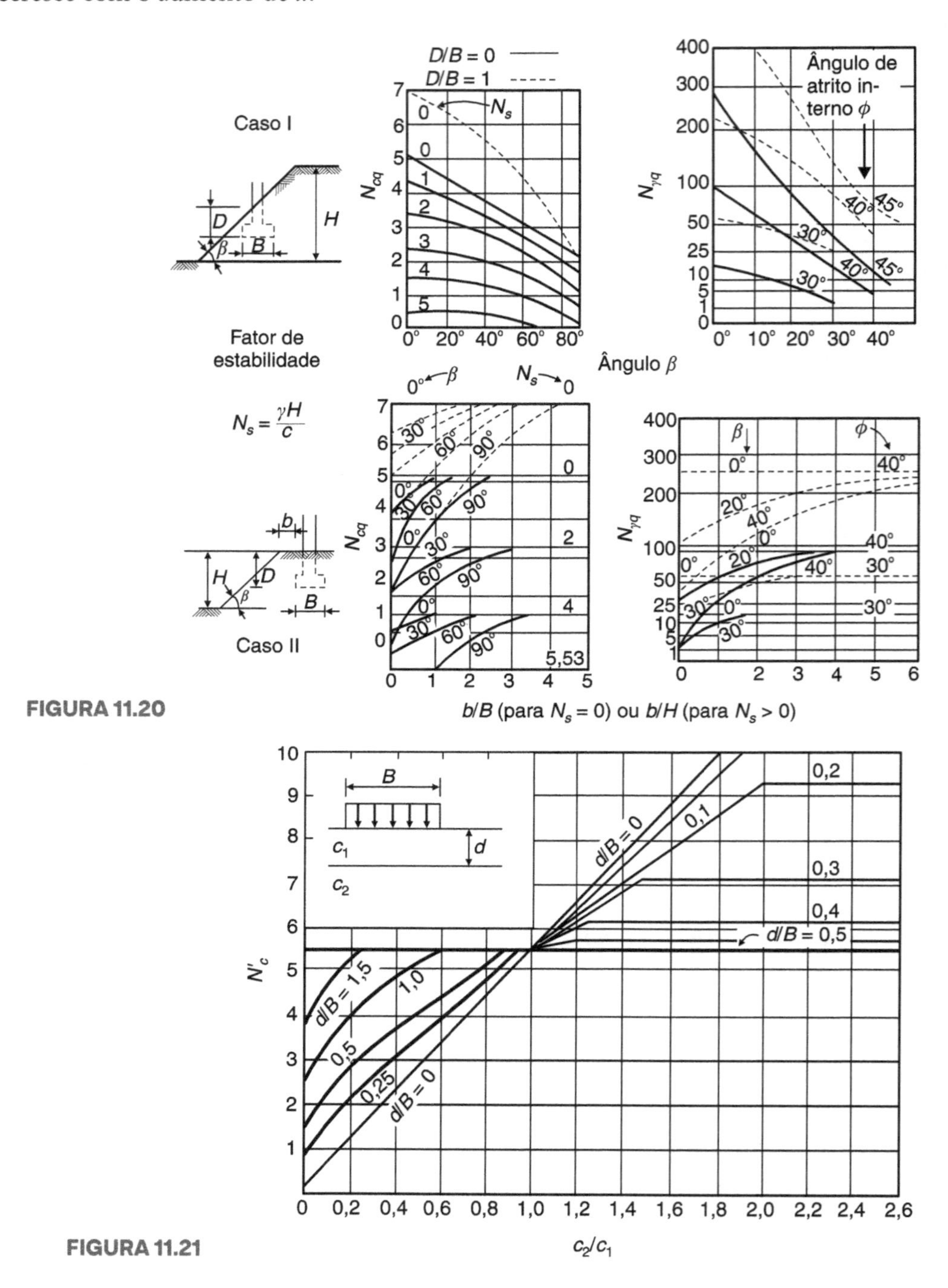

FIGURA 11.20

FIGURA 11.21

11.8 TENSÃO ADMISSÍVEL

A fixação da "tensão admissível" dos solos (usaremos os símbolos σ_{adm}), como vimos, é feita em função da capacidade de carga, dos resultados das provas de carga ou, ainda, da resistência à penetração (N).

Outro recurso, evidentemente menos rigoroso, consiste em lançar mão de valores tabelados e fornecidos pelos Códigos de Fundação. Para um pré-dimensionamento, os projetistas utilizam-se dessa tabela ou baseiam-se em sua experiência profissional.

Tensões admissíveis nas areias

Como sabemos – acompanhando Peck, Hanson e Thornburn, em *Foundation Engineering* –, na determinação de uma tensão admissível deve-se atentar para dois aspectos distintos: segurança contra a ruptura e segurança contra recalques excessivos.

Segurança contra a ruptura Sob este aspecto, a taxa admissível será obtida, dividindo-se, por um fator de segurança igual a 3 a capacidade de carga dada pela fórmula:

$$\sigma_r' = \sigma_r - \gamma \cdot h = \frac{1}{2} \cdot B \cdot \gamma \cdot N_\gamma + \gamma \cdot h \cdot \left(N_q - 1\right)$$

sendo B a largura da sapata (ou a menor dimensão no caso de uma sapata retangular), γ o peso específico do solo e h a profundidade da fundação. Os fatores de capacidade de carga N_γ e N_q são dados na Figura 11.22 em função de ϕ ou da resistência à penetração N.

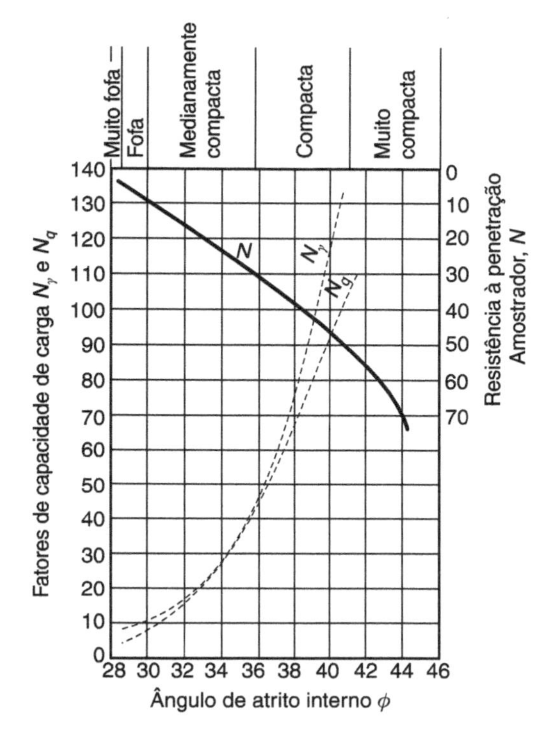

FIGURA 11.22

A fórmula fornece a capacidade de carga que, dividida por 3, dará a tensão admissível na base da sapata quanto à ruptura. Sua aplicação poderá ser obtida com a utilização dos gráficos das Figuras 11.23 e 11.24, elaborados para um solo com γ = 16 kN/m³. O primeiro diagrama (Fig. 11.23) fornece a parcela da tensão admissível correspondente a $1/2 \cdot B \cdot \gamma \cdot N_\gamma$ e o segundo (Fig. 11.24) a correspondente a $\gamma \cdot h \cdot \left(N_q - 1\right)$. Entrando-se na Figura 11.23 com a largura B da sapata e N, determina-se a tensão admissível para uma sapata colocada na superfície do terreno; a Figura 11.24 fornece o acréscimo de tensão admissível correspondente ao efeito de profundidade.

Os diagramas são aplicados sem modificação se o lençol d'água estiver a uma profundidade igual ou maior que B abaixo da fundação. Se o lençol d'água estiver no nível de assentamento da sapata, a parcela obtida da Figura 11.23 deve ser dividida por 2. Se o lençol d'água estiver na superfície do terreno, também a parcela dada pela Figura 11.24 deverá ser dividida por 2. Se o lençol estiver numa posição intermediária, valores aproximados podem ser obtidos por interpolação.

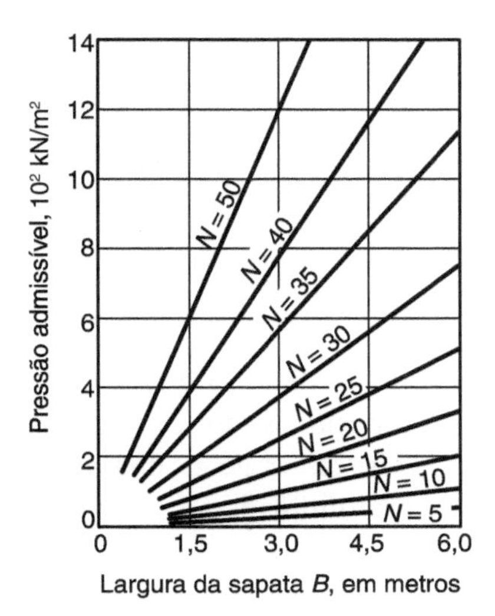

FIGURA 11.23

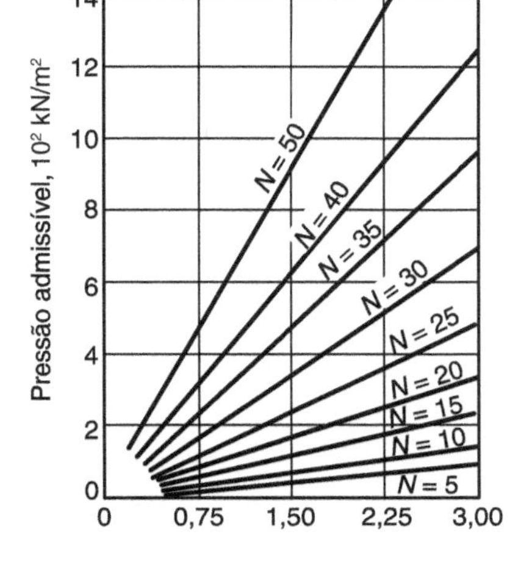

FIGURA 11.24

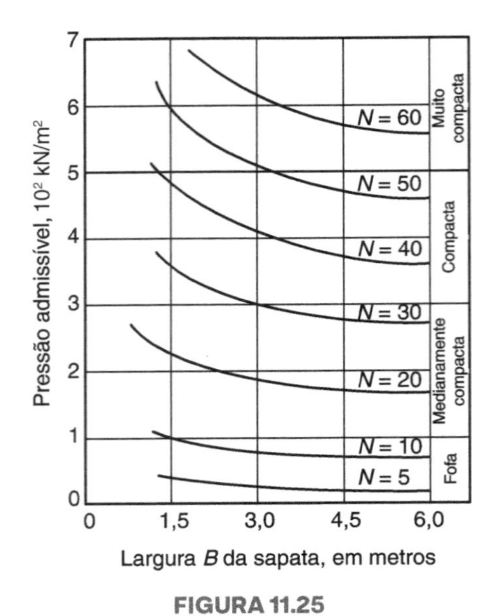

FIGURA 11.25

O valor de N a ser adotado deve ser a média dos obtidos entre a base da fundação e uma profundidade igual a B, abaixo desse nível. O menor valor médio de N obtido de certo número de pontos será utilizado na determinação da tensão admissível.

Se N for maior que 15, dever-se-á entrar com o valor corrigido N'.

Segurança contra recalques A Figura 11.25 fornece a tensão no terreno correspondente a um recalque igual a 2,5 cm (1″). Repetimos que, no caso de uma sapata retangular, B é a menor dimensão.

Determinação da tensão admissível A comparação das Figuras 11.23, 11.24 e 11.25 mostra que a tensão correspondente a um fator de segurança igual a 3 contra a ruptura é consideravelmente maior que a tensão que produz um recalque igual a 2,5 cm. Isso só não acontece no caso de fundações de pequenas dimensões, lençol d'água junto à superfície do terreno e areia fofa. Resulta, então, o seguinte procedimento prático para o caso de fundações de edifícios: com o valor de N obtém-se, pela Figura 11.25 e para a maior sapata da estrutura, a tensão correspondente a um recalque de 2,5 cm. Esse valor deverá ser comparado com o determinado pelas Figuras 11.23 e 11.24, para esta sapata, e para as sapatas de menores dimensões. O menor valor será o adotado para projeto.

A Figura 11.26 reproduz, sob forma diversa, a Figura 11.25.

Convém observar que a determinação da tensão admissível é sempre feita por aproximações sucessivas, uma vez que ela implica um pré-dimensionamento das fundações.

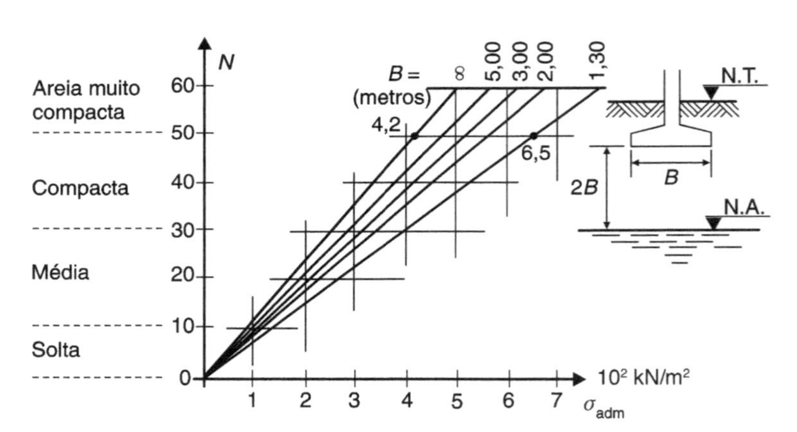

FIGURA 11.26

EXERCÍCIOS

1) Uma sapata quadrada é projetada para uma carga total de 3000 kN, a uma profundidade de 3 m, em uma argila rija com $\gamma = 19$ kN/m³ e $c = 100$ kN/m². Determine o lado da sapata.

Solução

3,35 m.

2) Determine a capacidade de carga de uma sapata retangular de 3 × 4 m, a 2 m de profundidade em um solo de areia argilosa, cujos pesos específicos são: 16 kN/m³ acima do NA e 11 kN/m³ abaixo do NA. Os parâmetros de resistência ao cisalhamento são: $c = 40$ kN/m² e $\phi = 25°$. O lençol d'água está a 2 m de profundidade.

Solução

17.880 kN.

12

Fundações Superficiais

Estudaremos, sumariamente, neste capítulo, os princípios gerais de cálculo dos blocos, sapatas, vigas e placas de fundação.

No que se refere à distribuição das tensões de contato, adotaremos as hipóteses usualmente consideradas.

12.1 BLOCOS

No caso de *blocos alongados* ou corridos (Fig. 12.1), a teoria matemática da elasticidade nos mostra que, considerando um estado duplo de tensão, o valor máximo da tensão de tração se verifica na face inferior do bloco e é igual a:

$$\sigma_{t,\text{máx}} = \frac{\sigma}{\frac{\text{tg}\,\beta}{\beta} - 1}$$

com $\sigma = P/bl$, sendo l o comprimento do bloco e os demais símbolos como indicados na Figura 12.1.

Assim, não haverá necessidade de armar um bloco sempre que $\bar{\sigma}_{t\,\text{máx}}$ for inferior à tensão de tração admissível ($\bar{\sigma}_t$) para o material empregado, o que importa dizer que o ângulo β deverá ser maior que o valor dado pela equação:

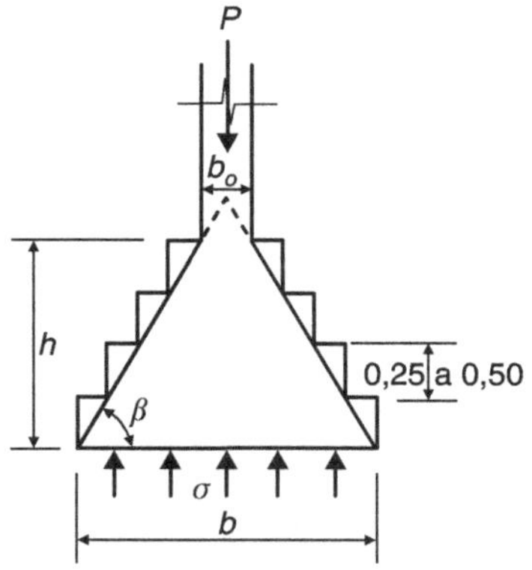

FIGURA 12.1

$$\frac{\text{tg}\,\beta}{\beta} = \frac{\sigma}{\bar{\sigma}_t} + 1$$

cuja solução, para diferentes valores de σ/σ_t, pode ser obtida pelo gráfico da Figura 12.2.

Em geral, admite-se $\bar{\sigma}_t$ da ordem de $\frac{f_{ck}}{20}$, não sendo conveniente ultrapassar 800 kN/m^2.

Conhecido β, a altura é obtida pela fórmula:

$$h = \left(\frac{b - b_0}{2}\right) \cdot tg\,\beta$$

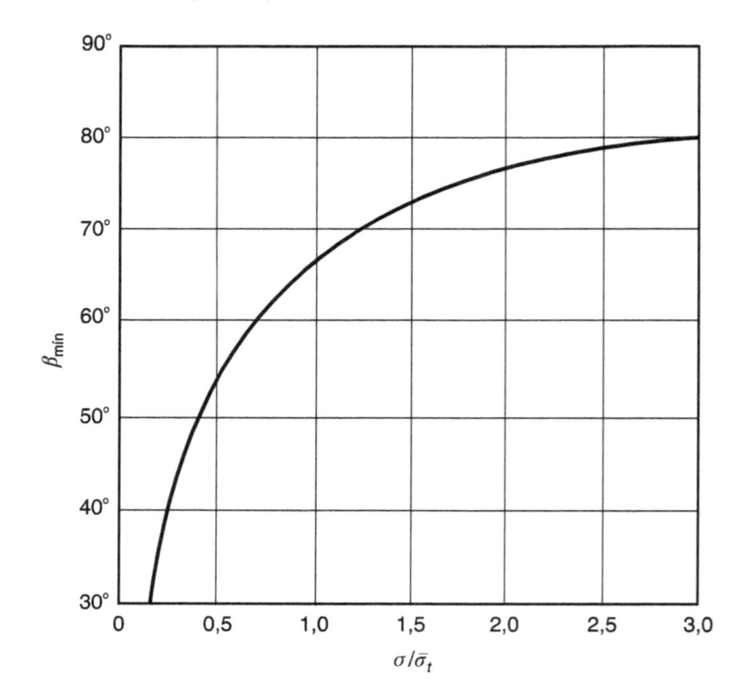

FIGURA 12.2

Segundo a ABNT NBR 6122, para limitação das tensões de tração na base, o valor de β deve ser maior que 60°. Na prática, por questão de economia e facilidade construtiva, usa-se escalonar a face inclinada, tomando-se para altura de cada degrau 25 a 50 cm.

Em se tratando de *blocos não alongados* ou isolados, o problema passa a ser as três dimensões, podendo-se, no entanto, aplicar a solução exposta a seguir.

10.2 SAPATAS

Sapatas quadradas Mais econômicas e de mais fácil execução, são frequentemente empregadas.

Segundo o critério indicado na Figura 12.3, a altura e a seção de ferro da sapata serão calculadas para resistir ao momento de engastamento das lajes trapezoidais nas faces do pilar:

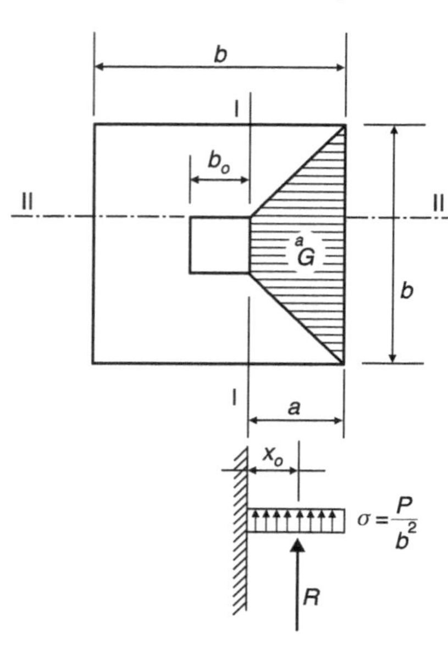

FIGURA 12.3

$$M_I = M_{II} = R \cdot x_0 = \left(\sigma \cdot \frac{b + b_o}{2} \cdot \alpha\right)\left(\frac{\alpha}{3} \cdot \frac{b_o + 2b}{b_o + b}\right) = \frac{Pa^2}{2b^2}\left(b_o + \frac{4}{3}a\right)$$

Calculada a altura, passa-se a verificar se ela é suficiente para combater o *efeito de puncionamento*, ou seja, a tendência de o pilar puncionar a sapata.

Sapatas retangulares Seus lados a e b deverão obedecer a certa relação, tendo em vista um projeto econômico (Fig. 12.4). O dimensionamento é feito considerando-se separadamente os trapézios S_1 e S_2, e calculando-se os respectivos momentos, como no caso anterior. Com o maior dos valores, dimensiona-se a sapata.

Sapatas circulares e octogonais Exigindo uma ferragem especial e de difícil execução, são raramente empregadas, reservando-se seu uso somente para determinados casos particulares.

Sapatas associadas São empregadas quando as fundações isoladas de dois pilares próximos se interferirem ou a fundação de um pilar de divisa ultrapassar a linha limítrofe do terreno.

Sendo P_1 e P_2 as cargas dos pilares e $\overline{\sigma}$ a tensão admissível do terreno, a área da sapata (Fig. 12.5) será:

$$S = \frac{P_1 + P_2}{\overline{\sigma}}$$

e as dimensões de sua base trapezoidal serão:

$$b_1 = \frac{2S}{l}\left(\frac{3x}{l} - 1\right)$$

e

$$b_2 = \frac{2S}{l} - b_1$$

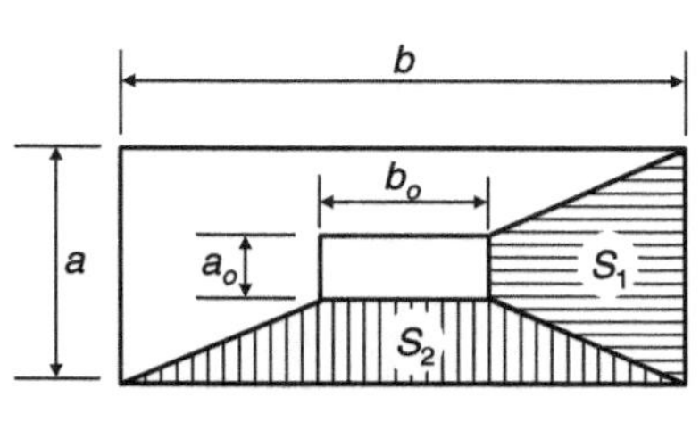

FIGURA 12.4

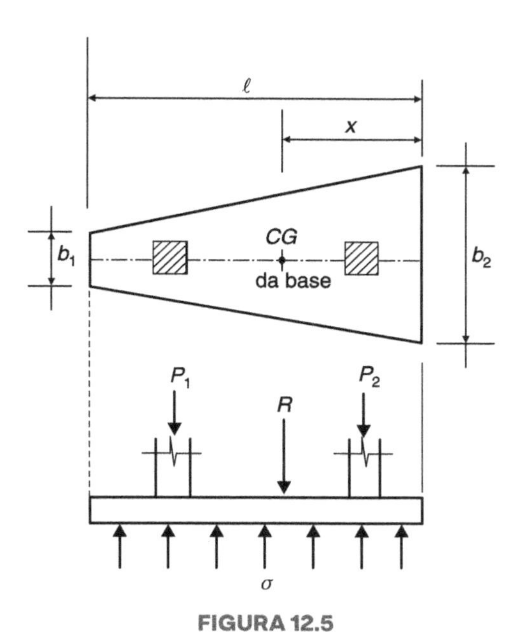

FIGURA 12.5

Sapatas nervuradas Destinam-se aos casos de cargas elevadas, em que é usual reforçar a sapata por meio de *nervuras* (Figs. 12.6 e 12.7). Além de conferir rigidez à fundação, a torna mais econômica.

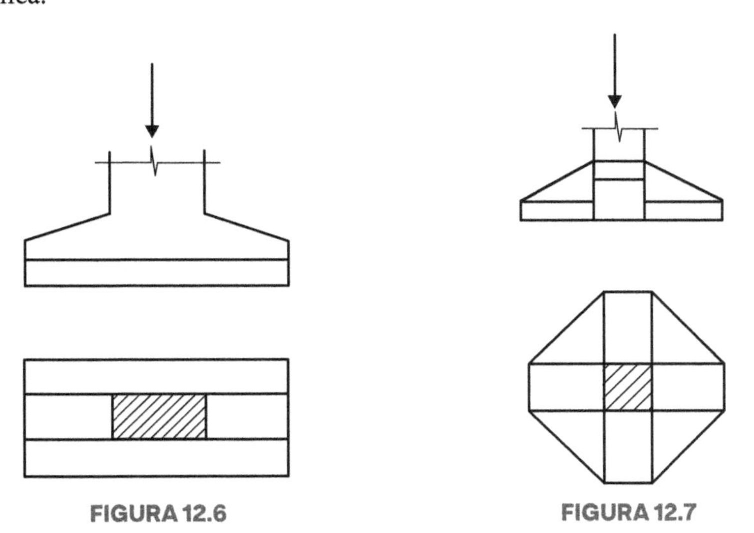

FIGURA 12.6

FIGURA 12.7

Forma-se, assim, um sistema de vigas em balanço engastadas no pilar, e de lajes, também em balanço, engastadas transversalmente nas vigas.

12.3 VIGAS DE FUNDAÇÃO

A teoria geral das vigas de fundação admite que o solo se comporte como um apoio elástico, com a fundação acompanhando as deformações do terreno sob o efeito das tensões que nele se desenvolvem.

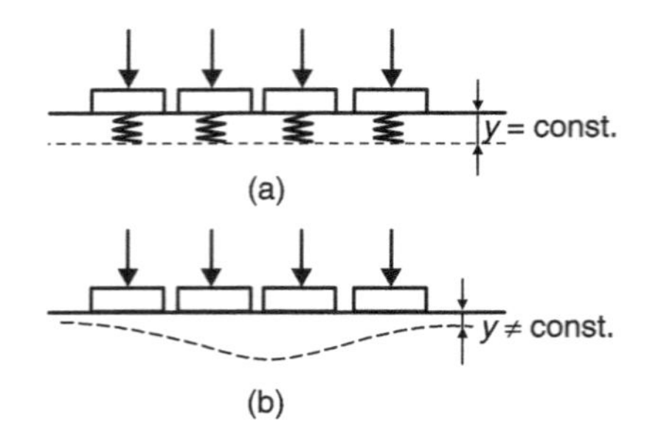

FIGURA 12.8

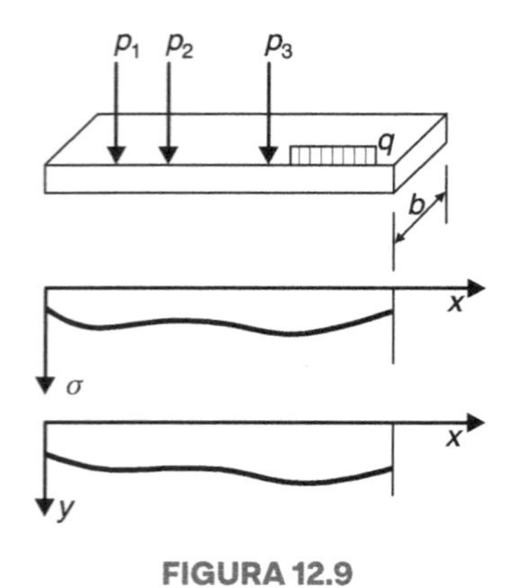

FIGURA 12.9

Para um apoio elástico [Fig. 12.8(a)], a deformação y é constante, deixando de ser no caso real [Fig. 12.8(b)].

Quanto às deformações do terreno, considera-se como hipótese fundamental que, em cada ponto, elas sejam proporcionais à tensão que suportam, isto é: $\sigma = k \cdot y$, em que σ é a tensão, y a deformação e k o *coeficiente de recalque* do solo, expresso geralmente em $kN/m^2/m$.

Esse coeficiente, cuja significação real é muito discutida, pode ser determinado experimentalmente, sendo seu valor tanto maior quanto menos deformável for o solo.

Seja uma viga de fundação (Fig. 12.9) submetida a esforços uniformemente distribuídos ao longo de sua largura b e repousando, em todo seu comprimento, sobre uma base elástica e homogênea.

Admitindo-se a hipótese de distribuição das tensões, a que nos referimos, bem como o comportamento da viga de acordo com as equações estabelecidas na Resistência dos Materiais, tem-se:

$$\begin{cases} \dfrac{d^2y}{dx^2} = -\dfrac{M}{EJ} & (1) \\ \dfrac{dM}{dx} = Q & (2) \\ \dfrac{dQ}{dx} = \sigma - q = kby - q & (3) \end{cases}$$

em que os símbolos, ainda não definidos, significam:
x = abscissa do ponto considerado;
M = momento fletor;
Q = força cortante;
E = módulo de elasticidade do material da viga;
J = momento de inércia da seção transversal da viga;
b = largura da viga em contato com apoio elástico.

Para a viga de rigidez constante (EJ = constante) sobre apoio com coeficiente de recalque k também constante, obtém-se, derivando duas vezes a Equação (1) e tendo em vista (2) e (3):

$$\frac{d^3y}{dx^3} = -\frac{1}{EJ} \times \frac{dM}{dx} = -\frac{1}{EJ} \times Q,$$
$$\frac{d^4y}{dx^4} = -\frac{1}{EJ} \times \frac{dQ}{dx} = -\frac{1}{EJ}(q - kby),$$

ou:

$$EJ\frac{d^4y}{dx^4} + kby = q$$

que é a equação diferencial da viga sobre apoio elástico, na sua forma mais geral.

A solução do problema reside, então, na integração dessa equação diferencial, ordinária, linear, de quarta ordem, não homogênea.

Obtida a solução y e introduzindo-a nas extensões gerais de p e M, tem-se resolvido o problema da distribuição das tensões sobre o solo, bem como calculado o momento máximo da viga.

Quando a viga possui trechos não carregados, para os quais $q = 0$ (casos de *cargas concentradas*), a equação anterior toma a forma:

$$EJ\frac{d^4y}{dx^4} + kby = 0$$

Fazendo-se:

$$L = \sqrt{\frac{4EJ}{kb}} \text{ ou } \lambda = \frac{1}{L} = \sqrt{\frac{kb}{4EJ}}$$

em que L, denominado *comprimento elástico da viga*, depende apenas das características da viga e de seu apoio elástico, a equação passa a se escrever:

$$\frac{d^4y}{dx^4} = -\frac{4y}{L^4} = -4\lambda^4 y$$

Com $y = e^{mx}$ e, portanto:

$$\frac{dy}{dx} = me^{mx}, \frac{d^2y}{dx^2} = m^2e^{mx} \dots \frac{d^4y}{dx^4} = m^4e^{mx}$$

obtém-se:
$m^4 = -4\lambda^4$ cujas raízes são:

$$m_1 = -m_3 = \lambda(1+i) \text{ e } m_2 = -m_4 = \lambda(-1+i)$$

A solução geral da equação é, então:

$$y = C_1e^{mx} + C_2e^{m_2x} + C_3e^{m_3x} + C_4e^{m_4x}$$

em que C_1, C_2, C_3 e C_4 são constantes.
Considerando que:

$$e^{i\lambda x} = \cos\lambda x + i \cdot \text{sen}\lambda x$$
$$e^{-i\lambda x} = \cos\lambda x - i \cdot \text{sen}\lambda x$$

efetuando e introduzindo novas constantes, a solução geral da equação também se escreve:

$$y = e^{\lambda x}\left(A\cos\lambda x + B\text{sen}\lambda x\right) + e^{-\lambda x}\left(C\cos\lambda x + D\text{sen}\lambda x\right)$$

em que as constantes A, B, C e D são determinadas tendo em vista as condições-limites de cada caso.

Viga de comprimento finito com uma carga concentrada no centro

Para este caso, analisado por Zimmermann, tem-se (Fig. 12.10):

tensão no ponto 0, no meio da viga	$\sigma_0 = n_1\frac{P}{bL}$
tensão no ponto 1, a um quarto do comprimento	$\sigma_1 = n_2\frac{P}{bL}$
tensão no ponto 2, na extremidade da viga	$\sigma_2 = n_3\frac{P}{bL}$
momento fletor no ponto 0	$M_0 = m_1 \cdot P \cdot L$
momento fletor no ponto 1	$M_1 = m_2 \cdot P \cdot L$

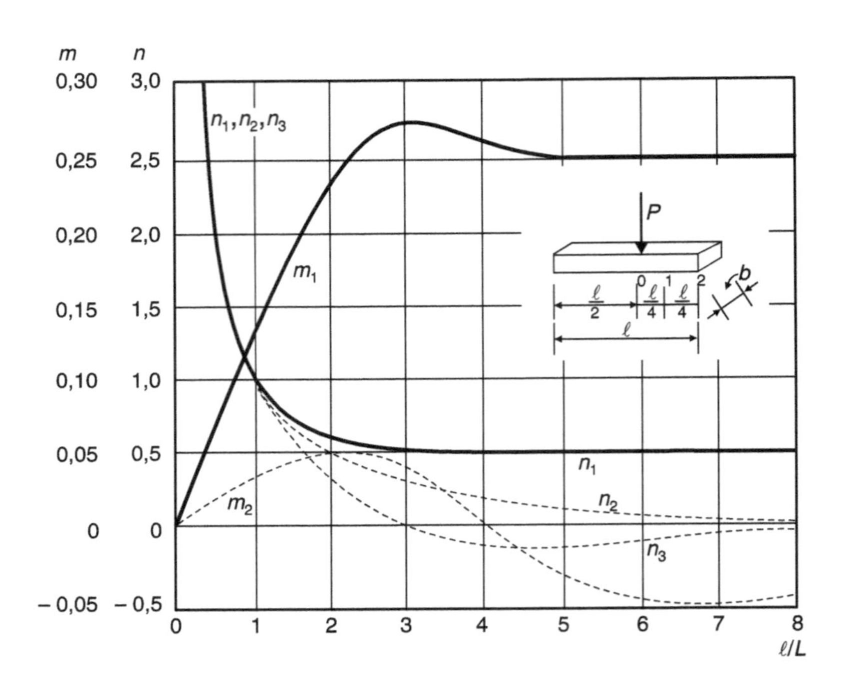

FIGURA 12.10

As curvas da Figura 12.10 fornecem os valores de n_1, n_2, n_3, m_1 e m_2 em função de relação l/L, entre o comprimento efetivo l e o comprimento elástico L.

Por exemplo, para $l/L = \pi$, tem-se:

$$n_1 = 0{,}55 \text{ e } \sigma_0 = \frac{P}{bl} \times 0{,}55\pi = 1{,}72\frac{P}{bl}$$

$$n_2 = 0{,}35 \text{ e } \sigma_1 = \frac{P}{bl} \times 0{,}35\pi = 1{,}19\frac{P}{bl}$$

$$n_3 = 0 \text{ e } \sigma_2 = 0$$

$$m_1 = 0{,}275 \text{ e } M_0 = 0{,}275PL = 0{,}275\frac{Pl}{\pi} = 0{,}70\frac{Pl}{8}$$

$$m_2 = 0{,}035 \text{ e } M_1 = 0{,}035PL = 0{,}035\frac{Pl}{\pi} = 0{,}356\frac{Pl}{32}$$

É interessante observar a variação da função n_3, a qual diminui rapidamente ao crescer l/L, anulando-se, bem como p_2, para o valor desta relação aproximadamente igual a 3. Portanto, vale dizer que só há interesse em aumentar o comprimento da viga até certo valor, além do qual, qualquer aumento não contribui mais para a distribuição das tensões, tornando-se, assim, inútil e antieconômico. Isto é muito importante porque se evita construir uma fundação não utilizada integralmente.

Viga de comprimento finito com cargas concentradas iguais e equidistantes

Este caso foi também resolvido por Zimmermann.

Para pontos (1) situados sob as cargas e pontos (2) equidistantes das mesmas, as fórmulas para os cálculos dos momentos e das reações do terreno são:

$$M_1 = m_1 PL \quad \text{e} \quad M_2 = m_2 PL,$$

$$P_1 = n_1 \frac{P}{bL} \quad e \quad \sigma_1 = n_1 \frac{P}{bL},$$

cujas funções m e n são fornecidas pelas curvas da Figura 12.11.

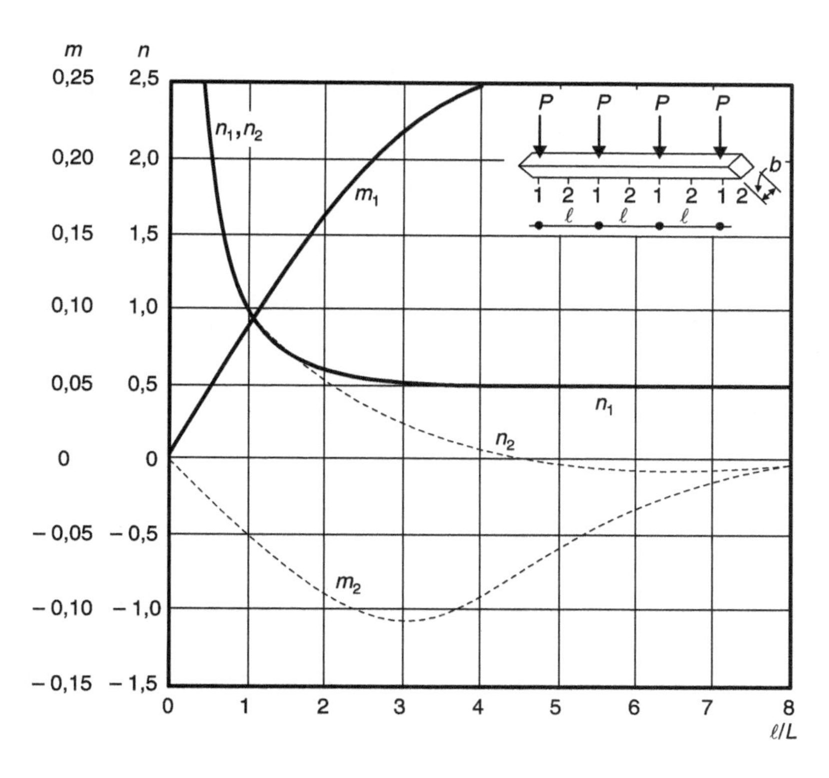

FIGURA 12.11

Viga de comprimento finito com cargas iguais concentradas nas extremidades

De maneira análoga, tem-se, para este caso (Fig. 12.12):

tensão no ponto 0, no meio da viga $\sigma_0 = n_1 \frac{P}{bL}$

tensão no ponto 1, a um quarto do comprimento $\sigma_1 = n_2 \frac{P}{bL}$

tensão no ponto 2, na extremidade da viga $\sigma_2 = n_3 \frac{P}{bL}$

momento fletor no ponto 0 $M_0 = m_1 \cdot P \cdot L$

momento fletor no ponto 1 $M_1 = m_2 \cdot P \cdot L$

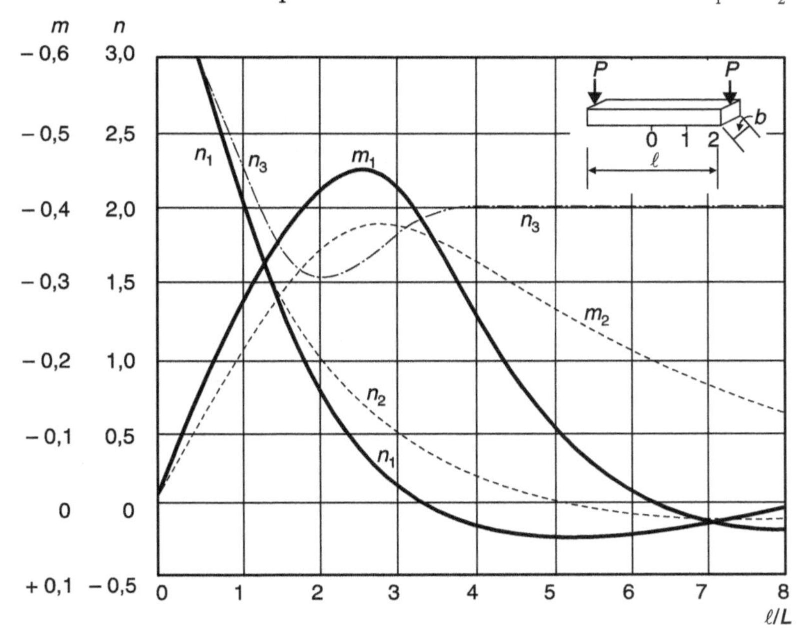

FIGURA 12.12

Os valores de m e n são fornecidos pelas curvas da Figura 12.12, em função da relação l/L.

O cálculo das vigas de fundação também pode ser feito, como proposto por Malter, pelo *método das diferenças finitas* (criado pelo matemático Taylor e que encontra inúmeras aplicações na Engenharia).

12.4 PLACAS DE FUNDAÇÃO

Na hipótese de cargas elevadas e terrenos pouco resistentes, em alguns casos é preferível reunir todas as sapatas em um só elemento de fundação, ou seja, em uma *placa de fundação* ou *radier*.

Sendo $\bar{\sigma}$ a tensão admissível do terreno, $\sum P$ a soma de todas as cargas aplicadas e S a área da superfície coberta pela placa, deveremos ter:

$$\frac{\sum P}{S} \leq \bar{\sigma}$$

O cálculo aproximado de um *radier*, suposto rígido, é feito admitindo-se uma distribuição linear das tensões de contato. Como a resultante das cargas dos pilares não passa, em geral, pelo centro de gravidade da placa, as tensões de contato não se distribuem uniformemente (Fig. 12.13).

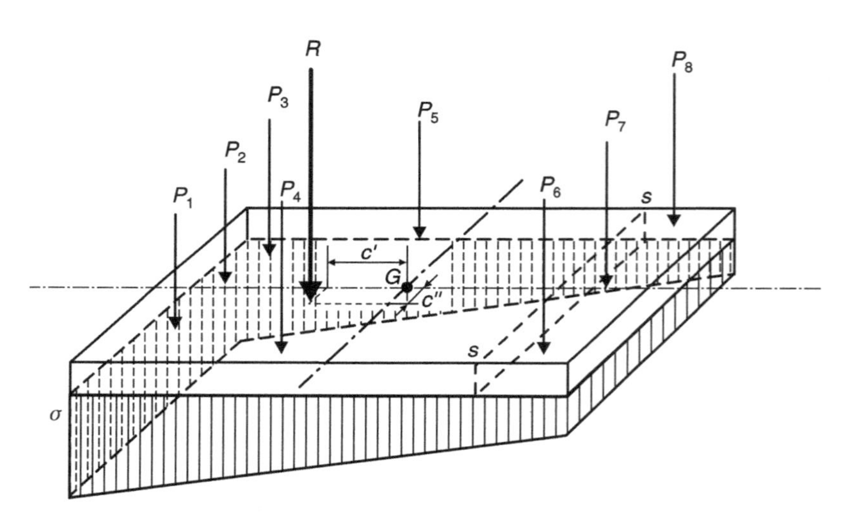

FIGURA 12.13

Se R é a resultante passando às distâncias c' e c'' do centro de gravidade da placa, cujas dimensões (largura e comprimento) são a e b, as tensões de contato nos quatro vértices serão dadas pela fórmula:

$$\sigma = \frac{R}{ab}\left(1 \pm \frac{6c'}{a} \pm \frac{6c''}{b}\right)$$

Calculadas as diversas lajes e vigas que compõem o *radier*, é aconselhável ainda verificar, para qualquer seção tal como "*SS*", se ele é capaz de resistir ao esforço cortante:

$$Q = \sum_{0}^{x} P - \int_{0}^{x} \sigma \cdot dx,$$

e ao momento fletor:

$$M = \sum_{0}^{x} P \cdot x - \int_{0}^{x} \sigma \cdot x \cdot dx$$

Na construção de edifícios com subsolos (Fig. 12.14), é usual o emprego de placas de fundação. Nesses casos, não só a placa, mas também as paredes laterais deverão ser convenientemente impermeabilizadas.

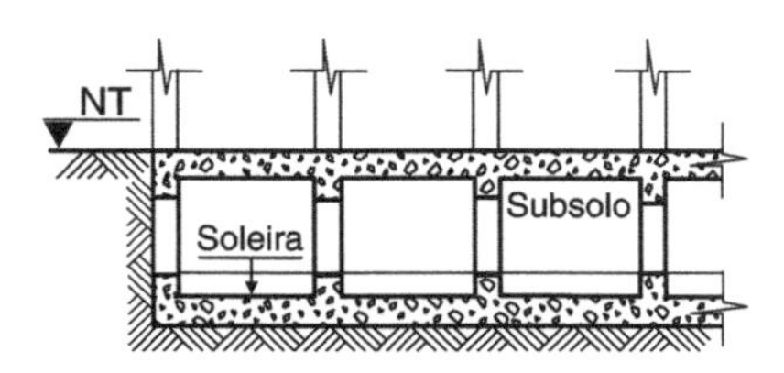

FIGURA 12.14

De maneira análoga ao caso da viga sobre apoio elástico, tem-se, para a *placa elástica* (Fig. 12.15) submetida a uma carga distribuída q, a equação geral, chamada de *equação da placa* (conhecida também como equação de Lagrange ou Germain-Lagrange):

$$D\left(\frac{\partial^4 w}{\partial x^4}+2\frac{\partial^4 w}{\partial x^2 \partial y^2}+\frac{\partial^4 w}{\partial y^4}\right)+kw=q$$

em que:

$$D=\frac{Eh^3}{12(1-\nu^2)}$$

é o *módulo de rigidez* da placa (de características E e μ, e espessura h), o qual corresponde ao EJ da teoria da flexão das vigas.

Considerando que

$$\frac{q-kw}{D}=\left(\frac{\partial^2}{\partial x^2}+\frac{\partial^2}{\partial y^2}\right)\left(\frac{\partial^2 w}{\partial x^2}+\frac{\partial^2 w}{\partial y^2}\right)$$

ou:

$$\frac{q-kw}{D}=\nabla^2(\nabla^2 w)=\nabla^4 w$$

sendo ∇^2 o operador de Laplace, a equação também se escreve sob essa forma simbólica. A integração dessa equação é feita por meio das funções de Bessel, levando-se em conta as condições de contorno do problema em causa.

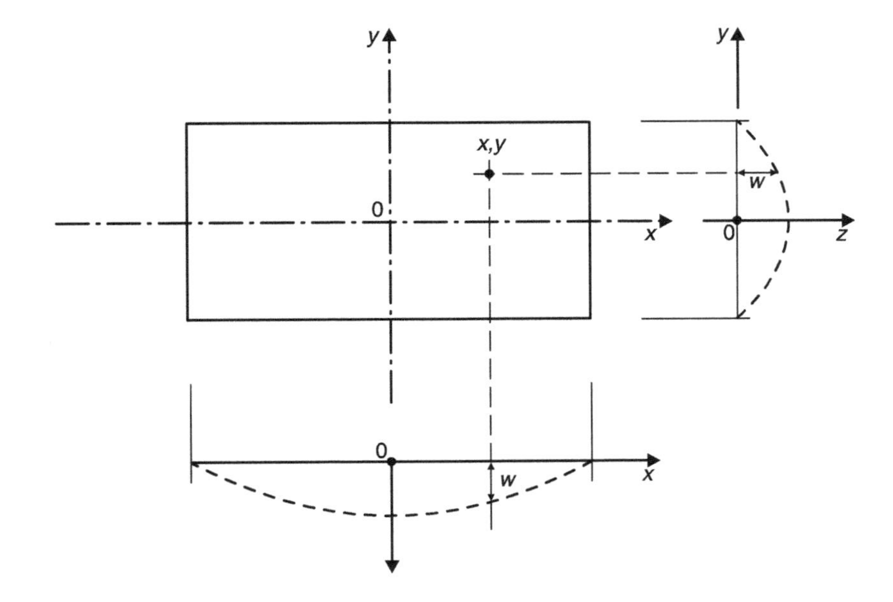

FIGURA 12.15

EXERCÍCIOS

1) Para o bloco de concreto indicado na Figura 12.16, calcule a tensão sobre o terreno.

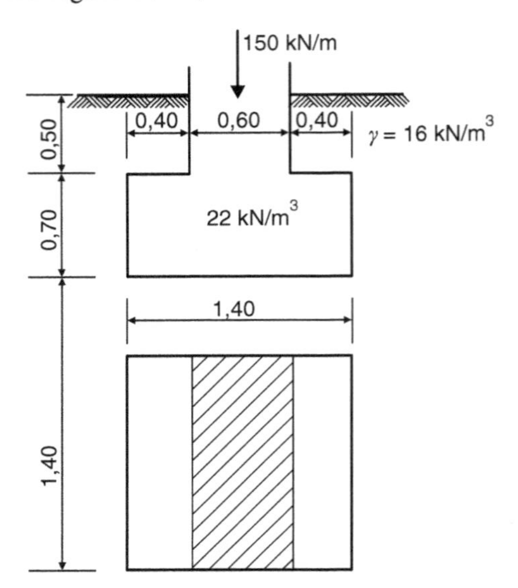

FIGURA 12.16

Solução

Peso próprio:

$$1,4 \cdot 1,4 \cdot 0,7 \cdot 22 = 30,2\,\text{kN}$$

Sobrecarga em razão do reaterro:

$$2 \cdot (1,4 \cdot 0,4 \cdot 0,5 \cdot 16) = 8,96\,\text{kN}$$

Carga aplicada:

$$150 \cdot 1,4 = 210\,\text{kN}$$

Resultante:

$$30,2 + 8,96 + 210 = 249,2\,\text{kN} \cong 250\,\text{kN}$$

Tensão sobre o terreno:

$$\sigma = \frac{250}{1,4 \times 1,4} = 127,6\text{kN/m}^2 \cong 128\,\text{kN/m}^2$$

2) Um pilar de ponte apoiado em sapata tem as dimensões e suporta as cargas indicadas na Figura 12.17. Calcule a máxima tensão transmitida ao terreno. A força V já inclui o peso próprio do pilar e a sapata.

Solução

$$V = 1,5\text{MN} = 1500\,\text{kN}$$
$$M_r = 25 \cdot 6 = 150\,\text{kN} \cdot \text{m}$$
$$M_L = 40 \cdot 6 = 240\,\text{kN} \cdot \text{m}$$

Excentricidades:

$$e_T = \frac{150}{1500} = 0{,}1\,\text{m} < \frac{2}{6} = 0{,}33\,\text{m}$$
$$e_L = \frac{240}{1500} = 0{,}16\,\text{m} < \frac{3}{6} = 0{,}50\,\text{m}$$

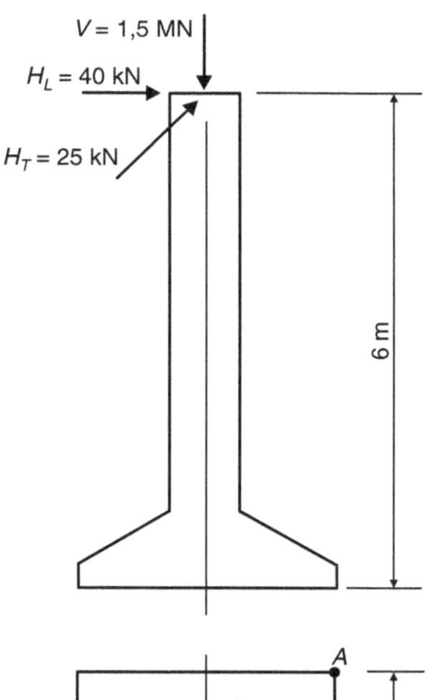

A resultante passa, portanto, pelo núcleo central e toda a área de contato será comprimida.
Tensão máxima (vértice A):

$$\sigma_{\text{máx}} = \frac{1500}{3 \cdot 2} + \frac{6 \cdot 1500}{3 \cdot 2^2} + \frac{6 \cdot 240}{2 \cdot 3^2} = 250 + 75 + 80 = 405\ \text{kN/m}^2$$

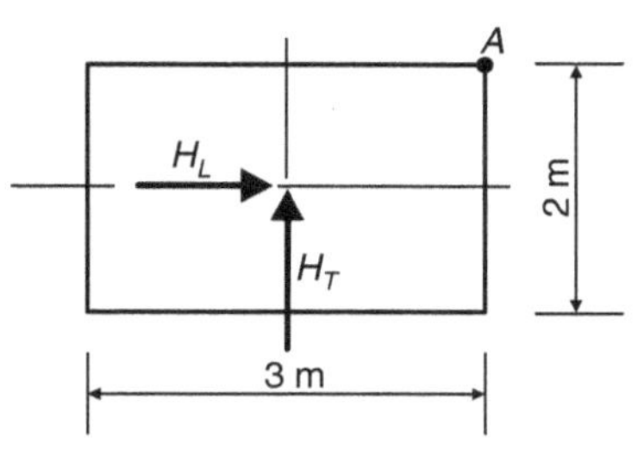

FIGURA 12.17

3) Para a sapata excêntrica indicada na Figura 12.18, calcule as tensões máxima e mínima sobre o terreno.

Solução
As tensões são calculadas pela fórmula

$$\sigma = \frac{P}{S} + \frac{M}{W}$$

com

$$P = 400\,\text{kN}$$

$$S = B \cdot L = 1{,}00 \cdot 2{,}00 = 2\ \text{m}^2$$

$$M = P \cdot e,\ \text{sendo}\ e = \frac{1{,}00}{2} - \frac{0{,}70}{2} = 0{,}15\ \text{m}$$

donde $M = 400 \cdot 0{,}15 = 60\,\text{kN} \cdot \text{m}$

$$W = \frac{I}{B/2},\ \text{sendo}\ I = \frac{LB^3}{12} = \frac{2 \cdot 1^3}{12} = \frac{1}{6} \simeq 0{,}17\ \text{m}^3$$

e, portanto:

$$W = \frac{0{,}17}{1{,}00/2} = \frac{0{,}17}{0{,}50}$$

Assim:

$$\sigma = \frac{400}{2} \pm \frac{60}{0{,}17/0{,}50} = 200 \pm \frac{30}{0{,}17} = 200 \pm 176{,}5$$

donde, finalmente:

$$\sigma_{\text{máx}} = 200 + 176{,}5 = 376{,}5\ \text{kN}$$
$$\sigma_{\text{mín}} = 200 - 176{,}5 = 23{,}5\ \text{kN}$$

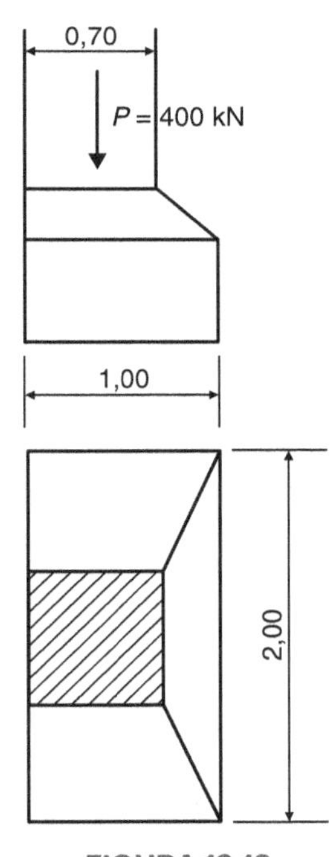

FIGURA 12.18

4) Calcule o comprimento das sapatas S_1 e S_2, indicadas na Figura 12.19, sabendo-se que a tensão admissível do terreno é igual a 200 kN/m².

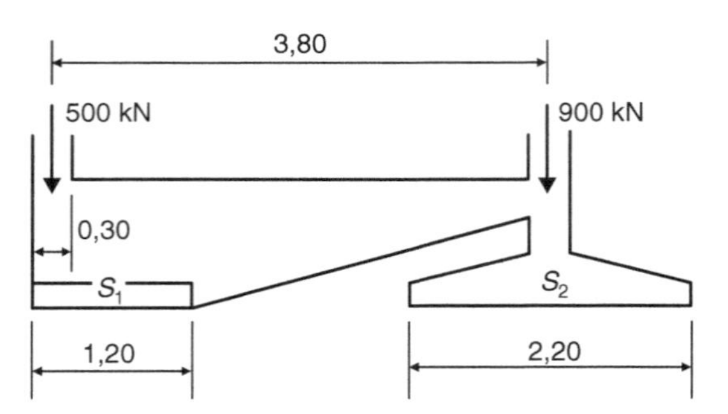

FIGURA 12.19

Solução

Do sistema de carga da Figura 12.20, obtemos tomando os momentos em relação a B:

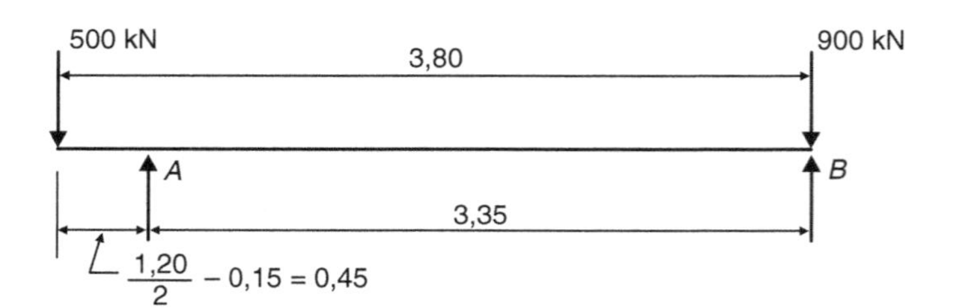

FIGURA 12.20

$$\sum M_B = 0 \Rightarrow 500 \cdot 3,8 = 3,35 \cdot A$$

donde

$$A = 567,2 \text{ kN}$$

e

$$B = 900 + 500 - 567,2 = 832,8 \text{ kN}$$

Daí os comprimentos das sapatas S_1:

$$\frac{A}{\sigma_{\text{adm}}} = \frac{567,2}{200} = 2,84 \,\text{m}^2 \rightarrow \frac{2,84}{1,20} \cong 2,40 \,\text{m}$$

e S_2:

$$\frac{B}{\sigma_{\text{adm}}} = \frac{832,8}{200} = 4,16 \,\text{m}^2 \rightarrow \frac{4,16}{2,20} \cong 1,90 \,\text{m}$$

5) Uma fundação corrida e carregada uniformemente com 400 kN/m² assenta-se sobre a superfície de uma camada espessa e homogênea de argila dura.
Calcule o fator de segurança à ruptura do solo, sabendo-se que a resistência à tensão da argila é de 500 kN.

Solução

Pela fórmula de Terzaghi, a capacidade de carga da camada é dada por

$$\sigma_r = 5,7 \cdot c$$

Como

$$c = \frac{R}{2} = \frac{500}{2} = 250\,\text{kN/m}^2\text{, obtém-se}$$

$$\sigma_r = 5{,}7 \cdot 250 = 1425\,\text{kN/m}^2 = 1{,}43\,\text{MN/m}^2$$

e, para fator de segurança à ruptura, $FS = \dfrac{1425}{400} = 3{,}56.$

6) Uma sapata circular rasa de 2 m de raio e com uma carga uniformemente distribuída de 300 kN/m² está apoiada sobre uma camada homogênea de argila rija. Sabendo-se que a resistência à tensão simples desta argila é de 400 kN/m², calcule o fator de segurança à ruptura da fundação.

Solução

A fórmula de Terzaghi, para sapatas circulares e nas condições do enunciado, torna-se:

$$\sigma_{rr} = 1{,}3 \cdot c \cdot N_c$$

com

$$N_c = 5{,}7 \; e \; c = \frac{R}{2} = \frac{400}{2} = 200\,\text{kN/m}^2$$

Assim:

$$\sigma_{rr} = 1{,}3 \cdot 200 \cdot 5{,}7 = 1482\,\text{kN/m}^2 = 1{,}48\,\text{MN/m}^2$$

e

$$FS = \frac{1482}{300} = 4{,}94$$

7) Determine, pela teoria de Terzaghi, a carga de ruptura P_r das fundações indicadas na Figura 12.21.

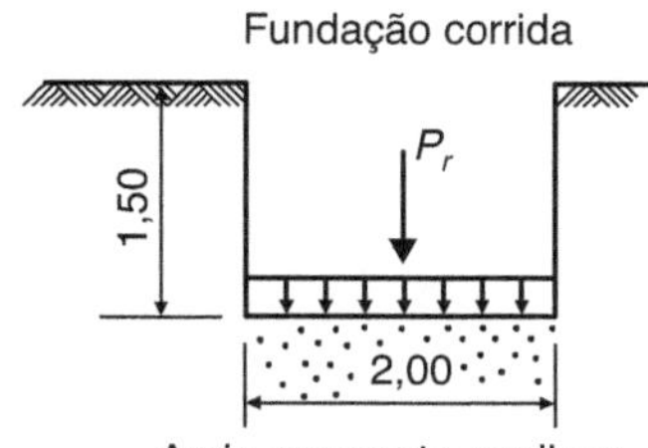

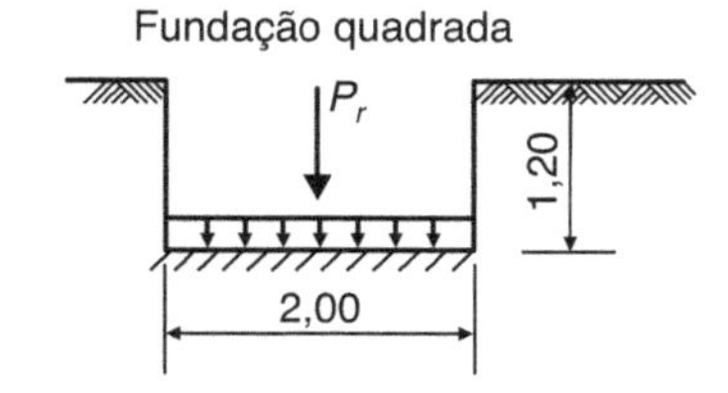

FIGURA 12.21

Solução

a) *Fundação corrida*:

Trata-se de ruptura generalizada. Logo:

$$\sigma_r = c \cdot N_c + \gamma \cdot b \cdot N_\gamma + \gamma \cdot h \cdot N_q$$

em que, para

$$\phi = 30^\circ \rightarrow N_c = 37{,}5; N_q = 22{,}5; N_\gamma = 20$$

e daí:

$$\sigma_r = 10 \cdot 37{,}5 + 17 \cdot 1{,}0 \cdot 20 + 17 \cdot 1{,}5 \cdot 22{,}5 = 1288{,}8 \text{ kN/m}^2 \cong 1{,}29 \text{ MN/m}^2$$

Portanto:

$$P_r = \sigma_r \cdot A = 1288{,}8 \cdot 2{,}00 \cdot 1{,}00 = 2577{,}6 \text{ kN/m} \cong 2{,}58 \text{ MN/m}$$

b) *Fundação quadrada*:
É o caso de ruptura localizada. Assim:

$$\sigma_r = 1{,}3 \cdot c' \cdot N'_c + 0{,}8 \cdot \gamma \cdot b \cdot N'_y + \gamma \cdot h \cdot N'_q \rightarrow \left(\text{com } c' = \frac{2}{3} \cdot 60 = 40 \text{ kN/m}^2 \right)$$

Para:

$$\phi = 10° \rightarrow N'_c = 7{,}00; N'_q = 1{,}0; N'_y = 0$$

logo:

$$\sigma_r = 1{,}3 \cdot 40 \cdot 7{,}0 + 0{,}8 \cdot 16 \cdot 1{,}0 \cdot 0 + 16 \cdot 1{,}2 \cdot 1{,}0 = 383{,}2 \text{ kN/m}^2$$

Portanto:

$$P_r = \sigma_r \cdot A = 383{,}2 \cdot 2{,}00 \cdot 2{,}00 = 1532{,}8 \text{ kN/m} \cong 1{,}53 \text{ MN/m}$$

8) Calcule, pela fórmula de Terzaghi, a capacidade de carga de uma fundação corrida com 2,40 m de largura. A base está 2,20 m abaixo da superfície do terreno. As características físicas do solo são $\gamma = 17$ kN/m³, $\phi = 28°$ e $c = 30$ kN/m².

Solução
1 900 kN/m² ≅ 1,9 MN/m².

9) Determine a capacidade de carga do solo para a fundação corrida de largura 4,00 m, indicada na Figura 12.22.

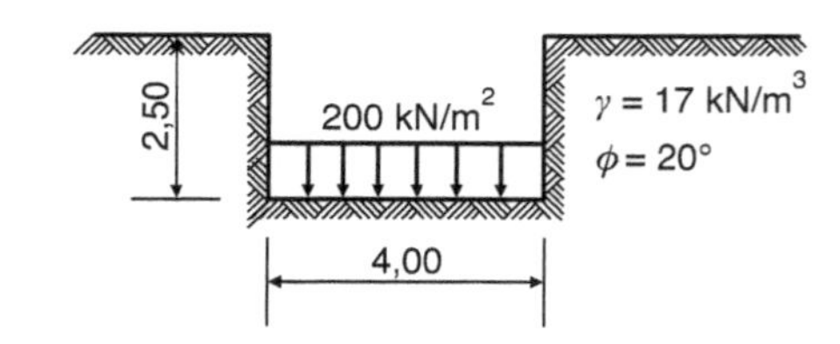

FIGURA 12.22

Solução
500 kN/m².

10) Utilizando a fórmula de Terzaghi com um fator de segurança igual a 3, calcule a tensão admissível à ruptura de um solo sob uma sapata quadrada com 2,00 × 2,00 m, em uma profundidade de 1,80 m.
O peso específico do solo é de 18 kN/m³ e o ensaio de cisalhamento direto forneceu o seguinte resultado:

$$\sigma_1 = 50 \text{ kN/m}^2; \quad \sigma_2 = 100 \text{ kN/m}^2;$$

$$\tau_1 = 75 \text{ kN/m}^2; \quad \tau_2 = 98 \text{ kN/m}^2.$$

Solução
750 kN/m².

11) Uma prova de carga foi realizada sobre uma placa quadrada de 0,30 m de lado, colocada na superfície de uma camada de areia de peso específico $\gamma = 20$ kN/m³. A tangente à curva "carga-recalque" tomou a posição vertical para uma carga de 18 kN. Qual o ângulo de atrito interno da areia?

Solução

Para uma placa quadrada, com $c = 0$ e $z = 0$, a carga de ruptura é dada por

$$\sigma_{rp} = 0{,}8 \cdot \gamma \cdot b \cdot N_\gamma$$

donde, com $\sigma_{rb} = \dfrac{18}{0{,}3 \cdot 0{,}3} = 200\,\text{kN/m}^2$, obtém-se

$$N_\gamma = \frac{200}{0{,}8 \cdot 20 \cdot 0{,}15} = 84$$

e, daí, pelo gráfico que fornece os fatores de capacidade de carga para o caso de ruptura generalizada:

$$\phi = 38^\circ$$

12) Em um terreno argilo-arenoso de coesão 50 kN/m², ângulo de atrito 10° e peso específico de 16 kN/m³, apoia-se, na profundidade de 3,50 m, uma sapata quadrada. A carga total aplicada é de 4,5 MN.

Calcule, pela fórmula de Terzaghi, as dimensões da sapata. Adote para fator de segurança o valor igual a 3 e, para fatores de capacidade de carga, $N_c = 10$, $N_q = 4$ e $N_\gamma = 2$.

Solução

Sendo:

$$\sigma_{rb} = 1{,}3 \cdot c \cdot N_c + 0{,}8 \cdot \gamma \cdot b \cdot N_\gamma + \gamma \cdot h \cdot N_q$$

e

$$\bar{\sigma} = \frac{\sigma_{rb}}{3} = \frac{1{,}3 \cdot 50 \cdot 10 + 0{,}8 \cdot 16 \cdot b \cdot 2 + 16 \cdot 3{,}5 \cdot 4}{3}$$

vem:

$$\bar{\sigma} = 291{,}3 + 8{,}53 \cdot b$$

Porém:

$$\bar{\sigma} = \frac{4500}{(2b)^2}$$

Portanto:

$$\frac{4500}{(2b)^2} = 291{,}3 + 8{,}53 \cdot b$$

ou:

$$3{,}4 + 1165{,}2 \cdot b^2 - 4500 = 0$$

donde:

$$b \cong 3{,}75 \text{ m}$$

13) Uma fundação corrida de 1,00 m de largura e em uma profundidade de 1,00 m carrega o solo com uma tensão de 100 kN/m². Considerando-se que o solo, puramente coesivo, tem para peso específico 18 kN/m³ e para resistência à tensão simples 80 kN/m², verifique, pela fórmula de Terzaghi e pelo processo gráfico de Krey (com a simplificação de Guthlac Wilson), a segurança da fundação contra a ruptura do solo.

Solução

a) Com $\gamma = 18\,\text{kN/m}^3$, $c = \dfrac{R}{2} = \dfrac{80}{2} = 40\,\text{kN/m}^2$

e

$$\phi = 0^\circ \rightarrow \left(\text{donde } N_c = 5{,}7; N_q = 1{,}0; N_\gamma = 0\right)$$

tem-se

$$\sigma = c \cdot N_c + \gamma \cdot b \cdot N_\gamma + \gamma \cdot h \cdot N_q$$

$$\sigma = 40 \cdot 5{,}7 + 18 \cdot 1 \cdot 1 = 246\,\text{kN/m}^2$$

Daí:

$$FS = \frac{246}{100} = 2{,}46 \cong 2{,}5$$

b) Para localizar o centro de rotação, obtém-se do gráfico de Krey, simplificado por Guthlac Wilson, com (Fig. 12.23):

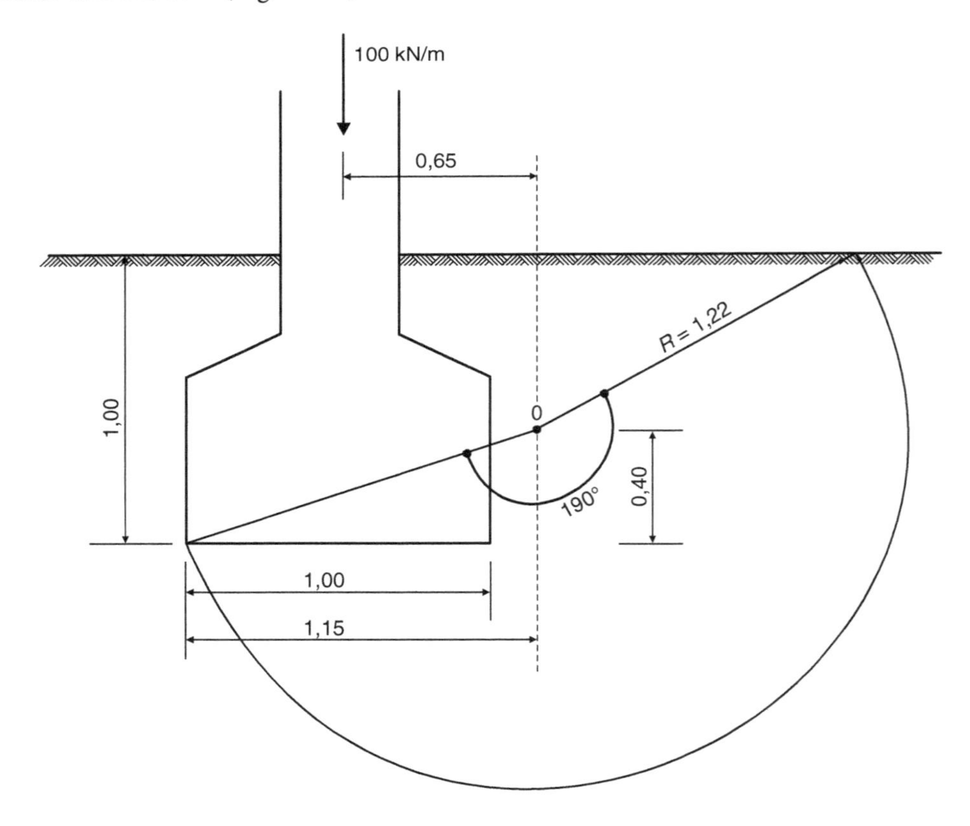

FIGURA 12.23

$$h = \frac{1,00}{0,50} \cdot b \rightarrow \begin{cases} x = 2,3b = 1,15\,\text{m} \\ y = 0,8b = 0,40\,\text{m} \end{cases}$$

Nessas condições, sendo a carga, por metro linear, 100 kN/m, tem-se para fator de segurança:

$$FS = \frac{L \cdot c \cdot R}{P \cdot z} \therefore FS = \frac{\frac{190}{180} \pi \cdot 1,22^2 \cdot 40 \cdot 1}{100 \cdot 0,65} = \frac{197}{65} \cong 3$$

14) Para um solo homogêneo em profundidade, calcule, pelo método de Housel, a capacidade de carga de uma sapata de 3,50 × 3,50 m, considerando-se um recalque máximo admissível de 0,015 m.

Duas provas de carga realizadas neste terreno apresentaram os resultados que se seguem.

Nº da prova	Dimensões da placa (m)	Recalque (cm)	Carga (kN)
1	1,00 × 1,00	1,5	170
2	1,50 × 1,50	1,5	335

Solução

Temos que

$$Q = Ap = (A \cdot n) + (P \cdot m) \begin{cases} 170 = n + 4m \\ 335 = 2,25n + 6m \end{cases}$$

Resolvendo o sistema, encontra-se:

$$m \cong 16\,\text{kN/m} \quad \text{e} \quad n \cong 107\,\text{kN/m}^2$$

Para a sapata de 3,50 × 3,50:

$$x = \frac{14,00}{12,25} = 1,14$$

Daí:

$$\sigma = 16 \cdot 1,14 + 107 = 125,24\,\text{kN/m}^2$$

15) Para um solo homogêneo em profundidade, calcule pelo método de Housel o lado da base de uma sapata quadrada, para uma carga de 2500 kN, considerando-se um recalque máximo admissível de 1,5 cm.

Duas provas de carga realizadas neste terreno apresentaram os resultados que se seguem.

Nº da prova	Dimensões (m)	Recalque (cm)	Carga (kN)
1	0,30 × 0,30	1,5	50 kN
2	0,90 × 0,90	1,5	180 kN

Solução

Para a prova de carga nº 1, tem-se

$$A_1 = 0{,}09^2;\ P_1 = 1{,}20\,\text{m};\ r = 1{,}5\,\text{cm};\ Q_2 = 50\,\text{kN}$$

$$\sigma_1 = \frac{50}{0{,}09} = 555{,}56\,\text{kN/m}^2\,;\ x_1 = \frac{1{,}20}{0{,}09} = 13{,}35$$

e para a nº 2:

$$A_2 = 0{,}81\,\text{m}^2;\ P_2 = 3{,}60\,\text{m};\ r = 1{,}5\,\text{cm};\ Q_2 = 180\,\text{kN}$$

$$\sigma_2 = \frac{180}{0{,}81} = 222{,}22\,\text{kN/m}^2\,;\ x_2 = \frac{3{,}60}{0{,}81} = 4{,}45$$

Daí o sistema

$$\begin{cases} 555{,}56 = n + 13{,}35\,\text{m} \\ 222{,}22 = n + 4{,}45\,\text{m} \end{cases}$$

que, resolvido, nos dá

$$m = 37{,}5\,\text{kN/m} \ \text{ e } \ n = 57\,\text{kN/m}^2$$

Para a sapata quadrada, de lado l, podemos então escrever

$$\frac{2500}{l^2} = 37{,}5 \cdot \frac{4l}{l^2} + 57$$

ou

$$l^2 + 2{,}64 \cdot l - 44 = 0$$

cuja raiz positiva $l \cong 5{,}45$ m é a solução pedida.

16) Para a viga de fundação, indicada na Figura 12.24, calcule a tensão e o momento sob o ponto de aplicação da carga.
Admitir $k = 5 \times 10^4$ kN/m²/m e $E = 2{,}1 \times 10^7$ kN/m².

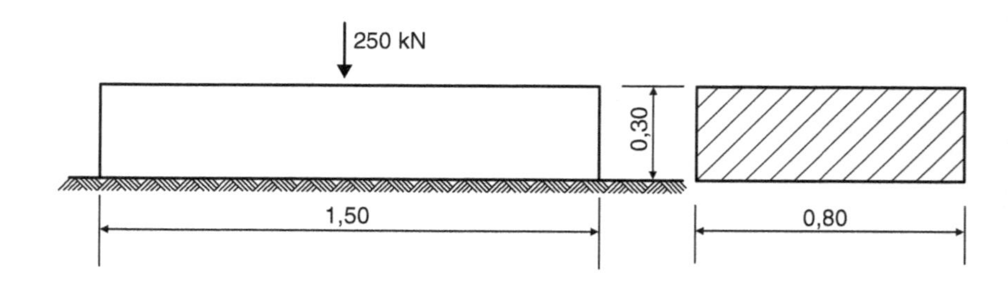

FIGURA 12.24

Solução
Tem-se que

$$\sigma_0 = n_1 \frac{P}{b \cdot L} \text{ e } M_0 = m_1 \cdot P \cdot L$$

Com $P = 25$ kN, $b = 0{,}80$ m e $L = \sqrt[4]{EJ/kb}$ e os valores de n_1 e m_1 obtidos do gráfico em função de l/L, sendo $l = 1{,}50$ m.
Assim, com

$$J = \frac{bh^3}{12} = \frac{0,80 \times 0,30^3}{12} = 1,8 \times 10^{-3}\,\text{m}^4$$

e

$$L = \sqrt[4]{4 \times 2,1 \times 10^7 \times 1,8 \times 10^{-3} / (5 \times 10^4 \times 0,8)} = 1,39 \text{ m},$$

obtemos:

$$\frac{l}{L} = \frac{1,50}{1,39} \cong 1,1$$

e daí:

$$n_1 = 0,90 \quad \text{e} \quad m_1 = 0,15$$

Tem-se, então, finalmente:

$$\sigma_0 = 0,90 \cdot \frac{250}{0,8 \cdot 1,39} = 202,34 \text{ kN/m}^2$$

e

$$M_0 = 0,15 \cdot 250 \cdot 1,39 = 52,13 \text{ kN/m}^2$$

13

Estacas

13.1 GENERALIDADES

As *estacas*[1] são peças alongadas, cilíndricas ou prismáticas que se cravam ou se confeccionam no solo, com as seguintes utilizações:

a) transmissão de cargas a camadas profundas do terreno;
b) contenção dos empuxos de terras ou de água;
c) compactação de terrenos.

Em geral, as estacas indicadas em (a) recebem da obra que elas suportam "esforços axiais de compressão". A estes esforços elas resistem, seja pelo atrito das paredes laterais da estaca contra o terreno, seja pelas reações exercidas pelo terreno sobre a ponta. Têm-se, assim, as chamadas *resistências de atrito lateral* e *de ponta*, respectivamente.

Conforme a estaca resista apenas pelo atrito lateral ou pela ponta, ela é denominada *flutuante* ou *estaca carregada de ponta*, respectivamente.

A Figura 13.1 ilustra as definições dadas: em (a) a capacidade resistente da estaca se compõe das duas parcelas: atrito e ponta; em (b) a estaca é carregada na ponta, trabalhando como coluna; em (c) ela resiste pelo atrito lateral: é a estaca flutuante (*pieux flottants*, em francês, e *friction piles*, em inglês).

Se a estaca atravessa um terreno que se adensa sob seu peso próprio, ou sob a ação de uma camada de terreno sobrejacente, será produzido o fenômeno do *atrito negativo*, isto é, o terreno, em vez de se opor ao afundamento da estaca, vai, ao contrário, pesar sobre ela, favorecendo, assim, sua penetração no terreno [Fig. 13.1(d)]. A grandeza do acréscimo de carga em razão do atrito negativo depende da forma da estaca (cônica ou piramidal, com a

[1] Para um estudo mais aprofundado e atualizado, recomenda-se A. S. Versic. *Design of pile foundations* – Synthesis of Highway Practice 42. National Cooperative Highway Research Program (NCHRP), 1977. Novos conceitos sobre o comportamento das fundações em estacas são expostos em M. Wallays. Charge portante des pieux en fonction de leur mode d'execution. Pieux executes par Pieux Franki. *Communication à la Journée d'Étude Fondations sur Pieux*, 1980.

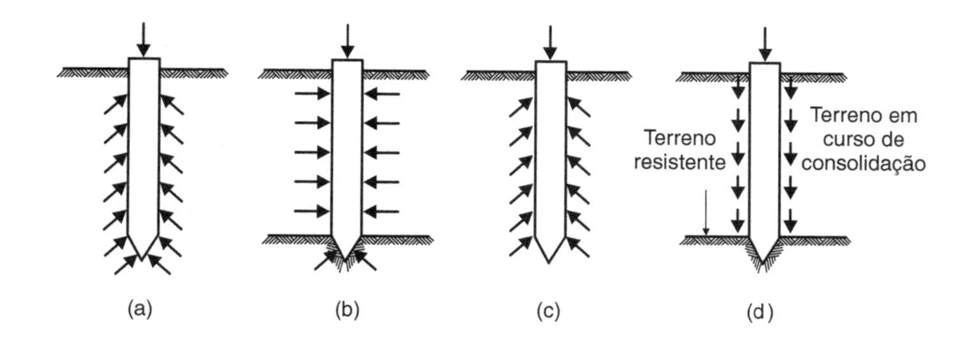

FIGURA 13.1

extremidade mais delgada para cima ou para baixo), da natureza da sua superfície (lisa ou rugosa) e da importância do adensamento do terreno. O amolgamento da argila durante a cravação da estaca é, também, causa de atrito negativo.

Quanto à *posição*, as estacas podem ser "verticais e inclinadas", e quanto aos *esforços* a que ficam sujeitas, classificam-se em estacas de "compressão, tração e flexão" (Fig. 13.2).

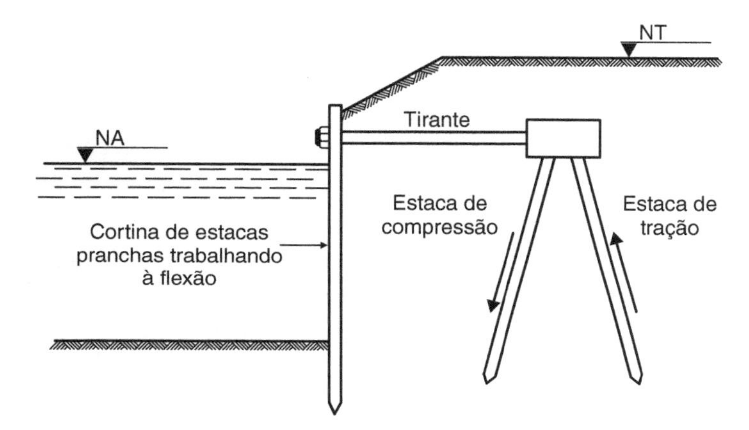

FIGURA 13.2

As *estacas de compactação* [classificadas em (c)] destinam-se a melhorar alguns terrenos arenosos de fundação. Isto se consegue pela vibração provocada pela cravação de estacas (geralmente de madeira, quando não houver o perigo de apodrecimento) e pelo próprio volume das estacas introduzidas no solo.

Para mais detalhes ver, por exemplo, o livro *Engenharia de fundações*, de Paulo Albuquerque e Jean Garcia (2020).

13.2 CLASSIFICAÇÃO DAS ESTACAS

As estacas de sustentação, isto é, as que se destinam à transmissão de cargas a camadas profundas do terreno, podem ser classificadas, em função do material, em:

- estacas de madeira;
- estacas de concreto (pré-moldadas ou moldadas *in situ*);
- estacas metálicas.

Sob o ponto de vista do processo executivo, podem ser agrupadas segundo o efeito que provocam no solo ao serem executadas em:

- estacas que não provocam ou provocam pequeno deslocamento no solo (*replacement pile*), tais como as estacas escavadas, hélice contínua, estacas raiz, entre outras;
- estacas que provocam grande deslocamento do solo (*displacement pile*) como as estacas cravadas, prensadas e hélice de deslocamento, pois neste caso o solo é deslocado lateralmente para permitir a execução da estaca.

A ABNT NBR 6122 apresenta em seus anexos os diferentes tipos de estacas comumente usadas no Brasil e às quais vamos nos referir a seguir.

13.3 ESTACAS DE MADEIRA

As estacas de madeira são empregadas desde os mais remotos tempos como processo de fundação.

Nada mais são do que troncos de árvores, bem retos e regulares, que se cravam no solo.

As qualidades da madeira que devem ser requeridas são: durabilidade e resistência ao choque. No Brasil, as madeiras que melhor se adaptam a este fim são aroeira, maçaranduba, eucalipto, peroba do campo e devem atender aos requisitos da ABNT NBR 7190.

O diâmetro médio dessas estacas varia de 22 a 30 cm (o mínimo na ponta deve ser de 15 cm) e seu comprimento geralmente limitado a 12 m; quando se torna necessário um comprimento maior, é usual emendar-se duas estacas por meio de talas.

O diâmetro d de uma estaca de madeira, em função do seu comprimento l, pode ser calculado pela fórmula empírica:

$$d = 0{,}15 + 0{,}02 \cdot L$$

A duração é praticamente ilimitada, quando mantida permanentemente debaixo d'água. Ao contrário, se estão sujeitas à variação do nível d'água, elas apodrecem rapidamente.

Por ocasião da reconstrução do campanário da Igreja de São Marcos no ano de 1902, em Veneza, verificou-se que as estacas, após 1000 anos de serviço, ainda se encontravam em ótimo estado e capazes de ainda suportar o grande peso do campanário.

O Teatro Municipal do Rio de Janeiro, construído em 1905, constitui outro exemplo de edificação sobre estacas de madeira.

A escolha da cravação das estacas com a parte mais grossa para cima ou para baixo depende das condições do problema. Assim, a cravação com a parte mais grossa para cima (posição geralmente adotada) é aconselhável quando predominar o atrito lateral na resistência da estaca; ao contrário, quando se pretende tirar todo o potencial da resistência da ponta, convém cravá-la com a parte mais grossa para baixo.

A fim de evitar o perigo da variação do nível d'água, os norte-americanos adotaram, na fundação de um hotel de 24 andares, o seguinte expediente: introduziram cilindros nas cabeças das estacas, os quais se mantinham cheios d'água, mesmo que exteriormente viesse a abaixar o nível do lençol d'água.

As causas da deterioração das estacas de madeira são:

a) apodrecimento causado pela ação dos cogumelos, em presença do ar, umidade e temperatura favorável;
b) ação dos insetos (térmitas ou cupins);
c) ataque por brocas marinhas, incluindo vários moluscos e crustáceos.

Para preservação das estacas, várias são as substâncias e processos empregados. Entre as substâncias, têm sido usados diversos sais tóxicos de zinco, cobre, mercúrio etc. O creosoto (substância proveniente da destilação do carvão ou do asfalto) é o que se tem mostrado mais eficiente; seu consumo é de aproximadamente 30 kg/m^3 de madeira para estacas usadas no mar, e de cerca da metade dessa quantidade para as estacas usadas em terra. Como processo de preservação, temos: pintura, imersão e impregnação (processo das células cheias, ou de *Bethell*, e processo das células vazias, ou de *Rueping*).

Durante a cravação, a cabeça das estacas deve ser munida de um anel cilíndrico de aço, destinado a evitar seu rompimento sob os golpes do pilão, e o emprego de uma ponteira metálica, a fim de facilitar a penetração e proteger a madeira (Fig. 13.3).

A carga admissível das estacas de madeira depende, evidentemente, de suas dimensões e da natureza das camadas atravessadas no terreno. Ela deverá ser determinada, portanto, em cada caso particular.

Como ordem de grandeza, reproduzimos na Tabela 13.1 valores de cargas admissíveis das estacas em função do diâmetro e penetração na camada resistente, segundo a norma alemã DIN 4026.

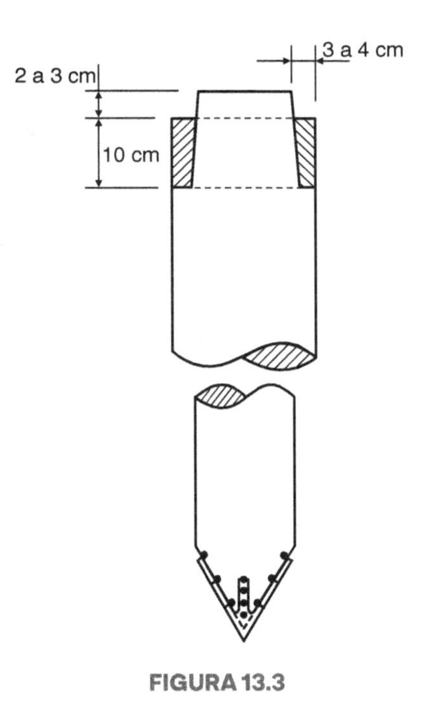

FIGURA 13.3

TABELA 13.1 Cargas admissíveis das estacas

Diâmetro (cm)	Penetração na camada resistente (m)	Carga admissível (kN)
15	3 4 5	100 150 —
20	3 4 5	150 200 300
25	3 4 5	200 300 400
30	3 4 5	400 500 600

13.4 ESTACAS PRÉ-MOLDADAS

Estas estacas são largamente utilizadas em toda parte do mundo e podem ser de concreto armado ou protendido, vibrado ou centrifugado, com qualquer forma geométrica da seção transversal, devendo apresentar resistência compatível com os esforços de projeto e decorrentes do transporte, manuseio, cravação e eventuais solos agressivos, segundo a ABNT NBR 6122.

A sua grande vantagem em relação às estacas moldadas no solo reside na concretagem, passível de uma fácil fiscalização. Mais ainda, em terrenos extremamente pouco consistentes ou onde se deva atravessar uma corrente de água subterrânea, as estacas pré-moldadas levam vantagem sobre as moldadas no solo, pois estas exigem precauções e cuidados especiais.

Como desvantagem das estacas pré-moldadas, podemos citar a dificuldade em se adaptar às variações do terreno.

A seção transversal dessas estacas é geralmente quadrada, hexagonal, octogonal ou circular. A Figura 13.4 mostra as seções comumente usadas nessas estacas.

Além do seu trabalho como pilar, e levando-se em conta a contenção do solo para efeito de flambagem (Seção 13.12), as estacas deverão ser calculadas também para as condições de levantamento e manipulação.

No cálculo, devemos considerar uma carga uniformemente distribuída, um pouco superior ao peso próprio, para ficarmos prevenidos quanto a pequenas ações dinâmicas.

Na Figura 13.5 indicamos os modos de levantar e transportar as estacas, observando-se que a ferragem deve ser simétrica e os momentos positivo e negativo devem ser iguais em valor absoluto.

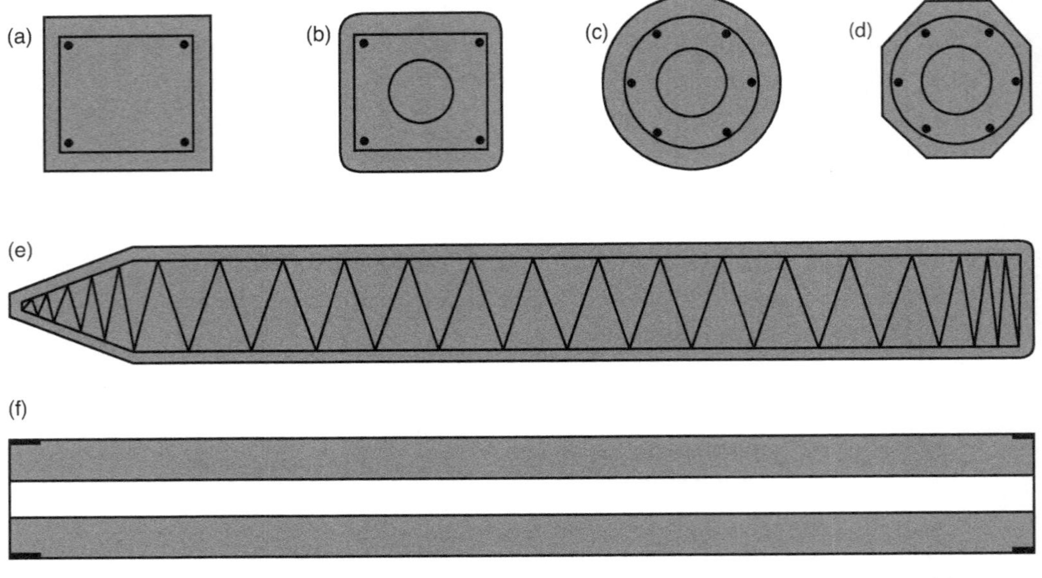

FIGURA 13.4 Estacas pré-moldadas de concreto: (a) a (d) seções transversais típicas; (e) seção longitudinal com armadura típica; (f) estaca com furo central e anel de emenda (apenas o concreto representado).

a) Levantamento por um ponto (para $L \leq 12$ m)

De acordo com a Figura 13.5(a), onde se mostra a estaca sendo suspensa por um ponto, em B, enquanto sua ponta apoia-se no terreno, em A, obtém-se para valores dos momentos máximos:

$$M_a = \frac{q \cdot L^2}{2}\left(1 - \frac{1}{2 \cdot a}\right)^2 \text{ e } M_b = -\frac{q \cdot b^2 \cdot L^2}{2}$$

Igualando os valores absolutos dessas expressões e resolvendo a equação obtida, notando que $a + b = 1$, encontra-se:

$$b \cong 1/3$$

b) Levantamento por dois pontos ($L > 12$ m)

Quando a estaca é levantada por dois pontos, como mostra a Figura 13.5(b), os momentos são:

$$M_a = \frac{q \cdot L^2}{2}\left(\frac{a^2}{4} - b^2\right) \text{ e } M_b = -\frac{q \cdot b^2 \cdot L^2}{2}$$

Igualando, como no caso anterior, essas expressões e resolvendo a equação, obtém-se:

$$b \cong 1/5$$

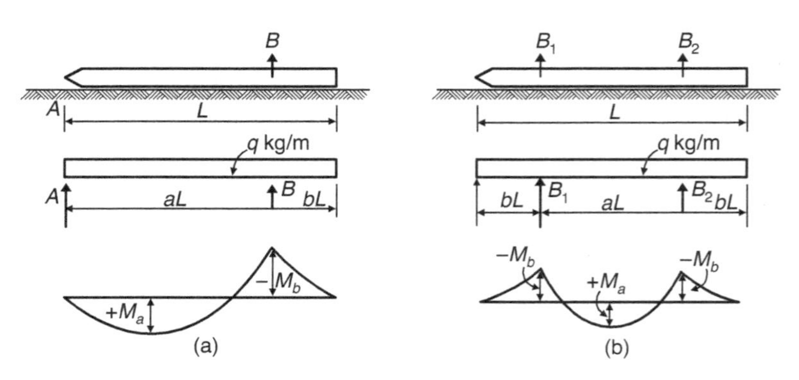

FIGURA 13.5

O armazenamento e o içamento das estacas pré-moldadas na obra devem obedecer às precauções do fabricante.

O sistema de cravação deve ser dimensionado de modo que as tensões de compressão durante a cravação sejam limitadas a 85 % da resistência nominal do concreto, menos a protensão, se for o caso.

No caso de estacas protendidas ou estacas armadas às tensões de tração, observe as recomendações contidas nos anexos da ABNT NBR 6122.

As estacas pré-moldadas de concreto podem ser emendadas, desde que resistam a todas as solicitações que nelas ocorram durante o manuseio, a cravação e a utilização da estaca.

As emendas devem ser feitas por meio de anéis soldados ou outros dispositivos que permitam a transferência dos esforços de compressão, tração e flexão. Outro aspecto a ser considerado na cravação das estacas pré-moldadas é o uso cada vez mais crescente dos martelos hidráulicos ou vibradores em substituição aos martelos de queda livre, permitindo que se atinjam camadas mais resistentes e profundas, melhorando a eficiência da cravação.

Quanto à ordem de grandeza das cargas admissíveis das estacas pré-moldadas, veja os valores e as recomendações dos diversos fabricantes.

13.5 ESTACAS CRAVADAS À REAÇÃO (ESTACAS PRENSADAS OU MEGA)

As estacas pré-moldadas ou metálicas são utilizadas quando se deseja evitar vibrações ou para reforços de obras já executadas, finalidade para a qual elas foram concebidas.

A estaca é constituída por elementos de 0,5 e 1,0 m que se vão cravando, um após o outro, justapostos, até se conseguir o comprimento desejado. A sua característica principal é a cravação no terreno, que se faz por meio de um macaco hidráulico, encontrando a reação no peso da própria estrutura a reforçar (Fig. 13.6) ou, então, em sobrecargas adicionais convenientes. São *estacas prensadas*.

No caso da falta de reação para o macaco hidráulico, utilizam-se dois processos principais, quais sejam:

a) emprego de uma plataforma especial (cargueira), suportando a sobrecarga necessária à reação do macaco;
b) execução prévia de parte da estrutura sobre fundações provisórias (constituídas por blocos de coroamento vazados) e consequente cravação e incorporação das estacas prensadas com apoio nessa estrutura).

Este último processo permite o progresso simultâneo da superestrutura e das fundações.

Conforme a natureza do terreno, a carga admissível das estacas prensadas pode variar de 150 a 900 kN.

O próprio processo de cravação da estaca a submete a uma prova de carga igual a 1,5 vez a carga de trabalho.

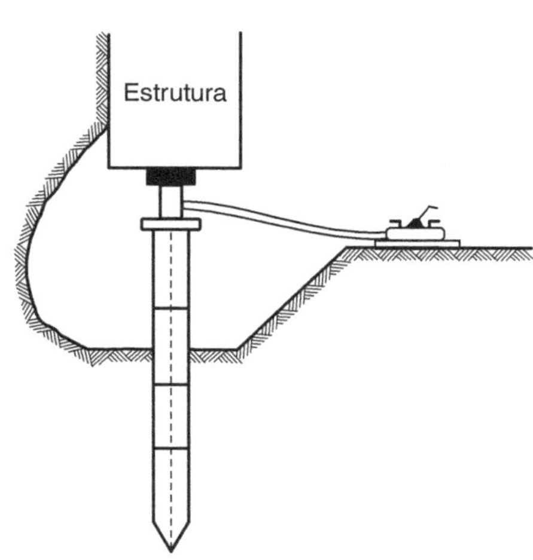

FIGURA 13.6

13.6 ESTACAS MOLDADAS *IN SITU*

A seguir faremos a descrição de alguns dentre os muitos tipos de estacas moldadas *in situ*.

Estaca Strauss

A sua execução é muito simples, não requerendo aparelhagem especial além de um pilão.

Pelos processos comuns de soldagens, começa-se por enterrar no terreno um tubo de diâmetro igual ao da estaca. Atingida a profundidade prefixada, enche-se o tubo com cerca de

75 cm de concreto, que vai sendo apiloado à medida que se retira o tubo. Esta operação se repete até o concreto atingir a cota desejada. Embora de fácil execução, devem ser tomados cuidados especiais, sobretudo quando se trabalha abaixo do lençol d'água, para evitar a entrada de água dentro do molde. Isto se consegue observando-se constantemente as posições relativas do molde e do concreto de enchimento.

Mais simples ainda do que estas são as chamadas *estacas broca.*

Estaca Simplex

Neste tipo de estaca, procede-se (Fig. 13.7) a descida do tubo dentro do terreno por cravação e não por perfuração, como se faz com a estaca Strauss.

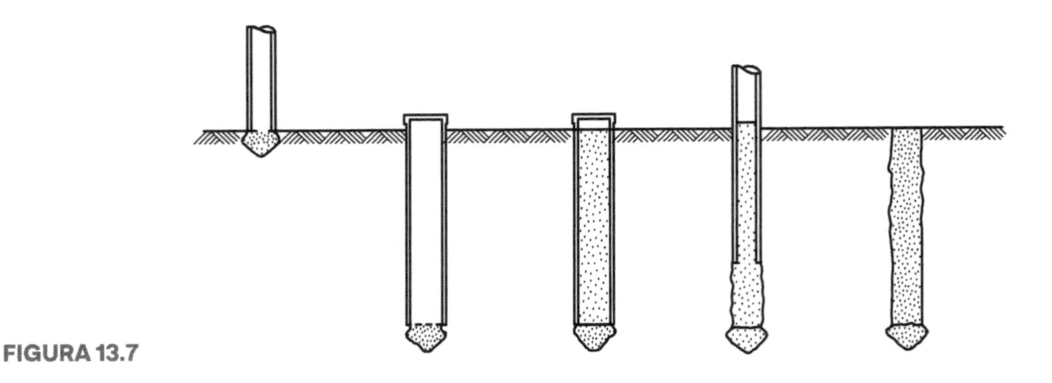

FIGURA 13.7

Os golpes do martelo, para cravação, são aplicados sobre um capacete de proteção fixado no topo do tubo.

Para impedir a entrada da terra no interior do tubo, emprega-se uma ponteira pré-moldada de concreto, perdida após a cravação.

Alcançada a profundidade desejada, enche-se o molde com concreto plástico e, em seguida, retira-se o molde de uma só vez.

As estacas Duplex e Triplex são variantes da Simplex.

Estaca Franki

Trata-se de um tipo de estaca largamente usado. Foram introduzidas na técnica, em 1909, pelo engenheiro Edgard Frankignoul. Caracterizam-se pelo seu processo de cravar o tubo no solo, como indicado na Figura 13.8 e resumido a seguir.

1) Estando o tubo colocado sobre o solo, nele se derrama uma quantidade de concreto mais ou menos seco, apiloado por meio de um martelo de 1 a 4 toneladas, de modo a formar um tampão estanque.
2) Sob os golpes do pilão, o tubo penetra no solo e o comprime fortemente; quando se deseja evitar as vibrações provocadas pela cravação do tubo, pode-se previamente escavar o terreno, perfurando-o por meio de um equipamento adequado.
3) Chegando à profundidade desejada, prende-se o tubo e, sob os golpes do pilão, soca-se o concreto tanto quanto o terreno possa suportar, de modo a constituir uma base alargada.
4) Uma vez executada a base, inicia-se a execução do fuste da estaca, socando-se o concreto por camadas sucessivas; um tampão de concreto no tubo impede a introdução da água ou da terra no concreto.
5) Desse modo, obtém-se uma estaca de grande diâmetro, de parede rugosa e fortemente ancorada no solo.

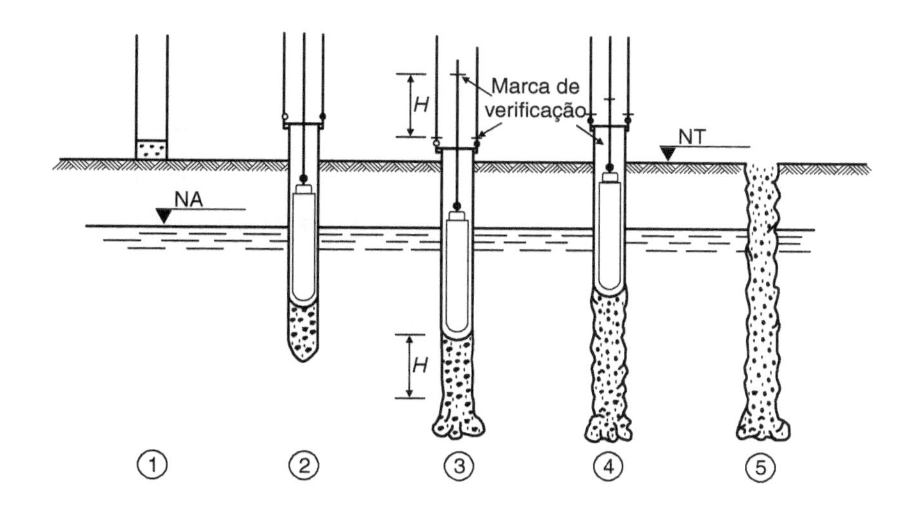

FIGURA 13.8

Nas estacas armadas, que são as mais frequentes, coloca-se a armação logo após a execução da base. O seu diâmetro varia de 30 a 70 cm. Podem ser verticais ou inclinadas [Fig. 13.8(a)]; a inclinação pode atingir até 25° com a vertical.

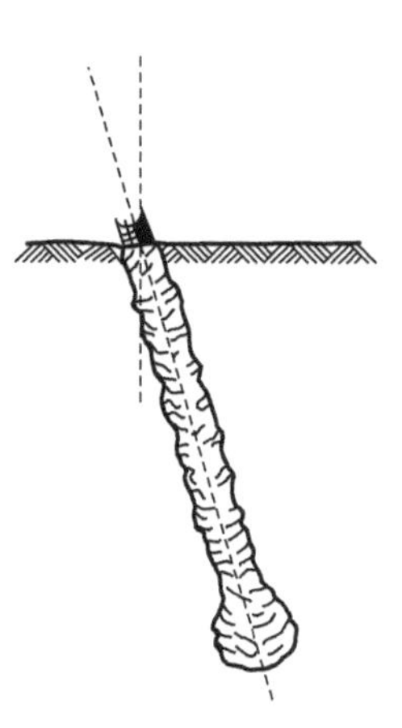

FIGURA 13.8(A)

Este tipo de estaca apresenta as seguintes características: grande área da base, superfície lateral muito rugosa, terreno fortemente comprimido e possibilidade de ser executada para grandes profundidades, já se tendo atingido 45 m de comprimento.

A capacidade de carga dessas estacas é elevada, como tem sido revelado por diversos ensaios. Para uma estaca de 350 mm de diâmetro, a capacidade é da ordem de 550 kN; de 400 mm, é de 750 kN; de 450 mm, é de 950 kN; de 520 mm, é de 1300 kN; de 600 mm, é de 1700 kN; e de 700 mm, é de até 2500 kN.

A concretagem das estacas moldadas *in situ* deve ser feita com o máximo de precauções, a fim de impedir a interrupção de sua continuidade.

A limpeza e o preparo das cabeças das estacas devem ser feitos com cuidado, a fim de suprimir o risco da ruptura ou rachamento das estacas abaixo do nível do bloco.

Variantes da estaca Franki Standard

Estacas Franki com perfuração prévia Nos casos de camadas resistentes a atravessar, é executada uma prévia perfuração, que é preenchida com lama tixotrópica. Em seguida, desce-se o tubo com a ponta fechada por uma bucha tronco-cônica de concreto e prossegue-se a execução da estaca pelo processo Franki Standard convencional ou com fuste vibrado, como esquematizado na Figura 13.8(b).

Estacas Franki tubadas São estacas que têm a base alargada Franki e o fuste total ou parcialmente tubado, isto é, revestido com chapa de aço. Distinguem-se três variantes.

- Estaca mista tubada: quando, no interior do tubo de cravação e antes de sua retirada, é colocado um tubo de aço de chapa fina que é enchido com concreto plástico [Fig. 13.8(c)].
- Estaca tubada com base alargada: é uma estaca Franki Standard em que se deixa perdido no terreno o tubo de cravação.
- Estaca parcialmente tubada: é uma estaca em que a parte inferior é Franki Standard e a superior é tubada. A Figura 13.8(d) mostra uma das variantes executivas.

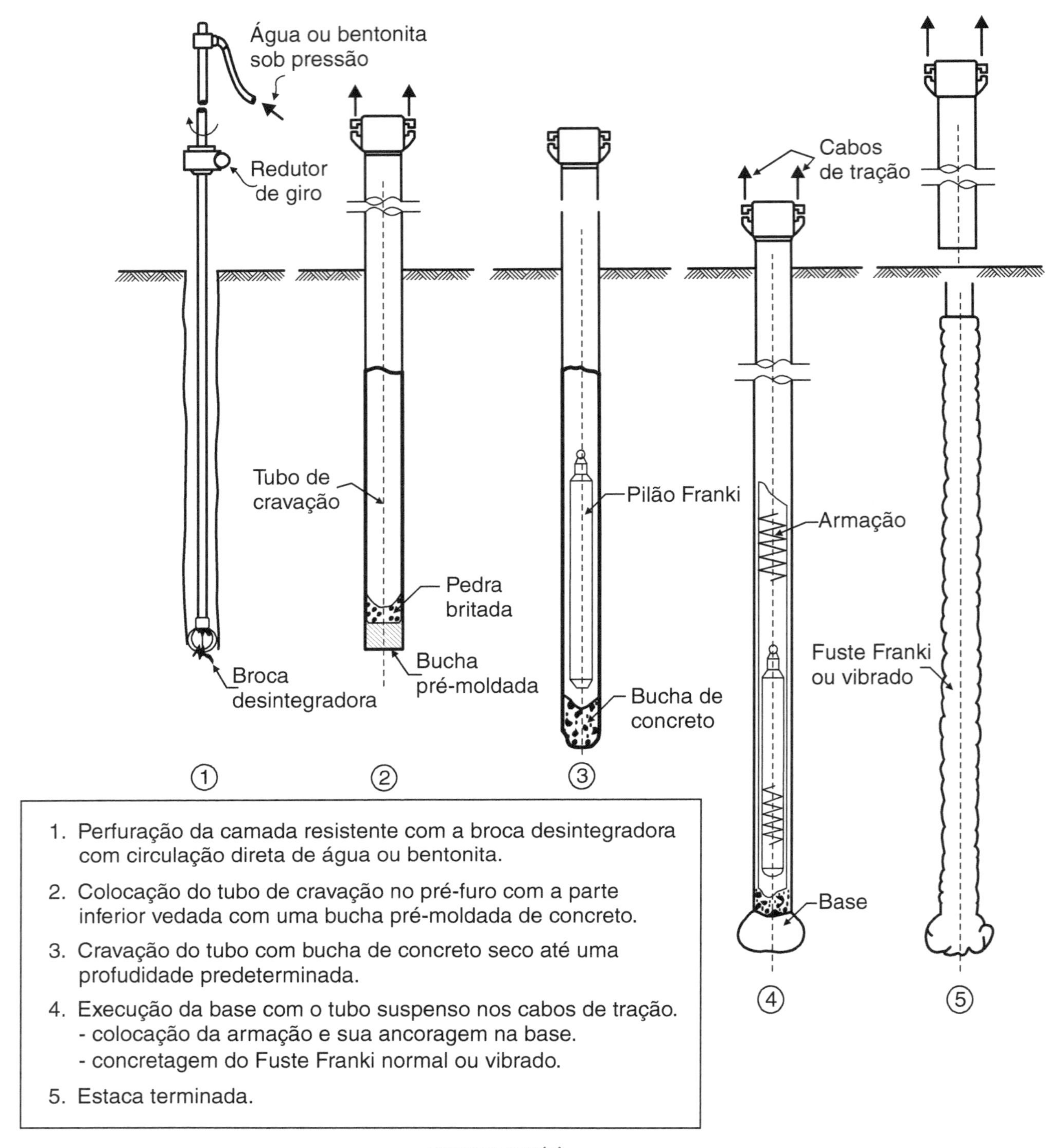
Água ou bentonita
sob pressão
Redutor
de giro
Broca
desintegradora
Tubo de
cravação
Pedra
britada
Bucha
pré-moldada
Pilão Franki
Bucha de
concreto
Cabos
de tração
Armação
Base
Fuste Franki
ou vibrado
①
②
③
④
⑤
1. Perfuração da camada resistente com a broca desintegradora com circulação direta de água ou bentonita.
2. Colocação do tubo de cravação no pré-furo com a parte inferior vedada com uma bucha pré-moldada de concreto.
3. Cravação do tubo com bucha de concreto seco até uma profudidade predeterminada.
4. Execução da base com o tubo suspenso nos cabos de tração.
- colocação da armação e sua ancoragem na base.
- concretagem do Fuste Franki normal ou vibrado.
5. Estaca terminada.

FIGURA 13.8(B)

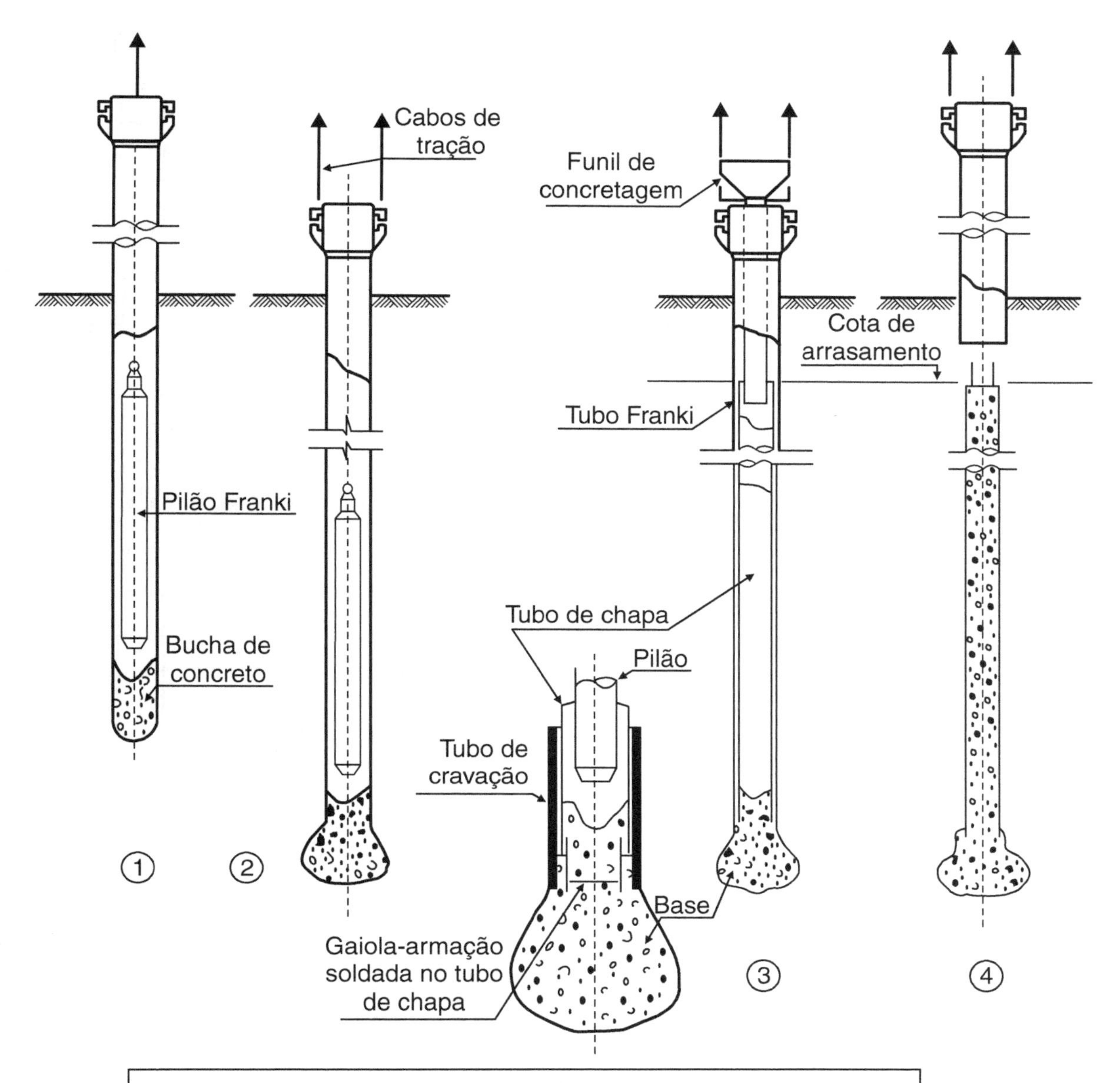

1. Cravação do tubo Franki com bucha de concreto.
2. Atingida a profundidade necessária, executa-se a base com tubo suspenso nos cabos de tração.
3. Colocação do tubo de chapa fina com gaiola de vergalhão soldada na parte inferior.
   Ancoragem do tubo na base com um pouco de concreto seco lançado através do funil.
4. Concretagem do elemento tubado com concreto plástico – arrancamento do tubo Franki.

FIGURA 13.8(C)

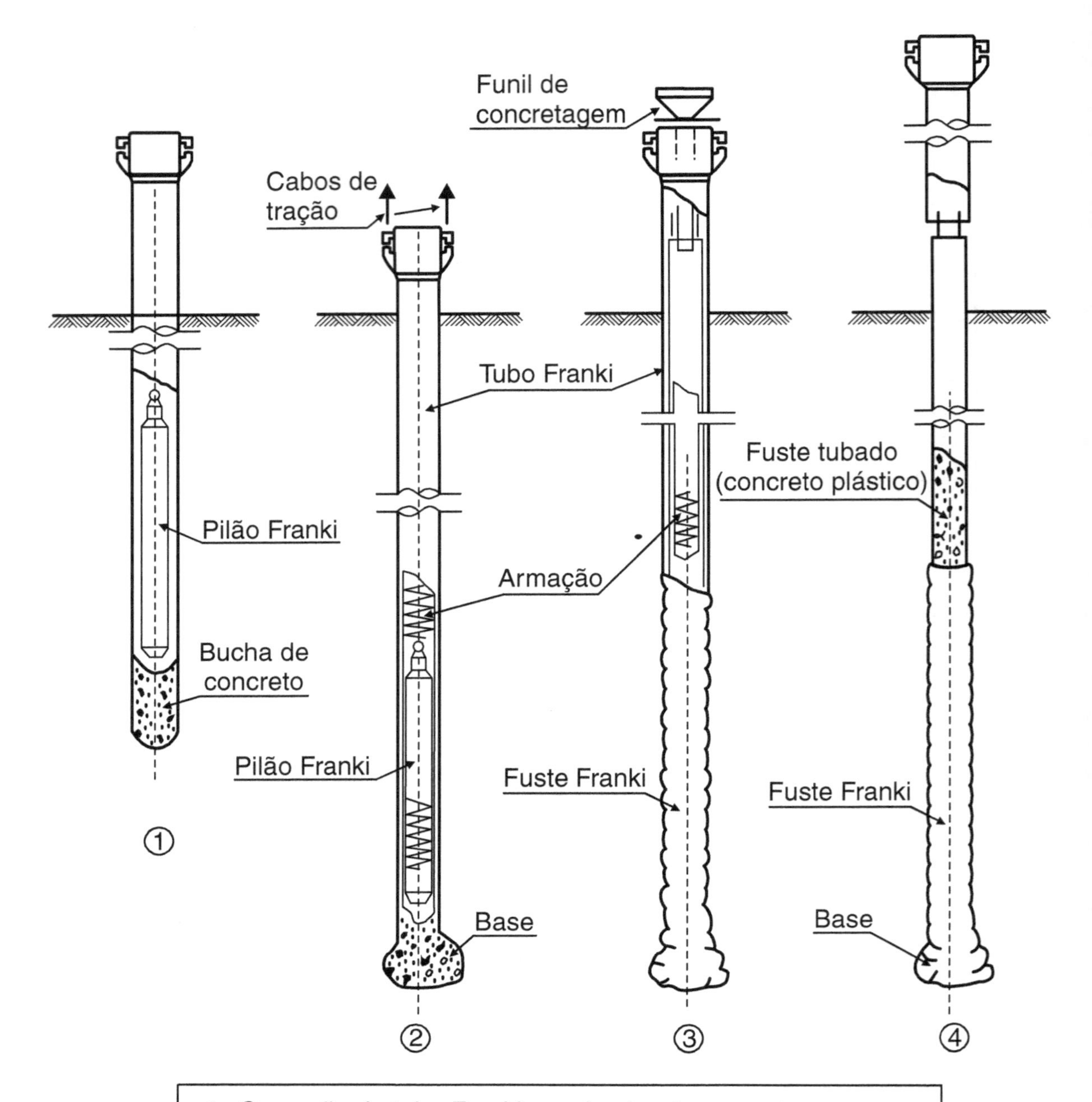

1. Cravação do tubo Franki com bucha de concreto.
2. Atingida a profundidade necessária, executa-se a base com tubo suspenso nos cabos de tração.
3. Execução do fuste com concreto seco até uma altura predeterminada.
   Colocação e ancoragem do tubo de chapa fina no fuste.
   Enchimento do tubo de chapa com concreto plástico.
4. Arrancamento do tubo Franki.

FIGURA 13.8(D)

Estacas Franki com fuste vibrado Sem alterar as características fundamentais da estaca Franki Standard, foram introduzidas duas variantes executivas que podem ser empregadas simultaneamente ou não: cravação do tubo com martelo diesel e concretagem do fuste e extração do tubo com auxílio de vibradores.

As sequências executivas são esquematizadas nas Figuras 13.8(e) e 13.8(f). Quando se utiliza o martelo diesel, a clássica bucha de concreto é substituída por uma chapa de aço.

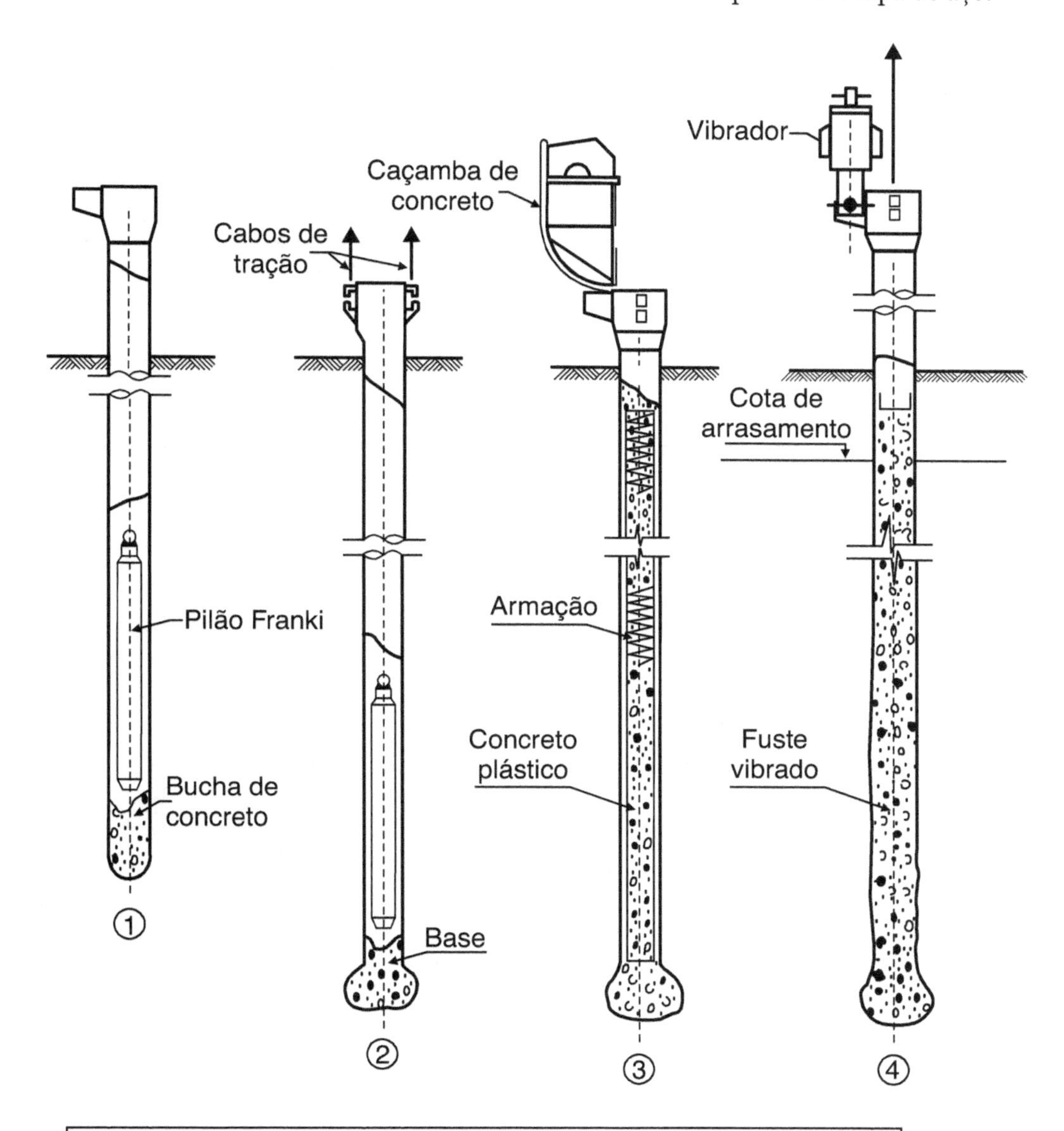

1. Cravação do tubo com bucha de concreto.
2. Atingida a profundidade necessária, executa-se a base com o tubo suspenso nos cabos de tração.
3. Colocação da armação e enchimento do tubo com concreto plástico.
4. Colocação do vibrador – vibração com arrancamento simultâneo do tubo.

FIGURA 13.8(E)

1. Cravação do tubo com martelo diesel, com pilão Franki pousado sobre a placa de vedação.
2. Atingida a profundidade necessária, executa-se a base com o tubo suspenso nos cabos de tração.
3. Colocação da armação e enchimento do tubo com concreto plástico.
4. Colocação do vibrador – vibração com arrancamento simultâneo do tubo.

FIGURA 13.8(F)

Estacas escavadas com uso de fluido estabilizante

São estacas escavadas com uso de fluido estabilizante, que pode ser lama bentonítica ou polímero sintético para sustentação das paredes da escavação.

A concretagem é submersa, com o concreto deslocando o fluido estabilizante em direção ascendente para fora da escavação.

Os diâmetros dessas estacas variam de 70 cm até 3,00 m e suas profundidades atingem mais de 100 m. A carga admissível pode chegar a até 30.000 kN.

A Figura 13.9(a) indica suas fases executivas.

Além da seção circular, as estacas podem ter seções retangulares, denominadas estacas barrete [Fig. 13.9(b)]. Na Tabela 13.2, constam as seções dessas estacas e suas respectivas cargas admissíveis estruturais.

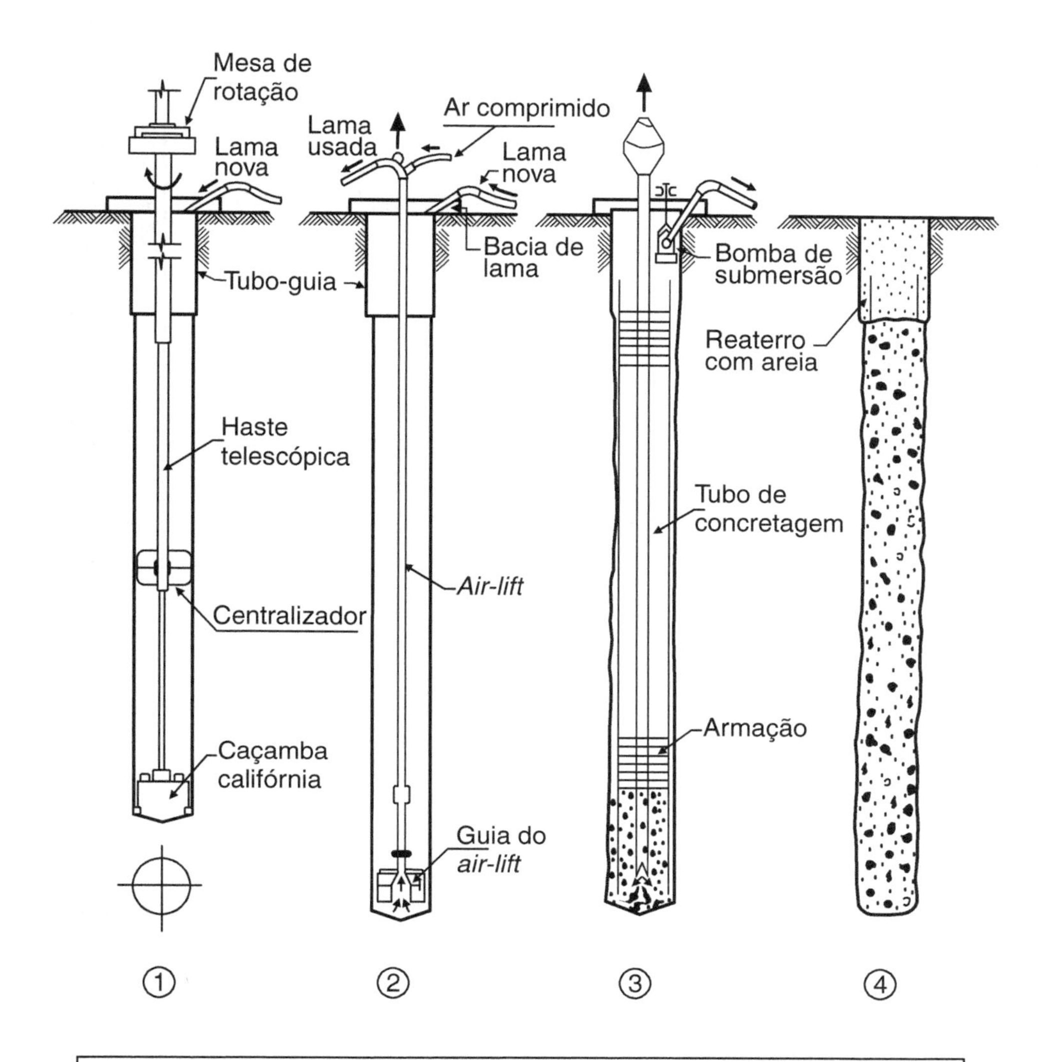

1. Cravação com escavação interna do tubo-guia.
   Execução da bacia de lama para evitar o derramamento no terreno.
   Escavação com caçamba especialmente adaptada compensando-se com lama o volume de terra escavada.
2. Atingida a profundidade predeterminada procede-se à troca de lama usada por nova, com *air-lift* ou bomba de submersão.
3. Colocação da armação do tubo de concretagem e bomba de submersão – início de concretagem submersa, com concreto plástico esgotando a lama à medida que é lançado o concreto.
4. Terminada a concretagem, procede-se ao reaterro e à retirada do tubo-guia.

FIGURA 13.9(A)

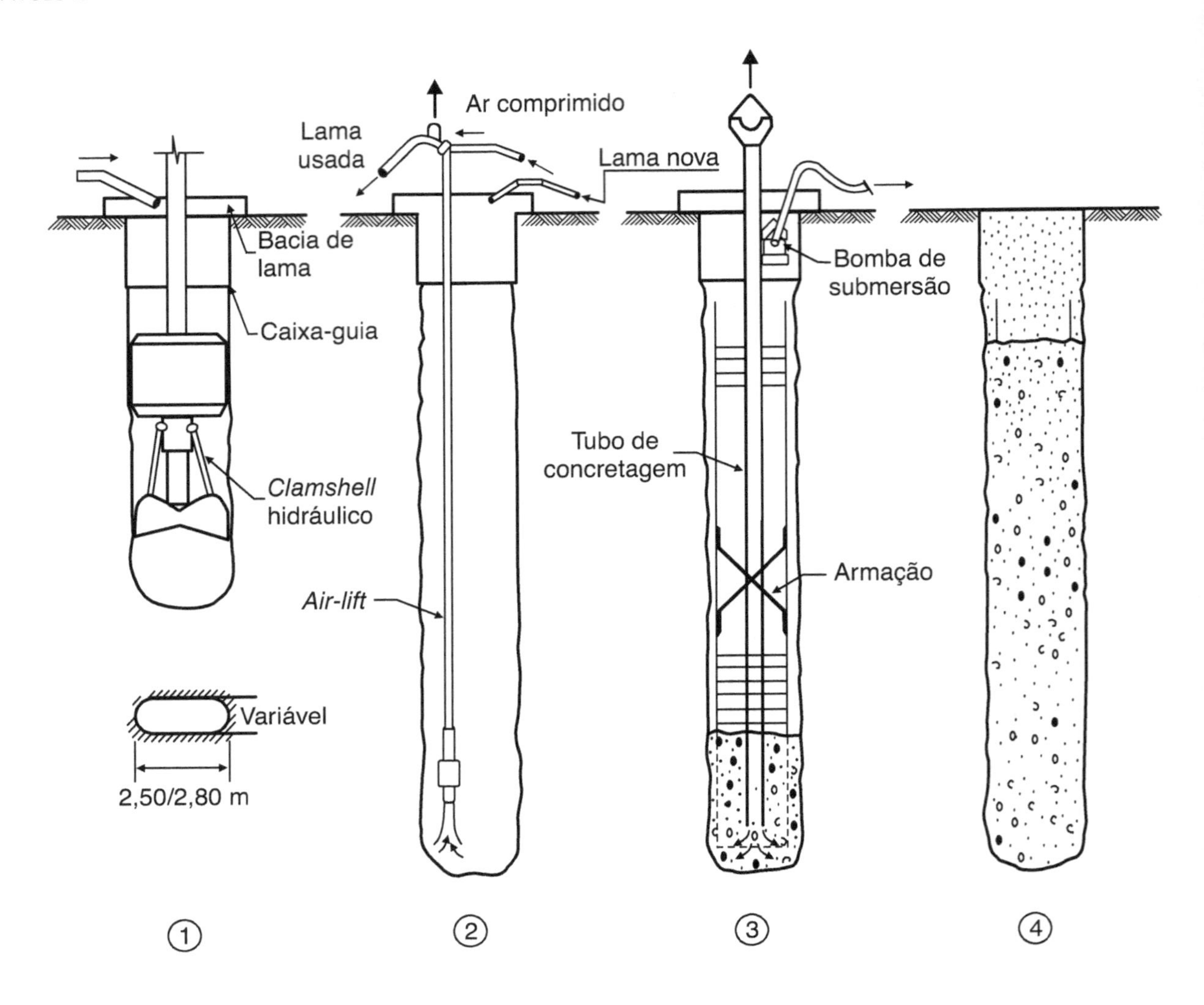

1. Colocação da caixa-guia e da bacia de lama para evitar o derramamento no terreno. Escavação com clamshell completando com lama o volume escavado.
2. Atingida a profundidade coloca-se o *air-lift* ou bomba de submersão para troca de lama usada por nova.
3. Colocação da armação do tubo de concretagem e da bomba de submersão. Início da concretagem submersa com concreto plástico.
4. Terminada a concretagem, em seguida procede-se ao aterro da parte superior e ao arrancamento da caixa-guia.

FIGURA 13.9(B)

TABELA 13.2 Seções das estacas barrete

Diâmetro (mm)	Área da seção (m²)	Perímetro (m)	Cargas (kN)			Dimensões usuais (cm)	Área (m²)	Perímetro (m)	Cargas (kN)		
			3,5 MPa	4,0 MPa	5,0 MPa				3,5 MPa	4,0 MPa	5,0 MPa
700	0,385	2,20	1350	1540	1930	150×40	0,60	3,8	2100	2100	2400
800	0,502	2,51	1760	2006	2500	150×50	0,75	4,0	2600	2600	3000
900	0,636	2,83	2220	2540	3180	150×60	0,90	4,2	3150	3150	3600
1000	0,785	3,14	2750	3140	3920	250×30	0,75	5,6	2600	2600	3000
1100	0,950	3,45	3320	3800	4750	250×40	1,00	5,8	3500	3500	4000
1200	1,131	3,77	3960	4520	5650	250×50	1,25	6,0	4380	4380	5000
1300	1,326	4,08	4640	5300	6630	250×60	1,50	6,2	5250	5250	6000
1400	1,538	4,40	5380	6150	7690	250×70	1,75	6,4	6130	6130	7000
1500	1,767	4,71	6180	7070	8830	250×80	2,00	6,6	7000	7000	8000
1600	2,010	5,02	7030	8040	10.050	250×90	2,25	6,8	7880	7880	9000
1700	2,269	5,34	7940	9070	11.340	250×100	2,50	7,0	8750	8750	10.000
1800	2,544	5,65	8900	10.170	12.720	250×110	2,75	7,2	9630	9630	11.000
1900	2,834	5,974	9920	11.330	14.170	250×120	3,00	7,4	10.500	10.500	12.000
2000	3,142	6,28	11.100	12..570	15.710						

A lama usada para estabilização da escavação é uma mistura de água com bentonita, cuja concentração varia em função da viscosidade e densidade que se pretende obter.

A lama bentonítica, depois de misturada, deve ficar em repouso por 12 horas para sua plena hidratação com as características indicadas na Tabela 13.3.

TABELA 13.3 Características da lama bentonítica para perfuração

Propriedades	Valores	Equipamentos para ensaio
Densidade	1,025 g/cm³ a 1,10 g/cm³	Densímetro
Viscosidade	30 s/qt a 90 s/qt	Funil Marsh
pH	7 a 11	Indicador de pH
Teor de areia	Até 3 %	*Baroid sand content* ou similar

TABELA 13.4 Características dos polímeros para perfuração

Propriedades	Valores	Equipamentos para ensaio
Densidade	1,005 g/cm³ a 1,10 g/cm³	Densímetro
Viscosidade	35 s/qt a 120 s/qt	Funil Marsh
pH	9 a 12	Indicador de pH
Teor de areia	Até 4,5 %	*Baroid sand content* ou similar

Recentemente, foi desenvolvido para a estabilização das escavações um polímero sintético, biodegradável, cujas características são as indicadas na Tabela 13.5.

TABELA 13.5 Seções das estacas barrete

Diâmetro (mm)	Área da seção (m²)	Perímetro (m)	Cargas (kN)			Dimensões usuais (cm)	Área (m²)	Perímetro (m)	Cargas (kN)		
			3,5 MPa	4,0 MPa	5,0 MPa				3,5 MPa	4,0 MPa	5,0 MPa
700	0,385	2,20	1350	1540	1930	150×40	0,60	3,8	2100	2100	2400
800	0,502	2,51	1760	2006	2500	150×50	0,75	4,0	2600	2600	3000
900	0,636	2,83	2220	2540	3180	150×60	0,90	4,2	3150	3150	3600
1000	0,785	3,14	2750	3140	3920	250×30	0,75	5,6	2600	2600	3000
1100	0,950	3,45	3320	3800	4750	250×40	1,00	5,8	3500	3500	4000
1200	1,131	3,77	3960	4520	5650	250×50	1,25	6,0	4380	4380	5000
1300	1,326	4,08	4640	5300	6630	250×60	1,50	6,2	5250	5250	6000
1400	1,538	4,40	5380	6150	7690	250×70	1,75	6,4	6130	6130	7000
1500	1,767	4,71	6180	7070	8830	250×80	2,00	6,6	7000	7000	8000
1600	2,010	5,02	7030	8040	10.050	250×90	2,25	6,8	7880	7880	9000
1700	2,269	5,34	7940	9070	11.340	250×100	2,50	7,0	8750	8750	10.000
1800	2,544	5,65	8900	10.170	12.720	250×110	2,75	7,2	9630	9630	11.000
1900	2,834	5,974	9920	11.330	14.170	250×120	3,00	7,4	10.500	10.500	12.000
2000	3,142	6,28	11.100	12.570	15.710						

Outro aspecto importante nas estacas escavadas é a característica do concreto que deve atender à norma ABNT NBR 6122.

Quando o projeto exige que as estacas sejam engastadas em solo de altíssima resistência ou em rocha, pode-se adotar, como procedimento executivo, uma das alternativas que se seguem:

a) *Perfuração com trado*: neste caso, a escavação do trecho em solo se fará normalmente com a utilização de caçamba e lama bentonítica ou, em função de condições especiais, com camisa metálica recuperada ou perdida, no lugar da lama. Atingindo o limite de escavabilidade com a caçamba, é feita a substituição por trado especial com *bits* de carboneto de tungstênio, prosseguindo-se a escavação até a cota de projeto ou até material com resistência à compressão simples de até 30 MPa. A limpeza do furo é feita com o auxílio do *air-lift* antes da colocação de armação e concretagem submersa. A recuperação da camisa, quando prevista, dar-se-á simultaneamente à concretagem, garantindo-se sempre o concreto cerca de 2,0 m acima da extremidade inferior da camisa.

b) *Perfuração com martelo de fundo*: neste caso, é instalada, no trecho em solo, camisa metálica recuperável ou perdida e feita a limpeza interna com caçamba. Atingida a rocha, coloca-se um gabarito para permitir a execução de furos tangentes, com martelo de fundo de diâmetro até 40 cm e profundidade conforme o projeto. Estando os furos prontos, um trépano será usado para quebrar os pedaços de rocha restantes e regularizar o furo. A limpeza, concretagem e retirada da camisa dar-se-ão conforme item anterior.

c) *Perfuração com circulação reversa*: neste caso, a escavação é totalmente revestida com camisa metálica recuperável ou perdida, o material escavado por rotação, com utilização de *rock-bit* e circulação reversa, de água ou lama bentonítica. É possível, com equipamentos especiais, escavar-se diâmetros de até 300 cm.

A concretagem e recuperação da camisa far-se-ão como nas opções anteriores.

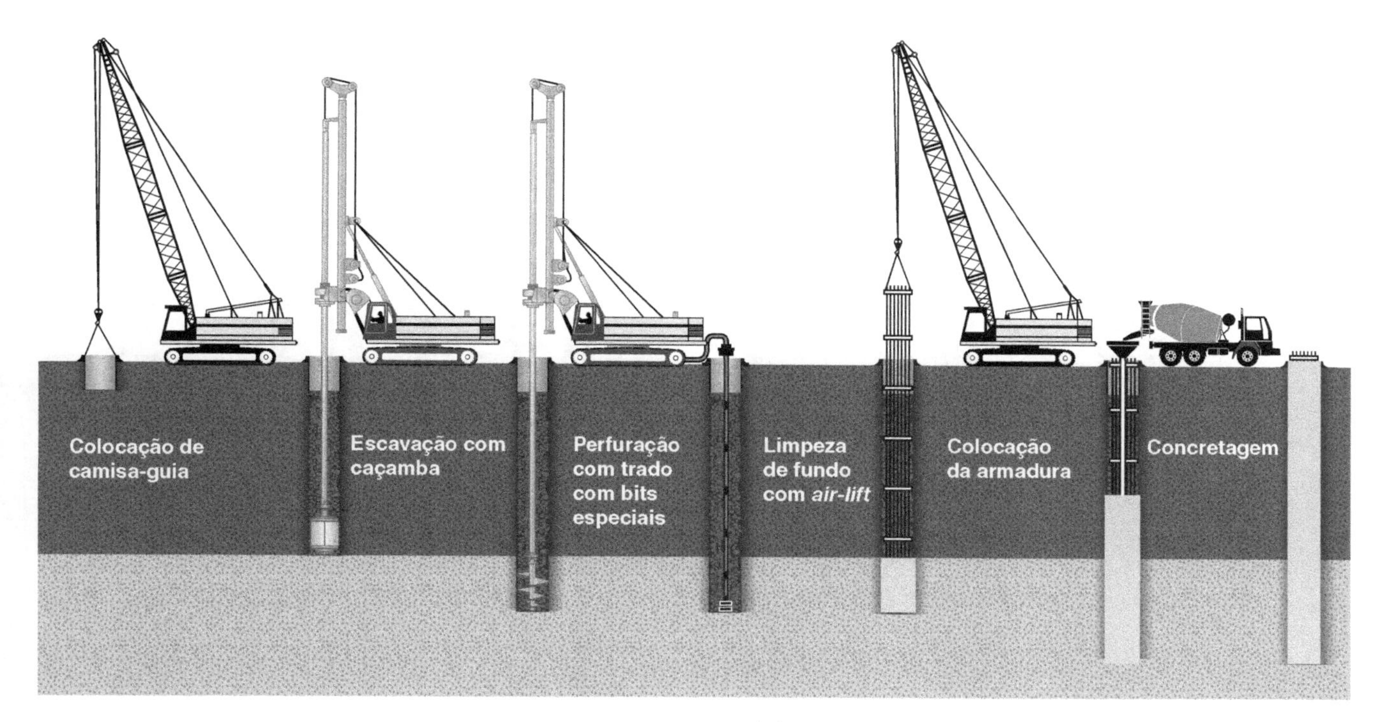

FIGURA 13.10(A)

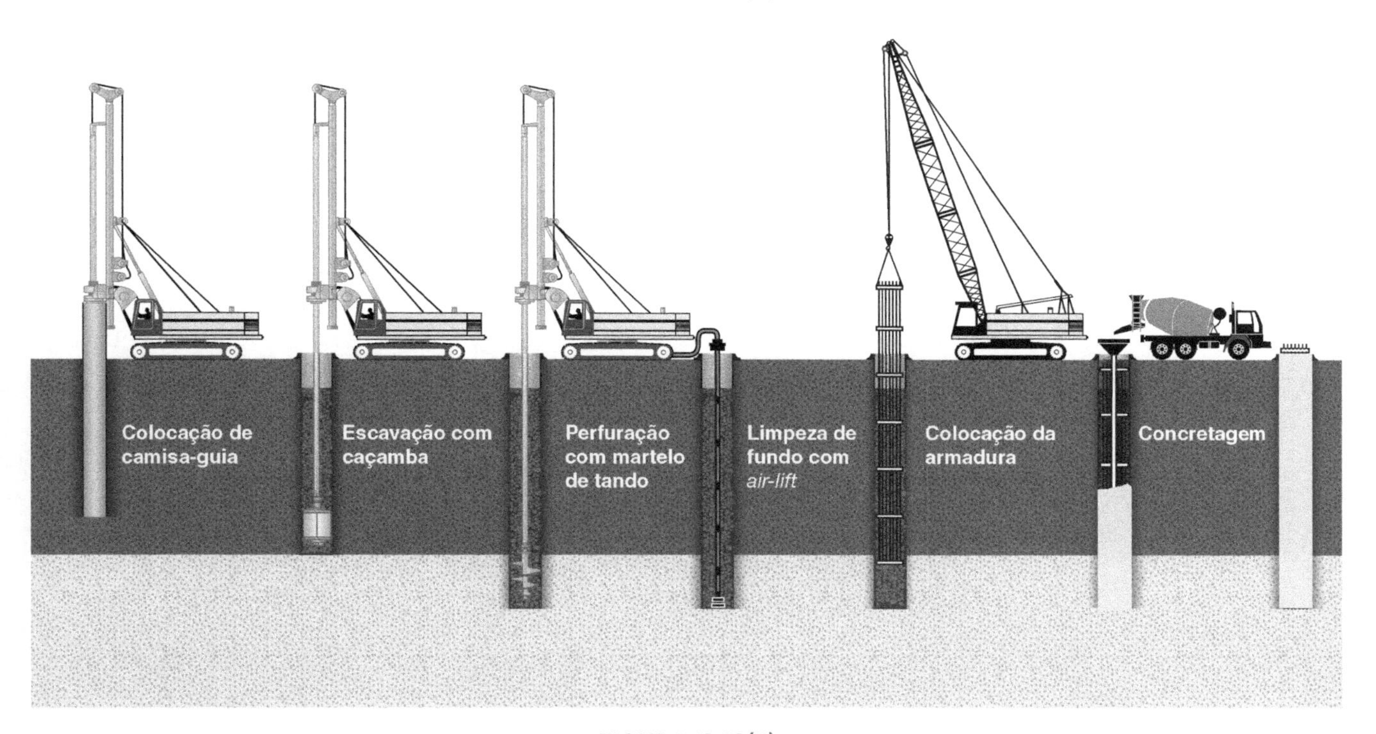

FIGURA 13.10(B)

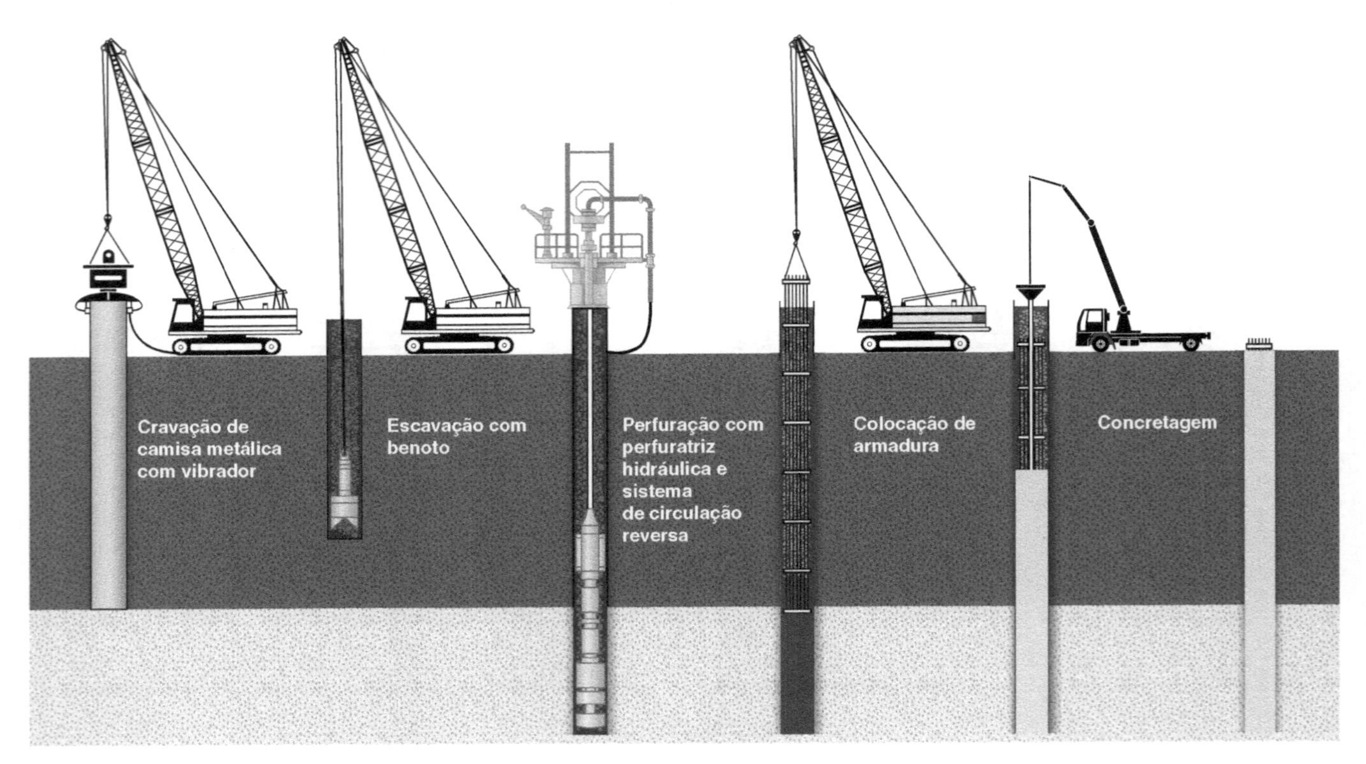

FIGURA 13.10(C)

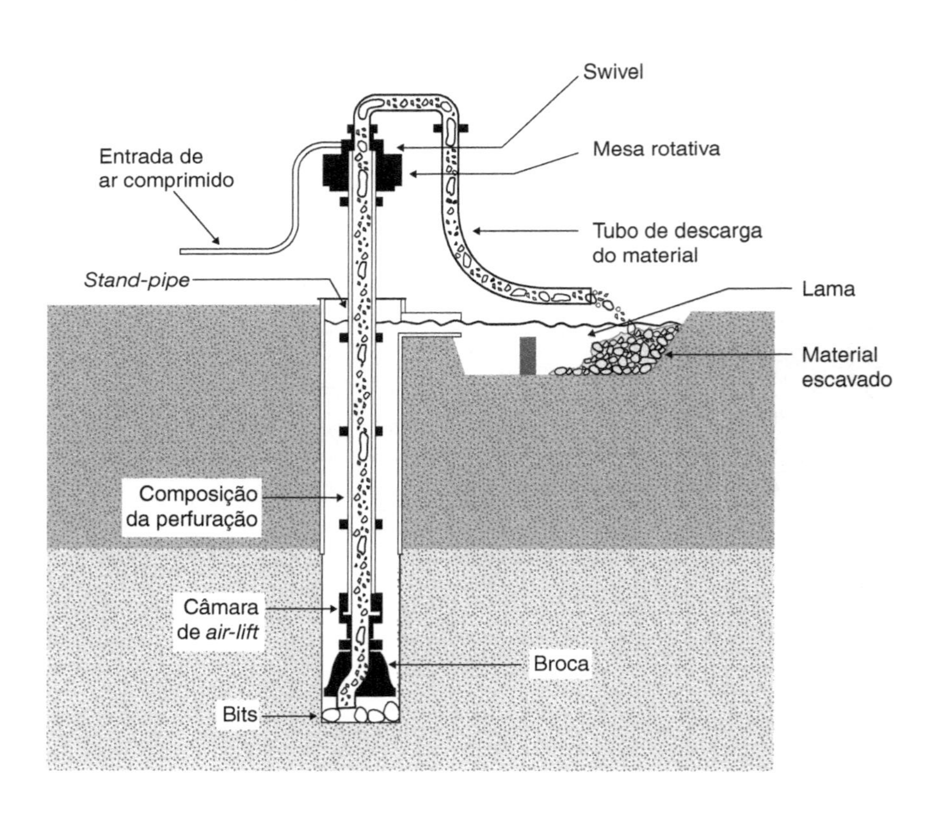

FIGURA 13.10(D)

Estaca escavada com trado mecânico, sem fluido estabilizante

São estacas moldadas *in situ*, por meio da concretagem de um furo executado por trado espiral. Este tipo de estaca é empregado onde as características do subsolo permitem que o furo se mantenha estável sem necessidade de revestimento ou fluido estabilizante.

A profundidade é limitada ao nível do lençol freático e a perfuração é feita com um trado curto acoplado a uma haste.

O concreto dessas estacas deve obedecer às recomendações da ABNT NBR 6122.

Estacas raiz

A estaca raiz é uma estaca moldada *in situ* em que a perfuração é revestida integralmente, em solo, por meio de segmentos de tubos metálicos (revestimento) que vão sendo rosqueados à medida que a perfuração é executada.

O revestimento é recuperado, armado em todo o seu comprimento e a perfuração é preenchida por uma argamassa de cimento e areia.

A Figura 13.11 ilustra a metodologia executiva da estaca raiz.

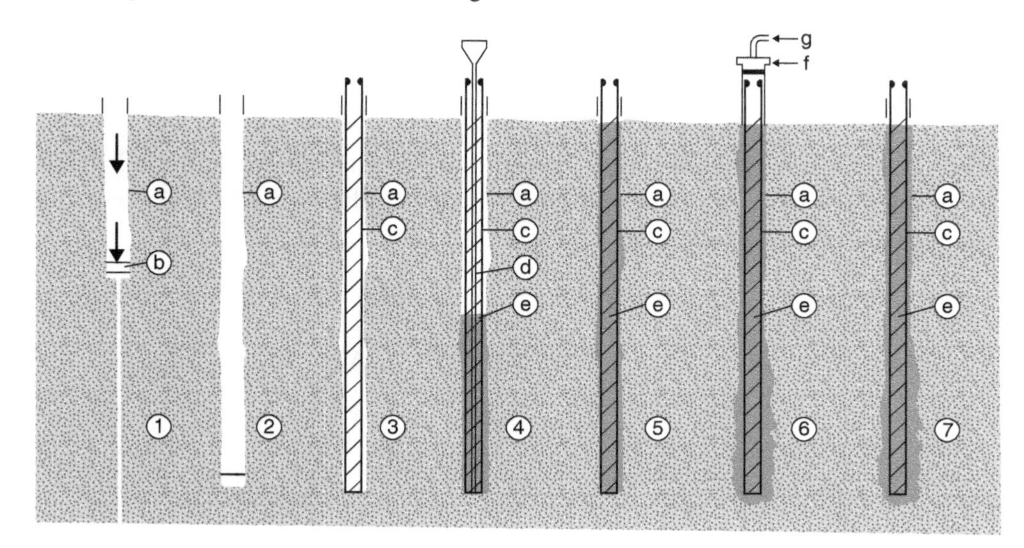

Legenda:
a - Tubo de perfuração
b - Coroa
c - Armadura
d - Tubo de concretagem
e - Argamassa
f - Tampão
g - Ar comprimido

Fases de execução:
1 - Perfuração em execução
2 - Perfuração terminada
3 - Colocação de armadura
4 - Introdução de argamassa
5 - Introdução de argamassa terminada
6 - Retirada do tubo de perfuração e aplicação de ar comprimido
7 - Estaca-raiz completa

FIGURA 13.11

Essas estacas constituem um dos processos mais difundidos para reforço de fundações, consolidação de taludes e de fundações especiais, sobretudo, de terrenos particularmente difíceis com presença de matacão ou rocha e, ainda, em locais com limitação de espaço e pé-direito.

Com a evolução do martelo de fundo (*down the hole*), é possível penetrar em rocha sã em qualquer profundidade.

Os diâmetros nominais e as respectivas cargas admissíveis estruturais encontram-se na Tabela 13.6.

TABELA 13.6

Diâmetro (mm)		Carga de trabalho (kN)
Perfuração	Acabado	
82	100	Até 100
101	120	Até 150
114	140	Até 200
127	150	Até 250
140	160	Até 350
168	200	Até 500
220	250	Até 700
275	310	Até 1000
355	400	Até 13.000
406	500	Até 16.000

Com relação à argamassa utilizada nas estacas raiz, essas deverão ter um consumo mínimo de 600 kg/m^3, obedecendo às recomendações da ABNT NBR 6122. As armaduras são gaiolas ou feixe de barras, dependendo do diâmetro da estaca.

Estacas escavadas com injeção ou microestacas

A microestaca é uma estaca moldada *in loco*, executada por meio da perfuração rotativa com tubos metálicos (revestimento) ou rota percussiva por dentro dos tubos, no caso de matacão ou rocha.

A estaca é armada e injetada, com calda de cimento ou argamassa, por tubo "manchete", visando aumentar a resistência do atrito lateral.

As armaduras dessas estacas ou são tubos metálicos dotados de "manchetes" para a injeção ou gaiola e, neste caso, a injeção é feita por tubo plástico manchetado.

Para maiores informações, consulte a norma ABNT NBR 6122 e seus anexos.

Estaca hélice contínua monitorada

A estaca hélice caracteriza-se pela introdução no terreno, por rotação, de um trado helicoidal contínuo. A injeção é feita pela haste central do trado simultaneamente a sua retirada, colocando-se a armadura após a concretagem (Fig. 13.12).

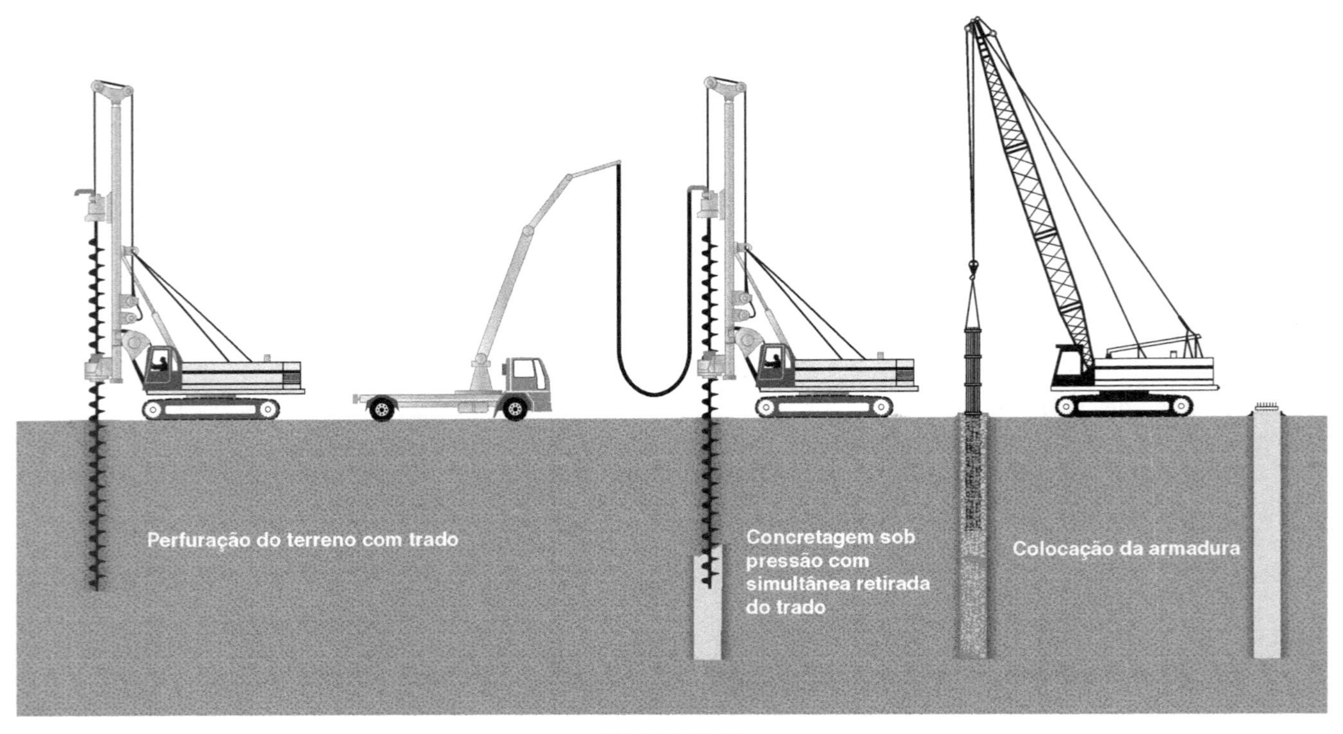

FIGURA 13.12

A estaca hélice, pelo seu processo executivo, tem a grande vantagem de não provocar vibração durante sua instalação e, portanto, muito usada nos centros urbanos.

Outro aspecto importante da estaca hélice é o fato de que a execução é completamente monitorada, o que permite um melhor controle da qualidade dela.

Com o advento de equipamentos cada vez mais potentes e em maior torque, já é possível executar-se estaca hélice de diâmetro de até 150 cm e profundidade de até 45,00 m, limitada às características da perfuratriz, como altura da torre e torque.

Com relação às características do concreto e demais detalhes, consulte a norma ABNT NBR 6122.

Na Tabela 13.7 apresentam-se as cargas admissíveis estruturais das estacas hélice, ficando a cargo do engenheiro geotécnico a definição do comprimento da estaca para que haja suficiente interação estaca-solo.

TABELA 13.7 Características nominais das estacas hélice contínua

Descrição	Un.	Valores									
Diâmetro	cm	35	40	50	60	70	80	90	100	110	120
Carga admissível estrutural máxima	kN	600	800	1300	1800	2400	3200	4000	5000	6000	7000
	tf	60	80	130	180	240	320	400	500	600	700
Distância mínima entre eixos	cm	90	100	130	150	175	200	225	250	275	300
Distância eixo-divisa	cm	100	100	100	100	100	100	100	100	100	100
Área da seção transversal	cm^2	962	1257	1964	2827	3848	5027	6362	7854	9498	11.309
Perímetro	cm	110	126	157	188	220	251	283	314	345	376

Estaca hélice de deslocamento monitorado

É uma estaca moldada *in loco* onde é introduzido no terreno, por rotação, um trado com características tais que provoca um deslocamento do solo fuste ao fuste e à ponta, não havendo retirada do material. O lançamento do concreto é feito pelo interior do tubo central.

Em virtude da grande resistência desenvolvida durante a perfuração, faz-se necessária a utilização de perfuratriz de elevado torque.

Os diâmetros usuais das estacas hélice de deslocamento são de 310 mm, 360 mm, 410 mm, 510 mm e 610 mm.

O concreto usado nestas estacas tem as mesmas características do concreto das estacas hélice contínua.

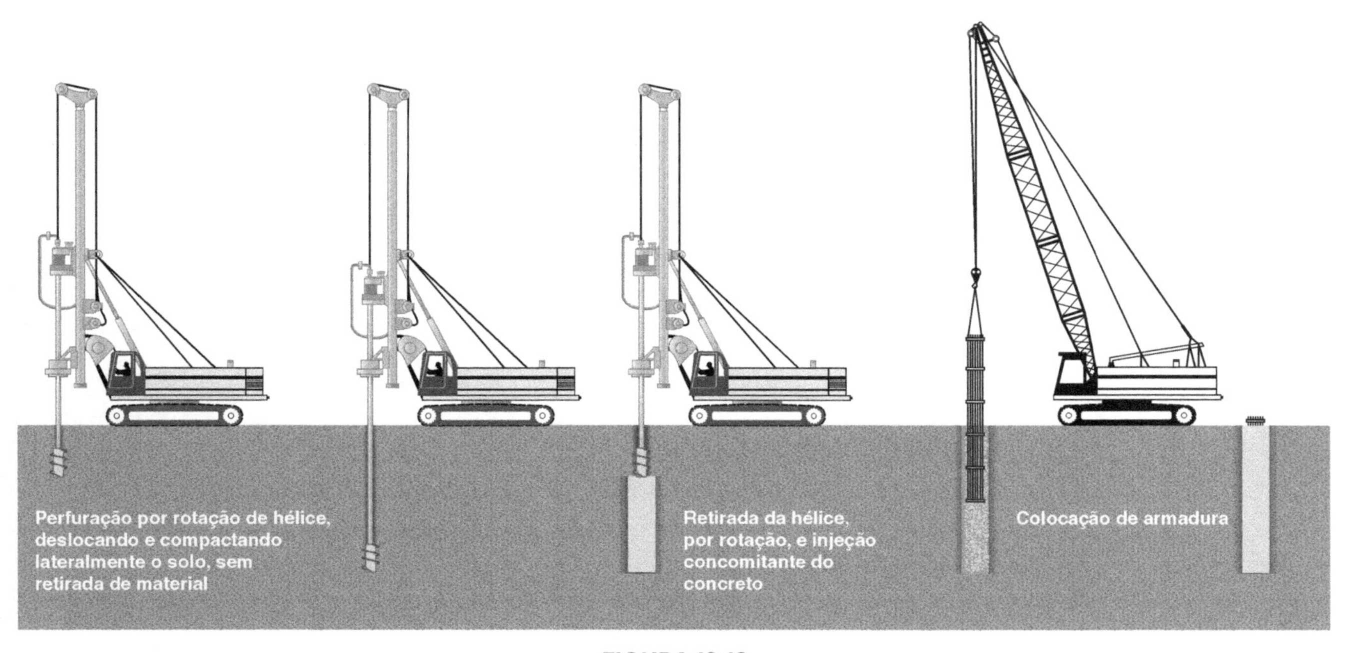

FIGURA 13.13

13.7 ESTACAS MISTAS

Assim se denominam as estacas constituídas por um fuste pré-moldado, ancorado em uma base alargada e moldada no solo como na estaca Franki.

São empregadas, principalmente, nos casos em que se receia a ocorrência de atrito negativo ou quando se deseja proteger, por um tratamento superficial, o concreto das estacas contra águas agressivas porventura existentes no solo.

13.8 ESTACA METÁLICA

Elemento estrutural produzido industrialmente, podendo ser constituído por perfis laminados ou soldados, simples ou múltiplos, tubos de chapa dobrada ou calculada, tubos (com ou sem costura) e trilhos.

O seu emprego é muito difundido na engenharia de fundações e um aspecto importante a ser considerado é o efeito da corrosão.

Quando os perfis assentam em rocha, recomenda-se o emprego de uma chapa grossa na ponta da estaca, o que elevará bastante sua capacidade de carga. Cuidado especial deve ser tomado quando a superfície da rocha é inclinada.

Segundo a ABNT NBR 6122, as estacas de aço total e permanentemente enterradas, independentemente da situação do lençol d'água, podem dispensar tratamento especial desde que seja descontada uma espessura de sacrifício, como indicado na Tabela 13.8.

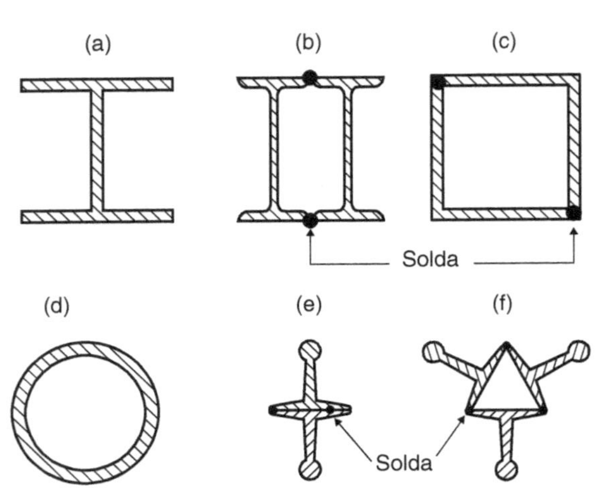

FIGURA 13.14 Estacas de aço (seções transversais: (a) perfil de chapadas soldadas; (b) perfis I laminados, associados (duplo); (c) perfis tipo cantoneira, idem; (d) tubos; (e) trilhos associados (duplo); (f) idem (triplo).

TABELA 13.8 Espessura de compensação de corrosão

Classe do solo	Espessura de sacrifício (mm)
Solos em estado natural e aterros controlados	1,0
Argila orgânica; solos porosos não saturados	1,5
Turfa	3,0
Aterros não controlados	2,0
Solos contaminados*	3,2

*Solos agressivos deverão ser estudados especificamente.

Para mais detalhes consulte o livro *Engenharia de fundações*, de Paulo Albuquerque e Jean Garcia (2020).

13.9 CRAVAÇÃO DAS ESTACAS

É a operação que consiste, por meio de percussões aplicadas à cabeça da estaca ou do seu molde, em forçar a estaca ou o tubo no terreno até uma profundidade em que passe a oferecer uma resistência satisfatória.

Vários são os tipos de bate-estacas (em inglês, *pile drivers*, e em francês, *sonnettes*) empregados.

A norma ABNT NBR 6122 estabelece em seus anexos, dentre outras especificações, os requisitos mínimos para escolha do martelo para cravação de estacas pré-fabricadas.

Bate-estacas manual

É o tipo mais simples. O peso do pilão, levantado com a ajuda de cordas e polias, varia de 50 a 200 kg e a altura de queda é geralmente de um metro.

Bate-estacas de queda livre ou de gravidade

É constituído por um pilão que, deslizando ao longo de guias fixadas a uma estrutura, é levantado por um cabo de aço que vai sendo enrolado em um guincho de acionamento mecânico. O número de pancadas por minuto varia de 5 a 10; a rapidez das percussões é vantajosa para a cravação.

Normalmente, o peso do pilão é tomado aproximadamente igual a duas vezes a uma vez o peso da estaca, conforme se trate de estacas de madeira ou de concreto.

Bate-estacas a vapor

Nesse tipo, o pilão é levantado até uma pequena altura por meio do vapor recebido de uma caldeira, e depois deixado cair por gravidade. A rapidez dos choques é muito maior do que nos bate-estacas comuns – até 40 pancadas por minuto. O peso do pilão varia entre 800 e 4000 kg, e a altura de queda é da ordem de 1,20 m.

Pilão de duplo efeito

Também chamado de "martelo americano", já constituiu o processo mais moderno de cravação. Nesse tipo, a pressão do vapor é utilizada também para acelerar a descida do pilão, que trabalha fixado à própria estaca. A velocidade de cravação é muito elevada, podendo mesmo ultrapassar 200 pancadas por minuto.

Capacete de cravação

Para evitar a destruição das cabeças das estacas durante a cravação, são usados "capacetes de cravação", os quais, embora de vários tipos, consistem, em geral, em um anel de ferro fundido, contendo um bloco de madeira dura, que recebe diretamente o golpe do martelo e o transmite à estaca.

Se, por um lado, o emprego de capacetes reduz o rendimento da cravação, por outro, permite a adoção de maiores alturas de queda e pesos de martelos.

Quando as cabeças das estacas ficam abaixo da superfície do terreno ou do nível d'água, a cravação é feita por intermédio de um *suplemento*, que é um elemento de madeira colocado entre o pilão e a estaca.

Injeção de água

Por este processo, a cravação das estacas é feita por meio de jatos d'água, no terreno, junto à ponta da estaca. O jato d'água atinge a ponta da estaca por meio de um tubo que desce pelo seu interior ou então ao seu lado (geralmente dois, em fases opostas da estaca). Conforme a natureza do terreno, a quantidade de água variará de 200 a 1000 litros por minuto e a pressão de 400 até 1400 kN/m^2.

Nas proximidades da profundidade desejada, suspende-se o jato d'água e crava-se a estaca até obter a nega satisfatória.

Com este processo de cravação, principalmente em areias, são obtidos resultados bastante satisfatórios.

Cravação utilizando macaco hidráulico

É o processo a que já nos referimos quando tratamos da estaca prensada.

Escavação prévia dos furos de estacas

Especialmente em terrenos argilosos, torna-se necessário, por vezes, pré-escavar o furo das estacas, não só para eliminar as vibrações, como para evitar um *levantamento do terreno*, o que tenderia a *descalçar a ponta das estacas* ou *danificá-las por tração*. Essa escavação poderá ser feita por meio de trado-escavadeira ou máquinas perfuratrizes.

Emendas e soldas de estacas

O problema da *emenda* em estacas de madeira ou em estacas de madeira e concreto, bem como o da *solda* de estacas metálicas, um e outro necessários em alguns casos, requerem sempre cuidados especiais para prevenir possíveis insucessos e estão bem especificados na ABNT NBR 6122.

O advento do martelo hidráulico revolucionou o processo de cravação de estacas quer sejam metálicas ou de concreto, pois tais martelos têm uma eficiência infinitamente superior aos de queda livre, permitindo atingir profundidades cada vez maiores e aumentando significativamente a produtividade.

Também os martelos vibratórios tiveram um desenvolvimento significativo e, hoje, representam uma ferramenta importante na cravação de estacas.

13.10 CAPACIDADE DE CARGA DAS ESTACAS

Como se sabe, a resistência R de uma estaca [Fig. 13.15(a)] é composta por duas partes: a resistência de ponta (R_p) e a resistência de atrito lateral (R_a):

$$R = R_p + R_a$$

Os dois termos, R_p e R_a, são difíceis de serem avaliados corretamente. Daí o grande número de fórmulas, baseadas em hipóteses mais ou menos questionáveis.

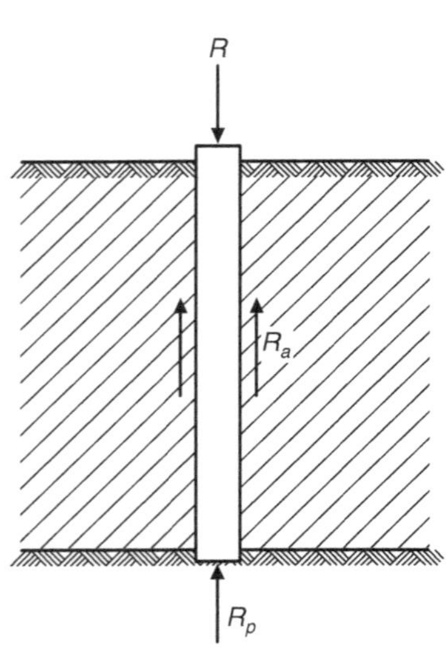

FIGURA 13.15(A)

Se $R_p \gg R_a$, diz-se que a *estaca trabalha de ponta* e, se $R_a \gg R_p$, diz-se que a *estaca trabalha por atrito* (é a chamada *estaca flutuante*).

Se, no entanto, por qualquer motivo (por exemplo, adensamento de uma camada compressível), o movimento relativo solo-estaca é tal que o solo se desloca mais que a estaca, ocorre o chamado *atrito negativo* (solo sobre a estaca), sobrecarregando a estaca. A Figura 13.15(b) esquematiza o fenômeno quando proveniente da carga do aterro ou ocasionado pelo aumento das pressões efetivas resultantes de um rebaixamento do nível do lençol d'água. Nesse caso, $R = R_p - \left(R_{a1}^- + R_{a2}^-\right)$.

A determinação da capacidade de carga de uma *estaca isolada* pode ser feita por fórmulas dinâmicas, fórmulas estáticas (teóricas ou empíricas) ou provas de carga.

Existem várias teorias de capacidade de carga elaboradas por diferentes autores. Adiante mencionaremos algumas delas.

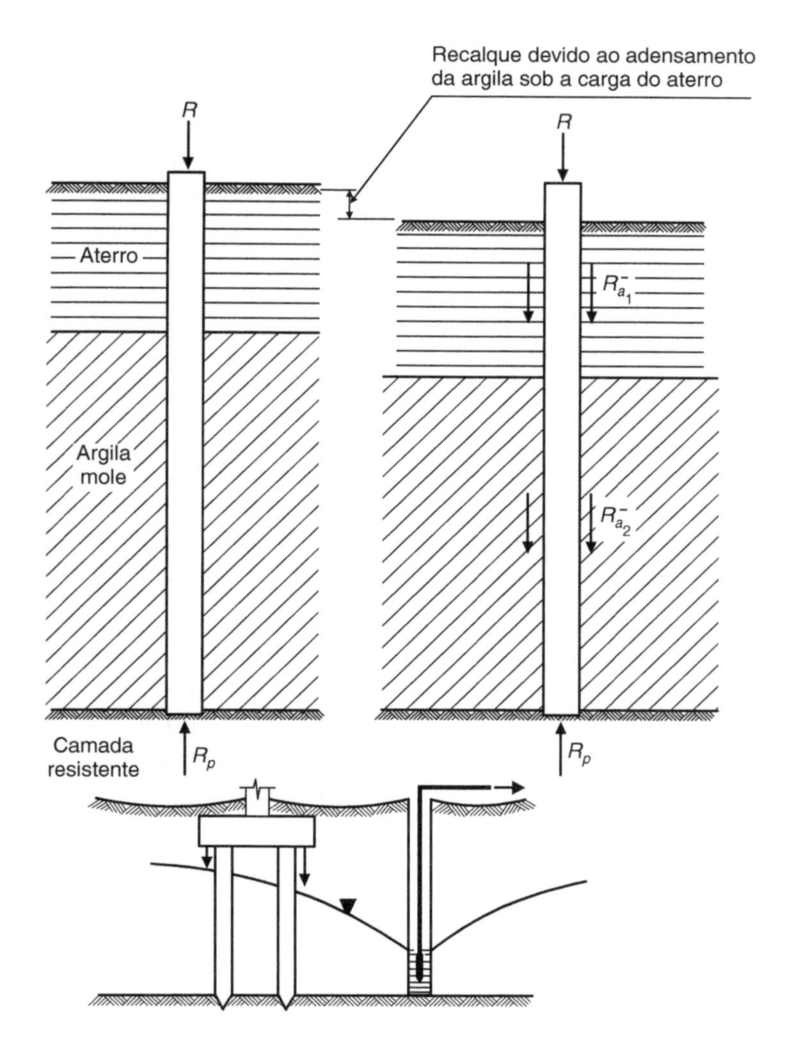

FIGURA 13.15(B)

Quanto à capacidade de carga de um *grupo de estacas*, ela é função do comprimento (L), diâmetro (d) e espaçamento (s) de centro a centro das estacas, e do tipo de solo que lhe serve de suporte (argiloso ou arenoso).

As chamadas *fórmulas de eficiência* expressam a capacidade de carga do grupo (R_g) em função da capacidade de carga individual (R_i), $R_g = ENR_i$, em que E é o fator de eficiência do grupo, dado, entre outras, pela fórmula empírica de Converse-Labarre:

$$E = 1 - \theta \, \frac{(n-1)\cdot m + (m-1)\cdot n}{90\cdot m\cdot n}$$

com m sendo o número de filas de estacas, n o número de estacas em cada fila e $\theta = \text{arctg}\left(d/s\right)$ expresso em graus.

As fórmulas de eficiência não levam em conta fatores importantes, como o tipo de solo e o comprimento das estacas, pelo que são pouco confiáveis.

Em face dos resultados dos ensaios em modelos, realizados por vários pesquisadores, Coyne e Sulaiman assim resumem as conclusões obtidas: em solos não coesivos, $E = 1$; em solos coesivos, E varia linearmente de 0,7 para $s = 3d$ até 1 para $s \geq 8d$, e para $s < 3d$ se produzirá uma “ruptura em bloco” (solo e estacas se deslocam em conjunto), com a capacidade de carga estimada por

$$R_g = 2 \cdot L \cdot (A + B) \cdot f + 1{,}3 \cdot c_u \cdot N_c \cdot A \cdot B$$

em que:

L = comprimento da estaca em um terreno capaz de oferecer resistência ao atrito;
A = largura do grupo de estacas;
B = comprimento do grupo de estacas;
c_u = resistência ao cisalhamento em ensaio não drenado;
N_c = fator de capacidade de carga;
f = aderência nas paredes do "bloco" que rompe.

Fórmulas dinâmicas

Avaliam a capacidade de carga das estacas, valendo-se dos elementos obtidos durante a cravação. Não servem, pois, para estacas *in situ*. Todas elas partem da medida da *nega*, que é a penetração que sofre a estaca ao receber um golpe do martelo, no final da cravação. Observe-se que a nega é uma condição necessária, mas não suficiente para se conhecer a capacidade de carga de uma estaca.

Se a ponta da estaca está em uma formação muito pouco permeável, desenvolvem-se pressões neutras, que, dissipadas ao longo do tempo, fazem com que a "nega aumente". Se a ponta da estaca destrói a estrutura do solo e esta se recupera com o tempo (fenômeno análogo à tixotropia), a "nega pode diminuir". Terzaghi cita o caso que ocorreu em uma vasa, que, após a *recravação*, a estaca não resistia a 90 kN, enquanto três meses depois ela poderia suportar 1000 kN.

A dedução das fórmulas dinâmicas baseia-se na igualdade entre a energia de queda do martelo e o trabalho gasto durante a cravação da estaca (Fig. 13.16):

$$P \cdot h = R \cdot s + X$$

em que:

P = peso do martelo;
H = altura de queda;
R = resistência oferecida pelo terreno à penetração da estaca;
s = nega;
X = soma das perdas de energia durante a cravação (compressão do terreno, da estaca, do capacete etc.).

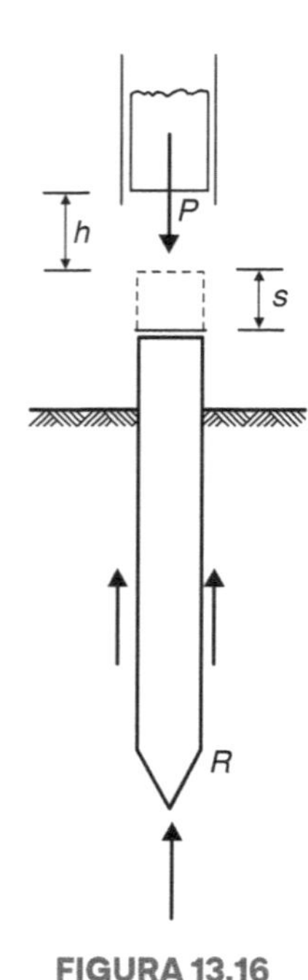

FIGURA 13.16

A dificuldade consiste na determinação do valor de "X", daí se originando, pelas hipóteses admitidas para avaliá-lo, as diferentes fórmulas dinâmicas.

A utilização prática dessas fórmulas – assunto muito discutido – encontra-se atualmente limitada às areias, tendo em vista a diferença de comportamentos dinâmico e estático das estacas em argila, conforme estudos comparativos realizados pela American Society of Civil Engineers (ASCE), entre outros.

Por outro lado, das observações práticas sobre o emprego dessas fórmulas, conclui-se que as mais complicadas não conduzem a nenhuma vantagem sobre o emprego das mais simples.

Diante do exposto, apresentaremos apenas seis delas, escolhidas dentre as mais simples e as de maior emprego.

Primeiramente, vejamos a *fórmula de Brix*, cujo fundamento é a teoria do choque newtoniano, apesar de sua teoria, tal como a formulou Newton, não se aplicar aos problemas dessa natureza.

Vamos admitir, inicialmente, as seguintes hipóteses simplificadoras:

a) despreza-se a elasticidade que possam apresentar a estaca e o martelo;

b) admite-se que, logo após o choque, o martelo separe-se da estaca para efetuar o segundo golpe, não continuando seu peso a auxiliar a penetração da estaca.

Desse modo, igualando as expressões do trabalho resistente $R \cdot s$ (em que R é a resultante das forças exercidas pelo solo e s, a penetração da estaca para um golpe do martelo) e da energia cinética $\frac{Q}{g} \cdot \frac{u^2}{2}$ com que a estaca inicia a penetração (em que Q é o peso da estaca, g a aceleração da gravidade e u a velocidade comum dos dois corpos supostos inelásticos – martelo e estaca – no instante do choque), temos:

$$R \cdot s = \frac{Q}{8} \cdot \frac{u^2}{2} \qquad (1)$$

A teoria do choque, para corpos de massas m_1 e m_2 animados, respectivamente, das velocidades v_1 e v_2, fornece-nos:

$$u = \frac{m_1 \cdot v_1 + m_2 \cdot v_2}{m_1 + m_2}$$

Para corpos martelo-estaca, temos:

$m_1 = \frac{P}{g}$ (P é o peso do martelo)

$v_1 = \sqrt{2 \cdot g \cdot h}$ (h é a altura de queda do martelo sobre a estaca)

$$m_2 = \frac{Q}{g}$$

$$v_2 = 0$$

donde:

$$u = \frac{\frac{P}{8} \cdot \sqrt{2 \cdot g \cdot h}}{\frac{P+Q}{8}} = \frac{p}{P+Q}\sqrt{2 \cdot g \cdot h}$$

Elevando ao quadrado e substituindo (1), vem:

$$R \cdot s = Q \cdot h \frac{p^2}{(P+Q)^2}$$

ou

$$R = \frac{p^2 \cdot Q \cdot h}{(P+Q)^2 \cdot s}$$

que é a conhecida *fórmula de Brix.*

Adotando-se um fator de segurança (5 é o valor recomendado por alguns autores), a fórmula nos dará a carga admissível sobre a estaca.

Uma fórmula de uso também muito generalizado é a chamada fórmula dos holandeses (Woltmann):

$$R = \frac{p^2 \cdot h}{s \cdot (P + Q)}$$

à qual se aplica um fator de segurança igual a 10, aconselhado por Chellis.

Outra fórmula dinâmica, usada quase que exclusivamente na América do Norte, é a do *Engineering News*:

$$R = \frac{P \cdot h}{s + c}$$

Tomando-se P em kg, h em cm, s em cm e fazendo-se $c = 2{,}5$ cm para pilões de queda livre e $c = 0{,}25$ cm para pilões a vapor. O fator de segurança a aplicar é igual a 6.

Igualmente muito simples, permitindo a avaliação das perdas de energia mediante observações na obra, é a *fórmula de Hiley*:

$$R = \frac{k \cdot P \cdot h}{s + \frac{C}{2}}$$

em que, além dos símbolos já definidos, k representa o rendimento do golpe do martelo, ou seja, a fração de sua energia total ($P \cdot h$) realmente transmitida à estaca e $C = C_1 + C_2 + C_3$ as perdas de energia por compressão do capacete (C_1), da estaca (C_2) e do terreno (C_3).

Experimentalmente, podem-se medir os valores de e, C_2 e C_3 com uma ponta de lápis que se move horizontalmente e registra, sobre uma folha de papel presa à estaca, um diagrama como o indicado na Figura 13.17.

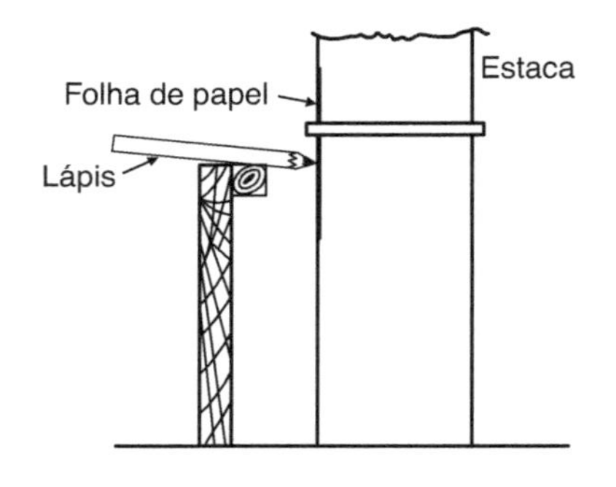

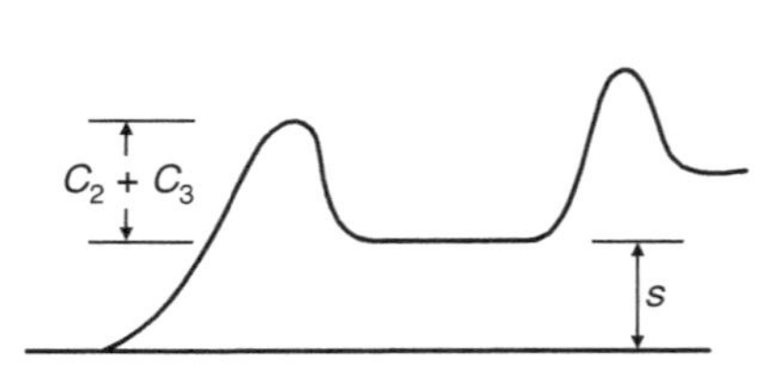

FIGURA 13.17

O valor de C_1 também se obtém experimentalmente.

Quanto ao valor de k, ele varia de 0,15 para estacas pesadas, martelos leves e coxins macios a 0,68 para estacas leves, martelos pesados e coxins duros.

Ao valor de R obtido aplica-se, geralmente, um fator de segurança igual a 3.

Vejamos agora a *fórmula atribuída a Crandall* e também deduzida da teoria do choque:

$$R = \frac{\mu \cdot P \cdot (h - h_0)}{s} \cdot \frac{P}{P + Q}$$

com $\mu = 0{,}75$ para pilões de queda livre e $\mu = 0{,}90$ para pilões a vapor de simples efeito; P é o peso do pilão, Q o da estaca, e a nega, h a altura de queda e h_0 um valor particular de h para o qual a penetração da estaca é nula. Este valor é obtido medindo-se os e para três diferentes alturas h. Representando-se graficamente, como indicado na Figura 13.18, obtém-se h_0.

O fator de segurança a adotar para esta fórmula é da ordem de 3.

FIGURA 13.18

Finalmente, a *fórmula dinamarquesa*, geralmente usada para estacas metálicas:

$$\begin{cases} \overline{R} = \dfrac{R}{2} \\ R = \dfrac{n \cdot h \cdot P}{s + \dfrac{s_0}{2}} \\ s_0 = \sqrt{\dfrac{2 \cdot n \cdot h \cdot P \cdot l}{S \cdot E}} \end{cases}$$

em que:
n = 0,7 = fator de eficiência;
h = altura de queda do pilão (cm);
P = peso do pilão (kg);
l = comprimento da estaca (cm);
S = área da seção transversal do perfil (cm^2);
E = módulo de elasticidade (kg/cm^2);
s = nega (cm);
$\overline{R}$ = carga admissível.

Estacas inclinadas

Em se tratando de estacas inclinadas, o peso do pilão a considerar é P', igual, como se deduz da Figura 13.19, a:

$$P' = P \cdot \text{sen}\alpha - k \cdot P \cdot \cos\alpha$$

ou

$$P' = P \cdot (\text{sen}\alpha - k \cdot \cos\alpha)$$

em que:
α = ângulo da estaca com a horizontal;
k = 0,15 = coeficiente de atrito entre o pilão e as guias.

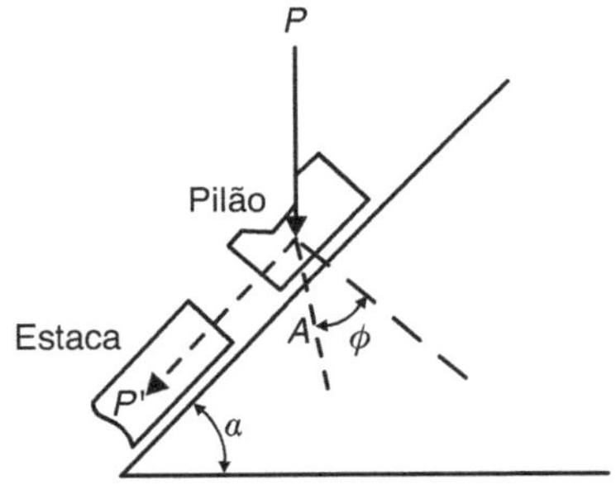

P
Pilão
Estaca
P'
A
φ
α

FIGURA 13.19

Fórmulas estáticas

Essas fórmulas, de emprego mais recente que as dinâmicas, baseiam-se nas características do terreno, as quais deverão ser determinadas experimentalmente em cada caso.

Duas circunstâncias levaram ao seu estabelecimento: uma resultou das críticas e restrições que recaem sobre as fórmulas dinâmicas e a outra foi o surgimento das estacas molhadas *in loco*, às quais não se aplicam as fórmulas de cravação.

Como já vimos, a capacidade de carga de uma estaca, R, compõe-se de duas parcelas: a resistência de atrito lateral, R_a, e a resistência de ponta, R_p.

$$R = R_a + R_p$$

Os valores de R_a e R_p podem ser obtidos pelas expressões vistas no estudo da capacidade de carga.

Das diferentes fórmulas estáticas, vamos nos referir apenas às fórmulas de Dörr (teórica), a de Schenk (empírica) e aos métodos de Aoki-Velloso e Décourt-Quaresma (semiempíricos).

Para um terreno constituído por n camadas com características (γ_i, ϕ_i, f_i', l_i), sendo l_i (com i variando de 1 a n) os trechos de estaca em contato com essas diversas camadas ($\sum_i^n l_i = l$), a *fórmula de Dörr* escreve-se:

$$R = \gamma_1 \cdot \text{tg}^2\left(\frac{\pi}{4}+\frac{\phi_i}{2}\right)\cdot S \cdot l_1 + \frac{1}{2}\cdot f_1' \cdot \gamma_1 \cdot \left(1+\text{tg}^2\phi_1\right)\cdot p \cdot l_1^2 +$$

$$+y_2 \cdot \text{tg}^2\left(\frac{\pi}{4}+\frac{\phi_2}{2}\right)\cdot S \cdot l_2 + f_2' \cdot (1+\text{tg}^2\phi_2)\cdot p \cdot \left(y_1 \cdot l_1 + \frac{y_2}{2}\cdot l_2\right)\cdot l_2 + \ldots +$$

$$+y_n \cdot \text{tg}^2\left(\frac{\pi}{4}+\frac{\phi_n}{2}\right)\cdot S \cdot l_n + f_n' \cdot (1+\text{tg}^2\phi_n)\cdot p \cdot \left(y_1 \cdot l_1 + y_2 \cdot l_2 + \ldots + y_{n-1}\cdot l_{n-1} + \frac{y_n}{2}\cdot l_n\right)\cdot l_n$$

Os símbolos que aparecem na fórmula representam:

γ = peso específico do terreno;
ϕ = ângulo de atrito interno do terreno;
S = seção da estaca;
l = comprimento da estaca;
p = perímetro da estaca;
f' = coeficiente de atrito da terra contra a estaca.

Em geral, nenhuma redução vem aplicada ao valor fornecido pela fórmula de Dörr; no entanto, é prudente considerar um fator de segurança compreendido entre 1,5 e 2.

A *fórmula de Schenk* (Fig. 13.20) é a seguinte:

$$\overline{R} = \frac{2}{3}\cdot R = \frac{2}{3}\cdot (R_p + R_a) = \frac{2}{3}\cdot (F \cdot q_s + \sum U \cdot l \cdot q_{rm})$$

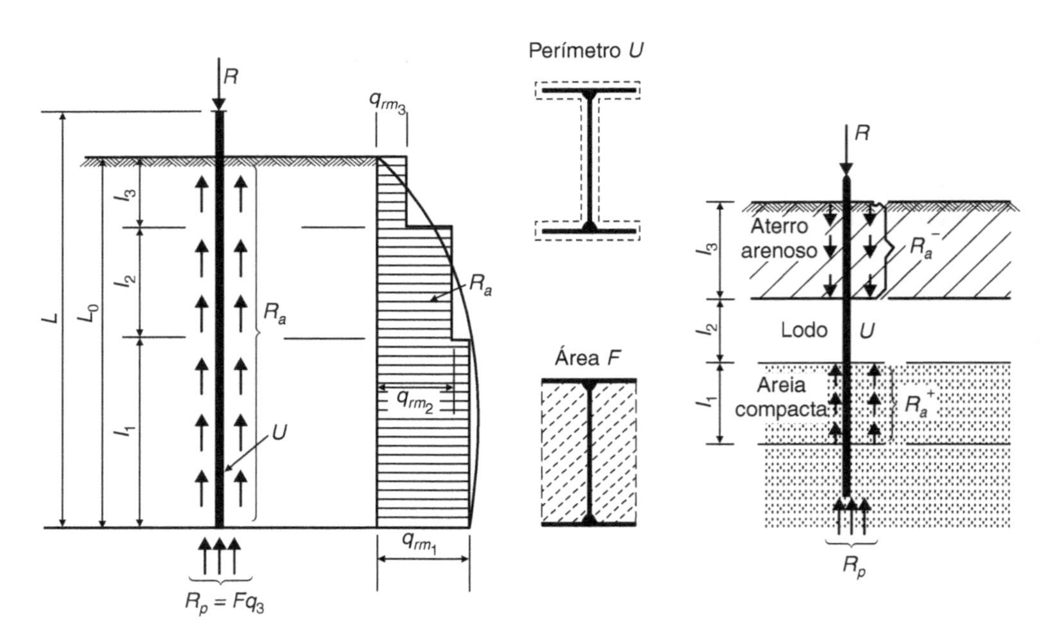

FIGURA 13.20

com:

F = área da seção da estaca, em cm² (no caso de perfil, a área de sua seção envoltória);
U = perímetro da estaca, em cm (no caso de perfil, da sua seção desenvolvida);

l = espessuras das camadas, em cm;

q_s e q_{rm} = parâmetros dados em função da natureza do solo e do tipo de estaca, em kg/cm^2 (ver Quadro 13.1).

QUADRO 13.1 Parâmetros para estimativa de capacidade de cargas de estacas

Tipo de solo	Comprimento abaixo do topo da camada resistente (m) (4)	Atrito lateral médio por unidade de área (superfície lateral desenvolvida) q_{rm} (kg/cm^2)				Resistência de ponta por unidade de área (área da figura envoltória) q_s (kg/cm^2)			
		Estacas de madeira	Estacas de concreto armado	Estacas de aço		Estacas de madeira	Estacas de concreto armado	Estacas de aço (3)	
				Seção em caixão, Ponta aberta	Perfis I, H			Seção em caixão, Ponta aberta (1)	Perfis I, H (2)
Solos não coesivos - Areia fina - Areia média - Areia grossa - Areias misturadas - Silte	Até 5 5 – 10 > 10	0,20-0,45 0,40-0,65	0,20-0,45 0,40-0,65 0,60	0,20-0,35 0,35-0,55 0,50-0,75	0,20-0,30 0,30-0,50 0,40-0,75	20-25 30-75	20-50 30-65 40-80	15-40 30-60 35-75	15-30 25-50 30-60
- Pedregulhos - Misturas de areias e pedregulhos		Como acima				Os valores acima podem ser elevados de 25 %			
Solos coesivos Turfa, vasa		–	–	–		–			
Argila mole		0,05-0,20				–			
Argila rija a semidura Silte argiloso		0,20-0,45				0-20			
Semidura a dura	Até 5 5 – 10 > 10	– – –	0,50-0,80 0,80-1,10 0,80-1,10	0,40-0,70 0,60-0,90 0,80-1,00	0,30-0,50 0,40-0,70 0,50-0,80	– – –	20-60 50-90 80-100	15-50 40-90 80-100	15-40 30-75 60-90

(1) Para largura de seção em caixão ou diâmetro de tubo ≤ 500 mm.
(2) Para perfis com altura ≤ 400 mm. Para perfis mais altos, dividir a altura por meio de chapas soldadas.
(3) Para estacas de aço, seção em caixão e ponta fechada, podem-se adotar os valores correspondentes às estacas de concreto armado.
(4) Para q_{rm}, toma-se o comprimento das estacas l; para q_s, o comprimento cravado na camada resistente.

Método Aoki-Velloso O método Aoki-Velloso (1975) foi desenvolvido a partir de um estudo comparativo entre resultados de provas de carga em estacas e de SPT.

A transferência de carga de uma estaca isolada está mostrada na Figura 13.21.

O método pode ser utilizado tanto com os dados do SPT como do ensaio CPT.

Por esse método a capacidade de carga de uma estaca é expressa por:

$$PR = A_p \cdot r_p + U \cdot \sum r_l \cdot A_l$$

em que:

PR = carga de ruptura da estaca;

A_p = área de ponta da estaca;

$r_p = \dfrac{k \cdot N}{F_1}$, sendo N o número de golpes medido na ponta, 1 m acima e 1 m abaixo da ponta;

A_l = trecho onde se admite r_l constante;

U = perímetro da estaca;

$$r_l = \frac{\alpha \cdot k \cdot N}{F_2}$$

N = SPT medido na sondagem;

α e k = na Tabela 13.10;

F_1 e F_2 = fatores de escala e execução.

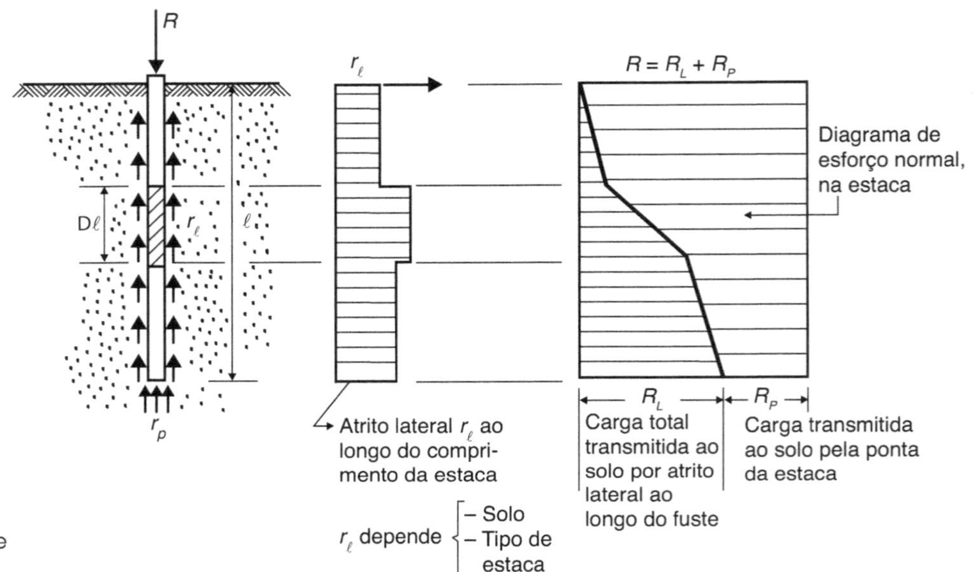

FIGURA 13.21
Transferência de carga de uma estaca isolada.

Logo, a expressão final se escreve:

$$PR = A_b \cdot \frac{k \cdot N}{F_1} + U \cdot \sum \frac{\alpha \cdot k \cdot \overline{N}}{F_2} \cdot A_l$$

A carga admissível será, portanto:

$$P = \frac{PR}{2}$$

Ao longo do tempo diversos trabalhos surgiram procurando ajustar os fatores F_1 e F_2 para outros tipos de estacas. Para mais detalhes ver, por exemplo, o livro *Engenharia de fundações*, de Paulo Albuquerque e Jean Garcia (2020).

TABELA 13.9 Valores de F_1 e F_2 (Aoki e Velloso, 1975; Velloso *et al.*, 1978)

Tipo de estaca	F_1	F_2
Franki	2,5	5,0
Metálica	1,75	3,5
Pré-moldada de concreto	1,75	3,5
Escavada	3,00	6,0

TABELA 13.10 Valores de k e α (Aoki e Velloso, 1975)

Tipo de solo	k (kgf/cm²)	α (%)
Areia	10,0	1,4
Areia siltosa	8,0	2,0
Areia silto-argilosa	7,0	2,4
Areia argilo-siltosa	5,0	2,8
Areia argilosa	6,0	3,0
Silte arenoso	5,5	2,2
Silte areno-argiloso	4,5	2,8
Silte	4,0	3,0
Silte argilo-arenoso	2,5	3,0
Silte argiloso	2,3	3,4
Argila arenosa	3,5	2,4
Argila areno-siltosa	3,0	2,8
Argila silto-arenosa	3,3	3,0
Argila siltosa	2,2	4,0
Argila	2,0	6,0

Método Décourt-Quaresma Visa à determinação da capacidade de carga de estacas a partir do ensaio SPT.

Segundo os autores, a resistência de ponta (PP) é dada por:

$$PP = A_p \cdot q_p$$

em que:
A_p = área de ponta de estaca;
$q_p = C \cdot N$;

sendo:
C = valores conforme Tabela 13.11;
N = valor do SPT médio medido na ponta de estaca, imediatamente anterior e imediatamente posterior à ponta.

TABELA 13.11 Valores de C (Décourt e Quaresma, 1978)

Tipo de solo	C (kN/m²)
Argilas	120
Siltes argilosos (alteração de rocha)	200
Siltes arenosos (alteração de rocha)	250
Areias	400

A parcela correspondente ao atrito lateral (PL) é dada por:

$$PL = A_l \cdot q_l$$

em que:
A_l = área lateral de estaca;

$$q_l = \left(\frac{\overline{N}}{3} + 1\right) \cdot 10$$

$\overline{N}$ = média dos valores de SPT ao longo do fuste.

Na determinação de $\overline{N}$, os valores de SPT menores que 3 devem ser considerados iguais a 3 e, maiores que 50, iguais a 50.

Portanto, a carga de ruptura, segundo Décourt-Quaresma, se escreve:

$$PR = \alpha \cdot A_p \cdot C \cdot N + \beta \cdot A_l \left(\frac{\overline{N}}{3} + 1 \right) \cdot 10$$

Os valores de α e β são apresentados de acordo com o tipo de estaca e solo.

TABELA 13.12 Valores típicos de β (Décourt, 2016)

Tipo de solo	Tipo de estaca				
	Escavada em geral	Escavada (bentonita)	Hélice contínua / Hélice de deslocamento	Raiz	Injetadas sob pressão
Argilas	0,80*	0,90*	1,00*	1,50*	3,00*
Siltes	0,65*	0,75*	1,00*	1,50*	3,00*
Areias	0,50*	0,60*	1,00*	1,50*	3,00*

TABELA 13.13 Valores típicos de α (Décourt, 2016)

Solo	Tipo de estaca				
	Escavada em geral	Escavada (bentonita)	Hélice contínua / Hélice de deslocamento	Raiz	Injetadas sob pressão
Argilas	0,85	0,85	0,30*	0,85*	1,00*
Solos intermediários	0,60	0,60	0,30*	0,60*	1,00*
Areias	0,50	0,50	0,30*	0,50*	1,00*

Segundo ainda os autores, a carga admissível será:

$$P = \frac{PP}{4} + \frac{PL}{1,3}$$

As fórmulas estáticas, embora prestigiadas por alguns autores, estão também sujeitas às mais variadas críticas, por exemplo, a legitimidade ou não da simultaneidade dos valores máximos das resistências de ponta e atrito lateral. Em geral, o recalque necessário à mobilização de toda a resistência de ponta é maior que o necessário para despertar toda a resistência de atrito lateral.

Vale observar ainda que os efeitos das alterações no terreno, provocadas pela execução das estacas, ainda não são conhecidos.

A execução de uma fundação profunda (estacas e tubulões) é um trabalho que, pela mobilização, em geral, de equipamentos de grande porte e por suas peculiares fases de operação, sempre atrai a atenção de muitos espectadores; poucos, no entanto, avaliam as preocupações dos engenheiros responsáveis quanto aos possíveis efeitos (recalques e danos) nas construções vizinhas e quanto ao comportamento da fundação durante e após a sua execução, sobretudo em se tratando de determinados tipos de terrenos.

Um estaqueamento *altera consideravelmente as características do terreno*, em forma e extensão que dependem da natureza do solo e dos processos executivos. A Figura 13.22 mostra os limites das zonas de amolgamento e os movimentos da superfície do terreno causados pela cravação de uma estaca, conforme se trate de solos coesivos (argilas) ou não coesivos (granulares). Nos solos coesivos, ocorre um levantamento da superfície do terreno, ao mesmo tempo em que se produz um amolgamento da argila em uma extensão de três vezes o diâmetro. Nos solos não coesivos, geralmente se produz uma compactação em uma zona mais extensa, em virtude não só da introdução do volume da estaca, como também de vibrações e esforços de cisalhamento, ocorrendo um recalque em torno da estaca. Em areias compactas, segundo Kérisel, poderá ocorrer o contrário, um afofamento e um levantamento.

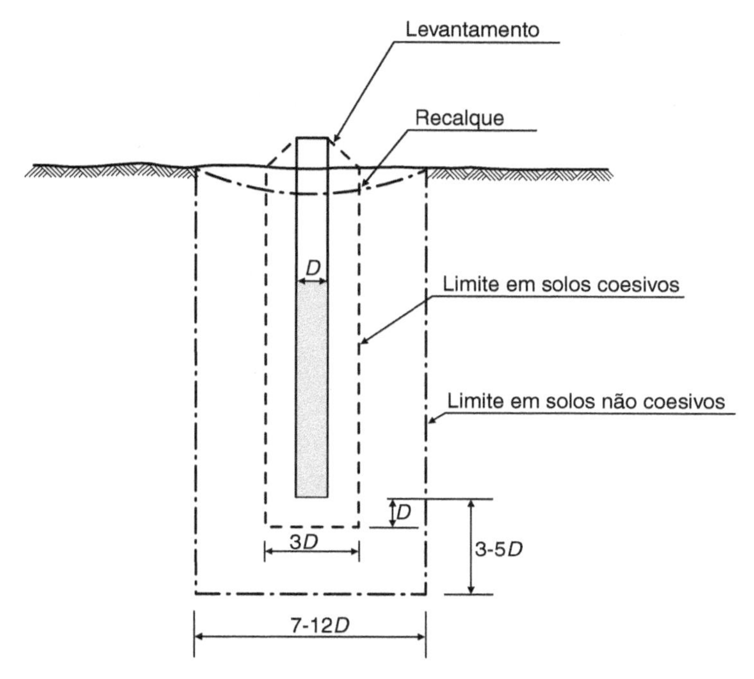

FIGURA 13.22

É de boa prática que a *sequência da execução do estaqueamento* de um bloco seja do centro para a periferia. Assim procedendo, evita-se que em terrenos não coesivos ocorra uma compactação do terreno que impeça a cravação das estacas centrais até a profundidade prevista e, daí, surjam recalques diferenciais (Fig. 13.23).

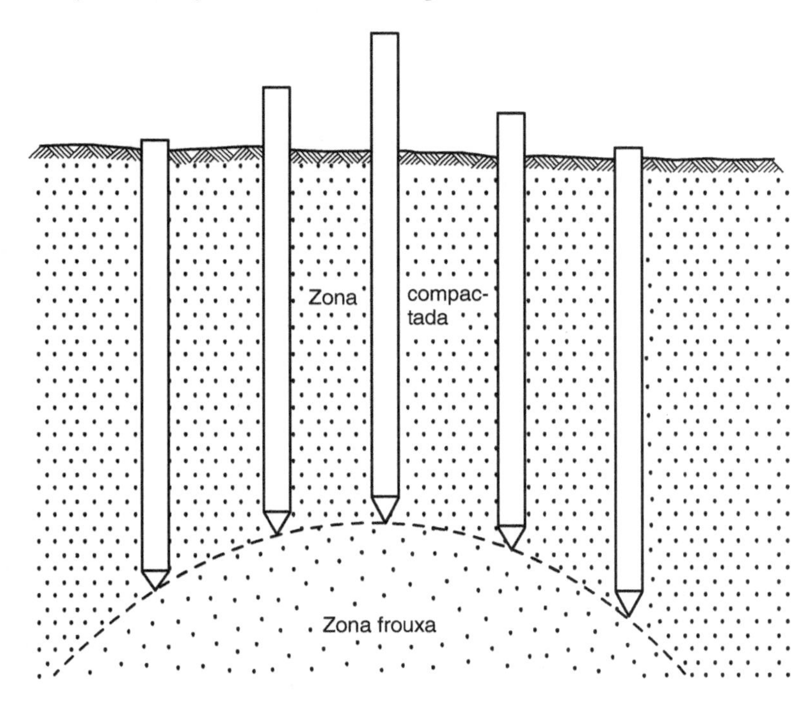

FIGURA 13.23

Provas de carga estática

A prova de carga estática constitui, atualmente, o único processo capaz de fornecer um valor incontestável da capacidade de carga de uma estaca considerada individualmente.

Na Figura 13.24 esquematizamos sua montagem. Cada vez mais as provas de carga têm sido instrumentadas, o que permite conhecer a parcela de ponta e atrito lateral da estaca.

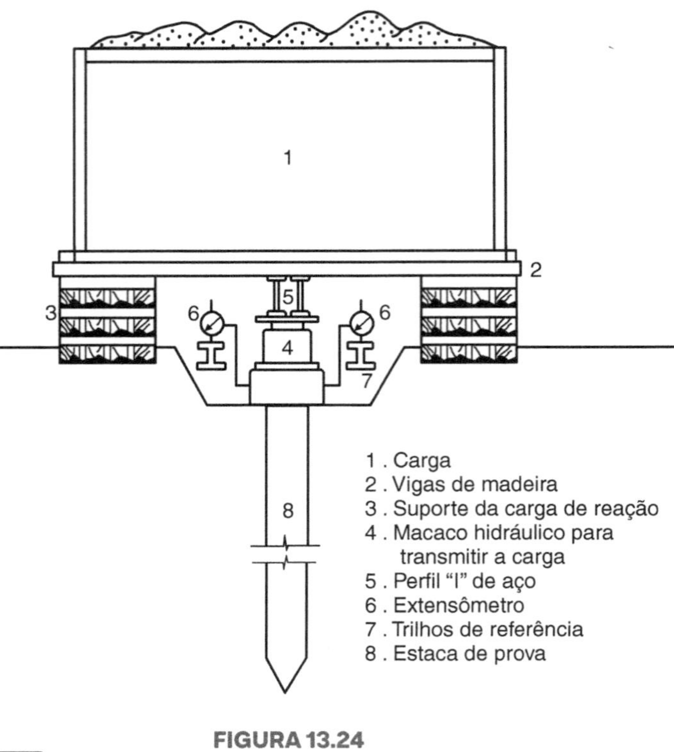

FIGURA 13.24

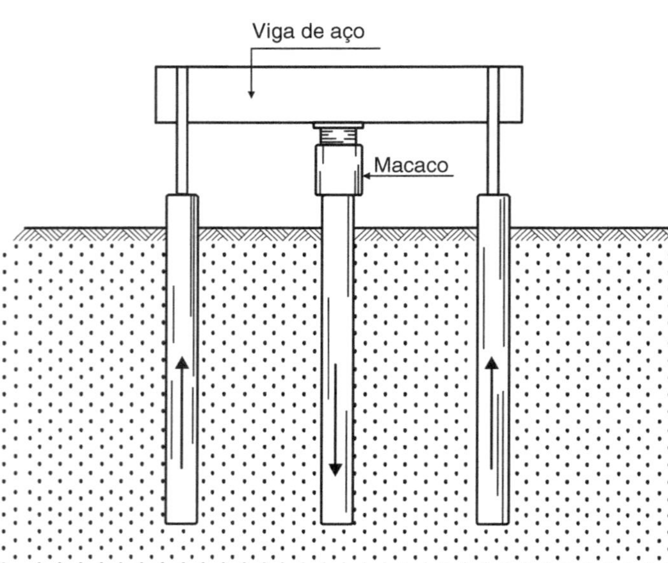

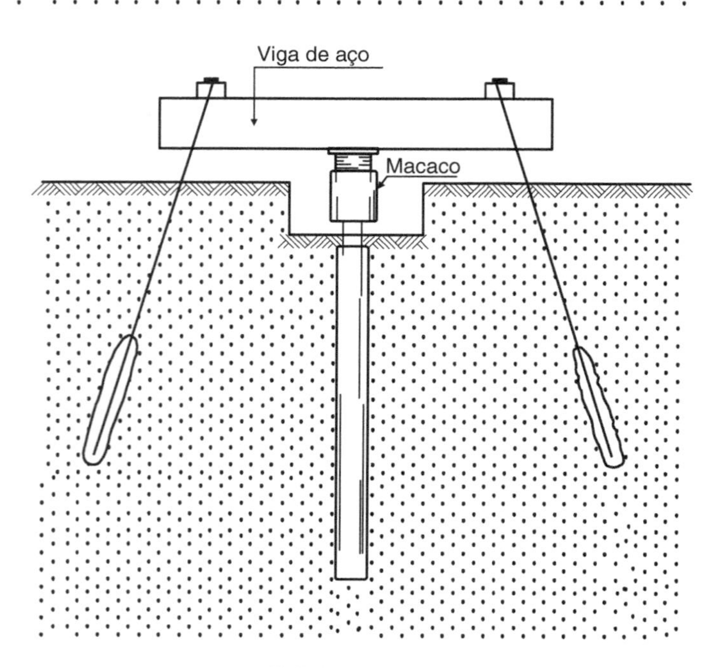

FIGURA 13.25

Vários são os dispositivos de montagem de uma prova de carga (Fig. 13.25), distinguindo-se, também, técnicas para sua execução.

No Brasil, as normas ABNT NBR 16903 e ABNT NBR 13208 tratam da realização dos ensaios de prova de carga estática e dinâmica em fundações profundas, respectivamente.

A ABNT NBR 6122 estabelece as condições para execução de provas de carga em estacas, conforme resumido na Tabela 13.14.

Segundo ainda esta mesma norma, o desempenho de uma estaca é considerado satisfatório quando forem verificadas, simultaneamente, as seguintes condições:

a) fator de segurança no mínimo igual a 2,0 com relação à carga de ruptura obtida na prova de carga ou por sua extrapolação;
b) recalque na carga de trabalho for admissível pela estrutura.

TABELA 13.14 Quantidade de provas de carga

Tipo de estaca	A Tensão de trabalho abaixo da qual não serão obrigatórias provas de carga, desde que o número de estacas da obra seja inferior à coluna (B), em MPa [b,c,d]	B Número total de estacas da obra a partir do qual serão obrigatórias provas de carga [b,c,d]
Pré-moldada [a]	7,0	100
Madeira	–	100
Aço	0,5 f_{yk}	100
Hélice, hélice de deslocamento, hélice com trado segmentado (monitoradas)	5,0	100
Estacas escavadas com ou sem fluido Ø ≤ 70 cm	5,0	75
Raiz [e]	Ø ≤ 310 mm = 15,0	75
	Ø ≥ 400 mm = 13,0	
Microestaca [e]	15,0	75
Trado vazado segmentado	5,0	50
Franki	7,0	100
Escavadas sem fluido Ø ≤ 70 cm	4,0	100
Strauss	4,0	100

[a] Para o cálculo da tensão de trabalho, consideram-se estacas vazadas como maciças, desde que a seção vazada não exceda 40 % da seção total.

[b] Os requisitos acima são válidos para as seguintes condições (não necessariamente simultâneas):
- áreas onde haja experiência prévia com o tipo de estaca empregado;
- onde não houver particularidades geológico-geotécnicas;
- quando não houver variação do processo executivo padrão;
- quando não houver dúvida quanto ao desempenho das estacas.

[c] Quando as condições desta tabela não ocorrerem, devem ser feitas provas de carga em, no mínimo, 1 % das estacas, observando-se um mínimo de uma prova de carga (ABNT NBR 16903), qualquer que seja o número de estacas.

[d] As provas de cargas executadas exclusivamente para avaliação de desempenho devem ser levadas até que se atinja pelo menos duas vezes a carga admissível ou até que se observe um deslocamento que caracterize ruptura. Caso exista carga de prova prévia, as provas de carga de desempenho devem ser levadas até que se atinja pelo menos 1,6 vez a carga admissível ou até que se observe um deslocamento que caracterize ruptura.

[e] Diâmetros de perfuração conforme Anexo K.

A estimativa de carga de ruptura pode ser feita pela carga que conduz ao recalque expresso pela fórmula:

$$\Delta_r = \frac{P \cdot L}{A \cdot E} + \frac{D}{30}$$

em que:

Δ_r = recalque de ruptura convencional;

P = carga aplicada;

L = comprimento da estaca;

A = área da seção transversal da estaca;

E = módulo de elasticidade do material da estaca;

D = diâmetro do círculo circunscrito à estaca.

Por essa fórmula verifica-se que, a menos do encurtamento elástico do fuste da estaca, a ruptura corresponde a um recalque igual a 1/30 do diâmetro da estaca.

No caso de estacas em que se prevê a ação do atrito negativo, ainda de acordo com a norma, a carga admissível deve ser determinada pela expressão:

$$P_{\text{adm}} = \left[\left(P_p + P_l\right)/FS_g\right] - P_{\text{an}}$$

em que:

P_{adm} = a carga admissível;
P_p = parcela correspondente à resistência de ponta na ruptura;
P_l = parcela correspondente à resistência por atrito lateral positivo, na ruptura;
P_{an} = parcela correspondente ao atrito lateral negativo na ruptura;
FS_g = fator de segurança global.

A *provável* carga de ruptura de uma estaca pode também ser obtida, entre outros, pelos critérios de Van Der Veen (1953) e Mazurkiewicz (1972).

O de Van Der Veen admite ser a curva carga-recalque extrapolada, expressa por

$$P = P_r \cdot \left(1 - e^{\alpha \cdot \delta}\right)$$

que também se escreve:

$$a \cdot \delta + \log_e \cdot \left(1 - \frac{P}{P_r}\right) = 0$$

em que:

P = carga correspondente ao recalque δ;
P_r = carga de ruptura;
α = coeficiente que depende das características da estaca e do solo, definidor da forma da curva. Utilizando-se um diagrama semilogarítmico e por meio de tentativas, pode-se obter P_r.

O de *Mazurkiewicz* supõe ser parabólica a curva carga-recalque e fundamenta-se na seguinte construção gráfica: das interseções com o eixo horizontal das cargas, das verticais tiradas por pontos igualmente intervalados da curva, traçam-se semirretas a 45° até sua interseção com a vertical imediatamente seguinte; a reta interpolada por estas interseções e prolongada até o eixo das cargas define a provável carga de ruptura.

Ensaio de carregamento dinâmico

O ensaio visa à avaliação de cargas mobilizadas na interface solo-estaca, fundamentada na aplicação da Teoria da Equação da Onda Unidimensional. Neste ensaio, normatizado pela ABNT NBR 13208, o atrito lateral é sempre positivo, ainda que venha a ser negativo ao longo da vida útil da estaca. Este ensaio tem sido bastante utilizado, embora algumas vezes de forma equivocada, substituindo a prova de carga estática.

Atrito negativo Até o presente, não se dispõe de uma teoria que permita o cálculo exato desse atrito sobre uma estaca ou um grupo de estacas.

Em trabalho datado de 1976 e sobre o qual nos baseamos, Dirceu de Alencar Velloso resumiu o estágio atual dos principais métodos para avaliar o atrito negativo.

Pelo *processo convencional*, simplesmente se multiplica a superfície lateral da estaca pela coesão do solo, enquanto nos *estudos de Zeevaert*, o valor máximo possível do atrito negativo sobre uma estaca isolada de seção qualquer é fornecido pela fórmula (De Beer e Wallays):

$$R^{-}_{a,\,\text{máx}} = K_0 \cdot \text{tg}\phi' \cdot U \cdot \left(p_0 \cdot h + \frac{\gamma_k \cdot h^2}{2} \right)$$

e para uma estaca de seção circular de diâmetro D:

$$R^{-}_{a,\,\text{máx}} = K_0 \cdot \text{tg}\phi' \cdot \pi \cdot D \left(p_0 \cdot h + \frac{\gamma_k \cdot h^2}{2} \right)$$

em que:

K_0 = coeficiente de empuxo no repouso, tomado geralmente igual a $1 - \text{sen}\phi'$;
ϕ' = ângulo de atrito interno do solo;
U = perímetro da estaca;
p_0 = sobrecarga unitária aplicada na superfície do terreno;
h = espessura da camada compressível;
γ_k = peso específico do solo.

Considerações finais

Quanto às *fórmulas dinâmicas*, sabemos que a confiabilidade dos valores por elas fornecidos é assunto muito discutido, pelo que, hoje, as fórmulas dinâmicas são utilizadas mais como elemento de controle da execução de um estaqueamento.

As fórmulas dinâmicas, usadas há mais de um século, baseiam-se na medida da nega e da energia de cravação, normalmente tomadas de maneira grosseira. A restrição básica, porém, fundamenta-se no fato de que elas fornecem a resistência em função de uma carga dinâmica, enquanto a estaca trabalhará sob uma carga estática.

As fórmulas dinâmicas, associadas com outros processos, resultam, no entanto, de valor para o acompanhamento e controle de um estaqueamento, revelando qualquer heterogeneidade oculta no terreno não detectada pelos estudos geotécnicos prévios. Assim procedendo, podem-se evitar situações como a indicada na Figura 13.26, em que lentes de material resistente, dispersas no terreno, deixaram as estacas em diferentes profundidades, ocasionando no futuro recalques diferenciais que certamente comprometeriam a estabilidade da obra.

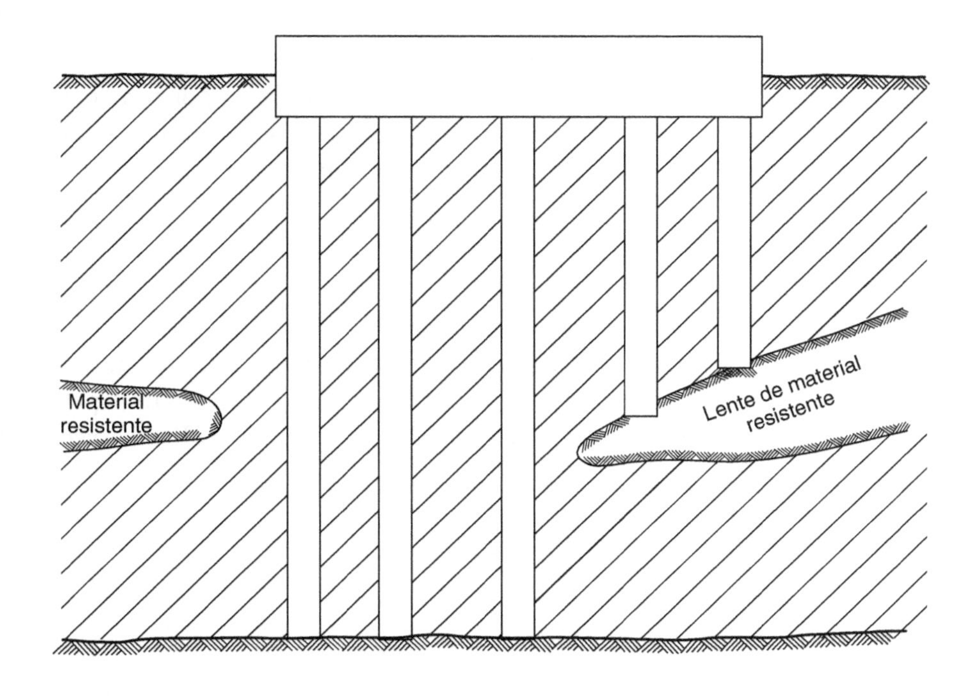

FIGURA 13.26

O controle por meio das negas é também aconselhável para não se cravar demasiadamente a estaca, o que poderá prejudicá-la estruturalmente.

Atualmente, tem-se desenvolvido, com o auxílio de computadores, uma solução baseada na equação da propagação da onda elástica originada por um impacto no extremo de uma barra. A *equação da onda*, como é chamada, tem sua origem nos trabalhos de St. Venant e Boussinesq. A estaca é suposta subdividida em uma série de corpos ligados por molas.

As *fórmulas estáticas* enquadram-se nas teorias de capacidade de carga de fundações, sendo que, segundo Meyerhof (que generalizou a teoria de Terzaghi), em torno de uma estaca a zona plastificada, como indicado na Figura 13.27, é contínua acima de sua ponta e fecha-se sobre o fuste da estaca, daí resultando um considerável aumento da superfície de cisalhamento e, portanto, da resistência que o solo oferece ao puncionamento. Partindo desta concepção do mecanismo de ruptura do solo, ele desenvolve sua conhecida teoria.

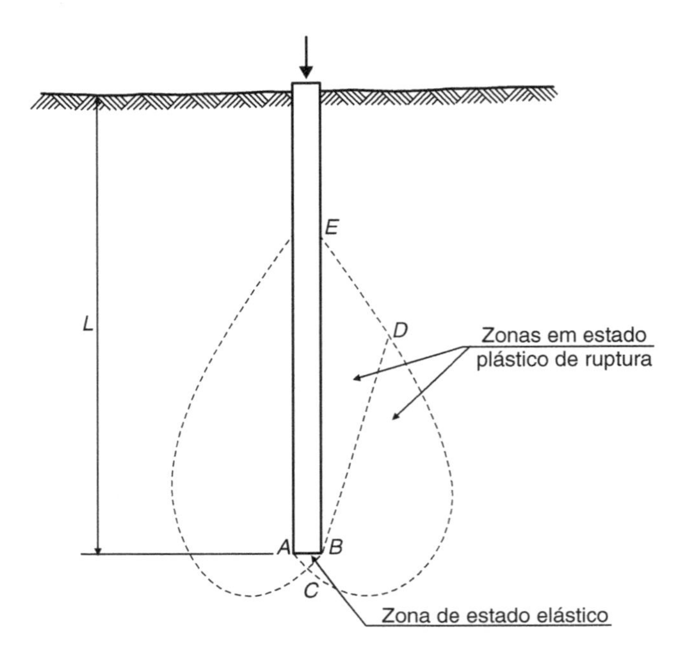

FIGURA 13.27

13.11 DISTRIBUIÇÃO DA CARGA ENTRE ESTACAS

A distribuição da carga entre as estacas de um mesmo grupo, solidarizadas por um "bloco de coroamento" admitido rígido, pode ser feita por diferentes métodos, como veremos nas noções que se seguem. O problema, dado o número de fatores interferentes, é bastante complexo.

Método de superposição

A carga total sobre cada estaca de um bloco, sujeito a uma resultante vertical, é computada determinando-se separadamente os efeitos da carga normal e da excentricidade, somando-se algebricamente os resultados. Nesse caso, a carga sobre as estacas (Fig. 13.28) é obtida pela fórmula a seguir, respeitadas as hipóteses (a), (b) e (c) referidas no método de Nökkentved, que abordaremos adiante:

$$P_i = \frac{R}{n} \pm \frac{M_y \cdot x_i}{\sum x_i^2} \pm \frac{M_x \cdot y_i}{\sum y_i^2}$$

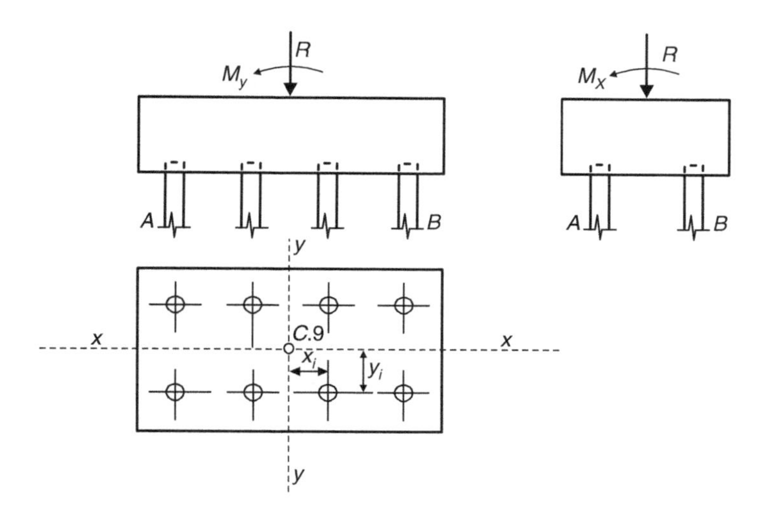

FIGURA 13.28

em que:

P_i = carga sobre as estacas de coordenadas (x_i, y_i);
R = carga vertical resultante aplicada em um ponto de coordenadas (x_c, y_c);
M_x = $R \cdot y_c$ momento em relação ao eixo dos x;
M_y = $R \cdot x_c$ momento em relação ao eixo dos y;
n = número de estacas no grupo;
$\sum x_i^2$ = soma dos quadrados das distâncias de cada estaca ao eixo dos y;
$\sum y_i^2$ = soma dos quadrados das distâncias de cada estaca ao eixo dos x.

A equação também se escreve:

$$P_i = R \cdot \left(\frac{1}{n} \pm \frac{x_c}{\sum x_i^2} \cdot x_i \pm \frac{y_c}{\sum y_i^2} \cdot y_i \right)$$

Quanto aos sinais a serem tomados na aplicação dessa fórmula, dependem da posição da estaca que se esteja considerando. Assim, por exemplo, tendo em vista os sentidos dos momentos M_x e M_y indicados na figura, é evidente que a estaca A é mais carregada que a estaca B.

O cálculo das expressões da forma $\sum z^2$ pode ser simplificado pelo emprego da fórmula, a qual se aplica a uma fila única de estacas com igual espaçamento:

$$\sum z^2 (\text{uma fila}) = \frac{s^2}{14} \cdot n_1 \cdot (n_1^2 - 1)$$

em que:

s = espaçamento das estacas da fila;
n_1 = número de estacas da fila.

Ao projetar uma fundação em estacas, é conveniente que o centro de gravidade do grupo de estacas fique sob a resultante da carga ou o mais próximo possível dela.

Método de Culmann

Este método permite a determinação das cargas sobre um sistema plano de estacas distribuídas em grupo de, no máximo, três direções.

Entende-se por "estacaria plana" aquela em que todas as estacas estão dispostas paralelamente ao plano em que atuam as forças exteriores.

O método baseia-se na decomposição da resultante da carga nas direções dos três grupos de estacas, tal como indicado na Figura 13.29.

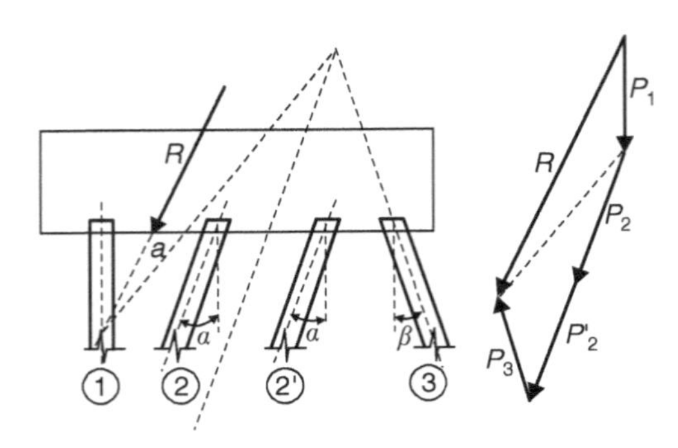

FIGURA 13.29

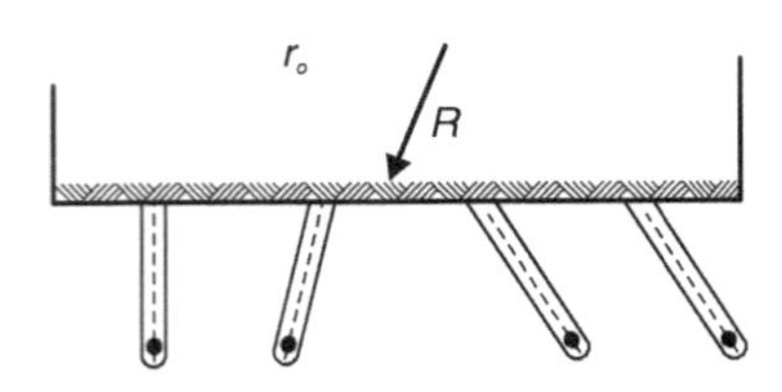

FIGURA 13.30

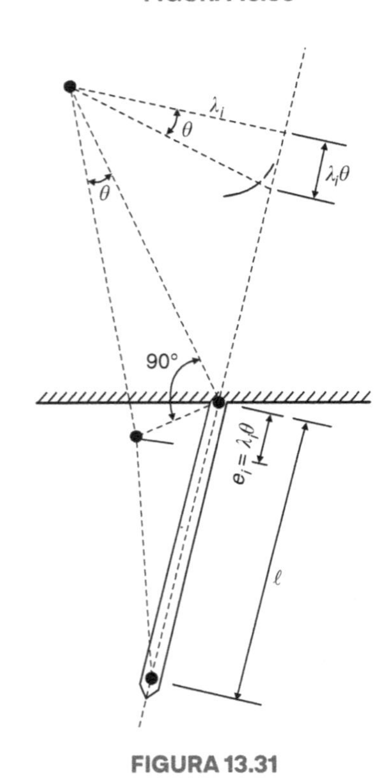

FIGURA 13.31

Método gráfico de Westergaard

Consideraremos o bloco de estacas representada pela Figura 13.30 e sujeito a uma carga R, sob a condição de que o sistema seja plano.

No desenvolvimento do método, vamos admitir a deformação elástica da estaca, sua articulação em ambas as extremidades, assim como a rigidez do bloco de coroamento.

O fundamento do método consiste em pesquisar o "centro instantâneo de rotação" do bloco sob o efeito da carga aplicada.

Suponhamos este centro conhecido e representado por r. Uma pequena rotação θ (medida em radianos) do sistema, em torno de r, provocará em cada estaca uma deformação, segundo o próprio eixo, igual a:

$$e_i = \lambda_i \cdot \theta$$

como facilmente se verifica pela Figura 13.31, levando-se em conta que os deslocamentos são infinitesimais e em que λ_i é a distância entre o eixo da estaca considerada e o centro de rotação.

O esforço produzido em cada estaca será, de acordo com a lei de Hooke:

$$P_i = \frac{E \cdot S}{l} \cdot e_i$$

em que E, S e l são, respectivamente, o módulo de elasticidade do material da estaca, a sua seção transversal e seu comprimento.

Admitindo-se as estacas com as mesmas características físicas e geométricas (o mesmo E, S, l), podemos escrever:

$$P_i = A \cdot e_i = A \cdot \theta \cdot \lambda_i$$

em que:

$$A = \frac{E \cdot S}{l}$$

é o mesmo para todas as estacas.

Tomando-se, por exemplo, A e θ iguais às respectivas unidades, os esforços P_i resultarão proporcionais às distâncias λ_i. Construindo, com estes esforços, um polígono de forças, obteremos a resultante de intensidade R_0. Como o ponto r é o centro de rotação do sistema, esta resultante deverá ser paralela à força R, controlando-se por meio de um funicular se sua linha de ação coincide com a da força R.

Finalmente, os esforços reais sobre as estacas serão obtidos pela expressão:

$$R_i = P_i \cdot \frac{R}{R_0}$$

O primeiro passo para a aplicação do método consiste na determinação do centro de rotação r.

Na prática, procede-se da seguinte maneira (Fig. 13.32): supõe-se que o bloco experimente duas rotações sucessivas em torno de dois pontos r_1 e r_2 arbitrariamente escolhidos sobre a resultante R, como justificaremos mais adiante. A seguir, como visto anteriormente, para o ponto r, traçam-se os polígonos de força e os funiculares correspondentes. Determinam-se, assim, as resultantes R_1 e R_2 dos esforços produzidos sobre as estacas e suas linhas de ação, que se cortam em certo ponto, o qual, pela "propriedade preliminar de reciprocidade" (estabelecida por Ritter), é precisamente o centro da rotação r determinado pela força R.

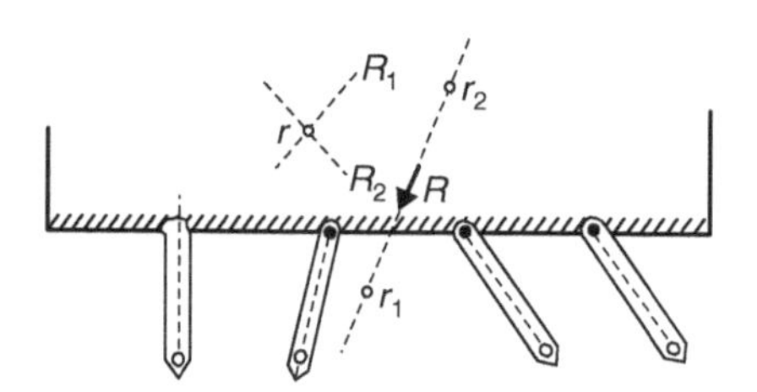

FIGURA 13.32

Um caso particularmente simples para os cálculos das cargas sobre as estacas de um bloco é aquele em que as estacas são inclinadas em apenas duas direções e com as forças exteriores passando pelo *centro elástico*, assim denominando-se o ponto de interseção das linhas traçadas pelos centros de gravidade dos dois grupos de estacas, paralelamente às direções de cada grupo.

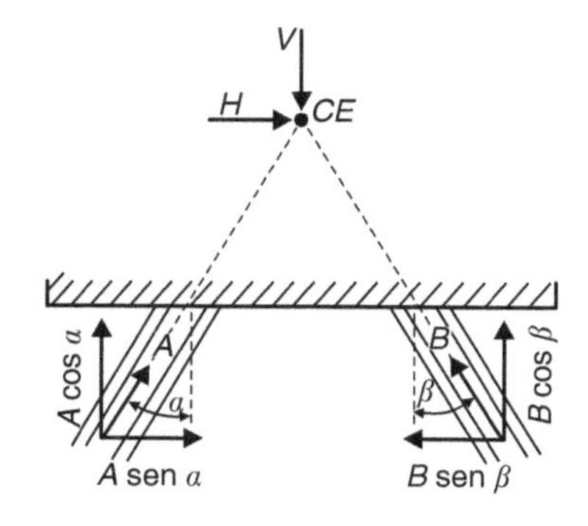

FIGURA 13.33

Da Figura 13.33, obtém-se:

$$\begin{cases} V - A \cdot \cos\alpha - B \cdot \cos\beta = 0 \\ V = A \cdot \cos\alpha + B \cdot \cos\beta \\ H + A \cdot \text{sen}\alpha - B \cdot \text{sen}\beta = 0 \\ H = B \cdot \text{sen}\beta - A \cdot \text{sen}\alpha \end{cases}$$

o que nos dá A e B, que, divididos pelo respectivo número de estacas de cada grupo, nos fornece a carga sobre cada uma das estacas.

Método de Nökkentved

Trata-se de um método geral e de grande aplicação, embora trabalhoso.

– *Hipóteses básicas simplificadoras*

a) O bloco de amarração ou de coroamento das cabeças das estacas é admitido rígido. Tal hipótese é admissível em face das dimensões habituais dos blocos.

b) Admite-se a deformação elástica das estacas. Esta hipótese equivale à aceitação da lei de Hooke à deformação das estacas. Designando-se por "A" a carga axial que produz uma deformação unitária da estaca, teremos:

$$A = \frac{E \cdot S}{L}$$

sendo:

E = módulo de elasticidade do material da estaca;

S = seção transversal da estaca;

L = "comprimento efetivo" da estaca.

Em se tratando de apoio sobre rocha, o comprimento efetivo é igual ao comprimento real: $L = l$.

De um modo geral, no entanto, para se levar em conta, em conjunto, a deformação da estaca e do solo, considera-se:

$$L = \frac{2}{3} \cdot l + \frac{E \cdot S \cdot \delta}{P}$$

sendo δ o recalque elástico para a carga P, medido por uma prova de carga.

Conquanto o método em estudo se baseie apenas na deformação da estaca, a introdução do conceito de "comprimento efetivo", tal como definido, faz com que o solo participe também daquela deformação.

c) Admite-se a articulação das estacas em ambas as extremidades. Na realidade, tal hipótese não é verificada; mesmo assim, no entanto, é usual aceitá-la nas aplicações práticas.
   A consideração do engastamento das estacas, no bloco e no solo, é levada a efeito utilizando-se as chamadas "estacas virtuais", assunto que foge ao objetivo desta apresentação do método.

d) Admite-se o sistema com duas dimensões. Ainda que o método proposto seja absolutamente geral, consideraremos apenas os "blocos planos", isto é, aqueles em que as estacas são paralelas e simétricas a um plano que contém a resultante das forças exteriores.

– *Princípio do método*

O princípio do método consiste em decompor o deslocamento do bloco, sob a ação das cargas exteriores, em uma translação vertical, uma translação horizontal e uma rotação.

Analisemos cada uma dessas três fases.

Translação vertical: dando-se ao bloco, suposto de base plana e horizontal, uma translação vertical unitária, o encurtamento da estaca será (Fig. 13.34):

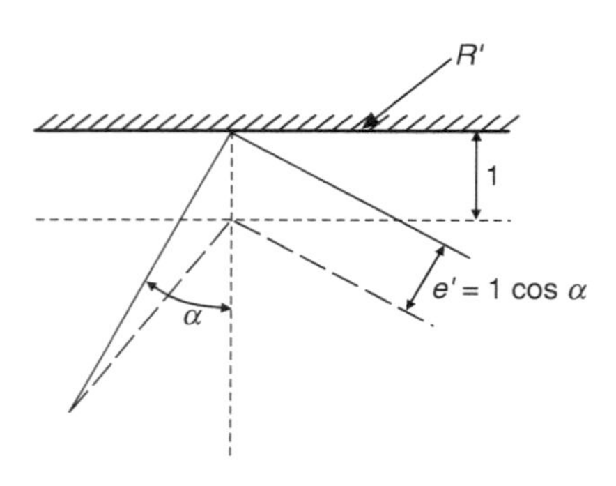

FIGURA 13.34

$$e' = 1 \cdot \cos\alpha$$

e o esforço necessário para produzi-lo:

$$P' = \frac{E \cdot S}{L} \cdot \cos\alpha = A \cdot \cos\alpha$$

cujas componentes vertical e horizontal são, respectivamente:

$$v = P' \cdot \cos\alpha = A \cdot \cos^2\alpha$$

$$h = P' \cdot \operatorname{sen}\alpha = A \cdot \operatorname{sen}\alpha \cdot \cos\alpha = A \cdot \cos^2\alpha \cdot \frac{\operatorname{sen}\alpha}{\cos\alpha} = v \cdot \operatorname{tg}\alpha$$

A resultante R' desses esforços, cujas componentes são $\sum V$ e $\sum V \cdot \operatorname{tg}\alpha$, forma com a vertical um ângulo α' definido por:

$$\operatorname{tg}\alpha' = \frac{\sum v \cdot \operatorname{tg}\alpha}{\sum v}$$

O seu valor será:

$$R' = \frac{\sum v}{\cos\alpha'}$$

Translação horizontal: dando-se agora ao bloco uma translação horizontal unitária, teremos analogamente (Fig. 13.35):

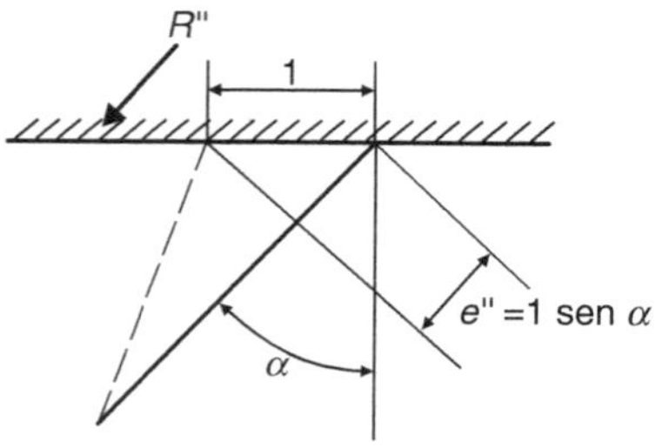

FIGURA 13.35

$$e'' = 1 \cdot \operatorname{sen}\alpha$$

$$P'' = \frac{E \cdot S}{L} \cdot \operatorname{sen}\alpha = A \cdot \operatorname{sen}\alpha$$

$$v' = P'' \cdot \cos\alpha = A \cdot \operatorname{sen}\alpha \cdot \cos\alpha = A \cdot \cos^2\alpha \cdot \operatorname{tg}\alpha = v \cdot \operatorname{tg}\alpha$$

$$h' = P'' \cdot \operatorname{sen}\alpha = A \cdot \operatorname{sen}^2\alpha = A \cdot \cos^2\alpha \cdot \operatorname{tg}^2\alpha = v \cdot \operatorname{tg}^2\alpha$$

sendo V, como já vimos, a componente vertical da força axial que produz na estaca uma deformação vertical unitária de sua cabeça.

Como se observa, a componente vertical de R' é igual à componente vertical de R'' ($H = V'$).

A resultante R'' desses esforços, cujas componentes vertical e horizontal são, respectivamente, $\sum V \cdot \text{tg}\alpha$ e $\sum V \cdot \text{tg}^2\alpha$, forma, com relação à vertical, um ângulo α'' dado por:

$$\text{tg}\alpha'' = \frac{\sum v \cdot \text{tg}^2\alpha}{\sum v \cdot \text{tg}\alpha}$$

Nessas condições, o seu valor será:

$$R'' = \frac{\sum v \cdot \text{tg}\,\alpha}{\cos\alpha\,''}$$

Centro elástico: o ponto de interseção O das resultantes R' e R'' é denominado por Vetter *centro elástico* do sistema de estacas.

Determinemos suas coordenadas (x_0, z_0), em relação ao eixo horizontal x (interseção com o plano da base do bloco, do plano que contém R' e R'') e o vertical z, indicados na Figura 13.36.

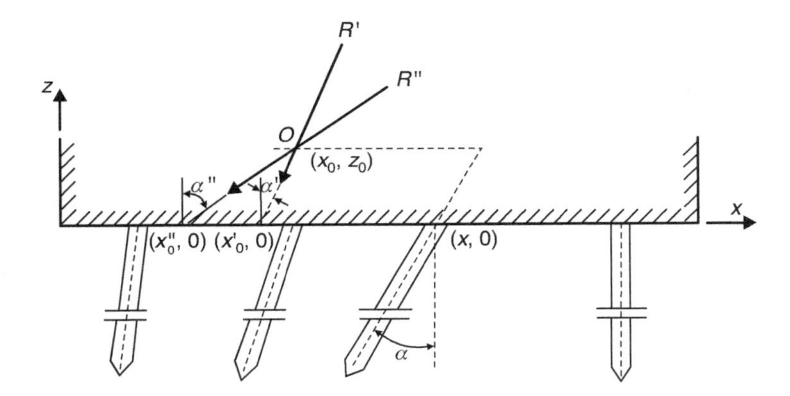

FIGURA 13.36

Como R' passará pelo ponto de encontro da componente $\sum V$ com a base do bloco, a abscissa na origem (x_0') de R' será:

$$x_0' = \frac{\sum v \cdot x}{\sum v}$$

Da mesma forma, a abscissa na origem de R'' será:

$$x_0'' = \frac{\sum v \cdot \text{tg}\alpha \cdot x}{\sum v \cdot \text{tg}\alpha}$$

Por outro lado, da figura obtemos:

$$x_0 - x_0'' = z_0 \cdot \text{tg}\alpha'$$

e

$$x_0 - x_0'' = z_0 \cdot \text{tg}\alpha'$$

donde, tirando os valores de x_0 e z_0, vêm:

$$x_0 = \frac{x_0' \cdot \text{tg}\alpha'' - x_0' \cdot \text{tg}\ \alpha'}{\text{tg}\alpha'' - \text{tg}\alpha'}$$

$$z_0 = \frac{x_0' - x_0''}{\text{tg}\alpha'' - \text{tg}\alpha'}$$

Substituindo x_0' e x_0'' pelos seus valores, anteriormente determinados, temos finalmente as coordenadas do centro elástico:

$$x_0 = \frac{\dfrac{\sum v \cdot x}{\sum v} \cdot \text{tg}\alpha'' - \dfrac{\sum v \cdot \text{tg}\alpha \cdot x}{\sum v \cdot \text{tg}\alpha} \cdot \text{tg}\alpha'}{\text{tg}\ \alpha'' - \text{tg}\alpha'}$$

$$z_0 = \frac{\dfrac{\sum v \cdot x}{\sum v} - \dfrac{\sum v \cdot \text{tg}\alpha \cdot x}{\sum v \cdot \text{tg}\alpha}}{\text{tg}\alpha'' - \text{tg}\alpha'}$$

A distância horizontal h do eixo de uma estaca ao centro elástico, em função das coordenadas (x_0, z_0), da abscissa x da cabeça da estaca e de sua inclinação α, é dada pela relação que se obtém imediatamente:

$$\eta = x - x_0 + z_0 \cdot \text{tg}\alpha$$

Rotação em torno do ponto O: examinemos o efeito de uma rotação ϕ do bloco em torno do centro elástico O.

Pela Figura 13.37, verifica-se que o encurtamento $CC'' = e'''$ da estaca, em consequência do deslocamento CC'' de sua cabeça, é igual a:

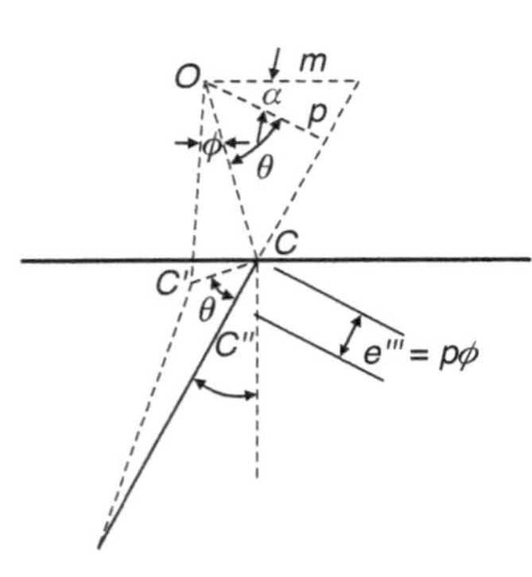

FIGURA 13.37

$$e''' = \overline{CC''} \cos\theta$$

ou chamando OC de r:

$$e''' = r \cdot \phi \cdot \cos\theta = (r \cdot \cos\theta) \cdot \phi = p \cdot \phi$$

sendo p o braço de alavanca da estaca em relação ao centro elástico.

O esforço produzido na estaca será, então:

$$P''' = \frac{E \cdot S}{L} \cdot p \cdot \phi = A \cdot p \cdot \phi$$

Suas componentes, vertical e horizontal, serão:

$$v'' = A \cdot p \cdot \phi \cdot \cos\alpha = A \cdot \cos^2\alpha \cdot \frac{P}{\cos\alpha} \cdot \phi = v \cdot \eta \cdot \phi$$

$$h'' = A \cdot p \cdot \phi \cdot \text{sen}\alpha = A \cdot \cos^2\alpha \cdot \frac{\text{sen}\alpha}{\cos\alpha} \cdot \frac{P}{\cos\alpha} \cdot \phi = v \cdot \text{tg}\alpha \cdot \eta \cdot \phi$$

As componentes da resultante desses esforços, sendo ϕ constante, escrevem-se:

$$\sum v'' = \phi \cdot \sum v \cdot \eta$$

$$\sum h'' = \phi \cdot \sum v \cdot \text{tg}\alpha \cdot \eta$$

Desenvolvendo as expressões de: $\sum v \cdot \eta$ $\sum v \cdot tg\alpha \cdot \eta$ substituindo-se η e z_0 pelos seus valores, e ainda, levando-se em conta os valores de x_0' e x_0'', comprovaremos facilmente que:

$$\sum v = 0 \quad \text{e} \quad \sum v \cdot \text{tg}\alpha = 0$$

Assim, teremos:

$$\sum v'' = 0 \quad \text{e} \quad \sum h'' = 0$$

Nessas condições, conclui-se que os esforços produzidos pela rotação ϕ dão lugar a um par cujo valor obteremos tomando momentos com relação ao ponto O:

$$M = \sum v \cdot \eta \cdot \phi \cdot \eta = \phi \cdot \sum v \cdot \eta^2$$

ou fazendo $\sum v \cdot \eta^2$ – momento de inércia das estacas – igual a I:

$$M = \phi \cdot I$$

O cálculo de I é feito considerando-se que:

$$I = \sum v \cdot \eta^2 = \sum A \cdot \cos^2 \alpha \cdot \frac{p^2}{\cos^2 \alpha} = \sum A \cdot p^2 = \sum \frac{E \cdot S}{L} \cdot p^2$$

em que p é a distância do ponto O ao eixo das estacas, medida normalmente.

– *Esforço total sobre cada estaca*

Seja F a resultante das forças exteriores aplicadas ao bloco. Vamos decompô-la em duas componentes F' e F'', segundo, respectivamente, R' e R'', e introduzir o momento M de F com relação a O. Visto que conhecemos os esforços correspondentes a cada uma destas componentes, podemos achar, por superposição, os esforços atuantes sobre cada uma das estacas. Com efeito, uma estaca qualquer é solicitada pelas seguintes forças:

a) Como vimos, para uma força R', o esforço é:

$$P' = A \cdot \cos\alpha$$

logo, para uma força F', será:

$$A \cdot \frac{F'}{R'} \cdot \cos\alpha$$

b) De maneira análoga, para uma força R'', o esforço sendo:

$$P'' = A \cdot \text{sen}\alpha$$

para uma força F'' será:

$$A = \frac{F''}{R''} \cdot \text{sen } \alpha$$

c) Finalmente, o momento M determina na estaca um esforço:

$$A \cdot \frac{M}{I} \cdot p = A \cdot \frac{M}{I} \cdot \eta \cdot \cos\alpha$$

d) Nessas condições, a carga total sobre a estaca considerada vale:

$$P = A \cdot \left(\frac{F'}{R'} \cdot \cos\ \alpha + \frac{F''}{R''} \cdot \text{sen}\ \alpha + \frac{M}{1} \cdot \eta \cdot \cos\alpha \right)$$

ou:

$$P = A \cdot \cos\ \alpha \cdot \left(\frac{F'}{R'} + \frac{F''}{R''} \cdot \text{tg}\ \alpha + \frac{M}{I} \cdot \eta \right)$$

e) Na prática, geralmente a força exterior F é dada por suas componentes vertical V e horizontal H, e pelo momento M.

Levando em conta que:

$$V = F' \cdot \cos\alpha' + F'' \cdot \cos\alpha''$$
$$H = F' \cdot \text{sen}\alpha' + F'' \cdot \text{sen}\alpha''$$

obtém-se:

$$F' = \frac{V \cdot \text{tg}\alpha'' - H}{\text{tg}\alpha'' \cdot \cos\alpha' - \text{sen}\alpha'}$$
$$F'' = \frac{V \cdot \text{tg}\ \alpha' - H}{\text{tg}\alpha' \cdot \cos\alpha'' - \text{sen}\alpha''}$$

Substituindo-se na expressão anteriormente obtida para a carga P sobre a estaca F', F'', R' e R'' por suas expressões, após algumas simples transformações, podemos, finalmente, escrever:

$$P = A \cdot \cos\alpha \left[\frac{V}{\sum A \cdot \cos''\alpha} \cdot \frac{\text{tg}\ \alpha'' - \text{tg}\ \alpha}{\text{tg}\ \alpha'' - tg\ \alpha'} + \right.$$
$$\left. + \frac{H}{\sum A \cdot \cos''\alpha \cdot \text{tg}\ \alpha} \cdot \frac{\text{tg}\ \alpha - \text{tg}\ \alpha'}{\text{tg}\ \alpha'' - tg\ \alpha'} + \frac{M}{I} \cdot \eta \right]$$

que é a *fórmula geral da carga P suportada por cada estaca.*

Se admitirmos serem iguais todas as estacas de um bloco, como geralmente ocorre, podemos prescindir, no emprego da fórmula, da característica da estaca:

$$A = \frac{E \cdot S}{L}$$

uma vez que aparece simultaneamente no numerador e no denominador.

– *Convenção de sinais*

As fórmulas anteriormente estabelecidas supõem que:

a) Os ângulos α de inclinação das estacas são considerados positivos quando a ponta da estaca está à esquerda da cabeça.
b) Como origem dos eixos x e z pode-se tomar a primeira estaca da esquerda; as abscissas x são positivas para a direita e as ordenadas z são positivas para cima.
c) As abscissas η (medidas na horizontal do centro elástico O) são positivas para a direita de O.

d) As forças verticais V e as horizontais H são positivas quando atuam, respectivamente, para baixo e para a esquerda.

e) Os momentos M são positivos quando tendem a produzir uma rotação do conjunto no sentido do movimento dos ponteiros do relógio.

– Estaqueamento simétrico

No caso de um estaqueamento simétrico, a fórmula geral se simplifica.

Com efeito:

$$\sum \cos^2 \alpha \cdot \text{tg}\alpha = 0$$

em consequência da simetria.

Daí:

$$\text{tg}\alpha' = 0 \therefore \alpha' = 0°$$
$$\text{tg}\alpha'' = \infty \therefore \alpha'' = 90°$$

A fórmula geral, com A = cte, pode ser escrita:

$$P = \cos\alpha \cdot \left[\frac{V}{\sum \cos^2 \alpha} \cdot \frac{1 - \dfrac{\text{tg}\alpha}{\text{tg}\alpha''}}{1 - \dfrac{\text{tg}\alpha'}{\text{tg}\alpha''}} + \frac{H}{\sum \cos^2 \alpha \cdot \text{tg}\alpha} \cdot \frac{\text{tg}\alpha - \text{tg}\alpha'}{\dfrac{\sum \cos^2 \alpha \cdot \text{tg}^2\alpha}{\sum \cos^2 \alpha \cdot \text{tg}\alpha} - \text{tg}\alpha'} + \frac{M}{I} \cdot \eta \right]$$

que, tendo em vista esses valores, toma a fórmula simplificada:

$$P = \cos\alpha \cdot \left[\frac{V}{\sum \cos^2 \alpha} + \frac{H \cdot \text{tg}\,\alpha}{\sum \cos^2 \alpha \cdot \text{tg}^2\alpha} + \frac{M}{I} \cdot \eta \right]$$

O centro elástico estará, logicamente, no eixo de simetria do bloco, sendo facilmente determináveis as suas coordenadas.

– Orientação para o cálculo numérico

Para o cálculo da distribuição da carga em um bloco de estacas, tendo em vista as condições expostas, as fórmulas deduzidas e as convenções estabelecidas, aconselha-se:

a) Preparar uma tabela tal como a indicada a seguir (Quadro 13.2).
As colunas 11 e 12 só serão preenchidas uma vez determinadas as coordenadas de $O\,(x_0, z_0)$.

b) Calcular, em função dos elementos da tabela anterior, os valores de:

$$\text{tg}\alpha' = \frac{\sum v \cdot \text{tg}\alpha}{\sum v} \quad \text{e} \quad \text{tg}\alpha'' = \frac{\sum v \cdot \text{tg}^2\alpha}{\sum v \cdot \text{tg}\,\alpha}$$

c) Determinar as coordenadas do centro elástico:

$$x_0 = \frac{\dfrac{\sum v \cdot x}{\sum v} \cdot \text{tg}\,\alpha'' - \dfrac{\sum v \cdot \text{tg}\alpha \cdot x}{\sum v \cdot \text{tg}\alpha} \cdot \text{tg}\,\alpha'}{\text{tg}\,\alpha'' - \text{tg}\,\alpha'}$$

$$z_0 = \frac{\dfrac{\sum v \cdot x}{\sum v} - \dfrac{\sum v \cdot \text{tg}\alpha \cdot x}{\sum v \cdot \text{tg}\alpha}}{\text{tg } \alpha'' - \text{tg } \alpha'}$$

d) Preencher a coluna 11, calculando as abscissas *h* com relação ao centro elástico, por meio da expressão:

$$\eta = x - x_0 + z_0 \cdot \text{tg}\alpha$$

e) Fazer a soma da coluna 12, previamente calculada, a qual nos dará o momento de inércia:

$$I = \sum v \cdot \eta^2$$

QUADRO 13.2

1	2	3	4	5	6	7	8	9	10	11	12
Nº da estaca	cos α	cos² α	$v = A\cos^2 \alpha$	tg α	Abscissa x	(4 × 5) $v \cdot \text{tg}\,\alpha$	(7 × 5) $v \cdot \text{tg}^2\,\alpha$	(4 × 6) $v \cdot x$	(9 × 5) $v \cdot x\text{tg}\,\alpha$	Abscissa η	$v \cdot \eta^2$
			$\sum v$			$\sum v\ \text{tg}\alpha$	$\sum v\ \text{tg}^2\alpha$	$\sum v \cdot x$	$\sum vx\ \text{tg}\alpha$		$\sum v\eta^2$

f) Decompor a força exterior *F* nas componentes *V* e *H*, assim como calcular o momento *M* com relação ao centro elástico.

g) Finalmente, entrar com os valores anteriores na fórmula geral de Nökkentved, a qual nos dará, em grandeza e em sinal, o esforço axial *P* atuando sobre cada estaca.

Posição da estaca

Adota-se como referência um sistema cartesiano *x*, *y*, *z*, com o eixo dos *x* vertical e sendo positivo para baixo, como indicado na Figura 13.38.

A posição de uma estaca *i*, com seu topo no ponto P_i (x_i, y_i, z_i), ficará caracterizada por um *vetor unitário* $\overline{P_i}$ aplicado em P_i, situado no eixo da estaca e orientado para baixo.

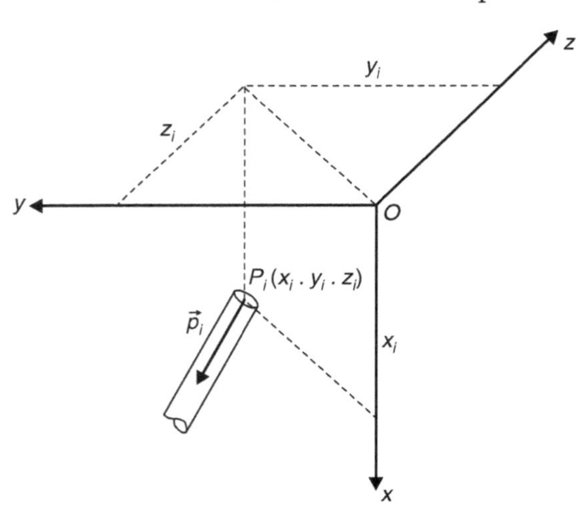

FIGURA 13.38

O vetor $\overline{P_i}$ se escreve:

$$\vec{p}_i = p_{x_i} \cdot \vec{i} + p_{y_i} \cdot \vec{j} + p_{z_i} \cdot \vec{k}$$

Com $\vec{i}, \vec{j}, \vec{k}$ os versores dos eixos e p_{x_i}, p_{y_i} e p_{z_i} as componentes de $\vec{p}_i$.

Como $\vec{p}_i$ é unitário, as suas componentes p_{x_i}, p_{y_i} e p_{z_i} são os cossenos diretores do eixo da estaca, e assim:

$$p_{x_i}^2 + p_{y_i}^2 + p_{z_i}^2 = 1$$

Por outro lado, e como sabemos, o *momento* de $\vec{p}_i$ em relação à origem *O* é dado pelo produto vetorial:

$$\chi_i = (P_i - O) \wedge \overrightarrow{p_i}$$

tomado nesta ordem e em que:

$$P_i - O = x_i \cdot \vec{i} + y_i \cdot \vec{j} + z_i \cdot \vec{k}$$

é o vetor posição do ponto P_i relativamente à origem.

O valor de χ_i também se escreve:

$$\chi_i = \begin{vmatrix} \vec{i} & \vec{j} & \vec{k} \\ x_i & y_i & z_i \\ p_{x_i} & p_{y_i} & p_{z_i} \end{vmatrix}$$

ou:

$$\chi_i = (y_i \cdot p_{z_i} - z_i \cdot p_{y_i}) \cdot \vec{i} + (z_i \cdot p_{x_i} - x_i \cdot p_{z_i}) \cdot \vec{j} + (x_i \cdot p_{y_i} - y_i \cdot p_{x_i}) \cdot \vec{k}$$

As componentes de χ_i são, portanto:

$$\begin{cases} p_{a_i} = y_i \cdot p_{z_i} - z_i \cdot p_{y_i} \\ p_{b_i} = z_i \cdot p_{x_i} - x_i \cdot p_{z_i} \\ p_{c_i} = x_i \cdot p_{y_i} - y_i \cdot p_{x_i} \end{cases}$$

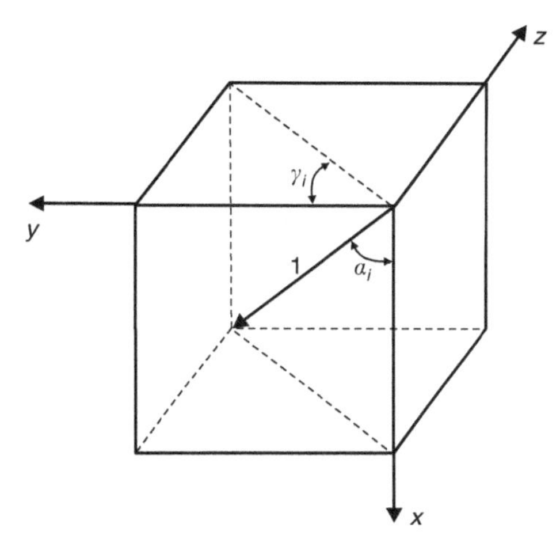

FIGURA 13.39

Para uma estaca qualquer (pelo que suprimimos o índice i) entre as componentes de $\vec{P}$ e χ existe a relação

$$p_x \cdot p_a + p_y \cdot p_b + p_z \cdot p_c = 0$$

uma vez que χ_i é normal a $\vec{P_i}$ e, portanto, o produto escalar é nulo.

Valores de p_x, p_y e p_z

Em função do ângulo de cravação α_i que a estaca faz com o eixo dos x e do ângulo γ_i que sua projeção no plano yz (planta) forma com o eixo dos y, obtém-se para valores das componentes p_x, p_y e p_z (Fig. 13.39):

$$\begin{cases} p_{x_i} = \cos\alpha_i \\ p_{y_i} = \text{sen}\alpha_i \cdot \cos\gamma_i \\ p_{z_i} = \text{sen}\alpha_i \cdot \text{sen}\gamma_i \end{cases}$$

Os ângulos α_i e γ_i são orientados positivamente no sentido das setas.

Carga sobre o bloco

Sendo $\vec{R}$ e λ a resultante (aplicada em O) e o momento (em relação a O) do carregamento sobre o bloco, podemos escrever, analogamente com o procedimento anterior, que:

$$\vec{R} = R_x \cdot \vec{i} + R_y \cdot \vec{j} + R_z \cdot \vec{k}$$
$$\lambda = R_a \cdot \vec{i} + R_b \cdot \vec{j} + R_c \cdot \vec{k}$$

Princípio do método

O princípio do método consiste em admitir que a deformação elástica do bloco, sob a ação das cargas exteriores de resultante $\vec{R}$ e momento $\vec{M}$, seja representada pelo vetor translação $\vec{t}$ e pelo vetor de rotação ω (o eixo de rotação é perpendicular ao plano do papel):

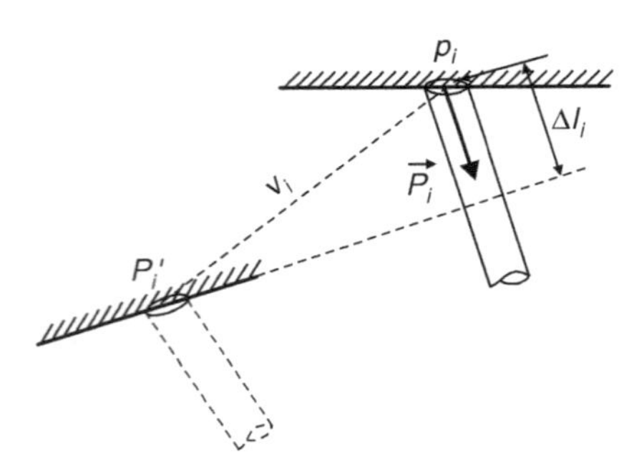

FIGURA 13.40

$$\vec{t} = v_x \cdot \vec{i} + v_y \cdot \vec{j} + v_z \cdot \vec{k}$$

$$\omega = v_a \cdot \vec{i} + v_b \cdot \vec{j} + v_c \cdot \vec{k}$$

Compondo esses movimentos (supostos instantâneos), obtém-se para deslocamento do topo da estaca *i*:

$$\vec{v}_i = \vec{t} + \omega \wedge (P_i - O)$$

e para a expressão de sua projeção sobre o eixo da estaca *i* (Fig. 13.40):

$$\Delta l_i = \vec{v}_i \cdot \vec{p}_i = \left[\vec{t} + \omega \wedge (P_i - O)\right] \cdot \vec{p}_r$$

Sendo o produto escalar distributivo em relação à adição:

$$\Delta l_i = \vec{t} \cdot \vec{p}_i + \left[\omega \wedge (P_i - O)\right] \cdot \vec{p}_i$$

Como no produto misto de três vetores os sinais vetoriais e escalar podem ser permutados, tem-se:

$$\Delta l_i = \vec{t} \cdot \vec{p}_i + \omega \cdot (P_i - O) \wedge \vec{p}_i$$

ou ainda:

$$\Delta l_i = \vec{t} \cdot \vec{p}_i + \omega \cdot \chi$$

Cargas nas estacas

A força N_i sobre a estaca será, então:

$$N_i = s_i \cdot \Delta l_i = s_i \cdot (\vec{t} \cdot \vec{p}_i + \omega \cdot \chi)$$

ou, ainda, pela expressão analítica do produto escalar:

$$N_i = s_i \cdot \left(v_x \cdot p_x + v_y \cdot p_y + v_z \cdot p_z + v_a \cdot p_a + v_b \cdot p_b + v_c \cdot p_c\right)$$

Como as forças $N_i \cdot \vec{p}_i$ e os momentos $N_i \cdot \chi$ que as *estacas aplicam* ao bloco devem ser equilibrados pelo carregamento, resultam as equações de equilíbrio (em relação a *O*):

$$\begin{cases} \sum N_i \cdot \vec{p}_i = \vec{R} \\ \sum N_i \cdot \chi_i = \lambda \end{cases}$$

Vejamos as mesmas equações referidas, por exemplo, ao eixo dos *x*.

Multiplicando ambos os membros dessas equações, escalarmente por *i*, obtém-se:

$$\begin{cases} \sum N_i \cdot \vec{p}_i \cdot \vec{i} = \vec{R}_i \cdot \vec{i} \\ \sum N_i \cdot \omega_i \cdot \vec{i} = \lambda_i \cdot \vec{i} \end{cases}$$

donde:

$$\begin{cases} \sum N_i \cdot p_{x_i} = R_x \\ \sum N_i \cdot p_{a_i} = R_a \end{cases}$$

Substituindo nessas equações N_i pelo seu valor obtido anteriormente, encontram-se para expressões de R_x e R_a.

$$R_x = v_x \cdot \sum_i s_i \cdot p_{x_i}^2 + v_y \sum_i s_i \cdot p_{x_i} \cdot p_{y_i} + \ldots + v_c \sum_i s_i \cdot p_{x_i} \cdot p_{c_i}$$

$$R_a = v_x \cdot \sum_i s_{ai} \cdot p_{x_i}^2 + v_y \sum_i s_i \cdot p_{a_i} \cdot p_{y_i} + \ldots + v_c \cdot \sum_i s_i \cdot p_{a_i} \cdot p_{c_i}$$

Da observação dessas expressões, constata-se:

a) que os coeficientes v_x, v_y, ..., v_c são somatórias do tipo $sp_g \cdot p_h$ estendidas a todas as estacas;
b) que os fatores p_g têm o mesmo índice que a componente da carga (1º membro);
c) que os fatores p_h têm o mesmo índice que o coeficiente v_h da somatória respectiva.

Para estas somatórias, usaremos a notação:

$$S_{gh} = \sum_i s_i \cdot p_{g_i} \cdot P_{h_i}$$

Estendendo os resultados obtidos em relação ao eixo dos x aos demais eixos, obtemos finalmente as seis seguintes equações de equilíbrio:

$$R_x = S_{xx} \cdot v_x + S_{xy} \cdot v_y + S_{xz} \cdot v_z + S_{xa} \cdot v_a + S_{xb} \cdot v_b + S_{xc} \cdot v_c$$
$$R_y = S_{yx} \cdot v_x + S_{yy} \cdot v_y + S_{yz} \cdot v_z + S_{ya} \cdot v_a + S_{yb} \cdot v_b + S_{yc} \cdot v_c$$
$$R_z = S_{zx} \cdot v_x + S_{zy} \cdot v_y + S_{zz} \cdot v_z + S_{za} \cdot v_a + S_{zb} \cdot v_b + S_{zc} \cdot v_c$$
$$R_a = S_{ax} \cdot v_x + S_{ay} \cdot v_y + S_{az} \cdot v_z + S_{aa} \cdot v_a + S_{ab} \cdot v_b + S_{ac} \cdot v_c$$
$$R_b = S_{bx} \cdot v_x + S_{by} \cdot v_y + S_{bz} \cdot v_z + S_{ba} \cdot v_a + S_{bb} \cdot v_b + S_{bc} \cdot v_c$$
$$R_c = S_{cx} \cdot v_x + S_{cy} \cdot v_y + S_{cz} \cdot v_z + S_{ca} \cdot v_a + S_{cb} \cdot v_b + S_{cc} \cdot v_c$$

Marcha de cálculo

a) Calculam-se as componentes do *carregamento exterior* R_x, R_y, R_z, R_a, R_b e R_c e de *cada estaca* p_x, p_y, p_z, p_a, p_b e p_c.
b) Calculam-se as *somatórias* S_{gh}.
c) Resolve-se o *sistema de equações* e obtém-se v_x, v_y, v_z, v_a, v_b e v_c.
d) Finalmente, calculam-se as forças N_i nas estacas.

Qualquer que seja o número de estacas, o sistema de equações tem sempre o mesmo número de equações.

Em um caso geral, o cálculo de um estaqueamento é trabalhoso. No entanto, na maioria dos casos da prática, dada a disposição simétrica das estacas, o cálculo se simplifica.

13.12 FLAMBAGEM

Até há alguns anos, não se conhecia nenhum caso de estaca inteiramente imersa no solo que se tivesse rompido por flambagem. Confirmavam-se, portanto, os resultados do tratamento teórico do problema, que conduziam a "cargas críticas de flambagem" tão elevadas que tornavam seu perigo extremamente remoto.

Prescindia-se, desse modo, do seu cálculo, a não ser que a estaca se encontrasse em grande parte de seu comprimento sem contenção lateral, isto é, acima do terreno, como frequentemente ocorre em obras marítimas.

Estudos recentes, no entanto, preveem a possibilidade de ocorrência de flambagem de estacas muito esbeltas, mesmo que inteiramente enterradas.

Assim, para as estacas metálicas totalmente enterradas em argila mole, a carga crítica de flambagem pode ser obtida, segundo Bergfelt, pela fórmula:

$$P_{fl} = k \cdot \sqrt{\tau \cdot E \cdot J}$$

em que:

k = coeficiente variável entre 8 e 10;
τ = resistência ao cisalhamento da argila;
E = módulo de Young do material da estaca;
J = momento de inércia mínimo da sua seção transversal.

FIGURA 13.41

13.13 ESTACAS VERTICAIS SUJEITAS A FORÇAS HORIZONTAIS

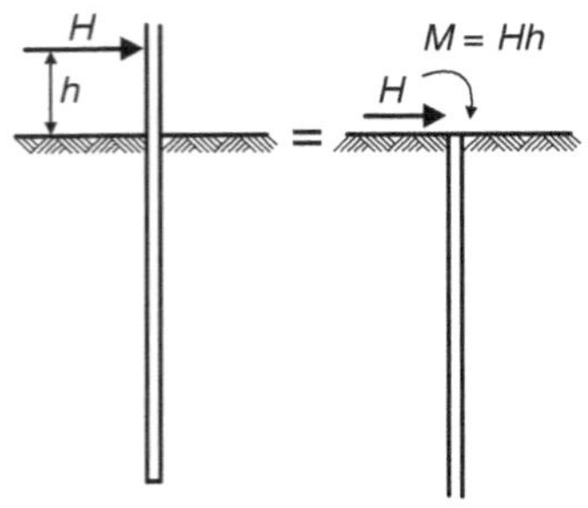

Conquanto em um projeto de fundações as cargas horizontais sejam normalmente absorvidas por estacas inclinadas, existem casos em que tais cargas devem ser resistidas apenas por estacas verticais.

Uma solução para esse problema, considerando o sistema equivalente indicado na Figura 13.41, foi apresentada por Miche, a qual, admitidas certas hipóteses básicas, fornece o valor do momento fletor máximo sobre a estaca (ver, entre outros, o trabalho anteriormente citado *Fundações em estacas*, de Dirceu de Alencar Velloso).

Este problema e o anterior referente à flambagem estão tratados de maneira unificada e bastante objetiva no trabalho *Bending and buckling of partially embedded piles* de Davisson e Robinson (VI Congresso Internacional de Mecânica dos Solos e Engenharia de Fundações, v. 2, Canadá, 1965) e que se resume na determinação de uma estaca livre com engastamento perfeito a uma certa profundidade, equivalente à estaca parcialmente enterrada (engastada no terreno).

Outros métodos foram apresentados por Matlock-Reese e Broms. Este último admite, segundo determinados mecanismos de ruptura das estacas (rígida ou flexível, livre ou engastada na cabeça), o surgimento de rótulas plásticas na estaca, daí resultando uma combinação das resistências do terreno e da estaca.

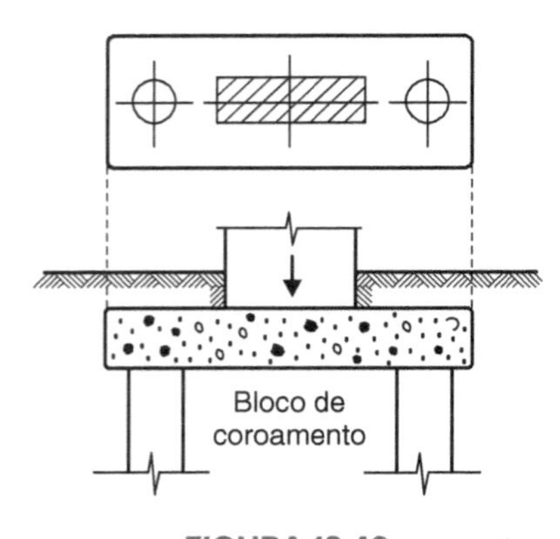

FIGURA 13.42

13.14 BLOCOS DE COROAMENTO

Os *blocos de coroamento* são maciços de concreto armado que solidarizam as cabeças de um grupo de estacas (Fig. 13.42), distribuindo-lhes as cargas dos pilares. A incorporação das estacas ao bloco requer um preparo prévio das suas cabeças, limpando-as e removendose o concreto de má qualidade que normalmente se encontra acima da "cota de arrasamento" das estacas moldadas *in loco*.

Outra função dos blocos é a de absorver os momentos resultantes de forças horizontais e outras solicitações.

O cálculo desses blocos é normalmente feito pelo chamado *método das bielas*, como exposto, por exemplo, no *Traité de béton armé*, Tome III, do Prof. Guerrin.

Indicamos na Figura 13.43, em planta, as disposições mais comuns de blocos de estacas e, na Figura 13.44, a fundação de um pilar de divisa com o emprego de viga de equilíbrio.

13.15 RECALQUE DE GRUPOS DE ESTACAS

A menos que as estacas estejam apoiadas na rocha ou em espessas camadas incompressíveis, em geral, o recalque de um grupo de estacas é superior ao da estaca isolada, suportando a

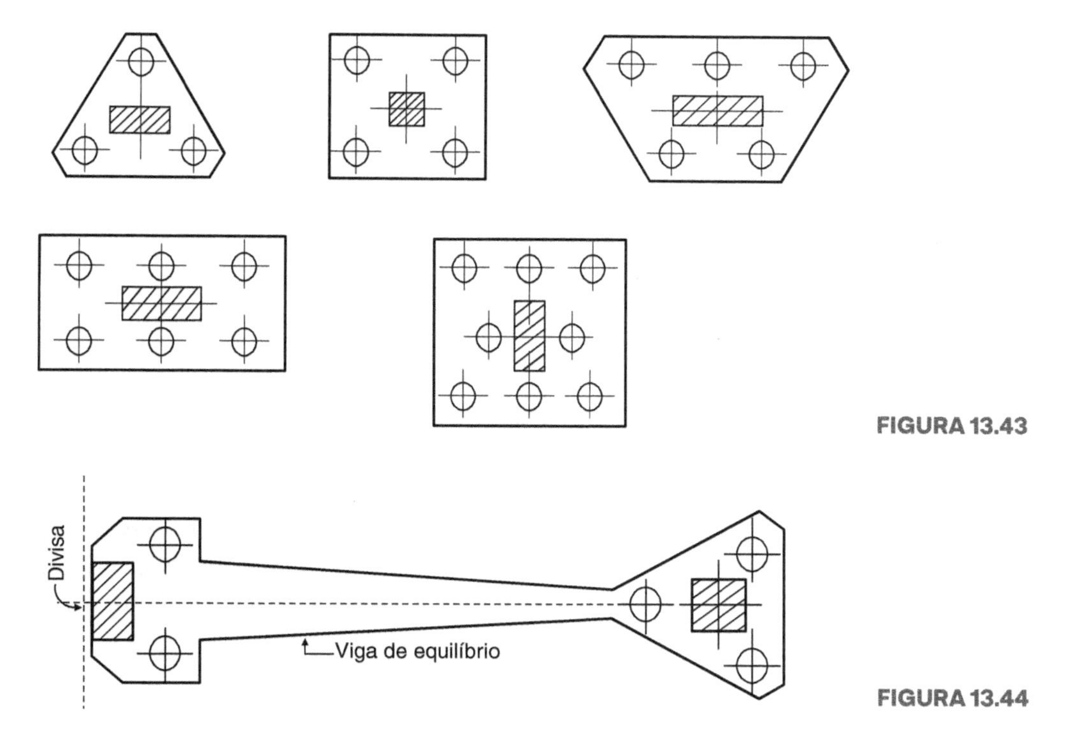

FIGURA 13.43

FIGURA 13.44

mesma carga que cada uma das estacas do grupo. Isto se aplica pela diferença, nos dois casos, das zonas de influência dos esforços no terreno; sob a ação do grupo o bulbo de pressões atinge uma zona maior.

Nos últimos anos, têm sido desenvolvidas *análises teóricas* para o cálculo dos recalques das estacas isoladas e em grupos. Nesse campo, destacam-se os trabalhos de Poulos. Abordam essas teorias, entre outros, Vesic no trabalho mencionado no rodapé da página inicial deste capítulo e Milton Vargas em "Uma experiência brasileira em fundações em estacas" (*Geotecnia* n. 23, 1978) e em "Interação solo-estaca" (*Solos e Rochas*, v. 4, n. 1, 1981; v. 5, n. 3, 1982).

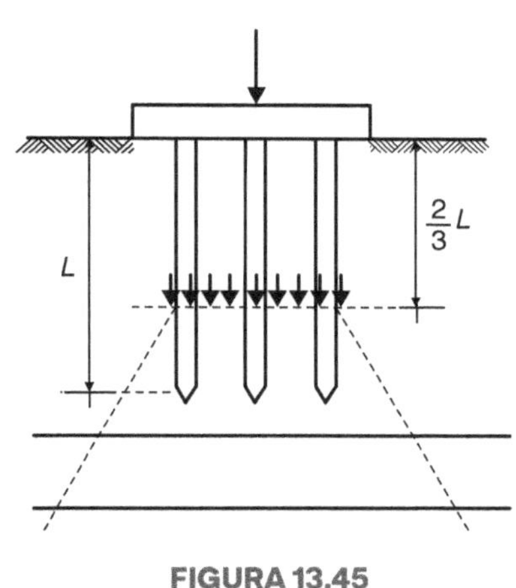

FIGURA 13.45

Vamos nos referir apenas aos *métodos expeditos* para estimativa dos recalques de grupos de estacas em solos coesivos. Eles consistem: (a) para "estacas trabalhando de ponta", em considerar toda a carga atuando no nível das pontas das estacas, como carga uniformemente distribuída na área correspondente ao grupo; (b) para "estacas flutuantes", em supor que a carga atue na profundidade de 2/3 do comprimento das estacas (Fig. 13.45).

Em um e outro caso, procede-se a distribuição das pressões e calculam-se os recalques.

Em solos não coesivos, com base no comportamento de casos reais, sabe-se que a relação entre o recalque do grupo e o da estaca isolada cresce com a largura do grupo de estacas.

EXERCÍCIOS

1) Calcule, pela fórmula de Brix, a capacidade de carga de uma estaca de concreto de seção $0{,}20 \times 0{,}20$ m, com 8 m de comprimento, cravada com um pilão de 8,0 kN e com uma altura de queda de 1 m, sendo a nega para os últimos 10 golpes igual a 13 mm. Adote peso específico do concreto igual a 24 kN/m^3 e um fator de segurança igual a 5.

Solução

A fórmula de Brix, com um fator de segurança igual a 5:

$$R = \frac{1}{5} \cdot \frac{P^2 \cdot Q \cdot h}{(P+Q)^2 \cdot e}$$

sendo:

$$P = 8{,}0 \text{ kN}$$

$$Q = 0{,}20 \cdot 0{,}20 \cdot 8{,}00 \cdot 24 \cong 8{,}0 \text{ kN}$$

$$e = \frac{13}{10} = 1{,}3 \text{ mm} = 0{,}0013 \text{ m}$$

fornece:

$$R = \frac{1}{5} \cdot \frac{8^2 \cdot 8 \cdot 1}{16^2 \cdot 0{,}013} = \frac{1538{,}46}{5} \cong 307{,}7 \text{ kN}$$

2) Calcule, pela fórmula de Brix, a capacidade de carga de uma estaca de concreto de seção 0,25 × 0,25 m, com 10 m de comprimento, cravada com um pilão de 10 kN e com uma altura de queda de 1 m, sendo a nega para os últimos 10 golpes igual a 30 mm. Adote peso específico do concreto igual a 24 kN/m³ e fator de segurança igual a 5.

Solução
160 kN.

3) Calcule, pela fórmula de Brix, a carga admissível de uma estaca de concreto de 0,30 × 0,30 com 7 m de comprimento, utilizando-se para sua cravação um pilão de 16 kN e altura de queda de 0,80 m. A nega atingida foi 15 mm/10 golpes. Adote um fator de segurança igual a 5.

Solução
426 kN.

4) Determine a capacidade de carga de uma estaca por meio da fórmula do *Engineering News*.
Dados: pilão da queda livre de 10 kN e altura de queda de 2,0 m; nega igual a 1,2 mm. Adote um fator de segurança igual a 6.

Solução
A fórmula do *Engineering News* com um fator de segurança igual a 6, escreve-se:

$$R = \frac{1}{6} \cdot \frac{P \cdot h}{e + c}$$

Com os dados fornecidos, obtém-se:
Pilão da queda livre:

$$c = 2{,}5 \text{ cm}$$

$$R = \frac{1}{6} \cdot \frac{10{,}0 \cdot 2{,}0}{0{,}0012 + 0{,}025} = 127{,}2 \text{ kN}$$

5) Na cravação de uma estaca com um pilão de queda livre de 10 kN e altura de queda de 2 m, qual a nega "necessária" para que sua carga de trabalho seja de 120 kN?
Utilize a fórmula do *Engineering News* com um fator de segurança igual a 6.
Solução. Para a carga de trabalho de 120 kN com um fator de segurança igual a 6, deveremos ter $R = 6 \times 120 = 720$ kN.

Aplicando a fórmula, para o caso:

$$R = \frac{P \cdot h}{e + 0,025}$$

deduz-se

$$e = \frac{P \cdot h}{R} - 0,025$$

que nos dará, para $P = 10$ kN, $h = 2,0$ m e $R = 720$ kN:

$$e > 0,003 \text{ m} = 3 \text{ mm}$$

6) Calcule, aplicando a fórmula de Dörr, a capacidade de carga de uma estaca pré-moldada de 11,00 m de comprimento, com uma seção de 0,35 × 0,35 m, cravada em um terreno tendo as características indicadas na Figura 13.46.

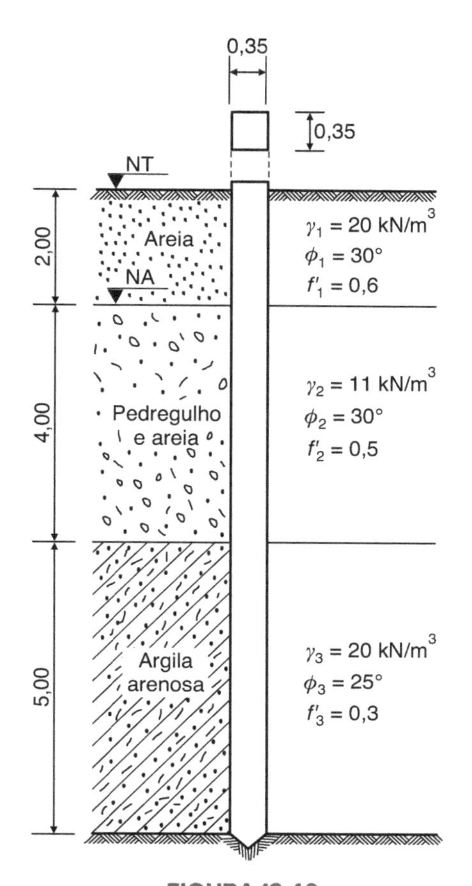

FIGURA 13.46

Solução

Com os valores do quadro mais adiante, aplicando a fórmula de Dörr, obtém-se:

$$R = 17,7 + 0,5 \cdot 12 \cdot 1,49 \cdot 5,6 + 15,8 + 0,5 \cdot 1,33 \cdot 14 \cdot (4,0 + 2,2) \cdot 4,0 +$$
$$+ 29,5 + 0,3 \cdot 1,22 \cdot 14 \cdot (4,0 + 4,4 + 5,0) \cdot 5,0 = 678,8 \text{ kN}$$

ou 687,8/1,5 = 458,6 kN com um fator de segurança igual a 1,5.

	Camada de areia	Camada de pedregulho e areia	Camada de argila arenosa
γ	20	11	20
ϕ	35°	30°	25°
$\text{tg}^2\left(\frac{\pi}{4} + \frac{\phi}{2}\right)$	3,69	3,00	2,46
S	0,12	0,12	0,12
l	2,00	4,00	5,00
$\gamma \cdot \text{tg}^2\left(\frac{\pi}{4} + \frac{\phi}{2}\right) \cdot S \cdot l$	17,7	15,8	29,5
$1 + \text{tg}^2\phi$	1,49	1,33	1,22
$\gamma \cdot l$	40	44	100
p	14	14	14
f'	0,6	0,5	0,3
$f' \cdot \gamma$	12	—	—

7) Calcule, pela fórmula de Dörr, a resistência admissível de uma estaca de concreto com 15 m de comprimento e 400 mm de diâmetro, em um terreno com as características indicadas no perfil (Fig. 13.47).

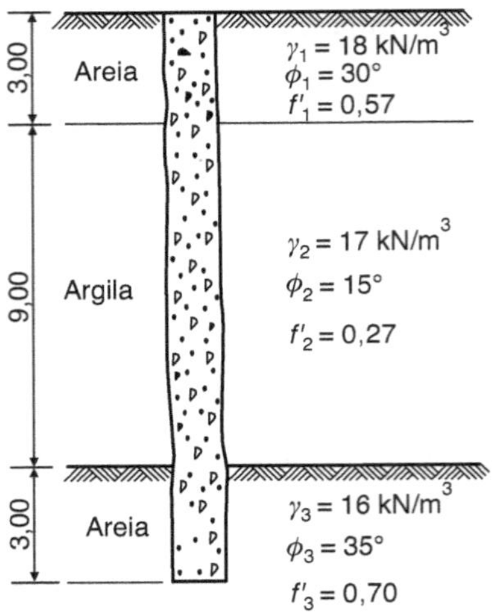

FIGURA 13.47

Solução

780 kN.

8) Calcule a distribuição das cargas sobre as estacas do bloco da Figura 13.48, o qual suporta uma carga excêntrica de 1500 kN.

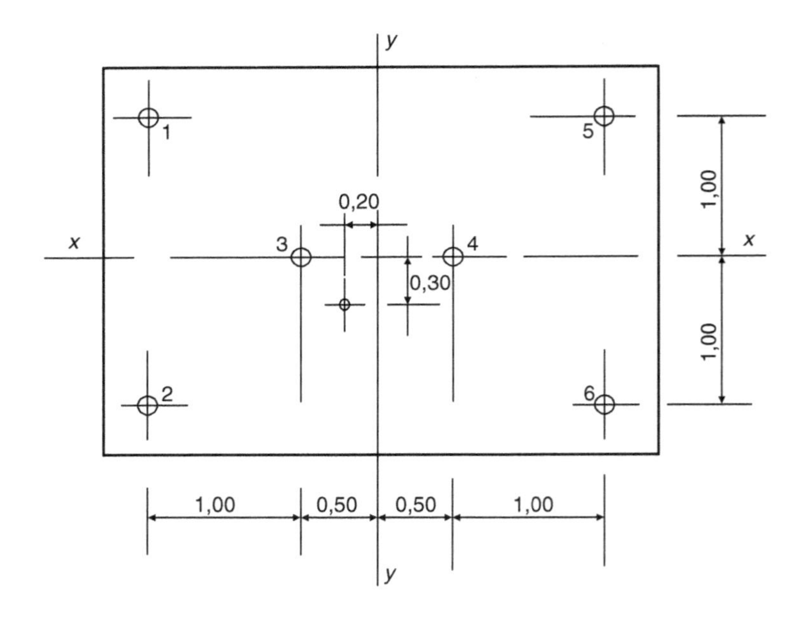

FIGURA 13.48

Solução

Aplicando a fórmula

$$P_i = \frac{R}{n} \pm \frac{M_y \cdot x_i}{\sum x_i^2} \pm \frac{M_x \cdot y_i}{\sum y_i^2}$$

com (ver Fig. 13.49):

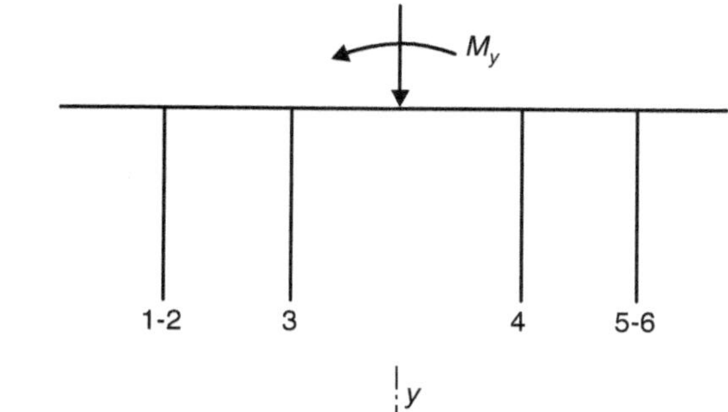

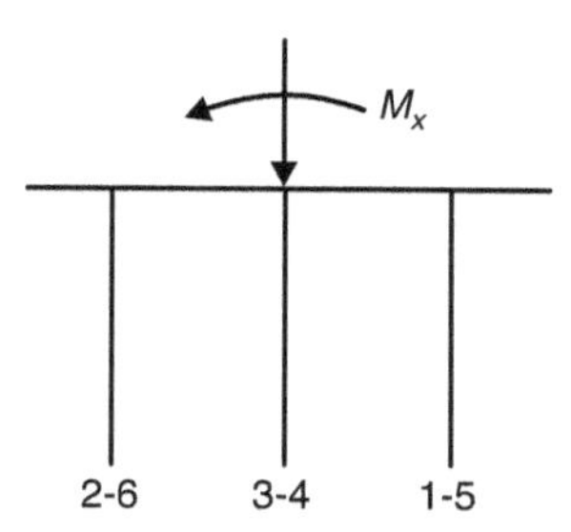

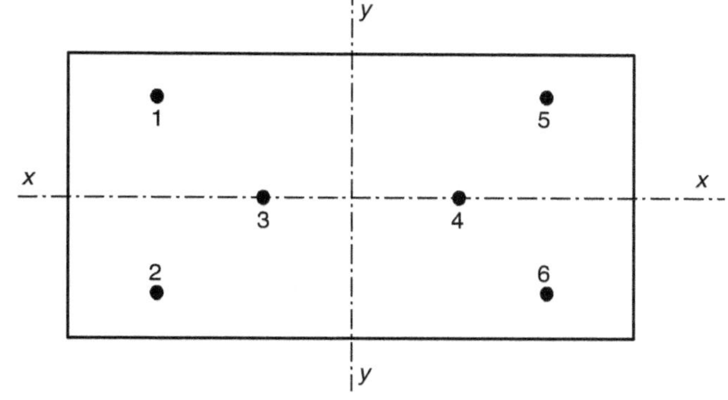

FIGURA 13.49

$$\left.\begin{array}{l} R = 1500 \text{ kN} \\ n = 6 \end{array}\right\} \frac{R}{n} = \frac{1500}{6} = 250 \text{ kN}$$

$$M_y = 1500 \cdot 0,20 = 300 \text{ kN} \cdot \text{m}$$
$$M_x = 1500 \cdot 0,30 = 450 \text{ kN} \cdot \text{m}$$

$$\sum x_i^2 = 4 \cdot 1,50^2 + 2 \cdot 0,50^2 = 9,50 \text{ m}^2$$

$$\sum y_i^2 = 4 \cdot 1,00^2 = 4,00 \text{ m}^2$$

tem-se:

$$P_1 = 250 + \frac{300 \cdot 1,50}{9,50} - \frac{450 \cdot 1,00}{4,00} = 250 + 47,4 - 112,5 = 184,9 \text{ kN}$$

$$P_2 = 250 + \frac{300 \cdot 1,50}{9,50} - \frac{450 \cdot 1,00}{4,00} = 250 + 47,4 - 112,5 = 409,9 \text{ kN}$$

$$P_3 = 250 + \frac{300 \cdot 0,50}{9,50} = 250 + 15,8 = 265,8 \text{ kN}$$

$$P_4 = 250 - \frac{300 \cdot 0,50}{9,50} = 250 + 15,8 = 234,2 \text{ kN}$$

$$P_5 = 250 - \frac{300 \cdot 0,50}{9,50} - \frac{450 \cdot 1,00}{4,00} = 250 - 47,4 = 90,1 \text{ kN}$$

$$P_6 = 250 - \frac{300 \cdot 0,50}{9,50} + \frac{450 \cdot 1,00}{4,00} = 250 - 47,4 + 112,50 = 315,5 \text{ kN}$$

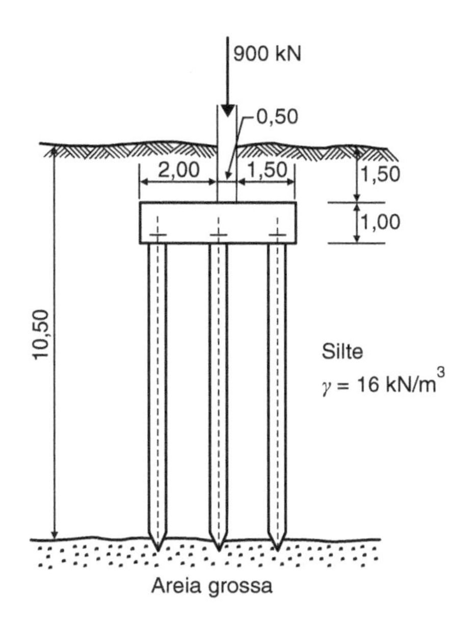

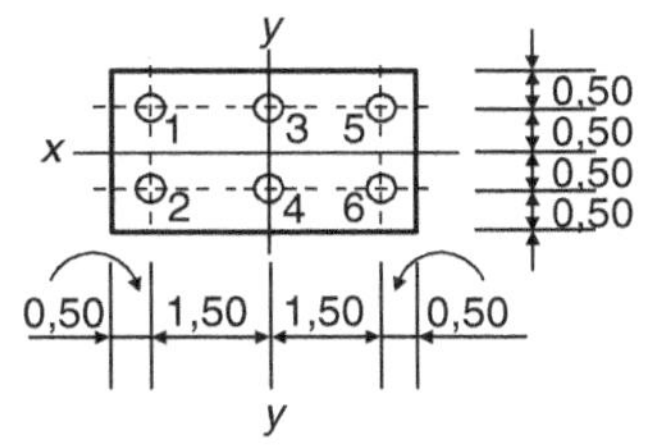

FIGURA 13.50

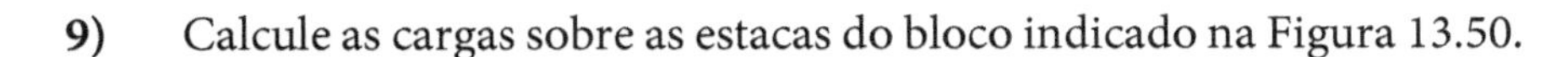

9) Calcule as cargas sobre as estacas do bloco indicado na Figura 13.50.

Solução

Considerando-se a sobrecarga em função do reaterro, a carga vertical resultante será $R = 900 + 168 = 1068$ kN, situada sobre o eixo dos x e passando a 0,20 m à direita do eixo dos y. Daí o momento $M_y = 1068 \cdot 0{,}20 = 213{,}6$ kN·m. Com $n = 6$ e $\sum x_i^2 = 4 \cdot 1{,}50^2 = 9$, obtém-se:

$$P_i = \frac{1068}{6} \pm \frac{213{,}6}{9} \cdot x_i$$

ou

$$P_i = 178 \pm 23{,}73 \cdot x_i$$

donde:

$$P_1 = P_2 = 178 - 23{,}73 \cdot 150 = 142{,}11 \text{ kN}$$
$$P_3 = P_4 = 178 \text{ kN}$$
$$P_5 = P_6 = 178 + 23{,}73 \cdot 150 = 213{,}60 \text{ kN}$$

10) Calcule a expressão geral das cargas sobre as estacas do bloco da Figura 13.51, para $P = 10$ MN, $M_x = 840$ kN·m e $M_y = 280$ kN·m.

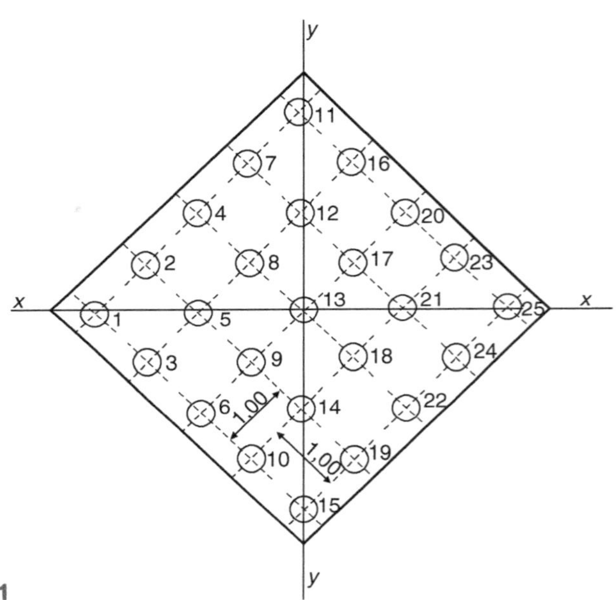

FIGURA 13.51

Solução

Partindo da fórmula

$$P_i = \frac{P}{n} \pm \frac{M_x \cdot y_i}{\sum y_i^2} \pm \frac{M_y \cdot x_i}{\sum y_i^2}$$

Com:

$$P = 10 \text{ N} = 10.000 \text{ kN}$$
$$n = 25$$
$$M_x = 840 \text{ kN} \cdot \text{m}$$
$$M_y = 280 \text{ kN} \cdot \text{m}$$

$$\Sigma x_i^2 = \Sigma y_i^2 = 2\cdot(2\sqrt{2})^2 + 4\cdot\left(\sqrt{2}+\frac{\sqrt{2}}{2}\right)^2 + 6\cdot(\sqrt{2})^2 + 8\cdot\left(\frac{\sqrt{2}}{2}\right)^2 = 50\ \text{m}^2$$

obtém-se:

$$p_i = \frac{10.000}{25} \pm \frac{840\cdot y_i}{50} \pm \frac{280\cdot x_i}{50}$$

ou:

$$p_i = 400 \pm 16{,}80\cdot y_i \pm 5{,}60\cdot x_i$$

11) Calcule as cargas $P_i (i = 1, 2, ..., 5)$ sobre as estacas do bloco indicado na Figura 13.52. Tome para peso específico do concreto igual a 24 kN/m³.

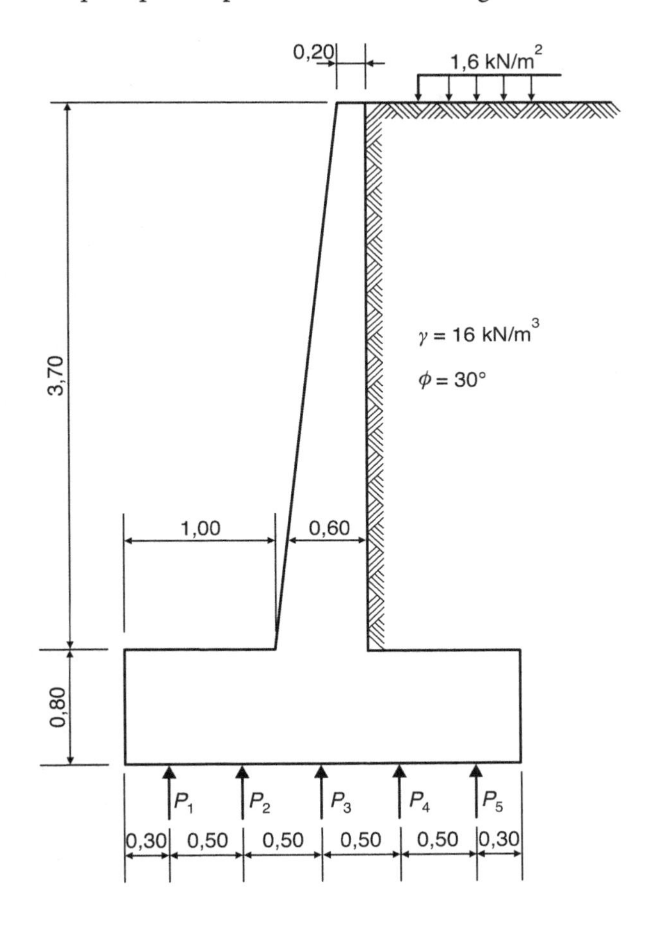

FIGURA 13.52

Solução

— Altura equivalente de terra $h_0 = \frac{16}{16} = 1{,}00$ m.

— Cálculo dos elementos indicados na Figura 13.53.

$$P_1 = \frac{0{,}20+0{,}60}{2}\cdot 3{,}70\cdot 1\times 24 = 35{,}5\ \text{kN}$$

$$P_2 = 2{,}60\cdot 0{,}80\cdot 1\cdot 24 = 49{,}9\ \text{kN}$$

$$P_3 = 1{,}00\cdot(3{,}70+1{,}00)\cdot 16 = 75{,}2\ \text{kN}$$

$$E = \frac{1}{2} \cdot \gamma \cdot h^2 \cdot K_a = \frac{1}{2} \cdot 16 \cdot (1 + 3,70 + 0,80)^2 \cdot \frac{1}{3} \cdot 80,67 \text{ kN/m}$$

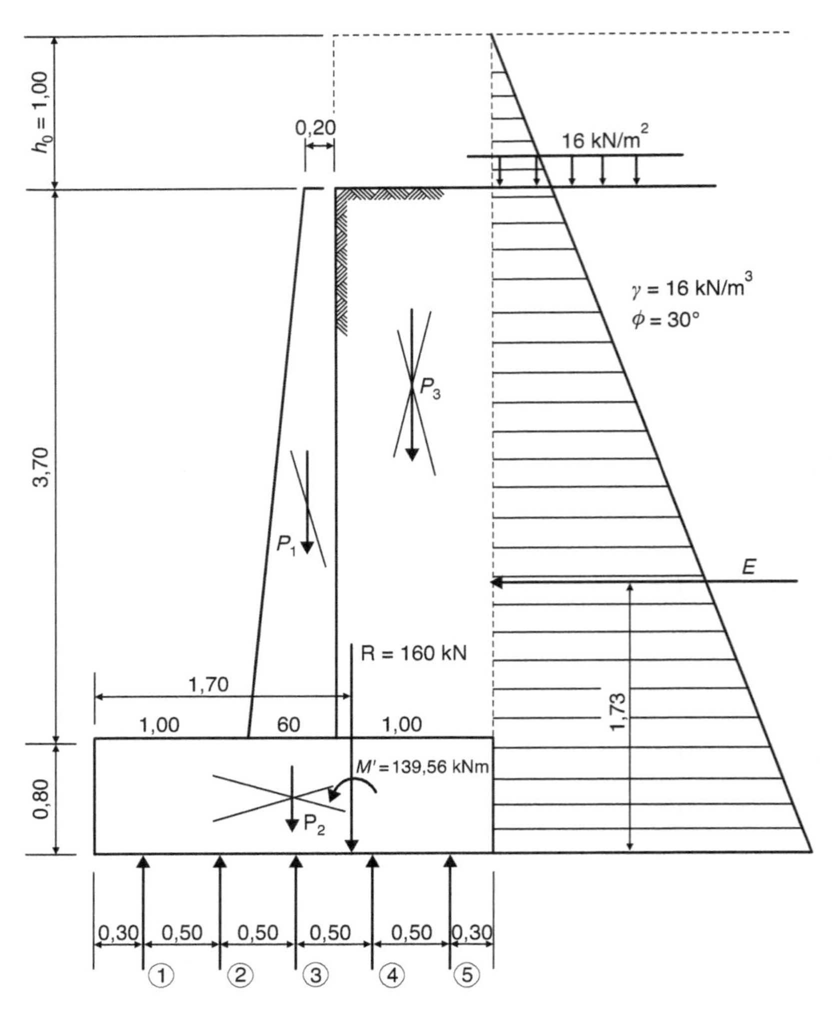

FIGURA 13.53

A resultante das cargas verticais é igual a $R = 160$ kN e passa a 1,70 m do bordo esquerdo do bloco.

O momento resultante do empuxo vale $M' = 80,67 \cdot 1,73 = 139,56$ kN·m. O momento resultante será, assim, $M = 139,56 - 160 \cdot (1,70 - 1,30) = 75,56$ kN·m. Tem-se, então, com $n = 5$ e $\sum x_i^2 = 2 \cdot 1^2 + 2 \cdot 0,5^2 = 2,5$ m², a expressão para as cargas nas estacas:

$$P_i = \frac{160}{5} \pm \frac{75,56}{2,5} \cdot x_i = 32 \pm 30,22 \cdot x_i$$

donde:

$$P_1 = 32 + 30,22 \cdot 1 = 62,22 \text{ kN}$$
$$P_2 = 32 + 30,22 \cdot 0,5 = 47,1 \text{ kN}$$
$$P_3 = 32 \text{ kN}$$
$$P_4 = 32 - 30,22 \cdot 0,5 = 16,89 \text{ kN}$$
$$P_4 = 32 - 30,22 \cdot 1 = 1,78 \text{ kN}$$

Neste exercício, bem como no exercício 13, o esforço horizontal será absorvido por flexão das estacas.

12) Calcule as cargas sobre as estacas do bloco da Figura 13.54, considerando-se as indicações dadas.

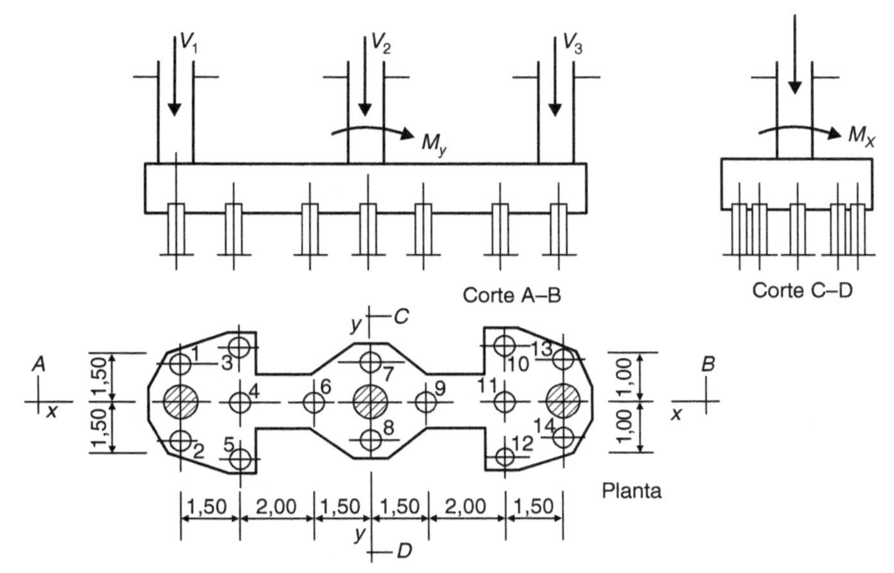

FIGURA 13.54

Quadro de cargas		
Peso do bloco	=	800 kN
V_1	=	3270 kN
V_2	=	2990 kN
V_3	=	2710 kN
M_x	=	2340 kN·m
M_y	=	3780 kN·m
As cargas estão reduzidas à base do bloco.		

Solução

Trata-se de um bloco com 14 estacas, sujeito às seguintes cargas:

Vertical: $R = 800 + 3270 + 2990 + 2710 = 9\,770$ kN

Momentos: $M_x = 2340$ kN·m e $M_y = 3780$ kN·m.

Pela aplicação da fórmula

$$P = \frac{R}{n} \pm \frac{M_y \cdot x_i}{\sum x_i^2} \pm \frac{M_x \cdot y_i}{\sum y_i^2}$$

com:

$$n = 14$$

$$\sum x_i^2 = 4 \cdot 5^2 + 6 \cdot 3{,}5^2 + 2 \cdot 1{,}5^2 = 178 \text{ m}^2$$

$$\sum y_i^2 = 6 \cdot 1^2 + 4 \cdot 1{,}5^2 = 15 \text{ m}^2$$

obtém-se

$$P_i = \frac{9770}{14} \pm \frac{3780 \cdot x_i}{178} \pm \frac{2340 \cdot y_i}{15}$$

ou:

$$P_i = 697{,}9 \pm 21{,}2 \cdot x_i \pm 156 \cdot y_i$$

donde:

$$\text{Estaca } 1: P_1 = 697{,}9 - 21{,}2 \cdot 5 - 156 \cdot 1 = 435{,}9 \text{ kN}$$
$$\text{Estaca } 2: P_2 = 697{,}9 - 21{,}2 \cdot 5 + 156 \cdot 1 = 747{,}9 \text{ kN}$$
$$\text{Estaca } 3: P_3 = 697{,}9 - 21{,}2 \cdot 3{,}5 - 156 \cdot 1{,}5 = 389{,}7 \text{ kN}$$
$$\text{Estaca } 4: P_4 = 697{,}9 - 21{,}2 \cdot 3{,}5 + 0 = 623{,}7 \text{ kN}$$
$$\text{Estaca } 5: P_5 = 697{,}9 - 21{,}2 \cdot 3{,}5 + 156 \cdot 1{,}5 = 857{,}7 \text{ kN}$$
$$\text{Estaca } 6: P_6 = 697{,}9 - 21{,}2 \cdot 1{,}5 + 0 = 666{,}1 \text{ kN}$$
$$\text{Estaca } 7: P_7 = 697{,}9 + 0 - 156 \cdot 1 = 541{,}9 \text{ kN}$$
$$\text{Estaca } 8: P_8 = 697{,}9 + 0 + 156 \cdot 1 = 853{,}9 \text{ kN}$$
$$\text{Estaca } 9: P_9 = 697{,}9 + 21{,}2 \cdot 1{,}5 + 0 = 729{,}7 \text{ kN}$$
$$\text{Estaca } 10: P_{10} = 697{,}9 + 21{,}2 \cdot 3{,}5 - 156 \cdot 1{,}5 = 538{,}1 \text{ kN}$$
$$\text{Estaca } 11: P_{11} = 697{,}9 + 21{,}2 \cdot 3{,}5 + 0 = 772{,}1 \text{ kN}$$
$$\text{Estaca } 12: P_{12} = 697{,}9 + 21{,}2 \cdot 3{,}5 + 156 \cdot 1{,}5 = 1006{,}1 \text{ kN}$$
$$\text{Estaca } 13: P_{13} = 697{,}9 + 21{,}2 \cdot 5 - 156 \cdot 1 = 647{,}9 \text{ kN}$$
$$\text{Estaca } 14: P_{14} = 697{,}9 + 21{,}2 \cdot 5 + 156 \cdot 1 = 959{,}9 \text{ kN}$$

13) Com as indicações da Figura 13.55 pede-se as cargas, máxima e mínima, sobre as estacas.

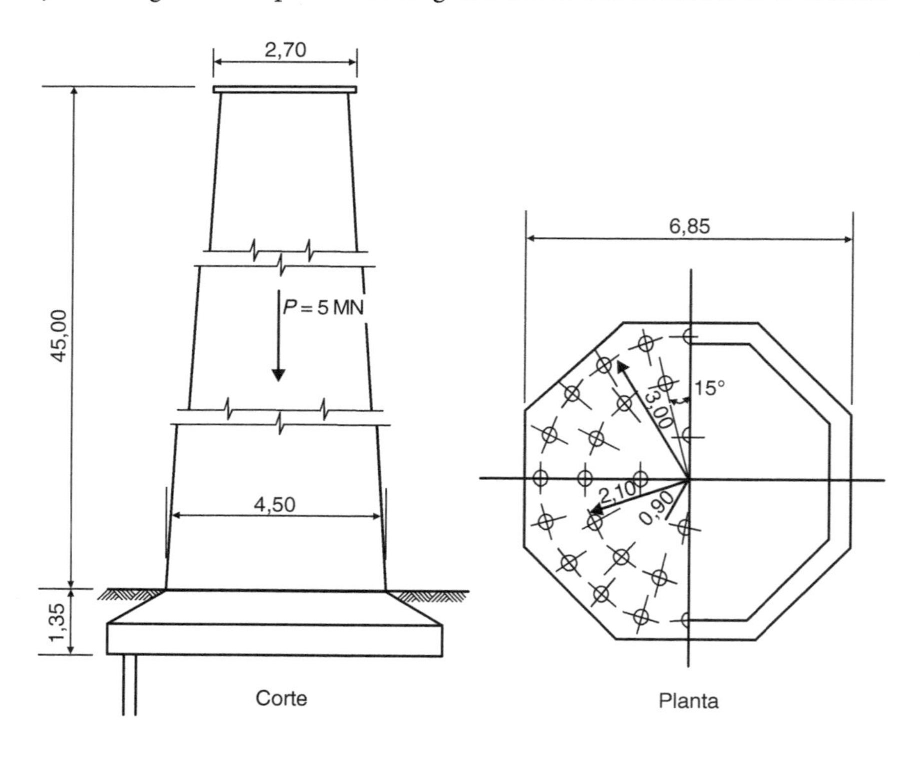

FIGURA 13.55

Para o cálculo do esforço do vento, utilize a fórmula $p = 120 + 0{,}6 \cdot H$, sendo a altura H expressa em metros.

Solução

Carga vertical: $P = 5$ MN $= 5000$ kN.

Pressão do vento:

$$p_v = 120 + 0{,}6 \cdot 45 = 147 \text{ kg/m} = 1{,}47 \text{ kN/m}^2$$

Força do vento:

$$H = \frac{4{,}50 + 2{,}70}{2} \cdot 45{,}00 \cdot 1{,}47 = 238{,}14 \text{ kN}$$

com o ponto de aplicação em (Fig. 13.56)

$$x = \frac{45}{3} \cdot \frac{2 \cdot 2{,}7 + 4{,}5}{2{,}7 + 4{,}5} = 20{,}6 \text{ m}$$

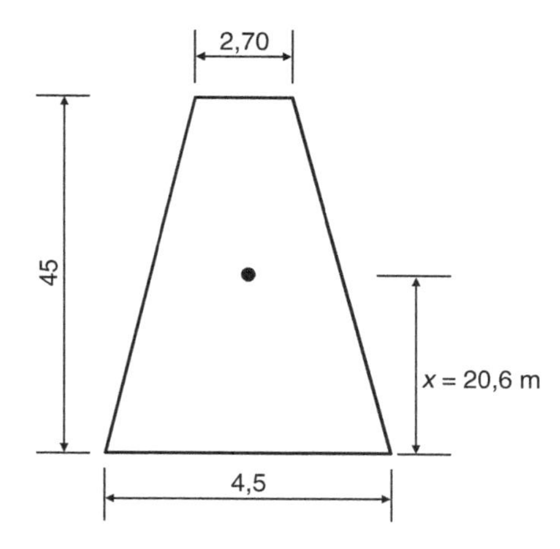

FIGURA 13.56

Momento em relação à cabeça das estacas:

$$M = 238{,}14 \cdot (20{,}6 + 1{,}35) = 238{,}14 \cdot 21{,}95 = 5227{,}2 \text{ kN} \cdot \text{m}$$

Excentricidade da resultante no plano da cabeça das estacas (Fig. 13.57):

$$e = \frac{M}{P} = \frac{5227{,}2}{5000} = 1{,}05 \text{ m}$$

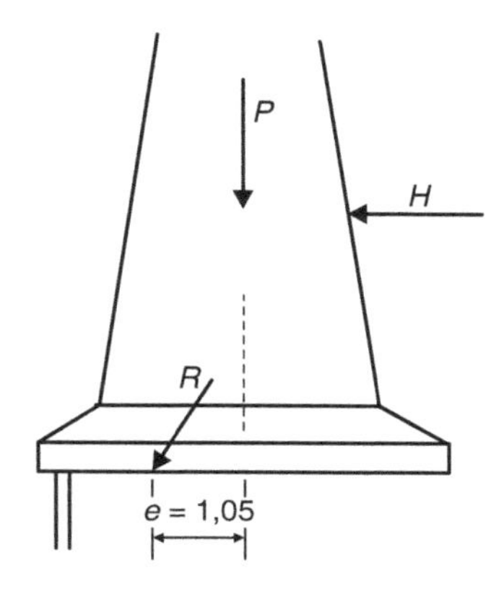

FIGURA 13.57

Número de estacas. $N = 38$.

Momento de inércia do grupo de estacas em relação ao eixo dos y (Fig. 13.58):

$$I_{yy} = \sum_{1}^{N} \cdot n \cdot x^2$$

$$\begin{cases} x_4 = 3 \cdot \cos 18° = 3 \cdot 0{,}95 = 2{,}85 \\ x_3 = 3 \cdot \cos 36° = 3 \cdot 0{,}81 = 2{,}43 \\ x_2 = 3 \cdot \cos 54° = 3 \cdot 0{,}59 = 1{,}77 \\ x_1 = 3 \cdot \cos 72° = 3 \cdot 0{,}31 = 0{,}93 \\ x''' = 2{,}1 \cdot \cos 25° = 2{,}1 \cdot 0{,}91 = 1{,}91 \\ x'' = 2{,}1 \cdot \cos 50° = 2{,}1 \cdot 0{,}64 = 1{,}35 \\ x = 2{,}1 \cdot \cos 75° = 2{,}1 \cdot 0{,}26 = 0{,}55 \end{cases}$$

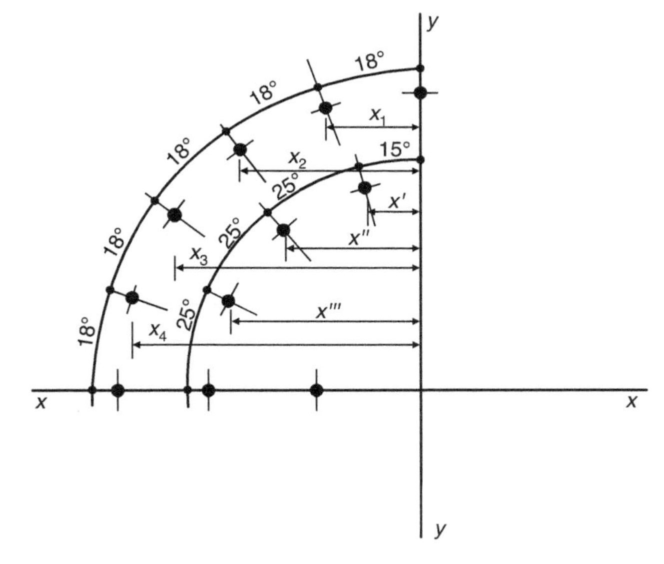

FIGURA 13.58

$$I_{yy} = 2 \cdot 0,9^2 + 2 \cdot 2,1^2 + 4 \cdot 1,91^2 + 4 \cdot 1,35^2 + 4 \cdot 0,55^2 + 2 \cdot 3^2 + 4 \cdot 2,85^2 + 4 \cdot 2,43^2 +$$
$$+ 4 \cdot 2,43^2 + 4 \cdot 1,77^2 + 4 \cdot 0,93^2 = 123,63 \text{ m}^2$$

Módulo da seção do grupo de estacas:

$$W = \frac{I_{yy}}{x_{\text{máx}}} = \frac{123,63}{3} = 41,2$$

Carga nas estacas:

$$Q = \frac{P}{N} \pm \frac{M}{W}$$

$$Q = \frac{5000}{38} \pm \frac{5227,2}{41,2} = 131,6 \pm 126,9$$

$$Q_{\text{máx}} = 1258,5 \text{ kN}$$

$$Q_{\text{mín}} = 14,7 \text{ kN}$$

14) Calcule nas condições da Figura 13.59 a distribuição das cargas sobre as estacas do bloco.

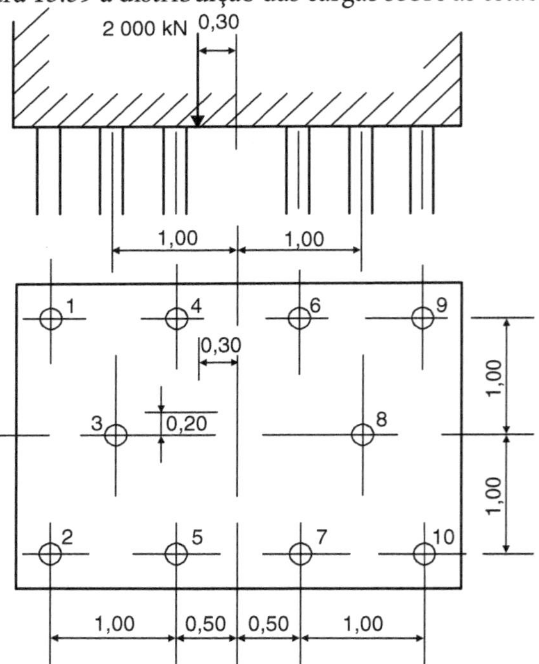

FIGURA 13.59

Solução

Estacas	Carga (kN)
1	325
2	225
3	250
4	275
5	175
6	225
7	125
8	150
9	175
10	75

15) Determine quais os valores extremos de carga sobre as 42 estacas do bloco da Figura 13.60, sabendo-se que $\Sigma V = 840$ kN; $M_x = 121$ kN·m e $M_y = 352{,}2$ kN·m. Despreze o peso próprio do bloco.

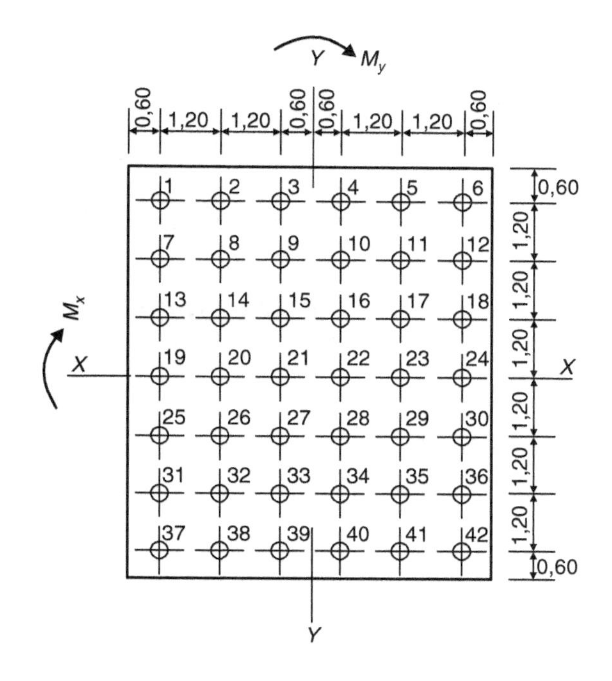

FIGURA 13.60

Solução

$P_{37} = 12{,}2$ kN e $P_6 = 27{,}8$ kN.

16) Com as indicações dadas, calcule as cargas sobre as estacas da Figura 13.61.

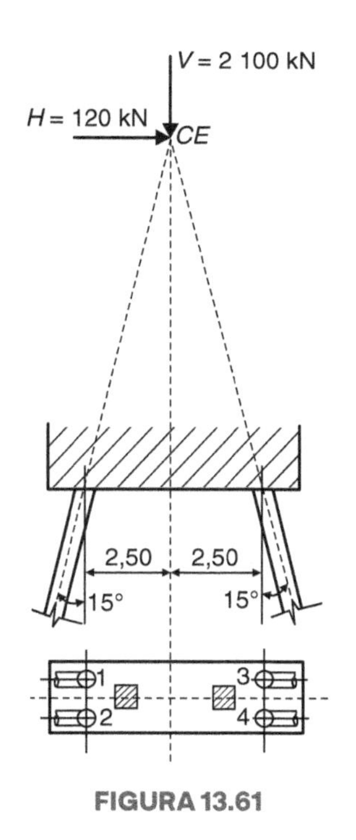

FIGURA 13.61

Solução

Tem-se

$$\begin{cases} 2100 = \cos 15° \cdot (A + B) \\ 120 = \text{sen}15° \cdot (B - A) \end{cases}$$

ou:

$$\begin{cases} 2100 = 0{,}97 \cdot (A + B) \\ 120 = 0{,}26 \cdot (B - A) \end{cases}$$

donde: $B = 1315{,}0$ kN e $A = 855{,}0$ kN.

Daí:

$$P_1 = P_2 = \frac{855{,}0}{2} = 427{,}5 \text{ kN}$$

e

$$P_3 = P_4 = \frac{1315{,}0}{2} = 657{,}7 \text{ kN}$$

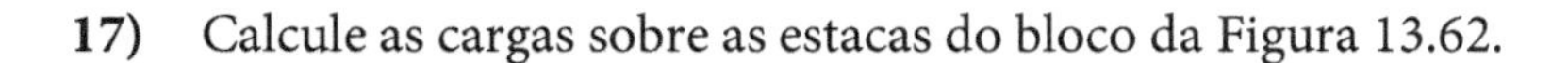

17) Calcule as cargas sobre as estacas do bloco da Figura 13.62.

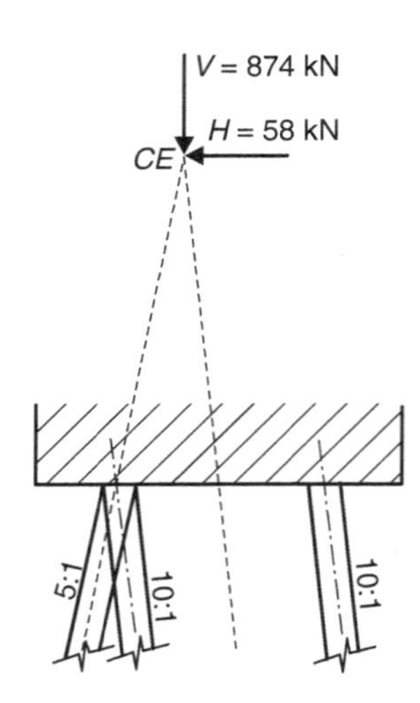

FIGURA 13.62

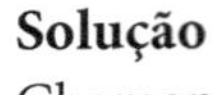

Solução

Chamando de A as cargas sobre as estacas com inclinação 5:1 (tg $\alpha = 1/5$) e de B sobre as inclinadas 10:1 (tg $\beta = 1/10$), tem-se:

$$\begin{cases} V = A \cdot \cos\alpha + B \cdot \cos\beta \\ H = A \cdot \text{sen}\,\alpha + B \cdot \text{sen}\,\beta \end{cases}$$

Se:

$$\text{tg}\,\alpha = \frac{1}{5} = 0{,}2 \rightarrow \alpha \cong 12° \rightarrow \text{sen}\,\alpha = 0{,}208 \text{ e } \cos\alpha = 0{,}978$$

$$\text{tg}\,\beta = \frac{1}{10} = 0{,}1 \rightarrow \beta \cong 6° \rightarrow \text{sen}\,\beta = 0{,}105 \text{ e } \cos\beta = 0{,}995$$

Assim:

$$\begin{cases} 874 = 0{,}978 \cdot A + 0{,}995 \cdot B \\ 58 = 0{,}208 \cdot A - 0{,}105 \cdot B \end{cases}$$

Resolvendo, obtém-se:

$$A = 485 \text{ kN} \quad \text{e} \quad B = 405 \text{ kN}$$

donde:

$$P_1 = P_2 = \frac{485}{2} \cong 243 \text{ kN}$$

e

$$P_3 = P_4 = \frac{405}{2} \cong 203 \text{ kN}$$

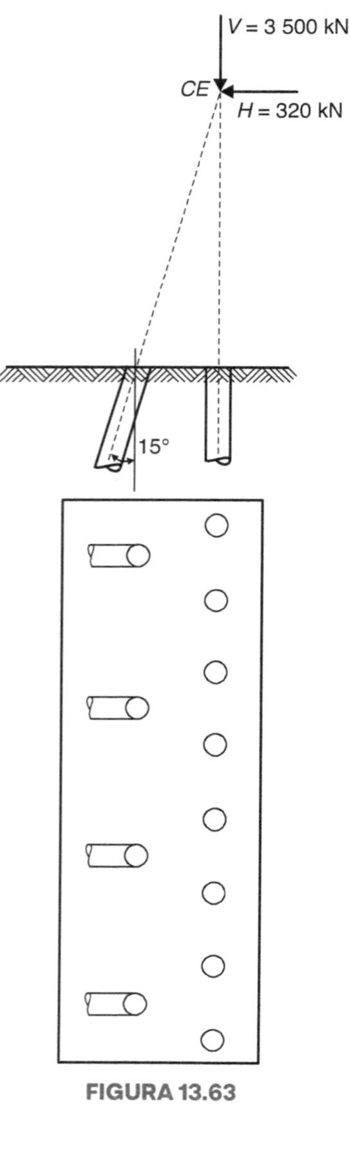

FIGURA 13.63

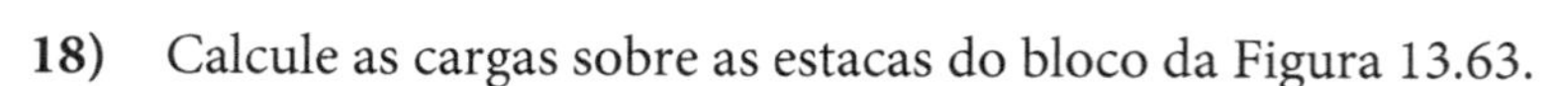

18) Calcule as cargas sobre as estacas do bloco da Figura 13.63.

Solução

Carga para estaca inclinada = 310 kN
Carga para estaca vertical = 290 kN

19) Determine, pelo método de Schiel, as cargas nas estacas ($s_i = 1$) do bloco indicado na Figura 13.64, sendo R_x = 3 MN = 3000 kN e R_c = 500 kN·m

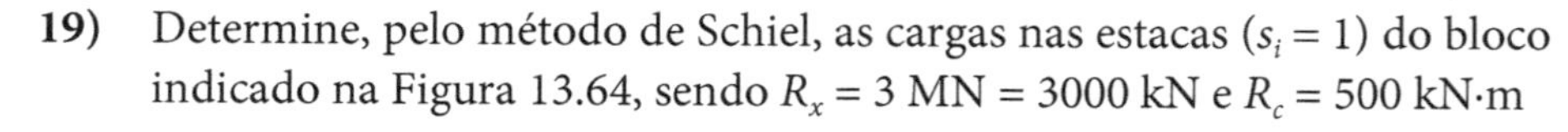

Solução

a) Características do estaqueamento:

Estacas	x	y	z	p_x	p_y	p_z	p_a	p_b	p_c
1	0	−1,0	1,5	1,0	0	0	0	1,5	1,0
2	0	1,0	0	1,0	0	0	0	0	1,0
3	0	−1,0	0	1,0	0	0	0	0	1,0

b) Somatórias:

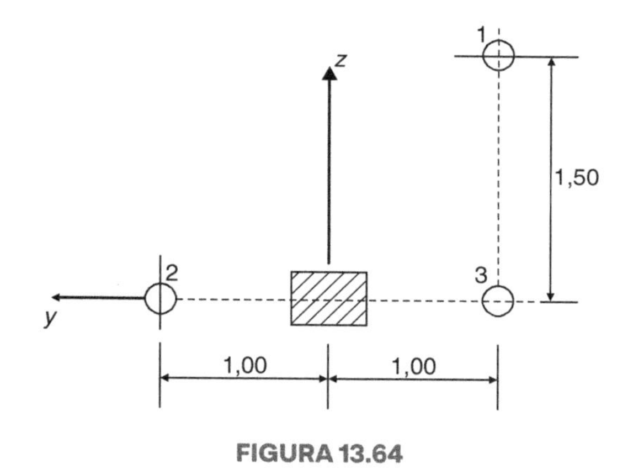

FIGURA 13.64

$$\begin{cases} S_{xx} = s_1 \cdot p_{x1} \cdot p_{x1} + s_2 \cdot p_{x2} \cdot p_{x2} + s_3 \cdot p_{x3} \cdot p_{x3} = 3 \cdot 1{,}0^2 = 3{,}0 \\ S_{xy} = s_1 \cdot p_{x1} \cdot p_{x1} + s_2 \cdot p_{x2} \cdot p_{x2} + s_3 \cdot p_{x3} \cdot p_{x3} = 0+0+0 = 0 \\ S_{xz} = 0+0+0 = 0 \\ S_{xa} = 0+0+0 = 0 \\ S_{xb} = 1{,}0 \cdot 1{,}5 + 0 + 0 = 1{,}5 \\ S_{xc} = 1{,}0 \cdot 1{,}0 + (1{,}0 - 1{,}0) + 1{,}0 \cdot 1{,}0 = 1{,}0 \end{cases}$$

$$\begin{cases} S_{yx} = 0+0+0 = 0 \\ S_{yy} = 0 \\ S_{yz} = 0+0+0 = 0 \\ S_{ya} = 0+0+0 = 0 \\ S_{yb} = 0 \cdot 1{,}5 + 0 + 0 = 0 \\ S_{yc} = 0+0+0 = 0 \end{cases}$$

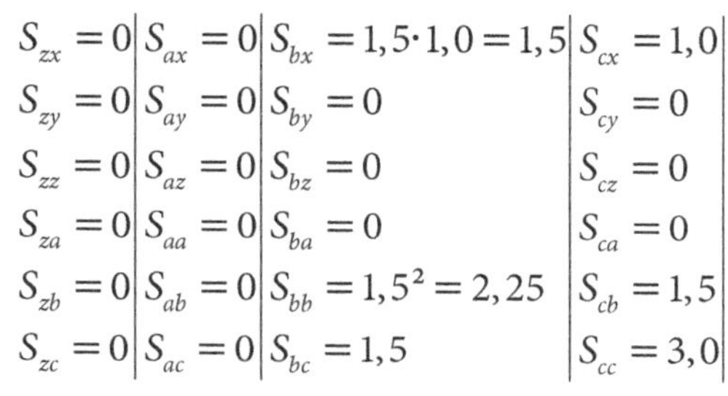

$$\begin{array}{l|l|l|l|} S_{zx} = 0 & S_{ax} = 0 & S_{bx} = 1{,}5 \cdot 1{,}0 = 1{,}5 & S_{cx} = 1{,}0 \\ S_{zy} = 0 & S_{ay} = 0 & S_{by} = 0 & S_{cy} = 0 \\ S_{zz} = 0 & S_{az} = 0 & S_{bz} = 0 & S_{cz} = 0 \\ S_{za} = 0 & S_{aa} = 0 & S_{ba} = 0 & S_{ca} = 0 \\ S_{zb} = 0 & S_{ab} = 0 & S_{bb} = 1{,}5^2 = 2{,}25 & S_{cb} = 1{,}5 \\ S_{zc} = 0 & S_{ac} = 0 & S_{bc} = 1{,}5 & S_{cc} = 3{,}0 \end{array}$$

c) Cálculo dos coeficientes v

	v_x	v_y	v_z	v_a	v_b	v_c
3000	3,0	0	0	0	1,5	1,0
0	0	0	0	0	0	0
0	0	0	0	0	0	0
0	0	0	0	0	0	0
0	1,5	0	0	0	2,25	1,5
500	1,0	0	0	0	1,5	3,0

$$\begin{cases} 3000 = 3{,}0 \cdot v_x + 1{,}5 \cdot v_b + 1{,}0 \cdot v_c \\ 0 = 1{,}5 \cdot v_x + 2{,}25 \cdot v_b + 1{,}5 \cdot v_c \\ 500 = 1{,}0 \cdot v_x + 1{,}5 \cdot v_b + 3{,}0 \cdot v_c \end{cases}$$

$$v_c = 3000 - 3{,}0 \cdot v_x + 1{,}5 \cdot v_b$$

$$\begin{cases} 1{,}5 \cdot v_x + 2{,}25 \cdot v_b + 4500 - 4{,}5 \cdot v_x - 2{,}25 \cdot v_b = 0 \\ v_x + 1{,}5 \cdot v_b + 9000 - 9 \cdot v_x - 4{,}5 \cdot v_b = 500 \end{cases}$$

$$-3{,}0 \cdot v_x = -4500 \rightarrow v_x = 1500$$

$$-8{,}0 \cdot v_x = -3{,}0 \rightarrow v_b = -8500$$

$$-1200-3\cdot v_b=-8500 \therefore -3\cdot v_b=3500 \therefore v_b=-1166,67$$
$$v_c=3000-3\cdot 1500-1,5\cdot(-1166,67)$$
$$v_c=3000-4500-1750=250,0$$

d) Cargas nas estacas:

Estaca	v_xp_x	v_yp_y	V_zp_y	v_ap_a	v_bp_b	v_cp_c	N_i
1	1500	0	0	0	1750	250	0
2	1500	0	0	0	0	250	≅ 1250
3	1500	0	0	0	0	250	≅ 1750

20) Determine, pelo método de Schiel, as cargas nas estacas do bloco da Figura 13.65.

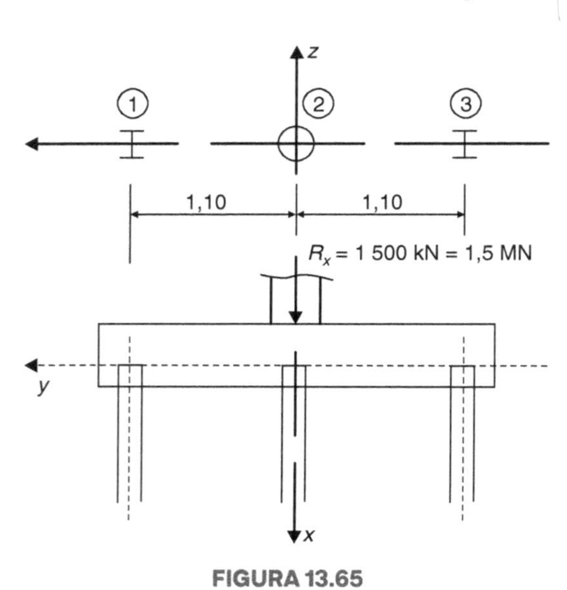

FIGURA 13.65

Estacas 1: perfil 3× I 12″ $\begin{cases} A=77,3\text{ cm}^2=7,73\times10^{-3}\text{ m}^2 \\ l=15,0\text{ m} \\ E=2,1\cdot10^8\text{ kN/m}^2 \end{cases}$

Estaca 2: ϕ 40 cm $\begin{cases} A=1257\text{ cm}^2=1257\cdot10^{-1}\text{m}^2 \\ l=10,0\text{ m} \\ E=2,1\cdot10^7\text{ kN/m}^2 \end{cases}$

Solução

a) Rigidez das estacas:

$$s_{i_l}=\frac{2,1\cdot10^8\cdot7,73\cdot10^{-3}}{15}=1,08\cdot10^5\text{kN/m}$$

$$=\frac{2,1\cdot10^7\cdot1,257\cdot10^{-1}}{10}=2,64\cdot10^5\text{kN/m}$$

b) Características do estaqueamento:

Estacas	s_i (kN/m)	x	y	z	p_x	p_y	p_z	p_a	p_b	p_c
1	$1,08\cdot10^5$	0	1,10	0	1,00	0	0	0	0	21,10
2	$2,64\cdot10^5$	0	0	0	11,10	0	0	0	0	0
3	$1,08\cdot10^5$	0	21,10	0	11,10	0	0	0	0	11,10

c) Somatórias:

$$\begin{cases} S_{xx}=s_1\cdot p_{x1}\cdot p_{x1}+s_2\cdot p_{x2}\cdot p_{x2}+s_3\cdot p_{x3}\cdot p_{x3}=1,08\cdot10^5+2,64\cdot10^5+1,08\cdot10^5=4,8\cdot10^5\text{kN/m} \\ S_{xy}=s_1\cdot p_{x1}\cdot p_{x1}+s_2\cdot p_{x2}\cdot p_{x2}+s_3\cdot p_{x3}\cdot p_{x3}=0+0+0=0 \\ S_{xz}=0 \\ S_{xa}=0 \\ S_{xb}=0 \\ S_{xc}=-1,08\cdot10^5\cdot1\cdot1,10+0+1,08\cdot10^5\cdot1\cdot1,10=0 \end{cases}$$

$$\begin{cases} S_{yx}=0 & S_{zx}=0 & S_{ax}=0 & S_{cx}=-1{,}08\cdot10^5\cdot1{,}10+1{,}08\cdot10^5\cdot1{,}10=0 \\ S_{yy}=0 & S_{zy}=0 & S_{ay}=0 & S_{cy}=0 \\ S_{yz}=0 & S_{zz}=0 & S_{az}=0 & S_{cz}=0 \\ S_{ya}=0 & S_{za}=0 & S_{aa}=0 & S_{ca}=0 \\ S_{yb}=0 & S_{zb}=0 & S_{ab}=0 & S_{cb}=0 \\ S_{yc}=0 & S_{zc}=0 & S_{ac}=0 & S_{cc}=1{,}08\cdot10^5\cdot1{,}10^2+1{,}08\cdot10^5\cdot1{,}10^2\cong2{,}61\cdot10^5 \end{cases}$$

d) Cálculo dos coeficientes v:

	v_x	v_y	v_z	v_a	v_b	v_c
1500	$4{,}8\cdot10^5$	0	0	0	0	0
0	0	0	0	0	0	0
0	0	0	0	0	0	0
0	0	0	0	0	0	0
0	0	0	0	0	0	0
0	0	0	0	0	0	$2{,}61\cdot10^5$

$$1500=4{,}8\cdot10^5 v_x \rightarrow v_x=\frac{1500}{4{,}8\cdot10^5}=\frac{15}{4{,}8\cdot10^3}=3{,}13\cdot10^{-3}\,\text{m}$$

$$0=26{,}1\cdot10^4\cdot v_c \rightarrow v_c=0$$

e) Cargas nas estacas:

	$s_iv_xp_x$	$s_iv_yp_y$	$s_iv_zp_z$	$s_iv_ap_a$	$s_iv_bp_b$	$s_iv_cp_c$	$N_i(kN)$
1	$\underbrace{1{,}08\cdot10^5}_{\text{kN/m}}\cdot\underbrace{3{,}13\cdot10^{-3}}_{\text{m}}\cdot1$	0	0	0	0	0	338,0
2	$2{,}64\cdot10^5\cdot3{,}13\cdot10^{-3}\cdot1$	0	0	0	0	0	826,3
3	$1{,}08\cdot10^5\cdot3{,}13\cdot10^{-3}\cdot1$	0	0	0	0	0	338,0

21) Calcule, pelo método de Schiel, as cargas sobre as estacas ($s_i = 1$) do bloco indicado na Figura 13.66.

Solução

a) Características do estaqueamento:

Estaca	x	y	z	p_x	p_y	p_z	p_a	p_b	p_c
1	0	4,10	0	1,00	0	0	0	0	−4,100
2	0	0,60	0	0,985	0,174	0	0	0	−0,591
3	0	−0,60	+ 0,50	0,966	−0,259	0	+ 0,129	0,483	+ 0,580
4	0	−0,60	−0,50	0,966	−0,259	0	−0,129	−0,483	+ 0,580
5	0	−3,90	0	1,00	0	0	0	0	+ 3,900

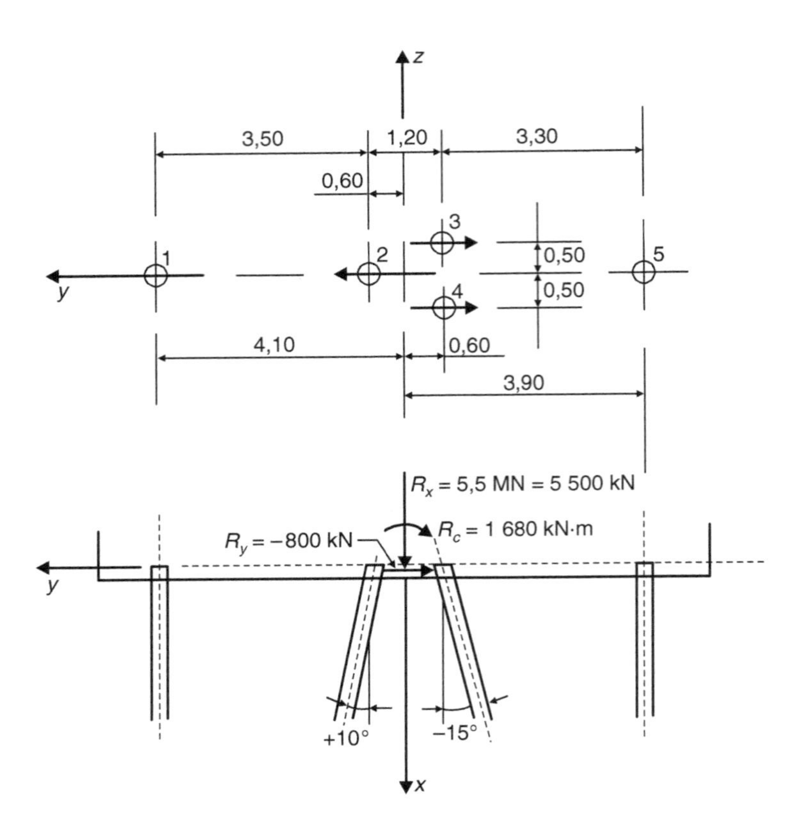

FIGURA 13.66

b) Somatórias:

$$S_{gh} = \sum_i S_i \cdot p_{gi} \cdot p_{hi}$$

$$\begin{cases} S_{xx} = 1{,}00^2 + 0{,}985^2 + 2 \cdot 0{,}966^2 + 1{,}00^2 = 1 + 0{,}970 + 1{,}866 + 1{,}00 = 4{,}836 \\ S_{xy} = 0 + 0{,}171 - 0{,}500 = -0{,}329 \\ S_{xz} = 0 \\ S_{xa} = 0 \\ S_{xb} = 0 \\ S_{xc} = -4{,}100 - 0{,}582 + 1{,}120 + 3{,}900 = 0{,}338 \end{cases}$$

$$\begin{cases} S_{yx} = -0{,}329 \\ S_{yy} = 0{,}174^2 + 2 \cdot 0{,}259^2 = 0{,}164 \\ S_{yz} = 0 \\ S_{ya} = 0 \\ S_{yb} = 0 \\ S_{yc} = -0{,}403 \end{cases} \begin{cases} S_{zx} = 0 \\ S_{zy} = 0 \\ S_{zz} = 0 \\ S_{za} = 0 \\ S_{zb} = 0 \\ S_{zc} = 0 \end{cases}$$

$$\begin{cases} S_{ax} = 0 \\ S_{ay} = 0 \\ S_{az} = 0 \\ S_{aa} = 0{,}033 \\ S_{ab} = 0{,}125 \\ S_{ac} = 0 \end{cases} \begin{cases} S_{bx} = 0 \\ S_{by} = 0 \\ S_{bz} = 0 \\ S_{ba} = 0{,}125 \\ S_{bb} = 0{,}466 \\ S_{bc} = 0 \end{cases}$$

$$\begin{cases} S_{cx} = -4{,}100 - 0{,}582 + 1{,}120 + 3{,}900 = 0{,}338 \\ S_{cy} = -0{,}103 - 0{,}300 = -0{,}403 \\ S_{cz} = 0 \\ S_{ca} = 0 \\ S_{cb} = 0 \\ S_{cc} = 16{,}810 + 0{,}349 + 0{,}673 + 15{,}210 = 33{,}042 \end{cases}$$

Controle de cálculo:

$$S_{xx} + S_{yy} + S_{zz} = 4{,}836 + 0{,}164 = 5$$
$$S_{xa} + S_{xy} + S_{zc} = 0 + 0 + 0 = 0$$

c) Cálculo dos coeficientes v:

	v_x	v_y	v_z	v_a	v_b	v_c
5500	4,836	–0,329	0	0	0	0,338
–800	–0,329	0,164	0	0	0	–0,403
0	0	0	0	0	0	0
0	0	0	0	0,033	0,125	0
0	0	0	0	0,125	0,466	0
1680	0,338	–0,403	0	0	0	33,042

$$\begin{cases} 5500 = 4{,}836 \cdot v_x - 0{,}329 \cdot v_y + 0{,}338 \cdot v_c \\ -800 = -0{,}329 \cdot v_x + 0{,}164 \cdot v_y - 0{,}403 \cdot v_c \\ 0 = 0{,}033 \cdot v_a + 0{,}125 \cdot v_b \\ 0 = 0{,}125 \cdot v_a + 0{,}466 \cdot v_b \\ 1680 = 0{,}338 \cdot v_x - 0{,}403 \cdot v_y + 33{,}042 \cdot v_c \end{cases}$$

$$v_a = -\frac{0{,}125}{0{,}033} \cdot v_b$$

$$0{,}125 \cdot \left(-\frac{0{,}125}{0{,}033} v_b \right) + 0{,}466 \cdot v_b = 0$$

$$-0{,}473 \cdot v_b + 0{,}466 \cdot v_b = 0 \rightarrow v_b = 0 \ e \ v_a = 0$$

$$\begin{cases} 4{,}836 \cdot v_x - 0{,}329 \cdot v_y + 0{,}338 \cdot v_c = 5500 \\ 0{,}329 \cdot v_x - 0{,}164 \cdot v_y + 0{,}403 \cdot v_c = 800 \\ 0{,}338 \cdot v_x - 0{,}403 \cdot v_y + 33{,}042 \cdot v_c = 1680 \end{cases}$$

$$\Delta = \begin{vmatrix} 4{,}836 & -0{,}329 & 0{,}338 \\ 0{,}329 & -0{,}164 & 0{,}403 \\ 0{,}338 & -0{,}403 & 33{,}042 \end{vmatrix} = -21{,}912$$

$$\Delta_{v_x} = \begin{vmatrix} 5500 & -0,329 & 0,338 \\ 800 & -0,164 & 0,403 \\ 1680 & -0,403 & 33,042 \end{vmatrix} = -20452,572$$

$$v_x = \frac{20452,572}{21,912} = 933,396$$

$$\Delta_{v_y} = \begin{vmatrix} 4,836 & 5500 & 0,338 \\ 0,329 & 800 & 0,403 \\ 0,338 & 1680 & 33,042 \end{vmatrix} = 65613,826$$

$$v_y = \frac{65613,826}{21,912} = 2994,424$$

$$\Delta_{v_c} = \begin{vmatrix} 4,836 & -0,329 & 5500 \\ 0,329 & -0,164 & 800 \\ 0,338 & -0,403 & 1680 \end{vmatrix} = -104,758$$

$$v_c = \frac{104,758}{21,912} = 4,781$$

d) Cargas nas estacas:

Estaca	v_xp_x	v_yp_y	v_zp_z	v_ap_a	v_bp_b	v_cp_c	N_i(kN)
1	933,396	0	0	0	0	−19,602	913,79
2	919,395	-521,030	0	0	0	-2,826	395,54
3	901,661	775,556	0	0	0	2,773	1679,99
4	901,661	775,556	0	0	0	2,773	1679,99
5	933,396	0	0	0	0	18,646	952,04

22) Calcule os esforços sobre as estacas (todas iguais, pelo que A = cte) do bloco de fundação representado na Figura 13.67. Use o método de Nökkentved.

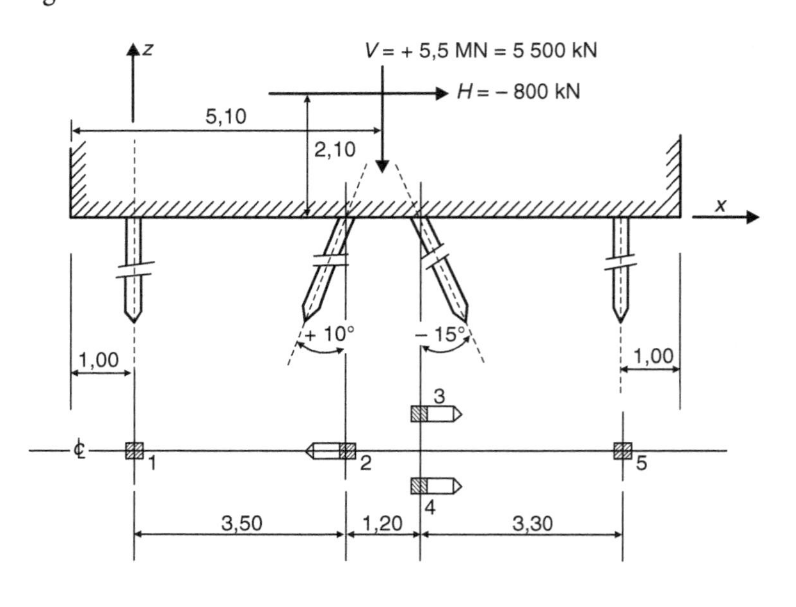

FIGURA 13.67

Solução

a) Tabela de cálculo de esforços

1 Nº	2 cos α	3 cos²α	4 v	5 tgα	6 x	7 $v \cdot$ tgα	8 $v \cdot$ tg²α	9 $v \cdot x$	10 $vx \cdot$ tgα	11 η	12 $v \cdot \eta^2$
1	1,000	1,000	1,000	0,000	0,00	0,000	0,000	0,000	0,000	-3,98	15,84
2	0,985	0,970	0,970	0,176	3,50	0,171	0,030	3,395	0,598	-0,01	0,00
3	0,966	0,933	0,933	-0,268	4,70	-0,250	0,067	4,385	-1,175	0,00	0,00
4	0,966	0,933	0,933	-0,268	4,70	-0,250	0,067	4,385	-1,175	0,00	0,00
5	1,000	1,000	1,000	0,000	8,00	0,000	0,000	8,000	0,000	4,02	16,16
			4,836			-0,329	0,164	20,165	-1,752		32,00

b) Cálculo de tgα' e tgα':

$$\text{tg}\,\alpha = -\frac{0,329}{4,836} = -0,068$$

$$\text{tg}\alpha'' = -\frac{0,164}{0,329} = -0,498$$

c) Coordenadas do centro elástico (Fig. 13.68):

$$x_0 = \frac{-\dfrac{20,165}{4,836}\cdot 0,498 + \dfrac{1,752}{0,329}\cdot 0,068}{0,068 - 0,498} = 3,98 \text{ m}$$

$$z_0 = \frac{\dfrac{20,165}{4,836} - \dfrac{1,752}{0,329}}{0,068 - 0,498} = 2,69 \text{ m}$$

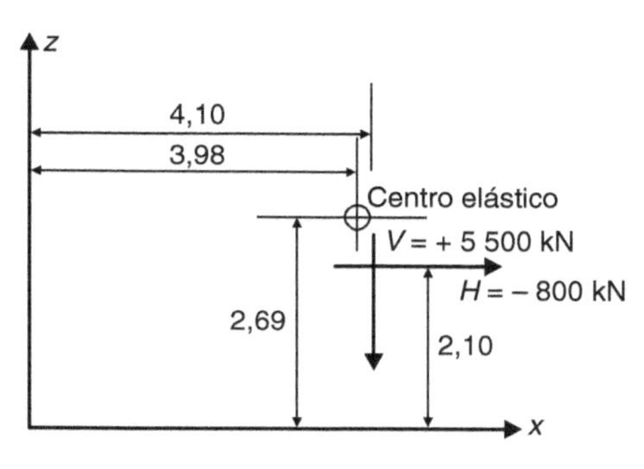

FIGURA 13.68

d) Preencha as colunas 11 e 12.

e) Valores de V, H e M.

$$V = 5500 \text{ kN}$$

$$H = -800 \text{ kN}$$

$$M = 5500\cdot(4,10 - 3,98) - 800\cdot(2,69 - 2,10) = 188 \text{ kN}\cdot\text{m}$$

f) Esforços sobre as estacas:

— Consideremos, preliminarmente, que a fórmula geral para o cálculo de P, recordando que, aqui, A é constante, pode ser escrita:

$$\frac{P}{\cos\alpha} = \frac{V\cdot \text{tg}\alpha'' - H}{(\text{tg}\alpha'' - \text{tg}\alpha')\cdot\sum\cos^2\alpha} + \frac{H - V\cdot\text{tg}\alpha'}{(\text{tg}\alpha'' - \text{tg}\alpha')\cdot\sum\cos^2\alpha\cdot\text{tg}\alpha}\cdot\text{tg}\alpha + \frac{M}{I}\cdot\eta$$

notando que:

$$\text{tg}\alpha'\cdot\sum\cos^2\alpha = \sum\cos^2\alpha\cdot\text{tg}\alpha$$

— Reportando-nos agora aos valores numéricos determinados em (a), (b), (c) e (e), teremos

$$\frac{P}{\cos\alpha} = 932,45 - 3007,875 \cdot \text{tg}\alpha + 5,875 \cdot \eta$$

expressão da forma:

$$P = \left(K_1 \pm K_2 \cdot \text{tg}\alpha \pm K_3 \cdot \eta\right) \cdot \cos\alpha$$

que, a seguir, aplicaremos tabularmente a cada estaca integrante do bloco.

— Cálculo dos esforços:

Estaca	$K_1 \cdot \cos\alpha$	$-K_2 \cdot \text{tg}\alpha \cdot \cos\alpha$	$K_3 \cdot \eta \cdot \cos\alpha$	P(kN)
1	932,958	0,000	–22,545	915,4
2	918,784	35,490	–0,086	883,2
3	901,168	–52,896	–0,029	954,0
4	901,168	–52,896	–0,029	954,0
5	932,958	0,000	22,684	950,6

14

Tubulões e Caixões. Infraestrutura

14.1 TUBULÕES

Os tubulões são fundações construídas "concretando-se um poço aberto no terreno ou fazendo descer, por escavação interna, um tubo, geralmente de concreto armado ou de aço, que é posteriormente cheio com concreto simples ou armado. No caso de revestimento com tubo metálico, este poderá, ou não, ser recuperado".

14.2 TUBULÕES A CÉU ABERTO

O tipo mais elementar de tubulão é aquele que resulta de um *simples poço* perfurado manualmente e a céu aberto. A sua técnica de execução dispensa explicações. O seu emprego é limitado a solos coesivos e acima do nível d'água.

No chamado sistema *Chicago* (Fig. 14.1), a escavação é feita a pá, em etapas, cuja profundidade varia de 0,5 m para argilas moles até aproximadamente 2 m para argilas rijas. Escoradas as paredes com pranchas verticais de madeira, ajustadas por meio de anéis de aço, escava-se nova etapa e, assim, prossegue-se.

Finalmente, procede-se ao alargamento da base e enche-se o poço com concreto.

No sistema *Gow* (Fig. 14.2) são usados cilindros telescópicos de aço, cravados por percussão, os quais revestem o orifício escavado por pá ou picareta. Atingida a profundidade desejada, é feito o alargamento da base e, concomitantemente com a concretagem, são recuperados os cilindros. Este sistema é utilizado em terrenos não coesivos.

O diâmetro da perfuração depende da carga a suportar e da elasticidade do concreto; para cada 2,00 a 2,50 m de profundidade, o diâmetro diminui cerca de 5 cm.

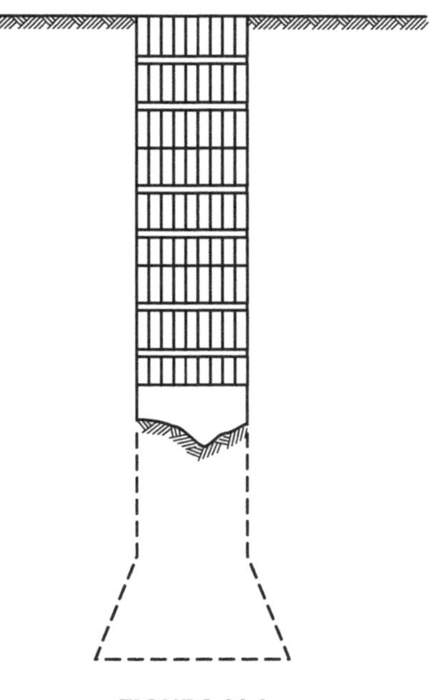

FIGURA 14.1

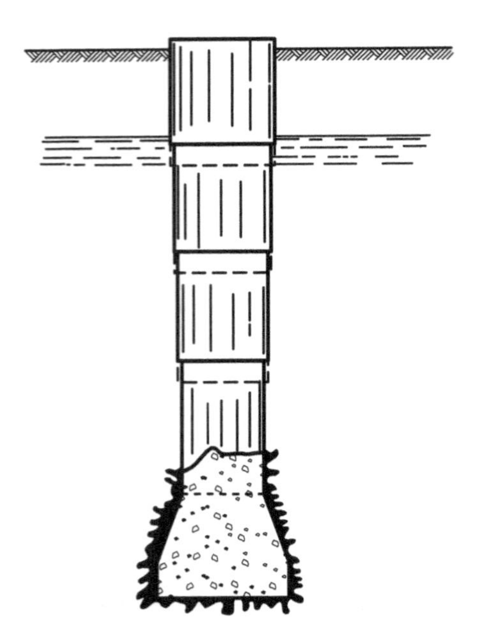

FIGURA 14.2

14.3 TUBULÕES E AR COMPRIMIDO

A aplicação do ar comprimido em obras de engenharia data aproximadamente de 1841, quando o engenheiro francês Triger, pela primeira vez, o aplicou em trabalhos nas minas de *Chalonnes*, no Vale do Loire. Assim, se originou o sistema de *fundações sob ar comprimido*, também chamado de *fundações pneumáticas*, que tem evidentemente sofrido sucessivos aperfeiçoamentos.

A instalação para execução de fundações pneumáticas compreende, essencialmente: uma campânula ou câmara de equilíbrio, construída de chapa de aço, e um compressor, que fornece o ar comprimido.

O princípio da execução de fundações pneumáticas é manter, pelo ar comprimido, a água afastada do interior do tubulão ou caixão.

A pressão p do ar no interior do tubulão deve ser tal que contrabalance o peso da coluna de água h, isto é:

$$p \geq \gamma_w \cdot h$$

Por outro lado, como a pressão deve ser compatível com as condições de trabalho suportáveis pelo organismo humano, verifica-se que a profundidade de um tubulão é limitada a 35 m abaixo do nível d'água.

A Figura 14.3 ilustra esquematicamente as fases de execução do tubulão.

Os tubulões de concreto armado são construídos no próprio local, em seções de aproximadamente 4 m de altura e espessura da parede não inferior a 20 cm.

Os tubulões podem também ser executados com um revestimento metálico que deve ser cravado por um martelo hidráulico, vibrador ou apenas empurrado no terreno por meio de uma entubadeira hidráulica.

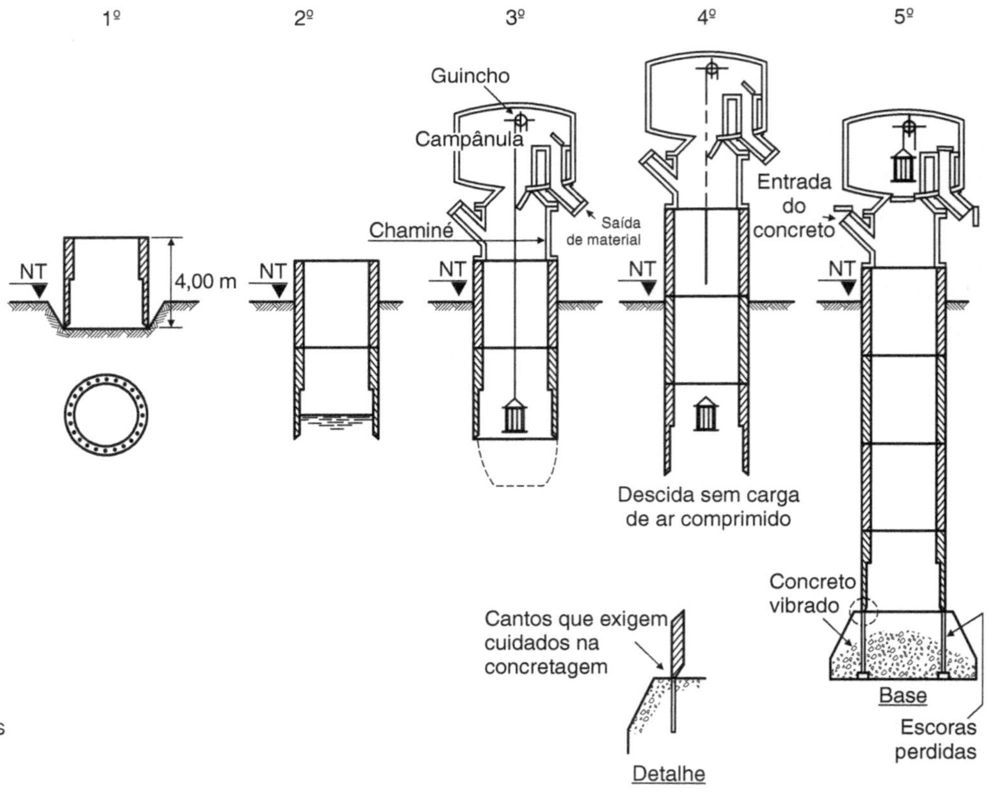

FIGURA 14.3 Esquema das fases de execução de um tubulão a ar comprimido.

A camada resistente do solo é alcançada fazendo-se descer o tubulão lentamente, à medida que vai sendo feita a escavação abaixo dele. Uma vez atingida a camada resistente, pelo seu interior descem os operários que realizam a escavação do terreno e o *alargamento da base* (Fig. 14.4). Finalmente, feito o enchimento do seu interior com concreto, tem-se o tubulão pronto.

A execução dos tubulões deverá ser cuidadosa para evitar desaprumos, geralmente de correção difícil.

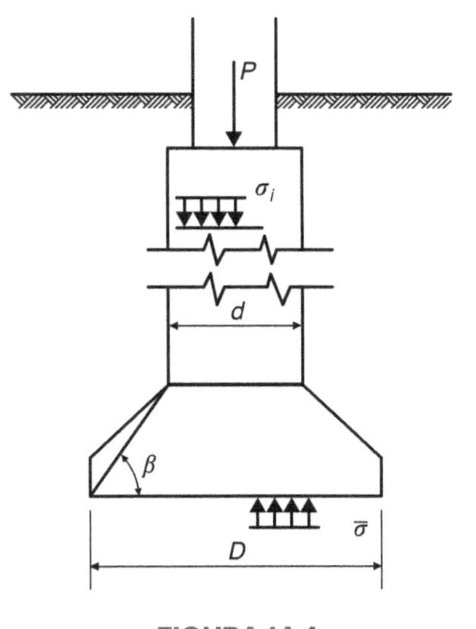

FIGURA 14.4

Cálculo estrutural dos tubulões

As considerações sobre o dimensionamento estrutural dos tubulões em concreto armado pode ser verificado nas normas ABNT NBR 6122 e ABNT NBR 6118, assim como daqueles com revestimento em camisa metálica.

14.4 ALARGAMENTO DA BASE

Como a tensão admissível ($\bar{\sigma}$) do terreno (da camada resistente) é menor que a tensão média no fuste $\left(\sigma_i = \dfrac{P}{\pi \cdot d^2}\right)$ há que se realizar o alargamento da base (segundo um tronco de cone) até um diâmetro D, tal que:

$$D = \sqrt{\frac{4 \cdot P}{\pi \cdot \bar{\sigma}}} \quad \text{e} \quad d = \sqrt{\frac{4 \cdot (\gamma_f \cdot P)}{\pi \times \sigma_c}} \quad (\text{com } \gamma_f = 1{,}4)$$

$$\text{em que } \sigma_c = 0{,}85 \cdot \left(\frac{f_{ck}}{\gamma_c}\right) \text{ e } \begin{cases} \gamma_c = 1{,}4 (\textit{camisa de concreto}) \\ \gamma_c = 1{,}5 (\textit{camisa de aço}) \\ \gamma_c = C25 - 2{,}2 (\textit{não encamisado}) \\ \gamma_c = C40 - 3{,}6 (\textit{não encamisado}) \end{cases}$$

conforme norma ABNT NBR 6122.

Tomando-se a relação entre os dois diâmetros, obtém-se:

$$\frac{d}{D} = \sqrt{\frac{\bar{\sigma}}{\sigma_i}}$$

donde

$$D = d \cdot \sqrt{\frac{\bar{\sigma}}{\sigma_i}}$$

A distância entre a face do fuste e a borda da base do tubulão denomina-se *disparo*.

Para que não haja necessidade de armação na base e, portanto, para que as tensões de tração (σ_t) sejam absorvidas pelo próprio concreto, a inclinação β da parede deve ser tal que:

$$\beta \geq 60°$$

em que se pode considerar:

$$\overline{\sigma}_t = \frac{f_{ck}}{20}$$

Para maiores informações consultar o livro *Engenharia de fundações* dos autores Albuquerque e Garcia (2020).

14.5 CAPACIDADE DE CARGA

A capacidade de carga P_t de um tubulão é considerada a soma da capacidade de carga de base P_b mais uma parcela de carga P_a absorvida por atrito do solo ao longo de sua superfície lateral. Assim:

$$P_t = P_a + P_b$$

O valor de P_b é dado pelas conhecidas fórmulas de capacidade de carga e o de P_a é calculado em função da resistência de atrito por unidade de área do fuste.

Em geral, a parcela de atrito P_a é desprezada no cálculo, porém, caso seja considerado, deverá obedecer ao especificado pela ABNT NBR 6122.

14.6 CAIXÕES

Há casos em que se prefere substituir os tubulões por *caixões*. É o que ocorre, por exemplo, com a fundação de um pilar de ponte em que a substituição de dois ou mais tubulões, por um caixão que os envolva, pode ser mais econômica.

Os caixões podem ser metálicos ou de concreto armado e, dependendo de suas dimensões, poderão ser previstas várias câmaras de compressão.

Outro tipo de fundação, especialmente usado em obras hidráulicas, é o *caixão flutuante*, o qual, concretado a seco, em uma carreira à margem d'água, e depois feito flutuar, é rebocado ao seu local de afundamento. O preparo da superfície de assentamento é, em geral, realizado por mergulhadores.

Além dos caixões perdidos, isto é, que permanecem como parte da construção, são empregados também *caixões amovíveis*, os quais são retirados após executada a fundação. A Figura 14.5 esquematiza as fases de sua implantação sobre o local de trabalho.

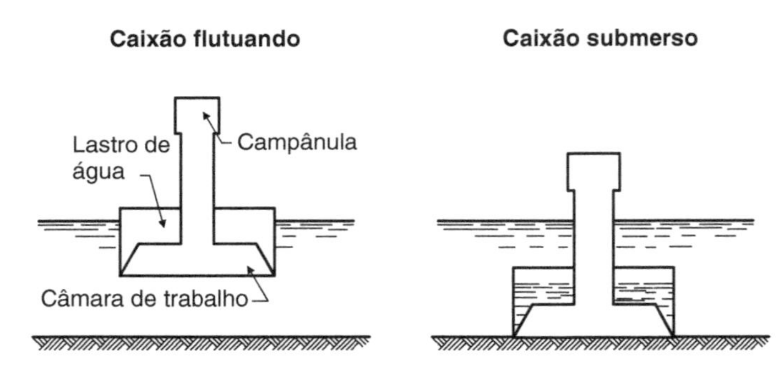

FIGURA 14.5

14.7 PRECAUÇÕES PARA O TRABALHO SOB AR COMPRIMIDO

O trabalho para execução de fundações pneumáticas é extremamente penoso e nocivo à saúde. Os operários são sujeitos não só a acidentes em função de defeitos na instalação e da insuficiência de vigilância – causas que, evidentemente, não devem ocorrer em obras bem conduzidas – como fenômenos patológicos oriundos do chamado *mal do ar comprimido*. Os sintomas dessa moléstia são: dores de ouvido, dores nevrálgicas, transpirações frias e, por vezes, vômitos e síncopes. A maioria dos trabalhadores resiste bem a essas manifestações; no entanto, em certos casos, elas poderão causar paralisias, enfermidades mentais e até a morte. Os acidentes ocorrem, principalmente, no período de descompressão, seja ainda dentro da campânula ou mesmo algum tempo depois de ter saído dela.

Como se sabe, o sangue e os tecidos contêm gases (oxigênio, gás carbônico e nitrogênio) cujos volumes dissolvidos são proporcionais às pressões a que estão submetidos. Quando ocorre uma descompressão brusca ou mal regulada, há uma liberação de ar em excesso, formando-se bolhas no sangue e nos tecidos. As bolhas de oxigênio são rapidamente assimiladas pela hemoglobina, e as de gás carbônico, pela pequena quantidade, não causam grande mal; as de nitrogênio, porém, não sendo assimiladas nem dissolvidas, permanecem no sangue e dão origem ao mal do ar comprimido. Assim, como medida preventiva de acidentes com ar comprimido, deve-se proceder a uma descompressão lenta e progressiva, de maneira a permitir a eliminação dos gases dissolvidos, sem formação de bolhas.

No Quadro 14.1, transcrevemos, da *Mecánica del suelo*, de Tschebotarioff, uma tabela relativa às normas de trabalho sob ar comprimido.

No Brasil, a Portaria n. 3214 de 08/06/1978, do Ministério do Trabalho, publicada no Diário Oficial de 06/07/1978 e atualizações, regulamenta as condições de trabalho sob ar comprimido.

Como medida terapêutica para o mal do ar comprimido, recomenda-se submeter o enfermo a uma "recompressão", seguida de lenta descompressão, cujo tempo varia com as condições físicas do paciente.

QUADRO 14.1 Condições de trabalho sob ar comprimido*

Pressão de trabalho (kgf/cm²)	Tempo de compressão (min)	Período de trabalho	Estágio de descompressão (kg/cm²)									Tempo de descompressão (min)
			1,8	1,6	1,4	1,2	1,0	0,8	0,6	0,4	0,2	
0,00 a 1,00	3	7h40min								3	14	17
1,00 a 1,20	4	5h36min									20	20
1,20 a 1,40	5	5h15min								5	35	40
1,40 a 1,60	6	4h49min							5	20	40	65
1,60 a 1,80	6	4h29min							10	30	45	85
1,80 a 2,00	7	4h08min						5	20	35	45	105
2,00 a 2,20	8	3h42min					5	10	25	40	50	130
2,20 a 2,40	8	3h17min					10	20	30	40	55	155
2,40 a 2,60	9	2h51min				5	15	25	30	45	60	180
2,60 a 2,80	10	2h26min			5	10	20	25	30	45	70	205
2,80 a 3,00	10	1h45min			10	15	20	30	40	50	80	245

*Para mais detalhes, consulte a NR15.

De um modo geral, os tipos linfáticos resistem melhor que os sanguíneos aos trabalhos sob ar comprimido.

Antes, portanto, de contratar os trabalhadores, eles deverão ser submetidos a um exame médico, que deverá ser renovado periodicamente; embriaguez, resfriados e gordura excessiva são prejudiciais.

Em um canteiro de ar comprimido, além das precauções especiais quanto à verificação do bom funcionamento do equipamento, aconselha-se manter um serviço médico para socorros urgentes.

14.8 INFRAESTRUTURA

Generalidades

O projeto e a execução das fundações e da infraestrutura de uma obra constituem, geralmente, problemas relativamente complexos. Eles envolvem, como já mencionamos, amplos estudos geotécnicos, verificação da existência de níveis d'água, constatação de obras enterradas, (galerias, condutos) e fundações remanescentes, condições das edificações vizinhas, questões relativas à erosão (no caso de obras de arte), equipamentos adequados, aspectos estruturais e custos, entre outros. Em se tratando de edificações urbanas, hoje, se acrescenta, ainda, a preocupação quanto a trabalhos para execução do metrô nas proximidades da obra em estudo.

Como toda fundação tem que assegurar a permanente estabilidade da obra que suporta e, durante sua execução, manter a integridade das obras vizinhas, verifica-se que todos esses problemas devem ser conveniente e prudentemente considerados.

Na fase de projeto, ou seja, quando da escolha do tipo de fundação (*superficial* ou *profunda*) e de seu dimensionamento (como elemento estrutural), deve-se levar em conta, diante da natureza do terreno e das cargas transmitidas pela estrutura, um fator de segurança adequado, a fim de que não ocorra a ruptura do terreno (com o colapso da obra) nem deformações ou recalques excessivos (incompatíveis com a concepção estrutural).

Quando da execução, dever-se-á, em especial, atentar para as questões relativas ao rebaixamento do nível d'água, escavação e escoramento das cavas, e ainda, se for o caso, o escoramento dos prédios vizinhos ou até mesmo o prévio reforço das suas fundações. Daí os diversos equipamentos e processos executivos existentes.

Tal como ocorreu nos últimos anos na construção de estradas, também na execução de infraestruturas os recursos da mecanização, propiciando toda uma gama de processos executivos novos, têm se tornado técnica e economicamente viável a realização de obra de grande vulto em "prazos" relativamente pequenos (o que, atualmente, é um fator importante a ser considerado).

Somente por meio de um judicioso processo, que atenda à natureza do terreno, às cargas e ao tipo de estrutura, e da conveniente adoção de um processo executivo que minimize os efeitos decorrentes da perturbação das condições locais, poder-se-ão executar trabalhos de fundações e infraestruturas em condições efetivamente seguras e econômicas.

Para alcançar esses objetivos, utilizam-se, na fase de projeto, os conhecimentos da Geotécnica e de Cálculo Estrutural e, na fase de execução, lança-se mão dos equipamentos modernos, dos processos executivos consagrados pela experiência e dos métodos de controle da qualidade dos materiais.

Ainda assim não se deve desprezar, quando for o caso, a observação da obra durante e após seu término, com tripla finalidade: ajustagem do projeto diante de condições imprevistas, verificação do comportamento da obra e coleta de dados com vistas ao aperfeiçoamento da tecnologia brasileira no campo da Engenharia de Fundações.

Processos executivos

A maneira convencional de executar um subsolo consiste em proceder ao rebaixamento do nível d'água (quando ele existe), escavar verticalmente o terreno, escorar os taludes, protegendo, assim, as fundações dos prédios vizinhos, e iniciar de baixo para cima a sua execução.

Com o crescente surto imobiliário nas grandes cidades, obrigando os construtores a utilizarem ao máximo as áreas úteis de construção, tanto acima quanto abaixo do nível da rua – aumentando, desse modo, as cargas e as profundidades das escavações em zonas adjacentes já edificadas – várias têm sido as técnicas executivas adotadas.

Não só as elevadas cargas dos pilares e as grandes profundidades a serem alcançadas, mas também os "prazos de execução" das obras (frequentemente exíguos, por contingências econômicas) têm aguçado a criatividade dos projetistas.

Como o que nos interessa, essencialmente, é mostrar, em seus aspectos práticos, os sistemas executivos imaginados, os esquemas[1] que se seguem foram sugeridos por casos reais executados, no Brasil, por empresas especializadas, como Estacas Franki Ltda.

A escavação mantendo "taludes" é indicada na Figura 14.6; a escavação geral com "paredes atirantadas" na Figura 14.7 e a escavação a partir do "núcleo central" na Figura 14.8. O sistema construtivo chamado de "ascendente-descendente", Figura 14.9, consiste, basicamente, em executar as fundações (provisórias ou definitivas) da obra, uma ou duas lajes do subsolo, após o que o construtor inicia a superestrutura, enquanto se prossegue a construção da infraestrutura. Esse sistema é, hoje, muito empregado graças às possibilidades que oferece da construção simultânea da infra e da superestrutura, com apreciável redução do prazo de conclusão da obra.

Deve ser observado que a retirada da instalação de rebaixamento do nível d'água (quando for o caso) somente poderá ser efetivada quando a estrutura já possuir carga capaz de combater o efeito da subpressão ou, no caso de fundação em estacas, desde que tenha sido previsto que elas venham trabalhar à tração.

Com o desenvolvimento de novas tecnologias, como as paredes-diafragmas escavadas com hidrofresa, o sistema de *jet grouting* e as estacas escavadas de grande diâmetro (até 3,00 m), hoje, é possível executar-se nos grandes centros urbanos edificações com até seis subsolos, estações e galerias de metrô com escavações até 30,00 m de profundidade junto a estruturas existentes.

As estacas e os tubulões são, frequentemente, submetidos a esforços de tração. Esses esforços podem ser permanentes, no caso de uma laje de subpressão ancorada, ou cíclicos, ora comprimido, ora tracionado, bem como uma combinação de tração e flexão.

A ABNT NBR 6122 estabelece que, quando estacas ou tubulões estão submetidos a esforços de tração, deve ser considerado o eventual comportamento diferente entre o atrito lateral à tração e o atrito lateral à compressão.

---

[1] A elaboração dos esquemas gráficos deste capítulo deve-se ao competente técnico e nosso velho amigo Sr. Aleixo Krykhtine, a quem consignamos nossos agradecimentos.

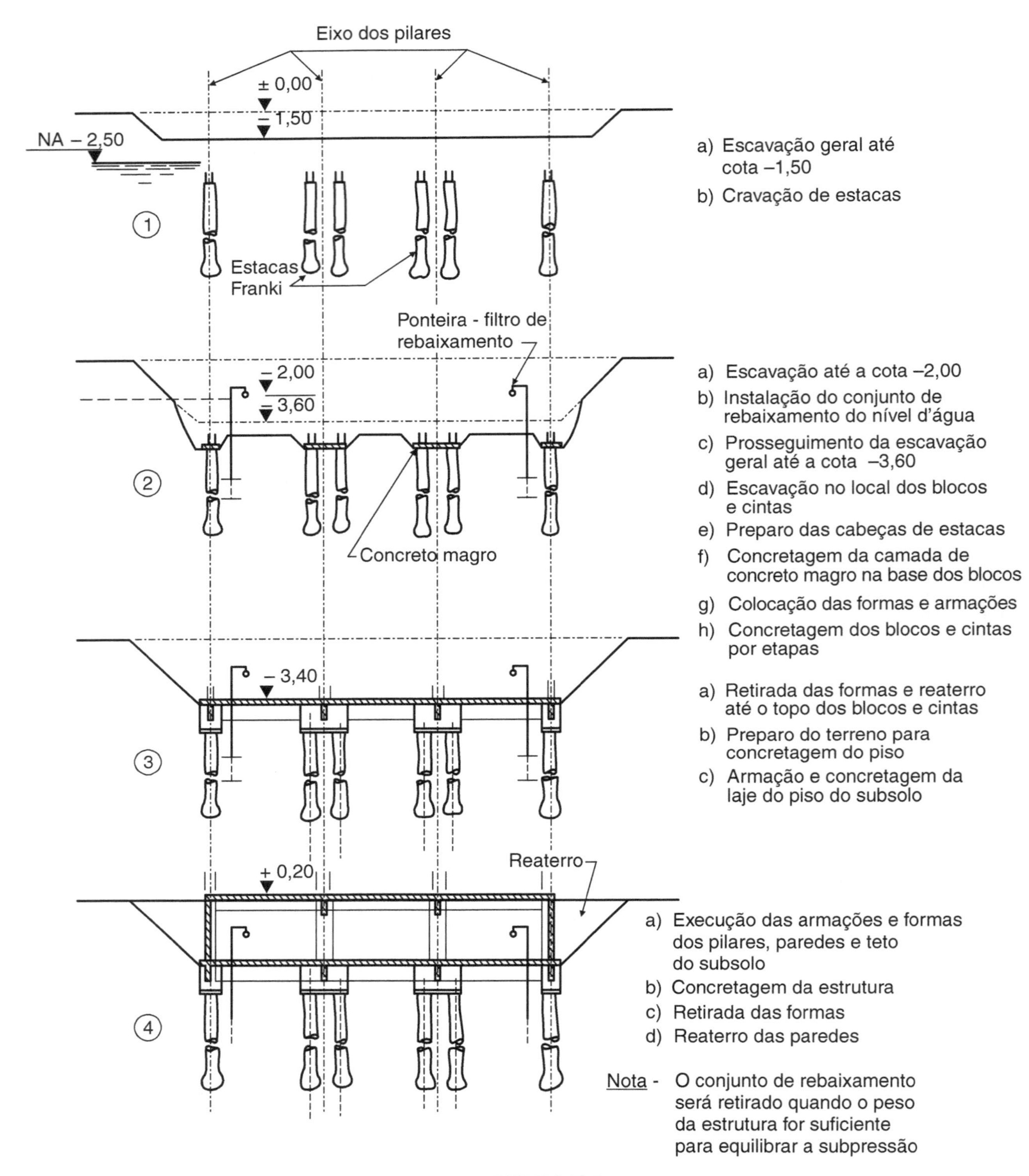

Eixo dos pilares
± 0,00
– 1,50
NA – 2,50
1
Estacas
Franki
a) Escavação geral até cota –1,50
b) Cravação de estacas
Ponteira - filtro de rebaixamento
– 2,00
– 3,60
2
Concreto magro
a) Escavação até a cota –2,00
b) Instalação do conjunto de rebaixamento do nível d'água
c) Prosseguimento da escavação geral até a cota –3,60
d) Escavação no local dos blocos e cintas
e) Preparo das cabeças de estacas
f) Concretagem da camada de concreto magro na base dos blocos
g) Colocação das formas e armações
h) Concretagem dos blocos e cintas por etapas
– 3,40
3
a) Retirada das formas e reaterro até o topo dos blocos e cintas
b) Preparo do terreno para concretagem do piso
c) Armação e concretagem da laje do piso do subsolo
+ 0,20
Reaterro
4
a) Execução das armações e formas dos pilares, paredes e teto do subsolo
b) Concretagem da estrutura
c) Retirada das formas
d) Reaterro das paredes
Nota - O conjunto de rebaixamento será retirado quando o peso da estrutura for suficiente para equilibrar a subpressão

FIGURA 14.6

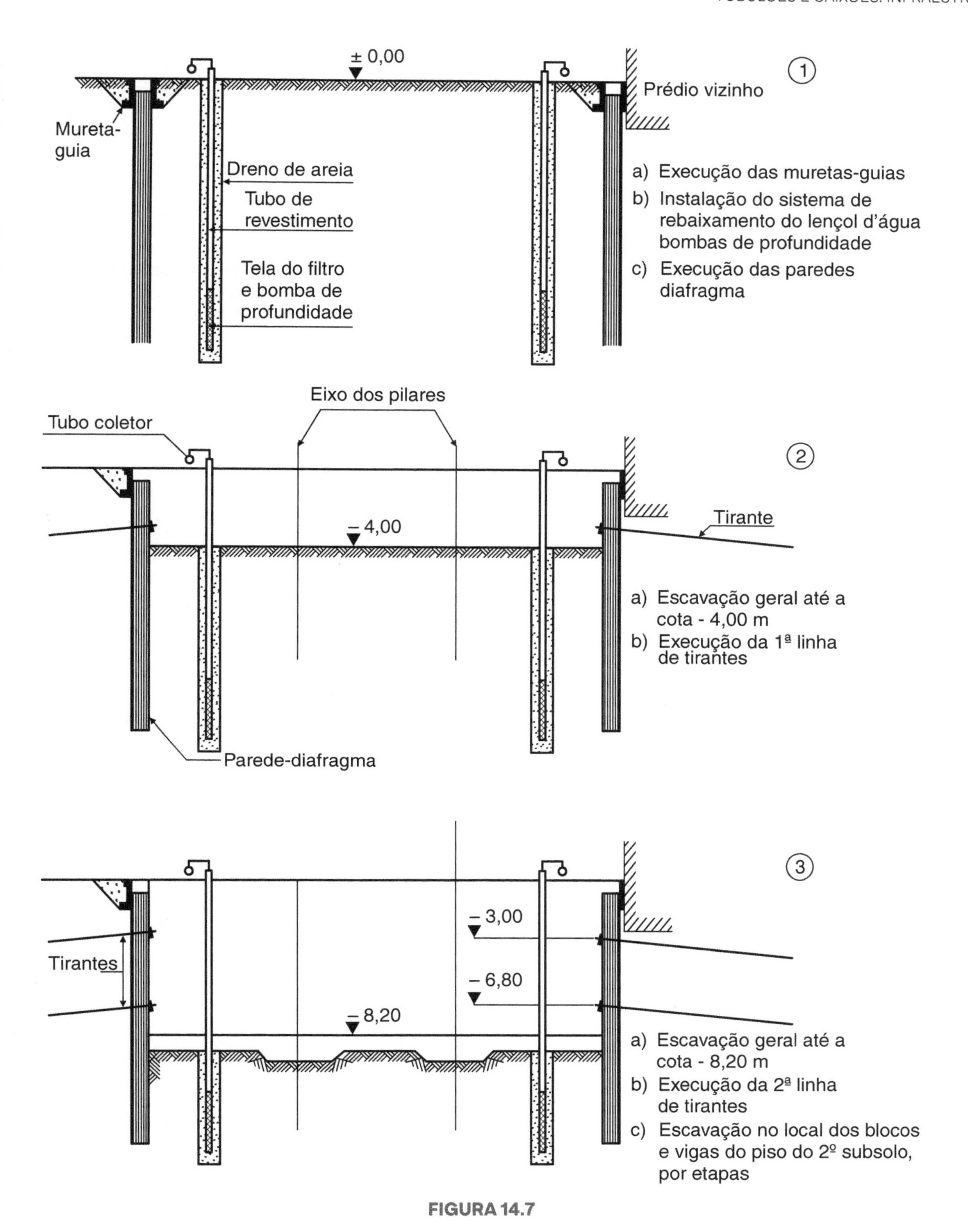
± 0,00
1
Prédio vizinho
Mureta-guia
Dreno de areia
Tubo de revestimento
Tela do filtro e bomba de profundidade
a) Execução das muretas-guias
b) Instalação do sistema de rebaixamento do lençol d'água bombas de profundidade
c) Execução das paredes diafragma
Eixo dos pilares
Tubo coletor
2
Tirante
– 4,00
a) Escavação geral até a cota - 4,00 m
b) Execução da 1ª linha de tirantes
Parede-diafragma
3
– 3,00
Tirantes
– 6,80
– 8,20
a) Escavação geral até a cota - 8,20 m
b) Execução da 2ª linha de tirantes
c) Escavação no local dos blocos e vigas do piso do 2º subsolo, por etapas

FIGURA 14.7

4

a) Colocação das formas, armações e concretagem dos blocos e vigas do piso do 2º subsolo
b) Retirada dos moldes e reaterro dos blocos e vigas
c) Preparo do terreno e concretagem do piso do 2º subsolo
d) Corte da 2ª linha de tirantes e remoção das placas de ancoragem

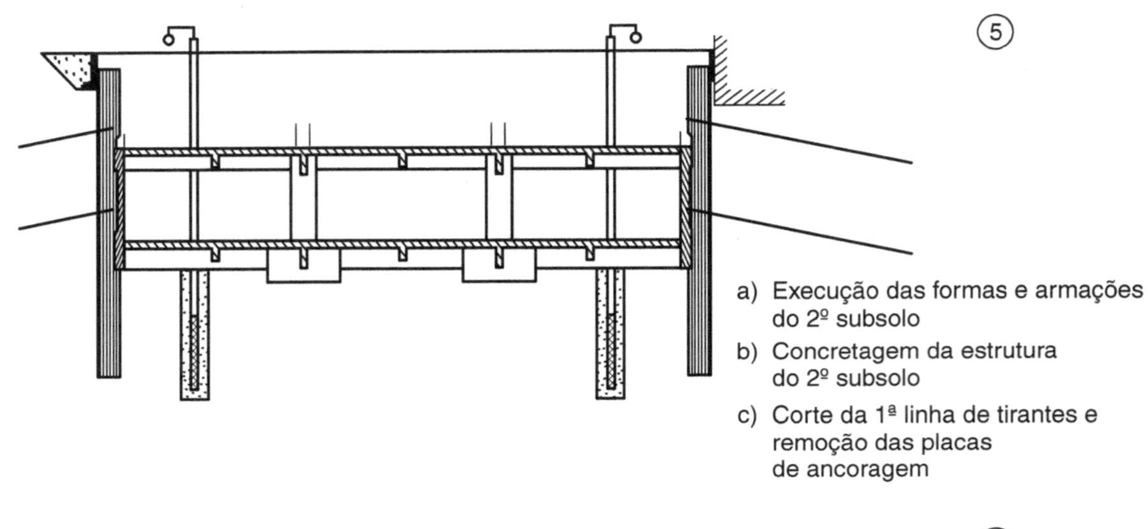

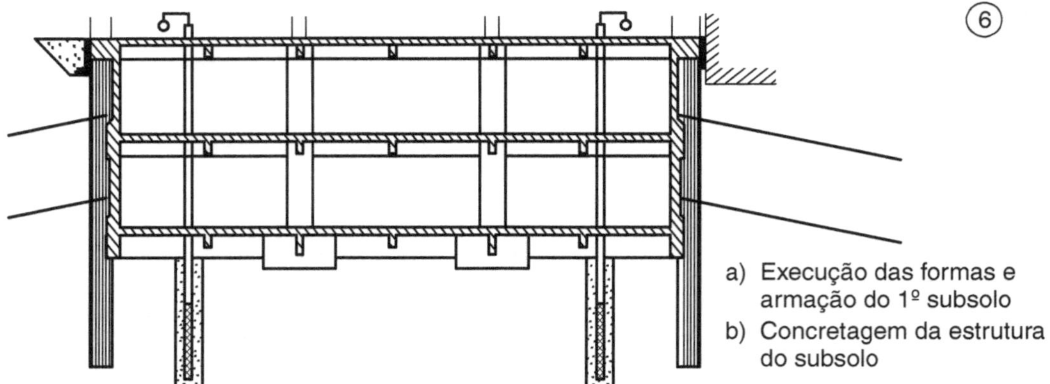

FIGURA 14.7 (Continuação)

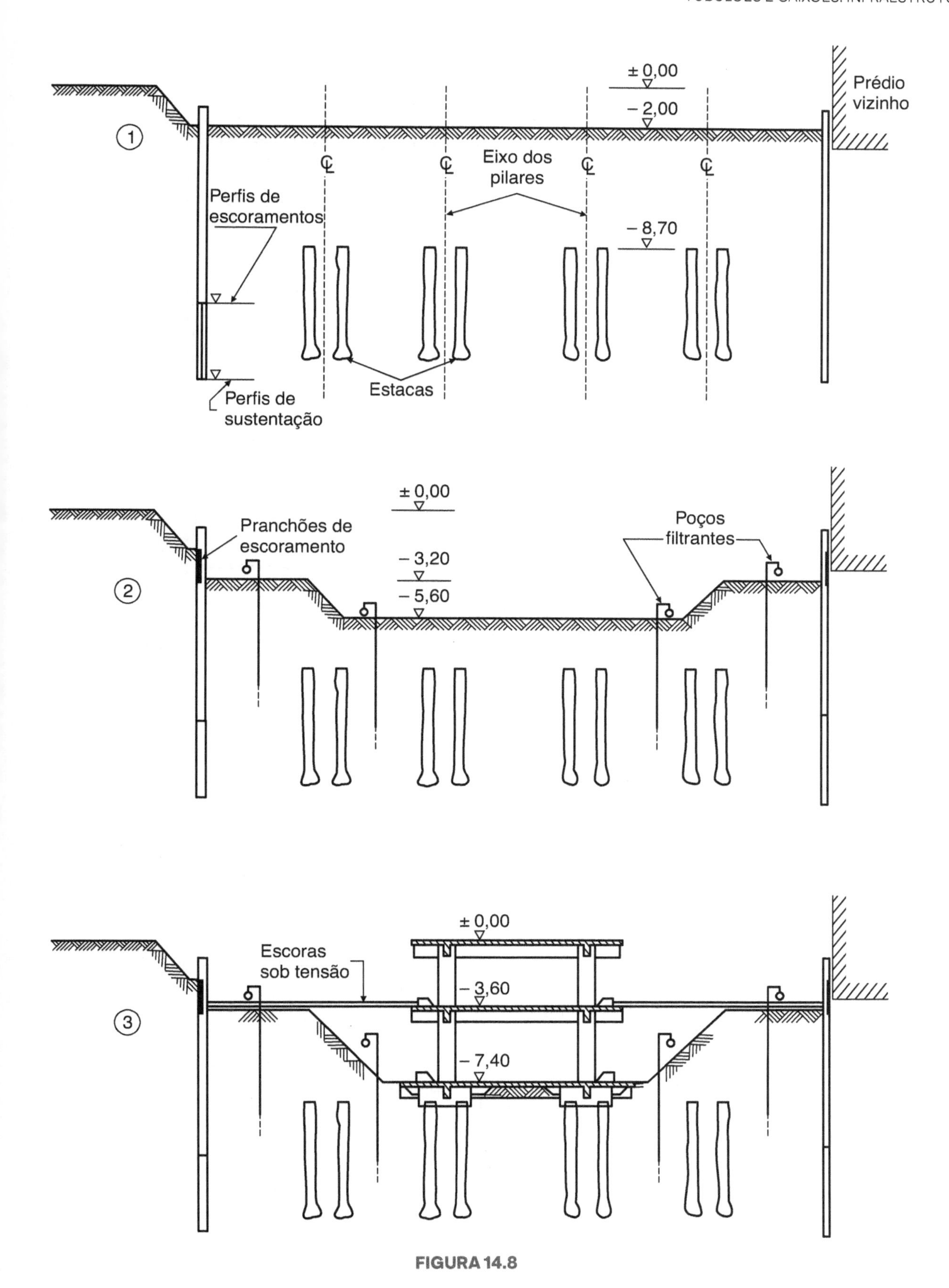
± 0,00
Prédio vizinho
− 2,00
1
Eixo dos pilares
Perfis de escoramentos
− 8,70
Estacas
Perfis de sustentação
± 0,00
Pranchões de escoramento
Poços filtrantes
− 3,20
2
− 5,60
± 0,00
Escoras sob tensão
− 3,60
3
− 7,40

FIGURA 14.8

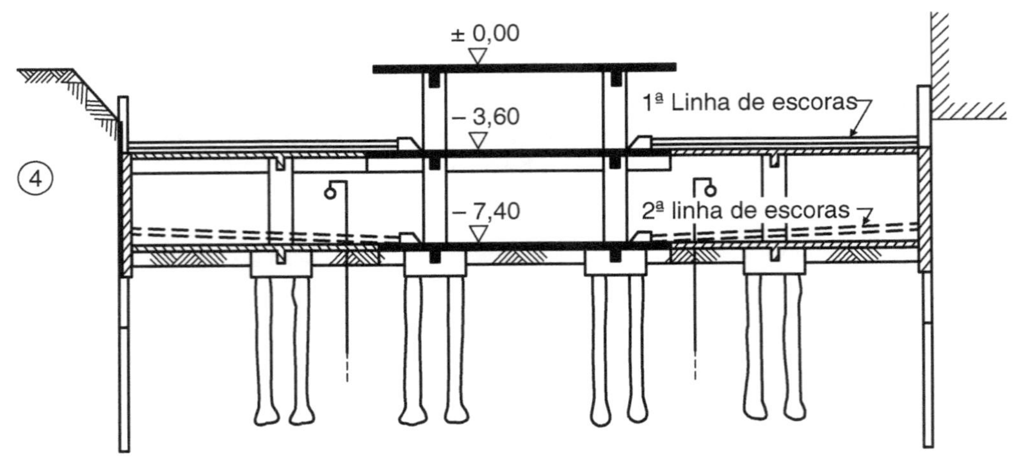

Convenções
- Fase anterior
- Fase em execução

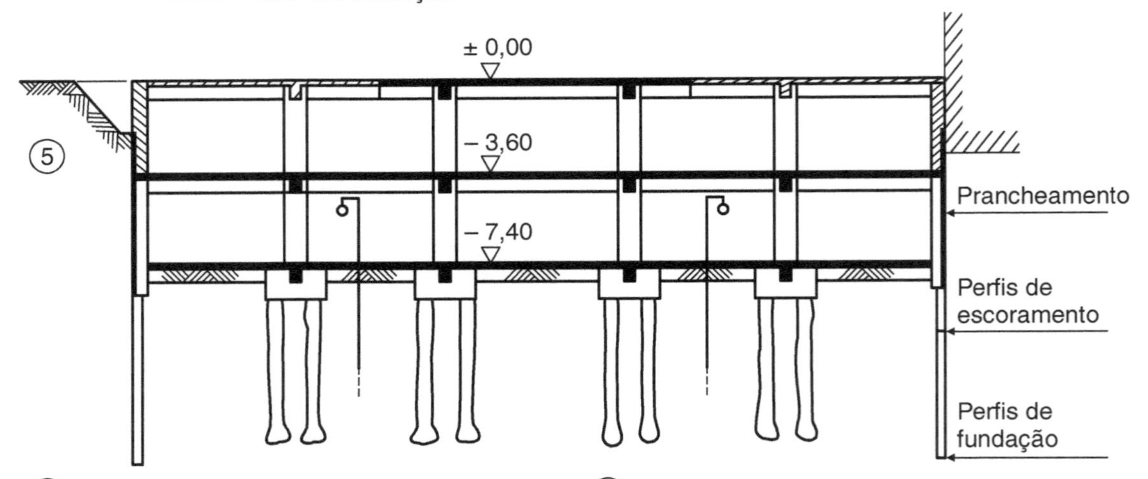

①
a) Escavação geral até –2,00 m
b) Cravação de estacas e perfis metálicos

②
a) Escavação geral até –3,20 m
b) Instalação da 1ª linha de rebaixamento do lençol d'água
c) Escavação central até –5,60 m deixando taludes laterais
d) Instalação da 2ª linha de rebaixamento do lençol d'água

③
a) Escavação em talude até a cota –7,40 m
b) Escavação parcial no local dos blocos e vigas
c) Concretagem parcial dos blocos e vigas
d) Concretagem parcial do piso do 2º subsolo
e) Concretagem parcial do piso do 1º subsolo
f) Escoramento dos perfis das cortinas contra o núcleo central
g) Concretagem parcial do teto do 1º subsolo

⑤
a) Escavação parcial dos taludes com colocação simultânea da 2ª linha de escoras
b) Escavação no local das vigas e blocos
c) Concretagem dos blocos, vigas, lajes, pilares, paredes e piso do 2º subsolo
d) Remoção da 2ª linha de escoras e do 1º estágio do rebaixamento do lençol d'água
e) Complementação da concretagem do piso do 2º subsolo

⑤
a) Remoção da 1ª linha de escoras
b) Complementação da concretagem do teto do 1º subsolo, pilares e paredes

Nota: A desmontagem do 2º estágio do rebaixamento do lençol d'água quando a estrutura atingir o peso suficiente para combater a subpressão

FIGURA 14.8 (Continuação)

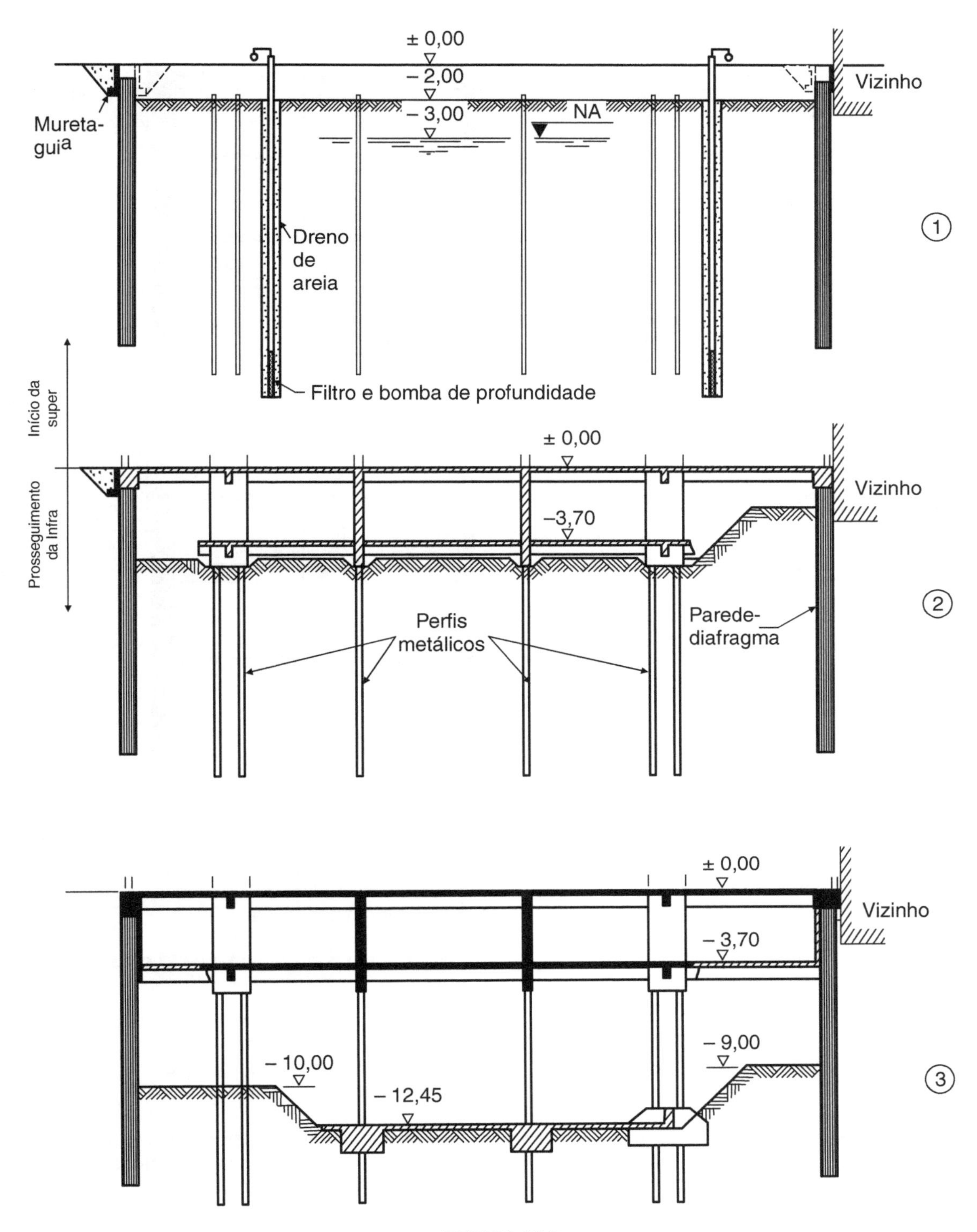
± 0,00
– 2,00
– 3,00
NA
Vizinho
Mureta-guia
Dreno de areia
Filtro e bomba de profundidade
①
Início da super
Prosseguimento da Infra
± 0,00
Vizinho
–3,70
Perfis metálicos
Parede-diafragma
②
± 0,00
Vizinho
– 3,70
– 9,00
– 10,00
– 12,45
③

FIGURA 14.9

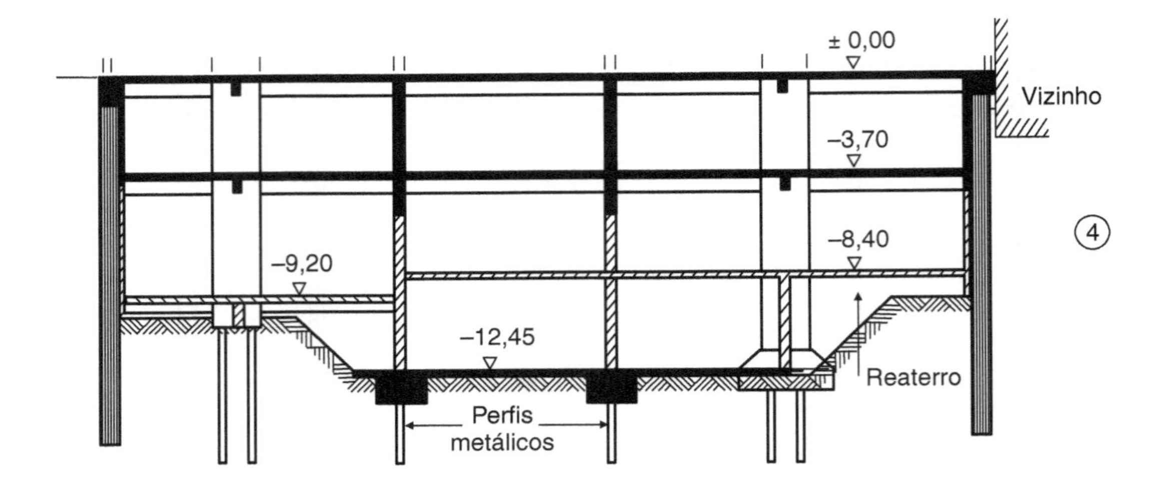

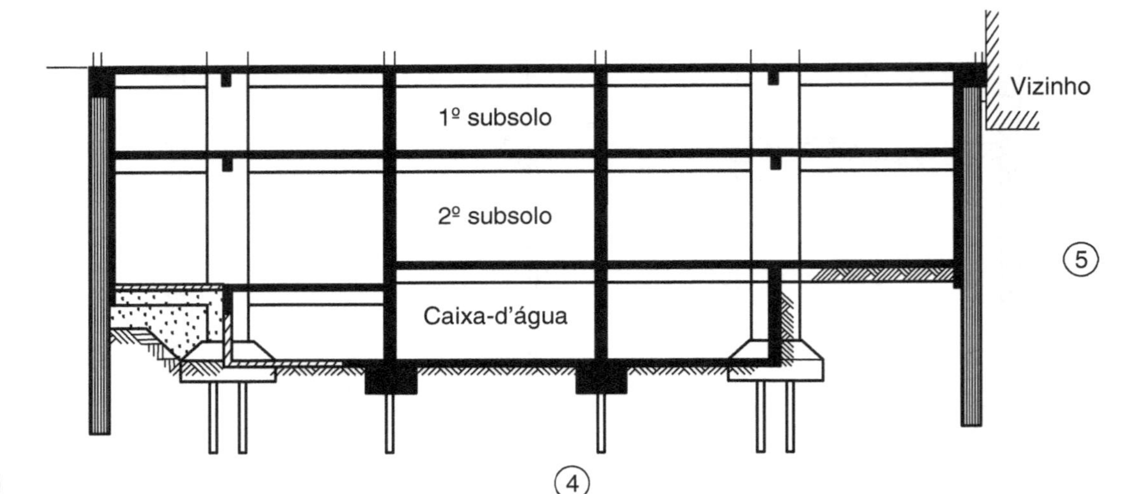

①
a) Execução das muretas-guias
b) Execução das paredes diafragma
c) Escavação até a cota - 2,00
d) Cravação dos perfis metálicos de sustentação provisória
e) Instalação do rebaixamento do lençol d'água com bomba de profundidade

②
a) Escavação geral até a cota - 4,50 com talude do lado do prédio
b) Concretagem parcial do piso do 1º subsolo incorporando os perfis de sustentação provisória
c) Concretagem geral do teto do 1º subsolo, pilares e paredes

③
a) Remoção do talude do lado do prédio vizinho
b) Concretagem final do piso do 1º subsolo
c) Escavação da parte central deixando taludes junto às paredes diafragma
d) Concretagem parcial das sapatas e do fundo da caixa-d'água

④
a) Concretagem parcial das sapatas e do fundo da caixa-d'água
b) Concretagem parcial das paredes
c) Reaterro junto do prédio vizinho
d) Concretagem complementar do 2º subsolo

⑤
a) Concretagem complementar do piso e paredes da caixa-d'água
b) Reaterro entre a caixa-d'água e as paredes diafragma

Nota: A desmontagem do sistema de rebaixamento do N.A. só será feita quando a carga da construção for suficiente para combater a subpressão.

FIGURA 14.9 (Continuação)

A Figura 14.10 mostra os mecanismos de ruptura à tração de uma estaca ou tubulão vertical isolado.

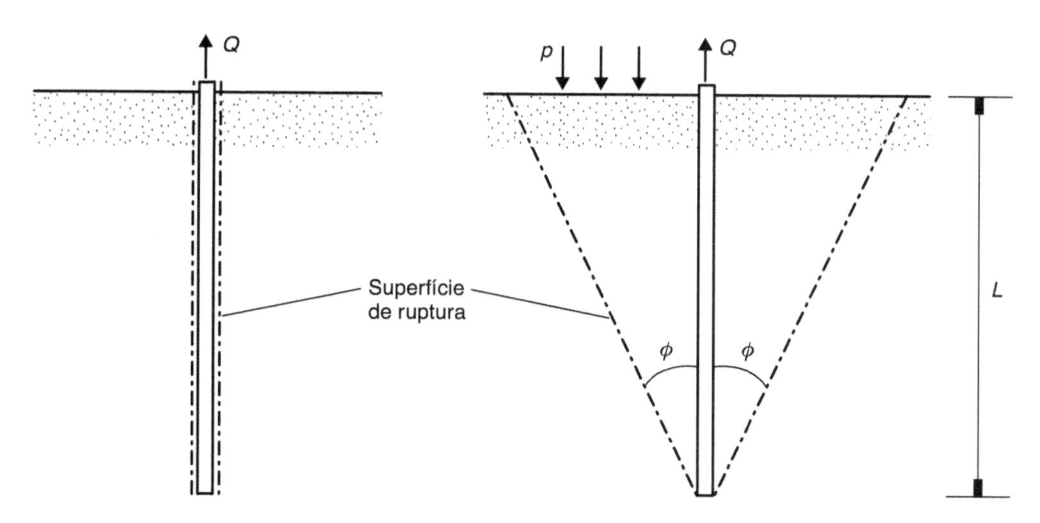

FIGURA 14.10 Estaca ou tubulão isolado: ruptura (a) na interface solo-estaca; (b) segundo uma superfície cônica.

EXERCÍCIOS

1) Em um terreno cujo perfil é o indicado na Figura 14.11, calcule a capacidade de carga de um tubulão de 1,20 m de diâmetro e base alargada até 1,60 m (D), na cota –12,00.

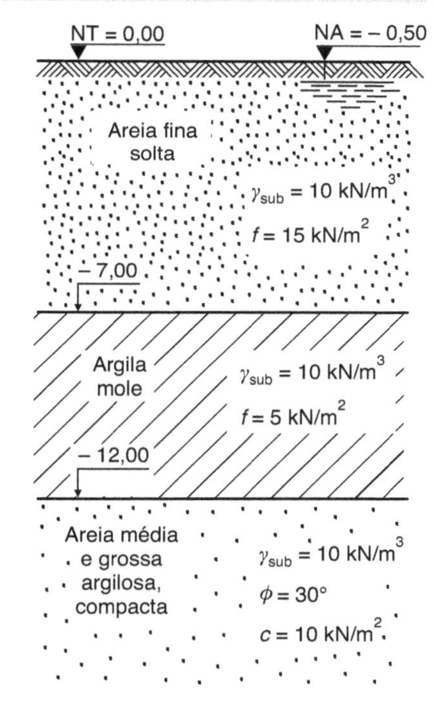

FIGURA 14.11

Solução

A capacidade de carga do tubulão é calculada pela fórmula

$$P_t = P_b + 2 \cdot \pi \cdot r \cdot f \cdot h_{\text{útil}} = \pi \cdot r^2 \cdot$$

$$\left(1{,}3 \cdot c \cdot N_c + \gamma \cdot h \cdot N_q + 0{,}6 \cdot \gamma \cdot r \cdot N_\gamma\right) + 2 \cdot \pi \cdot r \cdot f \cdot h_{\text{útil}},$$

em que, para $\phi = 30°$, $N_c = 35$, $N_q = N_\gamma = 20$ e $h_{\text{útil}} = h_{\text{tubulão}} - h_{\text{base}} - D =$ 12 – 0,55 – 1,60 = 9,85m.

Substituindo as letras pelos seus valores, vem:

$$P_t = \pi \cdot 0{,}8^2 \cdot (1{,}3 \cdot 10 \cdot 35 + 10 \cdot 12 \cdot 20 + 0{,}6 \cdot 10 \cdot 0{,}8 \cdot 20)$$
$$+ 2 \cdot \pi \cdot 0{,}6 \cdot [15 \cdot 7{,}0 + 5 \cdot (9{,}85 - 7)]$$

Efetuando, obtém-se:

$$P_t = 6383 \text{ kN}$$

Adotando-se um fator de segurança igual a 3 (método teórico – ver ABNT NBR 6122), resulta em: $\frac{6383}{3} \cong 2127$ kN.

2) Calcule o comprimento (h) de um tubulão para uma carga de 10.000 kN, sabendo-se que as características do terreno são as indicadas na Figura 14.12.

Para o cálculo da capacidade de carga do terreno use a fórmula de Rankine, com um fator de segurança igual a 2:

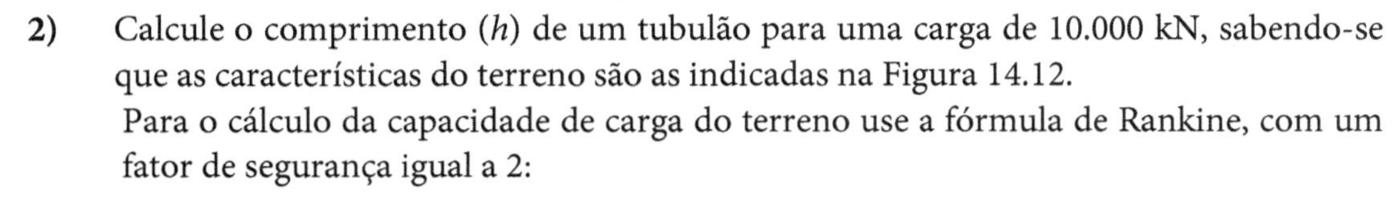

$$p = \gamma \cdot h \cdot \text{tg}^4\left(45 + \frac{\phi}{2}\right) + 2 \cdot c \cdot \frac{\text{tg}^3(45 + \phi/2)}{\cos^2(45 - \phi/2)}$$

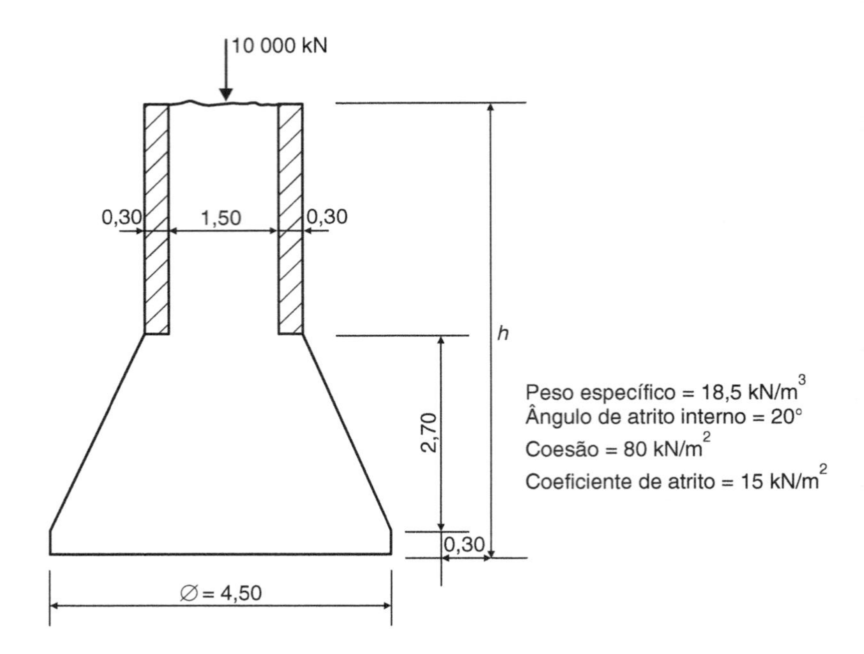

FIGURA 14.12

Solução

Substituindo os símbolos pelos seus valores, vem:

$$p = 18,5 \cdot h \cdot \text{tg}^4\left(45 + \frac{20}{2}\right) + 2 \cdot 80 \cdot \frac{\text{tg}^3\left(45 + \frac{20}{2}\right)}{\cos^2\left(45 + \frac{20}{2}\right)}$$

efetuando, obtém-se:

$$p = 77 \cdot h + 694,6 \ (\text{kN/m}^2)$$

Adotando-se um fator de segurança igual a 2, teremos para pressão admissível:

$$\overline{p} = 38,5 \cdot h + 347,3$$

Como a capacidade de carga do tubulão deverá ser expressa como a soma da capacidade da base alargada mais a resistência de atrito ao longo do fuste, teremos:

$$\left(\frac{\pi \cdot 4,50^2}{4}\right) \cdot (38,5 \cdot h + 347,3) + 2,10 \cdot \pi \cdot (h - 3,00 - 4,5) \cdot 15 = 711,3 \cdot h + 4781,4 \quad (1)$$

Por outro lado, a carga vertical total a ser transmitida ao solo é igual à soma da carga aplicada mais o peso próprio do tubulão. Este pode ser escrito como a soma do peso do fuste, mais o peso do tronco do cone, mais o peso da parte cilíndrica. Assim, teremos:

$$10.000 + \left\{\frac{\pi \cdot 2,10^2}{4} \cdot (h - 3,00 - 4,5) + \frac{2,70 \cdot \pi}{\pi} \cdot (2,25^2 + 1,05^2 + 2,25 \cdot 1,05) + \frac{\pi \cdot 4,50^2}{4} \cdot 0,30\right\} \cdot 22 =$$
$$= 76,2 \cdot h + 10.040$$

Igualando as expressões (1) e (2), obtemos:

$$711,3 \cdot h + 4781,4 = 76,2 \cdot h + 10.040$$

donde, então:

$$h = 8{,}23 \text{ m}$$

que será o comprimento total necessário.

3) Calcule a tensão máxima na base do tubulão da Figura 14.13, supondo o esforço horizontal absorvido pelo empuxo passivo.

Solução

De imediato, obtém-se que:

$$P = \frac{V}{8} + \frac{M + H \cdot (h+b)}{2 \cdot a \cdot 4}$$

donde:

$$\sigma = \frac{P}{\pi \cdot d^2}$$

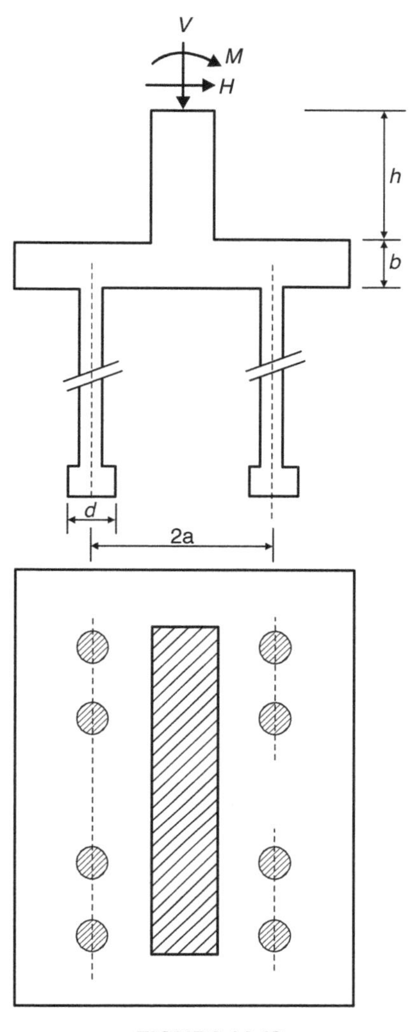

FIGURA 14.13

4) Calcule a capacidade de carga de um tubulão com 10 m de comprimento e 1,20 m de diâmetro, em um terreno com as seguintes características: $\gamma = 17$ kN/m³; $\phi = 30°$; $c = 10$ kN/m² e $f = 10$ kN/m² (resistência de atrito lateral).

Solução

$\cong 990$ kN/m².

15

Recalques

15.1 TIPOS DE RECALQUES

Um dos problemas fundamentais na Engenharia de Fundações consiste em determinar os *recalques* de uma construção.

Podemos distinguir três tipos de recalques resultantes de *cargas estáticas*: por deformação elástica, escoamento lateral e adensamento.

Os *recalques por deformação elástica* decorrem de um fenômeno geral: todo material se deforma quando carregado. São "imediatos" à aplicação da carga e predominam nos solos não coesivos.

Os *recalques por escoamento lateral* originam-se de um deslocamento das partículas do solo das zonas mais carregadas para as menos solicitadas. Verificam-se de maneira mais acentuada nos solos não coesivos sob fundações rasas.

Em geral, os dois tipos de recalques ocorrem simultaneamente, preponderando em determinadas condições um ou outro.

A Figura 15.1 representa esquematicamente os dois tipos de recalques; por compressão $(\overline{am})$ e por escoamento $(\overline{ma'})$ resultante do deslocamento horizontal das verticais $(\overline{mb})$ que passam a adotar a forma $\widehat{a'cb}$.

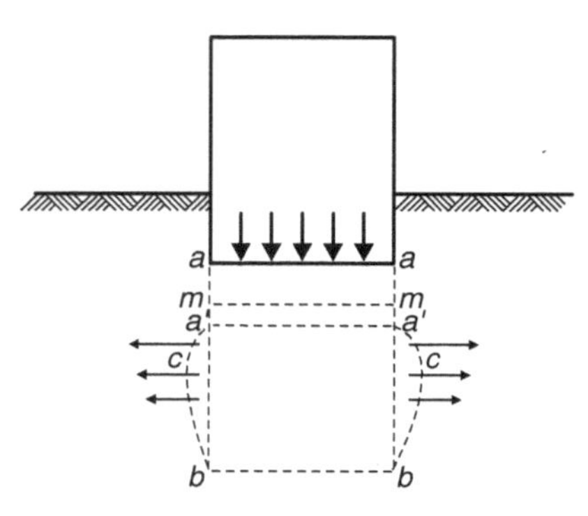

FIGURA 15.1

Os *recalques por adensamento* provêm da expulsão da água dos vazios do solo. São particularmente importantes em se tratando de solos argilosos. São lentos, seculares mesmo, em face do baixo coeficiente de permeabilidade das argilas.

Exemplos clássicos de obras que sofreram grandes recalques são: Torre de Pisa, Catedral de Koenisberg, Escola de Engenharia do México, Palácio de Belas Artes do México, entre outros.

Dentre esses exemplos, a Torre de Pisa (Fig. 15.2) é o mais conhecido.

Sua construção foi iniciada em 1173 e durou quase dois séculos. Seu peso é de 145.000 kN e sua altura da ordem de 58 m. A sua fundação é do tipo superficial, repousando sobre um solo heterogêneo. Se permanecesse vertical, despertaria no solo uma tensão de 514 kN/m², porém, em virtude da inclinação, chega a 961 kN/m². Atualmente, o recalque diferencial é de 1,80 m. Até o ano de 1690 a velocidade de recalque era de 2 mm/ano; entre os anos de 1800 e 1900, reduziu-se para 1 mm/ano e, hoje, é de 0,7 mm/ano. O seu desaprumo é da ordem de 9,7 % de sua altura.

No ano de 1990, o governo italiano, preocupado com o progressivo aumento da velocidade de inclinação da torre e o risco de seu colapso repentino, interrompeu as visitações e nomeou um Comitê Multidisciplinar para salvaguardar a estabilização da Torre de Pisa. Utilizando o método de escavação controlada do solo por debaixo do lado sul para reduzir sua inclinação e controlando o nível do lençol freático abaixo do lado norte, a torre foi finalmente estabilizada e reaberta à visitação em dezembro de 2001.

O monitoramento da Torre de Pisa continua e a questão que intriga o meio científico e a mídia diz respeito a seu comportamento no futuro, pois, pela complexidade do controle do fenômeno, quase único, e os problemas de interação solo-estrutura, não existe uma resposta exata.

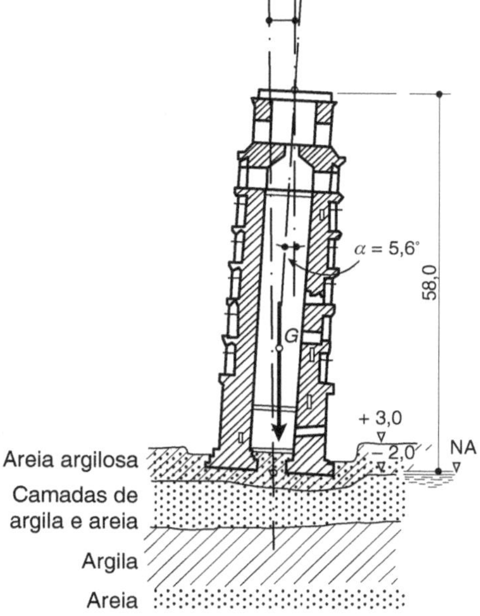

FIGURA 15.2

Os recalques observados em construções na Cidade do México são igualmente importantes. Eles se devem à sobrecarga do solo e à modificação do regime hidrológico.

A Cidade do México, fundada pelos astecas no meio de um lago, repousa sobre uma camada superior com mais de 30 m de argila muito mole, daí se originando as condições mais difíceis, talvez de todo o mundo, para a execução de fundações.

A esse fato alia-se o constante rebaixamento do nível d'água (que também provoca recalques), decorrente da necessidade de extração de grande volume de água para o abastecimento da cidade.

15.2 ESTIMATIVA DOS RECALQUES

Os valores dos "recalques elásticos", obtidos segundo as hipóteses em que se baseia a Teoria da Elasticidade, são muito discutíveis na prática da Mecânica dos Solos. Sem embargo, é útil conhecer algumas soluções, para uma avaliação da ordem de grandeza das deformações.

a) Para o caso de uma *carga concentrada* (Fig. 15.3), partindo de que, abaixo da carga:

$$\sigma_z = \frac{3 \cdot P}{2 \cdot \pi \cdot z^2}$$

Obtém-se, aplicando a lei de Hooke na sua forma mais simples, correspondendo a um estado monoaxial de esforço:

$$dr = \frac{\sigma_z}{E} \cdot dz$$

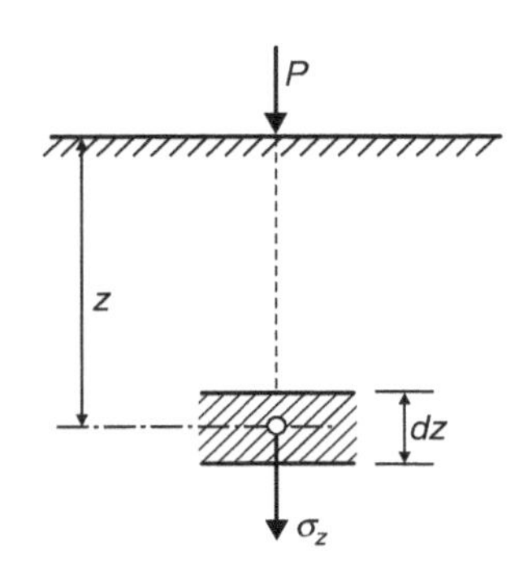

FIGURA 15.3

com E sendo o módulo de deformabilidade do solo.[1] Daí:

[1] Em geral, com a profundidade, os solos tornam-se mais resistentes e, portanto, menos deformáveis, o que torna E uma função crescente, admitida da forma $E = E_0 + \beta \cdot z$. Para vetores de E_0 e β, ver Leonards (1962), citado na bibliografia.

$$r = \frac{3 \cdot P}{2 \cdot \pi \cdot E} \cdot \int_z^\infty \frac{dz}{z^2} = -\frac{3 \cdot P}{2 \cdot \pi \cdot E}\left[\frac{1}{z}\right]_z^\infty = \frac{3}{2} \cdot \frac{P}{\pi \cdot E \cdot z}$$

b) Para uma *superfície circular, rígida*, de raio R, o recalque é uniforme, e seu valor, obtido por Boussinesq, é dado por:

$$r = \frac{\pi}{2} \cdot \frac{1-\nu^2}{E} \cdot \sigma \cdot R$$

em que σ é a tensão aplicada, E é o módulo de deformabilidade do solo e ν o seu coeficiente de Poisson.

c) Para uma *superfície retangular, flexível* de lados B e L (Fig. 15.4), o valor do recalque pode ser estimado pela fórmula de Schleicher:

$$r = \frac{\sigma \cdot B \cdot (1-\nu^2)}{E} \cdot I$$

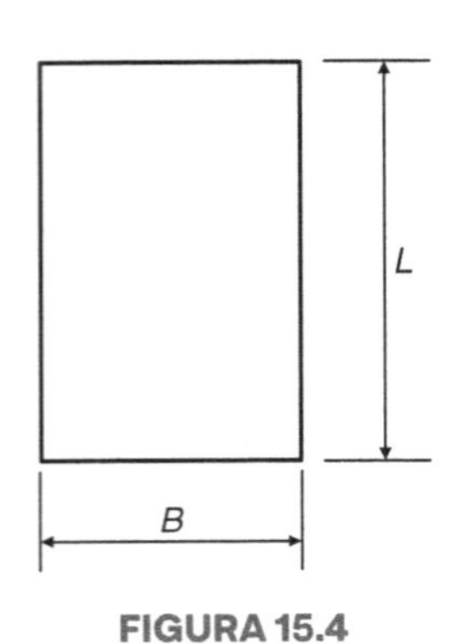

FIGURA 15.4

em que I é um fator de influência dependente da forma da área carregada (tensão σ) e da posição do ponto em que se calcula o recalque, e E o "módulo de deformabilidade" (solo). Com $\nu = 0,5$, tem-se:

$$r = \frac{3}{4} \cdot \frac{\sigma \cdot B}{E} \cdot I$$

Para uma camada de espessura infinita, os valores I são dados no Quadro 15.1.

QUADRO 15.1

Forma da área carregada	Fator de influência *I*		
	Centro	Vértice	Valor médio
Quadrada	1,12	0,56	0,95
Retangular *L*/*B* = 2	1,52	0,76	1,30
L/*B* = 5	2,10	1,05	1,83
L/*B* = 10	2,54	1,27	2,20
Circular (usando *D* em vez de *B*)	1,00	0,64 (borda)	0,85

A fórmula de Schleicher é também aplicável a uma fundação *rígida* com os seguintes valores para o fator de influência I (Quadro 15.2).

QUADRO 15.2

Forma da fundação	Circular (usando *D* em vez de *B*)	Quadrada	Retangular		
			L/*B* = 2	*L*/*B* = 5	*L*/*B* = 10
Fator de influência *I*	0,79	0,88	1,22	1,72	2,12

Para maiores informações sobre a fórmula de Schleicher, consulte o livro *Engenharia de fundações*, dos autores Albuquerque e Garcia (2020).

Exemplo

Calcule o recalque da sapata da Figura 15.5, supondo-a rígida.

$$p = \frac{200}{2,5^2} = 128 \text{ kN/m}^2$$

$$B = 2,50 \text{ m}$$

$$I = 0,88$$

$$r = 128 \cdot 2,5 \cdot \left(1 - \frac{0,25^2}{12.000}\right) \cdot 0,88 = 128 \cdot 2,5 \cdot \frac{0,94}{12.000} \cdot 0,88 = 0{,}022 \text{ m} = 2{,}2 \text{ cm}$$

Quanto ao valor de "recalque por escoamento", pode ser determinado, embora sem grande rigor, pelas fórmulas de Kogler e Scheidig:

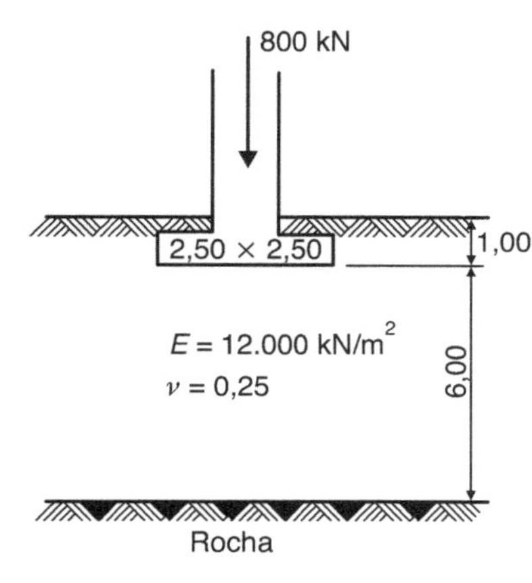

FIGURA 15.5

$$r = \frac{c \cdot \sigma}{a} \text{ para fundação quadrada de lado } a;$$

$$r = \frac{c \cdot \sigma}{d} \text{ circular de diâmetro } d;$$

$$r = \frac{c \cdot \sigma}{2 \cdot b} \text{ corrida de largura } b.$$

em que σ é a tensão e c um coeficiente que depende do tipo de solo. Os mesmos autores indicam os seguintes valores para c:

areia solta:	50 cm^4/kg;
areia compacta:	6 cm^4/kg;
areia argilosa compacta:	1 cm^4/kg.

O "recalque por adensamento" é, como sabemos, calculado pela fórmula:

$$\Delta h = \frac{h}{1 + e_i} \cdot C_c \cdot \log \frac{\sigma_0 + \Delta\sigma}{\sigma_0}$$

em que (Fig. 15.6):

h = espessura da camada compressível de argila;
e_i = índice de vazios inicial;
C_c = "índice de compressão", obtido do ensaio de adensamento;
σ_0 = tensão devida ao peso próprio do solo;
$\Delta\sigma$ = acréscimo de tensão devido à carga da fundação.

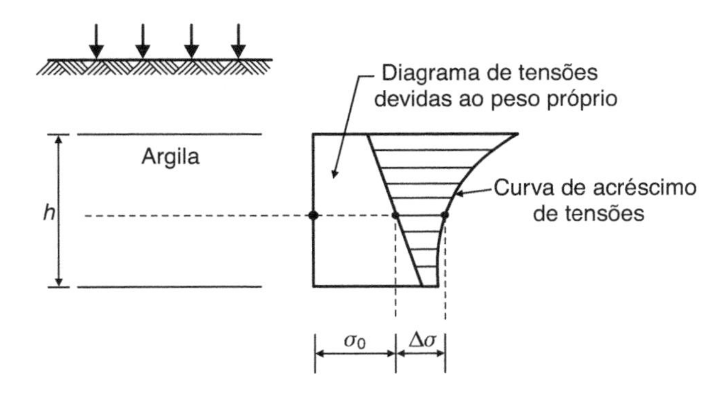

FIGURA 15.6

Este recalque não ocorre instantaneamente, ao contrário, demanda certo tempo para ser atingido.

No processo de evolução dos recalques por adensamento de camadas argilosas saturadas, distinguem-se três fases: inicial, primária e secundária, das quais as duas primeiras são predominantes. A terceira é geralmente de pouca importância, a não ser que se trate, por exemplo, de solos altamente orgânicos.

O cálculo do recalque por adensamento é feito com base no ensaio edométrico que, confinando a amostra, não permite sua deformação lateral.

Na realidade, porém, tal não ocorre com a camada de argila, que, em muitas situações, sofre uma apreciável deformação lateral. Levando em conta esse fato, Skempton e Bjerrum (1957) desenvolveram um *método* visando *corrigir* o valor do recalque Δh, o qual se resume na introdução de um fator μ. Assim:

$$\Delta h_c = \nu \cdot \Delta h$$

com

$$\nu = A + (1 - A) \cdot \alpha$$

em que A é o coeficiente de tensão intersticial e α um parâmetro geométrico, função da profundidade z da camada compressível e da largura B da fundação.

Valores de α em termos de z/B são dados no Quadro 15.3 (Craig. *Soil mechanics*, 1947).

QUADRO 15.3

z/B	Fundação circular ou quadrada	Fundação corrida
0,00	1,00	1,00
0,25	0,67	0,80
0,50	0,50	0,63
1,00	0,38	0,53
2,00	0,30	0,45
4,00	0,28	0,40
10,0	0,26	0,36
∞	0,25	0,25

Valores típicos de ν situam-se nos intervalos de 0 a 0,5 para as argilas pré-adensadas e de 0,5 a 1,0 para as argilas normalmente adensadas. Para maiores informações sobre a fórmula de Schleicher, consulte o livro *Engenharia de fundações*, dos autores Albuquerque e Garcia (2020).

Exemplo

Calcule o recalque diferencial entre o centro e o vértice da placa de fundação indicada na Figura 15.7.

Avaliando os acréscimos de tensão, no plano médio da camada de argila, pelo gráfico de Steinbrenner, obtém-se:

$$\Delta\sigma_1 (\text{na vertical do centro}) = 84 \text{ kN/m}^2$$

$$\Delta\sigma_2 (\text{na vertical do vértice}) = 29 \text{ kN/m}^2$$

Recalques correspondentes $\left(\Delta h = \Delta\sigma \cdot h \cdot m_v\right)$:

$$\Delta h_1 = 84 \cdot 9 \cdot 2{,}5 \cdot 10^{-4} = 0{,}189 \text{ m} = 189 \text{ mm}$$

$$\Delta h_2 = 29 \cdot 9 \cdot 2{,}5 \cdot 10^{-4} = 0{,}065 \text{ m} = 65 \text{ mm}$$

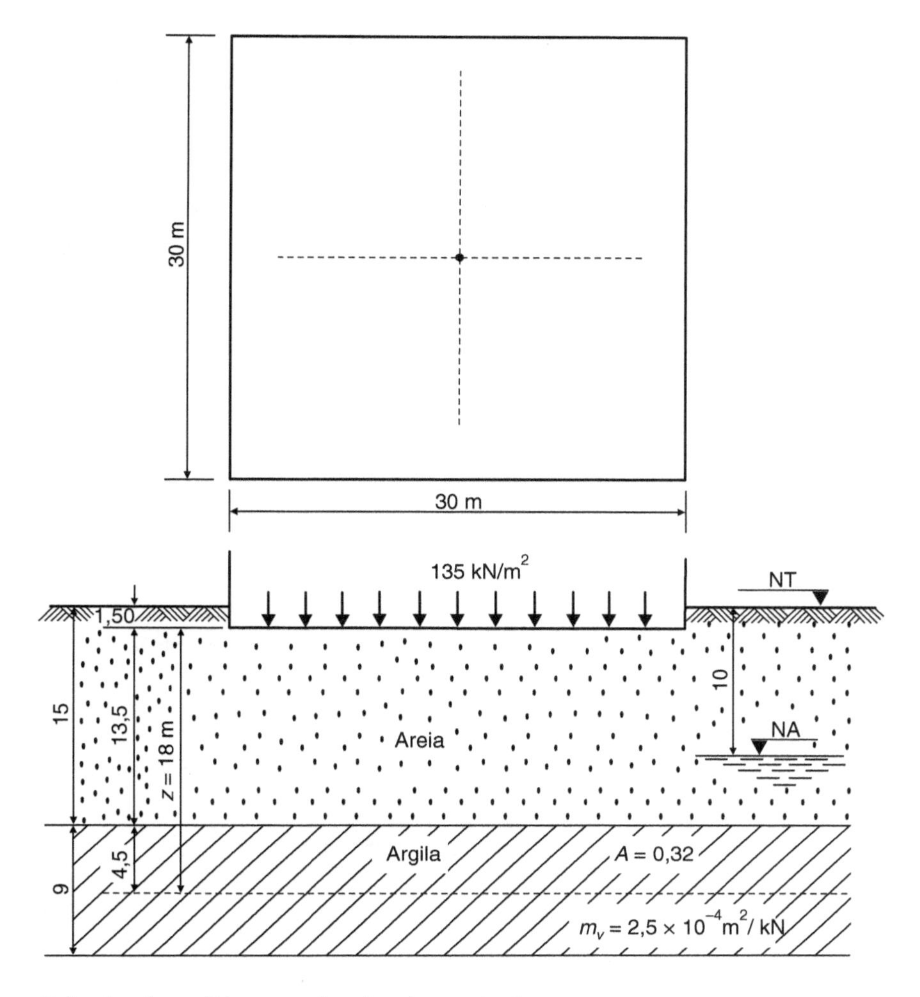

FIGURA 15.7

Calculando o diâmetro do círculo equivalente, tem-se:

$$\frac{\pi \cdot D^2}{4} = 30^2 \therefore D = \sqrt{\frac{3600}{\pi}} = 34 \text{ m}$$

donde:

$$\frac{z}{B} = \frac{18}{34} = 0,53 \rightarrow \alpha = 0,49$$

e daí:

$$\nu = 0,32 + (1 - 0,32) \cdot 0,49 = 0,65$$

e, finalmente, o recalque diferencial corrigido:

$$\Delta h_c = 0,65 \cdot (189 - 65) \cong 81 \text{ mm}$$

Provas de carga Com base em provas de carga, Terzaghi e Peck propuseram as seguintes relações empíricas para o cálculo de recalques:

para as areias: $r_f = r_p \cdot \left(\dfrac{2 \cdot B_f}{B_f + B_p} \right)^2$

para as argilas: $r_f = r_p \cdot \dfrac{B_f}{B_p}$

com r_f = recalque da fundação, B_f = menor dimensão da fundação, r_p = recalque da placa e B_p = diâmetro ou lado da placa. Se $B_p = 1\,ft \cong 30$ cm, todas as grandezas serão expressas em *cm*.

15.3 VARIAÇÃO DE RECALQUES COM O ANDAMENTO DA CONSTRUÇÃO

Na Figura 15.8(a) representamos o diagrama de carregamento em função do tempo, na hipótese de que a carga no período de construção cresça linearmente. Em (b) indicamos o comportamento de *terrenos permeáveis*, por onde se verifica que os recalques crescem durante a construção, até atingirem, nesse período, o valor máximo. E em (c), o caso dos *terrenos pouco permeáveis*, onde os recalques prosseguem ainda depois de terminada a construção, para tenderem assintoticamente a um valor limite.

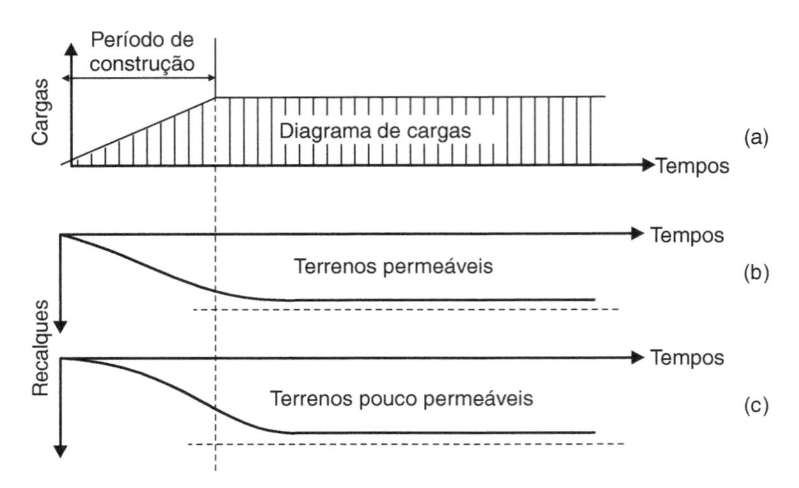

FIGURA 15.8

15.4 SUPERPOSIÇÃO DE PRESSÕES

A superposição dos campos de pressões é também uma das causas de recalques.

As figuras que se seguem ilustram alguns casos práticos.

A Figura 15.9 refere-se ao caso de construções simultâneas, a Figura 15.10 a construções sucessivas e a Figura 15.11 ao caso de um aterro junto ao encontro de uma ponte. Em todos esses casos, o aparecimento de recalques poderá ser atribuído à superposição de pressões.

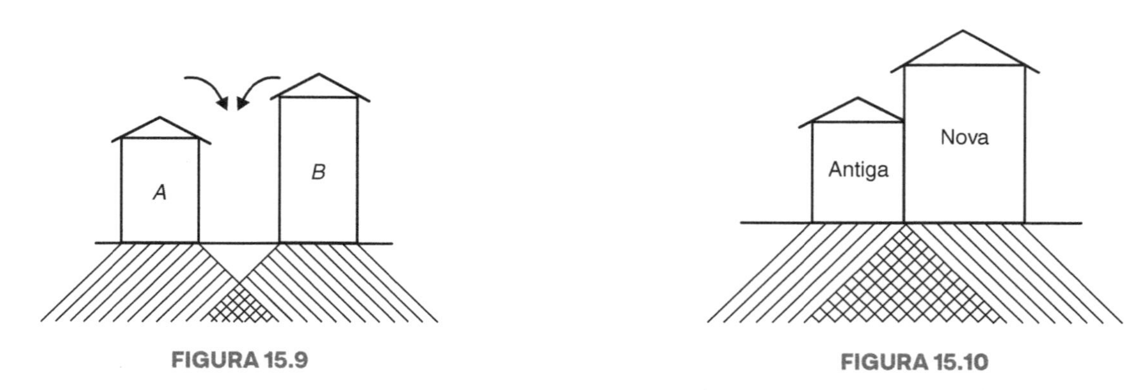

FIGURA 15.9

FIGURA 15.10

15.5 OUTRAS CAUSAS DE RECALQUES

Além dos recalques resultantes de cargas estáticas, citam-se, entre outras, as seguintes causas: *cargas dinâmicas* (vibrações, tremores de terra),[2] *operações vizinhas* (abertura de escavações,

---

[2] Recorde-se a catástrofe de Manágua, na Nicarágua, ocorrida nos últimos dias de 1972, após uma sequência de terremotos.

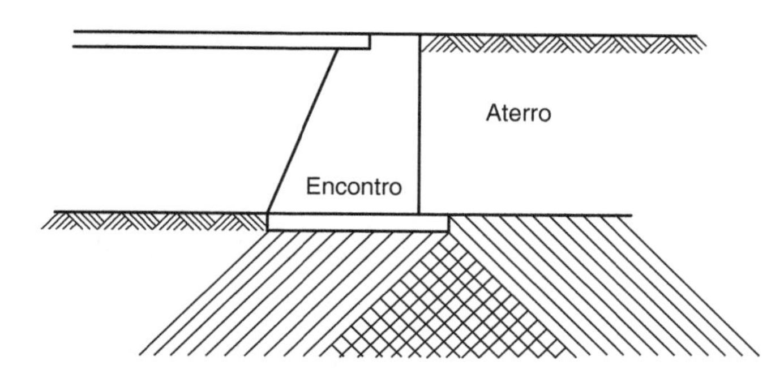

FIGURA 15.11

execução de novas estruturas), *erosão do subsolo* (proveniente, por exemplo, da ruptura de tubulações subterrâneas), *alteração química do solo, rebaixamento de nível d'água* etc.

O aparecimento de recalques em razão do rebaixamento do nível d'água explica-se pela alteração dos valores das pressões, em consequência do aumento do peso específico do solo, em uma razão, eventualmente, de 2:1.

15.6 EFEITOS DOS MOVIMENTOS DA FUNDAÇÃO

Os efeitos dos movimentos da fundação sobre as estruturas podem ser definidos, conforme a Figura 15.12.

Geralmente, os recalques de uma fundação não são uniformes, pois há pontos que recalcam mais que outros. Surgem, daí, os *recalques diferenciais* (δ), que são mais importantes que o *recalque total* (s).

De fato, os recalques diferenciais são os que provocam nas estruturas esforços adicionais, por vezes, bastante comprometedores à sua própria estabilidade. Tais recalques, quando inadmissíveis, se evidenciam pelos "desnivelamentos de pisos", "trincas" e "desaprumos" da construção.

Não há normas rígidas que fixem valores para os recalques admissíveis, ou seja, aqueles que não causam danos às obras, sejam quais forem suas causas (adensamento, deformação elástica etc.).

Segundo Terzaghi e Peck, a regra prática para recalques admissíveis de estruturas comuns é: 1″ para recalque total e 3/¾″ para recalque diferencial máximo.

Em certas obras (reatores nucleares, antenas para satélites), os recalques diferenciais devem ser limitados a frações de milímetro.

Skempton e Bjerrum consideram o valor da razão da deflexão $\frac{\delta}{l} = \frac{1}{300}$ como um índice de lesão potencial, a partir do qual surgem trincas nas paredes dos edifícios.

Dois trabalhos fundamentais sobre o assunto são: *Os recalques admissíveis dos edifícios*, de Skempton e MacDonald (1956), e *Tolerâncias das estruturas aos recalques*, de Feld (1965). Também dois engenheiros russos, Polshin e Tokar (1957), pesquisaram nesse mesmo sentido, conforme resenha de Golder apresentada no IV Congresso Pan-americano, em 1971. Entre as investigações mais recentes acerca

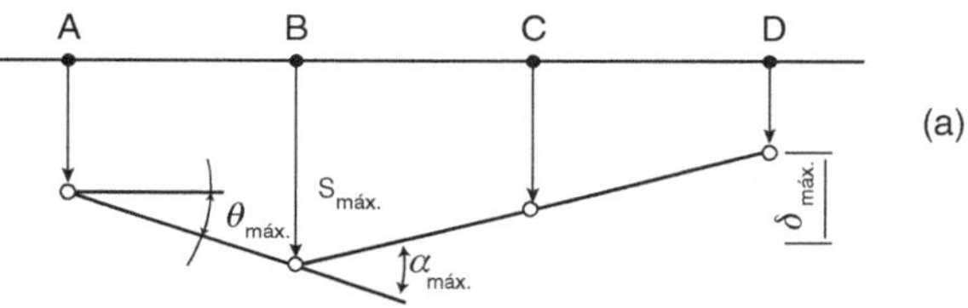

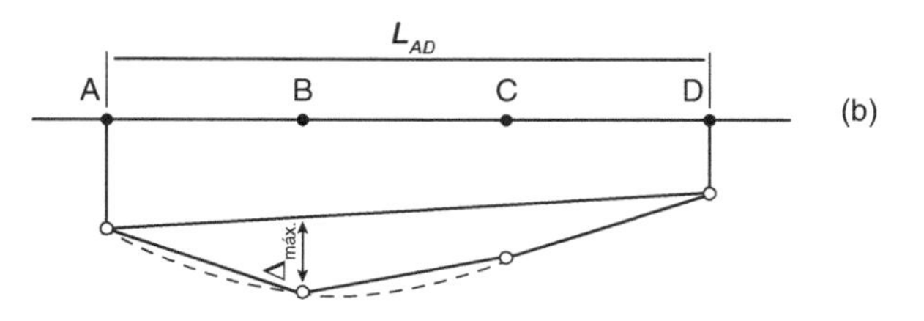

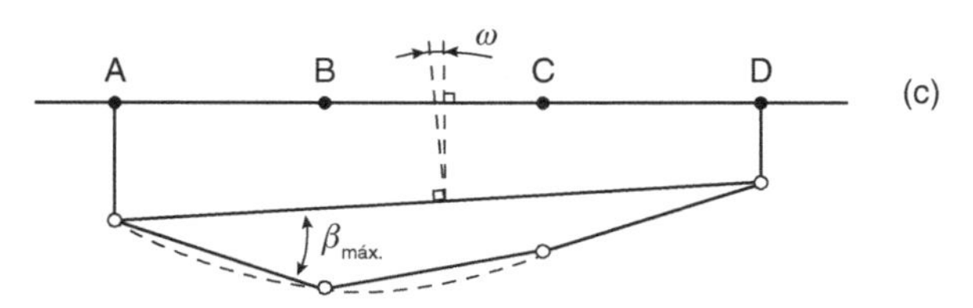

Legenda:

(s) Recalque ou levantamento total de um ponto da estrutura
(δ_s) Recalque diferencial entre dois pontos da estrutura
(θ) Rotação relativa entre dois pontos da estrutura
(α) Deformação angular de um trecho da estrutura
(Δ) Deflexão relativa
(Δ/l) Razão de deflexão
(ω) Rotação ou desaprumo quando o edifício se comporta como corpo rígido
(β) Distorção angular

FIGURA 15.12 Movimentos da fundação.

da interação solo-fundação-estrutura, menciona-se *Recalque de edificações e o dano associado*, de Burland e Worth (1974).

A Figura 15.13 exemplifica, esquematicamente, as posições das trincas de uma estrutura, conforme a curva de recalques diferenciais tenha a concavidade voltada para cima ou para baixo.

A Figura 15.14 mostra-nos as fissuras produzidas em um "quadro", decorrentes de um maior recalque ocorrido no pilar central.

LAURITIS BJERRUM
(Dinamarquês 1918-1973)

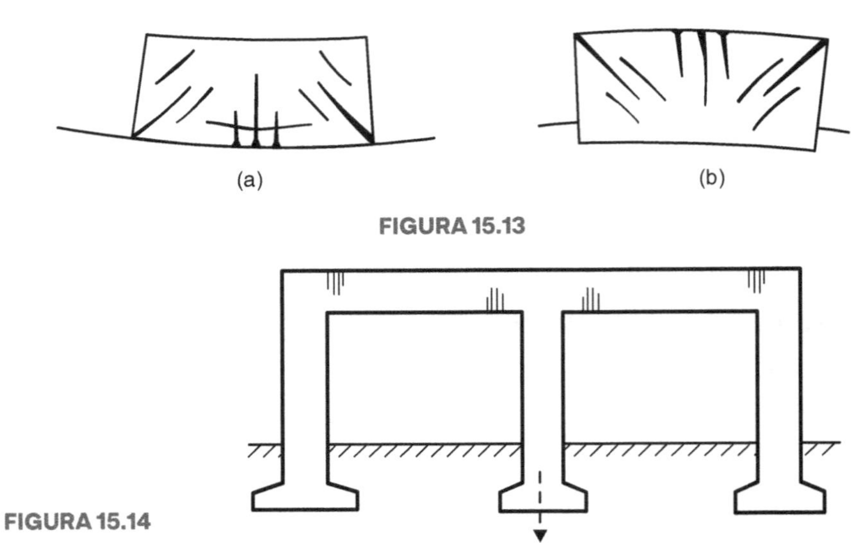

FIGURA 15.13

FIGURA 15.14

Em função dos danos que podem causar à estrutura, a Figura 15.15 relaciona esses danos com a razão de deflexão definida anteriormente.

Observemos que os recalques calculados são, em geral, diferentes dos recalques medidos, pois, como vimos, os métodos de cálculo não levam em consideração a rigidez da estrutura.

As medidas (relativas aos solos ou às estruturas) a tomar, visando minimizar os efeitos dos recalques, dependem da destinação da obra e do tipo de estrutura adotado. As estruturas

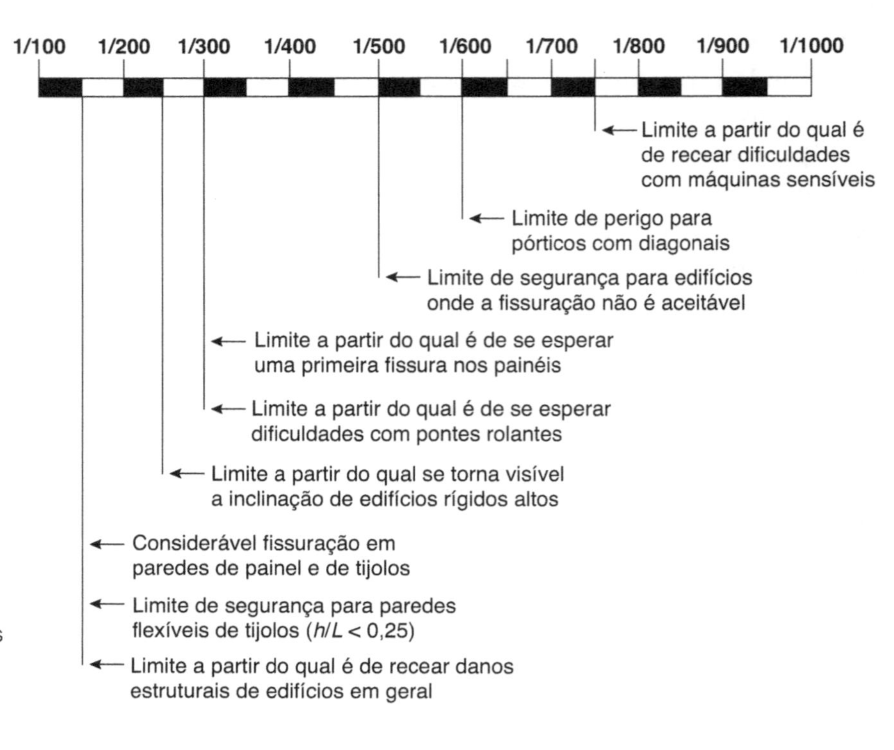

FIGURA 15.15 Prováveis danos às estruturas em razão de recalque diferencial.

metálicas suportam melhor os efeitos dos recalques que as de concreto, enquanto as hiperestáticas são mais sensíveis que as isostáticas.

Há que se levar em conta, ainda, a repercussão dos recalques nas cargas dos pilares. Vários métodos têm sido propostos. Genericamente, o princípio em que eles se baseiam consiste no seguinte: considerada uma estrutura cujas cargas nos pilares tenham sido determinadas e cujos recalques sejam conhecidos, em razão do recalque r_i de um pilar i, a carga final de um pilar j passará a ser:

$$P_j' = P_j + \sum \alpha_{ji} \cdot r_i$$

sendo α_{ji} coeficientes de transferência de carga, os quais dependem da rigidez da estrutura.

Com essas novas cargas, recalculam-se os recalques até que se obtenham os valores corretos das cargas nos pilares.

Sobre o assunto, consulte, por exemplo, *Foundations*, de Little (1961), e o livro *Engenharia de fundações*, dos autores Albuquerque e Garcia (2020).

15.7 MEDIDA DE RECALQUE

A medida dos recalques, durante ou após a construção de uma obra, seja edifício, ponte ou barragem, constitui elemento de grande interesse prático, já que ainda não são conhecidos os limites superiores dos recalques que as estruturas podem suportar sem comprometer sua estabilidade.

Este seria, digamos assim, um interesse especulativo, havendo, no entanto, outro aspecto, este imediato e específico, que justifica a importância da medida de recalques; referimo-nos à sua utilização, na eventual necessidade de um "reforço de fundação".

Como se exige que tais medidas – feitas por meio de um nível óptico de precisão, ou pelo nível de Terzaghi – sejam rigorosas, é indispensável que, preliminarmente, se adote um marco de referência (*benchmark*).

Constatados os recalques ocorridos, mediante nivelamentos periódicos entre o *benchmark* e as peças de referência embutidas na estrutura, são traçadas as curvas de igual recalque sobre a planta dos pilares, as quais permitem ajuizar-se do comportamento solo-fundação.

O que importa no controle de recalques não é apenas o valor máximo atingido, mas também sua evolução com o tempo.

No caso, por exemplo, do "Edifício Elmar", no Rio de Janeiro, ocorrido em 1977, a velocidade de recalques era da ordem de 500 μ/hora = 0,5 mm/hora (valor bastante elevado). Tendo em vista o comprometimento da estrutura, uma vez que os recalques se aceleram, foi determinada sua demolição em setembro de 1979.

EXERCÍCIOS

1) Estime o recalque imediato de uma sapata quadrada de 3 × 3 m, suposta rígida, construída sobre uma camada de areia medianamente compacta. A carga do pilar é de 700 kN. Admitir para a areia E = 30.000 kN/m² e μ = 0,3.

Solução

$\cong$ 6 mm.

2) Um edifício de planta retangular, com 12,00 × 25,00 m, tem para fundação um *radier* geral, flexível, transmitindo ao terreno uma pressão uniforme de 180 kN/m². O perfil do terreno revelado pela sondagem é o indicado na Figura 15.16.

Calcule o recalque no centro do *radier*, em face do adensamento da camada de argila.

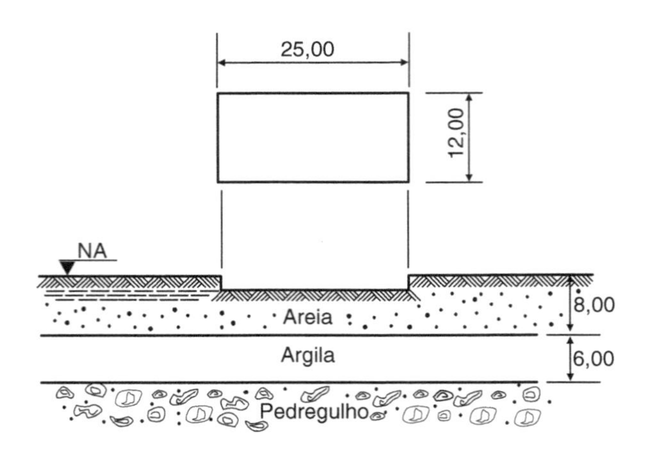

FIGURA 15.16

Solução

a) *Características do terreno*

Vamos admitir que, no laboratório, tenham sido obtidas as seguintes características do terreno:

a-1) Para camada de areia:

peso específico das partículas.......................... 26,5 kN/m³
porosidade.. 30 %

a-2) Para camada de argila (com uma amostra indeformada):

peso específico do solo .... 16,8 kN/m³
peso específico das partículas.......................... 28,1 kN/m³
umidade inicial da amostra .... 53,2 %
altura inicial da amostra................................... 3,808 cm

A leitura inicial do micrômetro antes da aplicação das cargas foi ajustada em 8,080 mm. Para os diferentes estágios de carregamento, foram obtidos os valores constantes no Quadro 15.4.

QUADRO 15.4

Tempo decorrido (minutos)	Acréscimo de pressões (em kN/m²)					
	0-27	27-53	53-80	80-106	106-210	210-420
0	8,080	7,740	7,390	6,925	6,110	2,940
1/8	7,845	7,630	7,335	6,890	5,890	2,730
1/4	7,840	7,620	7,325	6,880	5,825	2,680
1/2	7,835	7,605	7,315	6,875	5,750	2,600
1	7,830	7,590	7,310	6,865	5,640	2,500
2	7,820	7,570	7,290	6,850	5,500	2,320
4	7,819	7,550	7,270	6,830	5,280	2,110
8	7,809	7,530	7,250	6,810	4,980	1,790
15	7,800	7,520	7,225	6,780	4,690	1,490
30	7,790	7,500	7,200	6,735	4,280	1,185
60	7,785	7,490	7,170	6,695	3,960	1,000
120	7,780	7,470	7,130	6,620	3,690	0,770
300	—	7,450	7,080	—	3,480	0,605
480	—	7,425	7,030	—	3,300	0,510
540	—	—	—	—	—	—
1400	—	7,410	6,980	—	3,100	0,370
2000	7,740	—	—	—	—	—
2800	—	7,390	6,925	6,190	2,940	0,310
4200	—	—	—	6,110	—	—

b) *Cálculo das pressões médias sobre a camada de argila*

b-1) Pressão resultante do peso próprio do terreno (pressão inicial):

peso específico da areia:

$$\gamma_{sub} = (G_s - 1) \cdot (1 - n) \cdot \gamma_a \rightarrow \gamma_{sub} = (2{,}65 - 1) \cdot (1 - 0{,}3) \cdot 10 = 11{,}55 \text{ kN/m}^3$$

peso específico da argila: considerando que

$$\gamma_s = \frac{16{,}8}{1 + 0{,}532} = 10{,}97 \text{ kN/m}^3 \cong 11{,}0 \text{ kN/m}^3$$

e

$$e_i = \frac{28{,}1}{11{,}0} - 1 = 1{,}55$$

teremos:

$$\gamma'_{sub} = \frac{(G_s - 1) \cdot \gamma_a}{(1 + e)} = \frac{2{,}81 - 1}{1 + 1{,}55} \cdot 10 = 7{,}10 \text{ kN/m}^3$$

A pressão inicial, média, será:

$$\sigma_i = (11{,}55 \cdot 8{,}00 + 7{,}10 \cdot 3{,}00) = 113{,}7 \text{ kN/m}^3$$

b-2) Acréscimo de pressão resultante da carga do edifício ($\Delta\sigma$)

Utilizando o ábaco de Steinbrenner, obtemos, para:

$$\frac{a}{b} = \frac{12{,}50}{6{,}00} \cong 2{,}1 \text{ e } \frac{z}{b} = \frac{8{,}00}{6{,}00} \cong 1{,}3$$

$$\Delta\sigma_{8,00} = 4 \cdot 1{,}8 \cdot 17 = 122{,}4 \text{ kN/m}^2$$

para:

$$\frac{a}{b} \cong 2{,}1 \text{ e } \frac{z}{b} = \frac{14{,}00}{6{,}00} \cong 2{,}3$$

$$\Delta\sigma_{14,00} = 4 \cdot 1{,}8 \cdot 10 = 72 \text{ kN/m}^2$$

donde:

$$\Delta\sigma = \frac{122{,}4 + 72}{2} = 97{,}2 \text{ kN/m}^2$$

b-3) Pressão final, média

A pressão final, média, sobre a camada de argila será, então:

$$\sigma_f = \sigma_i + \Delta\sigma = 113{,}7 + 97{,}2 = 210{,}9 \text{ kN/m}^2 \cong 211 \text{ kN/m}^2$$

c) *Curva pressão-índice de vazios*

c-1) Traçado da curva: preliminarmente, organizemos o Quadro 15.5, para traçado da curva pressão-índice de vazios (Fig. 15.17), tendo em vista que:

$$\gamma_s = \frac{16{,}8}{1 + 0{,}532} = 10{,}97 \text{ kN/m}^3 \cong 11 \text{ kN/m}^3$$

$$e_i = \frac{28,1}{11} - 1 = 1,55$$

$$h_s = \frac{3,808}{1+1,55} = 1,49 \text{ cm} = 1,49 \cdot 10^{-2} \text{ m}$$

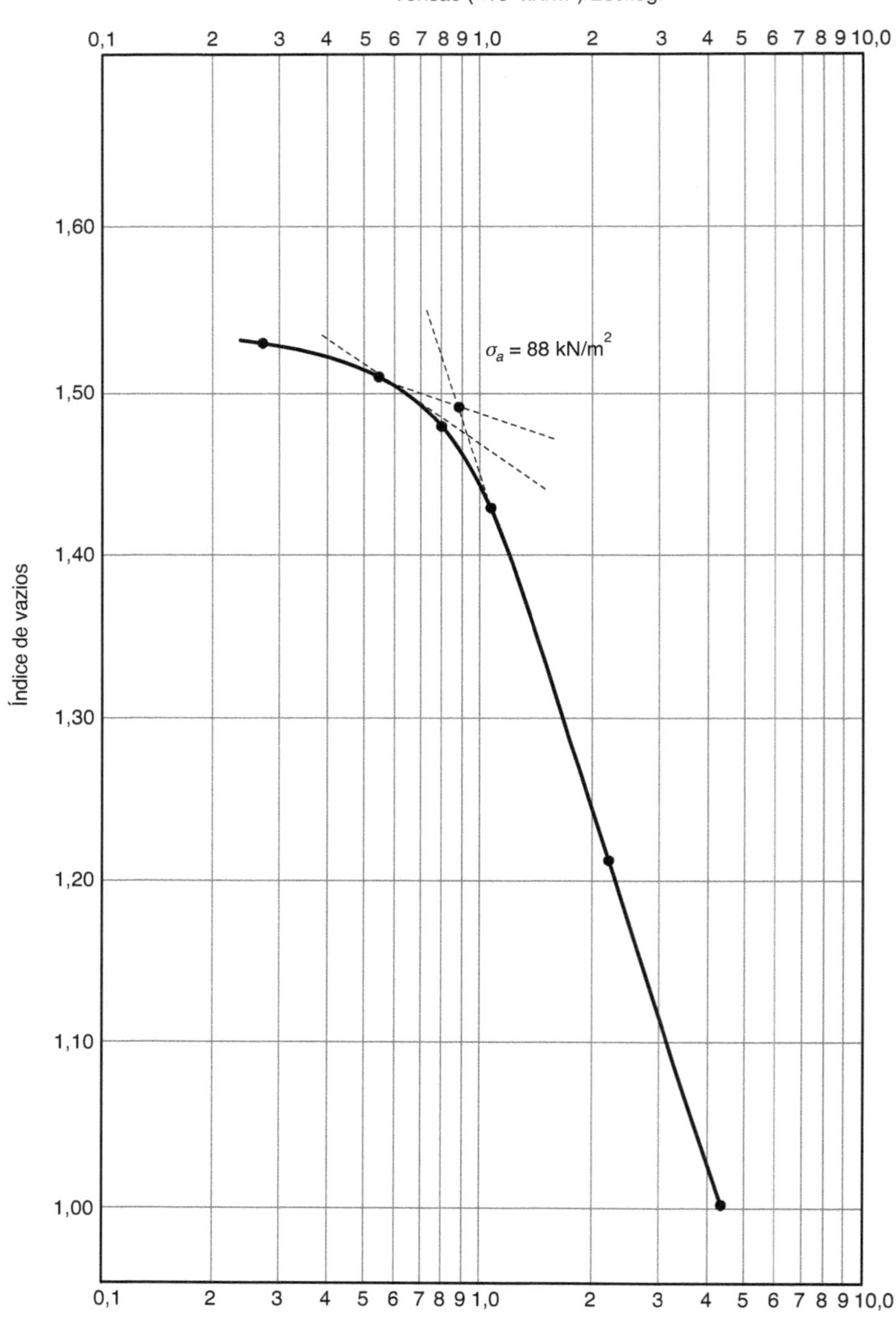

FIGURA 15.17

QUADRO 15.5

Pressões (kN/m²)	Compressão da amostra (cm)	Altura da amostra (cm)	Índice de vazios
0	0,0000	3,8080	1,55
27	0,0340	3,7740	1,53
53	0,0690	3,7390	1,51
80	0,1155	3,6925	1,48
106	0,1970	3,6110	1,43
210	0,5140	3,2940	1,21
420	0,7770	3,0310	1,03

sendo os demais valores de e obtidos pela expressão

$$e_i = \frac{h_i}{h_s} - 1$$

Da curva pressão *vs.* índice de vazios, obtêm-se:

c-2) Tensão de pré-adensamento:

$$\sigma_a = 88 \text{ kN/m}^2$$

Tendo em vista o exposto, verifica-se que se trata de uma argila parcialmente adensada ($\sigma_i = \sigma_e > \sigma_a$), sendo grandes os recalques a se esperar.

c-3) Índice de compressão:

$$C_C = 0,71$$

d) *Recalque total Δh a se prever*

Para o acréscimo de pressões de $\sigma_i = 113,7$ kN/m² a $\sigma_f = 211$ kN/m², a variação correspondente do índice de vazios será

$$\Delta e = 0,71 \cdot \log \frac{211}{113,7} = 0,19$$

sendo 0,71 o índice de compressão obtido da curva pressão-índice de vazios. Evidentemente, Δe pode também ser obtido diretamente da curva.

O recalque total será, então:

$$\Delta h = \frac{0,19}{1+1,41} \cdot 6 = 0,47 \text{ m}$$

em que 1,41 é o índice de vazios inicial à tensão inicial de 113,7 kPa.

Como se verifica, recalque elevadíssimo, que, aliás, era de se esperar.

e) *Evolução do recalque com o tempo*

e-1) Determinação do coeficiente de adensamento

Da curva tempo-recalque (Fig. 15.18) para a pressão de 211 kN/m² igual à pressão total atuante sobre a camada, obtemos para tempo de adensamento correspondente à porcentagem de 50 %:

$$t_{50\,\%} = 12 \text{ min} = 720 \text{ s}$$

Temos ainda:

$$T_{50\,\%} = 0,2$$

$$H_{50\,\%} = 1,74 \text{ cm} = 1,74 \cdot 10^{-2} \text{ m}$$

Nessas condições:

$$c_v = \frac{0{,}2 \cdot (1{,}74 \cdot 10^{-2})^2}{720} = 8{,}4 \cdot 10^{-8}\,\text{m}^2/\text{s}$$

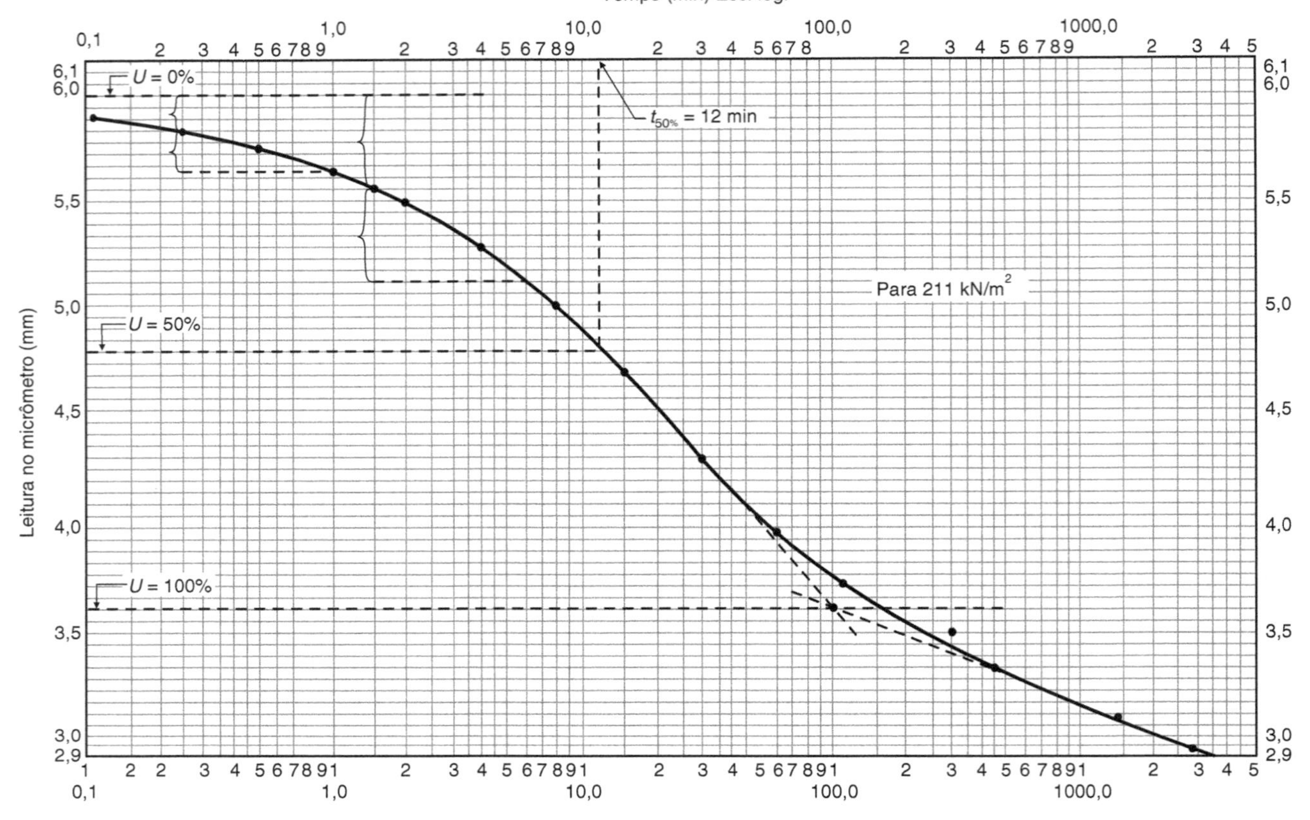

FIGURA 15.18

e-2) Valores dos recalques em função do tempo

Como sabemos:

$$t = \frac{T \cdot \left(\frac{h}{f}\right)^2}{c_v}$$

donde, para o nosso caso:

$$t = \frac{3^2}{8{,}4 \cdot 10^{-8}} \cdot T = 1{,}07 \cdot 10^8 \cdot T_s \cong 3{,}4 \cdot T \text{ anos}$$

Podemos, agora, calcular o Quadro 15.6, de valores dos tempos, para as diferentes porcentagens de recalque.

e-3) Correção da curva tempo-recalque

Admitindo-se que o período de construção seja de um ano e meio, façamos, para concluir, a correção da curva tempo-recalque (Fig. 15.19), de acordo com o processo gráfico de Terzaghi/Gilboy.

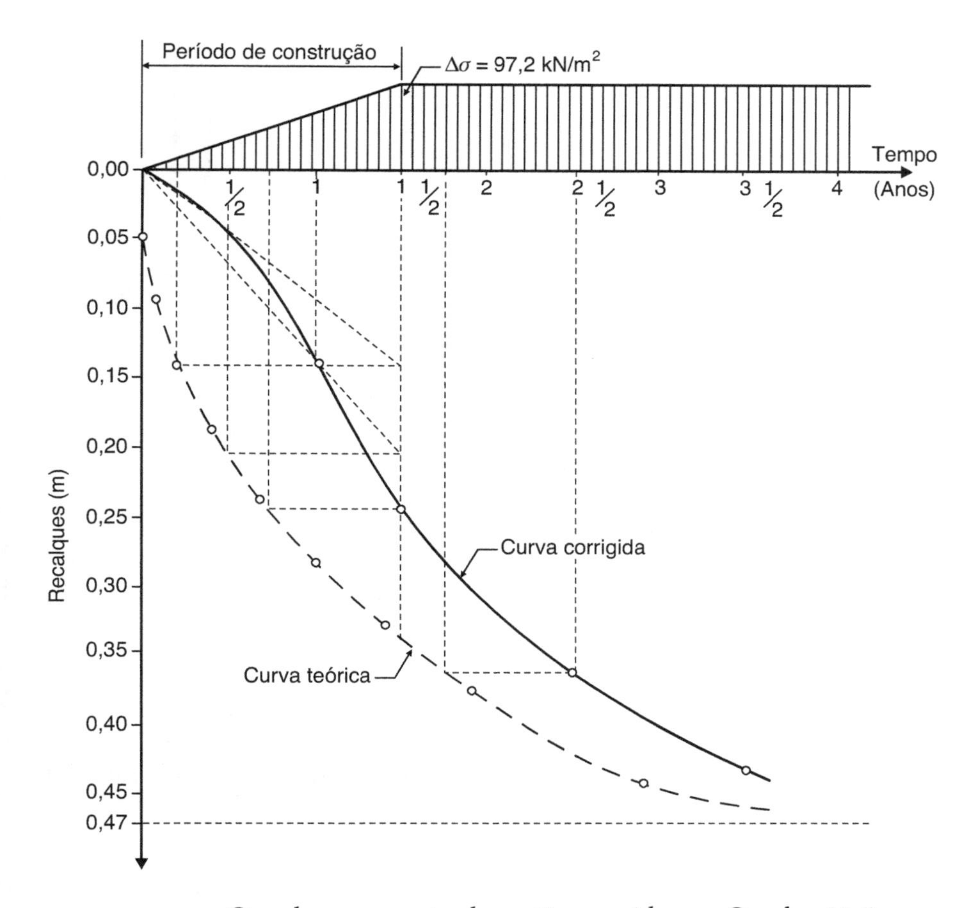

FIGURA 15.19

Os valores encontrados estão reunidos no Quadro 15.6.

QUADRO 15.6

Recalque Δh_t		T	t (anos) aproximadamente	
em U% de Δh	em m		teórico	corrigido
10	0,047	0,008	0,03	0,5
20	0,094	0,031	0,1	0,8
30	0,141	0,072	0,2	1,0
40	0,188	0,126	0,4	1,3
50	0,235	0,195	0,7	1,5
60	0,282	0,287	1	1,8
70	0,329	0,405	1,4	2,2
80	0,376	0,565	1,9	2,7
90	0,423	0,848	2,9	3,7
100	0,47	∞	∞	—

3) Dados:

a) a posição em planta de 9 pilares, sabendo-se que a carga de cada um é estimada em 2,5 MN; cada pilar tem por fundação uma sapata quadrada de 3,00 × 3,00 m;

b) o perfil do terreno, com a indicação da cota de fundação (Fig. 15.20);

c) o peso específico da areia seca (16 kN/m³), da areia saturada (20 kN/m³) e da argila saturada (21 kN/m³);

d) a curva "índice de vazios-pressão", obtida de um ensaio de adensamento da argila.

Calcule o recalque total do pilar central.

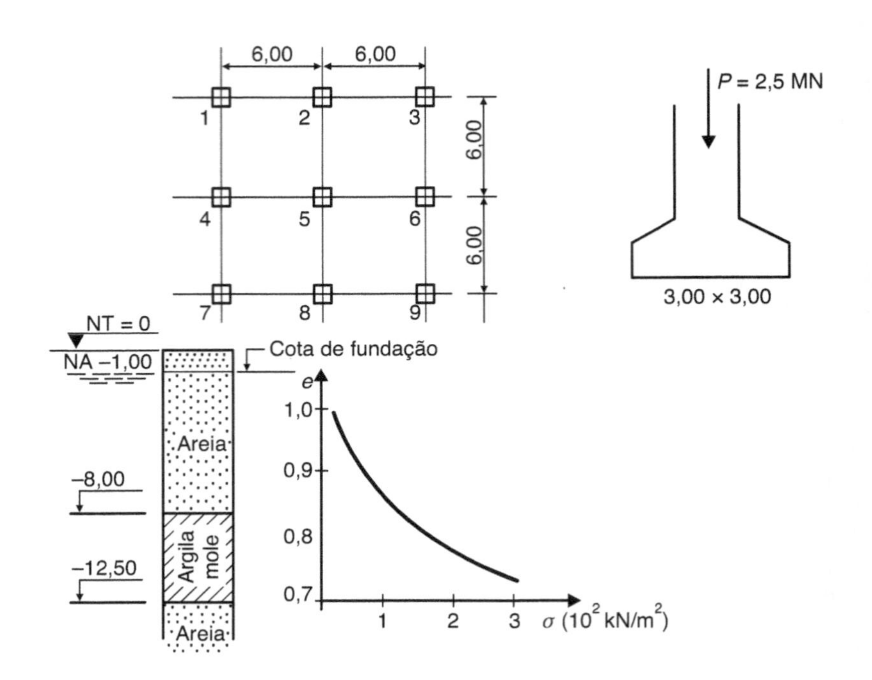

FIGURA 15.20

Solução

Tomaremos as pressões no plano médio da camada da argila e, uma vez que 9,25 > 2 × 3,00, consideraremos as cargas como concentradas, aplicando a fórmula de Boussinesq:

$$\sigma_z = \frac{P}{z^2} \cdot k = \frac{2500}{9,25^2} \cdot k = 29,2 \cdot k \text{ em kN/m}^2$$

a) Pressão inicial:

$$\sigma = 16 \cdot 1 + 10 \cdot 7 + 1 \cdot 2,25 = 110,75 \text{ kN/m}^2$$

b) Acréscimo de pressão Δp:

- em razão do pilar central (5):

$$\frac{r}{z} = 0 \rightarrow k = 0,48 \rightarrow \sigma_z' = 29,2 \cdot 0,48 = 14 \text{ kN/m}^2$$

- em razão dos pilares 1, 3, 7 e 9:

$$\frac{r}{z} = \frac{8,6}{9,25} = 0,93 \rightarrow \sigma_z'' = 29,2 \cdot 0,10 \cdot 4 = 11,7 \text{ kN/m}^2$$

- em razão dos pilares 2, 4, 6 e 8:

$$\frac{r}{z} = \frac{6}{9,25} = 0,65 \rightarrow \sigma_z'' = 29,2 \cdot 0,18 \cdot 4 = 21 \text{ kN/m}^2$$

- total:

$$\Delta\sigma = 14 + 11,7 + 21 = 46,7$$

c) Pressão final:

$$\sigma' = \sigma + \Delta\sigma = 110,8 + 46,7 = 157,5 \text{ kN/m}^2 \cong 160 \text{ kN/m}^2$$

d) Recalque do pilar central:

Da curva "$e - \sigma$", obtemos:

$$\sigma = 110{,}8\,\text{kN/m}^2 \rightarrow e \cong 0{,}85$$
$$\sigma' = 160\,\text{kN/m}^2 \rightarrow e' \cong 0{,}80$$

Daí, de:

$$\Delta h = \frac{\Delta e}{1+e} \cdot h$$

tem-se:

$$\Delta h = \frac{0{,}05}{1+0{,}85} \cdot 4{,}5 \cong 0{,}12 \text{ m}$$

4) Dadas as indicações da Figura 15.21, pede-se o recalque total, em função do adensamento da camada de argila, de uma estrutura com as dimensões em planta de 8 × 15 m e que transmite ao solo a pressão de 200 kN/m². Adote no cálculo o método de Steinbrenner para a distribuição de pressão. Calcule também os tempos em que se verificarão 50 % e 90 % do recalque total, sabendo-se que os fatores tempo são, respectivamente, iguais a 0,195 e 0,848.

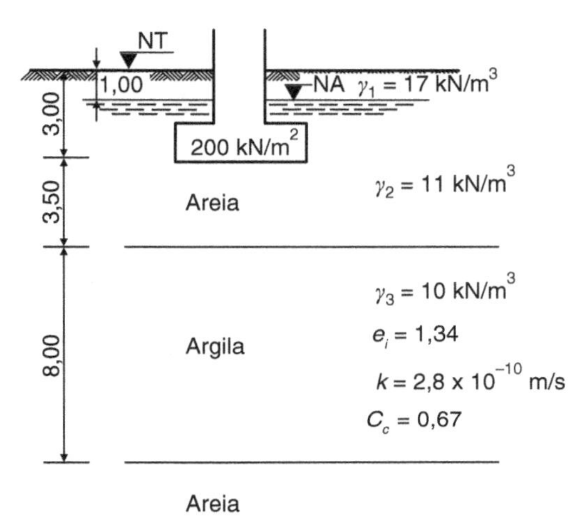

FIGURA 15.21

Solução

a) Tensão inicial no topo da camada de argila:

$$\sigma_i = 17 \cdot 1{,}0 + 11 \cdot 5{,}5 = 77{,}5 \text{ kN/m}^2$$

b) Tensão inicial no final da camada de argila:

$$\sigma_i = 77{,}5 + 8 \cdot 10 = 157{,}5 \text{ kN/m}^2$$

c) Tensão inicial média na camada de argila:

$$\sigma_{im} = \frac{77{,}5 \cdot 157{,}5}{2} = 117{,}5 \text{ kN/m}^2$$

d) Acréscimo de tensão no topo da camada de argila:

$$\begin{matrix} z = 3{,}50 \text{ m} \\ a = 7{,}5 \text{ m} \\ b = 4{,}0 \end{matrix} \left\{ \begin{matrix} \dfrac{z}{b} = 0{,}875 \\ \dfrac{a}{b} = 1{,}875 \end{matrix} \right. \left\{ \dfrac{\sigma_z}{\sigma} = 0{,}215 \rightarrow \sigma_z = 4 \cdot (200 - 20) \cdot 0{,}215 = \right.$$

$$= 154{,}8 \text{ kN/m}^2 \cong 155 \text{ kN/m}^2$$

onde se levou em conta a subpressão.

e) Acréscimo de tensão no final da camada de argila:

$$\begin{matrix} z = 11{,}50 \text{ m} \\ a = 7{,}5 \text{ m} \\ b = 4{,}0 \end{matrix} \left\{ \begin{matrix} \dfrac{z}{b} = 2{,}875 \\ \dfrac{a}{b} = 1{,}875 \end{matrix} \right. \left\{ \dfrac{\sigma_z}{\sigma} = 0{,}08 \rightarrow \sigma_z = 4 \cdot 180 \cdot 0{,}08 = \right.$$

$$= 57{,}6 \text{ kN/m}^2 \cong 58 \text{ kN/m}^2$$

f) Acréscimo médio de tensão:

$$\Delta\sigma = \frac{155+58}{2} = 106{,}5 \text{ kN/m}^2 \cong 107 \text{ kN/m}^2$$

g) Cálculo do recalque total:

$$\Delta h = \frac{8}{1+1{,}34} \cdot 0{,}67 \cdot \log\left(\frac{117{,}5+107}{117{,}5}\right) = \frac{8}{2{,}34} \cdot 0{,}19 = 0{,}65 \text{ m}$$

h) Tempos para que ocorram 50 % e 90 % do recalque total:
Tem-se

$$t = \frac{T \cdot h_d^2 \cdot \gamma_a \cdot a_v}{(1+e_i) \cdot k}$$

com $h_á = 4$ m, pois duas são as faces de drenagem, e

$$a_v = \frac{\Delta e}{\Delta\sigma} = \frac{0{,}19}{107} = 1{,}8 \cdot 10^{-3}$$

Assim:

$$t_{50\,\%} = \frac{0{,}195 \cdot 16 \cdot 10 \cdot (1{,}8 \cdot 10^{-3})}{2{,}34 \cdot 2{,}8 \cdot 10^{-10}} = 8{,}57 \cdot 10^7 s \cong 2 \text{ anos e 9 meses}$$

e

$$t_{90\,\%} = \frac{0{,}848 \cdot 16 \cdot 10 \cdot (1{,}8 \cdot 10^{-3})}{2{,}34 \cdot 2{,}8 \cdot 10^{-10}} = 3{,}72 \cdot 10^8 s \cong 11 \text{ anos e 11 meses}$$

5) Calcule o recalque total da sapata, com 3 × 4 m, indicada na Figura 15.22. A curva fornecida $e \rightarrow \sigma$ refere-se à camada de argila. Adote a linha de distribuição simplificada 2:1.

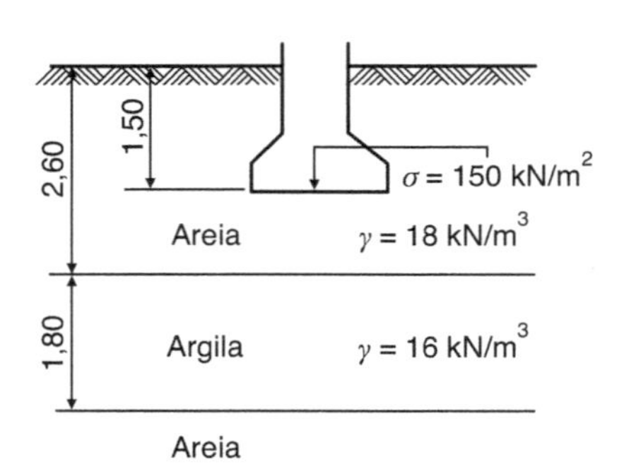

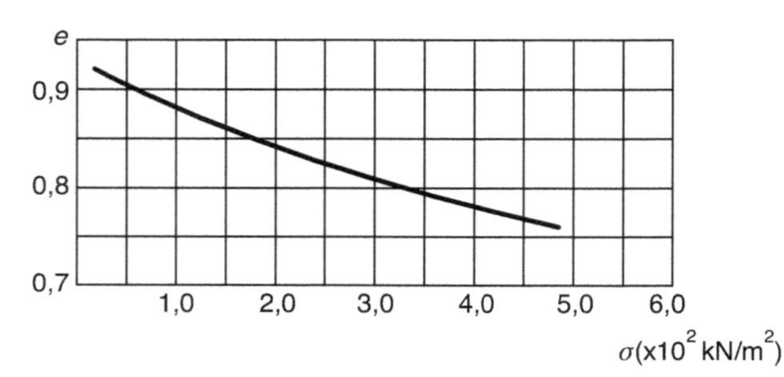

FIGURA 15.22

Solução

a) Tensão inicial média sobre a camada de argila:

$$\sigma_i = 18 \cdot 2{,}60 + 16 \cdot 0{,}9 = 61{,}2 \text{ kN/m}^2$$

b) Acréscimo de tensão no topo da camada:

Com

$$P = 3 \cdot 4 \cdot 150 = 1800 \text{ kN}$$

ter-se-á a 1,10 m abaixo da sapata:

$$\sigma_z = \frac{1800}{(3+1{,}10)\cdot(4+1{,}10)} = \frac{1800}{20{,}91} = 86{,}1 \text{ kN/m}^2$$

c) Acréscimo de tensão na face inferior da camada:

$$\sigma'_z = \frac{1800}{(3+2{,}90)\cdot(4+2{,}90)} = \frac{1800}{40{,}71} = 44{,}2 \text{ kN/m}^2$$

d) Acréscimo médio de tensão:

$$\sigma_{z_m} = \frac{86{,}1+44{,}2}{2} = 65{,}2 \text{ kN/m}^2$$

e) Determinação de Δe:

$$\sigma_f = \sigma_i + \sigma_{z_m} \; \therefore \left\{ \begin{array}{l} \sigma_i = 61{,}2 \text{ kN/m}^2 \rightarrow e_i = 0{,}90 \\ \sigma_f = 126{,}4 \text{ kN/m}^2 \rightarrow e_f = 0{,}875 \end{array} \right\} \Delta e = 0{,}025$$

f) Cálculo do recalque:

$$\Delta h = \frac{0{,}025}{1+0{,}90} \cdot 1{,}8 = 0{,}024 \text{ m}$$

6) Considere a fundação de base quadrada indicada na Figura 15.23, bem como a curva *e* em função de σ. A carga sobre a fundação é de 2,25 MN. O peso específico do solo é de 18 kN/m³. Calcule o recalque da camada de argila, com 1,20 m de espessura.

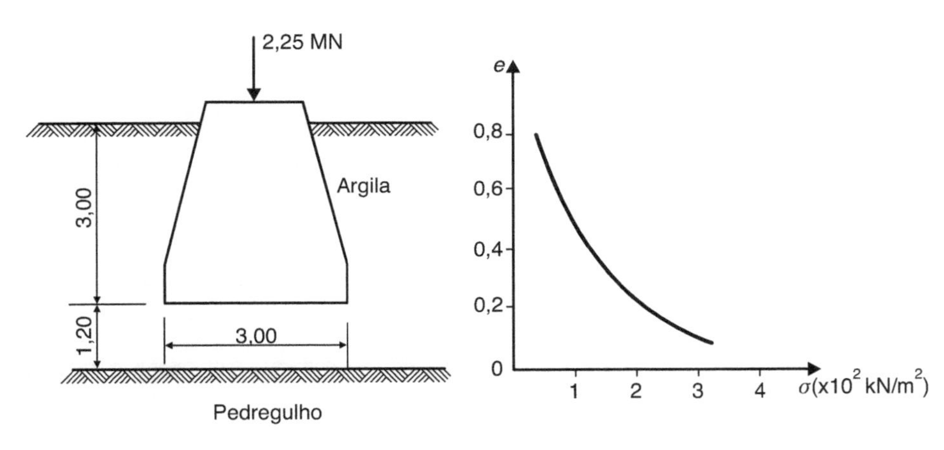

FIGURA 15.23

Solução

a) Tensão na base da fundação:

$$\sigma = \frac{2,25}{3 \cdot 3} = 0,25 \text{ MN/m}^2 = 250 \text{ kN/m}^2$$

b) Tensão inicial média sobre a camada:

$$\sigma_i = 18 \cdot \left(3 + \frac{1,2}{2}\right) \therefore \sigma_i = 18 \cdot 3,60 = 64,8 \text{ kN/m}^2$$

c) Acréscimo médio da tensão sobre a camada:

$$\begin{matrix} z = 0,6 \\ a = 1,5 \\ b = 1,5 \end{matrix} \left\{ \begin{matrix} \frac{z}{b} = 0,40 \\ \\ \frac{a}{b} = 1 \end{matrix} \right. \left\{ \frac{\sigma_z}{\sigma} = 0,245 \rightarrow \sigma_z = 4 \times 250 \cdot 0,245 = 245 \text{ kN/m}^2 \right.$$

d) Determinação de Δe:

$$\left. \begin{matrix} \sigma_1 = 64,8 \text{ kN/m}^2 \rightarrow e_i = 0,65 \\ \sigma_f = 64,8 + 245 = 309,8 \text{ kN/m}^2 \rightarrow e_f = 0,10 \end{matrix} \right\} \Delta e = 0,55$$

e) Cálculo do recalque:

$$\Delta h = \frac{0,55}{1 + 0,65} \cdot 1,20 = 0,40 \text{ m}$$

Nota Considerando-se o alívio de tensão decorrente do volume de terra escavado, o recalque será da ordem de 0,36 m.

7) Um prédio *A*, com dimensões em planta de 12 × 16 m, deverá ser construído no mesmo alinhamento que um prédio *B*, cujas dimensões em planta são de 15 × 20 m. A tensão que o prédio *A* transmite ao solo é de 200 kN/m² e a transmitida pelo prédio *B* é de 240 kN/m². Entre os prédios *A* e *B* existe um terreno baldio com 10 m de frente. As fundações dos prédios *A* e *B* são assentes sobre uma camada de areia grossa, conforme indicado na Figura 15.24.
Avalie o recalque da camada de argila compressível, sob o centro do prédio *A*, considerando nos cálculos a influência do prédio *B*.

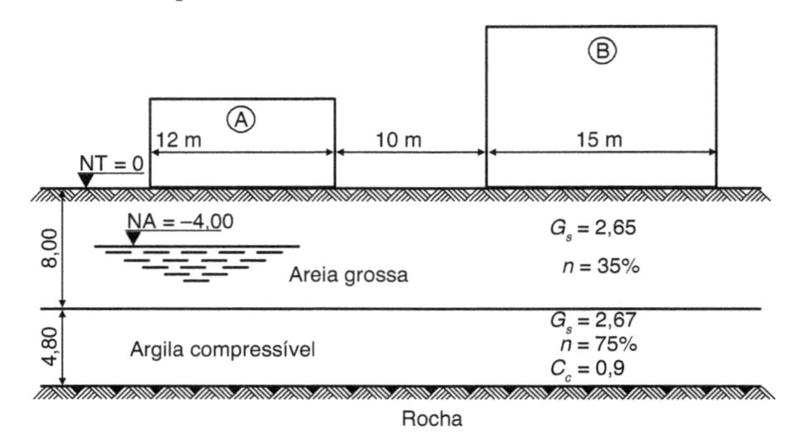

FIGURA 15.24

Solução

a) Determinação dos pesos específicos:

areia seca:

$$\gamma_s = G_s \cdot (1-n) \cdot \gamma_a = 2{,}65 \cdot (1-0{,}35) \cdot 10 = 17{,}2\,\text{kN/m}^2$$

areia submersa:

$$\gamma_{\text{sub}} = (G_s - 1) \cdot (1-n) \cdot \gamma_a = (2{,}65-1) \cdot (1-0{,}35) \cdot 10 = 10{,}7\,\text{kN/m}^2$$

argila submersa:

$$\gamma_{\text{sub}} = (G_s - 1) \cdot (1-n) \cdot \gamma_a = (2{,}7-1) \cdot (1-0{,}75) \cdot 10 = 4{,}2\,\text{kN/m}^2$$

b) Tensão inicial sobre a camada de argila:

$$\sigma_i = 4 \cdot 17{,}2 + 4 \cdot 10{,}7 + 2{,}40 \cdot 4{,}2 = 121{,}7\,\text{kN/m}^2$$

c) Acréscimo de tensão no topo da camada e no centro de *A* (Fig. 15.25):

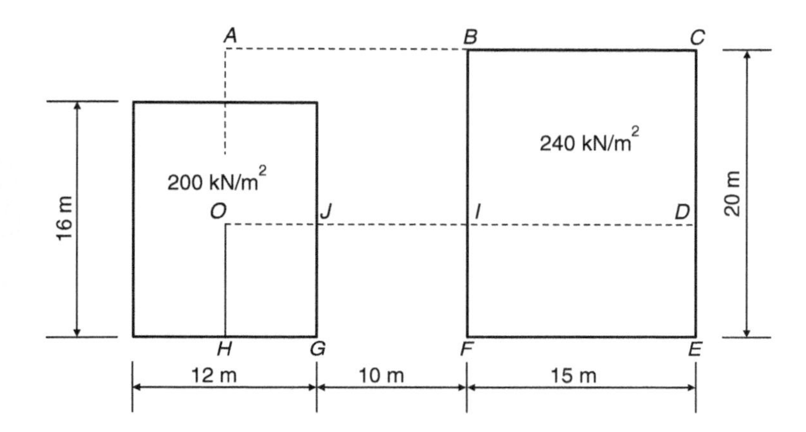

FIGURA 15.25

$$\sigma_0 = \sigma_{ACDO} + \sigma_{ODEH} - \sigma_{ABIO} - \sigma_{OIFH} + 4 \cdot \sigma_{OJGH}$$

σ_{ACDO}:

$$\left.\begin{array}{l} z = 8\text{ m} \\ a = 31\text{ m} \\ b = 12\text{ m} \end{array}\right\} \left\{\begin{array}{l} \dfrac{z}{b} = 0{,}66 \\ \dfrac{a}{b} = 2{,}58 \end{array}\right. \left\{ \dfrac{\sigma_z}{p} = 0{,}23 \rightarrow \sigma_z = 240 \cdot 0{,}23 = 55{,}2\text{ kN/m}^2 \right.$$

σ_{ODEH}:

$$\left.\begin{array}{l} z = 8\text{ m} \\ a = 31\text{ m} \\ b = 8\text{ m} \end{array}\right\} \left\{\begin{array}{l} \dfrac{z}{b} = 1 \\ \dfrac{a}{b} = 3{,}875 \end{array}\right. \left\{ \dfrac{\sigma_z}{p} = 0{,}215 \rightarrow \sigma_z = 240 \cdot 0{,}215 = 51{,}6\text{ kN/m}^2 \right.$$

σ_{ABIO}:

$$\left.\begin{array}{l} z = 8\text{ m} \\ a = 16\text{ m} \\ b = 12\text{ m} \end{array}\right\} \left\{\begin{array}{l} \dfrac{z}{b} = 0{,}66 \\ \dfrac{a}{b} = 1{,}33 \end{array}\right. \left\{ \dfrac{\sigma_z}{p} = 0{,}23 \rightarrow \sigma_z = 240 \cdot 0{,}23 = 55{,}2\text{ kN/m}^2 \right.$$

σ_{OIFH}:

$$\left.\begin{matrix} z=8\text{ m} \\ a=16\text{ m} \\ b=12\text{ m} \end{matrix}\right\} \begin{cases} \dfrac{z}{b}=1 \\ \dfrac{a}{b}=2 \end{cases} \left\{ \dfrac{\sigma_z}{p}=0{,}21 \rightarrow \sigma_z=240\cdot 0{,}21=50{,}4\text{ kN/m}^2 \right.$$

σ_{OJGH}:

$$\left.\begin{matrix} z=8\text{ m} \\ a=8\text{ m} \\ b=6\text{ m} \end{matrix}\right\} \begin{cases} \dfrac{z}{b}=1{,}33 \\ \dfrac{a}{b}=1{,}33 \end{cases} \left\{ \dfrac{\sigma_z}{p}=0{,}17 \rightarrow \sigma_z=200\cdot 0{,}17=34\text{ kN/m}^2 \right.$$

Assim:

$$\sigma_0=55{,}2+51{,}6-55{,}2-50{,}4+4\cdot 34{,}0=137{,}2\text{ kN/m}^2$$

d) Acréscimo de tensão no final da camada:

σ_{ACDO}:

$$\left.\begin{matrix} z=12{,}80\text{ m} \\ a=31\text{ m} \\ b=12\text{ m} \end{matrix}\right\} \begin{cases} \dfrac{z}{b}=1{,}07 \\ \dfrac{a}{b}=2{,}58 \end{cases} \left\{ \dfrac{\sigma_z}{p}=0{,}205 \rightarrow \sigma_z=240\cdot 0{,}205=49{,}2\text{ kN/m}^2 \right.$$

σ_{ODEH}:

$$\left.\begin{matrix} z=12{,}80\text{ m} \\ a=31\text{ m} \\ b=8\text{ m} \end{matrix}\right\} \begin{cases} \dfrac{z}{b}=1{,}60 \\ \dfrac{a}{b}=3{,}875 \end{cases} \left\{ \dfrac{\sigma_z}{p}=0{,}175 \rightarrow \sigma_z=240\cdot 0{,}715=42\text{ kN/m}^2 \right.$$

σ_{ABIO}:

$$\left.\begin{matrix} z=12{,}8\text{ m} \\ a=16\text{ m} \\ b=12\text{ m} \end{matrix}\right\} \begin{cases} \dfrac{z}{b}=1{,}07 \\ \dfrac{a}{b}=1{,}33 \end{cases} \left\{ \dfrac{\sigma_z}{p}=0{,}19 \rightarrow \sigma_z=240\cdot 0{,}19=45{,}6\text{ kN/m}^2 \right.$$

σ_{OIFH}:

$$\left.\begin{matrix} z=12{,}8\text{ m} \\ a=16\text{ m} \\ b=8\text{ m} \end{matrix}\right\} \begin{cases} \dfrac{z}{b}=1{,}60 \\ \dfrac{a}{b}=2 \end{cases} \left\{ \dfrac{\sigma_z}{p}=0{,}16 \rightarrow \sigma_z=240\cdot 0{,}16=38{,}4\text{ kN/m}^2 \right.$$

σ_{OJGH}:

$$\left.\begin{matrix} z=12{,}8\text{ m} \\ a=8\text{ m} \\ b=6\text{ m} \end{matrix}\right\} \begin{cases} \dfrac{z}{b}=2{,}13 \\ \dfrac{a}{b}=1{,}33 \end{cases} \left\{ \dfrac{\sigma_z}{p}=0{,}095 \rightarrow \sigma_z=200\cdot 0{,}095=19\text{ kN/m}^2 \right.$$

Assim:

$$\sigma_0^{'}=49{,}2+42-45{,}6-38{,}4+4\cdot 19=83{,}2\text{ kN/m}^2$$

e) Acréscimo médio:

$$\Delta p = \frac{137,2 + 83,2}{2} = 110,2 \text{ kN/m}^2$$

f) Cálculo do recalque:

$$\Delta h = \frac{h}{1+e_i} \cdot C_c \log \frac{\sigma_i + \Delta\sigma}{\sigma_i}$$

com:

$$e = \frac{n}{1-n} = \frac{0,75}{0,25} = 3,0$$

Assim:

$$\Delta h = \frac{4,80}{1+3,0} \cdot 0,9 \cdot \log\left(\frac{121,7 + 110,2}{121,7}\right) \cong 0,30 \text{ m}$$

8) Com os dados fornecidos na Figura 15.26, calcule o recalque total da estrutura, bem como o tempo necessário para que ocorra 55 % de seu valor. Considere na resolução:

a) apenas o recalque em função do adensamento da camada de argila;

b) o gráfico de Newmark para a distribuição de pressões;

c) que o trecho em reta da curva de compressão seja expresso pela equação:

$$e = 1,20 - 0,36 \cdot \log\sigma$$

d) que a função $T = f(U)$ seja representada pela fórmula

$$T = \frac{\pi}{4} \cdot U^2$$

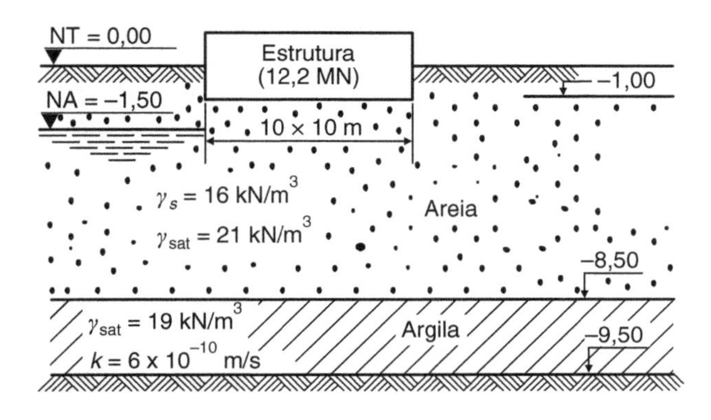

FIGURA 15.26

Solução

– Tensão inicial média sobre a camada de argila:

$$\sigma_i = 1,50 \cdot 16 + 7 \cdot (21 - 10) + 0,50 \cdot (19 - 10) = 105,5 \text{ kN/m}^2$$

– Acréscimo de tensão no topo da camada (–8,50):

$$\sigma = \frac{12200}{100} = 122 \text{ kN/m}^2$$

$$\sigma_z = 122 \cdot 90 \cdot 0{,}005 = 54{,}9 \text{ kN/m}^2$$

– Acréscimo de tensão na cota (–9,50):

$$\sigma_z = 122 \cdot 78 \cdot 0{,}005 = 47{,}6 \text{ kN/m}^2$$

– Acréscimo médio:

$$\Delta\sigma = \frac{47{,}6 + 54{,}9}{2} = 51{,}25 \text{ kN/m}^2$$

– Tensão final:

$$\sigma_f = \sigma_i + \Delta\sigma = 105{,}5 + 51{,}25 \cong 156{,}8 \text{ kN/m}^2$$

– Determinação dos e_i, e_f, C_c e a_v:

$$e_i = 1{,}20 - 0{,}36 \cdot \log 105{,}5 = 0{,}47$$
$$e_f = 1{,}20 - 0{,}36 \cdot \log 156{,}8 = 0{,}41$$

$$C_c = \frac{\Delta e}{\log\left(\frac{\sigma_f}{\sigma_i}\right)} = \frac{0{,}47 - 0{,}41}{\log\left(\frac{156{,}8}{105{,}5}\right)} = 0{,}35$$

$$a_v = \frac{\Delta e}{\Delta\sigma} = \frac{0{,}06}{51{,}25} = 1{,}2 \cdot 10^{-3} \text{ m}^2/\text{kN}$$

– Recalque total:

$$\Delta h = \frac{0{,}06}{1 + 0{,}83} \cong 0{,}033 \text{ m}$$

– Tempo para que ocorra 55 % de Δh:

$$T = \frac{\pi}{4} \cdot (0{,}55)^2 = 0{,}238$$

$$t = \frac{T \cdot h^2 \cdot \gamma_a \cdot a_v}{(1 + e_i) \cdot k} = \frac{0{,}238 \cdot 1^2 \cdot 10 \cdot 1{,}2 \cdot 10^{-3}}{1{,}83 \cdot 6 \cdot 10^{-10}} = 2{,}60 \cdot 10^6 \text{ s}$$

ou, como 1 dia = 86.400 s , t = 30 dias.

9) Com as indicações da Figura 15.27, pede-se:

a) calcule as pressões (1–2 e 3–4) resultantes do peso próprio;

b) calcule as pressões (2–5 e 4–6) resultantes do peso da estrutura (usar o ábaco de Steinbrenner);

c) componha o diagrama das pressões totais sobre a camada de argila;

d) calcule o recalque total da camada de argila;

e) calcule a porcentagem de recalque após 5 anos.

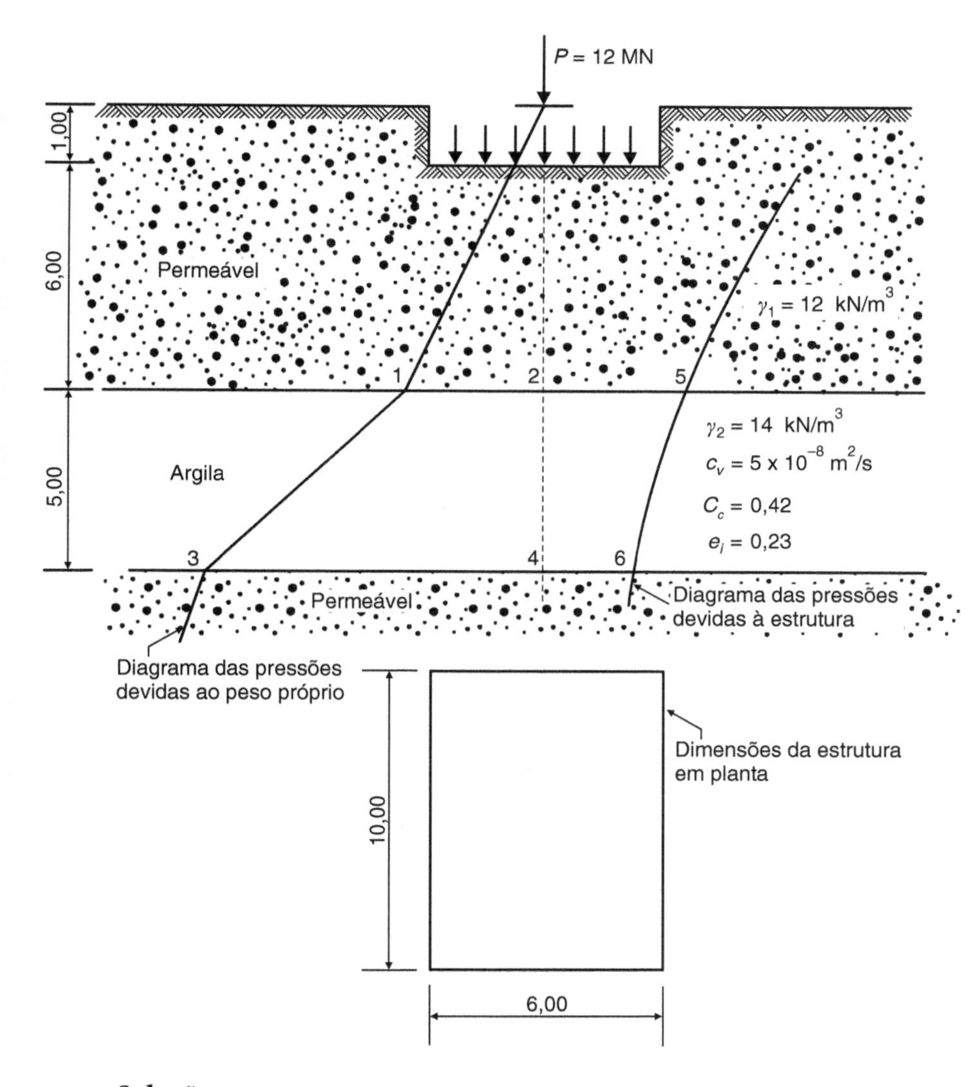

FIGURA 15.27

Solução

Facilmente se obtém que:

a) $\sigma_{1-2} = 12 \cdot 7 = 84 \text{ kN/m}^2$
$\sigma_{3-4} = 84 + (14 \cdot 5) = 84 + 70 = 154 \text{ kN/m}^2$

$$\sigma_{\text{média}} = \frac{84 + 154}{2} = 119 \text{ kN/m}^2 = \sigma_i$$

b)

$$\left.\begin{aligned} \frac{z}{b} &= \frac{6}{6} = 1 \\ \frac{a}{b} &= \frac{10}{6} = 1{,}67 \end{aligned}\right\} \frac{\sigma_{2-5}}{\sigma} = 0{,}20 \rightarrow \sigma_{2-5} = 0{,}20 \cdot \sigma = 0{,}20 \cdot \frac{12.000}{60} = 0{,}2 \cdot 200 = 40 \text{ kN/m}^2$$

$$\left.\begin{aligned} \frac{z}{b} &= \frac{11}{6} = 1{,}84 \\ \frac{a}{b} &= 1{,}67 \end{aligned}\right\} \frac{\sigma_{4-6}}{\sigma} = 0{,}12 \rightarrow \sigma_{4-6} = 0{,}12 \cdot 200 = 24 \text{ kN/m}^2$$

$$\Delta\sigma_{\text{médio}} = \frac{40+24}{2} = 32 \text{ kN/m}^2$$

c)

$$\sigma_f = \sigma + \Delta\sigma_{\text{médio}} = 119+32 = 151 \text{ kN/m}^2$$

$$\sigma_{1-2} + \sigma_{2-5} = 84+40 = 124 \text{ kN/m}^2$$

$$\sigma_{3-4} + \sigma_{4-6} = 154+24 = 178 \text{ kN/m}^2$$

d)

$$\Delta h = \frac{h}{1+e_i} \cdot C_c \log \frac{\sigma + \Delta\sigma}{\sigma}$$

$$\Delta h = \frac{5}{1+0,23} \cdot 0,42 \cdot \log\left(\frac{151}{119}\right)$$

$$\Delta h = 1,71 \cdot \log(1,27) = 1,71 \cdot 0,104 \cong 0,18 \text{ m}$$

e)

$$T = \frac{t \cdot c_v}{h_d^2}$$

$$T = \frac{5 \cdot 365 \cdot 8,64 \cdot 10^4 \cdot 5 \cdot 10^{-8}}{(2,5)^2} = \frac{25 \cdot 365 \cdot 8,64 \cdot 10^{-4}}{6,25} = 1,26 \rightarrow U > 95\ \%$$

10) Considerando-se as indicações constantes na Figura 15.28, calcule o recalque total do reservatório.

Solução

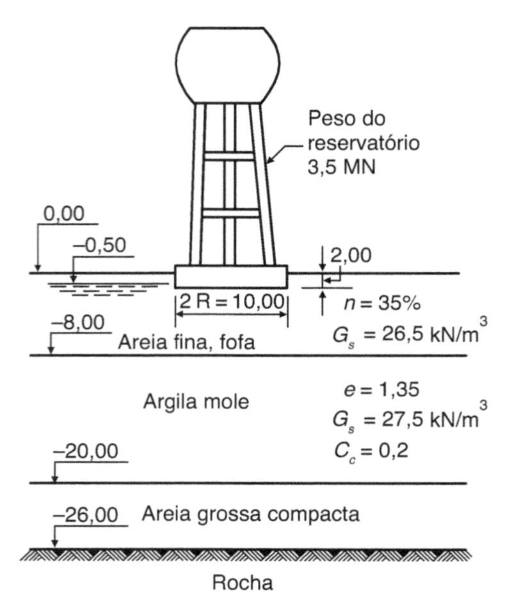

FIGURA 15.28

Negligenciando-se os recalques resultantes das camadas de areia, consideraremos apenas a camada de argila mole, principal responsável pelo recalque.

a) Tensão sobre o terreno:

$$\sigma_0 = \frac{3500}{\pi \cdot \frac{100}{4}} = \frac{3500}{25 \cdot \pi} = 44,6 \text{ kN/m}^2$$

b) Pressões médias sobre a camada de argila:

- Valores dos pesos específicos:

areia seca

$$\gamma' = G_s \cdot (1-n) \cdot \gamma_a = 2,65 \cdot (1-0,35) \cdot 10 = 17,2 \text{ kN/m}^2$$

areia submersa

$$\gamma''_{\text{sub}} = (G_s - 1) \cdot (1-n) \cdot \gamma_a = (2,65-1) \cdot (1-0,35) \cdot 10 = 10,7 \text{ kN/m}^2$$

argila submersa

$$\gamma'''_{\text{sub}} = \frac{(G_s - 1)}{(1+e)} \cdot \gamma_a = \frac{(2{,}75-1)}{(1+1{,}35)} \cdot 10 = 7{,}5 \text{ kN/m}^2$$

– Tensão no topo da camada de argila:

$$\sigma_1 = (17{,}2 \cdot 0{,}5 \cdot 10{,}7 \cdot 7{,}5) = 88{,}9 \text{kN/ m}^2$$

– Tensão na base da camada:

$$\sigma_2 = 88{,}9 + 7{,}5 \cdot 12 = 178{,}9 \text{ kN/m}^2$$

– Tensão média:

$$\sigma_{\text{méd}} = \frac{88{,}9 + 178{,}9}{2} = 133{,}9 \text{ kN / m}^2 \cong 134 \text{ kN/m}^2$$

– Pressões resultantes do peso do reservatório: Utilizaremos a fórmula de Love:

$$\Delta\sigma = \sigma_0 \left\{1 - \left[\frac{1}{1+(R/z)^2}\right]^{\frac{3}{2}}\right\} = \sigma_0 \cdot I$$

que nos dará (obtendo-se I do Quadro 15.2):
– no topo da camada (para $R/z = 5/6 = 0{,}833$)

$$\Delta\sigma' = 44{,}6 \cdot 0{,}544 = 24{,}3 \text{ kN/m}^2$$

– na base da camada (para $R/z = 5/18 = 0{,}28$)

$$\Delta\sigma' = 44{,}6 \cdot 0{,}107 = 4{,}8 \text{ kN/m}^2$$

– para valor médio:

$$\Delta\sigma = \frac{24{,}3 + 4{,}8}{2} = 14{,}6 \text{ kN/m}^2$$

c) Recalque total:
Com os valores fornecidos e calculados, obtém-se:

$$\Delta h = \frac{12}{1+1{,}35} \cdot 0{,}2 \cdot \log\left(\frac{134 + 14{,}6}{134}\right)$$

donde:

$$\Delta h = 0{,}046 \text{ m}$$

11) Com as indicações da Figura 15.29, pede-se:
a) o lado $2b$ da base da sapata quadrada (utilizar a fórmula de Terzaghi; adotar um fator de segurança igual a 3);
b) o recalque total da sapata em razão do adensamento da camada (2). Admitir na distribuição das pressões o "método 2 por 1".

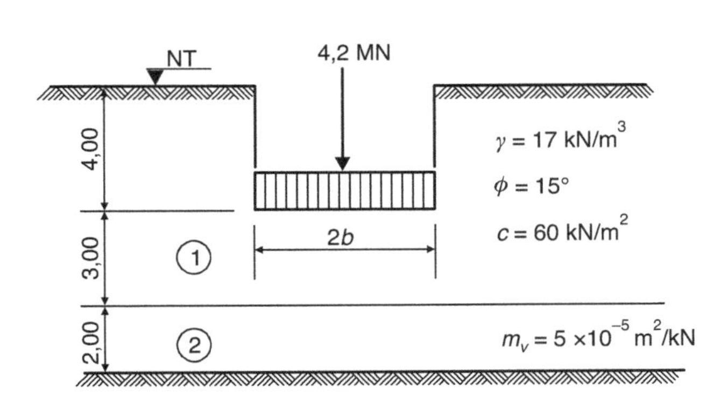

FIGURA 15.29

Solução

a) Tem-se que

$$\frac{4200}{(2 \cdot b)^2} = \sigma_{méd.} = \frac{\sigma_{rb}}{3} = \frac{1,3 \cdot c \cdot N_c + 0,8 \cdot \gamma \cdot b \cdot N_\gamma + \gamma \cdot h \cdot N_q}{3}$$

Para $\phi = 15°$: $N_c = 12$, $N_\gamma = 4$ e $N_q = 5$.
Substituindo e efetuando, vem:

$$1,81 \cdot b^3 + 42,5 \cdot b^2 - 105 = 0$$

Pesquisando a raiz positiva – única existente –, obtém-se:

$$b \cong 1,55 \text{ m} \rightarrow 2 \cdot b = 3,10 \text{ m}$$

b) O recalque é calculado pela fórmula:

$$\Delta h = m_v \cdot \Delta\sigma \cdot h$$

com $h = 2$ m e

$$\Delta\sigma' \frac{4200}{(3,10 + 3,00)^2} = \frac{4200}{6,10^2} = 112,9 \text{ kN/m}^2$$

e

$$\Delta\sigma'' = \frac{4200}{(3,10 + 5,00)^2} = \frac{4200}{8,10^2} = 64 \text{ kN/m}^2$$

(ver Fig. 15.30), donde:

$$\Delta\sigma = \frac{112,9 + 64}{2} = 88,5 \text{ kN/m}^2$$

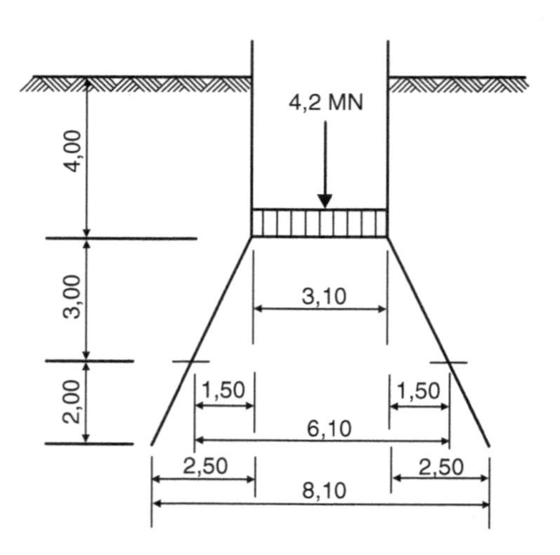

FIGURA 15.30

e, daí:

$$\Delta h = 5 \cdot 10^{-5} \cdot 88,5 \cdot 2 = 8,85 \cdot 10^{-3} \text{ m}$$

12) Dadas as indicações constantes na Figura 15.31, dimensione a sapata de fundação de um pilar com a carga de 1 MN.

Determine:

a) cota aconselhável da fundação;
b) capacidade de carga da sapata, pela fórmula de Terzaghi;
c) fator de segurança à ruptura;
d) pressões inicial e final, no plano médio da camada de argila, utilizando para a distribuição das pressões o método aproximado 2:1;
e) recalque total da sapata, devido ao adensamento da camada argilosa;
f) tempos em que ocorrerão 30, 60 e 90 % do recalque total.

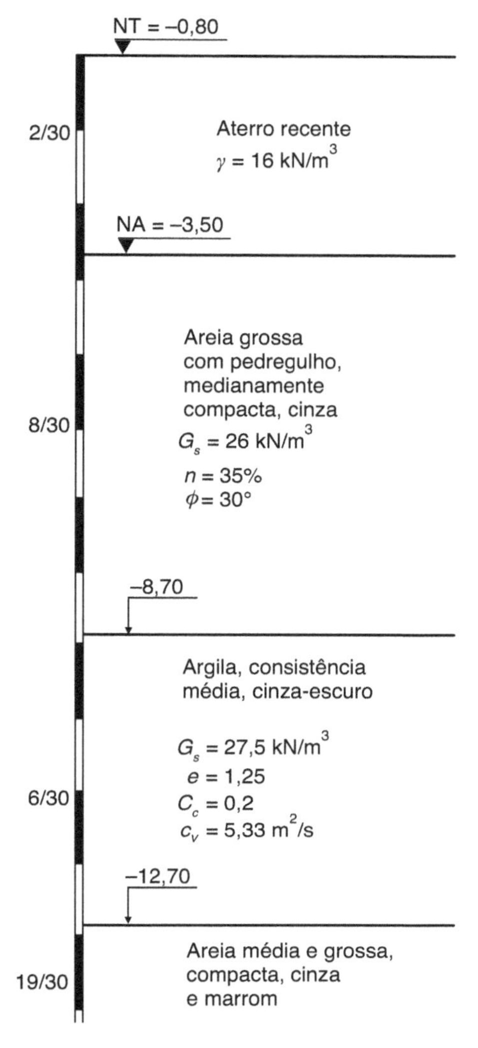

FIGURA 15.31

Solução

a) A cota aconselhável, por questões óbvias, é –3,50 m.

b) Para calcularmos a capacidade de carga, façamos um pré-dimensionamento, arbitrando para a camada de areia grossa com pedregulho uma tensão admissível de 300 kN/m². Assim, teremos para a área da sapata

$$\frac{1000}{300} \cong 3{,}34\,\text{m}^2$$

ou seja, uma sapata quadrada de lado $2b = 1{,}80$ m.

Desse modo, com $\phi = 30° \rightarrow N_q = 22$ e $N_\gamma = 20$, obtém-se de:

$$\sigma_{rb} = 1{,}3 \cdot c \cdot N_c + \gamma_1 \cdot h \cdot N_q + 0{,}8 \cdot \gamma_2 \cdot b \cdot N_\gamma$$

com:

$$\gamma_1 = 16\ \text{kN/m}^3$$

$$\gamma_2 = \gamma_{\text{sub}} = (G_s - 1) \cdot (1 - n) \cdot \gamma_a = (2{,}60 - 1) \cdot (1 - 0{,}35) \cdot 10 = 10{,}4\ \text{kN/m}^3$$

$$c = 0$$
$$h = 2{,}70\ \text{m}$$
$$b = 0{,}90\ \text{m}$$

o seguinte valor para a capacidade de carga:

$$\sigma_{rb} = 16 \cdot 2{,}70 \cdot 22 + 0{,}8 \cdot 10{,}4 \cdot 0{,}90 \cdot 20 = 950{,}4 + 149{,}8 = 1100{,}2\ \text{kN/m}^2 \cong 1{,}1\ \text{MN}$$

c) O fator segurança à ruptura, adotando-se a taxa de 300 kN/m², será, então:

$$C_s = \frac{1100}{300} \cong 3{,}7$$

d) Tensão inicial:

$$\sigma_i' = 16 \cdot 2{,}70 + 10{,}4 \cdot 5{,}20 + \gamma_3 \cdot 2{,}00$$

Se

$$e = 1{,}25 \rightarrow n = \frac{1{,}25}{1 + 1{,}25} = 0{,}56$$

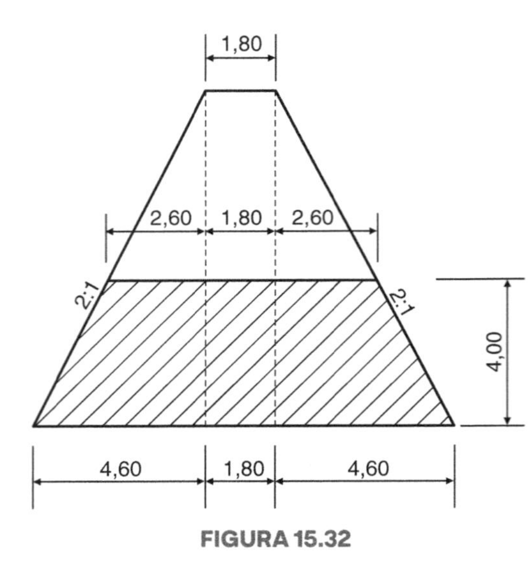

FIGURA 15.32

e

$$\gamma_3 = (2{,}75 - 1) \cdot (1 - 0{,}56) \cdot 10 = 7{,}7 \text{ kN/m}^3$$

Daí:

$$\sigma_i^{'} = 43{,}2 + 54{,}1 + 15{,}4 = 112{,}7 \text{ kN/m}^2$$

Acréscimo de tensão (Fig. 15.32):

$$\Delta\sigma' = \frac{1000}{(1{,}8 + 5{,}2)^2}$$

$$\Delta\sigma' = \frac{1000}{7^2} = 20{,}4 \text{ kN/m}^2$$

$$\Delta\sigma'' = \frac{1000}{(1{,}8 + 9{,}2)^2}$$

$$\Delta\sigma'' = \frac{1000}{11^2} = 8{,}3 \text{ kN/m}^2$$

$$\Delta\sigma = \frac{20{,}4 + 8{,}3}{2} = 14{,}35 \text{ kN/m}^2$$

Tensão final:

$$\sigma_{fi}^{'} = \sigma^{'} + \Delta\sigma^{'} \rightarrow \sigma_f^{'} = 112{,}7 + 14{,}35 = 127{,}05 \text{ kN/m}^2.$$

Tensão de descarga (ou alívio):

$$\sigma_d = 3{,}34 \cdot 2{,}70 \cdot 16 = 144{,}3 \text{ kN/m}^2$$

$$\sigma_d^{'} = \frac{144{,}3}{(1{,}8 + 5{,}2)^2} \therefore \sigma_d^{'} = \frac{144{,}3}{7^2} = 2{,}95 \text{ kN/m}^2$$

$$\sigma_d^{''} = \frac{144{,}3}{(1{,}8 + 9{,}2)^2} \therefore \sigma_d^{''} = \frac{144{,}3}{11^2} = 1{,}19 \text{ kN/m}^2$$

$$\sigma_d = \frac{2{,}95 + 1{,}19}{2} = 2{,}07 \text{ kN/m}^2$$

As pressões iniciais e final resultantes serão, então:

$$\sigma_i = 112{,}7 - 2{,}07 = 110{,}63 \text{ kN/m}^2$$

$$\sigma_f = 127{,}05 - 2{,}07 = 124{,}98 \text{ kN/m}^2$$

e) Recalque total:

$$\Delta h = \frac{h}{1 + e_i} \cdot C_c \cdot \log\left(\frac{p_f}{p_i}\right)$$

$$\Delta h = \frac{4}{1+1,25} \cdot 0,2 \cdot \log\left(\frac{124,98}{110,63}\right) = 0,019 \text{ m}$$

f) Da expressão

$$t = \frac{T \cdot h_d^2}{c_v}$$

com $h_d = \frac{4}{2} = 2$ cm, $c_v = 5{,}33$ m^2/s e os valores de T correspondentes aos de U, obtém-se:

Recalque		***T***	***t* (dias)**
em *U*% de Δ*h*	**em (× 10^{-3} m)**		
30	5,4	0,072	62
60	10,8	0,287	250
90	16,2	0,848	735

Bibliografia

AASHTO – AMERICAN ASSOCIATION OF STATE HIGHWAY AND TRANSPORTATION OFFICIALS. T 88: *Particle size analysis of soils*. Washington: AASHTO, 2011.

AASHTO – AMERICAN ASSOCIATION OF STATE HIGHWAY AND TRANSPORTATION OFFICIALS. M 145: *Standard specification for classification of soils and soil-aggregate mixtures for highway construction purposes*. Washington: AASHTO, 2017.

AASHTO – AMERICAN ASSOCIATION OF STATE HIGHWAY AND TRANSPORTATION OFFICIALS. M 147: *Standard specification for materials for aggregate and soil-aggregate subbase, base, and surface courses*. Washington: AASHTO, 2017.

ABEF – ASSOCIAÇÃO BRASILEIRA DE EMPRESAS DE ENGENHARIA DE FUNDAÇÕES E GEOTECNIA. *Manual de Execução de Fundações e Geotecnia*. São Paulo: Pini, 2012.

ABGE – ASSOCIAÇÃO BRASILEIRA DE GEOLOGIA DE ENGENHARIA E AMBIENTAL. *Geologia de engenharia e ambiental*. ABGE, 2017.

ABMS – ASSOCIAÇÃO BRASILEIRA DE MECÂNICA DOS SOLOS E ENGENHARIA GEOTÉCNICA (NÚCLEO DO RIO DE JANEIRO). *Ciclo de palestras sobre estacas escavadas*, 1981.

ABNT – ASSOCIAÇÃO BRASILEIRA DE NORMAS TÉCNICAS. *NBR 12102*: Solo – Controle de compactação pelo método de Hilf. Rio de Janeiro: ABNT, 2020.

ABNT – ASSOCIAÇÃO BRASILEIRA DE NORMAS TÉCNICAS. *NBR 13292*: Solo – Determinação do coeficiente de permeabilidade de solos granulares à carga constante - Método de ensaio. Rio de Janeiro: ABNT, 2021.

ABNT – ASSOCIAÇÃO BRASILEIRA DE NORMAS TÉCNICAS. *NBR 14545*: Solo – Determinação do coeficiente de permeabilidade de solos argilosos à carga variável. Rio de Janeiro: ABNT, 2021.

ABNT – ASSOCIAÇÃO BRASILEIRA DE NORMAS TÉCNICAS. *NBR 16843*: Solo – Determinação do índice de vazios mínimo de solos não coesivos. Rio de Janeiro: ABNT, 2020.

ABNT - ASSOCIAÇÃO BRASILEIRA DE NORMAS TÉCNICAS. *NBR 16853*: Solo - Ensaio de adensamento unidimensional. Rio de Janeiro: ABNT, 2020.

ABNT - ASSOCIAÇÃO BRASILEIRA DE NORMAS TÉCNICAS. *NBR 16867*: Solo - Determinação da massa específica aparente de amostras indeformadas - método da balança hidrostática. Rio de Janeiro: ABNT, 2020.

ABNT - ASSOCIAÇÃO BRASILEIRA DE NORMAS TÉCNICAS. *NBR 16903*: Solo - Prova de carga estática em fundação profunda. Rio de Janeiro: ABNT, 2020.

ABNT - ASSOCIAÇÃO BRASILEIRA DE NORMAS TÉCNICAS. *NBR 6457*: Amostras de solo - preparação para ensaios de compactação e ensaios de caracterização. Rio de Janeiro: ABNT, 2016.

ABNT - ASSOCIAÇÃO BRASILEIRA DE NORMAS TÉCNICAS. *NBR 6458*: Solo - Grãos de pedregulho retidos na peneira de abertura 4,8 mm - Determinação da massa específica, da massa específica aparente e da absorção de água. Rio de Janeiro: ABNT, 2016.

ABNT - ASSOCIAÇÃO BRASILEIRA DE NORMAS TÉCNICAS. *NBR 6459*: Solo - Determinação do limite de liquidez. Rio de Janeiro: ABNT, 2016.

ABNT - ASSOCIAÇÃO BRASILEIRA DE NORMAS TÉCNICAS. *NBR 6502*: Solos e Rochas - terminologia. Rio de Janeiro: ABNT, 2021.

ABNT - ASSOCIAÇÃO BRASILEIRA DE NORMAS TÉCNICAS. *NBR 7180*: Solo - determinação do limite de plasticidade. Rio de Janeiro: ABNT, 2016.

ABNT - ASSOCIAÇÃO BRASILEIRA DE NORMAS TÉCNICAS. *NBR 7181*: Solo - Análise granulométrica. Rio de Janeiro: ABNT, 2016.

ABNT - ASSOCIAÇÃO BRASILEIRA DE NORMAS TÉCNICAS. *NBR 7282*: Solo - Ensaio de compactação. Rio de Janeiro: ABNT, 2016.

ABNT - ASSOCIAÇÃO BRASILEIRA DE NORMAS TÉCNICAS. *NBR 9895*: Solo - Índice de suporte Califórnia (ISC) - Método de ensaio. Rio de Janeiro: ABNT, 2016.

ALBUQUERQUE, P. J. R. DE; GARCIA, J. R. *Engenharia de fundações*. 1. ed. Rio de Janeiro: LTC-GEN, 2020.

ALIBERTI, G. *Géophysique et mécanique des soils dans leurs applications pratiques*. Paris: Donos, 1956.

ALMEIDA, M. DE S. S.; MARQUES, M. E. S. *Aterros sobre solos moles*. 2. ed. São Paulo: Oficina de Textos, 2014.

ALONSO, U. R. *Previsão e controle das fundações*. São Paulo: Blucher, 1991.

ALONSO, U. R. *Rebaixamento temporário de aquíferos*. 2. ed. São Paulo: Oficina de Textos, 2018.

ANDERSEN, P. *Substructure analysis and design*. 2. ed. Ronald Press, 1956.

AOKI, N. Esforços horizontais em estacas de pontes, provenientes da ação de aterros de acesso. IV CONGRESSO BRASILEIRO DE MECÂNICA DOS SOLOS. *Anais...* 1970.

ASTM - AMERICAN SOCIETY OF TESTING MATERIALS. *Standard practice for classification of soils for engineering purposes* (Unified Soil Classification System). West Conshohocken: ASTM, 2017.

BADILLO, E. J.; RODRIGUEZ, A. R. *Mecánica de suelos*. México: Limusa, 1969.

BARATA, F. E. Estabilidade dos taludes dos cortes. *Revista Construção*, 1964.

BARATA, F. E. *Tentativa de racionalização do problema da taxa admissível de fundações diretas*. Tese (Livre Docência) – Escola de Engenharia da Universidade Federal do Rio de Janeiro, Rio de Janeiro, 1962.

BENEVOLO, N. *Cálculo de barragens*. Belo Horizonte: Associação Brasileira de Cimento Portland, 1963.

BOWLES, J. E. *Foundation analysis and design*. 5. ed. New York: McGraw-Hill, 1997.

BRASFOND FUNDAÇÕES ESPECIAIS S.A. *Catálogo técnico*. São Paulo, 2011.

BROWN, J. G. (ed.). *Hydro-electric engineering practice*. Civil Engineering, 1958.

CAMARGO, M. M. *Conheça o solo brasileiro*. Poços de Caldas-MG: Polígono, 1968.

CAPPER, P. L.; CASSIE, W. F. *A mecânica dos solos na engenharia*, 1970.

CAPUTO, H. P. *Curso de Mecânica dos Solos e Fundações*. Escola Politécnica da Universidade Católica, 1954.

CAPUTO, H. P. *Matemática para a Engenharia*. Rio de Janeiro: Ao Livro Técnico, 1969.

CAPUTO, H. P. Matemática, Geologia e Engenharia. *Revista Rodovia*, 1(267), 1965.

CAPUTO, H. P. *Mecânica dos solos para uso de engenheiros rodoviários*. 2. ed. Rio de Janeiro: Ao Livro Técnico, 1961.

CAPUTO, H. P. *Problemas sobre mecânica dos solos e fundações*. Rio de Janeiro: Escola de Engenharia da Universidade Federal do Rio de Janeiro, 1965.

CAPUTO, H. P. *Sobre os recalques por adensamento*. Monografia, 1957.

CAPUTO, H. P. *Uma síntese dos fundamentos teóricos da geomecânica rodoviária*, 1971.

CAPUTO, H. P.; VELLOSO, D. A. Alguns problemas de fundações de pontes. *Revista Construção*, 1963.

CAQUOT, A.; KERISEL, J. (1948). *Traité de Méchaniques des Sols*. 4. ed. Paris: Gauthier-Villars, 1966.

CASAGRANDE, A. *Percolação através de barragens de terra*, 1963.

CESTELLI GUIDI, C. *Geotecnica e tecnica delle fondazioni*. Milano: Hoepli, 1975.

CESTELLI GUIDI, C. *Meccanica del terreno fondazioni opere in terra*. Milano: Hoepli, 1957.

CHIOSSI, N. J. *Geologia aplicada à engenharia*. São Paulo: Grêmio Politécnico da USP, 1979.

CIBRARO, J. A. *Estructuras de fundación* – Bases aisladas y vigas. Buenos Aires: Alsina, 1956.

CINTRA, J. C. A.; AOKI, N. *Fundações por estacas*: projeto geotécnico. 1. ed. São Paulo: Oficina de Textos, 2010. CÓDIGO de Fundações e Escavações da PDF, 1955.

COSTA NUNES, A. J. da. As Fundações do Edifício Marquês do Herval no Rio de Janeiro. *Anais do I Congresso Brasileiro de Mecânica dos Solos*. Porto Alegre: ABMS, 1954.

COSTA NUNES, A. J. da. *Curso de mecânica dos solos e fundações*. Rio de Janeiro: Globo, 1956.

COSTA NUNES, A. J. da. Distribuição da carga sobre um bloco de estacas. SYMPOSIUM DE ESTRUTURAS, 1945.

COSTA NUNES, A. J. da. *Estabilização de encostas*. Conselho Nacional de Pesquisas, 1966.

COSTA NUNES, A. J. DA; VELLOSO, D. D. A. Estabilização de taludes em capas residuais de origem granito-gnáissica. *In*: II CONGRESSO PAN-AMERICANO DE MECÂNICA DOS SOLOS E ENGENHARIA DE FUNDAÇÕES. *Anais*... 1963

COSTET, J.; SANGLERAT, G. *Cours pratique de mecánique des sols*. Paris: Dunod, 1969.

COTRIM, J. R. Aproveitamento hidrelétrico de Furnas. *Revista Brasileira de Energia Elétrica*, 1963.

CRUZ, P. T. da. *100 Barragens brasileiras*. 2. ed. São Paulo: Oficina de Textos, 2004.

CUMMINGS, A. E. *Lectures on foundation engineering*. University of Illinois, 1949.

DAS, B. M. *Advanced soil mechanics*. 5. ed. CRC Press, 2019.

DAS, B. M. *Introduction to soil mechanics*. Galgorita publs, 1983.

DAVIDIAN, Z. *Poussée des terres et stabilité des murs de soutènement*, 1955.

DAVISSON, M. T.; ROBINSON, K. E. Bending and Buckling of Partially Embedded Piles. International Society for Soil Mechanics and Geotechnical Engineering (ISSMGE). *Anais...* Canadá: 1965.

DE BEER, E. E.; WALLAYS, M. Forces induced in piles by unsymmetrical surcharges on the soil around the piles. *Proc. 5th ECSMFE*, Madrid, 1969.

DE MELLO, V. F. B.; TEIXEIRA, A. H. *Mecânica dos solos*. São Paulo: Escola de Engenharia de São Carlos, 1961.

DERAMPE, P. *La résolution des problèmes de foundations*. Paris: Moniteur, 1964.

DUNHAM, C. W. *Cimentaciones de estructuras*, 1968.

ENTRECANALES, J. *Aplicaciones de métodos de comprabación de taludes de tierras coherentes*, 1946.

FALCONI, F. F. *et al.* (ed.). *Fundações*: teoria e prática. 3. ed. São Paulo: Pini, 2016.

FARMER, I. W. *Engineering properties of rocks*. New York: E. & F.N. Spon, 1978.

FLETCHER, G. A.; SMOOTS, V. A. *Estudios de suelos y cimentaciones en la industria de la construcción*. México: Limusa, 1978.

FLORES, V. A.; ESTEVA, L. *Análisis y diseño de cimentaciones sobre terreno compresible*. UNAM, 1970.

FRANKI, E. *Catálogo da estacas Franki*, 1976.

FROMENT, G. *Procédés généraux de construction*. Paris: Eyrolles, 1949.

GALABRU, P. *Cimentaciones y túneles*. Barcelona: Reverte, 1965.

GASC, Y. *Les fondations et reprises em sous-oeuvre*. Paris: Eyrolles, 1960.

GIULIANI, F. *Mecánica del suelo y foundaciones*. San Juan, Argentina: COPIUC, 1956.

GRAUX, D. *Foundations et excavations profondes*. Paris: Eyrolles, 1967.

GRAUX, D. *Fundamentos de mecánica del suelo*: proyecto de muros y cimentaciones. 2nd ed. Maignón: Editores Técnicos e Associados, 1970.

GRILLO, O. *Pressões do solo sobre escoramentos e revestimentos de subterrâneos*. Boletim do Instituto de Engenharia, ago./set. 1937.

GUERRA, A. T. *Dicionário Geológico Geomorfológico*. Rio de Janeiro: IBGE, 1966.

GUERRIN, A. *Traité de Béton Armé*, Tome III. Paris: Dunod, 1955.

HENRY, F. D. C. *The design and construction of engineering foundations*. McGraw-Hill, 1956.

HIGHWAY RESEARCH BOARD (REL. ESP. 29). *Landslides and Engineering Practice*. LLC, 1958.

HÜTTE. *Manual del ingeniero*. Gustavo Gili, 1940.

IPT – INSTITUTO DE PESQUISAS TECNOLÓGICAS. *A ruptura da barragem da Pampulha*. São Paulo: IPT, 1955.

JAEGER, J. C.; COOK, N. G. W. *Fundamentals of rock mechanic*. Chapman and Hall, 1969.

JIMÉNEZ SALAS, J. A. *Mecánica del suelo y sus aplicaciones a la ingeniería*. Madrid: Dossat, 1951.

JIMÉNEZ SALAS, J. A.; JUSTO ALPAÑES, J. L. *Geotecnia y cimientos*, Tomo I. Madrid: Rueda, 1971.

JUMIKIS, A. R. *Foundation engineering*. Intext Educational, 1971.

JUMIKIS, A. R. *Mechanics of soil*: fundamentals for advanced study. Van Nostrand, 1964.

JUMIKIS, A. R. *Soil mechanics*. Van Nostrand, 1962.

KRYNINE, D. P. *Mecánica de suelos*. 2. ed. Buenos Aires: Ediar, 1951.

KRYNINE, D. P.; JUDD, W. R. *Principles of engineering geology and geotchnics*. Barcelona: Omega, 1961.

L'HERMINIER, R. *Mécanique des sols et des chaussées*. Société de diffusion des techniques du bâtiment et des travaux publics, 1967.

LABORATOIRES DES PONTS ET CHAUSSÉES. *Étude des remblais sur sols compressibles*, 1971.

LAMBE, T. W.; WHITMAN, R. V. *Soil mechanics*. New York: Wiley, 1969.

LANGEDONCK, T. V. *Cálculo de concreto armado*. Associação Brasileira de Cimento Portland, 1944.

LEGGET, R. F. *Geología para ingenieros*. McGraw-Hill, 1959.

LEHR, H. *Exemples de calculs pour les projects de foundations*. Paris: Eyrolles, 1960.

LEONARDS, G. A. *Foundation engineering*. McGraw-Hill, 1962.

LITTLE, A. L. *Foundations*. Edward Arnold, 1961.

MALLET, C.; PACQUANT, J. *Les barrages en terre*. Paris: Eyrolles, 1951.

Enciclopédia do Engenheiro Globo. Globo, 1955.

MARY, M. *Barrages, voütes, historique, accidents et incidentes*. Paris: Dunod, 1968.

MAYER, A. *Les terrains perméables*. Paris: Dunod, 1954.

MELLO, V. F. B.; TEIXEIRA, A. H. Acidentes em barragens. *In*: III CONGRESSO BRASILEIRO DE MECÂNICA DOS SOLOS, ABMS, 1966.

MENDES, F. DE M. *Mecânica das rochas*. Lisboa: AEIST, 1967.

MINEIRO, A. J. C. *Notas de aulas de Mecânica dos Solos e suas fundações*. Lisboa, [s.d.].

MUÑOZ, J.; NICOLÁS, G. *Materiales de la corteza terrestre y procesos geológicos externos*. Sociedade Venezuelana de Mecánica del Suelo e Ingeniería de Fundações, 1968.

NASCIMENTO, Ú. *Curso de consolidação de taludes*. Lisboa: LNEC, 1965.

NICOLLIER, V. *Mecánica del suelo* (2ª Parte). Estabilidade, 1942.

NOKKENTVED, C. *Cálculo de estacarias*, [s.d.].

NORONHA, A. A. DE. *Fundações comuns de concreto armado*, 1932.

PECK, R. B.; HANSON, W. E.; THORNBURN, H. T. *Foundation engineering*. New York: Wiley, 1953.

PELTIER, R. *Manuel du laboratoire routier*. Paris, Dunod, 1955.

PEREIRA, M. B. *A mecânica dos solos e a técnica rodoviária*. Associação Rodoviária do Brasil, 1947.

PICHLER, E. *Diretrizes para o estudo geológico de barragens*. São Paulo: IPT, 1954.

PICHLER, E. *Elementos básicos de geologia aplicada*. DER-SP, 1949.

PORTER, O. J. *Notas de conferências pronunciadas no Rio de Janeiro*, antigo Estado da Guanabara, 1963.

POZZATI, P. *Metodi per il calcolo delle fondazioni*. Bolonha: Zanichelli, 1953.

PUBLICAÇÃO DA ORDEM DOS ENGENHEIROS. *Curso de Mecânica dos Solos*. Lisboa, 1955.

REYNOLDS, H. R. *Rock mechanics*. Crosby Lockwood & Son, 1961.

RICO, A.; DEL CASTILLO, H. *La ingeniería de suelos*. México: Limusa, 1977.

ROAD RESEARCH LABORATORY DSIR. *Soil mechanics for road engineers*. London: Her Majesty's Stationery Office, 1952.

ROCHA, M. *Mecânica das rochas*. Lisboa: LNEC, 1981.

ROSENAK, S. *Soil mechanics*. Batsford, 1966.

RUIZ, M. D. Papel da mecânica das rochas no estudo de fundações de grandes barragens. *Revista Águas e Energia Elétrica*, v. 1, 1966.

SANSONI, R. *Pali e fondazioni su pali*. São Paulo: Hoepli, 1955.

SANTARELLA, L. La *Tecnica delle fondazioni*. São Paulo: Hoepli, 1944.

SCHIEL, F. *Estática de estaqueamentos*. São Carlos-SP: EESC-USP, 1957.

SCHOFIELD, A.; WROTH, P. *Critical state soil mechanics*. London: McGraw-Hill, 1968.

SCHULZE, W. E.; SIMMER, K. *Cimentaciones*. Madrid: Blume, 1970.

SCOTT, C. R. *An introduction to soil mechanics and foundations*. London: Maclaren, 1969.

SILVA JÚNIOR, J. F. da. *Estruturas especiais solicitadas por empuxos*. Notas de "Estabilidade das Construções", 1947.

SILVEIRA, I. Aterros sobre bases de fraca resistência. Symposium de Solos – Instituto Nacional de Tecnologia (INT). *Anais*... 1942.

SILVEIRA, I. *Estudos de recalques*: teoria de consolidação. Tese. 1955.

SILVEIRA, J. F. A. *Instrumentação e segurança de barragens de terra e enrocamento*. São Paulo: Oficina de Textos, 2006.

SIMÕES, A. *Dimensionamento de pavimentos de estradas e aeródromos*. Laboratório Nacional de Engenharia Civil, 1952.

SIMONS, N. E.; MENZIES, B. *A short course in foundation engineering*. 2. ed. London: Thomas Telford, 2000.

SMITH, I. *Smith's elements of soil mechanics*. 8. ed. Edinburgh: Blackwell, 2006.

SOUZA, H. A. de. *Geofísica aplicada*, 1937.

SOWERS, G. B.; SOWERS, G. F. *Introductory soil mechanics and foundations*. 3. ed. New York: Macmillan, 1970.

SOWERS, G. F. *Earth and rockfill dam engineering*. Asia Pub. Ho., 1962.

SPANGLER, M. G. *Soil engineering*. International Textbook, 1963.

STAGG-ZIENKIEWICZ (ed.). *Mecánica de rocas en la ingeniería practica*. Madrid: Blume, 1970.

SZÉCHY, K. *Der grundbau*. Springer-Verlag, 1965.

TALOBRE, J. *La Méchanique des roches*. Paris: Dunod, 1965.

TAYLOR, D. W. *Fundamentals of soil mechanics*. New York: Wiley, 1948.

TENG, W. C. *Foundation design*. 2nd ed. Englewood Cliffs: Prentice-Hall, Inc., 1962.

TERZAGHI, K.; PECK, R. B. *Soil mechanics in engineering practice*. 2nd ed. New York: Wiley, 1967.

TERZAGHI, K. *Mecánica teórica de los suelos*. Buenos Aires: Acme, 1945.

TERZAGHI, K. *Mecanismo dos escorregamentos de terra*. Tradução do Eng. Ernesto Pichler. São Paulo: IPT, 1953.

TERZAGHI, K.; PECK, R. B. *Mecânica dos solos na prática da engenharia*. Tradução de A. J. Costa Nunes e M. L. Campos Campello. Rio de Janeiro: Ao Livro Técnico, 1962.

TESORIERE, G. *La Mecanica del terreno*. Applicata alle costruzioni stradalli. Denaro, 1959.

TOMLISON, M. *Foundation design and construction*. Addison-Wesley, 2001.

TSCHEBOTARIOFF, G. P. *Mecánica del suelo*. Madrid: Aguilar, 1958.

VALLE RODAS, R. *Carreteras, calles y aeropistas*. Barcelona: Caracas, 1961.

VARGAS, M. *A mecânica dos solos na técnica de fundações*. São Paulo: IPT, 1955.

VARGAS, M. *A teoria dos drenos verticais de areia*. Clube de Engenharia, 1949.

VARGAS, M. *Fundações sobre aterro compactado*. São Paulo: IPT, 1951a.

VARGAS, M. *O sentido da mecânica dos solos*. São Paulo: IPT, 1951b.

VARGAS, M. *Introdução à mecânica dos solos*. EDUSP, 1977.

VARGAS, M. *O sentido da mecânica dos solos*. São Paulo: IPT, 1950.

VARGAS, M. *Palestras sobre a Aplicação da Geologia e da Mecânica dos Solos à Construção de Estradas de Ferro*. Comissão de Obras Novas da Cia. Mogiana de Estradas de Ferro, 1949.

VASCO COSTA, F. Estacas para Fundações. III CONGRESSO BRASILEIRO DE MECÂNICA DOS SOLOS E FUNDAÇÕES. *Anais...* 1956.

VELLOSO, D. A. Empuxos de terra sobre suportes temporários e permanentes – Estabilidade de taludes. *In*: III CONGRESSO BRASILEIRO DE MECÂNICA DOS SOLOS, Belo Horizonte, 1966a.

VELLOSO, D. A. *Fundações em estacas*. Publicação técnica de Estacas Franki Ltda., 1966b.

VELLOSO, D. A.; LOPES, F. R. *Paredes moldadas no solo*. Publicação técnica de Estacas Franki Ltda., 1976.

VELLOSO, D. A.; LOPES, F. R. *Fundações*: critérios de projeto, investigação do subsolo, fundações superficiais, fundações profundas. São Paulo: Oficina de Textos, 2010.

VERDEYEN, J. *Mécanique du sol et fondations*. Paris: Eyrolles, s/d.

VERDEYEN, J.; ROISIN, V. *Stabilité des terres*. Paris: Eyrolles, 1955.

VERDEYEN, J.; ROISIN, V.; NUYENS, J. *Applications de la méchanique des sols*. Paris: Dunod, 1971.

VERDEYEN, J.; ROISIN, V.; NUYENS, J. *La méchanique des sols*. Paris: Dunod, 1968.

WAYNE, C. T. *Foundation design*. Prentice-Hall, 1962.

WESTERGAARD, H. M. *A resistência de um grupo de estacas*, 1917.

WITHLOW, R. *Basic soil mechanics*. New Jersey: Prentice-Hall, 1983.

WU, T. H. *Soil Mechanics*. Allyn and Bacon, 1966.

ZEEVAERT, L. *Foundation engineering for difficult subsoil conditions*. Van Nostrand, 1972.

Índice alfabétco

S

T

U

V

W

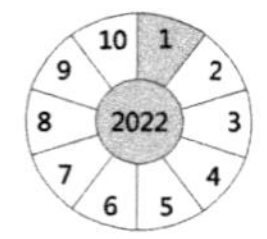
1
2
3
4
5
6
7
8
9
10
2022